FLORE

ÉLÉMENTAIRE

DE LA FRANCE.

Bagnols, Alban BROCHE, Imprim.-Libr.

FLORE
ÉLÉMENTAIRE

DE

LA FRANCE

RÉDIGÉE D'APRÈS LE SYSTÈME DE LINNÉE MODIFIÉ PAR LE DOCTEUR CL. RICHARD

Par M. l'Abbé P.-H. GONNET

DU DIOCÈSE DE NIMES

PREMIÈRE PARTIE

Paris

CHEZ J.-J. LEDOYEN ET PAUL GIRET

QUAI DES GRANDS-AUGUSTINS, 7.

—

1847

A Monseigneur Cart,

EVÊQUE DE NIMES.

Monseigneur,

   C'est à Votre Grandeur qu'était dû l'hommage d'un Livre composé pour les jeunes Élèves du Sanctuaire. En daignant l'accepter, Elle a noblement excité ses Prêtres à la délicieuse étude de la science des Fleurs, et m'a donné la plus douce récompense que je pusse ambitionner.

   Veuillez agréer l'expression de ma bien vive reconnaissance, et de la vénération profonde avec laquelle je suis,

       Monseigneur,

           de Votre Grandeur

             le très-humble et très-obéissant serviteur,

                GONNET, PRÊTRE.

AVERTISSEMENT.

Je dois dire quelques mots sur ce qui m'a donné occasion d'écrire ce livre et sur la marche que j'ai suivie.

Il y a dix ans, le goût des sciences naturelles me procura la connaissance de M. LIONNETON, un de ces hommes rares chez lesquels sont réunis le génie de la science et la modestie de la vertu. Cet excellent homme me voua une de ces amitiés qui laissent dans le cœur de si profondes traces, qu'elles survivent à la tombe. Hélas ! trop tôt s'est-elle ouverte, cette tombe, pour ne me laisser que des souvenirs et des regrets ! . . . Nommé bien jeune encore supérieur du petit séminaire de Bourg-Saint-Andéol (Ardèche), M. LIONNETON donna aux études une impulsion forte et savante qui acquit bien vite à cet établissement une réputation que les succès des élèves justifiaient tous les jours. Parmi les nombreuses améliorations dont il le dota, celle qui avait toutes les prédilections de son cœur, était un cours d'histoire naturelle. Mais une difficulté presque insurmontable l'arrêtait; c'était le manque de bons livres élémentaires, non pas de ces livres précieux qui exposent les principes et donnent la théorie de la science (sous ce

rapport nous n'avons rien à désirer), mais de ces ouvrages d'application des principes, qui mettent la théorie en action et décrivent les objets de la science. Il se plaignait douloureusement de ce vide, et reprochait aux savants d'avoir plus recherché la gloire que l'utilité dans leurs admirables ouvrages. Il aurait voulu que des hommes dévoués eussent comblé ce vide, en se chargeant d'une tâche qui n'offre rien de brillant, mais qui présente une utilité pratique, et promet bien aussi sa récompense à celui qui consacrerait ses veilles à mettre la science à la portée de l'intelligence de l'enfant. Son amitié, qui croyait voir en moi ce qui certainement n'y est pas, me pressait souvent de prendre une part de ce travail; et dans les dernières années de sa vie, ses instances furent plus vives encore, elles furent des prières, elles devinrent presque des ordres. Dans ses lettres il revenait continuellement sur ce sujet; il ne cessait de développer son idée et le plan de ces livres. Il m'écrivait :
— « Mon idée est fixe, invariable, immuable; je persécuterai votre
» amitié jusqu'à ce que vous ayez cédé à mes prières. Je voudrais com-
» mencer par la Botanique; mes élèves sont pleins de zèle et d'ardeur :
» aidez-moi à leur faire admirer la sagesse et bénir la bonté de Celui
» qui a établi un si bel ordre dans le règne végétal, cette ravissante
» partie de la création, et qui a paré avec tant de grâce et de magni-
» ficence la moindre d'entre les plantes. . . . Il me faut un livre com-
» me vous savez que je les aime et comme vous... Je n'achève pas,
» vous vous fâcheriez. Il me faut un livre exécuté sur le plan simple
» dont nous avons tant parlé, et qui certainement populariserait la con-
» naissance des plantes. Donnez-moi un livre dépouillé de cet appareil
» scientifique qui hérisse de difficultés les ouvrages des savants et dé-
» goûte d'une étude qui pourtant a des charmes si séduisants. Je veux
» de vous une Flore rédigée avec cette clarté de méthode qui conduit
» tout de suite, sans peine et sans crainte d'erreur, l'enfant inexpéri-
» menté au nom de la plante qu'il a sous les yeux. » — Une autre
fois il m'écrivait : — « Vous m'avez imposé un bien rude labeur. J'ai
» feuilleté bien des livres; je les ai tous examinés avec une scrupu-

» leuse attention , et de tous nos ouvrages de Botanique je n'en ai
» trouvé aucun qui remplisse l'idée que je me suis faite d'un bon livre
» élémentaire , qui atteigne le but qu'on doit se proposer dans un
» livre de ce genre. Les uns sont trop savants et aussi trop volumi-
» neux, et ils sont par là des livres fermés pour les aspirants à la
» science. Les autres sont incomplets , se bornant à la description des
» plantes d'une localité. Enfin, il n'y en a point qui me conviennent. »
— Puis se servant d'une image gracieuse pour montrer la nécessité
d'une analyse complète des genres et des espèces, il disait : — « Je
» regarde l'étude de la Botanique comme un voyage que vous faites
» dans un pays inconnu , où vous avez besoin d'un guide qui vous
» indique les chemins et dirige vos pas jusqu'au terme. Eh bien ! je
» n'ai trouvé aucun livre qui fasse la route avec vous ; si quelques-uns
» la commencent, ils ne l'achèvent pas ; ils se contentent de vous don-
» ner des indications générales et de vous mettre sur le grand chemin ;
» tout au plus s'ils vous indiquent quelques sentiers bordés d'écueils
» et de précipices. Si d'autres vous accompagnent presque jusqu'au
» dernier pas, au moment que vous touchez, pour ainsi dire, de la
» main le but de votre voyage , guides infidèles, ils vous abandonnent
» et vous laissent dans toutes les angoisses de l'incertitude. » — « Non,
» m'écrivait-il encore, non, nous n'avons pas un seul ouvrage qui
» donne la description de toutes les plantes de la France et qu'on
» puisse mettre entre les mains des commençants. Aucun n'a assez
» simplifié cette délicieuse étude , pour être vraiment utile à la jeu-
» nesse ou à ceux qui , privés par leur position des secours d'un
» maître, seraient pourtant bien aise de connaître les plantes des en-
» virons de leur demeure, ou qu'ils rencontrent dans leurs voyages.
» Vous déciderez-vous maintenant ? vous n'avez plus d'excuse. Je
» vous ai obéi ; j'ai cherché partout ; j'ai tout examiné , et rien ne me
» convient , parce que rien n'est à la portée des enfants. J'ai fait ce
» que vous avez voulu ; la justice demande que vous fassiez ce que
» je veux. Je vous ai obéi ; à votre tour de m'obéir. »

Je cédai à ces incessantes prières ; et comme nous en étions convenus, mon ami et moi, je pris le Système de Linnée comme le plus facile dans l'application et le plus approprié à la nature d'un livre élémentaire. Le plan était tout trouvé ; mon excellent ami me l'avait tracé dans ses lettres. Je me mis donc à l'œuvre sans retard. J'esquissai d'abord quelques-uns des tableaux qui sont en tête des classes, je décrivis quelques genres, et je les lui envoyai comme un specimen de mon travail. Ma méthode lui plut ; et il m'écrivait : — « Je ne sais comment » vous exprimer ma reconnaissance ; enfin je suis heureux. Je vois » bien aujourd'hui que l'obéissant fait des miracles. Nous aurons donc » un livre comme je le désirais depuis long-temps, un livre qui n'aura » pas le défaut d'être trop savant, mais qui réunira au précieux avan » tage d'être au niveau de la science l'avantage inappréciable d'être » par sa simplicité à la portée des enfants. Il donnera la science, mais » ce sera sans peine pour celui qui viendra l'y puiser. »

Mon choix s'est arrêté de préférence sur le Système de Linnée, parce que j'écris pour la jeunesse et pour les personnes qui, sans vouloir faire de la Botanique une occupation sérieuse, aiment cependant avoir quelque connaissance de cette délicieuse science ; parce que je veux que mon livre soit utile à tous. Pour cela, il doit offrir un moyen simple et prompt de trouver le nom de la plante que l'on étudie ; et y a-t-il une distribution plus ingénieuse, une marche plus courte et plus sûre que celle tracée par le grand Législateur de la Botanique ? Son Système a le grand avantage d'être fondé sur une seule partie du végétal, celle qui parle à l'esprit, qui frappe le plus l'imagination, la fleur ; de rendre l'étude des plantes simple, expéditive, agréable, séduisante. Il a le rare bonheur d'obliger tous les végétaux connus et à connaître à y prendre leur place sans contrainte, et d'imposer à ses *Classes* et à ses *Ordres* des caractères si précis, si saillants, qu'avec eux on retrouve une plante quelconque, on la nomme à la première vue.

Je n'ignore pas les reproches que l'on a fait à ce Système, et les attaques passionnées dont il a été l'objet. Mais l'enthousiasme qu'il excita à son apparition, et la vogue qu'il a eu et qu'il a encore aujourd'hui, surtout en Allemagne, pays de science profonde, sont une assez belle justification. Je ne m'arrêterai donc pas à démontrer l'injustice de ces attaques et le peu de fondement de ces reproches. Je dirai seulement avec le savant M. Richard : — « Comme la classification établie par » Linnée est un arrangement purement artificiel, destiné seulement » à faire arriver avec facilité au nom d'une plante, on ne saurait lui » faire un reproche fondé d'avoir éloigné les unes des autres des plan- » tes qui ont ensemble beaucoup d'affinités.... Ce n'est pas le sytème » qu'il faut étudier, lorsque l'on désire connaître les rapports naturels » des différents végétaux entre eux ; tandis que, parmi tous les sys- » tèmes artificiels, il mérite, sans contredit, la préférence.» — Élem. de Bot. 4ᵉ édit. p. 368. — Je dirai encore avec M. Le Maout : — « Une » classification complète doit satisfaire à deux conditions : la première » consiste à faire connaître promptement le nom que les Botanistes ont » assigné à une plante, à l'isoler au milieu du règne végétal par des » caractères différentiels aussi saillants que possible. C'est là l'objet » que doit remplir le système, ne tendant qu'à la facilité des recherches, » et devant, par conséquent, établir ses divisions sur les caractères les » plus apparents, quelque bizarres et disparates qu'ils puissent être. » A ce point de vue, la classification linnéenne est un chef-d'œuvre » qui ne sera peut-être jamais surpassé, malgré les inconvénients ré- » sultant des difficultés, peu nombreuses, que présente son applica- » tion. » (Leçons élém. de Bot. p. 854.)

Comme je voulais rendre la connaissance de la Botanique aussi facile que possible, mon premier soin a été de chercher à faire disparaître les obstacles qui arrêtent toujours aux premiers pas que l'on fait dans l'étude d'une science ; et comme le Système de Linnée, malgré sa simplicité, présente encore, de même que les autres systèmes, des difficultés pour les commençants, j'ai adopté les importantes modifications que le docteur Cl. Richard y a introduites.

La marche que j'ai suivie est toute simple. Je mets en tête de chaque classe un tableau des genres qu'elle contient. Ce tableau est naturellement divisé par les ordres en plusieurs autres tableaux d'une plus ou moins grande étendue. Je prends chacun de ces tableaux secondaires que je partage en autant de groupes que je puis trouver de caractères saillants, et je fais entrer dans chaque groupe toutes les plantes qui en portent les caractères. Chaque groupe est encore divisé et subdivisé, jusqu'à ce que tous les genres se soient présentés avec le caractère qui leur est propre. Le nom générique est précédé d'un numéro qui renvoie au rang d'ordre où se trouve la description du genre et des espèces.

C'est la même méthode pour les espèces ; de sorte qu'en suivant la ligne tracée par les caractères généraux qui forment les groupes primitifs, on voit au premier coup-d'œil dans quelle division se trouve l'espèce que l'on étudie ; et la suite des caractères particuliers à cette division mène rapidement à sa description. En la lisant, on voit se dérouler un à un les caractères propres à cette plante, et, avec le dernier mot, on arrive au nom qu'elle porte dans la nomenclature de la science.

Ces tableaux ont tout l'avantage de la méthode analytique, ou plutôt, ce n'est pas autre chose que cette méthode. Comme elle, ils font disséquer la fleur, et ils n'en disent le nom qu'après avoir fait passer sous les yeux tous les organes qui la constituent ; souvent ils font parcourir la plante tout entière. J'ai multiplié les divisions et les subdivisions, parce que ces coupes tranchantes fixent et reposent l'attention. Elles sont comme des jalons vers lesquels l'œil se dirige et qui guident les pas chancelants du Botaniste encore novice.

Comme je n'écris pas un ouvrage de science, mais un livre de facilité, j'ai dû rejeter tout appareil scientifique. Je me suis donc borné au nom de la plante le plus usité, sans entrer dans aucun détail de synonimie et de critique. Je me suis fait aussi une règle de m'attacher aux caractères extérieurs qui frappent d'abord les yeux et font connaître la plante, sans imposer un travail hérissé de difficultés.

La brillante et poétique imagination de LINNÉE avait créé pour la Botanique un langage dont les auteurs ont en général tellement abusé, qu'une mère n'oserait pas mettre leurs livres entre les mains de sa fille. Ce langage a disparu dans le mien. Aussi la mère scrupuleuse et la sévère maîtresse de pension le peuvent-elles donner sans crainte à leurs filles et aux jeunes personnes qui leur sont confiées. Chez moi, cette aimable science est pure comme la fleur, et elle est vraiment la science de la jeune fille.

J'ai fait précéder les descriptions des plantes de notions élémentaires de Botanique et d'un vocabulaire des termes techniques, afin que sans le secours d'un maître on puisse comprendre la langue de la science ; ce qui est un grand pas fait vers l'acquisition de la science elle-même.

Lorsque dans l'analyse deux espèces sont sous un même titre, j'ai mis en lettres italiques les caractères différentiels de chacune d'elles, de sorte qu'au premier coup-d'œil on les distingue l'une de l'autre, sans qu'il soit besoin de lire les deux descriptions en entier.

J'ai déjà dit que je n'écris pas pour les savants, puisque j'écris un livre élémentaire. Je n'ai donc pas eu la pensée, en le publiant, de leur révéler quelque chose qui eût échappé à leurs infatigables recherches. Au contraire, si j'ai lu dans le livre de la nature, ç'a été avec le secours de leurs admirables ouvrages : ils ont été mes guides, et tout ce qu'il y a de bon chez moi, leur appartient. La seule chose qui soit ma propriété, qui soit mienne, c'est le travail de digestion auquel j'ai soumis les chefs-d'œuvre de ces hommes éminents qui ont tressé une si belle couronne à la Botanique ; c'est la transformation que j'ai fait subir à leurs sublimes conceptions qui, des hautes régions où leur génie a porté la science, sont venues, dépouillées de leur brillante auréole, se mettre à la portée des intelligences les plus communes. Heureux si j'ai contribué en quelque chose à ce que cette étude séduisante prenne une place plus large dans les occupations de la jeunesse , qu'elle entre dans ces respectables maisons où les jeunes personnes font leur éducation , et qu'elle se popularise parmi ces hommes estimables qui aiment le séjour de la campagne , et veulent donner un but d'agrément et d'utilité à leurs moments de loisir.

EXPLICATION DES FIGURES

POUR LES PRINCIPES DE BOTANIQUE.

Nota. — Il faut chercher dans le Vocabulaire les termes qui ne sont pas expliqués ici, ou qui n'ont pas de renvoi.

PLANCHE A.

1. Campanule a feuilles rondes. $=$ a — Racine. $=$ b — Feuilles radicales. $=$ c — Feuilles caulinaires. $=$ d — Feuilles florales ou bractées. $=$ e — Tige. $=$ f — Ovaire. $=$ g — Calice. $=$ h — Corolle.

2. Racine rameuse, pivotante. 2.

3.   du Radis , — pivotante, simple, napiforme. 2.

4.   de la Rave , — simple , charnue, fusiforme, pivotante. 2.

5.   de la Carotte , — simple, charnue, pivotante, conique. 2.

6.   de l'Orchis , — tubérifère, didyme, à tubercules ovoïdes, entiers. $=$ a — Tubercule qui doit pousser la nouvelle tige. $=$ b — Tubercule qui a fourni la tige.

7. Racine de l'Orchis , — à tubercules palmés ou digités. 2.

8. Souche ou tige souterraine du Sceau de Salomon.

9. Bulbe à tuniques de l'Ognon commun. 2.

10. Bulbe écailleuse du Lys. — Elle est composée d'écailles charnues, imbriquées comme les tuiles d'un toit.

11. Racine tubéreuse de la Pomme de terre. 2.

12. Racine moniliforme formée par plusieurs petits tubercules réunis en chapelet par une fibre. 2.

13. Foliole du Rosier a cent feuilles , — ovale, obtuse, dentée en scie. 8.

14. Feuille oblongue , obtuse, entière. 8.

15. Feuille de la Paquerette , — spatulée. 8.

16. Feuille du Tamier , — cordiforme, aiguë, entière. 8.

17. Feuille du Nénuphar blanc , — cordiforme, obtuse. 8.

18. Feuille de l'Asaret , — réniforme, obtuse, échancrée au sommet. 8.

19. Feuille sagittée ou en fer de flèche. 8.

20. Feuille hastée. 8.

21. Feuille de l'Hydrocotyle commun , — orbiculaire, crénelée, peltée ou en bouclier. 8.

22. Feuilles supérieures du Chèvre-feuille , — connées.

23. Feuille du Buplèvre a feuilles rondes , — ovale aiguë, perfoliée.

24. Feuille de l'Hydrocotyle a 5 dents , — cunéiforme, à 5 dents. 9.

25. Feuille du Pissenlit a dent de lion , — pinnatifide roncinée. 9.

26. Feuille du Séneçon vulgaire , — pinnatifide lyrée. 9.

27. Feuille de la Passiflore glauque , — à 3 lobes lancéolés , aigus, dentés en scie. 8.

28. Feuille de la Passiflore bleue , — à 5 digitations lancéolées, sinuées. 8.

29. Feuille de l'Oranger , — composée unifoliée, articulée.

30. Feuille ailée, sans impaire. 9.

31. Feuille du Fnène , — ailée avec impaire. 9.

32. Feuille à 2 folioles.

33. Feuille digitée, à 5 folioles obovales, rétuses. 8.

34. Feuille du Marronnier d'Inde, — digitée, à 7 folioles obovales, aiguës, dentées. 8.

35. Feuille 2 *fois ailée*. 9.

36. Feuille de l'Epimède des Alpes, — 3 fois *ternée*.

37. Le *Sertule*, — Ail des ours. — Assemblage de plusieurs pédicelles uniflores, naissant tous du même point. 12.

38. Le *spadice*. — Assemblage de fleurs, les unes à étamines, les autres à pistil, toutes nues, distinctes, sessiles, renfermées dans une spathe. = a — Sommet du spadice en massue renversée. = b — Anneau de glandes dont chacune est terminée par un filet. = c — Anthères. = d — Ovaires. 12.

39. Fleur *radicale*, dont le pédoncule est sessile sur la racine ; — le Safran.

40. Fleur *caulinaire*, axillaire, pédonculée, solitaire ; — la Pervenche.

41. Fleurs *solitaires*, naissant sur les feuilles ; — le Fragon.

42. Fleurs en *épi glumacé* (les Graminées). — Assemblage de fleurs glumacées, sessiles ou courtement pédicellées, attachées autour d'un axe commun. 14.

43. Cet *épi* diffère de celui des Graminées en ce que les fleurs ne sont pas glumacées et peuvent être plus longuement pédicellées. 11.

44. Le *chaton*. — Il est formé par un assemblage d'écailles ou de bractées qui portent les fleurs et sont fixées autour d'un axe grêle, plus ou moins allongé. 12.

45. La *grappe*.—Quelquefois l'axe commun se ramifie et chaque pédoncule porte plusieurs fleurs. 11.

46. La *panicule*. 12.

47. Le *verticille*. 12.

48. Le *corymbe*. 12.

49. L'*ombelle*. = a — *Involucre* ou collerette générale. = b — *Involucelle* ou collerette partielle. 12.

50. *Cime*. 12.

51. Le *pédoncule radical* ou *hampe* uniflore : plante *traçante*.

PLANCHE B.

52. Corolle monopétale, régulière, *en soucoupe*. — Le Lilas. 13.

53. Corolle *en entonnoir*. — Le Tabac. 13.

54. Corolle *campanulée*. — La Campanule. 13.

55. Corolle *en grelot*. 13.

56. Fleuron du Chardon. — Partie d'une fleur composée. 14.

57. Demi-fleuron ou languette. — Fleurs composées. 14.

58. Corolle *monopétale*, irrégulière, *personnée* ou en masque. 14.

59. Corolle monopétale, irrégulière, *labiée*, à 2 *lèvres*. 14.

60. Corolle *polypétale*, régulière, *cruciforme*. = a — Un pétale. 14.

61. Corolle polypétale, régulière, *caryophyllée*. 14.

62. Corolle polypétale, régulière, *rosacée*. 14.

63. Corolle *en soucoupe* ou *hypocratériforme*, à limbe s'évasant subitement à partir du tube et ayant les bords un peu relevés. — Androsace. 13.

64. Corolle *tubuleuse d*, dont le tube *c* est plus long que le diamètre du limbe *fff*. 13.

65. Fleur *papillonacée*. = A — Etendard ou pavillon. = BB — Ailes. = CC — Carène. = D — Gaîne formée par la réunion des 9 étamines. = a — La dixième. = b — Libre. 14.

66. Ovaire (du Lys), — *libre*, à 3 côtes ; style élargi au sommet et terminé par un stigmate à 3 lobes.

67. Ovaires *pariétaux* (le Rosier), — attachés aux parois du calice monosépale, urcéolé.

68. Ovaire *libre* : style très-long ; stigmate à 2 lames. 16.

69. Ovaire *infère* ou *adhérent*, surmonté du style divisé en deux. 16.

70. Ovaire à 3 loges. 16.

PRINCIPES ÉLÉMENTAIRES

DE BOTANIQUE.

La **Botanique** est la science qui conduit à la connaissance des Plantes : son étude consiste donc à les observer chacune individuellement, à déterminer leurs différences et leurs ressemblances, à les grouper les unes à côté des autres, selon leur plus ou moins grand rapport, et à indiquer les caractères communs à chaque groupe, et ceux particuliers à chaque espèce.

La *Plante* est un corps organisé, vivant, insensible, mais doué de cette irritabilité qui appartient exclusivement aux êtres organisés, essentiellement pourvu d'une racine qui le fixe, d'une tige plus ou moins longue, et quelquefois de rameaux qui portent des feuilles, des fleurs et des fruits qui reproduisent l'individu. On distingue donc dans chaque plante quatre parties principales, la *Racine*, la *Tige*, la *Fleur* et le *Fruit*. Comme chacune de ces parties fournit des *caractères* propres à faire distinguer les plantes entre elles, nous allons les étudier sous les divers points de vue qui peuvent nous guider dans notre recherche du nom de chaque plante. Cependant, la *fleur* fixera plus spécialement notre attention, parce que l'expérience a démontré que c'est dans cet organe que se trouvent les *caractères* tranchants qui font sur l'imagination une impression plus profonde, et garantissent sûrement de toute erreur par leur constante invariabilité.

Les Botanistes appellent *caractères* certaines marques extérieures, et d'une fixité invariable, au moyen desquelles ils parviennent non-seulement à distinguer une plante d'avec une autre, mais encore à saisir plus facilement les divisions qu'ils sont obligés de faire dans la masse générale des végétaux, afin d'en rendre l'étude plus aisée.

1

De la Racine.

La *racine* est cette partie du végétal qui occupe son extrémité inférieure, s'enfonce vers le centre de la terre, y puise les sucs nécessaires à la nutrition, et ne se colore jamais en vert par l'action de la lumière. Les plantes aquatiques ont deux sortes de racines; les unes se plongent dans la vase, et sont le point d'appui de la plante; les autres, libres et flottantes, vivent à la surface de l'eau.

On a donné le nom de *collet* à la partie ordinairement placée à fleur de terre, et d'où partent des fibres dont les unes s'élancent dans les airs, et les autres tendent toujours à descendre vers le sein de la terre : c'est le *centre* de la vitalité végétale.

On appelle *radicale* la première racine qui naît à l'époque de la germination : elle est toujours solitaire, excepté dans le froment, le seigle et l'orge, qui en poussent trois.

La racine *annuelle* se développe et meurt dans l'espace d'une année au plus. — La *bisannuelle* appartient aux plantes qui mettent deux ans à acquérir leur complet développement. — *Vivace*, on la trouve dans les plantes ligneuses, ou celles qui, quoique herbacées, produisent des tiges qui meurent tous les ans, tandis que la racine vit plusieurs années. — *Pivotante*, elle s'enfonce perpendiculairement dans la terre. — *Fibreuse*, c'est la réunion d'un grand nombre de fibres grêles. — *Tubéreuse*, elle consiste dans un corps charnu. — *Tuberculifère*, elle porte sur divers points de son étendue des corps charnus de différentes grosseurs. — *Bulbeuse*, elle est formée de plusieurs écailles appliquées les unes sur les autres, et insérées sur un plateau mince qui produit en dessous des fibres. — *Charnue*, elle est ferme, épaisse, succulente. — *Ligneuse*, elle approche plus ou moins de la dureté du bois. — *Fusiforme*, en s'allongeant, elle se renfle vers sa partie moyenne, et s'amincit aux deux extrémités. — *Napiforme*, arrondie et renflée à son sommet, elle s'amincit et se termine brusquement en pointe. — *Didyme*, elle est formée de deux tubercules. — *Fasciculée*, elle se compose de fibres simples, charnus, ou de tubercules allongés. — *Digitée*, elle a son tubercule divisé presque jusqu'à sa base. — *Palmée*, les tubercules sont divisés, jusqu'au milieu de sa longueur, en lobes divergents. — *Articulée*, elle présente de distance en distance des articulations ou nœuds qui s'emboîtent les uns dans les autres. — *Rampante*, horizontale et à peu de profondeur, elle pousse çà et là des rejets.

De la Tige.

La *tige* est cette partie de la plante qui, sortant immédiatement du collet de la racine, s'élève vers le ciel, porte les branches et les rameaux auxquels sont attachés les feuilles, les fleurs et les fruits. Dans quelques plantes, la *tige* est si peu développée, elle est si courte, qu'elle ne paraît presque pas. Dans ce cas la plante est *acaule*, ou *sans tige*.

On appelle *hampe* ou *pédoncule radical*, une tige herbacée, dépourvue de feuilles dans toute sa longueur, et qui se termine par une ou plusieurs fleurs. — Le *tronc*, est la tige ligneuse insensiblement amincie jusqu'au sommet et ramifiée. — Le *chaume* est articulé de distance en distance, le plus souvent est creux, et muni de feuilles engaînantes. — La *souche* ou *racine horizontale* pousse par une de ses extrémités des tiges aériennes, et porte des racines sur divers points de son étendue.

La tige *herbacée* est tendre, verte, et périt chaque année. — *Demi-ligneuse*, elle est dure à sa base, et persiste plusieurs années, tandis que les extrémités et les rameaux périssent toutes les années. — *Ligneuse*, elle est persistante, et d'une solidité semblable à celle du bois. — *Fistuleuse*, elle a une cavité centrale, continue, ou interrompue par des cloisons transverses. — *Médulleuse*, elle est remplie de moëlle. — *Cylindrique*, elle est longue, ronde, et d'une grosseur égale partout. — *Effilée*, longue, droite, menue, elle va s'amincissant jusqu'au sommet. — *Ancipitée*, comprimée sur les deux faces, elle se dilate en deux tranchants. — *Anguleuse*, elle est relevée d'angles saillants. Elle prend différents noms suivant le nombre des angles : *triangulaire*, à 3 angles; *quadrangulaire*, à 4 angles, etc. — *Noueuse*, portant des nœuds ou renflements de distance en distance. — *Géniculée*, elle est articulée et fléchie. — *Sarmenteuse*, souple, ployante, elle s'élève à l'aide des corps sur lesquels elle s'appuie. — *Grimpante*, elle s'attache aux corps voisins par de petites racines qu'elle émet dans toute sa longueur. — *Volubile*, elle s'entortille aux corps voisins. — *Rampante*, couchée à terre, elle s'enracine par tous les points de son étendue. — *Traçante*, rampant sur la terre, elle pousse des rejets qui y prennent racine. — *Ascendante*, ou *dressée*, d'abord couchée, ensuite elle se redresse. — *Ailée*, elle est parcourue, dans une certaine longueur, par un prolongement de la feuille qui fait saillie. — *Ecailleuse*, au lieu de feuilles, elle est garnie d'écailles. — *Glabre*, elle est sans poils. — *Lisse*, elle n'a ni poils, ni aspérités. — *Glauque*, elle est couverte d'une poussière très-fine, de couleur de vert de mer, comme le chou. — *Subéreuse*, son écorce est de la nature du liége. — *Striée*, de petites lignes saillantes la parcourent dans toute sa longueur. — *Sillonnée*, elle offre des cavités longitudinales plus ou moins profondes. — *Pubescente*, elle est couverte de poils mous, courts, très-fins. — *Poilue*, ses poils sont mous, longs, rares. — *Velue*, les poils sont très-nombreux; ils sont de plus crépus dans la *laineuse*. — *Soyeuse*, ils sont longs, doux, luisants. — *Cotonneuse*, ils forment comme un tissu. — *Ciliée*, ils sont disposés sur une ou plusieurs lignes. — *Hispide* ou *hérissée*, les poils sont raides, piquants.

Branches, Rameaux.

Les *branches* et les *rameaux* sont des productions ou des divisions de la tige. — Les *branches* naissent toujours sur les couches extérieures du corps ligneux, à l'extrémité d'un rayon médullaire. — Les *rameaux* sortent d'un bourgeon. On donne aux divisions des branches le nom de *rameaux*, et aux subdivisions de ceux-ci le nom de *ramille*. La disposition des branches et des rameaux fournit d'excellents caractères botaniques. Nous allons donc expliquer celles qui sont le plus remarquables.

Droite, ils forment avec la tige des angles très-aigus. — *Serrés*, ils sont pressés contre la tige. — *Étalés*, ils s'écartent de la tige, en décrivant un angle presque droit. — *Divergents*, opposés, ils s'écartent en formant chacun un angle droit avec la tige. — *Courbés*, penchés en dehors, ils ont leur extrémité un peu plus bas que leur insertion. — *Pendants*, ils sont dans une position perpendiculaire de haut en bas. — *Réfléchis*, ils ont leur extrémité dirigée vers le sol. — *Nivelés*, partant de différents points de la tige, ils arrivent tous à la même hauteur. — *Pyramidaux*, droits et serrés, ils rétrécissent le volume de la plante du bas au sommet, et lui donnent la forme d'une pyramide élancée.

Organisation de la Tige ligneuse.

Le tronc de la tige ligneuse est formé de couches concentriques, emboîtées les unes dans les autres, de sorte que la couche extérieure décrit le plus grand cercle, et la plus intérieure le plus petit. Si vous le coupez horizontalement, vous voyez tout-à-fait à la circonférence l'*écorce*; ensuite se présente la masse du bois, à laquelle on donne le nom de *couche ligneuse*, et enfin au centre le *canal médullaire*.

De l'Écorce.

L'*écorce* se compose de l'*épiderme*, pellicule extérieure qui recouvre toutes les parties du végétal, de l'*enveloppe herbacée*, des *couches corticales*, et du *liber*.

Épiderme. — C'est une enveloppe mince, sèche, transparente, criblée d'une infinité de pores, ou petites ouvertures. Il recouvre toutes les parties du végétal, et il est très-apparent dans les jeunes tiges, dont on peut aisément le détacher. Il se déchire à mesure que la partie qu'il recouvre grossit. Dans le platane, il se détache par lambeaux, et quand il a été enlevé, il se reproduit très-vite. Sa coloration est due au tissu sur lequel il est appliqué.

Enveloppes herbacées. — Immédiatement au-dessous, se trouve une substance communément verte, toujours succulente, qui devient très-humide, lorsque la sève est en circulation. Elle se répand dans toutes les parties de la plante, depuis les racines jusqu'à l'extrémité des plus faibles rameaux, et par les *rayons médullaires*, elle communique à la *moëlle* avec laquelle elle a une organisation et des usages analogues. Elle acquiert quelquefois une épaisseur très-considérable, comme dans le chêne-liége. Elle remplit un rôle important dans la végétation ; c'est elle qui, au printemps, donne passage à la sève dans son ascension vers les dernières extrémités de la plante : c'est encore dans l'*enveloppe herbacée* que se trouvent le plus souvent les canaux particuliers qui renferment les *sucs propres* des végétaux. On appelle *sucs propres* cette liqueur qui circule dans les plantes, et diffère essentiellement de la sève, en ce qu'elle a de la saveur, et qu'elle se colore, suivant les différentes espèces de plantes.

Couches corticales. — Sous l'enveloppe herbacée se trouve un faisceau de lames fibreuses, appliquées les unes sur les autres. Elles sont criblées de mailles remplies d'une substance gélatineuse qui n'est autre chose que la substance organisatrice.

Liber. — Le *liber*, est la partie la plus intérieure de l'écorce, sa partie encore vivante. Il est incessamment rejeté vers l'écorce, à mesure que l'aubier se revêt de nouvelles couches. On a donné à cette partie de l'écorce le nom de *liber* ou *lieret*, parce qu'elle est composée de plusieurs feuilles superposées, comme un livre. Elle est empreignée d'une substance visqueuse, appelée *cambium*. Si on fait à un arbre une plaie qui pénètre jusqu'au bois, on voit suinter instantanément du corps ligneux et des bords de l'écorce une substance cristalline, qui, peu à peu, recouvre toute l'étendue de la blessure, et reproduit la partie du *liber* qui a été enlevée. Le *cambium* n'est autre chose que la sève descendante et élaborée.

Du Bois.

En dessous de toutes les couches de l'écorce, on voit dans toutes les parties ligneuses du végétal, une couche circulaire d'une épaisseur variable d'un bois imparfait. Sa couleur blanche, et toujours moins foncée que celle des parties intérieures, et jamais verte, la fait distinguer du liber, qui est toujours plus ou moins vert, et du bois parfait, qui prend une teinte plus rembrunie. Cette partie prend le nom d'*aubier*. C'est du bois encore jeune, qui n'a pas acquis toute la dureté et la ténacité qu'il doit présenter un jour. Chaque année il perd la couche la plus intérieure qui se durcit, devient du bois parfait, et acquiert une nouvelle couche à l'extérieur par l'organisation du *cambium* en tissu végétal. C'est par le renouvellement annuel de l'*aubier* que l'accroissement en diamètre a lieu dans les plantes ligneuses. Les plantes herbacées meurent avant que leurs couches aient acquis la dureté du bois.

Après ces premières couches de bois tendre, ordinairement blanchâtre, se montrent d'autres couches plus dures, plus colorées, et dont la dernière va toujours en se rétrécissant. C'est le bois proprement dit.

Le tronc d'un arbre est donc composé d'un certain nombre d'étuis cylindriques qui s'emboîtent les uns dans les autres. Mais chaque couche que l'œil nu aperçoit dans la coupe horizontale d'une partie quelconque ligneuse, est elle même composée d'un grand nombre de couches qui sont le résultat de l'organisation continue qui se fait pendant que la sève est en circulation; l'intervalle visible qui sépare deux couches entre elles, est dû au repos de la végétation pendant l'hiver. Ces couches annuelles peuvent donc servir à compter l'âge d'un arbre.

La Moëlle.

Au centre de la tige se trouve une dernière couche ligneuse qui renferme une cavité intérieure. C'est l'*étui médullaire;* il renferme la *moëlle*, qui est une substance lâche, spongieuse, humide. Elle existe en grande quantité dans les jeunes tiges, et disparaît peu à peu dans les vieilles. Elle descend de la tige jusque dans la racine, où elle pénètre peu avant, dépassant à peine le *collet*. Mais dans la partie aérienne, elle pénètre jusqu'à la dernière extrémité du plus faible rameau. Elle s'allonge aussi du centre à la circonférence par des lignes assez semblables aux rayons d'une roue. Ces rayons traversent le corps ligneux, comme s'ils étaient destinés à établir une communication entre le centre et la partie extérieure. On leur a donné le nom de *prolongements médullaires*.

Les travaux des savants n'ont pas encore pu découvrir quel est son rôle dans la végétation, et il est probable qu'il sera encore long-temps un sujet de controverse.

Œils. Boutons, Bourgeons.

L'œil est un petit corps, ordinairement de forme conique, composé d'écailles imbriquées, que l'on observe à l'aisselle des feuilles ou au sommet des rameaux. Le bouton est le même germe développé, porté sur une tige tendre, et qui par la forme peut annoncer s'il ne renferme que des feuilles et du bois, ou s'il enveloppe des fleurs et du fruit. Au retour du printemps, le bouton se dilate, se gonfle; ses écailles s'écartent et laissent sortir les organes qu'elles protégeaient. C'est le bourgeon.

OEil à la fin du printemps et en été, bouton pendant l'automne et l'hiver, le germe devient bourgeon au printemps suivant.

Le bourgeon qui part du bas de la tige a reçu le nom de surgeon; celui qui s'élève des racines drageon; celui qui perce l'écorce et ne sort pas directement d'un bouton, prend le nom de faux bourgeon.

Le bourgeon florifère est gros, conique, arrondi; le foliifère est effilé, allongé, pointu.

Epines, Aiguillons.

Les épines qui tirent leur origine du bois, sont des productions dures, fermes, toujours terminées par une pointe plus ou moins aiguë. Ces organes sont des rameaux avortés qui n'ont pas pris tout leur développement.

L'aiguillon est un prolongement cartilagineux, piquant, solide, droit ou courbé, qui garnit le disque de certaines feuilles, ou l'écorce de plusieurs plantes, ou enfin l'enveloppe de quelques fruits. Il est appliqué sur l'épiderme, auquel il adhère légèrement par sa base.

Les épines et les aiguillons caulinaires naissent sur la tige; — ramaires, sur les rameaux ou les branches; — terminaux, ils se développent au bout des rameaux; — axillaires, sont situés à l'aisselle des feuilles; — infra axillaires, se trouvent en dessous du point de l'insertion des feuilles ou des rameaux; — stipulaires, remplacent les stipules.

Vrilles, Cirrhes, Mains, Griffes.

On distingue par ces noms tout appendice filamenteux qui se roule autour des corps voisins. Ces organes naissent sur divers points du végétal. Ils sont opposés aux feuilles dans la vigne; axillaires dans le passiflore: dans beaucoup de légumineuses, ils sont un prolongement du pétiole. Dans les plantes grimpantes, on donne le nom de griffes aux radicules qu'elles enfoncent dans les corps sur lesquels elles s'élancent.

Stipules.

Ce sont de petites feuilles accessoires, le plus souvent membraneuses, c'est-à-dire minces, déliées, parcheminées, coriaces, qui naissent vers le point de la tige où s'insèrent les pétioles des feuilles. Elles sont ordinairement au nombre de deux, jamais au-delà : elles sont libres, et quelquefois elles font corps avec le pétiole. Tantôt elles sont distinctes les unes des autres ; tantôt elles sont soudées ensemble. Pour la figure, elles varient autant que les feuilles et revêtent les mêmes modifications que nous allons décrire dans l'article suivant.

Feuilles.

Les *feuilles* sont des expensions de la substance corticale, qui garnissent le collet de la racine, les branches et les rameaux des plantes, dont elles sont un des plus beaux ornements. Elles sont composées d'un *disque*, ou partie étalée, verte, et souvent d'un soutien qui porte le nom de *pétiole*, vulgairement *queue* de la feuille. La feuille présente deux *surfaces*, l'une supérieure qui regarde le ciel, est presque toujours lisse, quelquefois lustrée au point qu'on serait tenté de croire qu'on y a appliqué un vernis transparent. L'inférieure, tournée vers la terre, est ordinairement inégale, quelquefois rugueuse, velue, relevée de nervures saillantes.

Par les pores nombreux qu'elles présentent, à leurs surfaces, les feuilles absorbent les gaz propres à la nutrition du végétal, ou exhalent ceux devenus inutiles à sa conservation. C'est par la surface inférieure qu'elles aspirent les fluides qui se dégagent de la terre, ou qui sont répandus dans l'atmosphère.

Si la feuille est attachée à la plante sans le secours d'aucun support particulier, elle est désignée sous le nom de *sessile* ; si, au contraire, il y a entre elle et le végétal une espèce de queue à laquelle on donne le nom de *pétiole*, elle est dite *pétiolée*.

La feuille est ordinairement partagée en deux par une côte le plus souvent solitaire, faisant suite au pétiole, appelée *nervure médiane*. De la base de cette nervure et de ses parties latérales, partent en différents sens et s'unissent entre elles d'autres nervures moins grosses. Si elles sont saillantes, elles s'appellent *nervures secondaires*, et la feuille est dite *nervée* ; elles prennent le nom de *veines*, et la feuille celui de *veinée*, si elles sont peu apparentes.

Il y a deux sortes de feuilles, la *simple*, dont le pétiole n'offre aucune division : le *disque* est entier ou denté, ou présente des sinuosités plus ou moins profondes ; les parties saillantes se nomment *lobes*. — La feuille *composée* est la réunion de plusieurs petites feuilles attachées sur un pétiole commun.

Passons maintenant en revue les différentes modifications que les feuilles peuvent prendre, et donnons une définition claire des divers noms qu'elles portent dans la science.

Si, au point d'insertion, la feuille s'élargit et embrasse la moitié de la tige ou des rameaux, elle est *demi-embrassante*. — Si elle l'embrasse dans toute sa largeur, elle est *embrassante*.— *Engaînante*, la base de la feuille forme un tube cylindrique, qui enveloppe la tige dans une certaine longueur. — *Décurrente*, elle se prolonge à la base et forme des espèces d'ailes membraneuses sur la tige. — Elle est *perfoliée* ou *connée*, quand deux feuilles opposées se soudent si intimément par la base, que la tige passe au milieu de leurs limbes réunis. — *Radicale*, elle naît immédiatement de la racine. — *Caulinaire*, c'est sur la tige qu'elle est fixée.— *Ramaire*, c'est sur les rameaux. — Deux feuilles qui se trouvent placées vis-à-vis l'une de l'autre sur deux points opposés, sont dites *opposées.— En croix*, si, étant opposées et placées les unes au-dessus des autres, elles paraissent former la croix, lorsqu'on les examine du sommet de la tige jusqu'à la base. —*Alternes*, elles n'ont pas au point opposé de leur insertion une autre feuille. — *Eparses*, elles sont disposées sans ordre sur la tige. — *Unilatérales*, elles naissent toutes du même côté. — *Verticillées*, elles sont en anneau autour de la branche qui les porte.— *Géminées*, elles naissent deux à deux à côté l'une de l'autre.— *Fasciculées*, elles sortent plusieurs ensemble du même point. — *Imbriquées*, elles se recouvrent en partie, comme les tuiles d'un toit.—*En rosette*, elles sont rapprochées, et étalées en forme de réseau.

Orbiculaire, sa figure approche de celle d'un cercle.—*Ovale*, la feuille allongée, arrondie aux deux extrémités, à la partie inférieure plus large.—*Obovale*, elle est plus large au sommet. — *Elliptique*, elle est allongée, arrondie, égale et amincie aux deux extrémités. — *Lancéolée*, elle est allongée et finit insensiblement en pointe.—*Linéaire*, elle est lancéolée, mais étroite. — *Subulée*, très-étroite à la base, elle se rétrécit encore en pointe aiguë au sommet.—*Spatulée*, élargie et arrondie au sommet, elle se rétrécit à la base.— *Oblongue*, plus longue que large, elle a les bords parallèles, et les extrémités obtuses.— *Cordiformes*, elle est échancrée à la base, et présente deux lobes arrondis.—*Réniforme*, beaucoup plus large que haute, elle est arrondie au sommet et échancrée à la base.—*Sagittée*, aiguë au sommet, elle se prolonge à sa base en deux lobes presque parallèles.—*Hastée*, elle a les deux lobes de la base très-écartés, et rejetés en dehors.—*Aiguë*, elle se termine insensiblement en pointe. — *Acuminée*, elle finit par une pointe effilée.—*Mucronée*, son sommet se termine brusquement par une petite pointe. — *Uncinée*, la pointe se termine en crochet.—*Échancrée*, elle a le sommet marqué d'une entaille assez profonde et large.—*Obcordée*, elle est en cœur renversé. — *Biside*, elle est divisée en deux lanières aiguës, peu profondes.— *Bilobée*, ses divisions sont séparées par une échancrure obtuse. — *Bipartite*, ses divisions sont très-profondes.

Digitée, les divisions de la feuille, partant du même point au sommet du pétiole, s'étendent comme une main ouverte. — *Palmée*, quoique les nervures de la feuille partent du sommet du pétiole, ses divisions ne descendent pas jusque-là. — *Auriculée*, elle porte à sa base deux appendices en forme d'oreille. — *Pandurée*, elle a la forme d'un violon. — *Sinuée*, elle porte une ou plusieurs échancres sur ses bords. — *Lyrée*, divisée sur ses côtés en lobes plus ou moins profonds, elle est terminée par un lobe plus considérable. — *Roncinée*, elle a ses lobes latéraux aigus et recourbés vers la base. — *Dentée*, ses dents n'inclinent ni vers le sommet, ni vers la base. — *Dentée en scie*, ses dents s'inclinent vers le sommet. — *Erodée*, présentant de petites dentelures, elle est comme rongée par un insecte.— *Crénelée*, elle porte sur ses côtés de petites dentelures saillantes, arrondies.— *Entière*, son bord est continu, sans dents ni incisions. — *Concave*, elle est bombée par la surface inférieure. — *Convexe*, elle est bombée par la surface supérieure. — *Plane*, elle n'est ni convexe, ni concave. — *Gladiée , en-siforme*, elle est allongée, comprimée, et présente deux tranchants. — *Ondulée*, son bord, s'abaissant et s'élevant alternativement, forme des plis arrondis, comme des ondées. — *Ridée* ou *rugueuse*, sa surface est chargée d'élévations et d'enfoncements alternatifs.— *Scabre*, elle est rude au toucher.— *Scarieuse*, elle est mince, sèche, presque transparente.— *Molle*, flexible et douce au toucher. — *Raide*, elle n'a pas de flexibilité.

Rhomboïdale, la feuille est à quatre côtés, formant quatre angles, dont deux opposés plus obtus. — *Deltoïde*, elle est presque triangulaire. — *Trapéziforme* , elle a quatre côtés égaux. —*Triangulaire*, elle est à trois angles.

Trifide, quadrifide, multifide, la feuille est à trois, quatre, plusieurs divisions étroites, peu profondes.— *Laciniée* , ses divisions sont profondes, inégales.— *Pectinée* , ses divisions étroites et rapprochées, comme dans un peigne. — *Coriace* , épaisse , elle a une certaine consistance. — *Rétuse*, elle offre au sommet une échancrure peu profonde.— *Cunéiforme*, étroite à la base, elle s'élargit au sommet, comme un coin. — *Nageante* , elle se soutient sur l'eau. — *Submergée*, elle est cachée sous l'eau.

Ovée, la feuille a la forme d'un œuf. — *Cylindrique* , sa forme est ronde , longue et d'une égale grosseur. — *Linguiforme* , elle a la forme et l'épaisseur d'une langue. — *Triquétre* ou *trigone*, elle est à trois angles et à trois faces.— *Comprimée*, elle est plus ou moins aplatie sur deux côtés opposés. — *Dressée*, elle forme un angle très-aigu avec le sommet de la tige. — *Apprimée*, elle est serrée contre la tige. — *Ouverte , étalée*, elle forme avec la tige un angle presque droit. — *Infléchie*, elle est fléchie en dedans. — *Réfléchie*, elle est rabattue en dehors. — *Involutée*, elle est roulée en dedans. — *Révolutée*, elle est roulée en dehors. — *Emergée*, la base du pétiole est sous l'eau , et le limbe flotte dessus. — *Caduque* , elle tombe peu de temps après son développement. — *Décidue*, elle vit moins d'une année.— *Marcescente*, elle se dessèche sur la plante avant de tomber.— *Persistante*, elle demeure verte sur la plante pendant plus d'une année.

Feuille composée. — Le pétiole porte des deux côtés et dans toute sa longueur de petites folioles disposées à peu près comme les barbes d'une plume. Aussi appelle-t-on encore cette feuille *ailée*. Dans quelques plantes , les folioles sont *articulées* sur le pétiole , c'est-à-dire, attachées par un point très-étroit de leur base. Dans d'autres, elles sont *continues* avec le pétiole par toute la base de leur petit pétiole. On la dit *une fois ailée* , lorsque les folioles ne sont pas elles-mêmes ailées, ou que le pétiole ne se ramifie pas. — On comprend les mots de *deux fois , trois fois ailée*, etc.— *Pinnatifide*, les découpures, quoique profondes, n'atteignent cependant pas la nervure du milieu. Cette expression est aussi employée comme synonyme de *ailée, pennée*.—*Opposité-pennée*, les folioles sont vis-à-vis.—*Alternati-pennée*, les folioles sont alternes.—*Pennée, ailée avec impaire*, le pétiole commun est terminé par une foliole. —*Pennée, ailée sans impaire*, le pétiole n'est pas terminé par une foliole.— *Interrupté-pennée*, *ailée*, les folioles sont alternativement grandes et petites. — *Décursivé pennée , ailée* , la base des petits pétioles se dilate en aile sur le pétiole commun. — *Surdécomposée*, le pétiole se ramifie plusieurs fois.

Feuilles de Graminée. — La base de la feuille se prolonge en formant une gaîne qui enveloppe toute la tige dans une certaine longueur. Le point de réunion de la gaîne et du limbe a reçu le nom de *collet*. Le *collet* est tantôt nu, tantôt garni de poils, ou muni d'un petit appendice membraneux nommé *ligule* ou *collure*, qui varie de forme suivant les espèces.— Le limbe est allongé, étroit, pointu.— *Canaliculée*, ou *en goutière*, la feuille porte sur sa face supérieure un canal longitudinal,

Le Pédoncule.

Le *pédoncule* est cette partie qu'on nomme vulgairement la *queue* de la fleur et qui la fixe sur la plante. Quelquefois il se ramifie, et chacune de ses divisions, portant une fleur, prend le nom de *pédicelle*.— Le pédoncule est *radical*, s'il part du collet de la racine.— *Ramaire*, ou *caulinaire*, s'il naît sur les tiges ou les rameaux. — *Epiphylle*, s'il a son insertion sur la feuille. — *Axillaire*, s'il naît à l'aisselle des feuilles.— Il est *uniflore*, *biflore*, *multiflore*, suivant qu'il porte une, deux, ou plusieurs fleurs.

Les Bractées.

On trouve fréquemment autour des fleurs un certain nombre de feuilles très-différentes des autres par leur couleur, leur forme, leur consistance. Ce sont des *bractées*. Elles prennent le nom d'*involucre* quand elles sont disposées régulièrement autour d'une ou plusieurs fleurs. Si le pédoncule se divise et qu'à la base de chaque pédicelle il se trouve un petit involucre, on le nomme *involucelle*. Les *bractées* sont ou libres, ou adhérentes au pédoncule. Elles ont ordinairement une consistance foliacée ; d'autres fois elles se composent de petites écailles, qui, soudées entre elles, forment une *cupule*, dans laquelle le fruit se trouve enchassé par la base. La *cupule* est *squammacée* dans le Chêne ; elle est *foliacée*, ou composée de plusieurs petites folioles, dans le Noisetier. — *Péricarpoïde*, formée d'une seule pièce, elle recouvre et cache le fruit, et s'ouvre à la maturité pour le laisser échapper : le Châtaignier.

La Spathe.

La *spathe* est une espèce d'enveloppe membraneuse, souvent sèche, qui renferme une ou plusieurs fleurs, qu'elle recouvre entièrement avant l'épanouissement, et qui se rompt pour leur donner passage. Elle se compose d'une ou plusieurs pièces.

Le Réceptacle.

A l'extrémité du pédoncule est la base sur laquelle reposent immédiatement les diverses parties de la fleur et du fruit. Ce point se nomme *réceptacle*. On en distingue deux sortes : le *réceptacle propre*, qui ne supporte qu'une fleur ; le *réceptacle commun*, qui en supporte plusieurs, dont la réunion forme la *fleur composée*.

La Fleur.

La réunion des divers organes qui concourent plus ou moins à la reproduction de la plante, forme la fleur. Dans la rigueur elle est constituée par la présence de l'*étamine* ou du *pistil*, avec ou sans les enveloppes extérieures destinées à la protéger.

Si nous prenons une fleur complète, la Bourrache, nous y distinguerons plusieurs organes. Au centre est un petit globe surmonté d'un filet ; c'est le *pistil*, qui se compose de l'*ovaire*, du *style* et du *stigmate*. Tout autour se trouvent cinq petits filets surmontés d'un petit sac plein de poussière ; ce sont les étamines qui se forment d'un *filet* et d'une *anthère*. En dehors des étamines, nous voyons une expansion colorée qui leur sert d'enveloppe ; c'est la *corolle*, ordinairement la partie la plus brillante de la fleur. La *corolle* est entourée d'une seconde enveloppe plus ferme, le plus souvent de couleur verte ; c'est le *calice*. Enfin nous voyons vers le milieu de la fleur cinq appendices qui n'ont aucun rapport avec les organes que nous venons de décrire ; ce sont les *nectaires*. Plus tard nous étudierons ces organes.

Si, à l'exception des *nectaires*, tous les organes que nous venons de nommer se trouvent réunis, la fleur est *complète* ; si l'un manque, elle est incomplète. En général, cette qualification de *complète* et d'*incomplète* ne s'applique qu'à la fleur qui est pourvue du calice et de la corolle, ou qui manque de l'un ou de l'autre, et c'est dans ce sens que nous l'employons dans nos descriptions des plantes. — *Fleur à étamines*, elle ne renferme que les étamines. — *Fleur à pistil*, elle n'a que le pistil. — *Fleur à étamines et à pistil*, elle renferme ces deux organes. — *Fleur nue*, elle n'a que les étamines et le pistil, ou l'un des deux, sans calice ni corolle.

Ces différentes modifications de la fleur font distinguer les plantes en *monoïques*, si elles produisent séparément des fleurs à étamines et des fleurs à pistil. — *Dioïques*, si les fleurs à étamines sont sur un individu, et les fleurs à pistil sur un autre. — *Polygames*, la plante porte tout à la fois des fleurs à étamines et à pistil, des fleurs seulement à étamines, et d'autres fleurs à pistil seulement, ou bien ces diverses sortes de fleurs se trouvent sur deux ou même trois individus séparés.

Disposition des Fleurs.

L'arrangement que les fleurs affectent sur la plante s'appelle *inflorescence*. Elles sont *solitaires*, *agrégées*, *terminales*, *latérales*, *axillaires*, *géminées*, *ternées*, *fasciculées*. Comme l'explication de ces termes a déjà été donnée, nous allons définir ceux que nous n'avons pas fait connaître.

Les fleurs en *épi* sont disposées sur un axe commun, simple, non ramifié, qu'elles soient sessiles ou non. — En *grappe*, le pédoncule se ramifie plusieurs fois : la Vigne. — En *thyrse*, les pédicelles sont plus longs au milieu qu'aux deux bouts; ce qui lui donne la forme ovoïde : le Lilas. — En *panicule*, les rameaux sont écartés, étalés, les inférieurs plus allongés : le Roseau commun. — *En corymbe*, les pédicelles partent à quelque distance les uns des autres et arrivent tous à la même hauteur : le Millepertuis. — *En cime*, les pédoncules partent tous du même point, mais les pédicelles sont inégaux, naissent à des points éloignés, et arrivent pourtant à la même hauteur : le Sureau. — *En ombelle*, le pédoncule se divise à son sommet en plusieurs pédicelles égaux, qui à leur tour se subdivisent en plusieurs petits pédicelles qui portent chacun une fleur : la Carotte. — *En tête*, les pédicelles sont presque nuls, et les fleurs, ramassées en grand nombre, forment une agrégation serrée : la Scabieuse. — *En sertule*, les pédicelles sont simples, portent chacun une fleur, partent tous du même point et arrivent à la même hauteur : l'Ail. — *En verticille*, les fleurs forment un anneau autour d'un même point de la tige : les Labiées. — *Spadice*, l'axe simple est couvert de fleurs staminées et de fleurs pistilées, mêlées ou séparées, ordinairement enveloppé d'une spathe : le Gouet. — *Chaton*, c'est l'assemblage de petites fleurs staminées, ou pistilées, sans calice ni corolle, insérées sur des écailles portées par un axe commun : le Noyer. — Le *capitule* ou *calathide* est formé par un nombre de petites fleurs réunies sur un réceptacle commun, plus large que le sommet du pédoncule, et entouré d'un involucre : le Pissenlit.

Des Enveloppes florales.

Les organes de la reproduction sont entourés d'enveloppes particulières qui sont ordinairement au nombre de deux, le *calice* et la *corolle*. Elles ne sont point essentielles à la fleur ; aussi en est-il beaucoup qui en manquent et qui n'en produisent pas moins des fruits parfaits. La réunion de ces deux organes constitue ce que les Botanistes appellent *périanthe*. Il est *simple*, quand l'un des deux manque; *double*, quand on les distingue tous les deux. En général, les Botanistes donnent le nom de *périanthe* ou *périgone*, à l'enveloppe unique qui entoure les étamines et le pistil.

Le Calice.

Le *calice* est l'enveloppe extérieure et foliacée qui entoure la corolle dans les fleurs *complètes*. Il se compose d'un nombre variable de feuilles qui sont distinctes les unes des autres, ou plus ou moins soudées entre elles. On donne le nom de *sépale* à ces feuilles : le calice est donc *monosépale*, si les sépales sont soudés ensemble, et ne forment qu'un corps ; *polysépale*, s'ils sont distincts au point qu'on puisse les arracher sans les déchirer. Le calice *monosépale*, persiste après que la corolle s'est fanée; et le *polysépale* est généralement caduc.

Calice monosépale. Si les divisions du calice atteignent environ la moitié de sa longueur, on dit qu'il est *fendu.* — *Entier*, son limbe ne présente ni dentelure ni division. — *Régulier*, toutes ses parties sont égales entre elles. — *Irrégulier*, ses parties n'ont ni une figure ni une grandeur égale. — *Tubuleux*, il est étroit, allongé, et son limbe n'est point étalé. — *Turbiné*, il a la forme d'une poire. — *Urcéolé*, renflé à la base, il se resserre à la gorge, et son limbe se dilate. — *Campanulé*, il se dilate depuis la base jusqu'à l'orifice, comme une cloche. — *En massue*, il se renfle un peu au sommet. — *Prismatique*, il a des angles et des faces bien marqués. — *Bilabié*, il est divisé en deux lèvres écartées l'une de l'autre. — *Eperonné*, sa base se prolonge en appendice creux. — *Libre*, il est détaché de l'ovaire. — *Adhérent*, il est soudé et fait corps avec l'ovaire, en tout ou en partie.

Calice polysépale. Il est composé d'un plus ou moins grand nombre de *sépales*, qui affectent les diverses formes que nous avons déjà observées dans les feuilles, et comme ces modifications ont été expliquées, nous n'en parlerons pas ici. — *Tubulaire*, ses sépales longs, dressés, sont rapprochés de manière à former un tube : l'Œillet. — *Étoilé*, il est à cinq sépales étalés, pointus, égaux.

La Corolle.

Dans les fleurs *complètes*, la corolle est l'enveloppe la plus voisine des étamines. Souvent peinte des plus vives couleurs, seule elle arrête et fixe l'attention plus qu'aucune autre partie de la plante. Sa contexture est absolument semblable à celle des étamines et des pistils. Aussi, quand la plante reçoit une nourriture trop abondante, les étamines se dilatent et prennent la forme des pétales. La même transformation a lieu, mais plus rarement pour les pistils. C'est ainsi que se forment les fleurs *doubles*.

La fleur prend différentes dénominations suivant les différentes modifications de la corolle. Elle est tantôt composée d'une seule pièce, et alors elle est *monopétale ;* tantôt plusieurs pièces distinctes, disposées sur un ou plusieurs rangs, rentrent dans sa formation, et alors elle est *polypétale.* Si la fleur manque de corolle, elle est *apétale.*

Le *pétale* est la partie colorée de la fleur et se compose de *l'onglet*, partie inférieure, rétrécie, plus ou moins allongée, par laquelle il est attaché à la plante. — Le *limbe*, partie élargie qui surmonte l'onglet. Les *pétales*, adoptant les mêmes formes que les feuilles et les sépales, prennent les mêmes qualifications.

1° **Corolle monopétale.** Dans la corolle *monopétale* il y a trois choses à observer : la partie inférieure, le plus souvent cylindrique, plus ou moins allongée, appelée *tube.* — Le *limbe*, partie supérieure au tube, plus ou moins évasée, ou étalée, ou réfléchie. — La *gorge*, ligne circulaire qui sépare le tube du limbe.

Dans la revue que nous allons faire des diverses modifications que présente la corolle, et des différentes formes qu'elle revêt, nous omettrons celles qui lui sont communes avec le calice ou les feuilles, parce qu'elles ont déjà été expliquées.

Tubulée, le tube de la fleur est très-allongé. — *In fundibuliforme*, ou *en entonnoir*, le tube, étroit dans la partie inférieure, se dilate de manière que le limbe est campanulé. — *En soucoupe, hypocratériforme*, elle a le tube long, étroit, jamais dilaté, et le limbe étalé. — *Rotaée*, ou *en roue*, le tube est très-court, et le limbe est étalé. — *Étoilée*, très-petite, la fleur a le tube très-court, et les divisions aiguës, allongées. — *Labiée*, et *en masque*, ou *personnée*, le limbe forme deux divisions principales; il y a quatre ovaires nus au fond de la corolle pour les *labiées*, et un seul qui devient une capsule, pour les *personnées*. — *Couronnée*, ou *appendiculée*, la fleur à des appendices saillants à la gorge.

2° **Corolle polypétale.** *Cruciforme ou crucifère*, la fleur est composée de quatre pétales en croix. — *Rosacée*, elle a trois à cinq pétales égaux, étalés en rosace. — *Papillonnacée*, elle présente la forme d'un papillon, les ailes étendues. Dans cette espèce de fleur on donne un nom particulier à chaque pétale; l'*étendard* ou *pavillon*, c'est le pétale supérieur qui est ordinairement redressé; la *carène*, le pétale ou les deux pétales inférieurs, en forme de nacelle, qui renferment les étamines et le pistil; les *ailes*, les deux pétales latéraux. — *Caryophyllée*, la fleur est formée de cinq pétales, dont les onglets sont fort allongés et cachés dans le calice, qui est long, dressé.

3° **Fleurs des Orchidées.** Par leur forme, ces fleurs s'éloignent beaucoup des autres. Elles sont monopétales, à six divisions, dont trois intérieures et trois extérieures. Les trois externes sont souvent réunies ensemble avec deux des intérieures et forment, en se rapprochant, une espèce de voûte ou de *casque* qui couvre les étamines et le pistil. C'est de là que la fleur est dite en casque. La division médiane et inférieure des trois intérieures est ordinairement d'une couleur et d'une forme différente des autres, elle s'appelle le *labellum*, ou *tablier*. Cette partie offre le plus souvent des formes très-variées.

4° **Fleurs composées.** Dans ces fleurs on distingue le *fleuron tubuleux*, qui a la forme d'un cornet cylindrique et se divise au sommet en cinq dents régulières. — Le *demi-fleuron*, qui, tubuleux à la base, se déjette bientôt d'un seul côté en forme de languette plane. — Ainsi une *fleur flosculeuse* est celle dont tous les fleurons sont tubuleux. — *Demi-flosculeuse*, tous ses fleurons sont en languette. — *Radiée*, elle a ses fleurons tubuleux dans le disque, en languette sur les bords.

5° **Fleurs de Graminée.** Les Graminées et les Cypéracées, qui s'éloignent tant des autres plantes, par leur aspect général, s'en éloignent encore plus par la fleur qui n'a ni corolle ni calice. Ces organes sont remplacés par des involucres qui affectent une disposition qu'on ne retrouve pas dans les autres végétaux. Aussi leur a-t-on donné des noms particuliers. L'épi, avons nous dit, est la réunion de plusieurs épillets autour d'un axe commun et central, soit que ces épillets soient *pédicellés*, et alors l'épi prend le nom de *panicule*, ou qu'ils soient *sessiles*, et dans ce cas c'est l'*épi* proprement dit, soit qu'ils soient portés sur un court pédoncule, et c'est ici une *panicule spéciforme*. Les épillets se composent d'une ou de plusieurs fleurs. — A la base de chaque épillet se trouvent deux paillettes, rarement une seule; c'est la *glume*. Elle est ordinairement plus grande que les autres parties qui composent la fleur; elle les embrasse et les enveloppe. Elle renferme une ou plusieurs fleurs. Elle n'est donc pas précisément une enveloppe propre de la fleur; elle est regardée par les Botanistes comme une double bractée destinée à les protéger. — Chaque fleur se compose de deux paillettes extérieures qui remplacent le calice: c'est la *bâle*; deux autres paillettes plus petites et plus intérieures représentent la corolle et sont simplement appelées *paillettes*. — Les paillettes qui forment la *glume* et la *bâle*, sont appelées *valves*. La *glume* est rarement à une seule valve, presque toujours à deux, ainsi que la bâle. Les valves sont presque toujours munies d'une arête qui est *terminale*, si elle part du sommet de la valve; *dorsale*, si elle naît le long du dos; *basale*, si elle a son insertion à la base de la valve.

Les Étamines.

Nous avons dit que l'*étamine* se compose du *filet*, qui est un simple support; de l'*anthère*, petit sac membraneux qui contient la poussière fécondante; du *pollen*, qui, sous la forme de matière pulvérulente, est formé de petits globules qui contiennent les parties nécessaires à la fécondation. De ces trois organes, deux sont absolument nécessaires, l'*anthère* et le *pollen*. Le *filet* n'est qu'une partie accessoire, et manque souvent; alors l'anthère est dite *sessile*.

Les *étamines* varient dans les fleurs par le nombre et les proportions. De là le nom de *monandre*, *diandre*, *triandre*, etc., que prennent les fleurs, selon qu'elles ont *une*, *deux*, *trois*, etc., *étamines*. — S'il y a quatre étamines, dont toujours deux plus courtes, la fleur est *didyname*. — Elle est *tétradyname*, si elle a six étamines, dont deux plus courtes.

Quand les étamines sont séparées les unes des autres et qu'elles n'ont d'adhérences à aucune partie de la fleur, si ce n'est par la base du filet, elles sont *libres*, ce qui a lieu dans le plus grand nombre de fleurs. Quelquefois elles sont réunies par les filets; et alors, si elles ne font qu'un seul corps, elles sont *monadelphes* : la Mauve. — Elles sont *diadelphes*, si les étamines sont divisées en deux corps : le Cytise. — Les fleurs sont *polyadelphes*, si les étamines sont en trois ou plusieurs corps : le Millepertuis. — Si les étamines sont réunies par les anthères, de manière à former un tube autour du pistil, la fleur est *synanthérée*, ou *syngénèse* : l'Artichaud. — Dans un certain nombre de plantes, les étamines sont entièrement soudées avec le style et le stigmate; on dit alors qu'elles sont *gynandres* : les Orchis.

Il faut soigneusement observer la situation des étamines vis-à-vis des pétales et des sépales, ou divisions de la corolle et du calice. Elles sont *alternes*, si leur insertion correspond aux incisions du calice ou de la corolle; *opposées*, si elle est vis-à-vis chaque lobe. Elles sont presque toujours *alternes*, quand elles sont en nombre égal aux divisions de la corolle ou du calice. — Il faut voir encore si elles sont plus longues ou plus courtes que la corolle. Dans le premier cas, elles sont *saillantes* ou *exertes;* dans le second, elles sont *incluses*. — *Infléchies*, elles sont pliées en arc, et leur sommet se replie vers le pistil; *réfléchies*, elles sont pliées en dehors. — *Pendantes*, elles ont le filet trop faible pour soutenir l'anthère. — *Ascendantes*, elles se dirigent vers le haut de la fleur. — *Déclines*, elles se dirigent vers le bas. — Les étamines qui ne portent pas d'anthères, sont *stériles*.

Le Pistil.

Le *pistil* se compose de l'*ovaire*, du *style* et du *stigmate*. Comme dans l'étamine, deux de ces parties, l'*ovaire* et le *stigmate*, sont de toute nécessité pour la reproduction de la plante. Le *style* manque assez souvent; alors le stigmate est *sessile* sur l'*ovaire*.

L'ovaire est cette partie renflée qui se trouve à la base du *pistil*, et qui renferme les petits globules qui sont les embryons des semences. — Il est *libre* ou *supère*, quand le calice et la corolle ont leur point d'insertion sur le réceptacle, et que ces enveloppes n'ont aucune adhérence avec lui. — Il est *adhérent* ou *infère*, s'il fait corps par tous les points de sa circonférence avec le tube du calice, ou du périgone : son sommet seul est libre dans le fond de la fleur. — *Pariétal*, il est attaché à la paroi intérieure du calice : le Rosier.

Comme le *fruit* n'est que l'*ovaire* développé, et que souvent il éprouve des altérations par le travail qui le conduit à la maturité, c'est dans l'*ovaire* qu'il faut observer sa structure véritable, le nombre des *cloisons*, des *loges* et des *semences*.

Le *style* est un prolongement filiforme du sommet de l'*ovaire*, qui supporte le *stigmate*. — Le *stigmate* est cette partie du pistil, placée au sommet de l'*ovaire* ou du *style*, destinée à recevoir l'impression de la substance fécondante. Il est ordinairement inégal et visqueux sur sa surface. — Le *stigmate* n'est pas toujours unique, quoiqu'il n'y ait qu'un *style*. Si le *style* est partagé, il y a autant de stigmates que de divisions. — *Pétaloïde*, le stigmate est mince, membraneux, coloré comme les pétales. — *Discoïde*, il est aplati, large. — *Rayonnant*, il se divise en rayons : le Pavot. — *Pénicelliforme*, il est garni de petites touffes de poils qui prennent la forme de pinceau. — *Plumeux*, il porte de chaque côté une rangée de poils disposés comme les barbes d'une plume : les Graminées.

Le Fruit.

Le *fruit* est essentiellement composé de deux parties, la *graine* ou *semence*, et le *péricarpe*, ou enveloppe qui renferme la graine. Le plus souvent, le *péricarpe* est tellement apparent, qu'on ne peut le méconnaître : l'Amandier. Dans certaines plantes il est réduit à une pellicule si mince et si adhérente à la graine, qu'on a coutume de le regarder comme nul : le Froment. Alors la *graine* est dite *nue*.

Dans l'intérieur du fruit se trouvent une ou plusieurs cavités dans lesquelles les graines sont placées. On donne à ces cavités le nom de *loges*. Elles sont disposées autour de l'axe du fruit, sur un plan horizontal. Quelquefois cependant elles sont superposées. Pour indiquer leur nombre, on dit d'un fruit qu'il est *uniloculaire*, *biloculaire*, *triloculaire*, etc., selon qu'il a *une*, *deux*, *trois*, etc., *loges*.

Le nombre des graines n'est fixe ni dans le fruit, ni dans les loges. On dit d'un fruit, ou d'une loge, qu'ils sont *monospermes*, *dispermes*, *trispermes*, etc., s'ils ont *une*, *deux*, *trois*, etc., graines ; *polyspermes*, s'il y a plusieurs graines.

Le *péricarpe* est divisé en plusieurs pièces distinctes qui portent le nom de *valves*. Leur nombre se désigne, comme celui des *loges*, par les mots d'*univalve*, *bivalve*, *trivalve*, etc., s'il y a *une*, *deux*, *trois*, etc., valves. — On appelle *cloisons*, les membranes plus ou moins épaisses qui coupent la cavité intérieure du *péricarpe*. Si elles s'étendent depuis le haut de la cavité jusqu'à sa base, sans aucune interruption, elles sont *complètes* ; si elles ne sont pas continues de la base au sommet, de sorte qu'elles communiquent entre elles, elles sont *incomplètes*.

Quelquefois le fruit est surmonté par une petite touffe de poils soyeux : c'est l'aigrette. Elle est *sessile*, quand elle porte immédiatement sur l'ovaire. Elle est *stipitée* ou *pédicellée*, quand elle est portée sur un petit pivot. Les poils de l'aigrette sont *simples* ou *plumeux*.

Le *péricarpe* se compose de l'*épicarpe*, membrane extérieure, mince, qui détermine sa forme, et le recouvre entièrement. — Du *sarcocarpe*, ou *mésocarpe*, substance ordinairement charnue, toujours abreuvée de sucs aqueux avant la maturité du fruit. Ces sucs s'évaporent lorsque le fruit a acquis toute sa maturité. Alors le *sarcocarpe* semble avoir disparu, et ne plus exister. C'est la partie charnue du fruit.—De l'*endocarpe*, membrane pariétale interne du fruit, et qui tapisse la cavité qui renferme la graine. Quelquefois elle devient dure et osseuse, et constitue ce qu'on appelle le *noyau*.

Classes des Fruits.

Nous divisons les fruits, avec Ach. Richard, en trois classes: fruits *simples*, fruits *multiples* et fruits *agrégés*.

Fruits Simples.

I. Fruits secs. — §. 1. *Fruits secs et indéhiscents.*

La *cariopse*, fruit sec, monosperme, dont le péricarpe adhère et se confond avec le tégument propre de la graine : le Blé.

L'*akène*, fruit sec, monosperme, dont le péricarpe adhère autour de la graine, mais en est cependant distinct : les Synanthérées, le Chardon.

Le *polakène*, fruit qui, à sa maturité, se sépare en deux ou un plus grand nombre de loges, dont chacune est regardée comme un akène : les Ombellifères.

La *samare*, fruit coriace, très-comprimé, souvent prolongé en ailes membraneuses sur les bords : l'Orme.

Le *gland*, fruit uniloculaire, monosperme, renfermé, en partie, dans une *cupule* écailleuse ou foliacée: le fruit du Chêne, du Noisetier.

Le *carcérule*, fruit pruriloculaire, polysperme, indéhiscent: le fruit du Tilleul.

§. 2. *Fruits secs et déhiscents.* Ces fruits s'ouvrent d'eux-mêmes à la maturité.

Follicule. Fruit allongé, membraneux, univalve, uniloculaire, s'ouvrant par une fente longitudinale sur les bords de laquelle les graines sont attachées : le Laurier-rose.

La *silique* est allongée, sèche, formée de deux valves appliquées l'une contre l'autre, ordinairement séparées en deux loges par une cloison longitudinale : le Chou.

La *silicule*, dont la longueur ne dépasse pas quatre fois la largeur: la Lentille.

3

La *gousse* est composée de deux valves appliquées l'une contre l'autre, et portant les graines le long des sutures (On appelle *suture* la ligne de jonction des valves.) : le fruit du Pois. La gousse est quelquefois partagée en deux ou en un plus grand nombre de loges; elle en a deux dans l'Astragale. Elle semble être formée de pièces articulées, comme dans l'hippocrepis; elle est renflée, vésiculeuse dans le Baguenaudier.

La *pixide* est une capsule sèche, s'ouvrant par une fissure transversale en deux valves hémisphériques superposées; elle a la forme d'une boîte à savonnette : la Jusquiame.

La *capsule*, fruit sec, renfermant des graines, et qui ne peut se rapporter à aucune des espèces que nous venons de décrire, et dont la forme est très-variable.

Fruits charnus. — *Drupe*, fruit qui renferme un noyau dans son intérieur : la Cérise. — *Noix*, la partie charnue, appelée *brou*, est moins épaisse que dans la drupe. Le fruit du Noyer.— *Pomme* ou *mélonide*, fruit couronné par les lobes du calice, ne renferme pas un noyau, mais des pepins osseux, ou cartilagineux : la Poire. — La *balauste*, fruit à plusieurs loges et à plusieurs graines, toujours provenant d'un ovaire infère, et couronné par les dents du calice : le Grenadier. — *Péponide*, fruit très-charnu, dont les loges, éparses dans la pulpe, renferment chacune une graine : le Melon. — *Hespéride*, fruit à enveloppe très-épaisse, et divisé en plusieurs loges qu'on peut séparer sans déchirure : l'Orange. — *Baie*, fruit dépourvu de noyau, n'offrant pas de loges distinctes, et dont les graines sont placées au milieu de la pulpe : les Groseilles.

Fruits multiples.

Les fruits multiples sont ceux qui résultent de la réunion de plusieurs pistils renfermés dans une même fleur.

Le fruit des Fraisiers, des Framboisiers, est formé d'un nombre plus ou moins considérable de petites drupes réunies sur un gynophore charnu. — Plusieurs petits akènes réunis forment le fruit de la Renoncule.

Fruits agrégés ou composés.

Le *cône* ou *strobile* est composé d'écailles ligneuses, imbriquées, portant à leur aisselle un fruit sec dont le péricarpe est plus ou moins solide : le Pin. — La *sorose*, c'est la réunion de plusieurs petits fruits charnus, soudés en un seul corps, formant une baie mamelonée : le fruit du Mûrier. — La *syncône* est formée par une enveloppe charnue, succulente à son intérieur, contenant un grand nombre de petites drupes : la Figue.

La Graine.

La graine est la partie essentielle du fruit, renfermée ordinairement dans un péricarpe, et contenant le rudiment d'une plante nouvelle, en tout semblable à celle qui l'a produite. Depuis le moment de la fécondation elle attend la circonstance favorable pour développer le principe de vie qu'elle a reçu ; et, lorsque le moment est arrivé, elle rompt ses téguments, donne essort à l'*embryon*, le protége et le nourrit à l'aide des *cotylédons*.

La graine n'est pas un corps simple ; elle renferme deux parties distinctes, l'*épisperme* et l'*amande*.

L'*épisperme*, enveloppe propre de la graine, consiste en une membrane mince qui est très-visible dans certaines graines, comme le Haricot ; et par un point apparent dans d'autres. Il est marqué d'une cicatricule plus ou moins distincte ; c'est le *hile* ou *ombilic*, qui est le point par lequel la graine est attachée au péricarpe. Quand l'épisperme est adhérent et soudé au péricarpe, comme dans le Blé, le fruit n'offre qu'une enveloppe extérieure qui réunit les deux organes.

L'*amande* est une substance généralement blanche, contenue dans l'épisperme d'une graine mûre et parfaite. Elle présente deux parties, le *périsperme* et l'*embryon*.

Le *périsperme*, encore appelé *albumen*, *endosperme*, est cette partie qui enveloppe l'*embryon* et l'accompagne. Il peut facilement s'en séparer. Il est formé de fécule ou d'un mucilage épais, qui nourrit l'*embryon* avant son développement et pendant la germination.

L'*embryon* est le rudiment d'un nouvel être, déjà contenu dans l'ovaire de la fleur avant la fécondation, mais alors inerte, incapable de se développer, puis recevant par la fécondation le principe de la vie. Par la germination il va devenir un végétal semblable en tout à celui dont il tire son origine. Toutes les parties qu'un jour il doit montrer dans un plus ou moins grand développement, existent déjà, mais infiniment en raccourci. Il se compose de quatre parties : la *radicule*, le *corps cotylédonaire*, la *gemmule* et la *tigelle*.

La *radicule*, qui forme l'extrémité inférieure de l'*embryon*, est quelquefois difficile à distinguer dans la graine sèche. Mais dès l'instant que par la germination la graine se décompose, on la voit sortir et tendre à s'enfoncer dans le sein de la terre. Quelquefois elle est simple ; le plus souvent elle se partage en plusieurs filets qui deviennent les racines de la plante.

Le *corps cotylédonaire*, formant l'extrémité supérieure de l'*embryon*, est tantôt simple, tantôt composé de deux ou de plusieurs parties réunies par la base. Quand la graine ne se divise pas, elle laisse sortir par le côté la radicule, ou la *gemmule*. Dans le plus grand nombre de plantes le *corps cotylédonaire* se divise en deux, comme dans le Gland. Il arrive quelquefois que les deux cotylédons se soudent et qu'au premier coup d'œil il est difficile de décider si l'embryon est *monocotylédoné* ou *dicotylédoné*. Un petit nombre de plantes a l'embryon divisé en plus de deux parties : le Pin-Laricio a cinq cotylédons, le Pin-Pinier en a dix.

Les plantes sont divisées en deux grandes classes, les *monocotylédonées* et les *dicotylédonées*, suivant que le fruit a *un* ou *plusieurs cotylédons*.

La *gemmule* ou *plumule* est formée de plusieurs petites feuilles plissées, situées entre les cotylédons, ou dans l'intérieur de la graine, s'il n'y a qu'un cotylédon. La *gemmule* se dirige vers le ciel aussitôt que la graine germe; c'est la partie *aérienne* de la plante, et la *tigelle* la partie *souterraine*. Aucun effort humain ne peut détourner la direction de ces deux organes. Que la graine soit renversée, suspendue ou comprimée, toujours la tigelle se dirigera vers la terre et la gemmule recherchera le ciel.

La *tigelle* est le rudiment de la tige. Son point de départ est marqué par l'insertion des cotylédons.

CLASSIFICATION DES PLANTES.

Le Botaniste qui vivait 400 ans avant Jésus-Christ, Théophraste, a décrit 530 espèces; en 1759, Linnée en a décrit 9,000; en 1800, on en connaissait 25,000; en 1840, on était arrivé au nombre de 80,000, et bientôt il sera porté à 100,000. Cette effrayante progression démontre la nécessité d'une méthode qui puisse, comme le fil d'Ariane, guider l'étudiant dans le labyrinthe du règne végétal. Il ne faut pas que l'amateur des fleurs ait besoin de lire d'un bout à l'autre la *Flore* renfermant la description de toutes les plantes du pays où il a cueilli celle dont il veut connaître le nom.

Pour distinguer entre eux les innombrables individus qui sont du domaine de la Botanique, il ne suffit pas de leur donner un nom particulier; il faut encore indiquer les caractères propres à les faire connaître; et ces caractères, afin d'être d'une application constante et sûre, doivent être assez nombreux, et assez tranchés, pour que leur ensemble ne puisse pas convenir à la description d'aucun autre. Mais, comment la mémoire pourrait-elle recueillir et conserver cette liste immense de noms, ce vaste catalogue de traits différentiels? Il a donc été nécessaire d'établir des rapprochements, de créer des divisions et des subdivisions qui devinssent autant de moyens indicateurs, autant de jalons propres à diriger l'esprit humain dans cette route difficile. Cette suite de divisions et de subdivisions, ces arrangements conventionnels, ont reçu le nom de **Classification**. Après beaucoup d'essais infructueux, on comprit que la *fleur*, renfermant la graine qui doit perpétuer l'espèce, et se composant de parties dont la forme, la couleur, le nombre et la connexion diffèrent essentiellement dans chaque individu, la fleur était la partie de la plante qui pouvait fournir les caractères les plus favorables à une bonne *Classification*. Aussi est-ce sur la fleur que sont basés les systèmes qui ont résisté à l'épreuve décisive de l'expérience, celui de Linnée, et celui de Jussieu ; je ne parle pas de celui de Décandolle, qui n'est que la reproduction légèrement modifiée des *genres disposés en familles*.

Ces deux grands hommes ne sont pas partis de la même base, n'ont pas suivi le même ordre d'idées. Linnée a groupé les plantes d'après des considérations qui n'ont rapport qu'aux modifications que présente une de leurs parties ; Jussieu, au contraire, s'est appuyé sur l'ensemble de leur organisation. Linnée a établi un *système artificiel*, une marche pour mener rapidement au nom de la plante ; Jussieu a fondé la *méthode naturelle*, a fait connaître les rapports des plantes.

La *méthode naturelle* indique les affinités, et, si je puis m'exprimer ainsi, la filiation des plantes, le degré de parenté qui les rapproche, et les met à la place que la nature leur a assignée dans la chaîne que forme leur ensemble.

Le *système artificiel* n'a pas une aussi haute portée ; il est uniquement destiné à faire arriver facilement à la connaissance de chaque individu. Pourtant, si la *méthode* a réellement plus de valeur scientifique, ou plutôt si, seule, elle a cette valeur, le *système*, n'est pas à dédaigner, il a bien aussi son mérite, et ne concourt pas moins que la méthode aux progrès de la science, puisqu'il entre nécessairement dans l'idée d'une bonne *classification*, dont le but essentiel est de résoudre ces deux problèmes :

1° Faire connaître promptement le nom que les Botanistes ont assigné à une plante, l'isoler au milieu du règne végétal par des caractères différentiels aussi saillants que possible. — C'est l'objet que doit remplir le *système*, ne tendant qu'à la facilité des recherches, et, devant, par conséquent, établir ses divisions et ses subdivisions sur des caractères les plus apparents, quelque bizarres et disparates qu'ils puissent être. A ce point de vue, le système de Linnée est un chef-d'œuvre qui ne sera peut-être jamais surpassé.

2° Placer chaque individu et chaque genre à côté de ceux avec lesquels ils offrent le plus de ressemblances essentielles. — C'est l'objet que doit remplir la *méthode*, véritable science, qui établit ses divisions sur les organes les plus importants.

Le *système* nous fait découvrir le nom de l'individu, en nous donnant son signalement, la méthode nous montre sa position sociale dans le royaume des végétaux. La seconde est donc le complément du premier ; mais le premier est indispensable à la seconde, qui ne peut nous indiquer les rapports des plantes, si déjà nous ne sommes familiarisés avec elle par le moyen du *système*. Il ne faut donc pas séparer leur étude.

Mais, pour arriver aux beaux résultats que nous venons d'indiquer, la méthode et le système sont obligés de descendre aux plus minutieux détails, d'examiner chaque individu en particulier, de noter les caractères qui lui sont propres, d'indiquer ceux qui lui sont communs avec d'autres, et qui sont, pour ainsi dire, le sceau de leur consanguinité. Les plantes qui possèdent, chacune, des caractères exclusifs et constants, et qui en même temps en portent d'autres qui sont comme le signe de leur parenté, se montrent aux yeux de l'observateur comme des sœurs, toutes enfants du même père et membres de la même famille. — « Ces analogies, dit un auteur, ont fait regarder ces plantes comme appartenant à un même type, adopté pour elles par le Créateur ; et, de même que, dans l'espèce humaine, plusieurs frères, différant les uns des autres sous le rapport de la taille, de l'embonpoint, de la coloration des cheveux et de la peau, offrent néanmoins dans la coupe du visage, et surtout dans l'expression des traits et des regards, une analogie qui les fait reconnaître pour les enfants d'un même père ; de même aussi certaines plantes, qui ne se ressemblent ni par leurs dimensions, ni par les proportions respectives des fibres et du parenchyme, ni par la forme des feuilles, ni par la consistance de la tige, présentent dans leur fleur, qui est en quelque sorte leur *visage*, c'est-à-dire la partie la plus apparente, une conformité de structure révélant à l'observateur le moins habile la parenté qui les unit. »

C'est à cette réunion d'êtres parfaitement semblables, considérés chacun en particulier, qu'on a donné le nom d'*espèce*. L'*espèce* est donc *l'ensemble des individus qui se reproduisent constamment de la même manière*. Les caractères sur lesquels est fondée la distinction des différentes espèces entre elles, sont en général tirés des organes de la végétation, c'est-à-dire des feuilles, de la tige, et de la racine.

Mais l'*espèce* elle-même peut se subdiviser; plusieurs individus ayant les mêmes caractères peuvent être placés dans des conditions différentes pour chacun d'eux; l'un végètera sur un rocher aride, l'autre dans un sol marécageux; celui-ci sera abrité, celui-là sera battu par les vents. Le végétal soumis à ces diverses influences finira par éprouver des changements dans ses qualités sensibles, telles que le volume de sa racine, les dimensions, la consistance et la durée de sa tige, la forme, la couleur, l'odeur de ses fleurs, la forme de son fruit, etc. Mais ces changements, quelques considérables qu'ils puissent être, n'effaceront pas le caractère de l'espèce que l'on reconnaîtra toujours au milieu de ces modifications. *L'ensemble des individus d'une même espèce qui ont subi une modification semblable, porte le nom de* VARIÉTÉ.

Ainsi le *Laurier-rose* a habituellement les fleurs d'un beau rose; mais quelquefois les fleurs sont blanches, sans que pour cela il ait perdu aucun de ses autres caractères. Le *Laurier-rose-blanc*, n'est donc qu'une variété de celui à fleurs *roses*. En effet, si l'on sème des graines de l'individu à fleurs *blanches*, elles donneront naissance à des arbustes dont les fleurs seront indifféremment roses ou blanches; ce qui prouve que les variétés ne se conservent pas toujours par le moyen des graines. La raison de ce phénomène, c'est que les caractères des variétés, tenant à des causes accidentelles, ne peuvent pas être constants; dès que la cause altérante s'arrête, l'altération cesse, et l'espèce primitive reparaît avec son type originel.

Il y a une modification de l'*espèce* qui est plus constante, c'est l'*hybride*. *L'hybridité est le résultat de l'union de deux plantes de la même famille*. Pour l'obtenir, il suffit, le plus souvent, de faire croître à côté les uns des autres les végétaux que l'on veut modifier l'un par l'autre. C'est par ce moyen que l'on a obtenu les meilleures races de Froment.

Il y a deux sortes d'hybridité : les hybrides congénères, c'est-à-dire provenant de deux espèces du même genre, et les hybrides bigénères, nées de deux espèces appartenant à des genres différents. Parmi les hybrides, les uns, malgré quelques différences de forme et de proportion, laissent voir leur véritable origine; mais d'autres permettent à peine que l'on forme quelques soupçons sur leur provenance, ou tiennent dans une incertitude absolue.

Maintenant il est aisé de comprendre pourquoi les hybrides sont plus constants dans leur *facies* que les variétés. Ces dernières n'ont éprouvé d'altération dans leur forme que par des causes accidentelles, extérieures, qui peuvent disparaître; les premières, au contraire, ont toujours été ce qu'elles sont, elles ont une existence à elles, et nulle cause extérieure ne peut changer leur manière d'être, parce que nulle cause étrangère la leur a donnée. La *variété* revient à son type originel; mais l'hybride reste constamment ce qu'elle est, et peut fonder un type nouveau. C'est la doctrine de Linnée. « Bien des raisons, dit ce grand homme, me persuadent que ces précieuses plantes qui alimentent nos cuisines, les diverses races de Chou, de Laitue, etc., n'ont pas d'autre origine, et je crois que c'est pour cela qu'elles n'éprouvent jamais aucun changement. Je n'ai donc point foi à l'axiôme qui assure que toutes les variétés proviennent de la diversité du sol qu'elles habitent, de la différente culture qu'elles reçoivent; car, si cette règle était vraie, lorsque l'on placerait les hybrides dans un sol d'une nature différente, ou qu'on leur donnerait une culture tout opposée, elles reprendraient leur type originel; ce qui n'arrive jamais. » — *Multis enim argumentis adductus plerasque illas præstantissimas varietates plantarum, in culina expetitas, ejus modi generatione enatas esse, ut multæ illæ Brassiæ, Lactucæ, etc., et ob hanc causam à loco non mutari, opinor. Unde illi regulæ fidem habere non possum, quæ varietates omnes ex soli diversâ naturâ oriri tradit, quæ si vera foret, plantæ etiam, cum loco denuò mutarentur, pristinam recuperarent faciem.* (De Sexu Plant. in fine.)

Le *genre* se compose d'un nombre plus ou moins considérable d'espèces, réunies par des caractères communs, tirés des *organes de la fructification*, mais toutes distinctes les unes des autres par des caractères *spécifiques*, particuliers à chacune d'elles, et fournis par les *organes de la végétation*. Ainsi, le genre *Ononis* a pour caractères le calice à *cinq divisions, ouvert après la floraison*, la corolle papillonacée, à carène terminée par *un bec pointu, subulé;* dix étamines monadelphes, le fruit en gousse, renflé. Toutes les espèces de ce genre devront présenter ces mêmes caractères. Mais elles se distingueront les unes des autres par la forme de leur tige et de leurs feuilles, par la disposition de leurs fleurs, et par tous les changements qu'elles peuvent offrir dans leurs diverses parties.

Maintenant, prenez un *Anthyllide*. Vous ne trouverez pas tous les caractères que nous venons de voir dans l'*Ononis*, il vous en présentera de nouveaux qui le constituent en genre distinct de l'*Ononis*. Ici le calice est à *cinq dents, fermé après la floraison, renfermant la gousse,* la corolle papillonacée, à carène *obtuse, ou terminée par une pointe très-courte,* dix étamines monadelphes.

Ces deux plantes, par les caractères qui leur sont communs, nous disent qu'elles appartiennent à la même famille, mais par ceux qui leur sont propres, elles nous montrent qu'elles sont bien distinctes l'une de l'autre. L'analogie de composition de toutes les parties de leur fleur nous les fait regarder comme sœurs, et les différences que nous y apercevons, nous empêchent de les confondre et de les prendre pour une seule et même plante. Toutes celles que nous trouverons avec cette forme de fleur et ses modifications, nous les rapporterons à l'un ou à l'autre de ces deux types. Celles qui auront un *calice à cinq divisions ouvertes après la floraison*, la carène *en bec pointu, subulé*, seront pour nous des *Ononis*. Celles, au contraire, dont le calice sera à *cinq dents, fermé après la floraison*, et la carène *obtuse* ou terminée par *une pointe courte*, seront des *Anthyllides*.

Si nous fesons pour les *genres* ce que nous avons fait pour les *espèces*, c'est-à-dire si nous rapprochons tous ceux qui ont des caractères communs et analogues, nous formerons des *ordres* ou des *familles :* des *ordres*, si nous n'avons égard qu'à un seul caractère, comme le nombre des stigmates, ou la forme du fruit, ou tel autre caractère ; des *familles*, si nous fesons concourir à cette réunion toutes les considérations que l'on peut tirer de la forme, de la structure, et de la disposition respective des organes des végétaux.

L'ordre ou la *famille naturelle* est donc la réunion plus ou moins nombreuse des genres qui offrent tous les mêmes caractères dans les principaux organes de la fructification.

Ainsi la famille des *légumineuses* où se trouvent l'*Ononis* et l'*Anthyllide*, a pour caractères : *un embryon à deux cotylédons; une radicule dirigée vers l'ombilic; un fruit en gousse dont les graines sont toutes attachées à la même suture; le calice à cinq dents ou à deux lèvres; la corolle papillonacée; dix étamines insérées avec la corolle, réunies ensemble par les filets, ou neuf seulement réunies, et la dixième libre.* Toutes les plantes dans lesquelles ces caractères se trouveront, appartiendront à cette famille, mais cependant nous observerons quelques légères modifications, qui n'altéreront point le caractère du type, et qui serviront à distinguer les genres, comme nous l'avons vu dans l'*Ononis* et l'*Anthyllide*.

Plusieurs familles peuvent avoir un même caractère qui les réunit sous un même type, comme nous venons de voir plusieurs genres se grouper autour d'une même forme. Ces divisions, qui ont chacune des caractères propres, mais qui conservent entre elles une grande analogie et des affinités marquées, sont les *classes*, ou les divisions les plus générales du règne végétal.

C'est ainsi que l'observation a fait découvrir les liens qui unissent les plantes les unes aux autres; et la science, s'emparant de cette merveilleuse découverte, les a placées de manière que chacune a avec celle qui la précède et avec celle qui la suit plus de rapports qu'avec aucune autre.

Observons, cependant, que la méthode seule peut former cet enchaînement admirable, et assigner à chaque plante le rang que le Créateur lui a, peut-être, donné. Le système n'étudie pas si profondément leur nature. Il ne forme que des ordres et des classes artificielles.

Après avoir montré comment l'espèce, le genre, l'ordre, la famille et la classe se constituent, je vais exposer rapidement les bases sur lesquelles est fondée la *méthode naturelle*.

Méthode naturelle.

De Jussieu a divisé sa *méthode* en 15 classes. Il partage d'abord tous les végétaux en deux grandes sections, dont il tire le caractère de la présence ou de l'absence de l'embryon. De là les *embryonés* et les *inembryonés*.

Les plantes embryonées sont divisées en *monocotylédonées* et *dicotylédonées*, suivant que leur semence présente *un* ou *deux* cotylédons. Ainsi tous les végétaux rentrent dans ces trois grandes divisions : 1° les *acotylédonés*, ou *inembryonés;* 2° les *monocotylédonés;* 3° les *dicotylédonés*.

Pour former les classes, Jussieu prend d'abord l'insertion des étamines : il trouve qu'elles ont leur point de départ : 1° sur le réceptacle ; 2° sur le calice ; 3° sur l'ovaire. Il distribue de cette manière dans trois classes toutes les plantes *monocotylédonées*.

Il trouve, pour les *dicotylédonées*, les caractères des groupes primitifs dans la corolle, suivant qu'elle est formée d'une seule ou de plusieurs pièces, ou qu'elle n'existe pas : ainsi les trois groupes 1° des *apétales* ; 2° *monopétales* ; 3° *polypétales*.

Les *apétales* sont distribuées dans trois classes d'après les trois modes d'insertion que présentent les étamines.

Les *monopétales* offrent aussi trois modifications dans l'insertion de la corolle qui porte toujours les étamines avec elle : elle est insérée ou sur le réceptacle, ou sur le calice, ou sur l'ovaire. Mais comme parmi les plantes qui ont la corolle insérée sur l'ovaire, les unes ont les anthères soudées, et les autres les ont libres, l'auteur en a tiré le caractère de deux classes. Il a donc quatre classes pour les fleurs *monopétales*.

L'insertion des étamines donne aussi les caractères de trois classes dans lesquelles viennent se ranger toutes les plantes à fleurs *polypétales*.

Enfin, les plantes qui portent sur un individu des fleurs à étamines, et sur un autre des fleurs à pistils, rentrent dans la dernière classe de la méthode.

TABLEAU SYNOPTIQUE DE LA MÉTHODE DE JUSSIEU.

CLASSES.

ACOTYLÉDONES. . . . . 1. ACOTYLÉDONIE.

MONOCOTYLÉDONES.
- Étamines insérées sur le réceptacle. 2. MONO-HYPOGYNIE.
- Étamines insérées sur le calice. . . 3. MONO-PÉRIGYNIE.
- Étamines insérées sur l'ovaire. . . . 4. MONO-ÉPIGYNIE.

DICOTYLÉDONES.

FLEURS APÉTALES. . . .
- Étamines insérées sur l'ovaire. . . . 5. ÉPISTAMINIE.
- Étamines insérées sur le calice. . . 6. PÉRISTAMINIE.
- Étamines insérées sur le réceptacle. 7. HYPOSTAMINIE.

FLEURS MONOPÉTALES.
- Corolle staminifère insérée sur le réceptacle. . . . . 8. HYPOCOROLLIE.
- Corolle staminifère insérée sur le calice. . . . . 9. PÉRICOROLLIE.
- Corolle staminifère insérée sur l'ovaire. . . . .
  - ÉPICOROLLIE.
  - 10. SYNANTHERIE.
  - ÉPICOROLLIE.
  - 11. CORISANTHERIE.

FLEURS POLYPÉTALES. .
- Étamines insérées sur l'ovaire. . . . 12. ÉPIPÉTALIE.
- Étamines insérées sur le réceptacle. 13. HYPOPÉTALIE.
- Étamines insérées sur le calice. . . 14. PÉRIPÉTALIE.

FLEURS A ÉTAMINES ET FLEURS A PISTILS sur des individus différents. . . . . 15. DICLINIE.

La méthode de Décandolle, avons-nous dit plus haut, est la reproduction légèrement modifiée de celle de Jussieu. Son but est de préciser plus nettement l'insertion des étamines, par conséquent, de la rendre plus rigoureusement naturelle, et d'une application plus certaine. Il fait deux grandes coupes de tous les végétaux : 1° les *vasculaires*, c'est-à-dire dont le tissu est formé de cellules et de vaisseaux; 2° les *cellulaires*, dont le tissu est composé seulement de cellules.

Il divise les vasculaires en deux sections suivant la nature de leur mode d'accroissement : 1° les *exogènes*, c'est-à-dire les végétaux qui offrent leurs faisceaux fibro-vasculaires disposés par couches concentriques, dont les plus jeunes sont en dehors; — 2° les *endogènes*, c'est-à-dire ceux dont les faisceaux fibro-vasculaires sont disposés sans ordre, et dont les plus jeunes sont au centre de la tige.

Il forme quatre classes des *exogènes*. L'insertion des étamines combinée avec l'insertion de la corolle, suivant qu'elle est formée d'un seul ou plusieurs pétales, lui donne les caractères de trois classes. La quatrième a pour caractère une seule enveloppe florale.

Les *endogènes* rentrent toutes dans deux classes caractérisées par la fructification visible et régulière, ou invisible et irrégulière.

Enfin, les végétaux *cellulaires* ou *acotylédonés* forment deux classes, suivant qu'ils ont des expansions d'apparence foliacée, ou qu'ils en sont dépourvus.

CLASSIFICATION DE DÉCANDOLLE.

CLASSES.

VÉGÉTAUX VASCULAIRES, ou Cotylédonés.

EXOGÈNES....

Corolle polypétale et étamines insérées sur le pistil. . . . . 1. THALAMIFLORES.

Corolle polypétale ou monopétale et étamines insérées sur le calice. . . . . 2. CALYCIFLORES.

Corolle monopétale staminifère insérée sur le réceptacle. . . . . 3. COROLLIFLORES.

Une seule enveloppe florale, ou calice et corolle semblables. . . . . 4. MONOCLAMYDÉES.

ENDOGÈNES...

Fructification visible et régulière. . . . . . 5. PHANÉROGAMES.

Fructification invisible et irrégulière. . . . 6. CRYPTOGAMES.

VÉGÉTAUX CELLULAIRES, ou Acotylédonés.

Expansions d'apparence foliacée. . . . . . 7. FOLIACÉS.

Pas d'expansions foliacées. . . . . 8. APHYLLES.

Afin de rendre mon livre aussi complet que possible, je placerai à la fin du second volume tous les genres de la *Flore Française* d'après la classification de Décandolle. La FLORE ÉLÉMENTAIRE DE LA FRANCE réunira ainsi la facilité, l'agrément du *système* à la science de la *méthode*. Quand une fois on se sera familiarisé avec les plantes par le moyen du système de Linnée, on pourra s'élever plus haut, s'occuper proprement de la science, en étudiant, avec la méthode, les rapports des végétaux. Cette étude aura d'autant plus d'agrément, qu'on fera, pour ainsi dire, soi-même sa méthode. A mesure qu'on sera parvenu à déterminer quelques plantes, on les mettra à la place qu'elle leur indique ; on essaiera de découvrir les analogies qui les unissent ; et cette découverte ranimera le goût de la plus aimable des sciences.

EXPOSITION DU SYSTÈME DE LINNÉE

MODIFIÉ PAR LE DOCTEUR CL. RICHARD.

LINNÉE a divisé son **système** en 24 classes, désignées chacune par un nom dérivé du grec, qui en indique le caractère, et il l'a basé sur des considérations qu'il est de la plus haute importance de bien connaître et que, d'ailleurs, il est facile de se graver dans la mémoire.

Tous les végétaux rentrent dans les deux grandes sections de plantes à *fleurs visibles* et de plantes à *fleurs invisibles*. Les premières sont appelées *phanérogames*, et les secondes *cryptogames*. Mais comme la première section renferme un bien plus grand nombre de plantes, elle est divisée en 23 classes : la seconde n'en contient qu'une, qui est la dernière du système.

Parmi les plantes à *fleurs visibles*, les unes ont les *fleurs à étamines et à pistil*, d'autres à *étamines* ou à *pistil seulement*. Les vingt et une premières classes sont renfermées dans la première division ; les vingt-deuxième et vingt-troisième dans la seconde.

Les fleurs de la première division varient entre elles par le *nombre*, l'*insertion*, la *proportion* et la *réunion* des étamines.

Les fleurs à étamines libres, égales, et en nombre déterminé, sont réparties dans les *dix* premières classes.

L'*insertion* des étamines et leur nombre indéterminé constituent les caractères des onzième, douzième et treizième classes.

La *proportion* relative des étamines donne le caractère des quatorzième et quinzième classes.

La *réunion* des étamines peut se faire de diverses manières.

La *réunion* des étamines par le filet est le caractère des seizième, dix-septième et dix-huitième classes.

La *réunion* par les anthères forme le caractère des dix-neuvième et vingtième classes.

La *réunion* avec le pistil constitue la vingt-unième classe.

Les fleurs à étamines sans pistil, ou à pistil sans étamines peuvent se trouver sur la même plante, ou sur deux plantes de la même espèce.

La présence de fleurs staminées et de fleurs pistilées sur la même plante constitue le caractère de la vingt-deuxième classe.

La présence de fleurs staminées sur une plante, et de fleurs pistilées sur une autre de même espèce, caractérise la vingt-troisième classe.

Les plantes à *fleurs invisibles* ou peu apparentes sont toutes réunies dans la vingt-quatrième classe.

Telles sont les considérations qui ont conduit **Linnée** dans la formation de son *système*. Il se fondait donc 1° sur le nombre des étamines ; 2° sur leur insertion ; 3° sur leur proportion relative ; 4° sur leur réunion ; 5° sur la séparation des étamines et des pistils ; 6° enfin, sur l'absence ou le peu d'apparence des fleurs.

Nous allons maintenant donner le tableau des vingt-quatre classes avec le caractère et le nom de chacune.

I. — *Nombre déterminé des Étamines.*

1re CLASSE. = **Monandrie ;** elle renferme toutes les plantes qui n'ont qu'*une* étamine : le Callitriche.

2° CLASSE. = **Diandrie ;** fleurs à 2 étamines : le Jasmin.

3° CLASSE. = **Triandrie ;** fleurs à 5 étamines : le Glayeul, la Stipe.

4° CLASSE. = **Tétrandrie ;** fleurs à 4 étamines : le Cornouiller mâle.

5° CLASSE. = **Pentandrie ;** Fleurs à 5 étamines : la Primevère officinale, le Boucage tragium.

6° CLASSE. = **Hexandrie ;** fleurs à 6 étamines : la Galanthe des neiges.

7° CLASSE. = **Heptandrie ;** fleurs à 7 étamines : le Marronnier d'Inde.

8° CLASSE. = **Octandrie ;** fleurs à 8 étamines : la Chlore perfoliée.

9° CLASSE. = **Ennéandrie ;** fleurs à 9 étamines : le Laurier-franc.

10° CLASSE. = **Décandrie ;** fleurs à 10 étamines : le Dictame-blanc.

II. —*Insertion des Étamines en nombre non régulièrement déterminé, mais dépassant dix.*

11° CLASSE. = **Polyandrie ;** plus de 10 étamines insérées sur le réceptacle ; pistil simple ou multiple ; ovaire supère : la Renoncule à feuilles de graminée.

12° CLASSE. = **Calycandrie ;** plus de 10 étamines insérées sur le calice ; l'ovaire libre ou pariétal : le Rosier des champs.

13° CLASSE. = **Hystérandrie ;** plus de 10 étamines insérées sur l'ovaire tout-à-fait infère, adhérent au calice : le Grenadier commun.

III. — *Proportion des Étamines entre elles.*

14e CLASSE. = **Didynamie;** 4 étamines, dont 2 plus courtes opposées; fleurs labiées, en masque : le Melissot des bois.

15e CLASSE. = **Tétradynamie;** 6 étamines, dont 2 plus courtes opposées; corolle de 4 pétales en croix : la Drave des murs, la Dentelaire à cinq feuilles.

IV. — *Réunion des Étamines par les Filets.*

16e CLASSE. = **Monadelphie;** toutes les étamines réunies en un seul faisceau par les filets : la Stégie lavatère.

17e CLASSE. = **Diadelphie;** toutes les étamines réunies en deux faisceaux par les filets : le Pois commun.

18e CLASSE. = **Polyadelphie;** les étamines réunies en trois ou plusieurs faisceaux par les filets : le Millepertuis beau.

V. — *Réunion des Étamines par les Anthères.*

19e CLASSE. = **Synanthérie;** 5 étamines réunies par les anthères, formant un tube autour du pistil : fleurs composées : le Pissenlit commun, la Sarriète à feuilles variables, le Chrysanthème cotonneux.

20e CLASSE. = **Symphysandrie;** 5 étamines soudées par les anthères, quelquefois aussi par les filets : fleurs simples, ovaire polysperme : la Violette bicolore.

VI. — *Étamines soudées avec le Pistil.*

21e CLASSE. = **Gynandrie;** étamines soudées avec le pistil en un seul corps : l'Orchis peint.

VII. — *Séparation des Étamines et des Pistils; c'est-à-dire, des Fleurs à Étamines sans Pistil, et des Fleurs à Pistil sans Étamines.*

22e CLASSE. = **Monœcie;** des fleurs à étamines sans pistil, et des fleurs à pistil sans étamines sur la même plante : la Sagittaire à feuilles en fer de flèche, le Chêne à fleurs sessiles.

23e CLASSE. = **Diœcie;** des fleurs à étamines sans pistil sur une plante, et des fleurs à pistil sans étamines sur une autre plante de la même espèce : la Valisnérie spirale.

VIII. — *Absence ou peu d'apparence des Fleurs.*

24e CLASSE. = **Cryptogamie;** plantes dont les fleurs sont invisibles, ou très-peu apparentes : l'Ophioglosse vulgaire, la Marsilée à quatre feuilles, le Cétérac de Maranta.

Des Ordres.

Des considérations analogues à celles qui ont déterminé **Linnée** dans la formation des classes, l'ont conduit à y faire des coupes basées sur un caractère saillant, invariable, parce qu'il est naturel, et à réunir dans les groupes toutes les plantes qui portent ce caractère. C'est de là qu'est né l'*ordre*.

Les *ordres* sont formés d'après le nombre des pistils pour les treize premières classes. — Voyons les noms qui ont été donnés aux différents ordres :

1er ORDRE. — **Monogynie**, un seul style.

2e ORDRE. — **Digynie**, 2 styles.

3e ORDRE. — **Trigynie**, 3 styles.

4e ORDRE. — **Tétragynie**, 4 styles.

5e ORDRE. — **Pentagynie**, 5 styles.

6e ORDRE. — **Hexagynie**, 6 styles.

7e ORDRE. — **Heptagynie**, 7 styles.

8e ORDRE. — **Décagynie**, 10 styles.

9e ORDRE. — **Polygynie**, plus de 10 styles.

Remarquons qu'il y a des classes dans lesquelles on ne trouve pas cette suite tout entière d'ordres. La **Monandrie** n'a que deux ordres : la *Monogynie* et la *Digynie*, parce qu'il n'y a pas de plantes à une étamine qui aient plus de 2 styles.

Remarquons encore qu'une fleur peut avoir plusieurs stigmates, et cependant un seul style. Il faut donc bien faire attention, lorsqu'il y a plusieurs stigmates, si le style est unique et divisé, ou s'il y a plusieurs styles.

Pour la 14e classe, **Linnée** a fondé sur la structure du fruit le caractère des deux ordres qui la partagent :

1er ORDRE. — **Tomogynie** (ovaire fendu), ovaire profondément partagé en 2-4 lobes distincts ; style naissant d'un enfoncement central de l'ovaire : fruit 2-4 graines nues.

2e ORDRE. — **Atomogynie** (ovaire indivis), une capsule polysperme.

La 15e classe offre également deux ordres établis sur la forme du fruit, qui est une *silique*, ou une *silicule* :

1er ORDRE. — **Tétradynamie siliculeuse**, fruit une silicule.

2e ORDRE. — **Tétradynamie siliqueuse**, fruit une silique.

Les 16e, 17e et 18e classes ont pour caractère de leurs *ordres* le nombre des étamines, c'est-à-dire qu'elles ont autant d'*ordres* qu'elles ont de plantes qui varient par le nombre des étamines de leurs fleurs.

La 19e classe a quatre *ordres* pris dans la composition de leurs fleurs ; ils sont ainsi caractérisés :

1er ORDRE. — **Chicoracées**, tous les fleurons en languette.

2e ORDRE. — **Carduacées**, tous les fleurons tubuleux : réceptacle paléacé.

3ᵉ ORDRE. — **Flosculeuses**, tous les fleurons tubuleux ; réceptacle nu, portant une paillette à côté de chaque fleuron.

4ᵉ ORDRE. — **Radiées**, fleurons du disque tubuleux ; ceux de la circonférence en languette.

Les 20ᵉ et 21ᵉ classes forment leurs *ordres* d'après le nombre des étamines, comme les 16ᵉ, 17ᵉ et 18ᵉ classes.

Les 22ᵉ et 23ᵉ classes forment leurs *ordres* d'abord sur le nombre, et ensuite sur la *situation* et la *réunion* des étamines, comme on peut le voir au tableau des genres qui précède chacune de ces classes.

La 24ᵉ et dernière classe est partagée en quatre *ordres :*

1ᵉʳ ORDRE. — Les **Fougères**.

2ᵉ ORDRE. — Les **Mousses**.

3ᵉ ORDRE. — Les **Champignons**.

4ᵉ ORDRE. — Les **Algues**.

MANIÈRE DE SE SERVIR DU SYSTÈME DE LINNÉE

ET DE CET OUVRAGE, POUR ARRIVER A LA CONNAISSANCE DU NOM DE LA PLANTE QUE L'ON ÉTUDIE.

Pour se servir du système de **Linnée**, il faut tout d'abord examiner si la plante que vous étudiez, a une fleur, ou si elle en est dépourvue. Dans le premier cas, elle doit nécessairement entrer dans une des vingt-trois premières classes ; dans le second cas, cherchez-la dans la vingt-quatrième.

Si votre fleur a des étamines et des pistils, elle est dans une des vingt et une premières classes.

Si votre fleur n'a que des étamines ou que des pistils, cherchez-la dans les vingt-deuxième et vingt-troisième classes.

Si la fleur à étamines et à pistil, a ses étamines libres, égales, et ne dépassant pas le nombre de 10, elle sera dans l'une des *dix* premières classes.

Si les étamines sont libres, et que leur nombre dépasse 10, vous trouverez votre fleur dans l'une des trois classes qui suivent : 11ᵉ, 12ᵉ et 13ᵉ classes.

Si les étamines sont au nombre de 4 ou de 6, mais de manière qu'il y en ait toujours *deux* plus courtes et opposées, votre plante sera dans la 14ᵉ ou la 15ᵉ classe.

Si les étamines sont réunies par les filets, la plante fait partie de celles qui entrent dans les 16ᵉ, 17ᵉ et 18ᵉ classes.

Si les étamines sont réunies par les anthères autour du pistil, vous aurez votre plante dans la 19ᵉ ou la 20ᵉ classe.

Si les étamines, quelqu'en soit le nombre, sont soudées avec le pistil, votre plante se trouve dans la 21ᵉ classe.

Pour rendre plus clair ce que je viens de dire et abréger le travail que demande la recherche du nom d'une plante, je vais le réduire en un tableau par le moyen duquel vous allez tout de suite à la classe de la plante que vous examinez.

TABLEAU SYNOPTIQUE DU SYSTÈME DE LINNÉE.

DIVISIONS.	SUBDIVISIONS.		CLASSES.

1° FLEURS VISIBLES.

1° ÉTAMINES ET PISTILS dans la même fleur.

1° Étamines libres, égales, en nombre déterminé : pas plus de 10.

1 étamine	1.	MONANDRIE.
2 —	2.	DIANDRIE.
3 —	3.	TRIANDRIE.
4 —	4.	TÉTRANDRIE.
5 —	5.	PENTANDRIE.
6 —	6.	HEXANDRIE.
7 —	7.	HEPTANDRIE.
8 —	8.	OCTANDRIE.
9 —	9.	ENNÉANDRIE.
10 —	10.	DÉCANDRIE.

2° Étamines libres, égales, en nombre indéterminé : plus de 10.

Plus de 10 insérées sur le réceptacle	11.	POLYANDRIE.
Plus de 10 insérées sur le calice	12.	CALYCANDRIE.
Plus de 10 insérées sur l'ovaire	13.	HYSTÉRANDRIE.

3° Étamines inégales : 2 plus courtes.

2 filets plus longs	14.	DIDYNAMIE.
4 filets plus longs	15.	TÉTRADYNAMIE.

4° Étamines réunies par les anthères ou les filets, ou soudées au pistil.

1° Par les filets.

1 faisceau	16.	MONADELPHIE.
2 faisceaux	17.	DIADELPHIE.
Plusieurs faisceaux	18.	POLYADELPHIE.

2° Par les anthères.

Fleurs composées	19.	SYNANTHÉRIE.
Fleurs simples	20.	SYMPHYSANDRIE.

3° Étamines

Soudées avec le pistil	21.	GYNANDRIE.

2° ÉTAMINES dans une fleur, PISTIL dans une autre

1° Sur la même plante	22.	MONŒCIE.
2° Sur deux plantes différentes	23.	DIŒCIE.

2° FLEURS à peine visibles ou cachées . . . . 24. CRYPTOGAMIE.

Maintenant je suppose que la plante que vous étudiez, est la **Scille fausse Jacinthe**, qui vous est inconnue. Elle a une fleur bien distincte; elle est donc dans les 23 premières classes.

Au tableau synoptique, sous cette division :

1° FLEURS VISIBLES,

vous avez deux subdivisions ainsi indiquées :

1° ÉTAMINES ET PISTILS DANS LA MÊME FLEUR;
2° ÉTAMINES DANS UNE FLEUR, PISTILS DANS UNE AUTRE.

Votre fleur a des étamines et un pistil, donc elle doit se trouver dans une des classes qui sont sous l'accolade au milieu de laquelle sont inscrits ces mots :

1° ÉTAMINES ET PISTILS DANS LA MÊME FLEUR.

Mais sous cette subdivision sont quatre autres subdivisions ainsi conçues :

1° Etamines libres, égales, en nombre déterminé, pas plus de 10;
2° Etamines libres, égales, en nombre indéterminé, plus de 10;
3° Etamines libres, inégales; 2 toujours plus courtes, et opposées;
4° Etamines réunies par les filets ou les anthères, ou soudées au pistil.

Vous examinez votre fleur; vous voyez les étamines qui sont libres; vous les comptez; vous en trouvez moins de 10. Donc elle sera dans une des classes qui sont sous l'accolade qui a à son dos cette indication :

1° Etamines libres égales, en nombre déterminé, pas plus de 10.

Vous recontez les étamines; vous en trouvez *six*. Votre plante est donc de la sixième classe ainsi indiquée dans le tableau :

6 Étamines. . . . . . . 6e CLASSE. **Hexandrie.**

Maintenant que vous connaissez la classe à laquelle appartient votre plante, allez à l'*Hexandrie*. En tête de cette classe, comme de toutes les autres, est le tableau des genres qu'elle contient. Vous trouvez d'abord ces mots :

1er ORDRE. — **Monogynie**, fleurs à 1 pistil.

Votre fleur n'a qu'un pistil : donc elle est du premier ordre. Cet ordre est divisé en trois grandes sections :

I. — Fleurs complètes;
II. — Fleurs incomplètes;
III. — Fleurs glumacées.

Vous examinez encore votre fleur; vous n'y trouvez qu'une enveloppe florale; elle est donc dépourvue de calice; elle ne peut donc pas se trouver dans la première division qui ne renferme que des fleurs qui ont un *calice* et une *corolle;* elle n'est pas non plus de la troisième division, dont les fleurs, quoique sans calice, sont munies, à la base, de bractées scarieuses, comme les fleurs des Graminées. Elle est donc de la deuxième division, dont les fleurs n'ont qu'une enveloppe.

II. — *Fleurs incomplètes.*

La deuxième section est partagée en deux grandes subdivisions :

A. — *Ovaire infère.*
B. — *Ovaire supère.*

En regardant votre fleur, vous voyez l'*ovaire* libre au milieu de l'enveloppe florale qui s'appelle *périgone.* Vous concluez que l'ovaire est supère ; elle est donc de la seconde subdivision. Les fleurs à *ovaire supère* sont distribuées en deux sections :

P. — *Etamines et pistils renfermés dans une spathe ; pas de corolle.*
PP. — *Etamines et pistils renfermés dans une corolle.*

Comme votre fleur a une corolle, elle est de la seconde division, qui est aussi partagée en deux groupes ·

n. — *Fruit en baie.*
nn. — *Fruit en capsule.*

La *baie* est un fruit charnu, contenant les semences dans une pulpe succulente ; la *capsule,* au contraire, renferme les semences dans une enveloppe sèche. Le fruit de votre plante n'est pas charnu, et il renferme ses semences sous une enveloppe sèche, mince. C'est donc une *capsule.*

nn. — *Fruit en capsule.*

Parmi les plantes qui ont le fruit en *capsule,* les unes ont le style à trois divisions au sommet, les autres l'ont entier. De là deux divisions :

A. — *Style à 3 divisions au sommet.*
B. — *Style non divisé au sommet, ou nul ; stigmate obtus, ou à 3 lobes.*

Votre fleur n'a pas le style divisé. Cherchez donc dans la seconde division. Vous lisez d'abord :

q. — *Périgone à 6 dents ou à 6 divisions peu profondes.*

Votre fleur est à 6 divisions très-profondes. Allez donc au caractère indiqué par votre fleur ; ce ne peut être que celui opposé au caractère indiqué ci-dessus. Il est ainsi énoncé dans la suite de l'analyse :

qq. — *Divisions du périgone fendues jusqu'à la base.*

Votre fleur a réellement les divisions fendues jusqu'à la base : suivez donc l'analyse.

m. — *Filaments des étamines barbus.*

Ce caractère ne convient pas à votre fleur. Prenez le caractère opposé.

mm. — *Filaments des étamines glabres.*
d. — *Anthères droites.*

Les anthères de votre fleur ne sont pas droites.

dd. — *Anthères pendantes ou horizontales.*

Votre plante a les anthères horizontales. Parmi les fleurs à anthères pendantes ou horizontales, les unes ont :

f. — *3 ou toutes les étamines dilatées à la base.*

Les étamines de votre plante ne sont pas dilatées à la base.

ff. — *Etamines non dilatées à la base.*
1° *Fleurs portées sur un spadice naissant au milieu de la tige.* 323. **Acore.**

Les fleurs de votre plante ne sont pas portées sur un spadice.

2° — *Fleurs non portées sur un spadice.*
K. — *Fleurs très-étalées.*

Votre fleur a les divisions très-étalées. Suivez donc l'analyse.

a. — *Base du périgone, rétrécie, articulée avec le pédicelle.* 317. **Anthéric.**

Examinez la base de votre fleur ; elle n'est ni rétrécie ni articulée avec le pédicelle : ce n'est donc pas l'*Anthéric.* Continuez l'analyse.

b. — *Base du périgone, ni rétrécie ni articulée avec le pédicelle.*

Votre fleur n'ayant la base du périgone ni rétrécie ni articulée avec le pédicelle, doit être une des deux indiquées dans cette coupe :

s. — *Chaque division du périgone portant au-dessus de la base un pli transversal ; graines planes, racine fasciculée.* 302. **Loydie.**

ss. — *Pas de pli transversal au-dessus de la base de chaque division ; graines rondes anguleuses, racine bulbeuse.* 508. **Scille.**

Vous avez à examiner trois caractères, la base des divisions de votre fleur, les graines et la racine. Arrachez votre plante avec soin. Vous voyez que la tige ou hampe qui porte les fleurs, part d'une bulbe ; vous avez déjà un caractère propre à la **Scille** et qui ne convient pas à la **Loydie** qui a les racines fasciculées. — Examinez avec attention la base des divisions de votre fleur, vous n'y trouvez pas le pli qui caractérise la **Loydie**; second caractère propre à la **Scille**. — Maintenant brisez un fruit mur, ou si vous n'en avez pas, fendez avec soin l'ovaire qui est au milieu de la fleur. Vous y voyez de petits corps *arrondis anguleux*, ou jeunes graines. Vous pouvez conclure que les graines mures seront *arrondies anguleuses ;* troisième caractère propre à la **Scille**, et qui ne convient pas à la **Loydie** dont les graines sont *planes.* Vous avez donc tous les caractères de la **Scille**, pas de pli à la base des divisions de la fleur, racine bulbeuse, et graines arrondies anguleuses. La plante que vous avez cueillie est donc la **Scille.**

Devant le mot **Scille** se trouve le n° 508. Sous ce numéro vous avez les caractères du genre **Scille**, et la description des espèces.

Maintenant, pour connaître quelle espèce de **Scille** vous avez, suivez l'analyse des espèces. La méthode est la même que pour les genres. Toutes les espèces sont comprises sous deux divisions générales.

I. — *Divisions du périgone réunies en tube.*

II. — *Divisions du périgone profondes, ouvertes, étalées.*

La fleur de votre plante n'a pas de tubes; elle a les divisions très-profondes; elle est donc de la seconde division qui a quatre sections.

a. — *2 bractées, une plus longue que le pédicelle.*

Les bractées de votre plante ne sont pas inégales.

b. — *Bractées égales au pédicelle.*

Les bractées ne sont pas de la longueur du pédicelle; elle n'est donc pas dans cette section.

c. — *Bractées un peu plus courtes que le pédicelle.*

Elles sont beaucoup plus courtes que le pédicelle. Allez donc à la 4ᵉ section.

d. — *Bractées beaucoup plus courtes que le pédicelle.*

C'est le caractère des bractées de votre plante. Mais les plantes à bractées beaucoup plus courtes que le pédicelle, sont distribuées en deux groupes.

q. — *Hampe anguleuse.*

Votre fleur n'a pas la hampe anguleuse.

qq. — *Hampe cylindrique.*

Votre fleur a la hampe cylindrique. Mais deux plantes ont ce caractère, la *Scille ondulée* et la *Scille fausse Jacinthe.* Laquelle des deux est votre plante? Pour le savoir, lisez attentivement les deux descriptions; comparez-les à votre plante. Dans l'une la fleur est *purpurine;* dans l'autre elle est *bleue.* Votre plante a la fleur *bleue.* Les divisions de la fleur sont *linéaires, spatulées, obtuses* dans la première; elles sont *elliptiques, aiguës, rayées de lignes plus foncées* dans la seconde. — Votre fleur a les divisions *elliptiques, aiguës, rayées de lignes plus foncées.* — Les bractées de la *Scille ondulée* sont *linéaires, subulées;* elles sont *obtuses, tronquées* dans la *Scille fausse Jacinthe.* — Votre plante a les bractées *obtuses, tronquées.* Puisque tous les caractères de la *Scille fausse Jacinthe* sont ceux de votre plante, concluez que vous avez la **Scille fausse Jacinthe.**

Si, dans le courant de l'analyse, vous avez fait une erreur, c'est-à-dire si vous arrivez à un genre ou à une espèce qui évidemment ne sont pas votre plante, recommencez l'analyse avec encore plus d'attention, et ne passez pas un terme technique sans en connaître bien la valeur. Après qu'avec ces précautions vous serez arrivé au nom d'une plante dont tous les caractères sont ceux de la vôtre, n'allez pas tout de suite l'étiqueter; mais recommencez plusieurs fois l'analyse, afin d'être bien sûr de ne vous être pas trompé. Dans les commencements, quoique un peu fatigant, ce travail vous sera très-utile. Vous acquerrez par là une grande facilité d'analyse, et bientôt familiarisé avec les plantes, vous n'aurez plus besoin de recourir à cette longue analyse pour trouver le nom des fleurs; vous abrégerez votre travail, en vous bornant à examiner les caractères des premières divisions et des groupes principaux.

S'il vous arrivait qu'après avoir fait plusieurs fois une analyse rigoureuse, vous trouvez toujours que les caractères de votre plante sont étrangers à ceux que vous donne l'analyse, concluez que la plante que vous étudiez n'est pas décrite dans la FLORE ÉLÉMENTAIRE, qui pourtant renferme tous les genres connus en France, et toutes les espèces nommées par les auteurs. Alors votre plante sera exotique et aura été semée par le hasard ou à dessein dans la localité où vous l'avez cueillie ; ou bien, quoique indigène à la France, elle n'a pas encore été observée ; et ce sera un genre, ou une espèce nouvelle ; et vous aurez enrichi la Flore Française d'une plante, qui jusque-là avait échappé aux recherches des savants.

HERBORISATIONS.

Les herborisations familiarisent avec les localités, avec les habitudes des plantes, et donnent des connaissances que les livres et l'étude procurent difficilement, qu'il est impossible même de puiser dans un herbier, quelque bien tenu qu'il soit. Il n'y a que celui qui les a goûtés qui puisse dire les charmes d'une herborisation faite avec quelques amis, amateurs zélés de la science et dont les goûts sont en harmonie. Mais pour tirer de ces délicieuses excursions tout le profit possible, il faut avoir tout l'attirail nécessaire pour une bonne récolte, et pour conserver les plantes qu'on a cueillies.

Procurez-vous donc : 1° Un cartable fait de fort carton, de 40 centimètres de long, et de 30 de large : fixez à chaque bout deux attaches, et deux autres sur les bords supérieurs, afin de serrer fortement les plantes, quand on les a cueillies : fixez ensuite en dessous les deux bouts d'une large lisière, pour porter votre paquet de plantes suspendu à l'épaule. — 2° Plusieurs cahiers de papier gris. — 3° Une serpette. — 4° Un canif. — 5° Un crayon avec plusieurs paquets de bandes de papier. — 6° Une canne à laquelle se visse un petit instrument en fer pour arracher les plantes, surtout les bulbes. — 7° Une bonne loupe.

Il ne faut pas faire ses herborisations au hasard ; il faut en régulariser la marche, prendre le temps que la végétation est dans toute sa magnificence, choisir une belle journée, ne jamais cueillir les plantes mouillées, à moins qu'elles ne soient dans une localité où l'on ne puisse pas revenir ; car chez une plante cueillie mouillée les couleurs se perdent, les feuilles noircissent, les fleurs pourrissent bientôt, les unes et les autres s'arrangent difficilement, lorsqu'on les prépare pour mettre en presse. Quand vous avez déterminé une localité, il n'en faut négliger aucune partie ; et dans le courant des herborisations d'une année, il faut visiter tous les lieux de son voisinage, jardins, haies, bords des chemins, champs cultivés, terrains incultes, ruines, décombres, prairies, marécages, eaux croupissantes, rivières, fossés, rochers, forêts, plaines, montagnes.

Dans toutes les saisons il est possible d'herboriser, puisque chaque saison a ses fleurs. Il est essentiel, dans les herborisations, de ne point enlever tous les pieds de l'espèce rare qu'on découvre. Mon excellent ami, M. le capitaine de Pouzzolz, a l'habitude, qui est bien digne d'un grand Botaniste, de multiplier par les graines les plantes qui se présentent rarement à son œil exercé.

Il faut prendre plusieurs pieds de la même espèce, d'abord pour les comparer, et ensuite afin d'en avoir pour les échanger contre des plantes que l'on n'a pas, et surtout pour en donner à ses amis ; mais il faut les prendre dans l'état le plus beau, et le plus qu'il est possible, dans toute leur intégrité. Les racines, dans bien des cas, sont aussi précieuses que les feuilles et les fleurs. Si la plante est trop grande, on en prendra une portion qui en ait tous les caractères. Les feuilles inférieures, les radicales sont nécessaires pour déterminer l'espèce. Les arbres se cueillent par échantillons dans lesquels on voit l'embranchement des rameaux, et la position des feuilles. On conserve toujours une petite portion de l'écorce et du bois.

DESSICATION.

Il faut donner une première préparation à vos plantes au moment même de la cueillette. En les mettant dans le cartable, étendez-les dans leur position naturelle entre deux feuilles de papier, ou un plus grand nombre, suivant le temps qu'elles doivent rester dans cette position. Soignez bien les feuilles, les fleurs surtout. Ces premiers soins empêchent les plantes de se gripper et abrégent beaucoup le travail de la préparation définitive.

Arrivé à la maison, occupez-vous avant tout de votre récolte : car les plantes possédant encore toute leur eau de végétation, la fermentation se manifesterait rapidement, si elles restaient empaquetées, surtout avec un temps chaud ; et si vous les laissez libres, beaucoup se dessècheront trop, et vous ne pourrez plus leur donner leur belle forme.

Placez chaque plante (à moins qu'elles ne soient bien petites), sur une feuille de papier gris ; étendez les feuilles, les rameaux, les fleurs ; passez toutes les parties sous vos doigts ; détachez et rejetez les parties qui recouvrent les autres : arrangez surtout les organes de la fleur, de manière que la fructification soit bien à découvert et reconnaissable après la dessication. A mesure que vous avez donné la forme à une feuille, à une fleur, assujettissez-la avec des pièces de monnaie ; ensuite posez une feuille de papier gris sur la plante ; pressez-la avec la main gauche pour maintenir ses parties dans la position que vous leur avez donnée ; avancez la main gauche sur le papier, à mesure que de la droite vous retirez les pièces de monnaie. Recouvrez ensuite d'un paquet de papier qui, pendant la pression, recevra l'eau de végétation et empêchera la fermentation de se manifester. Renouvelez cette opération, avec les mêmes précautions, pour chaque plante.

Si la plante est plus haute que la feuille de papier, vous pouvez couper sa tige et placer la racine avec le tronçon de la tige à côté de la plante, ou sur une autre feuille de papier. Aplatissez avec le pouce les tiges herbacées qui seraient trop grosses et empêcheraient la pression d'agir sur les autres parties. Si le calice a trop d'épaisseur, comme dans les *composées*, coupez-les verticalement par le milieu, de manière qu'il y reste des fleurons et des fruits. Vous pouvez aussi couper longitudinalement les tiges trop épaisses, et les fruits, comme les cônes des pins, parce qu'ils ne pourraient pas entrer dans l'herbier, à cause de leur trop grand volume.

Quand vous aurez ainsi arrangé un certain nombre de plantes, mettez-les à la presse. Mais que cette première pression ne soit pas trop forte ; elle écraserait vos plantes, désorganiserait les parties molles et délicates, et en rendrait l'examen impossible. Laissez-les-y une journée ou une nuit. Après ce temps changez les papiers; remettez-en qui soient secs, et hâtez la dessication, afin de conserver à vos plantes une belle couleur.

Parmi les moyens de dessécher les plantes, il y en a un qui se recommande par deux grands avantages, celui d'éviter une grande dépense de papier, et celui d'abréger le travail. Prenez deux planches qui aient les dimensions du papier dont vous vous servez. Percez-les de trous pour favoriser l'évaporation de l'humidité. Fortifiez-les, en clouant un liteau aux deux bouts. — Ou bien, faites fabriquer deux chassis de même dimension. Mettez vos plantes à la presse entre ces deux planches ou ces deux chassis, en les surchargeant d'un poids convenable; laissez-les-y pendant vingt-quatre heures. Après ce temps, changez le papier qui s'est imprégné de l'eau de végétation. Mettez chaque plante sur un matelas de cinq à six feuilles de papier. Vous pouvez en placer un nombre assez considérable entre chaque chassis. Quand votre paquet est fait, serrez assez lâchement vos plantes avec une corde et suspendez-les dans un courant d'air, et au bout de huit ou de quinze jours elles seront sèches, sans que vous ayez eu besoin de renouveler le papier.

M. le capitaine de Pouzzolz met ses plantes, toujours entre des paquets de papier, sous la paillasse du lit. Elles s'y dessèchent très-bien et conservent la belle couleur de leurs fleurs et le vert des feuilles. Il les y laisse jusqu'à parfaite dessication, sans jamais changer le papier. Ce moyen est aussi économique de temps et de papier que le précédent.

Si le nombre des plantes est considérable, avant de les mettre à la presse, il faut placer entre les paquets quelques planches, ou des cartons pour empêcher l'humidité de se communiquer, et faire agir la pression également partout.

Il faut dessécher les plantes grasses sous le fer à repasser chaud, ou en enlever toute la pulpe. Les Orchidées se préparent très-bien, en les plongeant dans l'eau bouillante. Il ne faut pas faire subir cette opération à la fleur. Des Botanistes mettent entre deux fortes planches les plantes difficiles à sécher, et les exposent à la chaleur du four, après que le pain en a été retiré.

HERBIER.

Quand vos plantes sont bien desséchées (et cette dessication parfaite, vous ne l'obtiendrez qu'après quelques mois), placez-les chacune dans une feuille de papier. Accompagnez chaque plante d'une étiquette portant le nom botanique du genre et de l'espèce, l'indication du lieu où vous l'avez trouvée, l'époque de la floraison, la couleur des fleurs, la classe et l'ordre d'après **Linnée**, et la famille de la méthode naturelle.

Pour conserver votre herbier en bon état, mettez vos plantes en paquet de l'épaisseur que vous voudrez, entre deux planches que vous serrerez avec deux courroies, ou deux fortes chevillères. De cette manière elles conservent toujours la position que vous leur avez donnée, en les desséchant, et ne s'endommagent point. Vous avez encore l'avantage de les tenir sur les rayons d'une bibliothèque, comme des livres, de prendre la plante que vous voulez, sans faire aucun dérangement dans votre herbier, et surtout de faire peu de frais.

Il faut toujours séparer les nouvelles des anciennes, de crainte que les premières ne portent avec elles des larves d'insectes qui vous feraient des ravages affreux.

Visitez au moins une fois par an votre herbier pour le purger des insectes destructeurs. Encore vous sera-t-il très difficile de conserver intactes les ombellifères, les composées, les crucifères, les liliacées, et d'autres plantes pour lesquelles ces animaux ont un goût plus décidé.

On emploie ordinairement pour préserver les plantes des insectes le *sublimé corrosif* (deutochlorure de mercure), macéré dans l'alcool. Mais ce sel dangereux exige trop de précaution, et peut donner lieu à des accidents trop funestes. Il vaut mieux employer la décoction de *simarouba*, qui renferme un suc très-amer. En voici la formule :

Écorce rapée de Simarouba. . . . . 5 onces.
Alun. . . . . 2 onces.
Eau. . . . . 20 onces.

Faites bouillir jusqu'à réduction de moitié.

L'emploi de cette liqueur met les plantes à l'abri de toute attaque et ne leur fait rien perdre de leur forme et de leur couleur naturelle.

Quelque soin que vous preniez de vos plantes, la dessication oblitère plusieurs parties qu'il est cependant important de connaître. Pour les ranimer, exposez les fleurs d'une plante sèche à la vapeur de l'eau bouillante; vous les verrez se renfler suffisamment, pour que vous en puissiez décrire la vraie structure.

Il est des plantes dont la couleur change par la dessication, comme la *Primevère*, qui verdit. Pour conserver leur couleur naturelle, en les desséchant soupoudrez les fleurs d'alun pulvérisé.

DICTIONNAIRE

DES TERMES DE BOTANIQUE.

A

ACÉRÉ. — Étroit, dur, en pointe aiguë.

ACUMINÉ. — Terminé insensiblement en pointe aiguë. — 8.

ADHÉRENT. — Faisant corps avec ce qui l'entoure, comme l'ovaire avec le calice. — 13.

AGGLOMÉRÉ. — Ramassé, réuni en peloton.

AGRÉGÉE. — Ramassée en paquet. — 11.

AIGRETTE. — C'est un pinceau de poils déliés qui se trouve au sommet de certaines graines, plus particulièrement des composées.

AIGUILLON. — 6.

AIGUË. — 8.

AILE. — Lorsqu'une partie du végétal s'amincit en forme d'expansions membraneuses, cette expansion prend le nom d'aile.

AILÉE. — 9.

AISSELLE. — On appelle ainsi en Botanique l'espace compris entre la tige et la feuille, soit que la feuille soit soutenue par un pétiole, ou qu'elle soit immédialement attachée par elle-même.

AKÈNE. — 17.

ALBUMEN. — 19.

ALTERNE. — 8.

AMANDE. — 19.

AMPLEXICAULE. — Feuille dont la base élargie embrasse la tige. — 8.

ANCIPITÉ. — Renflé au milieu, aminci et tranchant des deux côtés. — 3.

ANGULEUX. — Relevé ou marqué d'angles ou parties saillantes. — 3.

ANNUEL. — 2.

ANTHÈRE. — 15.

APPENDICE. — L'une partie accessoire, non essentielle de l'organe sur lequel elle se trouve : la couronne de la fleur de Jacinthe. — 14.

ARBRE, ARBRISSEAU, ARBUSTE. — L'arbrisseau n'offre pas un tronc distinct, il se compose de rameaux nombreux, persistants : le Rosier. ═ L'arbuste présente un tronc ou tige distincte, et n'atteint que des proportions médiocres : l'Oranger. ═ L'arbre a ses proportions plus grandes : le Peuplier.

ARÊTE. — Filet plus ou moins raide, terminant une partie quelconque.

ARILLE. — C'est une enveloppe colorée, extérieure, qui entoure la graine de certaines plantes : le Fusain.

ARISTÉ. — Pourvu d'une arête.

ARQUÉ. — Courbé en arc.

ARRONDI. — De forme ronde.

ARTICULÉ. — Un fruit est articulé lorsqu'il offre des renflements séparés par des étranglements, qu'il est comme formé par des pièces soudées les unes aux autres. — Une partie qui s'attache à une autre par une espèce de charnière, est articulée.

ASCENDANT. — Courbé horizontalement, se redressant ensuite. — 3, 15.

ATTÉNUÉ. — Diminuant de largeur ou d'épaisseur.

AUBIER. — 5.

AURICULÉ. — Muni à la base de lobes ou oreillettes. — 8.

AXE. — Partie d'un pédoncule commun sur laquelle sont fixées les fleurs ou leurs pédicelles.

AXILLAIRE. — Placé à l'angle d'insertion des feuilles ou des rameaux. — 6.

B

BACCIFÈRE. — Qui a une baie pour fruit.

BAIE. — 18.

BALAUSTE. — 18.

BALE. — 14.

BANDELETTES. — Le fruit des ombellifères, qui se compose de deux parties réunies ensemble par une face, offre sur sa surface extérieure ou dos des côtes plus ou moins saillantes, séparées par un espace nommé *vallécules*. Les VALLÉCULES et souvent la face antérieure sont parcourues par des canaux remplis d'une substance résineuse ; les saillies de ces canaux, quelquefois apparentes à l'extérieur, et colorées, sont ce que l'on appelle *bandelettes*.

BARBU. — Couvert de poils droits.

BASAL. — 15.

BEC. — Pointe terminale.

BIDENTÉ. — A deux dents.

BIFIDE. — Divisé en deux lobes.

BIFLORE. — A deux fleurs.

BIFURQUÉ. — En forme de fourche à deux dents.

BILABIÉ. — A deux lobes inégaux, l'un supérieur, l'autre inférieur, et comparés aux lèvres d'un animal. — 13.

BILOBÉ. — Partagé dans le sens de la longueur en deux portions semblables. — 8.

BILOCULAIRE. — Cavité séparée en deux loges par une cloison. — 16.

BIPARTI. — 8.

BIPINNATIFIDE. = BIPINNÉ. — Deux fois ailé.

BISANNUEL. — Qui vit deux ans. — 2.

BIVALVE. — A deux valves.

BOUTONS. — 6.

BRACTÉES. — 10.

BULBE. — 2.

BULBEUX. — Qui a une bulbe. — 2.

BULBIFÈRE. — Qui porte des bulbes ou des bulbilles.

BULBILLES. — Petits tubercules qui se trouvent sur diverses parties des plantes, ou qui se mêlent aux fleurs dans quelques espèces d'Ail.

C

CADUC. — Qui tombe avant les parties voisines. — 12.

CALICE. — 12.

CALICULE. — On donne ce nom à de petites écailles que l'on observe à la base du calice.

CALLEUSE. — Partie de la plante qui présente des callosités ou renflements.

CAMBIUM. — 5.

CAMPANULÉ. — 13.

CANALICULÉ. — Creusé d'un sillon longitudinal.

CAPILLAIRE. — Fin, délié comme un cheveu.

CAPITULE. — Réunion de fleurs serrées en tête. — 12.

CAPSULE. — 18.

CARACTÈRES. — 1.

CARCÉRULE. — 17.

CARÈNE. — 14.

CARÉNÉ. — Creusé d'un côté et saillant de l'autre, comme la carène d'un vaisseau.

CARPELLE. — Moitié du fruit des ombellifères, ou division d'un fruit multiple : la Renoncule.

CARTILAGINEUX. — Tenace et flexible comme le cartilage.

CARYOPSE. — 17.

CASQUE. — 14.

CAULINAIRE. — Qui tient à la tige : la Feuille. — 8.

CELLULAIRE. — 27.

CHATON. — 12.

CHAUME. — Tige noueuse. — 5.

CHIFFONNÉ. — Plissé sans ordre.

CILS. — Poils disposés en série.

CILIÉ. — Bordé de cils. — 3.

CIRRHE. — 6.

CLOISON. — 16.

COLLET. — 2, 9.

COLORÉ. — Qui a une autre couleur que le vert.

COLLURE. — 9.

COMMISSURE. — Voir la note placée avant les ombellifères.

COMPLÈTE (fleur). — 11.

COMPOSÉE (fleur). — 14.

COMPOSÉE (feuille). — 7.

COMPRIMÉ.— Aplati sur deux côtés opposés.— 9.

CONCAVE. — Formant une concavité dont les bords sont relevés. — 8.

CÔNE. — 18.

CONIQUE. — En forme de cône.

CONNÉES.— On appelle ainsi les feuilles qui sont réunies à la base, comme les feuilles supérieures de quelques Chèvrefeuilles. — 8.

CONNIVENT. — Les anthères, les pétales qui se rapprochent, sans être soudées entre elles, sont *conniventes*..

CONVEXE.— Dont le centre est plus relevé que les bords.— 8.

CORDIFORME.— Echancré à la base en forme de cœur.— 8.

CORIACE.— 9.

COURBÉ. — 3.

COROLLE. — 15.

CORYMBE. — 12.

CÔTES. — Ce sont les arêtes relevées qui sont sur les feuilles ; — ce sont aussi les parties saillantes, longitudinales du fruit des ombellifères.

COTONNEUX.— Couvert de poils courts et entrelacés.— 3.

COTYLÉDON. — 19.

COURONNÉE (fleur). — 14.

CRÉNELURES. — Dents arrondies, droites.

CRÉNELÉ. — Bordé de crénelures. — 8.

CRUSTACÉ. — Dur et friable comme une croute.

CROIX (en). — 8.

CRUCIFÈRE. — 14.

CUNÉIFORME, EN COIN.— Obtus et élargi au sommet, aminci et rétréci à la base, comme un coin.— 9.

CUPULE. — 10.

CYLINDRIQUE. — Rond et d'une égale grosseur partout.— 3, 9.

CYME (fleur en). — 12.

D

DÉCIDUE. — 9.

DÉCOMPOSÉE (feuille). — 9.

DÉCURRENT. — 8.

DÉHISCENT.— Qui s'ouvre de lui-même.

DELTOÏDE.—Feuille triangulaire, aiguë au sommet. — 9.

DEMI-FLEURON. — 14.

DENTÉ.— 8. = (En scie).— 8.

DENTELÉ.— Bordé de petites dents.

DÉPRIMÉ. — Plus relevé sur les bords que sur le centre.

DICHOTÔME. — Tige, rameau deux fois divisé en deux.

DICOTYLÉDONE. — 9.

DIDYME.—Fruit formé de deux parties semblables, attachées au même point.—2.

DIFFUS. — Etalé sans ordre.

DIGITÉ. — 2, 8.

DIOÏQUE. — 11.

DISCOÏDE. — 11.

DISPERME.—A deux graines. — 16.

DISQUE. — La partie centrale du capitule des fleurs composées. — 7.

DISTIQUE. — Attaché sur deux côtés opposés, à deux rangs.

DIVERGENT, DIVARIQUÉ. — Pédoncule, rameau très-écarté de son point d'insertion. — 5.

DORSAL. — Placé sur le dos, la partie entre le sommet et la base d'un organe quelconque.

DRAPÉ. — Epais, velu comme du drap.

DRESSÉ. — 3, 9.

DRUPE. — 18.

E

ECAILLES. — Petites feuilles minces, sèches, membraneuses. — Elles forment l'involucre des fleurs composées.

ECAILLEUX. — 3.

ECHANCRÉ.—Marqué d'une échancrure plus ou moins profonde. — 8.

EFFILÉ. — Allongé et très-mince. — 3.

ELLIPTIQUE.—Qui a une forme allongée, et dont les deux extrémités sont arrondies et de même largeur. — 8.

EMBRASSANT. — 8.

EMBRYON. — 19.

ENDOCARPE. — 17.

ENDOGÈNE. — 27.

ENGAINANT. — 8.

ENGAINÉ. — Enveloppé d'une membrane qui a la forme d'une gaîne.

ENSIFORME. — Qui a la forme d'une lame d'épée. — 9.

ENTIER. — 8.

ENTONNOIR (en). — 15.

ENVELOPPE HERBACÉE. — 4.

EPARS. — Disposé sans ordre. — 8.

EPERON. — Cornet qui se trouve à la base de certaines fleurs irrégulières : la *Violette.* — 13.

EPI. — 11.

EPICARPE. — 17.

EPIDERME. — 4.

EPILLET. — Assemblage de plusieurs fleurs graminées contenues dans la même glume.

EPINE. — 6.

EPIPHYLLE. — 10.

EPISPERME. — 19.

ETALÉ. — Écarté du point d'insertion en formant un angle plus ou moins droit. — 3.

ESPÈCE. — 22.

ETAMINE. — 15.

ETENDARD. — 14.

ETOILE. — Organe d'une seule pièce, à plusieurs divisions aiguës, disposées en étoile. — 13.

EXOGÈNE. — 27.

F.

FAISCEAU. — Feuilles, fleurs ramassées en bouquet, ou en faisceau.

FASCICULÉE. — Feuilles, fleurs partant du même point, et réunies en faisceau. — 2, 8.

FEUILLE. — 7.

FEUILLÉ. — Garni de feuilles.

FIBRES, FIBREUX. — Racines fibreuses, menues comme des fils. — 2.

FILET, FILAMENT. — C'est le support de l'anthère. — 15.

FILIFORME. — Grêle, allongé comme des fils.

FISTULEUX. — Creux dans toute sa longueur. — 3.

FLEUR. — 11.

FLEUR COMPLÈTE. — 11.

—   INCOMPLÈTE. — 11.

—   NUE. — 11.

—   A ÉTAMINES. — 11.

—   A PISTILS. — 11.

FLEURAISON. — Epoque à laquelle les plantes portent des fleurs. — Durée de l'épanouissement de la fleur.

FLEURON. — 14.

FLORALES. — Feuilles qui accompagnent les fleurs.

FLEXUEUX. — Courbé en zigzag.

FLOTTANT. — Porté sur la surface de l'eau.

FLOSCULEUSE (fleur). — 14.

FOLIACÉ. — De la nature des feuilles.

FOLIOLES. — Petites feuilles qui composent la feuille composée, et qui ont leur insertion sur un pédoncule commun. — On dit aussi les folioles du calice, de l'involucre.

FOLIOLE. — 17.

FOURNI. — Garni, serré.

FRANGÉ. — Découpé en manière de frange.

FRUCTIFÈRE. — Portant le fruit.

FUSIFORME. — 2.

G

GAINE. — 9.

GÉMINÉ. — Deux à deux et dont le point d'insertion est le même. — 8.

GEMMULE. — 19.

GÉNICULÉ. — Plié en forme de genou. — 3.

GENRE. — 23.

GLABRE. — 5.

GLADIÉE. — 9.

GLAND. — 17.

GLANDULEUX. — Garni de glandes ou petits corps vésiculeux.

GLAUQUE. — D'un vert blanchâtre, comme farineux. — 3.

GLOBULEUX. — Qui a la forme arrondie, ou sphérique.

GLUME. — 14.

GLUMACÉ. — Qui est entouré de glumes, qui sont l'enveloppe extérieure des fleurs de graminée.

GLUTINEUX. — Qui est enduit d'une liqueur visqueuse.

GORGE. — C'est l'entrée du tube d'une fleur, d'un calice. — 13.

GOUSSE. — 18.

GRANULEUX. — Couvert de petits points saillants, sans être piquants.

GRAINE. — 19.

GRAINE NUE. — 16.

GRAPPE. — 11.

GRÊLE. — Trop long et trop délié eu égard à sa longueur.

GRIFFE. — 6.

GRIMPANT. — Qui s'accroche ou s'entortille aux corps environnants. — 3.

GRUMELEUX. — Formé d'un assemblage de petits grains, de petits tubercules, comme les racines de la Ficaire.

GYNANDRE. — 15.

H

HAMPE. — Tige dépourvue de feuilles, sortant immédiatement de la racine et portant des fleurs. — 2.

HASTÉ. — 8.

HERBACÉ. — Qui n'a pas plus de consistance, de solidité que l'herbe. — Qui est de la couleur de l'herbe, c'est-à-dire vert ou verdâtre. — 3.

HÉRISSÉ. — Couvert de poils droits, rudes. — 3.

HESPÉRIDE. — 18.

HEXAGONE. — A six faces et à six angles.

HORIZONTAL. — Qui est de niveau à l'horizon.

HILE. — 19.

HISPIDE. — 3.

HYPOCRATÉRIFORME. — 13.

HYBRIDE. — Qui doit son origine à deux plantes d'espèce différente. — 22.

I

IMBRIQUÉ. — 8.

INCISÉ. — Découpé en long.

INCLINÉ. — Plié en arc depuis la base jusqu'au sommet.

INCLUS. — Qui ne s'élève pas au-dessus des parties environnantes. — 13.

INCOMPLET. — Qui manque d'une ou de plusieurs de ses parties.

INDÉHISCENT. — Qui ne s'ouvre pas naturellement.

INFÈRE (ovaire). — 16.

INFLÉCHI. — Recourbé en dedans. — 9, 13.

INFLORESCENCE. — 11.

INFUNDIBULIFORME. — 13.

INSERTION. — Point où une feuille, une fleur, une étamine sont attachées à la plante.

INTERROMPU. — Qui n'est pas contigu dans toute sa longueur.

INVOLUCRE. — Réunion de folioles entourant une partie du végétal. — 10.

INVOLUCELLE. — Voir la note placée avant les ombellifères. — 10.

INVOLUTÉE. — 9.

IRRÉGULIER. — 12.

L

LABELLUM. — 14.

LABIÉES. — 14.

LACÉRÉ, LACINIÉ. — Qui est découpé en lanières.

LACTESCENT. — Qui contient un suc blanc comme du lait.

LAINEUX. — Qui est couvert de poils semblables à la laine. — 3.

LANGUETTE OU LIGULE. — 10.

LANCÉOLÉ. — 8.

LATÉRAL. — Inséré sur le côté.

LIBER. — 4.

LIBRE. — Qui n'a aucune adhérence aux corps voisins que par son point d'insertion. — 13.

LIGNEUX. — De la nature du bois.

LIGULE. — 10.

LIGULÉ, LINGUIFORME. — 9.

LIMBE. — 13.

LINÉAIRE. — Allongé et d'égale largeur dans toute sa longueur. — 8.

LIGNEUSE. — 2.

LISSE. — Qui est sans aspérité.

LOBE. — Partie saillante, séparée par une échancrure. — 7.

LOBÉ. — Qui est bordé ou divisé en lobes.

LOGES. — 16.

LYRÉ. — 8.

M

MARCESCENT. — Desséché, mais persistant. — 9.

MAMELONNÉ. — Dont la surface est couverte de points saillants.

MASQUE (en). — 14.

MASSUE (en). — 13.

MÉDULLEUX. — 3.

MOELLE. — 5.

MEMBRANEUX. — Mince, souple, comme une membrane.

MÉDULLAIRE. — 4, 5.

MONADELPHIE. — Qui a les étamines toutes soudées ensemble. — 13.

MONOÏQUE. — 11.

MONOPÉTALE. — 13.

MONOSÉPALE. — 12.

MONOSPERME. — Qui n'a qu'une graine.

MUCRONÉ.—Terminé par une petite pointe isolée. — 8.

MULTIFIDE. — A divisions nombreuses. — 9.

MULTIFLORE.— Qui porte plusieurs fleurs.

MULTILOCULAIRE.—A plusieurs loges.

MUTIQUE.—Sans pointe ni arête.

N

NAGEANT.—9.

NAPIFORME. — 2.

NAVICULAIRE. — Qui a la forme d'une nacelle.

NECTAIRE. — 11.

NERVURE MÉDIANE.—7.

NERVÉ, NERVEUX. — Marqué de nervures prononcées. —7.

NIVELÉ.—4,

NOUEUX.— Qui a des nœuds, ou renflements. — 5.

NOYAU. — Boîte osseuse, ligneuse qui renferme une ou plusieurs graines.

NU.—*Réceptacle* sans poils ni paillettes.—*Tige* sans feuilles.

0

OBCORDÉ.—8.

OBLIQUE. — Qui s'éloigne de la ligne verticale et de la ligne horizontale en même temps.

OBLONG.—8.

OBOVALE. — 8.

OBTUS. — DONT le sommet est presque arrondi et émoussé.

OEILS.—6.

OMBELLE, OMBELLULE. — Voir la note placée avant les ombellifères.

OMBELLE (fleur en).— 12.

OMBILIQUÉ. — Fruit qui a à un bout, quelquefois à tous les deux, un enfoncement.

ONDULÉ.—Portant sur les bords ou sur la surface des inégalités en forme d'ondulation. —9, 19.

ONGLET.—15.

ONGUICULÉ.—Qui a un onglet.

OPPOSÉ.—8.

ORBICULAIRE.— 8.

OUVERT. — Qui s'écarte de la ligne verticale, mais qui n'est pas horizontal.

OVAL, OVOÏDE.—8.

OVAIRE.— 16.

P

PAILLETTES. — Lames minces qui sont mêlées avec les fleurs sur le réceptacle des *composées*.

PALAIS. — Renflement qui forme la gorge des fleurs en masque, ou personnées.

PALÉACÉ.— Réceptacle couvert de paillettes.

PALMÉ.— 2.

PANACHÉ. — Une fleur est panachée quand elle est rayée de couleurs différentes.

PANDURÉ. — 8.

PANICULE. — 12.

PAPILLONACÉE. — 14.

PARASITE. — Qui croît sur une autre plante et se nourrit de sa substance.

PARIÉTAL. — Qui est attaché à la paroi d'un organe. — 16.

PAVILLON. — 14.

PECTINÉ. — 9.

PÉDALE (en). — Feuille dont le pétiole est divisé au sommet en deux branches écartées, qui portent sur leur côté intérieur plusieurs folioles.

PÉDICELLE. — 9.

PÉDONCULE. — 9.

PELTÉ. — Attaché par le milieu d'une surface arrondie.

PENDANT. — Qui est dans une direction perpendiculaire vers la terre. — 4, 15.

PENTAGONE. —A 5 angles et à 5 faces.

PÉPONIDE. — 18.

PERFOLIÉE. — Feuille dont le disque est traversé par la tige.

PÉRICARPE.— 16.

PÉRIGONE.— Enveloppe unique d'une fleur : le Lis.

PÉRISPERME. — 19.

PERSISTANT. — 9.

PERSONNÉE (fleur). — 14.

PÉTALE.— 15.

PÉTALOÏDE.— De la nature des pétales, qui en a la forme et la couleur. — 16.

PÉTIOLE.—7.

PÉTIOLÉ.—Qui a un pétiole.—7.

PINNATIFIDE.— 9.

PISTIL. — 11, 15.

PIVOTANT. — 2.

PLANTE. — 1.

PLUMEUX. — 16.

POILU.— 5.

POLLEN.— 15.

POLYADELPHE. — 15.

POLYPÉTALE. — 13.

POLYSPERME.— Qui a beaucoup de graines.

POLYSÉPALE. — 12.

POMME. — 18.

PONCTUÉ.— Qui est marqué de points.

PRISMATIQUE.— Qui a les faces planes et les angles aigus. — 13.

PROLIFÈRE.— Une fleur, un fruit qui en produit un autre.

PUBESCENT.— 5.

PULPEUX.—Qui a un tissu mou, succulent.

PULVÉRULENT. — Comme couvert de poussière.

PYRAMIDAL. — Se rétrécissant de la base au sommet.— 4.

PYXIDE. — 18.

Q

QUADRANGULAIRE.— A 4 angles.

QUADRILOCULAIRE. — A 4 loges.

QUATERNÉ.— 4 à 4.

QUEUE. — Appendice qui termine un fruit, une graine.

R

RACINE. — 2.

RADICAL.— Qui part de la racine.

RADICANT.—Qui émet des racines.

RADICULE.— 2, 19.

RADIÉES (fleurs).— 14.

RAIDE.— 9.

RAMEAUX.— 5.

RAMILLES.— 5.

RAMAIRES, — 6, 9,

RAMPANT. — 2, 3.

RAYON, RAYONNANT. — 4, 16.

RÉCEPTACLE.— 10.

RÉFLÉCHI.— 4, 9, 15.

RÉGULIER. — 12.

RÉNIFORME. — 8.

RÉTICULÉ.— Couvert de lignes croisées, comme les mailles d'un réseau.

RÉTUS.— 9.

RÉVOLUTÉE. — 9.

RHOMBOÏDALE.—Une feuille rhomboïdale a qua-

tre côtés, deux à angles aigus, deux à angles obtus. — 9.

RIDÉE. — 9.

RONCINÉ. — 8.

RONGÉ. — Découpé par les morsures d'un insecte.

ROSACÉE. — 14.

ROSETTE (en).— 8.

ROTACÉE, EN ROUE (fleur). — 13.

RUGUEUX.— Marqué de rides.— 9.

S

SAGITTÉE.— 8.

SAILLANT. — 15.

SAMARE. — 17.

SARCOCARPE. — 17.

SARMENTEUX. — 3.

SCABRE.— 9.

SCARIEUX.— 9.

SEGMENT. — Portion divisée, distincte d'une feuille, d'une foliole.

SEMI-FLOSCULEUSE. — Petites fleurs partielles à lobe allongé en languette plane : le Pissenlit.

SÉPALE.— 12.

SERTULE.— 12.

SERRÉ.— 3.

SESSILE.— 7.

SÉTACÉ.—Allongé, menu, raide comme un crin.

SILICULE.— 17.

SILIQUE.— 17.

SILLONNÉ. — Marqué de sillons longitudinaux. — 3.

SIMPLE. — Qui n'a pas de divisions.

SINUÉ.— 8.

SOROSE.— 18.

SOUCHE.—3.

SOUCOUPE (en).— 13.

SOYEUX.—Muni de poils longs, mous, brillants. — 3.

SPADICE. — 12.

SPATHE. — 10.

SPATULÉ, EN SPATULE.—Qui est rétréci à la base, élargi et arrondi au sommet.— 8.

SPHÉRIQUE.—Qui est arrondi comme un globe.

SPICIFORME.—En forme d'épi.— 14.

SQUAMIFORME.—Qui ressemble à une écaille.

SQUARREUX.—Couvert d'écailles raides, un peu recourbées.

STAMINIFÈRE. — Qui porte les étamines.

STIGMATE. — 16.

STIPITÉ.— Qui est soutenu par un petit support.

STIPULAIRE. — 6.

STIPULE. — 7.

STRIÉ. — Marqué de petits sillons longitudinaux. — 3.

STYLE. — 16.

SUBÉREUX. — Composé d'une substance molle,
élastique comme le liége. — 13.

SUBMERGÉ. — Qui est sous l'eau, et ne surnage
pas. — 9.

SUBULÉ. — Qui a la forme d'une alène. — Déjà
étroit à la base, il se rétrécit jusqu'au sommet qui se termine en pointe. — 8.

SUCCULENT. — qui est rempli de suc.

SUC PROPRE. — 4.

SUPÈRE. — 16.

SUTURE. — C'est la jointure de deux parties.

SURDÉCOMPOSÉE. — 9.

SYNANTHÉRIE. — 15.

SYNCÔNE. — 12.

SYNGÉNÈSE. — 15.

T

Tablier. — 14.

TERMINAL. — Placé au sommet.

TERNÉ. — Disposé par 3 sur le même point
d'insertion.

TÉTRAGONE. — A 4 angles et à 4 côtés égaux.

TÈTE (fleurs en). — 12.

TÉTRASPERME. — A 4 graines.

THYRSE. — 11.

TIGE. — 2.

TIGELLE. — 19.

TORTUEUX. — Comme une corde chargée de
nœuds.

TRAÇANT. — 3.

TRANSVERSAL. — Qui est posé en travers.

TRAPÉZIFORME. — Qui a 4 faces inégales. — 9.

TRIANGULAIRE. — 3-9.

TRIGONE. — Qui a 3 angles et 3 faces planes.

TRILOBÉ. — A 3 lobes.

TRILOCULAIRE. — A 3 loges.

TRINERVÉE. — A 3 nervures.

TRIQUÈTRE. — A 3 angles aigus saillants.

TRISPERME. — A 3 graines.

TRIVALVE. — A 3 valves.

TRONC. — 2.

TRONQUÉ. — Qui est coupé à son sommet à angle
droit, et se termine par une ligne horizontale.

TUBE. — 13.

TUBERCULE. — Excroissance en forme de bosse,
qui se rencontre sur les feuilles, les tiges,
les fruits. — Racine charnue.

TRIFIDE. — 9.

TUBULEUX. — 13.

TUNIQUE. — On appelle ainsi les différentes
peaux d'un ognon, qui sont emboîtées les
unes dans les autres.

TURBINÉ. — Qui a de la ressemblance avec une
toupie, une poire. — 13.

U

UNCINÉ. — 8.

UNIFLORE. — A une seule fleur.

UNILOCULAIRE. — A une loge.

UNILATÉRAL. — Tourné d'un seul côté. — 8.

UNIVALVE. — A une valve.

URCÉOLÉ. — Resserré aux deux bouts, renflé
au milieu. — 13.

V

VALVE. — 16.

VEINE, VEINÉ. — 7.

VELOUTÉ. — Couvert de poils doux comme du
velours.

VELU. — 3.

VENTRU. — Renflé au milieu.

VERTICILLE. — Assemblage de feuilles, de fleurs
autour d'un axe commun. — 8, 19.

VERTICILLÉ. — Disposé en verticille. — 8, 12.

VÉSICULEUX. — Renflé comme une vessie.

VISQUEUX. — Recouvert d'une liqueur gluante.

VIVACE. — 2.

VOLUBILE. — Qui se tourne en spirale autour
d'un corps. — 3.

VRILLE. — 6.

Z

ZIGZAG. — Qui se plie de côté et d'autre comme
un Z.

ABRÉVIATIONS.

—

⊙. . . . . Annuel.

②. . . . . Bisannuel.

♃. . . . . Plantes herbacées vivaces.

♄. . . . . Ligneux, arbres.

Pour les figures.

t. . . . . Table, ou planche.

f. . . . . Figure.

p. . . . . Page.

PRIÈRE DE LINNÉE.

—

Dieu tout puissant, je vous rends les plus humbles et les plus ardentes actions de graces pour les immenses bienfaits dont votre bonne et tendre providence m'a comblé dans tout le cours de ma vie. Dès mon jeune âge, vous m'avez conduit comme par la main, vous avez dirigé tous mes pas, et sous les ailes de cette paternelle Providence, j'ai traversé avec des mœurs pures et un cœur innocent les dangereuses années consacrées à l'étude des sciences.

Je vous rends graces de ce que vous m'avez préservé des nombreux périls auxquels je me suis vu si souvent exposé dans les longs voyages que l'amour de la science m'a fait entreprendre sur le sol de la patrie et dans les pays étrangers.

Je vous remercie de ce que, dans les dures privations de la pauvreté et les autres épreuves de la vie, vous êtes toujours venu à mon secours, comme un père attentif aux besoins de son enfant.

Enfin je vous remercie de m'avoir donné cette force de caractère et cette rectitude d'esprit qui m'ont soutenu au milieu des biens et des maux, des plaisirs et des peines, et dans toutes les vicissitudes dont ma vie a été traversée.

(LINNÆUS, Orat. de necessitate peregrinationis herbariæ intra Patriam instituendæ, in fine).

FLORE ÉLÉMENTAIRE

DE LA FRANCE.

PREMIÈRE CLASSE.

—

MONANDRIE.

Fleurs à une seule Étamine.

Ier ORDRE.

MONOGYNIE. — Fleurs a 1 Pistil.

§ 1. — **Fleurs complètes.**

a. — Pétales éperonnés. . . . .   1. Centranthe.

§ 2. — **Fleurs incomplètes.**

a. — Plantes charnues; 2 stigmates. . . . . .   3. Salicorne.

b. — *Plantes non charnues.*

d. — Feuilles linéaires, verticillées. . . . . . .   2. Pesse.
dd. — Feuilles larges, à plusieurs lobes. . . . .   118. Aphane.

II ORDRE.

DIGYNIE. — Fleurs a 2 Pistils.

§ 1. — Plantes graminées.

a. — Épi filiforme, cylindrique, articulé. . . . .   81. Psilure.
b. — Fleurs en panicule. . . . .   65. Festuque.

§ 2. — Plantes non graminées.

a. — Plantes aquatiques. . . . .   4. Callitriche.
b. — *Plantes terrestres.*
g. — Graines recouvertes par le calice persistant.   5. Blette.
gg. — Une capsule membraneuse sur les bords,
     plane en dessous, convexe en dessus. .   6. Corisperme.
ggg. — Plantes charnues. . . . .   3. Salicorne.

MONOGYNIE.

1. CENTRANTHE, *Centranthus.* Lin. — Calice petit, à dents roulées, puis déroulées en aigrettes plumeuses après la floraison : corolle
éperonnée à la base, à 5 divisions un peu inégales : capsule à 1 loge,
à 1 graine.

a. — *Eperon allongé.*

1. Tige lisse, glauque, droite, rameuse :
feuilles *larges, ovales-lancéolées,* les supérieures pointues, entières : fleurs rouges, quelquefois blanches, en corymbe. — ⚥. Fissures des rochers du Midi, les murs de la Char-
treuse-de-Valbonne. Lam. illust. t. 21. f. 2.
C. **Rouge,** *Ruber.* DC. (mai-juillet).

2. Glauque : tige dressée : feuilles *étroites.*
linéaires, aiguës, entières : fleurs d'un rouge

clair, ou blanches, en corymbe. — ⚥. Rochers
du Midi, au Baucet sur les rochers des Grands-
Conils (Vaucluse). Cav. icon. 4 t. 555. C. à
feuilles étroites, *Augustifolius.* DC. (mai-
juillet).

b. — *Eperon court.*

5. Tige dressée, un peu ligneuse à la base :
feuilles lâches au bas de la tige, serrées au
sommet, *toutes simples,* un peu rétrécies en
pétiole, *ovales-lancéolées,* à 5-6 nervures

fleurs rouges, petites, en corymbe serré. — %. La Trinité en Corse. Viv. Cors. 5. **C. Nervé**, *nervosus*. Moris. (juin-juillet).

4. Feuilles radicales pétiolées, ovales, les *caulinaires ailées*, quelquefois presque toutes

ovales-arrondies: fleurs rouges, en corymbe.— ⊙. Rocailles du Midi, Villeneuve-lez-Avignon. Cl. hist. 2. p. 54. f. 2. **C. Chausse-trappe,** *Calcitrapa*. DC. (mai-juin).

2. PESSE, *Hippuris*. Lin. — Périgone très-court, en forme d'écaille : étamine à filament droit, très-court : style latéral, subulé, logé dans une fissure de l'anthère : ovaire infère : capsule globuleuse, couronnée par le périgone.

1. Tige simple : feuilles étroites, linéaires, en verticille: fleurs verdâtres, sessiles, axillaires, supérieures stériles :=feuilles submergées réfléchies, celles hors de l'eau tordues en

spirale. — %. Les étangs, les fossés, Paris. Fl. dan. t. 87. **P. commune**, *vulgaris*. Lin. (juin-juillet).

3. SALICORNE, *Salicornia*. Lin. — Périgone ventru, à 4 dents, à 4 angles : style à 2 stigmates : graine recouverte par le calice : étamine saillante.

a. — *Tige herbacée.*

1. Rameaux opposés, charnus, chargés d'écailles imbriquées, à articulations comprimées, échancrées : quelquefois tige étalée, à rameaux divergents : fleurs vertes, à pétales

obtus, en épi aminci vers le sommet. — ⊙. Marais salins d'Aigues-Mortes, du Jura. Engl. bot. t. 415. **S. herbacée**, *herbacea*. Lin. (juillet-août).

b. — *Tige ligneuse.*

d. — *Articulations comprimées.*

2. Tige ligneuse, épaisse, à rameaux ascendants, comprimée sur les articulations, rameaux supérieurs plus longs que les stériles : fleurs vertes, en épis allongés, un peu pédicellés : écailles florales tronquées. — ♅. Aigues-Mortes. Lam. ill. t. 4 f. 2. **S. Ligneuse**, *fruticosa*. Lin. (juillet-août).

3. Tige ligneuse, *émettant des racines*: articulations comprimées, *échancrées*: fleurs en épi oblong : style profondément bifide : 2 éta-

mines.— %. Corse, sables maritimes du Nord. Engl. bot. 1691. **S. Radicante**, *radicans*. Smith. (septembre).

dd. — *Articulations renflées.*

4. Tige épaisse, à rameaux ascendants : articulations supérieures presque aussi épaisses que longues, couvertes de fleurs en épis gros, un peu en massue, sessiles. — %. Sables maritimes du Languedoc, Corse. Moric. Fl. Ven. 1. p. 2. **S. à gros épi**, *macrostachya*. Moric.

DIGYNIE.

4. CALLITRICHE, *Callitriche*. Lin. — Périgone nul, ou de 2 folioles peu apparentes : 2 bractées opposées, pétaloïdes, transparentes, à la base de la fleur : 1 étamine à anthère réniforme : 2 styles subulés :

stigmate entier : capsule à 4 angles, dont deux plus rapprochés, à 4 loges, à 1 graine.

I. = Feuilles toujours ovales spatulées.

1. Radicules simples : feuilles à 5-6 nervures, un peu obtuses : bractées en faux, conniventes au sommet : styles persistants, enfin réfléchis : fruit ailé-caréné sur les angles.

— ⊙. Mares, fossés. Reich. Cent. 9. f. 1184-86. C. des étangs, stagnatilis. Scop. (mai-septembre).

II. = Feuilles variables.

a. — Styles toujours droits.

2. Racines simples : feuilles variant beaucoup de forme, le plus souvent linéaires dans le bas des rameaux, obovées dans le haut, quelquefois bifides : bractées égales, un peu arquées, persistantes : styles toujours droits, mais peu persistants : fruit ovale, presque sessile. — ⊙. Mares, fossés. Reich. Cent. 9 f. 1179-85. C. du printemps, verna. Lin. (mai-juillet).

b. — Styles réfléchis.

s. — Bractées non en hameçon.

3. Feuilles très-variables, échancrées, bifides, ou entières, toujours plus étroites dans le bas des rameaux, le plus souvent obovées dans le haut : bractées en faux, un peu dressées au sommet, rapprochées : styles persistants, enfin recourbés : fruit presque orbiculaire. — ⊙. Eaux courantes, les étangs. Reich. Cent. 9. f. 1187-99. C. à fruit plat, platicarpa. Kütz. (mai-septembre).

4. Racines du bas fibreuses : feuilles très-variables, mais constamment plus larges à la base, puis entières ou échancrées, ou bifides : bractées égales ou inégales, deux ou solitaires ou nulles, recourbées, plus longues que les filets presque invisibles : styles divergents, enfin réfléchis, appliqués sur le fruit arrondi en cœur. — ⊙. Eaux courantes, étangs. Reich. Cent. 9. f. 1260-20. C. d'automne, autumnalis. Lin. (mai-septembre).

ss. — Bractées en hameçon.

5. Feuilles des rameaux inférieurs linéaires, les supérieures obovales : bractées courbées en crosse, à pointe en hameçon : styles très-longs, divariqués : angles du fruit en carène ailée. — ♃. Les eaux du centre de la France. Borau, Fl. cent. de la France. 2. p. 119. C. en hameçon, hamulata. Kütz. (mai-septembre).

5. BLETTE, Blitum. Lin. — Périgone persistant à 5-3 divisions orbiculaires, rapprochées : étamines 1-3-5 : graine réniforme cachée dans le périgone qui devient une baie succulente mamelonnée : feuilles en fer de lance.

1. Tige dressée, nue au sommet : feuilles triangulaires, un peu en fer de lance, un peu sinuées et dentées : fleurs d'un blanc sale, en paquets terminaux, d'un rouge de sang : graine en carène aiguë sur les bords. — ⊙. Les champs cultivés. Schk. t. 1. f. 1. BL. en tête, capitatum. Lin. (juillet-septembre).

2. Tige anguleuse, effilée, nue au sommet, droite, penchée : feuilles triangulaires, lancéolées, fortement dentées à la base : fleurs d'un blanc sale, en capitules axillaires, épars : rouge écarlate à la maturité : graine en gouttière, sur les bords. — ⊙. Les décombres. Sturm. fasc. 2. t. 1. BL. effilée, virgatum. Lin. (juillet-septembre).

6. CORISPERME, Corispermum. Lin. — Périgone à 2-3 divisions scarieuses, profondes : 1-5 étamines, quelques-unes 'stériles : style bifide : graine nue, plane d'un côté, convexe de l'autre, membraneuse sur le bord.

a. — 1 calice à 2 divisions.

1. Un peu pubescente : tige rameuse : feuilles longues linéaires, un peu mucronées : bractées *linéaires lancéolées*, 2-3 *fois* plus longues que le fruit : fleurs verdâtres, axillaires, éparses, en une sorte d'épi : *fruit* à bord aminci, à peine ailé. — ⊙. Sables de Tresques, de Pujaud (Gard). Lam. illustr. t. 5. **C. à feuilles d'Hyssope**, *hyssopifolium*. Lin. (juillet-août).

b. — *Pas de calice.*

2. Feuilles linéaires étroites, mucronées, piquantes : *bractées ovales*, à longue pointe, *une fois* plus longue que le fruit : fleurs verdâtres, en épis terminaux : *graine* à aile membraneuse, blanche, *assez large*, dentelée, échancrée au sommet : *deux pointes dans l'échancrure non saillantes.* —⊙. Aigues-Mortes, environs d'Avignon. Lois. 1. p. 3. **C. rude,** *squarrosum*. Lin. (août-septembre).

3. Fleurs linéaires, larges d'une ligne, mucronées piquantes : bractées ovales lancéolées, mucronées, membraneuses sur les bords : fruit un peu plus long que large, à aile membraneuse, étroite, un peu ondulée, entière au sommet, terminée *par deux pointes saillantes :* fleurs en épi, verdâtres. — ⊙. Aigues-Mortes. **C. intermédiaire,** *intermedium*. Schweig. (août-septembre).

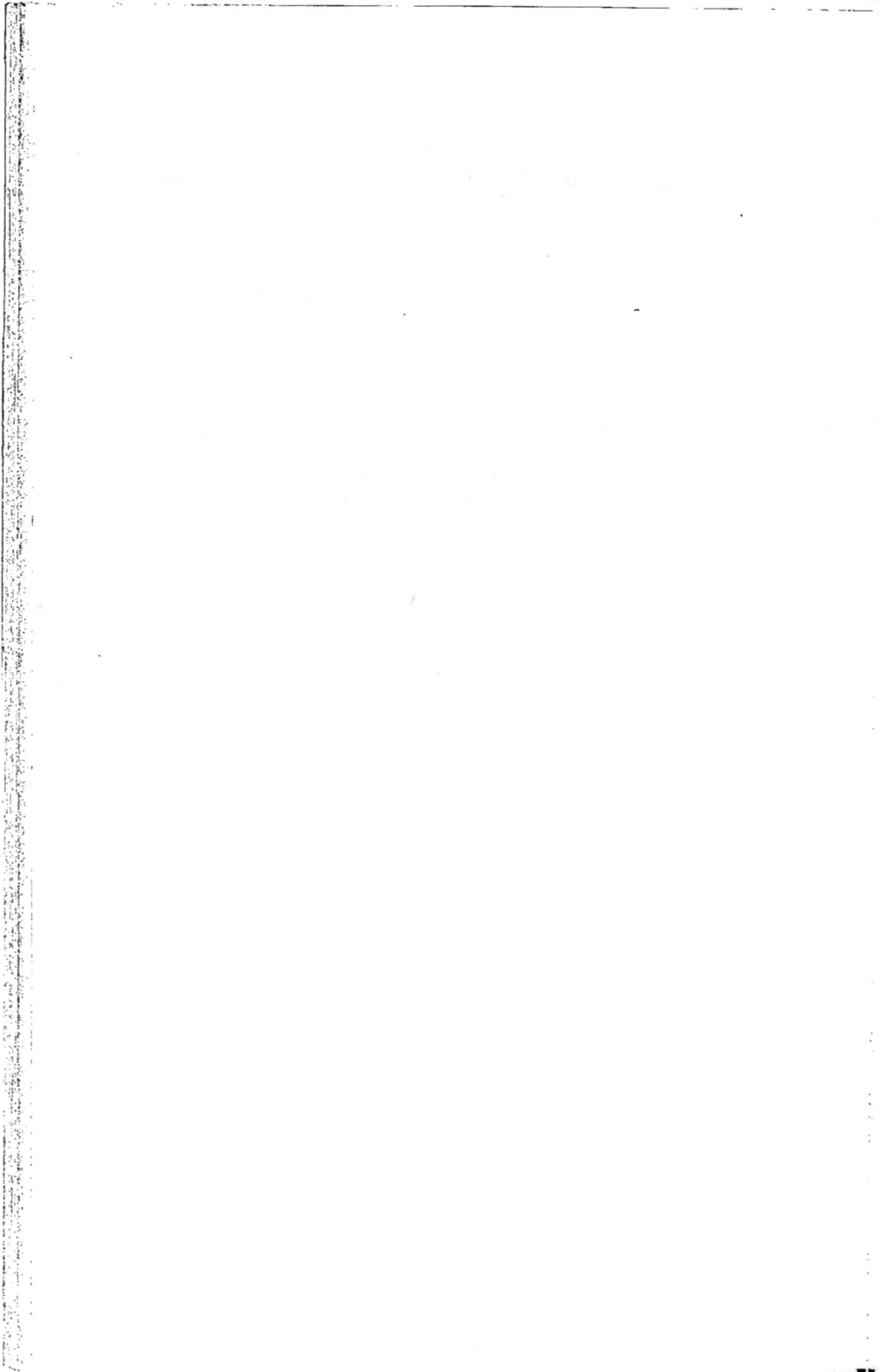

DEUXIÈME CLASSE.

—

DIANDRIE.

Fleurs à deux Étamines.

———

Ier ORDRE.

MONOGYNIE. — FLEURS A 1 PISTIL.

I. — Fleurs complètes.

1. — *Fleurs monopétales régulières.*

1° — Fruit en capsule.	7.	LILAS.
2° — Fruit en drupe.	8.	OLIVIER.
3° — *Fruit en baie.*		
a. — Tube de la corolle long , à 5 divisions. . .	9.	JASMIN.
b. — *Tube court , limbe à 5 divisions.*		
g. — Fleurs verdâtres.	10.	PHILARIA.
gg. — Fleurs blanches.	11.	TROENE.

2. — *Fleurs monopétales irrégulières.*

§ 1. — Une capsule.

1° — *Corolle éperonnée.*		
a. — Calice à 2 sépales.	12.	UTRICULAIRE.
b. — Calice à 5 divisions.	13.	GRASSETTE.
2° — *Corolle non éperonnée.*		
a. — Corolle en roue.	15.	VÉRONIQUE.

5° — *Corolle labiée.*

g. — 2 bractées à la base du calice. . . . . . .   14. Gratiole.

gg. — Pas de bractées; capsule couronnée par le
       calice. . . . .   16. Fédie.

§ 2. — 4 graines nues au fond du calice.

A. — COROLLE LABIÉE.

a. — Filaments des étamines attachés à un pédi-
       celle particulier, transverse. . . . . .   17. Sauge.

b. — *Filaments des étamines non attachés à un*
       pedicelle transverse.

d. — Lèvre supérieure de la corolle droite, plane.   18. Cunile.

e. — Lèvre supérieure de la corolle en faux. . .   19. Romarin.

B. — COROLLE A 4 LOBES PRESQUE ÉGAUX.

a. — Tous les lobes de la corolle entiers. . . .   20. Verveine.

b. — Lobe supérieur de la corolle échancré. . .   21. Lycope.

3. — *Fleurs polypétales.*

a. — Arbres; fleurs à 4 pétales, ou sans pétales.   22. Frêne.

b. — *Plantes herbacées.*

1° — Corolle de 2 pétales. . . . .   23. Circée.

2° — Corolle de 4 pétales. . . . .   Thlaspi.

5° — Corolle de 6 pétales. . . . .   Salicaire.

II. — Fleurs incomplètes.

n. — Arbres sans corolle, ou à 4 pétales. . . .   22. Frêne.

nn. — *Plantes herbacées.*

1° — Plantes aquatiques. . . . .   25. Lentille d'eau

2° — *Plantes terrestres.*

a. — Pas de feuilles. . . . .   3. Salicorne.

b. — *Des feuilles.*

g. — Calice à 8 divisions, 4 plus petites. . . . .   24. Suffrénie.

III. — Fleurs de Graminée.

a. — Graines laineuses. . . . .   58. Linaigrette.

b. — *Graines glabres.*

1° — Ecailles inférieures stériles. . . . .   37. CHOIN.
2° — Toutes les écailles fertiles. . . . .   36. CLADIE.

II ORDRE.

DIGYNIE. — FLEURS A 2 PISTILS.

I. — Fleurs de Graminée.

§ 1. — *Glume uniflore.*

a. — Base de la fleur entourée de poils longs,
   soyeux. . . . .   46. SUCRE.
b. — *Pas de poils longs, soyeux à la base de la
   fleur.*
1° — Pas d'arête. . . . .   47. CRYPSIS.
2° — *Une arête.*
d. — Arête dorsale, géniculée. . . . .   87. HOUQUE.
e. — Arête dorsale, non géniculée. . . . . . .   88. FLOUVE.

§ 2. — *Glume multiflore.*

a. — Arête naissant au sommet de la valve. . .   65 FESTUQUE.
b. — Arête naissant un peu au-dessous du som-
   met. . . . .   71. BRÔME.

II. — Fleurs non de Graminée.

a. — Capsule membraneuse sur les bords, convexe en dessus, plane en dessous. . .   6. CORISPERME.

MONOGYNIE.

7. LILAS, *Syringa.* Lin. — Calice petit, à 4 dents : corolle longuement tubuleuse, à 4 divisions concaves : 2 étamines cachées dans le

tube : style bifide : capsule ovale, comprimée, pointue : à 2 loges renfermant chacune 2 graines aplaties. Arbustes.

1. Feuilles *en cœur ovale*, pointu : fleurs violettes ou blanches, odorantes, en thyrses terminaux, bien garnis. — ♄. Originaire d'Orient, apporté en Europe en 1562. Bull. Herb. t. 265. **L. commun**, *vulgaris*. Lin. (avril-mai).

2. Feuilles *pennées lancéolées*, ou entières lancéolées : fleurs purpurines, en thyrse. — ♄. Apporté de Perse en 1670. Commun dans les jardins. Duham. nouv. éd. t. 62. **L. de Perse**, *Persica*. Lin. (avril-mai).

8. OLIVIER, *Olea*. Lin. — Calice petit, à 4 dents : corolle à tube court, à 4 divisions, 2 étamines : stigmate bifide : drupe à chair huileuse, à 2 graines, dont 1 avorte toujours.

1. Arbre à rameaux d'un vert triste : feuilles opposées, lancéolées, entières, blanchâtres en dessous, un peu roulées sur les bords : fleurs blanches, en grappes axillaires. — ♄. Le Midi. Gœrt. Fruct. 2. p. 75. t. 95. f. 5. **O. d'Europe**, *Europœa*. Lin. = VARIÉTÉS. = a.—

Arbrisseau, petit, stérile, épineux, à rameaux dressés : feuilles arrondies, un peu lancéolées sur les rameaux, d'un vert noirâtre en dessus. **O. à feuilles de Buis**, *Buxifolia*. = b. — Grand arbre, non épineux : feuilles lancéolées, allongées. **O cultivé**, *Sativa*. (mai-juin).

9. JASMIN, *Jasminum*. Lin. — Calice à 5 divisions : corolle à tube long, à 5 divisions étalées : 2 étamines cachées dans le tube : stigmate bifide : baie à deux loges, à 1 graine munie d'arille.

a. — *Fleurs blanches.*

1. Tiges sarmenteuses, souples, sillonnées : feuilles opposées, ailées, à folioles ovales pointues : divisions du calice longues, subulées : divisions de la corolle ovales pointues : fleurs blanches en corymbe. — ♄. Originaire de l'Inde. Bulliard, herb. t. 251. **J. commun**, *officinale*. Lin. (mai-juin).

b. — *Fleurs jaunes.*

2. Tige à rameaux anguleux, raides : feuilles alternes, les unes simples, les autres ternées, à folioles en coin : *divisions* du calice *allongées*, *subulées :* fleurs en corymbes terminaux. — ♄. Les baies du Midi, Valbonne. Nouv. Dubam. 1. p. 102. t. 28. **J. arbuste**, *fruticans*. Lin. (mai-juin).

3. Rameaux presque pas anguleux : feuilles alternes, simples, ou ternées, ou ailées, à folioles ovales allongées, aiguës : *divisions* du calice *très-courtes :* fleurs en corymbes terminaux. — ♄. Environs de Grasse. Lob. icon. 2. p. 106. f. 1. **J. humble**, *humile*. Lin. (mai-juin).

10. PHILARIA, *Phylleria*. Lin. — Calice très-petit, à 4 dents : corolle courte, à 4 divisions : 2 étamines : stigmate simple : baie à 1 loge, à 1 graine. Arbrisseau. Feuilles opposées, coriaces.

a. — *Feuilles entières.*

1. Feuilles étroites, linéaires lancéolées, entières, aiguës : fleurs blanchâtres, en grappes axillaires. — ♄. Le Midi, Valbonne. Lam. ill. t. 8. f. 5. **Ph. à feuilles étroites**, *augustifolia*. Lin. (printemps).

b. — *Feuilles dentées.*

2. Feuilles ovales, un peu en cœur, presque sessiles, à dents de scie obtuses : fleurs blanchâtres, en paquets axillaires. — ♄. Collines du Midi, Valbonne. Fl. Grœc. t. 2. **Ph. à larges feuilles**, *latifolia*. Lin. (printemps).

3. Feuilles *ovales lancéolées*, dentelées en scie, ou crénelées dentées au milieu : fleurs d'un blanc jaunâtre, en paquets serrés. — ♄. Le Midi, Agen. Lois. 1. p. 6. **Ph. intermédiaire**, *media*. Lin. (printemps).

11. TROENE , *Ligustrum*. Lin. — Calice très-petit , à 4 dents : corolle à tube court, à 4 divisions étalées : stigmate bifide : baie à 2 loges, à 2-4 graines.

1. Arbrisseau à feuilles opposées , lancéolées, entières, atténuéés aux deux bouts, un peu roulées sur les bords , lisses, caduques : fleurs blanches , en thyrses terminaux. — ♄. Collines du Midi , Valbonne. Lam. illust. t. 7. **T. commun**, *vulgare*. Lin. (mai-juin).

12. UTRICULAIRE , *Utricularia*. Lin. — Calice de 2 sépales caducs : corolle labiée , éperonnée : stigmate bifide : gorge fermée par la convexité du palais : capsule à 1 loge, en boîte à savonnette , à graines nombreuses. — Plantes aquatiques , à feuilles submergées multifides, vésiculeuses.

a. — *Lèvre supérieure bifide.*

1. Feuilles tripartites, à folioles capillaires, à vésicules peu nombreuses : fleurs jaunes , en grappes lâches : éperon caréné, très-court : lèvre supérieure égale au palais. — ♄. Eaux stagnantes , Tourbière de Haguenau. Fl. dan. t. 128. **U. naine**, *minor*. Lin. (juin).

b. — *Lèvre supérieure entière.*

2. Feuilles ailées multifides, portant des vésicules dans les ramifications : pédoncules écailleux : fleurs jaunes, rayées de rouge : lèvre supérieure de la corolle *réfléchie*, *éga*-lant le palais : éperon conique, *égalant la fleur.*—♃.Eaux stagnantes. Lam. ill. t. 14. f. 1. **Ut. commune**, *vulgaris*. Lin. (juin).

5. Racines portant des vésicules : rameaux portant des vésicules, d'autres des feuilles : feuilles tripartites-dichotômes : fleurs jaunes, rayées de rouge , en grappes peu fournies : lèvre supérieure de la corolle *plane*, *une fois plus longue* que le palais : éperon gros, conique, obtus, un peu *plus long que la fleur.* — ♃. Eaux stagnantes dans le Nord. Hayn. term. t. 26. f. 6. **Ut. moyenne**, *intermedia*. Hayn. (juin-juillet).

15. GRASSETTE , *Pinguicola*. Lin. — Calice à 5 divisions : corolle éperonnée , à lèvre supérieure trilobée, inférieure plus courte, à 2 lobes : 2 étamines incluses, insérées à la base de la corolle : stigmate à 2 lames : capsule à 1 loge, à 2 valves, à graines oblongues, ponctuées. Hampes uniflores : feuilles molles, grasses.

I. = Tige velue ou pubescente.

1. Hampe pubescente, glanduleuse, grêle : feuilles très-obtuses , réticulées , veinées : fleurs petites , blanches , *rayées de pourpre*, *à gorge jaunâtre* : éperon conique, *épaissi au sommet*, un peu plus court que la corolle. — ☉. Alpes du Dauphiné, Bayonne. Lois. t. 1. **G. de Portugal**, *lusitanica*. Lin. (mai-juin).

2. Hampe raide , pubescente, penchée au sommet : feuilles très-petites , nervées : fleurs très-petites, d'*un violet rouge* : éperon droit, *subulé*. — ♄. Alpes du Dauphiné , Gondran, Fl. Lap. 15. t. 12. f. 2. **G. velue**, *villosa*. Lin. (mai-juin).

II. = Hampe glabre.

a. — *Fleurs blanches, à gorge jaune.*

5. Hampe uniflore, feuilles ovales oblongues : lobes supérieurs du calice inégaux , aigus, quelquefois un peu obtus : fleur blanche, ayant à la gorge deux taches jaunes, à lèvres inégales, la supérieure échancrée, l'in-

férieure à lobe médian rétus, les latéraux obtus. — ♃. Rochers humides des Alpes, la Moucherolle. Mut. t. 46. f. 338. **G. jaunâtre,** *flavescens.* (juin-juillet).

b. — *Fleurs bleues, avec deux taches blanches.*

4. Hampe uniflore : feuilles oblongues, assez étroites : éperon subulé, très-peu plus court que la corolle : fleur grande, veinée en réseau, avec deux taches blanches dans l'intérieur. — ♃. Alpes du Dauphiné. Mutel, t. 46. f. 342. **Gr. à éperon grêle,** *leptoceras.* (mai-juin).

c. — *Fleurs violettes avec une tache blanchâtre.*

5. Feuilles linéaires oblongues, presque pas atténuées à la base, souvent plus longues que la hampe : éperon linéaire, droit : corolle en entonnoir, striée à l'intérieur de lignes blanchâtres, formant une tache triangulaire. — ♃.

Pyrénées, au Port de Pinède. Mutel. 2. p. 399. **Gr. à longues feuilles,** *longifolia.* DC. (mai-juin).

d. — *Fleurs d'une seule couleur.*

6. Feuilles ovales oblongues, luisantes, ponctuées : fleurs d'un blanc violet : éperon conique, *un peu recourbé*, un peu *plus court* que la corolle : lèvre supérieure bilobée, inférieure à trois divisions. — ♃. Marécages, prairies de Francvau, près St-Gilles. Lam. illust. t. 14. f. 1. **Gr. commune,** *vulgaris.* Lin. (mai-juin).

7. Feuilles ovales oblongues, dépassant presque la hampe : fleurs d'un bleu foncé, renflées ; lèvre supérieure à lobes larges, arrondie : éperon *droit subulé*, aussi *long* que la fleur.— ♃. Hautes montagnes, Lautaret. Lam. ill. t. 14. f. 2. **Gr. à grandes fleurs,** *grandiflora.* Lam. (mai-juin).

14. GRATIOLE, *Gratiola.* Lin. — Calice à 5 divisions munies à la base de 2 bractées : corolle tubuleuse, à 4 angles ; lèvre supérieure échancrée, inférieure à 3 lobes inégaux : 2 étamines stériles : capsule ovale, à 2 loges, à graines nombreuses.

1. Tige droite, glabre : feuilles sessiles, opposées, lancéolées, dentées, un peu nervées : fleurs rosées, ou blanches, parsemées de points purpurins, à tube jaunâtre. — ♃. Prairies humides, Francvau, près St-Gilles. Bull. herb. t. 130. **Gra. officinale,** *officinalis.* Lin. (juillet-septembre).

15. VÉRONIQUE, *Veronica.* Lin. — Calice à 4, rarement à 5 divisions : corolle en roue, à 4 divisions, dont l'inférieure plus petite : capsule ovale, ou en cœur renversé, comprimée.

I. — FLEURS EN ÉPIS OU EN GRAPPES AXILLAIRES : PLANTES VIVACES.
§ 1. = Tige glabre.

a. — *Feuilles arrondies ou ovales.*

1. Tige *tendre, dressée :* feuiles *charnues*, demi-embrassantes, *ovales arrondies* ; fleurs bleues, en grappes lâches : capsule en cœur renversé. — ♃. Les ruisseaux. Fl. dan. t. 511. **V. aquatique,** *beccabunga.* Lin. (été).

2. Tige étalée, *rampante*, un peu *ligneuse :* feuilles glabres, raides, luisantes, *ovales aiguës*, dentées en scie : fleurs d'un bleu foncé, en épis denses, solitaires ou géminés : dents du calice ciliées : capsule pubescente.— ♃. Alpes de Provence, Val-d'Eynes. All. Ped. t. 46. f. 3. **V. d'Allioni,** *Allionii.* Vill. (juillet-août).

b. — *Feuilles linéaires ou lancéolées.*

3. Tige faible, couchée à la base : feuilles *linéaires*, sessiles, dentées : pédicelles filiformes, enfin réfléchis : fleurs d'un bleu pâle, ou rosées, rayées de bleu : capsule glabre, *obcordée.* — ♃. Lieux inondés. Riv. t. 96. f. 1. **V. à écusson,** *scutellata.* Lin. (mai-juin).

4. Tige carrée, dressée, émettant des racines : feuilles demi-embrassantes, *lancéolées*, un peu dentelées : fleurs d'un violet clair, en grappes lâches : capsule glabre, *à peine échancrée.* — ♃. Les fossés. t. dan. t. 903. **V. mouron d'eau,** *Anagallis.* Lin. (été).

§ 2. = **Plantes pubescentes ou velues.**

a.— *Poils de la tige sur deux rangées.*

5. Tige un peu ligneuse, couchée à la base, rameuse : feuilles sessiles, rugueuses, dentées, ovales en cœur : fleurs d'un rouge clair, ou bleues, ou blanches, en grappes lâches : cap-sule obcordée, ciliée. — ♃. Terrains secs. Eng. bot. t. [625. **V. petit chêne**, *chamœdris*. Lin. (mai-juin).

b. — *Poils épars.*

n. — *Feuilles linéaires ou lancéolées : calice à 5 lobes.*

6. Calice *velu*, à divisions inégales : tige ascendante, ou couchée : feuilles sessiles, rugueuses, ovales lancéolées ou linéaires, aiguës, à dents inégales : fleurs bleues rayées de rouge, en grappes longues, lâches : capsule pubescente, obcordée, ou ovale. — ♃. Prairies sèches du Midi. Dalech. 1165. f. 2. **V. teucriette**, *teucrium*. Lin. (mai – juin).

7. Calice *glabre*, à divisions inégales : tige couchée, ascendante : feuilles linéaires lancéolées, entières ou dentées : fleurs azurées, blanches ou rosées. — ♃. Collines sèches. **V. couchée**, *prostrata*. Lin. (avril–mai). ═ Var. à feuilles multifides.

nn. — *Feuilles cordiformes ou ovales : calice à 4 lobes.*

a. — *Tige couchée ou rampante.*

8. Tige grêle, hérissée : feuilles pétiolées, ovales en cœur, obtuses, à grosses dents : fleurs d'un bleu pâle, rayées de rouge, en grappes lâches, peu fournies : capsule très-large, ondulée sur les bords, ciliée, comprimée. — ♃. La Grande-Chartreuse. Jacq. Aust. t. 109. **V. de montagne**, *montana*. Lin. (juin-juillet).

9. Tige rampante, ascendante : feuilles *hérissées des deux côtés*, rugueuses, crénelées dentées, un peu aiguës, opposées : fleurs d'un bleu pâle, ou blanches, rayées de rouge : capsule obcordée, ciliée. — ♃. Collines stériles. Lam. ill. t. 15. f. 2. **V. officinale**, *officinalis*. Lin. (mai-juin). ═ Var. à feuilles ovales arrondies.

b. — *Tige droite.*

10. Tige grande, raide : feuilles sessiles, ovales en cœur, grandes, à grosses dents : fleurs d'un bleu clair, à raies plus foncées, en grappes lâches : capsule obcordée, pubescente, *dépassant le calice*. — ♃. Bois montueux du Dauphiné. Jacq. Aust. t. 59. **V. à feuilles d'Ortie**, *Urticœfolia*. Jacq. (juin-juillet).

11. Tige raide : feuilles sessiles, ovales, à grosses dents : fleurs d'un beau bleu, en grappes allongées : capsule obcordée, un peu ciliée, *égalant le calice* — ♃. Prairies de l'Alsace. Jacq. Aust. t. 60. **V. à larges feuilles**, *latifolia*. Vill. (juin-juillet).

II. — FLEURS EN ÉPIS TERMINAUX : PLANTES VIVACES.

§ I. = **Épis serrés.**

I.—*Épis non chevelus avant la fécondation.*

12. Tige raide : feuilles lancéolées, dentées, luisantes, opposées, ou ternées, ou quaternées, entières au sommet : fleurs d'un bleu d'azur, en épis serrés, non chevelus avant la fécondation : pédicelles plus longs que le calice et les bractées saillantes après l'épanouissement : capsule gonflée, orbiculaire, à peine échancrée, à bord comprimé en carène. — ♃. Alsace. Poit. et Turp. t. 18. **V. bâtarde**, *spuria*. Lin. (juin-juillet). ═ *Variétés.* ═ b. — Calice plusieurs fois plus court que le pédicelle ; feuilles rétrécies aux deux bouts, ou échancrées en cœur. *Parviflora*. ═ c. — Calice presque égal au pédicelle, à feuilles linéaires lancéolées ou ovales lancéolées. *Grandiflora*. ═ d. — feuilles lancéolées ou ovales lancéolées, incisées. *Nitida*.

ff. — *Épis chevelus avant la fécondation.*

13. Tige droite, quelquefois blanchâtre au sommet : feuilles opposées, lancéolées ou ovales lancéolées, pointues, à dents de scie aiguës : fleurs bleues, en épis *souvent rameux à la base*. — ♃. Les Landes. Clus. hist. 346. Icon. **V. à longues feuilles**, *longifolia*. Lin. (juin-juillet).

9.

14. Tige ascendante, pubescente, quelquefois cendrée cotonneuse : feuilles opposées, oblongues ou ovales lancéolées, crénelées, obtuses : fleurs bleues ou blanchâtres, en épis *non interrompus* : bractées *appliquées sur la* capsule, orbiculaire, échancrée : calice pubescent. — ♃. Prairies des montagnes. S. Hil. Fl. pom. t. 544. **V. en épi**, *spicata*. Lin. (juillet-août).

§ 2. — Epis lâches.

n. — *Tige ligneuse.*

a. — *Feuilles lancéolées ou oblongues.*

15. Tiges grêles, diffuses, nombreuses, ascendantes : feuilles glabres, dentées, lancéolées, supérieures, linéaires : fleurs roses rayées de pourpre : capsule *ovale arrondie*, pubescente, *dépassant un peu le calice*. — ♄. Le Lautaret. Mutel. t. 46. f. 555. **V. fruticuleuse**, *fruticulosa*. Lin. (juillet-août).

16. Tiges nombreuses, ligneuses à la base, diffuses, ascendantes : feuilles dentelées en scie, *oblongues-ovales*, obtuses: fleurs bleues avec un cercle blanc à la gorge, quelquefois blanches ou roses, en grappe courte : capsule *ovale, pointue*, nervée, une fois plus longue que le calice. — ♄. Lautaret. Fl. dan. t. 342. **V. des rochers**, *saxatilis*. Lin. (juillet-août).

b. — *Feuilles ovales arrondies.*

17. Tiges couchées : feuilles glabres, inférieures un peu dentées : fleurs d'un bleu pâle: capsule glabre, en cœur renversé, dépassant un peu le calice cilié.— ♄. Le Pic du Midi. Gou. ill. 1. p. 1. f. 1. **V. nummulaire**, *nummularia*. Gou. (juillet-août).

n n. — *Tige herbacée.*

a. — *Capsule glabre.*

g. — *Feuilles en cœur.*

18. Tige dressée, raide, simple, velue : feuilles sessiles, opposées, velues, ovales en cœur, dentées, supérieures très-aiguës: fleurs bleues, en grappe allongée : capsule ovale, échancrée, dépassant le calice. — ♃. Rocailles ombragées des Cévennes. Gou. ill. 1. t. 1. f. 1. **V. de Pona**, *Ponæ*. Gou. (avril-juin).

gg. — *Feuilles non en cœur.*

19. Tige rampante à la base, puis ascendante: feuilles glabres, ovales obtuses, inférieures opposées, un peu crénelées, supérieures également aux pédicelles : fleurs blanches ou rosées, rayées de rouge : capsule en cœur renversé, dépassée par le style. — ♃. Prairies des montagnes. Fl. dan. t. 492. **V. à feuilles de Serpolet**, *serpyllifolia*. Lin. (avril-septembre).= *Variété.* = Tige gazonnante, rampante, *émettant des racines aux aisselles* : feuilles pétiolées, ovales arrondies, rapprochées : fleurs blanches ou roses, rayées de rouge, en grappe courte : capsule en cœur, glabre ou ciliée. Grande-Chartreuse. All. Ped. t. 22. f. 1. *Tenella*.

b. — *Capsule hérissée : tige non feuillée.*

20. Tige simple, ascendante : feuilles radicales en rosette, spatulées, velues, crénelées au sommet ou entières: fleurs bleues, à gorge blanche : capsule elliptique : calice velu. — ♃. Grande-Chartreuse. Hall. helv. t. 13. f. 1. **V. paquerette**, *bellidioides*. Lin. (juillet-août).

bb. — *Capsule hérissée : tige feuillée.*

21. Tige simple, grêle : feuilles opposées, ovales ou oblongues, ou lancéolées, entières ou crénelées, ou dentées en scie : fleurs petites, bleuâtres, rayées de blanc, en épi court : capsule en cœur renversé : calice hérissé. — ♃. Mont-d'Or, Alpes. Fl. lapp. t. 9. f. 4.; Roch. Rann. f. 46. **V. des Alpes**, *Alpina*. Lin. (juillet-août).

III. — FLEURS SOLITAIRES, AXILLAIRES : PLANTES ANNUELLES.

§ 1. — Pédoncules plus courts que les feuilles.

n. — *Feuilles lobées ou digitées.*

g. — *Toutes les feuilles lobées.*

22. Tige droite, rameuse, raide : feuilles un peu velues, inférieures à 3 lobes, les autres à 5-3 lobes linéaires, obtus, profonds : fleurs

rougeâtres : capsule en cœur, à lobes de l'échancrure aigus.—⊙. Montpellier, Perpignan. Mutel. t. 45. f. 332. **V. digitée**, *digitata*. Vahl. (printemps).

gg. — *Des feuilles entières ou dentées.*

23. Tige velue, *rameuse*, un peu dressée : feuilles inférieures en cœur, dentées, les caulinaires à 5 lobes, *les plus hautes à trois lobes linéaires*, obtus, profonds : fleurs d'un bleu vif : capsule ventrue, ciliée, un peu obcordée. — ⊙. Les champs sablonneux. Eng. Bot. f. 26. **V. à trois lobes**, *triphyllos*. Lin. (mars-mai).

24. Tige velue, simple, raide : feuilles velues, inférieures ovales, dentées, celles du milieu ailées ou digitées, les *supérieures linéaires lancéolées*, les florales à trois lobes : fleurs d'un bleu très-clair : capsule à cils glanduleux : pédoncules très-courts. — ⊙. Champs sablonneux. Engl. Bot. t. 23. **V. printannière**, *verna*. (avril-mai).

nn. — *Feuilles entières ou dentées.*

a. — *Des feuilles en cœur.*

25. Tige ordinairement rougeâtre, pubescente, dressée, rameuse : feuilles pubescentes, pétiolées, ovales en cœur, dentées en scie, supérieures lancéolées, presque sessiles, toutes rougeâtres en dessous : fleurs d'un bleu vif : capsule obcordée, à *cils glanduleux*. — ⊙. Les champs. All. Auct. p. s. t. 1. f. 1. **V. précoce**, *præcox*. All. (mars-avril).

26. Tige grêle, rameuse, étalée, *velue* : feuilles velues, ovales en cœur, dentées en scie, supérieures alternes, lancéolées, entières : fleurs d'un bleu pâle, presque sessiles : capsule *ciliée*, moins longue que le calice à *lobes inégaux*. — ⊙. Les champs. Fl. dan. t. 515. **V. des champs**, *arvensis*. Lin. (avril-mars).

aa. — *Pas des feuilles en cœur.*

27. Tige dressée, *glabre*, rameuse : feuilles entières, ou dentées, lancéolées oblongues, obtuses, supérieures linéaires lancéolées : fleurs d'un bleu très-clair : *capsule* comprimée, *glabre*, obcordée.—⊙. Champs cultivés du Midi. Fl. dan. t. 407. **V. voyageuse**, *peregrina*. Lin. (avril-mai).

28. Tige dressée, rameuse, rougeâtre, à *poils glanduleux* : feuilles inférieures glabres, ovales, crénelées, rouges en dessous, supérieures entières, lancéolées, égales aux pédoncules : fleurs bleues : *capsule* comprimée, en cœur renversé, *ciliée glanduleuse*.—⊙. Les champs humides. Vaill. Bot. t. 35. f. 3. **V. à feuilles de Thym**, *acinifolia*. Lin. (avril-mai).

§ 2. — **Pédoncules plus longs que les feuilles.**

n. — *Fleurs rayées.*

29. Tige couchée, diffuse, rameuse, un peu poilue : feuilles alternes pétiolées, inférieures réniformes, à 5 lobes, supérieures à 3-5 lobes profonds, obtus, quelquefois entières : fleurs d'un bleu pâle : lobes du calice dépassant la corolle, appliqués sur la capsule *glabre*.—⊙. Les champs. Riv. t. 99. **V. Lierrette**, *hederæfolia*. Lin. (avril-juin).

30. Tiges grêles, couchées, rameuses, *radicantes* : feuilles ovales en cœur, grandes, pétiolées, à *grosses dents* : fleurs grandes, bleuâtres : lobes du calice lancéolés aigus, divergents : capsule *ciliée glanduleuse*, à 2 lobes ouverts.—⊙. Champs cultivés des environs de Toulon. Buxb. t. 10. f. 2. **V. filiforme**, *filiformis*. Sm. (mars-avril).

nn. — *Fleurs non rayées.*

a. — *Feuilles une fois plus courtes que les pédoncules.*

31. Tige couchée, rameuse, un peu velue : feuilles épaisses, pétiolées en cœur, à 5-7 dents ou lobes : fleurs blanches ; lobes du calice ovales obtus, ciliés, plus courts que la corolle, appliqués sur la capsule. — ⊙. Environs de Toulon, Fréjus. Viv. frag. 1. t. 16. f. 1. **V. cymbalaire**, *cymbalaria*. Bod. (février-mars).

aa. — *Feuilles un peu plus courtes que les pédoncules.*

b. — *Feuilles oblongues.*

32. Tige pubescente glanduleuse, rameuse, étalée : feuilles oblongues, en cœur, dentées, velues : fleurs bleues, ou blanches ou roses :

calice poilu glanduleux, à lobes obtus : capsule ridée, ciliée glanduleuse. — ☉. Environs d'Angers. Mutel. 45. f. 528. **V. gentillette**, *pulchella*. Bast. (avril-mars).

  bb. — *Feuilles presque rondes.*

35. Tige rameuse, étalée : feuilles un peu épaisses, lisses, luisantes, pubescentes dans la vieillesse, glauques, à grosses dents : fleurs bleues, ou roses ou blanches : lobes du calice

ovales pointus, velus, nervés, égaux à la corolle : capsule un peu échancrée, pubescente glanduleuse. — ☉. Les champs, environs de Versailles. Mutel. t. 45. f. 529. **V. rustique**, *agrestis*. (avril-mars). = *Variété.* = Tige rameuse, couchée : feuilles crénelées, ridées, velues : fleurs bleues ou blanches : lobes du calice presque en spatule, obtus, poilus : capsule échancrée, poilue. Les champs. Mutel. 45. f. 530. **V. opaque**, *opaca*. Fries.

16. FÉDIE, *Fedia*. Gœrtn. — Corolle irrégulière, à peine labiée, à 3 divisions inégales : 2 étamines : capsule à 3 loges, couronnée par le calice dressé.

1. Tige de 10-15 pouces, glabre, un peu charnue : feuilles sessiles, ovales obtuses, presque entières : fleurs rouges, en faisceaux.

—☉. Frontières du comté de Nice. Bot. reg. t. 155. **F. corne d'abondance**, *cornucopiæ*. Gœrtn. (juillet-août).

17. SAUGE, *Salvia*. Lin. — Calice campanulé, à lèvre supérieure tridentée, inférieure bidentée : corolle labiée, lèvre supérieure en faux, échancrée, inférieure à 2 lobes : filets des étamines fourchus, attachés à un pédicelle particulier, transverse. Fleurs en verticille.

I. — LÈVRE SUPÉRIEURE DE LA COROLLE NON COMPRIMÉE.

n. — *Tige ligneuse.*

1. Rameaux velus blanchâtres, divergents : feuilles lancéolées, crénelées, rugueuses, pétiolées, les plus basses blanches cotonneuses en dessous : fleurs bleues, ou blanches : bractées moins longues que le calice.—♄. Le Midi, Valbonne. Blackw. herb. t. 10. **S. officinale**, *officinalis*. Lin. (mai-juin).

nn. — *Tige herbacée.*

a. — *Feuilles échancrées à la base.*

f. — *Tige visqueuse.*

2. Tige pubescente, quelquefois rameuse à la base de l'épi : feuilles oblongues, sinuées-pinnatifides, crénelées-dentées, à rides saillantes : calice à dents de la lèvre supérieure

égales : fleurs violettes, en épis tronqués, à verticilles écartés.— ♃. Environs de Toulouse. Mut. 52. f. 590. **S. clandestine**, *clandestina*. Lin. (juin-août).

ff. — *Tige non visqueuse.*

g. — *Fleurs en verticilles presque égaux.*

3. Tige de 5-6 pouces : feuilles en cœur presque en fer de lance, pinnatifides, glabres, dentées sur les bords : fleurs d'un bleu d'azur obscur, en épi simple ou rameux :

corolle grande, 2-3 fois aussi longue que le calice ; lèvre supérieure à dent du milieu plus courte.—♃. Le Midi, Tresques. Mut. 52. f. 588. **S. verveine**, *verbenaca*. Lin. (mai-juin).

gg. — *Fleurs en verticilles écartés.*

d. — *Corolle 2-3 fois plus longue que le calice.*

4. Tige de 1-3 pieds, grêle, pubescente, nue

au sommet : feuilles très-ridées en dessous, oblongues, un peu en cœur, sinuées, lobées, inférieures presque pinnatifides, plus courtes que celles du milieu : calice à dents du milieu très-petites : fleurs d'un bleu cendré, souvent à plusieurs épis, celui du milieu plus long. — ♃. Le Midi, bords de la Garonne. Mut. 52. f. 589. **S.** de **Sibthorp,** *Sibthorpii.* Sm. (mai-juin).

aa. — *Feuilles non échancrées en cœur.*

6. Tige velue, grosse, carrée : feuilles oblongues, crénelées, obtuses : fleurs blanchâtres; bractées larges, aiguës, les plus hautes colo-

dd. — *Corolle moins de 2-3 fois plus longue que le calice.*

5. Tige ascendante, rameuse au sommet, velue : feuilles ovales, crénelées dentées, à pétiole muni d'oreillettes : fleurs d'un bleu violet, petites, en verticilles très-fournis : style couché sur la lèvre inférieure.— ♃. Bords des chemins, Alsace, Collioure. Barr. Icon. 199. **S.** **verticillée,** *verticillata.* Lin. (juin-août).

rées, membraneuses.—⊙. Roussillon. Fl. græ. 20. **S. hormin,** *horminum.* Lin. (juin-juillet.)

LÈVRE SUPÉRIEURE DE LA COROLLE COMPRIMÉE.

§ 1. — Feuilles échancrées en cœur.

a. — *Bractées colorées.*

7. Tige grosse, carrée, *velue, visqueuse* : feuilles velues, *ovales*, grandes, pétiolées, crénelées, ridées, aiguës ; bractées *dépassant le* calice, concaves, pointues : fleurs bleuâtres : calice hérissé, moitié plus court que la corolle : verticilles écartés.—⊙. Lieux arides, St-Michel-d'Euzet-au-Devois. Hayne, b. t. 3. **S.** **sclarée,** *sclarea.* Lin. (juillet-août).

8. Tige un peu couchée, *pubescente* : feuilles rugueuses, *oblongues lancéolées*, crénelées, dentées : bractées rouges violettes, *plus courtes* que le calice : fleurs d'un bleu foncé : style réfléchi, dépassant la lèvre supérieure. — ♃. Bords des champs dans le Midi, Montpellier. Jacq. Aust. t. 212. **S. sauvage,** *sylvestris.* Lin. (juillet-août).

§ 2. — Feuilles non échancrées en cœur.

a.— *Plantes visqueuses.*

11. Velue visqueuse : tige dressée : feuilles inférieures à long pétiole, triangulaires, sinuées dentées, obtuses : fleurs d'un bleu d'azur : étamines doubles de la corolle. — ♃. Pyrénées. Herm. parad. 187. Icon. **S. des** **Pyrénées,** *Pyrenaica.* Lin. — Voir le S. *Glutinosa.*

b. — *Plantes non visqueuses.*

12. Tige blanche cotonneuse, rameuse : feuil-

aa. — *Bractées non colorées.*

9. Plante visqueuse : tige *velue*, carrée, grande, à rameaux divergents : feuilles pétiolées, *velues*, larges, ovales oblongues, sagitées, à grosses dents : fleurs grandes, *jaunâtres*, trois fois plus longues que le calice.— ♃. Bois du Dauphiné. Sturm. fasc. 17. t. 5. **S.** **glutineuse,** *glutinosa.* Lin. (juillet-août).

10. Tige *pubescente*, carrée, un peu visqueuse : feuilles rugueuses, pétiolées, nervées, oblongues, crénelées, supérieures embrassantes, pointues, un peu pubescentes sur le pétiole et les nervures, *glabres en dessus* : fleurs grandes, *bleues*, calice velu visqueux : corolle visqueuse, trois fois plus longue que le calice : bractées ovales en cœur, plus courtes que le calice. — ♃. Les prés. Engl. Bot. 153. **S.** **des prés,** *pratensis.* Lin. (été). — Voir le S. *Æthiopis.*

les laineuses, oblongues ovales, dentées, incisées, inférieures pinnatifides, les caulinaires embrassantes, sinuées, ou incisées dentées : bractées larges, un peu épineuses, plus courtes que le calice à divisions en alène, un peu épineuses, velues : fleurs blanches, en verticilles distincts. — ⊙. Lieux arides du Midi, Gard. Jacq. Aust. t. 211. **S. d'Éthiopie,** *Æthiopis.* Lin. (juillet-août).

CUNILE, *Cunila.* Lin. — Calice tubuleux, à 10 stries, à 5 dents formées par des poils : corolle à 2 lèvres, supérieure plane, dressée, échancrée , inférieure à 3 lobes : 4 graines cachées dans le fond du calice.

1. Tige rameuse, carrée : feuilles opposées, ovales, entières : fleurs petites, roses, verticillées. — ☉. Roussillon , Montpellier. Moris.

hist. 3. p. 404. s. 11. t. 19. f. 6. **C. faux Thym**, *thymoides*. Lin. (été).

19. ROMARIN, *Rosmarinus*. Lin. — Calice comprimé , à 2 lèvres, supérieure entière , inférieure bifide : corolle à lèvre supérieure bifide, inférieure bifide : filaments des étamines longs , recourbés , portant une dent.

1.Arbuste à feuilles opposées, linéaires, blanchâtres en dessous, roulées sur les bords : fleurs axillaires, d'un blanc bleuâtre. — ♃. Le Midi, Valbonne. Regn. Bot. t. 5. **R. officinal**, *officinalis*. Lin. (mars-mai).

20. VERVEINE , *Verbena*. Lin. — Calice à 5 dents , dont une plus courte : corolle à tube court , à lobes inégaux : 2-4 étamines cachées dans le tube : stigmate à deux lames : 2-4 graines recouvertes par un tissu réticulaire.

1. Tige carrée, raide, *droite* : feuilles ovales en coin , ridées, pinnatifides : fleurs d'un blanc bleuâtre, en épi filiforme. — ♃. Bords des chemins. Lam. illust. t. 17. f. 1. **V. officinale,** *officinalis*. Lin. (été).

2. Tige très-rameuse, *couchée* : feuilles deux fois ailées, blanchâtres : fleurs petites, en épis filiformes. — ♃. Lieux stériles du Midi, Beaucaire. Clus. hist. 2. p. 46. f. 1. **V. couchée,** *supina*. Lin. (juillet-août).

21. LYCOPE , *Lycopus*. Lin. — Calice tubuleux , à 5 dents : gorge nue : corolle tubuleuse , à 4 lobes presque égaux , le supérieur plus large, échancré : étamines écartées ; graines à 5 angles , tronquées au sommet.

1. Tige droite, carrée : feuilles opposées, ovales oblongues, poilues, sinuées dentées, appendiculées : fleurs blanches, en verticilles : calice épineux : fleurs ponctuées de pourpre : *pas d'étamines stériles*. — ♃. Lieux humides. Lam. illust. t. 18. **E. d'Europe,** *Europœus*. Lin. (juillet-septembre).

2. Tige très-grande : feuilles pétiolées, ovales oblongues, *rétrécies aux deux bouts*, rudes glanduleuses, découpées en lanières profondes, entières ou dentées : *deux étamines stériles :* fleurs blanches, ponctuées de rouge. — ♃. Lieux humides du Midi, Sorrèze. Fl. Grœc. 12. **E. élevé,** *exaltatus*. Lin. (juillet-septembre).

22. FRÊNE, *Fraxinus*.   — Calice et corolle nuls, ou à 4-5 divisions : 2 étamines : capsule ovale , comprimée , membraneuse , à 1 loge à 1 graine : feuilles ailées avec impaire : grands arbres.

a. — *Calice et corolle nuls: fleurs polygames*. feuilles opposées , à long pétiole, à folioles
1. Très-grand arbre, à bois dur, blanc : lancéolées, pointues, *sessiles*, souvent lai-

neuses sur la côte dorsale , dentées en scie : anthères sessiles : fleurs paraissant avant les feuilles , en grappes dressées , puis pendantes. — ♄. Les bois. Math. Valgr. 155. F. com-mun , *excelsior*. Lin. (avril).

2. Grand arbre : feuilles cendrées argentées, à folioles *pétiolées*, ovales lancéolées , poin-tues, crénelées, dentées en scie. — ♄. Corse,

dans les fissures des rochers. Lois 1. p. 18. F. argenté , *argentea*. Lois.

b. — *Un calice et une corolle.*

3. Grand arbre : feuilles pétiolées , pubes-centes en dessous , lancéolées , atténuées au sommet , dentées en scie , ou entières : bour-geons cendrés poudreux. — ♄. Alsace , Pro-vence. Lam. illust. t. 858. f. 2. F. à la man-ne , *ornus*. Lin. (avril-mai).

23. CIRCÉE , *Circea*. Lin. — Calice caduc , court , à 2 sépales : co-rolle de 2 pétales en cœur renversé : 2 étamines alternes avec les péta-les : stigmate échancré : capsule pyriforme , hérissée , à 2 loges , à 1 graine.

a. — *Pétales aigus à la base.*

1. Tige de 2-6 pouces , presque glabre : pé-tioles planes , bordés d'ailes membraneuses : feuilles minces , membraneuses , en cœur , aiguës, sinuées dentées; fleurs roses ou blan-ches : pétales bifides, plus courts que le calice, de très-petits poils sur le pétiole, les nervures et bords des feuilles. — ♃. Lieux humides des montagnes, Espérou. Engl. bot. t. 1057. C. des Alpes , *Alpina*. Lin. (juin-août).

b. — *Pétales obtus à la base.*

2. Tige dressée, pubescente : pétioles cylin-driques , en gouttière, *plus courts* que les feuilles ovales aiguës, sinuées dentées; fleurs

roses ou blanches : pétales à 2 lobes profonds, divergents, égaux au calice : bractées presque nulles.— ♃. Lieux humides,Valbonne. Fl. dan. t. 210. C. de Paris , *Lutetiana*. Lin. (juin-août).

3. Tige droite , simple ou à rameaux diver-gents, presque glabre et toute la plante : pé-tioles cylindriques , en gouttière , *presque égaux* aux feuilles ovales , aiguës , sinuées dentées à dents aiguës, un peu ciliées : fleurs roses ou blanches : pétales bifides , égaux au calice glabre : tige *renflée* sur les nœuds. — ♃. Lieux ombragés des montagnes, Grande-Char-treuse. C. intermédiaire , *intermedia*. Ehrh. Fl. dan. t. 256. (juillet-août).

24. SUFFRÉNIE , *Suffrenia*. Bellardi. — Calice en cloche , à 8 divi-sions, 4 alternes plus petites : 2 étamines incluses : stigmate en tête : capsule à 2 valves : graines nombreuses.

1. Tige filiforme , peu rameuse, de 3-5 pou-ces : feuilles opposées, sessiles , atténuées aux deux bouts , fleurs très-petites , solitaires ,

sessiles, opposées, d'un blanc jaunâtre. — ☉. Arles. Bellardi. Act. taur. t. 1. f. 1. S. fili-forme, *filiformis*. Bellardi. (août-septembre).

25. LENTILLE D'EAU , *Lemna*. Lin. — Spathe à une foliole mem-braneuse : fleurs à étamines et à pistils, ou fleurs à étamines, et d'autres à pistil : capsule à 1-2 graines : fleurs verdâtres, peu apparentes, nais-sant sur les bords des feuilles. — Petites plantes très-vertes, de la grandeur et de la forme d'une Lentille, nageant sur les eaux tranquilles.

a.— *Racines nombreuses , en faisceaux.*

1. Feuilles elliptiques arrondies , convexes en dessous, grandes, souvent réunies 2-3 par la base, ayant chacune un faisceau de racines.

—Var. à feuilles rondes et racines divergentes. A la surface des mares.— ☉ Lam. ill. 747. f. 1. L. à plusieurs racines, *polyrhiza*. Lin. (mai-juin).

b. — *Une seule racine sous chaque feuille.*

d.—*2 feuilles en croix au côté de la principale.*

2. Feuilles elliptiques, lancéolées pointues, pétiolées, produisant de chaque côté une feuille semblable à angle droit, ce qui fait paraître les feuilles en croix. — ⊙. Lam. ill. t. 747. f. 2. **L. à 3 sillons,** *trisulca.* Lin. (mai-juin).

dd. — *Pas de feuilles en croix.*

3. Feuilles elliptiques, attachées trois ensemble, *très-convexes et bossues* en dessous : racine très-longue sous chaque feuille. — ⊙. Les eaux dormantes. Lam. illustr. t. 747. f. 3. **L. bossue,** *gibba.* Linn. (mai-juin).

4. Beaucoup plus petite dans toutes ses proportions : feuilles ovales, *planes des deux côtés,* réunies trois ensemble, ayant chacune en dessous une racine très-longue. — ⊙. Les eaux tranquilles. Lam. illust. t. 747. f. 4. **L. exiguë,** *minor.* Lin. (mai-juin).

TROISIÈME CLASSE.

—

TRIANDRIE.

Fleurs à trois Étamines.

Ier ORDRE.

MONOGYNIE. — FLEURS A 1 PISTIL.

I. — Fleurs complètes.

§ 1.—*Fleurs monopétales.*

a. — *Corolle régulière.*
s. — Dents du calice se déroulant après la floraison en aigrette plumeuse. . . . . . . 26. VALÉRIANE.
ss. — Dents du calice ne se déroulant pas en aigrette plumeuse. . . . . 27. MACHE.
b. — *Corolle irrégulière.*
s. — Trois pétales plus étroits; très-petite plante. 91. MONTIE.

§ 2.—*Fleurs polypétales.*

a. — Arbuste; fleurs jaunes, calice à 3 dents. . 28. CAMÉLÉE.
b. — Plante herbacée; fleurs verdâtres, calice à
3 divisions. . . . . 29. LOEFLINGIE.

II. — Fleurs incomplètes.

§ 1. — *Fleurs naissant d'une spathe.*

q. — *Pas de tige; feuilles et fleurs radicales.*

a. — Stigmates dilatés, dentés en crête, roulés en dedans. . . . . 30. Safran.

b. — Stigmates presque filiformes, non dentés, réfléchis. . . . . 31. Ixia.

qq. — *Une tige portant des feuilles et les fleurs.*

a. — Fleurs un peu labiées, rouges. . . . . . . 33. Glayeul.

b. — Fleurs régulières, jamais rouges. . . . . . 32. Iris.

§ 2. — *Fleurs ne naissant pas d'une spathe.*

q. — *Arbustes.*

a. — Feuilles sessiles, tige couchée. . . . . . Osyris.

b. — Feuilles pétiolées; tige droite. . . . . . . Camarine.

qq. — *Plantes herbacées.*

a. — Capsule membraneuse sur les bords, convexe en dessus, plane en dessous. . . 6. Corisperme.

b. — *Capsule non membraneuse sur les bords.*

s. — Feuilles linéaires, trigones. . . . . 34. Polycnème.

ss. — Feuilles larges, non trigones. . . . . . . Amaranthe.

III. — Fleurs Glumacées.

§. 1. — *Gaîne des feuilles fendue.*

a. — Fleurs en épi raide, unilatéral. . . . . . 42. Nard.

§ 2. — *Gaîne des feuilles non fendue.*

q. — *Toutes les fleurs à étamines et à pistils.*

1° — *Fleurs sur 2 rangs.*

a. — Toutes les fleurs fertiles. . . . . 39. Souchet.

b. — Fleurs inférieures stériles; fruit entouré de poils à la base. . . . . 37. Choin.

2° — *Fleurs imbriquées sur 4 rangs ou en tout sens.*

a. — Poils nombreux, lisses, très-longs. . . . 38. Linaigrette.

b. — *Poils plus courts que le fruit ou nuls.*

s. — Fleurs imbriquées en tout sens. . . . . . 35. Scirpe.

ss. — Fleurs imbriquées sur 4 rangs. . . . . . 36. Cladie.

qq. — *Des fleurs à étamines, d'autres à pistils.*

a. — Fleurs à étamines dans le haut ou dans le
    bas de l'épi, ou sur des épis séparés. .   41. CAREX.

b. — Fleurs à étamines mêlées avec les fleurs à
    pistils. . . . .   40. KOBRÉSIE.

II ORDRE.

DIGYNIE. — FLEURS A 2 PISTILS.

I. — Fleurs non Glumacées.

a. — Fruit nu, plane en dessus, convexe en
    dessous, membraneux sur le bord. . .   6. CORISPERME.

b. — Graine renfermée dans le calice en forme
    de capsule. . . . .   5. BLETTE.

II. — Fleurs Glumacées.

A. — *Epillets cachés dans l'excavation du rachis.*

a. — Glume à 1 valve, à 2 valves dans la fleur
    terminale, plus courte que la fleur. . .   81. PSILURE.

b. — Glume à 1-2 valves, couvrant la fleur. .   82. ROTTBOLLE.

B. — *Tous les épillets sessiles dans la dent du rachis.*

§ 1. = 2-3 épillets dans chaque dent du rachis.

a. — Epillets à 1 fleur; pas de paillettes. . . . .   76. ORGE.

b. — Epillets à 1-4 fleurs; des paillettes latérales.   75. ELYME.

§ 2. = Epillets solitaires dans chaque dent du rachis.

d. — Glume et balle à 3-4 arêtes. . . . .   77. EGILOPE.

dd. — *Glume et balle sans arête ou à 1 arête.*

1° — *Epillets à 2 fleurs fertiles.*

a. — Epi filiforme; fleur inférieure de l'épillet
    presque avortée. . . . .   81. PSILURE.

b. — Epi gros, distique; 2 fleurs fertiles, une
    3me avortée. . . . .   80. SEIGLE.

2° — *Epillets à 3 fleurs.*

a. — *Glume à 1 seule valve, l'autre rudimentaire.*

g. — Epi filiforme , aristé. . . . . 81. Psilure.

gg. — Epi non filiforme ; pas d'arête , ou une
   arête insérée un peu en dessous du sommet de la balle. . . . . 78. Ivraie.

b. — Glume à 2 valves ovales ; ou ovales-lancéolées. . . . . 79. Froment.

C. — *Un épillet sessile, l'autre pédicellé.*

§ 1. = **Tous les épillets à étamines et à pistils.**

a. — Epillets pédicellés très-velus ; épillets sessiles glabres. . . . . 46. Sucre.

§ 2.—**Des épillets à étamines ou à pistils, d'autres à étamines et à pistils.**

a. — Glumes sans arêtes ; stigmates plumeux, à
   poils simples, dentés. . . . . 89. Barbon.

D. — *Epillets plus ou moins pédicellés, à 1 fleur, ou avec le rudiment
  d'une seconde au sommet, ou de deux à la base.*

§ 1. = **Epillets comprimés sur le dos.**

q. — *Glume à 3 valves, l'inférieure souvent très-
   petite.*

a. — Epis digités, épillets géminés ; unilatéraux. 44. Digitaire.

b. — Fleurs en panicule lâche, ou spiciforme ;
   graine enveloppée de la balle persistante,
   crustacée. . . . . 49. Panic.

qq. — *Glume à 2 valves.*

a. — Glume dépassant la fleur, épis non hérissés
   d'aiguillons.. . . . . 55. Millet.

b. — Glume dépassant la fleur ; épi hérissé d'aiguillons crochus. . . . . 58. Bardanette.

§ 2. — **Epillets comprimés sur les côtés ; pas de glume.**

a. — Stigmates plumeux, à poils rameux. . . . 57. Léersie.

§ 3. = **Epillets comprimés sur les côtés : glume à 2 valves : fleur munie
  à la base de paillettes ou de 2 fleurs rudimentaires.**

a. — Fleur entourée à la base des rudiments de
   2 fleurs, en forme d'écailles sans arête. 48. Phalaris.

b. — Fleur entourée à la base de 2 paillettes aristées, plus longues que la fleur. . . . . 88. FLOUVE.

§ 4. = **Epillets cylindriques, ou comprimés sur les côtés ; glume à 2 valves,
à 1 fleur , quelquefois avec le rudiment d'une seconde.**

q. — *Stigmates filiformes , sortant du sommet de
l'épillet.*

N. — *Epillets unilatéraux.*

a. — Epis en grappes. . . . . 83. SPARTINE.

b. — Epis solitaires. . . . . 84. MIGNONNETTE.

NN. — *Epillets non unilatéraux.*

a. — Arête dorsale ; balle à 1 valve en forme
d'utricule. . . . . 51. VULPIN.

b. — *Arête terminale ou nulle ; balle à 2 valves.*

s. — Glume à valves presque égales, plus longues que la balle. . . . . 50. FLÉOLE.

ss. — Glume à valves inégales, plus courtes que
la balle. . . . . 47. CRYPSIS.

qq. — *Stigmates sessiles sur le style allongé , en
forme de goupillon , sortant un peu en
dessous du sommet de la fleur.*

a. — Epis digités. . . . . 43. CHIENDENT.

b. — Epis non digités, unique sur chaque chaume, très-velu. . . . . 46. SUCRE.

qqq.— *Stigmates plumeux, sortant de la base de
l'épillet ; styles très-courts , ou nuls.*

N. — *Epis très-velus.*

a. — Valve inférieure de la balle à 5 arêtes,
dont une plus longue. . . . . 45. LAGURIER.

b. — Balle sans arête, ou à une arête partant de
dessous le sommet. . . . . 54. POLYPOGON.

NN. — *Epis glabres ou peu velus.*

a. — Glume globuleuse, renflée à la base. . . . 55. GASTRIDIE.

b. — *Glume non globuleuse renflée.*

d. — De longs poils à la base de la balle. . . . 56. CALAMAGROSTIDE

dd. — *Poils courts ou nuls à la base de la balle.*

f. — Une valve de la balle munie d'une arête en

dessous du sommet, ou toutes deux sans
arête. . . . . 59. Agrostide.

g. — Une valve de la balle toujours munie sur
son sommet d'une arête longue, quelquefois caduque. . . . . 52. Stipe.

E. — *Epillets plus ou moins pédicellés, à 2 ou plusieurs fleurs, les
inférieures rarement neutres ou à étamines, les plus hautes souvent
avortées.*

q. — *Stigmates filiformes, longs, partant du
sommet de l'épillet.*

a. — Glume sans arête; valves de la balle souvent à dents prolongées en arête courte. 85. Seslérie.

b. — Glume aristée; balle divisée en arêtes divergentes. . . . . 73. Echinaire.

qq. — *Stigmates en goupillon, partant en dessous
du sommet de la fleur.*

a. — *Fleurs glabres.*

g. — Epillets à 3 fleurs, les 2 inférieures à 3 étamines sans pistils, la supérieure à 2
étamines et à pistils. . . . . 87. Houque.

b. — *Fleurs très-velues.*

s. — Toutes les fleurs à étamines et à pistils;
pédicelle presque glabre. . . . . . . 62. Donax.

ss. — Pas toutes les fleurs à étamines et à pistils;
pédicelle garni de longs poils. . . . . 63. Roseau.

qqq.—*Stigmates plumeux, sortant de la base de
la fleur.*

1° — Une seule fleur à étamines et à pistils; plusieurs fleurs stériles. . . . . 60. Lamarckie.

2° — *Epillets à 2 fleurs.*

a. — *Toutes les fleurs à étamines et à pistils.*

s. — Valve inférieure de la balle entière au sommet, aristée à la base. . . . . 69. Canche.

ss. — Valve inférieure de la balle à 4 dents au
sommet, aristée à la base. . . . . . . 69. Canche.

b. — Fleur supérieure aristée, à étamines seule-
    ment, l'inférieure à étamines et à pistils,
    sans arête . . . .   87. HOUQUE.

3° — *Epillets à 2 ou plusieurs fleurs.*

d. — Des bractées à la base de chaque épillet. .   74. CYNOSURE.

dd. — *Pas de bractées à la base des épillets.*

N. — *Pas d'arête.*

s. — *Toutes les fleurs fertiles.*

a. — Valve inférieure de la balle carénée, ordi-
    nairement poilue à la base, épillets disti-
    ques. . . . .   64. PATURIN.

b. — Valve inférieure de la balle glabre, ventrue
    en cœur à la base; glume en nacelle,
    ventrue, fleurs imbriquées distiques.'. .   67. BRIZE.

ss. — *Fleur supérieure ordinairement stérile ou
    avortée, valves de la balle ni carénées,
    ni en cœur.*

a. — Glume concave, renfermant les fleurs;
    fleurs supérieures avortées. . . . . . .   61. MÉLIQUE.

b. — Glume carénée; plus courte que la fleur;
    une seule fleur supérieure avortée quel-
    quefois.. . . . .   65. FESTUQUE.

NN. — *Des arêtes.*

a — *Glume aristée.*

s. — Panicule agglomérée, unilatérale, arête de
    la balle sous le sommet.. . . . .   68. DACTYLE.

b. — *Glume non aristée.*

1° — *Arête terminale.*

f. — Valves de la glume insérées à la même hau-
    teur, inégales. . . . .   66. KOELÉRIE.

ff. — *Valves de la glume insérées en dessus l'une
    de l'autre.*

g. — Valve inférieure de la balle échancrée au
    sommet; arête partant du fond de l'é-
    chancrure; épillets barbus à la base. . .   72. DANTHONIE.

gg. — Valve inférieure de la balle jamais échan-
    crée au sommet; épillets glabres.. . . .   65. FESTUQUE.

2° — *Arête partant d'en dessous du sommet de
la valve.*

h. — Valve supérieure de la balle à 2 carènes,
ciliées en dents de peigne. . . . . . . 71. BROME.

hh. — *Valve supérieure de la balle à 2 carènes non
ciliées en dents de peigne; arête à peine
insérée sous le sommet.*

k. — Panicule en thyrse ou en épi; valves de la
glume insérées à la même hauteur. . . . 66. KOELÉRIE.

kk. — Panicule agglomérée, unilatérale. . . . . 68. DACTYLE.

5° — *Arête dorsale.*

a. — Arête longue, tortillée, génouillée. . . . . 70. AVOINE.

III ORDRE.

TRIGYNIE. — FLEURS A 5 PISTILS.

§ 1. = Calice à 2-4 sépales.

a. — Corolle monopétale, à 5 divisions irrégulières. . . . . 91. MONTIE.

b. — Corolle à 5-4 pétales; feuilles connées. . . 92. TILLÉE.

c. — Corolle à 5-4 pétales; feuilles non connées;
graines ridées en travers. . . . . 551. ELATINE.

§ 2. = Calice à 5 sépales ou à 5 divisions.

a. — Une seule enveloppe florale; feuilles verticillées. . . . . MOLLUGINE.

b. — *Les deux enveloppes florales.*

g. — Plante munie de stipules scarieuses. . . . 95. POLYCARPON.

gg. — *Pas de stipule.*

h. — Pétales dentés, rongés; plante glauque. . 94. HOLOSTÉE.

hh. — Pétales bifides. . . . . STELLAIRE.

MONOGYNIE.

26. VALÉRIANE, *Valeriana*. Lin.—Calice à 5 dents d'abord roulées, puis se déroulant en aigrette plumeuse après la floraison : corolle bossue à la base, en entonnoir, à 5 divisions un peu inégales : 5 étamines saillantes : capsule à 1 loge, à 1 graine. — *Fleurs souvent dioïques.*

I. = Feuilles toutes ailées.

1. Tige grande, sillonnée, *pubescente* sur les nœuds, rameuse : feuilles glabres ou pubescentes, à folioles lancéolées, ou ovales lancéolées, dentées ou entières : racine ne poussant qu'une tige, émettant des rejets : fleurs blanches ou rosées. — ♃. Les bois, les montagnes, aux bords des fossés. Fl. dan. t. 570. **V. officinale,** *officinalis*. Lin. (mai-juin).

II. = Feuilles les unes simples, les autres ailées ou ternées.

n. — *Des feuilles ternées.*

2. Tige un peu rameuse, dressée, *glabre :* feuilles radicales pétiolées, en cœur ou ovales, obtuses, sinuées-dentées; les caulinaires sessiles, à trois lobes longs, lancéolés, dentés; le terminal très-grand : fleurs blanches ou purpurines, dioïques, en panicule. — ♃. Montagnes du Dauphiné, Cévennes, Mont-Ventoux. Jacq. aust. t. 268. **V. à trois lobes,** *tripteris*. Lin. (mai-juin). — Var. à feuilles toutes simples. *Intermedia.*

3. *Pubescente :* tige de 2-4 pieds, striée, peu rameuse: feuilles *toutes en cœur* à la base, les inférieures simples, les supérieures ternées ou ailées, à lobe terminal très-grand : fleurs rougeâtres ou blanches.— ♃. Lieux humides, ombragés des Pyrénées. Buxb. cent. 2. p. 19. t. 11. **V. des Pyrénées,** *Pyrenaica*. Lin. (juin-juillet).— Voir *Val. montana*.

nn. — *Des feuilles ailées.*

a. — *Racine tubéreuse.*

4. Racine fusiforme, simple ou double : tige droite : feuilles obtuses, radicales entières, ou un peu ailées, ovales lancéolées, pétiolées, les caulinaires inférieures lyrées-ailées, les supérieures à 3-4 folioles linéaires : fleurs rougeâtres, en corymbe. — ♃. Bois des montagnes, Nîmes, Pouzillac, Pont-du-Gard. Matth.Valg. 35. **V. Tubéreuse,** *tuberosa*. Lin. (mai-juin).

b. — *Racine non tubéreuse.*

f. — *Fruit hérissé sur 2 lignes.*

5. Tige grande, cylindrique, fistuleuse : feuilles glabres, très-vertes, radicales oblongues, lancéolées, atténuées en pétiole, entières ou incisées, quelquefois lobées à la base, les caulinaires ailées à lobes entiers, lancéolés aigus : fleurs blanchâtres, en corymbe : stigmate à trois lobes grêles.—♃. Environs d'Agen, Dauphiné. Black. herb. t. 250. **V. phu,** *phu*. Lin. (juin-juillet).

ff. — *Fruit glabre, ou non hérissé sur 2 lignes.*

6. Tige droite, presque simple : feuilles radicales ovales arrondies ou elliptiques, pétiolées, celles des faisceaux stériles à long pétiole, ovales un peu aiguës; les caulinaires inférieures lyrées-ailées, *les supérieures à 3-4 lobes* linéaires : fleurs dioïques, toutes à étamines et à pistils dans les plantes à l'ombre.— ♃. Prairies humides. Fl. dan. t. 687. **V. dioïque,** *dioïca*. Lin. (avril-mai). — Fleurs purpurines ou blanchâtres. — Var. à feuilles toutes simples.

7. Glauque: tige glabre, un peu couchée : feuilles radicales pétiolées, arrondies, d'autres ovales oblongues, quelquefois lobées; les caulinaires à folioles oblongues linéaires, *les plus hautes linéaires :* fleurs blanches ou

11

purpurines, presque en grappe. — ♃. Rochers des Pyrénées, Nîmes. Lois. 1. 2. **V. à feuil-** les de **Globulaire**, *globulariæ folia.* Lois (juin-août).

III. = Feuilles toutes simples.

a. — *Feuilles caulinaires ovales pointues.*

8. Tige droite, simple : feuilles un peu dentées ou très-entières, les radicales presque rondes, à court pétiole ; celles des faisceaux stériles ovales, à long pétiole : celles du haut de la tige lancéolées :‍fleurs dioïques, rougeâtres, en corymbe, presque en panicule. — ♃. Les Pyrénées, Dauphiné au mont Rache Jacq. aust. t. 269. **V. de montagne**, *montana*. Lin. (juin-août). = *Variétés*. = b. — Feuilles pubescentes. *Pubescens.* = c. — Feuille de la tige ternées. *Ternata*.

b. — *Feuilles caulinaires linéaires ou lancéolées.*

f. — *Fruit hérissé.*

9. Racine odorante : tige grêle, dressée, feuilles entières, glabres, les radicales oblongues lancéolées, atténuées en pétiole, les caulinaires linéaires, 1-2 : fleurs jaunâtres, verticillées, en thyrse. — ♃. Montagnes du Dauphiné. Hayne, 9. t. 28. **V. Nard celtique**, *celtica*. (juin-juillet).

ff. — *Fruit glabre.*

10. Tiges petites, couchées à la base : racine grosse, ligneuse : feuilles glauques, les radicales obovées ou en coin, rétrécies en pétiole, quelquefois échancrées ou incisées ; les caulinaires 2-3 *linéaires* : fleurs rouges, en têtes arrondie. — ♃. Mont-Ventoux, la Grande-Chartreuse. All. ped. t. 70. f. 1. **V. saliunca** *saliunca*. (juin-août).

11. Tige grêle, dressée, presque nue : feuilles entières ou un peu dentées, à 3-5 nervures ciliées ; les radicales oblongues spatulées, rétrécies en long pétiole ; les caulinaires 2 *opposées*, *linéaires, lancéolées*, sessiles : fleurs dioïques, blanches, en corymbe peu fourni. — ♃. Corse : Jacq. aust. t. 267. **V. des rochers**, *saxatilis*. Lin. (juin-juillet).

27. MACHE, *Valerianella*. Tourn. — Calice à 5 dents très-petites, droites : corolle tubuleuse, à 5 lobes réguliers : capsule nue, ou couronnée par les dents du calice, à 3 loges, les latérales le plus souvent avortées. — Tige dichotome : fleurs en ombelle ou en corymbe. — *Les espèces de ce genre ne peuvent se distinguer que par le fruit mur.*

I. = Fruit mur à 2 loges, couronné par 3 dents à peine visibles.

1. Tige velue dans le bas, rude sur les angles : feuilles étroites, lancéolées, entières, ou très-peu dentées : fleurs blanches ou bleuâtres : capsule ovale arrondie, comprimée, sillonnée sur les bords, à 2 côtes sur les côtés, dont une très-menue. — ⊙. Les champs. Gœrln. Fruct. 2. p. 56. t. 86. f. 5. **M. cultivée**, *olitoria*. Lois. — (avril-juillet). — Var. à capsule pubescente.

II. = Fruit mur à 3 loges.

n. — *Fruit couronné par 1 dent.*

2. Tige faible, velue à la base : feuilles oblongues, simples ou ailées à folioles dentées : fleurs blanchâtres ou bleuâtres : capsule oblongue, marquée sur le dos d'un ombilic en forme de carène, à bord dilaté, proéminent : bractées oblongues, un peu ailées, dentées en scie. — ⊙. Les moissons : Mut. t. 25. f. 208. **M. carénée**, *carinata*. Lois. (avril-mai).

nn. — *Fruit couronné par plus de 1 dent.*

q. — *Calice renflé, fermé par les dents courbées en dedans.*

3. Tige peu velue : feuilles lancéolées, dentées ou entières : bractées courtes, ovales, pressées contre le rameau, ciliées : fleurs blanches ou rosées : capsule velue ovale, à

six dents courbées horizontalement. — ⊙. Nyons en Dauphiné : Duf. val. t. 5. f. 9. **M.**

vésiculeuse , *vesicaria.* Mœnch. (avril-mai).

qq. — *Calice à dents crochues au sommet.*

a. — *Capsule glabre.*

4. Tige glabre : feuilles lancéolées , dentées, sessiles, glabres : fleurs blanches ou rougeâtres : capsule oblongue, presque à trois angles, à trois dents fortes, recourbées, dont une plus longue : bractées oblongues, étalées. — ⊙ La Limagne, Avignon, Nîmes. Duf. Val. t. 5. f. 10. **M. rude** , *echinata.* DC. (avril-mai).

b. — *Capsule hérissée.*

5. Tige grêle, pubescente : feuilles dentées ou lobées, les supérieures à 3-5 divisions : fleurs blanches ou rosées : bractées ciliées, serrées contre la : capsule ovale, parcourue d'un sillon en avant, couronnée par le calice veiné réticulé, plus large que la capsule, en forme de coupe glabre en dedans, divisée au-

delà du milieu en 6 dents crochues au sommet. — ⊙. Les champs, Nîmes. Mut. t. 23. f. 218. **M. couronnée**, *coronata.* (mai-septembre). DC. =*Variété.* = Capsule à calice hérissé en dedans, à 7-12 dents. *Discoidea.* Mut. t. 2. f. 219. Avignon.

c. — *Capsule pubescente.*

6. Feuilles étroites , linéaires , presque glabres, à 1-2 dents : fleurs blanches ou rosées : bractées oblongues, ciliées, serrées contre la capsule obovale, anguleuse, sillonnée sur le dos, un peu plane en avant ; limbe du calice glabre en dedans, à 6-10 dents en hameçon. — ⊙. L'Anjou, le Midi. Reich. Cent. 1. f. 133. **M. en hameçon**, *hamata.* DC. (mai-juin):

qqq. — *Calice à dents droites.*

1°. — *Loges stériles filiformes , beaucoup plus étroites que la fertile.*

a. — *Capsule marquée de 4 crêtes en avant.*

7. Tige anguleuse : feuilles lancéolées, presque entières ; les plus hautes *linéaires :* bractées entières ou dentées en scie : fleurs roses : capsule ovale, convexe et légèrement marquée de 3-4 côtes en avant : couronne de la *largeur de la capsule*, campanulée, à 6 dents planes, aiguës, inégales ; fruit velu partout, ou seulement sur les côtés : fleurs en petits corymbes serrés. — ⊙. Les moissons, Avignon , Nîmes. Lois. t. 23. **M. à fruit velu** , *eriocarpa.* Desv. (avril-mai).

8. Tige pubescente dans le bas : feuilles inférieures lancéolées , *entières*, supérieures dentées ou *ailées*, ou *ternées :* fleurs blanches ou rosées, en corymbe à rameaux divergents :

capsule ovale conique, convexe et marquée de côtes , un peu plane en avant ; couronne *moitié plus étroite*, à 3 dents aiguës : bractées en alène , dressées , denticulées. — La capsule est quelquefois hérissée ou pubescente. — ⊙. Les champs : Mut. t. 25. f. 209-210. **M. de Morison**, *Morisonii.* DC. (avril-juin).

b. — *Capsule marquée de 2 crêtes en avant.*

9. Tige dressée, ciliée sur les angles : feuilles oblongues , étroites, à 2-3 dents : fleurs rosées, bractées linéaires, dressées, dentées à la base : capsule presque globuleuse, velue ou pubescente ; couronne sans dents, plus étroite que la capsule. — ⊙. Languedoc, Corse . Duf. Val. t. 5. f. 6. **M. à petit fruit**, *microcarpa*, Lois. (mars-avril).

2°. — *Loges stériles au moins égales à la fertile.*

a. — *Capsule à 4 dents.*

10. Tige droite, glabre rude : feuilles inférieures lancéolées , dentées , supérieures portant des dents inégales à la base : bractées lancéolées, étalées : fleurs rosées : capsule renflée, globuleuse, marquée d'un sillon en devant ; couronne à une dent plus longue, en forme d'oreille de lapin. — ⊙. Vincennes, Nîmes. Mut. t. 25. f. 212. **M. oreillette**, *auricula.* DC. =*Variétés.* = a. — Capsule fendue

en avant. *Dentata.* = b. — capsule velue. *Dasycarpa.*

b. — *Capsule à 3 dents.*

11. Tige faible, striée : feuilles inférieures entières ou dentées à la base, les supérieures *à plusieurs lobes*, ou toutes entières : bractées assez larges, presque toutes membraneuses : fleurs rosées : capsule renflée , comprimée , ayant le sillon de devant dilaté en ombilic caréné, ovale : couronne à 3 dents,

celle du milieu droite, ovale, les latérales un peu courbées. —☉. Provence, Avignon. Mut. t. 26. f. 223. **M. membraneuse**, *membranacea*. Lois. (mars-mai).

12. Tige pubescente dans le bas : feuilles inférieures lancéolées, élargies au sommet, entières, les supérieures dentées, à la base :

bractées oblongues, dentées, étalées : fleurs d'un bleu pâle : capsule ovale globuleuse, sillonnée en devant; couronne à dents inégales. — ☉. Les moissons. Mut. t. 25. f. 215. **M. à trois dents**, *tridentata*. Reich. (mai-juin).

28. CAMÉLÉE, *Cneorum*. Lin. — Calice très-petit, persistant, à 3-4 dents : 3-4 pétales égaux : 3-4 étamines : 3-4 stigmates : baie sèche, à 3-4 noyaux à 1 graine.

1. Arbrisseau à rameaux glabres : feuilles sessiles, petites, alternes, oblongues, persistantes : fleurs jaunes, petites axillaires. — ♄.

Rochers du Midi, Montpellier. Lam. illust. t. 27. **C. à trois coques**, *tricocon*, Lin. (avril-mai).

29. LOEFFLINGIE, *Lœfflingia*. Lin. — Calice à 5 divisions dentées à la base : 5 pétales très-petits, connivents : 5 étamines : 5 stigmates : capsule à 1 loge à 5 valves, à graines nombreuses.

1. Tige rameuse, couchée, pubescente, un peu visqueuse : feuilles opposées, petites, nombreuses, subulées, munies, à la base, de petites stipules : fleurs herbacées, petites, ses-

siles, axillaires et terminales, en paquets. — ☉. Sables maritimes du Roussillon, Narbonne. Lœffl. it. 115. t. 1. f. 2. **L. d'Espagne**, *Hispanica*. Lin. (mai-juin).

30. SAFRAN, *Crocus*. Lin. — Périgone à tube très-long, grêle; limbe à 6 divisions profondes, droites, égales : étamines insérées sur le tube : 3 stigmates épais, roulés, taillés en crête. — Racine bulbeuse : spathe uniflore : feuilles radicales, fasciculées, renfermées, à la base, dans une gaîne.

I. = Feuilles printanières, naissant avant les fleurs.

a. — *Stigmates découpés en lanières fines.*

1. Feuilles filiformes, très-étroites, longues, roulées sur les bords : fleurs violettes, automnales, à divisions lancéolées, aiguës, guère plus longues que les stigmates étalés. — ♃. Les landes de Dax, les Corbières. Engl. Bot. t. 491. **S. découpé**, *multifidus*. Lam. (septembre-octobre).

b. — *Stigmates entiers.*

2. Tuniques radicales à fibres *entrelacées en réseau* : feuilles sans nervures dans la gouttière : fleurs violettes, à gorge blanchâtre,

souvent rayées : stigmates courts, dressés : capsule à 6 stries violettes : divisions alternes de la fleur très-nervées. — ♃. Corse. Réd. lil. 2. t. 81. **S. nain**, *minimus*. DC. (avril-mai).

3. Tuniques radicales à *fibres parallèles* : spathe simple : stigmates tronqués, égaux à la corolle : tube très-court, nu à la gorge : fleurs purpurines, ou d'un violet foncé. — ♃. Environs de Marseille, les Alpes. Lobel. icon. 138. **S. d'automne**, *autumnalis*. Poir. (septembre-octobre).

II. — Feuilles naissant avec les fleurs.

a. — *Gorge glabre.*

4. Tuniques se divisant en fibres minces, libres : feuilles très-nervées dans la gouttière :

spathe double : fleurs violettes, à raies plus foncées : stigmates moitié plus courts que les pétales, droits, élargis et dentelés ou incisés au sommet : capsule à stries violettes.— ♃. La Provence, Fréjus. Gawl. bot. mag. t. 1110. **S. panaché**, *versicolor*. Gawl. — Gorge jaune. (février-mars).

5. Tuniques à fibres parallèles : feuilles dépassant la fleur : *spathe simple* : fleurs grandes, *d'un jaune d'or*, à divisions droites, concaves, obtuses : étamines poilues à la base : stigmates plissés, ciliés, longs, inégaux : anthères de la longueur des filets. — ♃. Les jardins, les montagnes du Midi. Réd. Lil. t. 194. **S. jaune**, *lutea*. Lam. (mars-avril).

b. — *Gorge barbue.*

6. Tuniques à fibres capillaires, le plus souvent entrecroisées : feuilles ciliées sur les bords, sans nervures dans la gouttière : *spathe double* : stigmates d'un jaune orangé, *égalant les pétales*, crépus au sommet : fleurs d'un

violet pâle : capsule lisse.— ♃. Cultivé. Réd. Lil. t. 175. **S. cultivé**, *sativus*. Lin. (septembre-octobre).

7. Tuniques à fibres en réseau : *spathe simple* : hampe à gaîne serrée : feuilles non nervées, canaliculées des deux côtés : fleurs jamais jaunes à la gorge : étamines barbues à la base : stigmates *moitié plus courts* que les pétales, droits, dilatés crétés et denticulés : capsule lisse. — ♃. Prairies des Cévennes. **S. du printemps**, *vernus*. All. (février-mars). = *Variétés*. = a. — Fleurs d'un violet pâle ou foncé, ou toutes blanches, ou rayées de violet : stigmates dépassant les anthères. *Grandiflorus*. = b. — Fleur longue d'un pouce. *Parviflorus*. = c. — Fleur toute blanche : anthères une fois plus courtes que les filets. *Albiflorus*.

31. TRICHONÈME, *Trichonema*. Ker. — Périgone tubuleux, à 6 divisions ouvertes, égales : stigmate à 3 divisions longues, filiformes, étalées, bifides : capsule à 3 loges à graines nombreuses.

1. Bulbe : feuilles radicales, linéaires, canaliculées, plus longues que la hampe uniflore : fleurs blanches, bleues ou rouges : anthères plus courtes que le pistil : fleurs munies d'un involucre de deux folioles. — ♃. Sables maritimes du Languedoc, Aigues-Mortes. **Tri**.

bulbocode, *bulbocodium*. Ker. (février-mars). = *Variétés*. = a. — Fleurs longues d'un pouce, dépassant l'involucre. *Grandiflora*. Lam. illust. t. 31. f. 1. = b. — Fleurs longues de 3-4 lignes, dépassées par l'involucre. *Parviflora*. Mut. t. 70. f. 356.

32. IRIS, *Iris*. Lin. — Spathe membraneuse, de plusieurs pièces : périgone tubuleux, à 6 divisions profondes, les 3 intérieures plus petites : stigmate à 3 lobes larges pétaloïdes, se recourbant sur les étamines : capsule allongée, triangulaire, portant les débris du périgone, à 3 loges à graines nombreuses.

I. = Divisions extérieures du périgone barbues.

q. — *Feuilles plus longues que la tige.*

1. Tige uniflore : feuilles en glaive, pointues : fleur bleue ou blanche : tube grêle, dépassant la spathe.— ♃. Montagnes arides du Midi, Carcassonne, Perpignan. Jacq. aust. t. 1.

I. naine, *pumila*. Lin. (mars-mai). = *Variétés*. = a. — Fleur bleue à pétales blanchâtres au milieu, rayées d'un violet noir. = b. — Fleur jaunâtre.

qq. — *Feuilles moins longues que la tige.*

a. — *Fleurs jaunâtres.*

2. Tige le plus souvent uniflore : feuilles aiguës, droites, en glaive : tube de la corolle moins long que la spathe persistante : pétales extérieurs obovales allongés, obtus : fleurs

parcourues de veines bleues ou rouges. — ♃. Le Midi, Valbonne aux Salettes. Bot. mag. t. 2861. **I. jaunâtre**, *lutescens*. Lam. (mai).

b. — *Fleurs bleues ou blanches.*

f. — *Fleurs bleues, rayées de jaunes.*

3. Tige multiflore : feuilles en glaive ; spathe herbacée depuis la base jusqu'au milieu pendant la floraison ; pétales extérieurs obovés, les intérieurs ovales, à carène aiguë échancrée, subitement terminés en onglet : filaments plus longs que les anthères : divisions des stigmates oblongues, élargies au milieu.— ♃. Rochers ombragés des Pyrénées, vallée de Lavedan. Jacq. Hort. vind. f. 2. **I. à odeur de Sureau**, *Sambucina*. Lin. (juin).

ff. — *Fleurs bleues ou blanches, jamais rayées de jaune.*

4. Tige multiflore : feuilles en glaive : spathe herbacée jusqu'au milieu pendant la floraison :

pétales intérieurs larges, arrondis, subitement terminés en onglet, égaux aux extérieurs : anthères égales aux filaments : divisions du stigmate élargies au sommet : fleurs à barbe blanchâtre, rayées de blanc à la base, à pédoncules uniflores.— ♃. Les bois, les marais. Poit. et Turpin. t. 48. **I. d'Allemagne**, *Germanica*. Lin. (mai-juin).

5. Tige multiflore : feuilles assez larges, aiguës : tube de la fleur égalant à peine l'ovaire : pétales ovales oblongs, élargis au sommet, entiers munis à la base d'une barbe jaune : *fleurs blanches sessiles.*— ♃. Sur les murs aux environs de Toulon, Grasse. Bot. magn. t. 671. **I. de Florence**, *Florentina*. Lin. (mai-juin).

II. = Divisions extérieures sans barbe.

q. — *Racine tuberculeuse, feuilles à 4 angles.*

6. Tige uniflore, à 4 angles, moins longue que les feuilles linéaires, tubuleuses : fleurs à pétales extérieurs d'un brun noir, les intérieurs jaunâtres, petits, crochus : stigmates

bifides, jaunes, verdâtres. — ♃. Environs de Toulon, Fréjus. Bot. mag. t. 531. **I. tubéreuse**, *tuberosa*. Lin. (mars-avril).

qq. — *Racine bulbeuse ; feuilles étroites en gouttière.*

7. Racine bulbeuse : tige biflore, plus courte que les feuilles : spathe *verte, herbacée* : ovaire à 3 angles aigus : pétales extérieurs arrondis, élargis au sommet : fleurs azurées, ou violettes, ou blanches. — ♃. Prairies des Pyrénées, Pic du Gard. Réd. Lil. t. 212. **I. faux Xyphium**, *Xyphioïdes*. Ehrh. (juin-juillet).

8. Racines *à deux bulbes placées l'une au-dessus de l'autre*, enveloppées de filaments :

tige à 1-3 fleurs ; feuilles linéaires, contournées, dépassant beaucoup la tige : spathe *scarieuse* : divisions extérieures de la fleur ovales, les intérieures plus étroites, rétrécies en onglet filiforme : fleurs d'un bleu tendre, jaunâtre à la base. — ♃. Toulon, Bonifacio. Cav. icon. 2. t. 193. **I. double bulbe**, *sysyrinchium*. Lin. (avril-mai).

qqq. — *Feuilles non en gouttière, larges ou linéaires.*

n. — *Fleurs jaunes.*

9. Tige cylindrique, multiflore : feuilles ensiformes, lancéolées, presque égales à la tige : pétales extérieurs larges, ovales, les intérieurs linéaires étroits, plus courts que les divisions du stigmate : fleurs d'un beau jau-

ne : ovaire à 3 angles. — ♃. Les fossés, les marais. Réd. Lil. t. 255. **J. faux Acorus**, *pseudoacorus*. Lin. — Les fleurs sont quelquefois striées de veines noirâtres ou pourpres. (mai-juin).

nn. — *Fleurs jamais jaunes.*

a. — *Tige cylindrique.*

10. Tige plus longue que les feuilles *linéaires, en glaive* : pétales extérieurs *obovés*, rétrécis *en court* onglet : capsule à *trois* angles, d'une égale épaisseur aux deux bouts : fleurs 3-4 blanches ou bleues, comme brûlées à la base.— ♃. Le Jura au lac de Joux. Sturm. fasc. 40. t. 5. **I. de Sibérie**, *Sibirica*. Lin. (mai-juillet).

11. Tige plus longue que les feuilles *en glai-*

ve, lancéolées : pétales extérieurs arrondis *en cœur, plus courts* que l'onglet : ovaire *à six* angles : capsule surmontée d'une longue pointe : fleurs bleues, mêlées de blanc et de violet.— ♃. Les prairies, les bois, parc de Gaujac. Jacq. aust. t. 4. **I. bâtard**, *spuria*. Lin. (juin-juillet).

b. — *Tige comprimée.*

12. Tige beaucoup plus courte que les feuilles linéaires aiguës, en glaive : spathe herba-

céc : pétales extérieurs ovales, plus courts que l'onglet dilaté : ovaire *à six angles :* fleurs bleues, rayées de jaune à la base.— ♃. Collines herbeuses de Narbonne, Toulouse : Jacq. Aust. t. 2. **I. graminée,** *graminea.* Lin. (mai-juin).

13. Tige à un angle, à peine plus longue

que les feuilles en glaive, répandant une odeur fétide : ovaire *à trois angles :* pétales intérieurs égaux aux stigmates : graines rouges : fleurs d'un bleu sale, rayée de noir.— ♃. Prairies et bois humides, Saint-Cloud, Montpellier. Engl. Bot. t. 596. **I. fétide,** *fœtidissima.* Lin. (juin-juillet).

33. GLAYEUL, *Gladiolus.* Lin. — Périgone en entonnoir, un peu labié, à 6 divisions inégales : étamines dirigées vers le haut de la fleur : 3 stigmates étalés, dilatés vers le sommet : capsule à 3 angles : graines munies d'un arille.

a. — *Anthères plus longues que les filaments.*

1. Bulbe simple : feuilles en glaive : fleurs d'un pourpre violet, allongées, sur deux rangs: les divisions latérales linéaires en coin, écartées de la plus haute : capsule globuleuse à trois sillons.— ♃. Les champs, Tresques, Montort près St-Pourçain. Mut. t. 70. f. 534. **Gl. des moissons,** *segetum.* Gawl. (juin).

b. — *Anthères plus courtes que les filaments.*

s. — *Lanières du stigmate insensiblement dilatées, chargées de papilles dès la base.*

2. Anthères *un peu plus courtes* que les filaments : bulbe simple, *quelquefois* double : feuilles en glaive : fleurs horizontales, grandes, rouges ou blanches, unilatérales : pétales supérieurs connivents, les inférieurs presque égaux, en spatule : capsule à angles dilatés en carène obtuse vers le haut.— ♃.Les champs dans le Midi, Tresques, Toulon. Lam. illust. 52. f. 1. **Gl. commun,** *communis.* Lin. (mai-juin).

3. Anthères *beaucoup plus courtes* que les filaments : bulbe *toujours double :* feuilles linéaires, en glaive : fleurs purpurines ou lilas, moitié plus petites que dans le *communis*, en épi serré, imbriqué : pétales inférieurs inégaux, les latéraux plus courts que ceux du milieu.— ♃. Tourbières du Jura, Alsace. Mut.

t. 70. f. 533. **Gl. imbriqué,** *imbricatus.* Lin. (juin-juillet).

ss. — *Lanières du stigmate subitement dilatées et chargées de papilles vers le sommet.*

4. Bulbe petit, enveloppé de tuniques à fibres fines, nombreuses, parallèles, s'entre-croisant en aréoles nombreuses, très-fines : tige grêle; feuilles linéaires, le plus souvent très-pointues : fleurs petites, unilatérales, à tube trois fois plus long que l'ovaire, à divisions oblongues ovales : oreillettes des anthères pointues, divergentes : stigmates linéaires glabres jusqu'au milieu, puis subitement dilatés en lame ovale arrondie, chargée de papilles sur les bords : graines comprimées, munies d'une aile large.— ♃.Tresques à la Pujade, parc de Chambord, bois du château de Lude, bois de Villefailles. Koch. ap. Sturm. h. 88. Icon. et descriptio. **G. d'Illyrie,** *Illyricus.* Koch. (mai-juin).

34. POLYCNÈME, *Polycnemum.* Lin.— Périgone à 5 divisions, muni d'une bractée : 3 étamines réunies par la base : capsule indéhiscente à 1 graine.

1. Tiges couchées, étalées : feuilles linéaires, étroites, subulées, serrées, nombreuses, à 3 côtés : fleurs petites, d'un blanc sale : anthères purpurines. — ⊙. Les champs de toute la France. Jacq. Aust. t. 365. **P. des champs,** *arvense.* (juin-août). ⚬ *Variétés.* ⚬ b. —

Feuilles longues d'un pouce. *Pinifolium.* ⚬ c. —Tiges étalées, diffuses, rameuses, allongées, *Inundatum.* ⚬ d. — Tiges courtes, dressées, *Pumilum.* — Les bractées dépassent à peine la fleur.

CYPÉRACÉES.

35. SCIRPE, *Scirpus*. Lin. — Toutes les fleurs fertiles, à une seule écaille plane : écailles imbriquées de tous côtés : graine entourée ou dépourvue de poils à la base.

I. = Pas de poils à la base de la graine.

§ 1. — *Epis ou épillets terminaux; style dilaté à la base, caduc; 2 stigmates.*

1. Racine fibreuse : tige grêle, triangulaire, gazonnante : feuilles sétacées, planes, velues à la base, rudes et pubescentes au sommet : fleurs d'un roux brun, *en panicule* terminale, feuillée : épillets pédonculés, aigus, celui du milieu sessile : graines *arrondies*. — ☉. Bords du Var. All. péd. t. 88. f. 5. **S. annuel**, *annuus*. (août-septembre).

2. Chaume triangulaire, garni à la base de 2-5 feuilles planes : fleurs réunies *en un capitule globuleux*, muni de folioles inégales, les extérieures plus longues que le chaume : graines *linéaires*, aiguës. — ☉. Près humides des environs d'Orléans. Till. Pis. t. 2. f. 5. **S. de Michéli**, *Michelianus*. Lin. (juillet-septembre).

§ 2. — *Epi terminal; style caduc, non dilaté à la base; 2 stigmates.*

3. Chaume feuillé, rond, flasque, rameux, flottant : feuilles sétacées, planes, flottantes : pédoncules alternes, nus, épi ovale, globuleux : écailles ovales obtuses, les plus basses grandes. — ♃. Fossés, les eaux stagnantes de Provence. Pluck. t. 33. f. 1. **S. flottant**, *fluitans*. Lin. (juin-juillet).

§ 3. — *Epis latéraux presque terminaux; style filiforme, caduc; 5 stigmates.*

a. — *Graine striée en travers,*

4. Racines fibreuses : chaumes cylindriques, filiformes, nombreux, nus, couchés à la base : 1-2 feuilles courtes, en gouttière : 5-6 épis noirâtres, ovoïdes, sessiles, en capitule latéral; graine à trois angles. — ☉. Lieux inondés, près Strasbourg. Host. 5 t. 64. **S. couché**, *supinus*. Lin. (juillet-septembre).

b. — *Graine striée en long.*

5. Chaume grêle, sétacé, presque nu, portant à la base une gaîne terminée par une feuille très-fine, en gouttière : 1-2 épis sessiles, ovoïdes, munis d'une foliole qui les dépasse : écailles ovales, mucronées : graine à 3 angles. — ☉. ♃. Fontainebleau, lieux inondés. Fl. dan. t. 311. **S. sétacé**, *setaceus*. Lin. (juillet-septembre).

c. — *Graine ponctuée.*

6. Racines fibreuses : chaumes cylindriques, striées, capillaires, de 2-5 pouces : feuilles capillaires : gaînes rouges, pâles au sommet : involucre d'une foliole un peu dilatée, membraneuse à la base, verte : épi d'une ligne, ovale, rétréci au sommet; écailles nervées, inférieures obtuses. — ☉. Marais de Normandie ou prés de la Manche. Mut. t. 75. f. 568. **S. de Savi**, *Savii*. Sébast. (mai-juin).

d. — *Graine lisse.*

7. Chaume cylindrique, strié, nu : feuilles capillaires : épis petits, ovales, solitaires, sessiles, un peu latéraux : graines pâles, à 3 angles : fleurs brunes. — ☉. Prés marécageux des Cévennes. Lois. t. p. 33. **S. grêle**, *leptaleus*. Koch. (juin-juillet).

§ 4. — *Epillets latéraux, en tête globuleuse, plusieurs pédonculés autour d'un capitule sessile; style filiforme, caduc; 5 stigmates.*

a. — *Stigmates non saillants.*

8. Fleurs bleuâtres : racines rampantes, fortes : chaumes glauques, pointus, entiers, presque sans feuilles : involucre de 2 folioles,

l'une verticale, aplanie, piquante, *l'autre étalée, courte :* 1 ou plusieurs capitules.— ♃. Terrains humides , Montélimar. Engl. Bot. 1612. **S. à tête ronde ,** *holoschœnus.* Lin. (juin-juillet).

9. Chaumes de 1-2 pouces grêles, filiformes, verts ou glauques, raides : gaîne à membrane fine , feuillée , *se séparant en réseau :* involucre de 2 folioles, *inférieure très-longue,* un peu réfléchie : capitules solitaires, ou nombreux, globuleux : écailles ovales, élargies au sommet, à trois lobes : fleurs d'un pourpre brun, vertes sur le dos. — ♃. Les fossés des

environs de Marseille. Moris. s. 8. t. 10. f. 17. **S. du Midi,** *australis.* Lin. (juillet-août).

b. — *Stigmates saillants.*

10. Chaume d'un pied, vert, très-grêle, gazonnant : gaînes en membranes fines, se séparant en vaisseau : capitules globuleux, presque cotonneux : stigmates épais, très-saillants : fleurs d'un blanc verdâtre, brunâtres à la base, luisantes. — ♃. Bords du Rhin. Mut. 3. p. 333. **S. à stigmates saillants,** *exserens.* Mut. (juillet-août).

II. = 3-6 soies à la base de la graine.

n. — *Epi terminal :* 2 *stigmates : graine non à* 3 *angles : gaîne sans feuille.*

a. — *Racine fibreuse.*

11. Chaumes nombreux, ronds, filiformes, grêles, munis d'une gaîne sans feuille : fleurs brunes, à nervure dorsale, en épi ovale, aigu, nu : écailles imbriquées, très-serrées, obtuses : graine un peu comprimée. —⊙. ♃. Terrains humides, spongieux , près Nancy, Côte-d'Or, à Cîteaux. Sturm. fas. **S. ovale ,** *ovalis.* Roth. (juin-août).

b. — *Racine rampante.*

12. Racine articulée , écailleuse, stolonifère : chaumes presque ronds, gazonnants, munis d'une gaîne sans feuille : fleurs *brunes,*

avec une ligne verte; en épi allongé cylindrique : écailles aiguës, les 2 inférieures petites, stériles, ovales, entières. — Rejets horizontaux, très-longs. — ♃. Les marais. Lam. ill. t. 58. f. 1. **S. des marais,** *palustris.* Lin. (mai-septembre).

13. Diffère du *palustris* par le chaume très-grêle, *l'épi plus foncé* à fleurs moins nombreuses, les écailles obtuses, l'inférieur embrassant le chaume et l'épi : fleurs à nervure verte très-étroite. — ♃. Marais tourbeux du Nord et de l'Est. Mut. t. 75. f. 569. **S. à une valve,** *uniglamis.* Lin. (juin-août).

nn. — *Epi terminal :* 3 *stigmates : graines à* 3 *angles.*

g. — *Gaînes sans feuilles.*

a. — *Chaume à 4 angles.*

14. Racine rampante : chaume filiforme , 1-3 pouces, mous, en gazon : épi de la grosseur *d'une tête d'épingle,* ovale aigu : fleurs d'un vert rougeâtre : écailles extérieures plus grandes. — ♃. Lieux inondés, Amiens. Pluck. t. 4. f. 7. **S. épingle,** *acicularis.* Lin. (juin-août).

b. — *Chaume cylindrique.*

15. Racine rampante, à fibres longues : chaumes striés, en faisceau, mous, munis à la base d'une gaîne tronquée, pâle : fleurs brunes, vertes sur les nervures, scarieuses sur les bords : épi lancéolé : écailles inférieures

stériles, extérieure grande, bifide, embrassante : style *articulé sur l'ovaire.* — ♃. Terrains aquatiques, Strasbourg. Fl. dan. t. 1925. **S. à plusieurs tiges,** *multicaulis.* Lin. (juin-juillet).

16. Racine fibreuse : chaumes en faisceaux, gazonnants, grêles, lisses : gaîne allongée, tubuleuse : fleurs brunes, en épi linéaire, puis ovale : écailles fertiles, articulées, un peu aiguës, inférieures plus grandes : style *non articulé :* graine noire, plus courte que les soies. — ♃. Marais tourbeux, Le Hâvre, Caen. Engl. Bot. t. 1122. **S. des Tourbières,** *Bœotryon.* Ehrh. (juillet-août).

gg. — *Gaînes prolongées en feuilles.*

17. Racine *à rejets rampants, articulés :* chaumes cylindriques , sillonnés, raides, gazonnants : gaînes brunes, obtuses, ou mu-

cronées, supérieures prolongées en feuilles raides, en gouttière : fleurs rougeâtres, en épi long : écailles ovales oblongues , inférieures grandes, concaves. — ♃. Marais spongieux des Alpes. **S. des Alpes**, *Alpina*. Schleich. (juillet-août).

18. Racine *fibreuse, gazonnante* : chaumes petits, raides, cylindriques, lisses, serrés en gazon ; gaines nombreuses, sans feuilles, 1-2 à feuilles courtes, en gouttière : fleurs roussâ-tres, en épi ovale : écailles ovales obtuses, une plus grande, épaisse au sommet : soies plus longues que le fruit. — ♃ Marais spongieux, Valbonne, dans la vallée de St-Lau-rent. Pluck. t. 4. f. 6. **S. gazonnant, *cæspito-sus*.** Lin. (mai-juin).

nnn. — *Epillets paraissant latéraux, en toupie, sessiles et pédonculés, ou agglomérés : style filiforme, caduc : 2 stigmates : racine rampante.*

a. — *Chaume cylindrique.*

19. Chaume glauque, ou vert : fleurs bru-nes, blanchâtres sur les bords : épillets en tête arrondie, serrée, dépassée par l'involucre à 2 folioles : écailles échancrées, mucronées, frangées, chargées de points pourprés : an-thères ciliées : fruit plane d'un côté, convexe de l'autre. — ♃. Marais des Landes. Engl. Bot. t. 2321. **S. glauque, *glaucus*.** Lin. (juin-juillet).

aa. — *Chaume à 3 angles.*

b. — *Chaume à angles aigus.*

20. Chaume de 12-15 pouces, à faces conca-ves : gaines toutes prolongées en feuilles, la supérieure plus longue, piquante : fleurs d'un brun de fer, en épillets sessiles, réunis, dépas-sés par la foliole inférieure de l'involucre. — ♃. Marais maritimes de la Manche. Fl. dan. t. 1563. **S. piquant, *pungens*.** Vahl. (juillet-août).

bb. — *Chaume à angles obtus.*

g.—*Toutes les gaines prolongées en feuilles.*

21. Chaume grêle : feuilles engaînantes, pla-nes dans le bas, à 5 angles au sommet, dépas-sant l'épi : fleurs roussâtres, en 1-5 épillets réunis en un capitule sessile, *dépassé par la foliole de l'involucre trigone :* écailles ovales, les extérieures trifides : 2 stigmates longs. — ♃. Marécages près Bordeaux. Fl. fr. 1. p. 500. **S. à feuilles menues, *tenifolius*.** DC. (sep-tembre).

22. Chaume muni de 1-2 gaines un peu pro-longées en feuille : fleurs roussâtres, en épil-lets ovales oblongs, pédicellés, réunis en cime décomposée, munie *de bractées égales à l'involucre :* écailles ovales larges, briéve-ment mucronées. — ♃. Marais salins du Lan-guedoc, Bellegarde. Schrad. Germ. 1. t. 5. f. 7. **S. des rivages, *littoralis*.** Schrad. (juil-let-août).

gg.—*Une seule gaine prolongée en feuilles.*

23. Chaume grand, raide, épais : gaine supérieure prolongée en feuille raide, caré-née : fleurs d'un brun roussâtre, en épillets ovales, formant des capitules sessiles, d'au-tres pédicellés, dépassés par l'involucre à une foliole aiguë, continuant le chaume : écailles frangées, ciliées : anthères glabres. — ♃. Bords des rivières, les marais, Provence, Lan-guedoc. Pluck. t. 40. f. 2. **S. triangulaire, *triqueter*.** Lin. (juillet-août).

ggg. — *Toutes les gaines sans feuilles.*

24. Racine rampante : chaume cylindrique dans le bas, puis plane d'un côté, convexe de l'autre : fleurs ferrugineuses, en paquets pédonculés et sessiles, composant une cime dépassant la plus longue foliole de l'involucre, dure, piquante, en gouttière : fruit comprimé, convexe des 2 côtés. — ♃. Lieux inondés à Strasbourg. Engl. Bot. 1983. **S. caréné, *ca-rinatus*.** Smith. (juillet-septembre).

nnnn. — *Epillets en toupie, sessiles et pédonculés, en cime, ou agglomérés : style filiforme, caduc : 3 stigmates.*

a.—*Epillets en fascicules terminaux, disposés en ombelle ; écailles échancrées, bifides, ra-cine rampante.*

25. Chaume très grand, cylindrique, épais. quelquefois un peu trigone : gaines inférieu-res sans feuilles, les supérieures à feuilles courtes : fleurs d'un brun roussâtre, en épil-lets ovales, à pédicelles rudes, inégaux : pa-

nicule munie d'un involucre de 1-2 *folioles* droites : écailles ovales, larges, mucronées , ciliées. — ♃. Lacs, fossés. Engl. Bot. t. 666. **S. des lacs**, *lacustris*. Lin. (mai-juin).

26. Chaume *à trois angles :* toutes les gaînes en feuilles longues, un peu scabres : fleurs brunes, en épillets ovales oblongs, disposés en cime munie de 3-4 *folioles inégales :* écailles mucronées, les extérieures à trois dents, celle du milieu subulée.—Racine tuberculeuse.—♃. Les marais. Fl. dan. 937. **S. maritime**, *maritimus*. Lin. (juin-août).

b.—*Épillets peu nombreux, pédonculés ou sessiles , agglomérés ; écailles entières , à longue pointe ; racine rampante.*

27. Sommet du chaume , pédoncules et épis pubescents : chaume à 3 angles aigus : feuilles longues , planes , aiguës : fleurs brunes , en épillets ovales solitaires ou géminés : involucre de 2-3 folioles fines : écailles larges, ovales, à pointe recourbée : fruit à trois angles , dépassé par les soies rousses. — ♃. Environ d'Ajaccio. Desf. Atl. 1. t. 10. **S. pubescent**, *pubescens*. Desf.

c.— *3-8 épillets sessiles agglomérés ; écailles mucronées, presque pas dentées ; racine fibreuse.*

28. Chaume à trois angles aigus, se prolongeant au-delà du capitule par une foliole de l'involucre : gaînes sans feuilles : fleurs d'un vert pâle, ou rousses, imbriquées très-serré : écailles ovales aiguës , larges, convexes : fruit brun foncé, à points noirs , dépassé par les soies rudes. — ♃. Prairies humides du Languedoc. Sturm. fasc. 36. f. 7. **S. mucroné**, *mucronatus*. Lin. (juin-août).

d.— *Cime diffuse , entourée d'un involucre rayonnant ; écailles entières ; racine rampante.*

29. Chaume à trois angles: feuilles planes, larges linéaires: fleurs d'un vert brunâtre, en épillets ovales-arrondis, nombreux , formant une panicule très-rameuse : écailles *aiguës , mucronées :* graines à trois angles. — ♃. Bois humides. Host. 3. t. 68. **S. des bois**, *sylvaticus*. Lin. (mai-juin).

30. Chaumes nombreux , grêles, à 3 angles, longs de 3-4 pieds, les stériles *émettant des racines au sommet*, tous feuillés : fleurs verdâtres, en épillets oblongs lancéolés, formant une cime paniculée, très-rameuse : écailles *obtuses non mucronées.* — ♃. Bords des rivières , environ d'Amiens. Host. t. 69. **S. radicant**, *radicans*. Schk. (juillet-septembre).

36. CLADIE, *Cladium*. R. Brown. — Épillets presque à 2 fleurs , en faisceau : écailles imbriquées sur 4 rangs , inférieures plus petites , stériles : style caduc : 2 stigmates frangés : fruit aigu , globuleux, lisse : pas de soies.

1. Racine rampante : chaume très-grand , cylindrique, puis à trois angles au sommet : feuilles longues, engaînantes, dentelées sur la carène et les bords : fleurs roussâtres , en épillets ovales aigus, sessiles, en capitules nombreux, les uns sessiles, les autres pédicellés , formant des corymbes nombreux, axillaires ou terminaux : bractées foliacées, prolongées en longue pointe , engaînantes. — ♃. Marais , étang de Suze-la-Rousse en Dauphiné. Fl. Dan. t. 1202. **Cl. marisque**, *mariscus*. Brown. (été).

37. CHOIN, *Schœnus*. Lin. — Épillets sur 2 rangs, quelquefois imbriqués de tous côtés, ramassés en têtes arrondies; écailles inférieures stériles : des soies hérissées d'aspérités à la base du fruit, quelquefois nulles, toujours plus courtes que les écailles.

n. — *Chaume feuillé.*

a.— *Racine fibreuse.*

1. Chaumes gazonnants, divisés au sommet : feuilles filiformes, en carène : fleurs blanches, en 3-4 têtes arrondies, terminales,

égales à l'involucre : stigmates plus courts que le style : graines entourées de poils. — ♃. Lieux humides de l'Alsace, des Cévennes. Engl. Bot. 985. **Ch. blanc**, *albus*. Lin. (juin-août).

b. — *Racine rampante.*

2. Racine longue : chaume petit, solitaire, *à trois angles, divisé au sommet :* feuilles très-fines, *en gouttière :* fleurs roussâtres, en 2-3 têtes terminales, dépassées beaucoup par l'involucre : stigmates plus longs que le style. —

nn. — *Chaume nu.*

a.—*Involucre dépassant beaucoup le capitule.*
4. Chaume cylindrique, glauque, muni à la base d'écailles ou feuilles avortées, noires : feuilles canaliculées : fleurs brunâtres, luisantes, en épillets ovales, sessiles, formant une tête serrée : écailles mucronées. — ♃. Sables maritimes d'Aigues-Mortes. Fl. Græc. 43. **Ch. mucroné**, *mucronatus*. Lin. (juin-juillet).

b. — *Involucre plus court que le capitule, ou le dépassant peu.*

5. Racine fibreuse, gazonnante : chaume cylindrique : feuilles fines, longues, à trois

♃. Prairies humides du Nord et de l'Ouest. Sav. Bot. t. 40. **Ch. brun**, *fuscus*. Lin. (mai-juin).

3. Racine émettant des rejets : chaume *un peu cylindrique :* feuilles *planes,* aussi longues que la tige : fleurs marron, en épillets nombreux, sessiles, sur deux rangs, formant un épi comprimé : involucre d'une foliole étroite. — ♃. Prairies humides, Abbeville, Nancy. Host. 3. t. 57. **Ch. comprimé**, *compressus*. Lin. (mai-juin).

angles : *fleurs noirâtres*, en épillets noirâtres, nombreux : involucre à deux folioles presque égales, ou une plus longue, quelquefois recourbé — ♃. Prairies humides. Lam. illust. 58. f. 1. **Ch. noirâtre**, *nigricans*. Lin. (mai-juin).

6. Chaume petit, filiforme, cylindrique : feuilles longues, fines, brunâtres : *fleurs ferrugineuses*, en 2-3 épillets, formant un capitule linéaire-elliptique, dépassant l'involucre. — ♃. Marais des montagnes de Provence. Fl. dan. 1503. **Ch. ferrugineux**, *ferrugineus*. Lin. (mai-juin).

38. LINAIGRETTE, *Eriophorum*. Lin. — Fleurs à 1 seule écaille, imbriquées en tête : graines triangulaires, entourées de poils blancs, longs, soyeux, nombreux.

I. = Un seul épi.

a. — *Chaume cylindrique.*

1. Racine rampante : chaume garni à la base de gaînes courtes : feuilles peu nombreuses, étroites, lisses, courtes, en gouttière : fleurs d'un brun gris, en épi globuleux : anthères ovales en cœur, courtes : poils très-blancs. — ♃. Marécages du Jura. Engl. Bot. 2387. **Lin. en tête**, *capitatum*. Hoffm. (juin-août).

b. — *Chaume triangulaire.*

2. Racine fibreuse, gazonnante : chaume portant jusqu'au milieu des *gaînes renflées :* feuilles radicales nombreuses, *rudes sur les*

bords, en gouttière : fleurs en épi ovale, scarieux : anthères linéaires allongées. — ♃. Marais tourbeux des montagnes. Sturm. f. 10. t. 7. **Lin. à larges gaînes**, *vaginatum*. Lin. (mars-avril).

3. Racine rampante : chaume à trois angles, rude, grêle : feuilles courtes, raides, triangulaires, engaînantes : fleurs roussâtres, en épi grêle, oblongs ; 5-6 *poils crépus autour de chaque graine*. — ♃. Lieux humides du Haut-Jura. Lam. ill. 59. f. 5. **Lin. des Alpes**, *Alpinum*. Lin. (été).

II. = Plusieurs épis pédonculés.

a. — *Pédoncules lisses.*

4. Racine rampante : chaume cylindrique : feuilles lancéolées, planes, à 3 angles au sommet : fleurs verdâtres ; soies 3 fois plus longues que l'épi : pédoncules lisses, souvent rameux :

penchés à la maturité : graines trigones, atténuées à la base. — ♃. Les marais, Mornas. Sav. Bot. 180. **Lin. à plusieurs épis**, *polystachium*. Lin. (avril-juin). = *Variétés.* = b. — Chaume un peu à 3 angles au sommet :

feuilles étroites, en gouttière, puis à 3 angles au sommet : poils dépassant 4 fois l'épi. *Angustifolium*. = c. — Feuilles à 3 angles, courtes ; soies beaucoup plus longues, rares. *Montanum*.

aa. — *Pédoncules rudes-pubescents*.

5. Racine grêle, articulée, longue, rampante : chaume et feuilles très-grêles, à 3 angles : pédoncules un peu plus longs que les bractées, simples, un peu dressés, pubescents : fleurs vertes. — ♃. Prairies humides.

Sav. Bot. 490. f. 2. **Lin. grêle,** *gracile*. Koch. (avril-juin).

aaa. — *Pédoncules rudes*.

6. Chaume à angles très-peu marqués : feuilles presque planes, larges, à 3 angles au sommet : pédoncules presque rameux, rudes : épis penchés : poils nombreux : fleurs verdâtres. — ♃. Les marais. Vaill. Bot. par. t. 16. **Lin. à larges feuilles,** *latifolium*. Hoppe. (avril-mai).

39. SOUCHET, *Cyperus*. Lin. — Fleurs à 1 seule écaille creusée en carène : épis imbriqués sur 2 rangs, comprimés : style caduc : graines nues : involucre commun rayonnant.

I. = 2 stigmates.
n. — *Racines portant des tubercules*.

1. Racine rampante, à tubercules globuleux : chaume d'un pied, lisse, à 3 angles : feuilles vertes, en gouttière, lisses, recourbées, plus courtes que le chaume : fleurs d'un jaune d'or, en épillets formant une ombelle très-composée. — ♃. Dans un ruisseau aux environs de Bastia. Ten. nap. t. 101. **S. doré,** *aureus*. Ten.

nn. — *Racines sans tubercules*.

a. — *Folioles de l'involucre égales*.

2. Chaume à 3 angles, gazonnants, portant à la base des feuilles courtes, planes, en gouttière : involucre à folioles planes ou pliées, dépassant les épillets lancéolés, serrés, en ombelle : fleurs jaunâtres ou rougeâtres. — ♃. Les marais. Lam. illust. 38. f. 1. **S. jaunâtre,** *flavescens*. Lin. (juillet-septembre).

aa. — *Folioles de l'involucre inégales*.

3. Racine *fibreuse* : chaumes ascendants, gazonnants, grêles, à angles peu marqués : feuilles filiformes, *moins longues* que le chaume : fleurs *vertes* : épillets sessiles, larges, presque *ovales* : écailles un peu mucronées : involucre de 2-3 folioles dont une très-longue. — ♃. Environs de Nice. Jacq. Aust. 5. t. 6. **S. de Pannonie,** *Pannonicus*. Lin. (juillet-août).

4. Racine *rampante, horizontale* : chaume à 3 angles, épais, gazonnants : feuilles glauques, *longues* : fleurs *ferrugineuses* : épillets *lancéolés* : involucre à folioles pliées, carénées, dépassant l'ombelle : écailles ventrues, obtuses, distinctes. — ♃. Avignon, Arles. Monti. Gram. 12. t. 1. f. 2. **S. de Monti,** *Monti*. Lin. (août-septembre).

II. = 3 stigmates.
n. — *Des tubercules aux racines*.

5. Tubercules ronds, *doux, au bout* des fibrilles radicales : tige à 3 angles, nue, feuillée à la base : feuilles glauques, longues, étroites, carénées : involucre de 3-4 feuilles linéaires, planes, dépassant les épis linéaires lancéolés, écartés : fleurs de couleur ferrugineuse. — ♃. Cultivé dans les lieux marécageux de Provence. Host. 3. t. 75. **S. comestible,** *esculentus*. Lab. (juillet-août).

6. Fibres des racines se renflant çà et là en tubercules ovales, *amers*, odorants : tige dure, nue, à 3 angles : les autres caractères de l'*esculentus*. — ♃. Marécages du Midi, Vienne, Montélimart. Esenb. t. 25. **S. rond,** *rotundus*. Lin.

nn. — *Racines sans tubercules*.

f. — *Chaume cylindrique*.

7. Chaume muni à la base de feuilles engaînantes, linéaires, cylindriques, subulées, plus courtes que le chaume : fleurs d'un pourpre noirâtre, en épillets sessiles, réunis [in-

volucre de 2 folioles dont une très-longue : écailles mucronées. — ♃. Marécages du Var.

Desf. alt. 1 p. 42. t. 7. f. 1. **S. Jonc**, *jonciformis.* Cav. (mai-juin).

ff. — *Chaume à 3 angles.*

a. — *Chaume de plus de 1 pied.*

8. Racine rampante : chaume muni de feuilles très-longues, en gouttière, *rudes sur les bords;* fleurs rousses : épillets linéaires, rétus au sommet : faisceaux d'épillets à pédoncules très-longs, nus, d'autres sessiles, involucre à 3-4 folioles planes, inégales : écailles obtuses, imbriquées très-serré. — Les fossés, Tresques. Jacq. Rar. t. 297. **S. long**, *longus.* Lin. (juillet-août). = Var. à épillets linéaires, en alène. *Badius.*

9. Racines *fibreuses, très-fines*, en faisceaux : chaume lisse, 12-15 pouces, muni à la base de 2-3 feuilles en carène, plus courtes : fleurs brunes : épillets linéaires lancéolés, en capitules très-serrés, formant une ombelle terminale presque sessile : involucre de plusieurs folioles très-longues : écailles petites, obtuses.

— ♃. Bords du Var. Lam. illust. 38. f. 2. **S.** fasciculé, *fascicularis.* Rottb. (été).

aa. — *Chaume de moins de 1 pied.*

10. Racines fibreuses : chaume *cylindrique*, feuilles à 3 angles, aussi longues que la tige : épillets linéaires, nombreux, ramassés en ombelle composée : involucre de 2-3 folioles dont une très-longue : écailles noirâtres, un peu aiguës, vertes sur la carène. — ♃. Lieux humides', Tresques, dans Tave. Host. 3. 1 73. **S. brun**, *fuscus.* Lin. (août-octobre).

11. Chaume à 3 angles, nu : épillets linéaires lancéolés, en ombelle simple : involucre de 3 folioles plus longues que le chaume : écailles obtuses, mucronées, nervées. — ♃ Languedoc. Ség. Suppl. t. 2. f. 1. **S. glabre** *glaber.* Lin. (août-septembre).

40. KOBRÉSIE, *Kobresia.* Willd. — Fleurs à étamines et fleurs à pistils mêlées dans le même épi : 1-2 fleurs sous la même écaille : stigmates : graine non dans une cupule.

1. Chaume de 3-5 pouces, cylindrique, strié, de la longueur des feuilles fines, en gouttière : fleurs blanchâtres. — ♃. Montagnes du Dauphiné, Lautaret. Will. t. 6. **K. de Bellardi**, *Bellardi.* Degl. Lois. — Un seul épi linéaire. (juin-août).

2. Chaume à 3 angles, raide, double de longueur des feuilles glauques, en gouttière, 3 angles au sommet, rudes sur les bords : fleurs brunâtres : écailles inférieures pointue — ♃. Lautaret. Sturm. Engl. Bot. 1410. **K** carex, *caricina.* — Épi de 3-5 épillets. Will (juillet-août).

41. CAREX, *Carex.* Lin. — Fleurs staminées et fleurs pistilées sur des épis différents, quelquefois sur le même épi, monoïques, rarement dioïques : 2-3 stigmates : graine renfermée dans un urcéole perforé au sommet, en forme de cupule.

I. = Epi simple, unique : 2 stigmates : fruit tétragone.

a. — *Epi dioïque.*

1. Racine *rampante*, poussant des rejets : chaume et feuilles *rudes de bas en haut* : épi cylindrique, mince : fruit un peu brun, ovale, strié, renflé à la base, denté au sommet, rude sur les angles. — ♃ Prairies spongieuses des montagnes. Sav. Bot. 331. **C. dioïque**, *dioica.* Lin. (mai-juin).

2. Racine *fibreuse, gazonnante* : chaume

et feuilles à *dents tournées* vers le bas : feuilles sétacées, courtes, à 3 angles : épi linéaire aigu : l'épi à pistils plus épais : fruits rousses, oblongs, penchés, écartés du rachis, un peu denticulés sur les angles. — ♃. Prairies spongieuses. Sturm. fasc. 50. t. 1. **C. de Daval**, *Davalliana.* Lin. (avril-mai).

b. — *Etamines et pistils sur le même épi.*

3. Racine fibreuse : chaume grêle, filiform

cylindrique : feuilles sétacées , un peu roulées sur les bords, lisses : épi *linéaire, grêle*, portant les étamines au sommet : fruits comprimés, atténués aux 2 bouts, dépassant l'écaille, digités ou droits, quelquefois les styles très-saillants. — ♃ . Prés humides. Mich. Gen. t. 53. f. 1. **C. puce**, *pulicaris*. Lin. (mai-juin).

4. Racine fibreuse : feuilles sétacées, roulées canaliculées : épi *oblong lancéolé* : fruits renflés à la base, atténués des 2 bouts, droits, doubles de la glume, terminés en bec subulé : styles quelquefois très-longs. — ♃ . Sommités des Pyrénées-Orientales. Lapeyr. abrég. 562. **C. à long style**, *macrostyla*. Gay.

II. — Epi simple, unique : 3 stigmates.

a. — Chaume à angles aigus.

5. Racine rampante, poussant des rejets : chaume de 3-4 pouces : feuilles raides, linéaires , un peu planes et glauques : épi grêle, peu fourni, cylindrique; pistils dans le bas : fruits obovés, *comprimés-trigones, striés, plus courts* que l'écaille très-obtuse. — ♃ . Pyrénées, Alpes du Dauphiné. All. Ped. t. 92. **C. des rochers**, *rupestris*. (juillet-août).

6. Racine rampante : chaume grêle : feuilles linéaires, canaliculées, dressées, un peu raides : épi brun, oblong; pistils dans le bas : fruits *oblongs*, pointus, serrés sur l'épi, puis étalés, atténués aux 2 bouts , *dépassant à peine la glume* caduque, étroite. — ♃ . Som-

mités des Pyrénées. Walh. Act. Holm. 1803. p. 139. **C. des Pyrénées**, *Pyrenaica*. Villd. = Var. fruits en vessie, acuminés, luisants, égaux à la glume lancéolée, aiguë. *Marchandiana*. (printemps).

b. — Chaume à angles peu marqués.

7. Racine rampante et fibreuse : chaumes grêles, rudes au sommet, en faisceaux : 2-3 feuilles sétacées, pliées en carène, engaînantes : épi très-peu fourni; 1-2 fleurs supérieures à étamines : fruits *lancéolés, striés*, étalés, *divergents*, dépassant à peine la glume. — ♃ . Prairies marécageuses du Jura , Dauphiné. Lightf. Scot. 2. t. 6. f. 2. **C. pauciflore**, *pauciflora*. Lightf. (mai-juin).

III. — Plusieurs épis ; étamines dans le haut, pistils dans le bas : 2 stigmates.

n. = Epillets réunis en tête.

a. — Feuilles planes.

8. Racine rampante, en forme de corde : chaume couché à la base, *cylindrique*, un peu rameux : feuilles linéaires , pointues , bractées lancéolées ovales, aiguës : 2-4 épis en capitule ovale, serré : fruits *ovales*, nervés, hérissés au sommet : écailles rousses. — ♃ . Tourbières du Jura. Sturm. fasc. 55. t. 1. **C. à longue racine**, *chordoriza*. Lin. (mai-juin). — Voyez *C. Microstyla.*

9. Racine grosse, longue, rampante : *chaume à 3 angles*, court : feuilles larges , planes , ou pliées en carène, un peu scabres sur les bords : 7-8 épis serrés en tête ovale : une bractée subulée : fruits *elliptiques*, bifides, à long bec : écailles ovales mucronées. — ♃ . Lieux humides des Hautes-Halpes, Lautaret. Schak. t. Hh. f. 96. **C. fétide**, *fœtidu*. All. (juillet-août).

b. — Feuilles canaliculées, ou roulées.

10. Racine rampante : chaume *presque cylindrique*, courbé : feuilles très-fines, presque aussi longues que la tige : épis bruns, en capitule arrondi, serré : bractées brunes, ovales, pointues : fruits ovales presque globuleux, entiers sur le bec : écailles ovales obtuses. — ♃ . Sommités des Pyrénées, Port de Venasques. Engl. Bot. t. 927. **C. à feuilles de Jonc**, *Juncifolia*. All. (juillet-août).

11. Racine gazonnante : chaume à 3 *angles* : feuilles un peu planes, ou en carène : épis bruns, distincts dans le haut, agglomérés en tête ronde dans le bas : une bractée mucronée : écailles ovales, un peu aiguës, presque égales aux fruits *coniques*, fendus au sommet, sans nervures. — ♃ . Alpes de Provence. Gaud. 6. t. 1. **C. à style court**, *microstyla*. Gay. (juin-août).

nn. = Epillets réunis en épi.

a. = Feuilles planes.

g. = Epi à 3 lobes.

12. Chaume dressé, à 3 angles, un peu rude

au sommet : feuilles linéaires, un peu planes, ou roulées : épillets serrés en tête à 3 lobes :

fruits renflés, nervés, elliptiques pointus : écaille lancéolée, brunâtre. — ♃. Alpes de

f.— *Fruit dressé.*

13. Chaume à 3 angles aigus, raides : feuilles striées, scabres, linéaires, planes, allongés étroites : épillets ovales, les supérieurs rapprochés, les inférieurs écartés, tous d'un blanc verdâtre : fruits ovales, dressés, planesconvexes, hérissés au sommet, aigus, bidentés, dépassant les écailles ovales aiguës.— ♃. Bois humides. Engl. Bot. 1. 629. **C. interrompu**, *divulsa.* Good. (mai-juin). Var. à épi rameux à la base. Mich. t. 33. f. 10.

ff.—*Fruits divergents.*

14. Racine fibreuse : chaume droit, *à 3 angles très-aigus :* feuilles très-longues, *très-rudes*, *planes*, *larges-linéaires :* épillets nombreux, sessiles, ovales, réunis en épi oblong interrompu : bractées scarieuses, subulées, dentelées : fruits ovales, pointus, divergents,

16. Racine rampante, longue, tortueuse : chaume variant beaucoup de grandeur, de quelques pouces à 3 pieds, à angles aigus, raide, longuement engainé : feuilles linéaires, rudes, en gouttière, à 3 angles au sommet : épillets sessiles oblongs ovales, réunis en un épi ovale, quelquefois lobé divergent :

nnn. = *Epillets réunis en panicule.*

a. — *Chaume très-rude, à 3 angles aigus.*

17. Racine épaisse, articulée : chaume de 2-3 pieds, droit, épais : feuilles linéaires, dures, planes ou pliées en gouttière : épillets ovales oblongs, à 3 angles, roux, mêlés de vert, serrés en épis oblongs, formant une panicule ouverte : bractées scarieuses : fruits ovales, pointus, à 2 dents ciliées dentelées en scie, égalant l'écaille ovale aiguë. — ♃. Marécages. Mich. Gen. t. 33. f. 7. **C. en panicule**, *paniculata.* Lin. (mai-juin).

b.—*Chaume presque lisse, cylindrique, ou à angles peu marqués.*

18. Racine *rampante :* chaume cylindrique dans le bas, à 3 angles peu marqués dans le haut, moins long que les feuilles linéaires, pliées en carène, raides, droites : épillets d'un rouge de fer, ovales, réunis en panicule :

Provence. Schk. Carn. t. D. f. 18. **C. à 3** bes, *lobata.* Mut. Daup. (juin-juillet).

gg = *Epi non lobé.*

comprimés-anguleux, bidentés, rudes sur bord, dépassant un peu les écailles ovales pointues. — ♃. Les marais, lieux humides Cavillargues à St-Sépulcre. Mich. t. 33. f. 13- **C. vulpin**, *vulpina.* Lin. — Var. à épi n interrompu, à épillets dépassés par la bract filiforme. (avril-mai).

15. Racine en gazon : chaume droit, scab strié à 3 *angles :* feuilles linéaires, presq rudes : épillets ovales, verdâtres, en épi ser au sommet, lâche dans le bas : pas de bra tées : fruits rudes, divergents, ovales, plan convexes, à 2 dents, dépassant l'écaille ova pointue. — ♃. Bois humides. Engl. Bot. 109 **C. rude**, *muricata.* Lin. = Var. à chaum filiforme : feuilles très-longues : épillets inf rieurs très-écartés, le plus bas dépassant chaume. (mai-juin).

b. = *Feuilles pliées.*

bractées foliacées, droites, inférieures très étroites : fruits ovales subulés, pointus à dents hérissées, dépassant les écailles ovales pointues-aristées. — ♃. Marais maritimes Caen, Agen. Englis. Bot. 1096. **C. divisé**, *di visa.* Huds. (mai-juin).

nnn. = *Epillets réunis en panicule.*

fruits planes-convexes, à 3 angles, amincis au sommet, ciliés-rudes sur les bords, muni d'un bec à 2 dents, dépassant les écailles ova les aiguës. — ♃. Canal du Languedoc aux environs de Toulouse. Engl. Bot. 1603. **C. arrondi**, *teretiuscula.* Good. (avril-mai).

19. Racine *en faisceau :* chaume droit comprimé, à 3 angles peu marqués, *un peu rude au sommet :* feuilles linéaires, rudes sur le bord, en carène : épillets sessiles, petits, oblongs, serrés en épis étroits, oblongs, formant une panicule étroite, allongée, un peu écartée, lâche dans le bas : fruits arrondis ovales, bidentés, ciliés dentelés sur les bords : écailles brunes, puis blanchâtres sur les bords, *lancéolées aiguës.* — ♃. Grenoble, les ruisseaux fangeux. Willd. Mem. p. 52. t. 1. p. 1. **C. changeant**, *paradoxa.* Willd. (avril-mai).

IV. = Plusieurs épis : pistils dans le haut, étamines dans le bas : 2 stigmates.

n. = *Epillets en épi ovale, serré.*

a.—*Tête d'épillets munie d'un involucre foliacé, allongé.*

20. Plante verte: chaume à 3 angles, un peu articulé, feuillé : feuilles planes, linéaires, lisses, à languette saillante : épillets ovales oblongs, serrés en tête globuleuse : fruits lancéolés, à 2 pointes, ondulés sur les bords, dépassant l'écaille lancéolée, aristée, ciliée. — ♃. Sables humides de Sézanne en Brie. Sturm. fasc. 35. t. 4. **C. faux Souchet,** *cyperoides.* Lin.

b.—*Tête d'épillets non munie d'involucre.*

21. Chaume droit, *fistuleux*, strié, à angles peu marqués : feuilles linéaires, *planes, molles* : épillets 5-6 sessiles, ovales, alternes, contigus, munis de bractées scarieuses, l'in-férieure ordinairement foliacée: fruits ovales, pointus, bidentés, ciliés dentelés en scie, presque égaux aux écailles ovales lancéolées.—♃. Prairies humides. Englis. Bot. t. 506. **C. ovale,** *ovalis.* DC. (avril-juillet).—Voyez *C. Brizoides.*

22. Racine rampante, longue, articulée : chaume grêle, rude sur les angles, presque nu: feuilles très-étroites, *rudes sur les bords, en gouttière:* épillets ovales, amincis des 2 bouts, alternes, serrés en épi ovale, embrassés par une bractée subulée : fruits ovales bidentés, striés, aigus, égalant les écailles ovales lancéolées, très-aiguës, brunes. — ♃. Bords des chemins, Tresques. Schk. Carn. t. B. f. 9. **C. de Schreber,** *Schreberi.* (avril-mai).

nn. = *Epillets rapprochés.*

g.—*Chaume cylindrique.*

23. Racine rampante, émettant des rejets : chaume nu, penché : feuilles planes, moins longues que le chaume : épillets ovales, dressés, d'un brun noir, puis mélangés de brun et de vert, en faisceau, celui du milieu pédonculé, les latéraux presque sessiles, le plus souvent à pistils : fruits glauques, ovales , entiers, à bec court, plus longs que l'écaille ovale obtuse, verte sur la nervure. — ♃. Sommités des Alpes. Sturm. fasc. 47. t. 7. **C. à deux couleurs,** *bicolor.* All. (juillet-août).

gg. — *Chaume anguleux.*

f. — *Chaume lisse.*

24. Racine fibreuse : chaume à angles peu marqués, épais, dépassant les feuilles : feuilles linéaires planes, rudes sur les bords : 5-4 épillets sessiles, alternes, elliptiques, en épi ovale oblong : bractée en alène : fruits *elliptiques, comprimés, pointus*, à bec entier , dépassant peu l'écaille ovale, verte sur la nervure, blanchâtre scarieuse sur le bord. — ♃. Sommités des Alpes du Dauphiné, des Pyrénées. Fl. dan. t. 294. **C. rapproché,** *approximata.* Hoppe. (juillet-août).

q. — *Epillets arqués.*

26. Chaume grêle, anguleux, très-rude au sommet, nu : feuilles linéaires, planes ; les supérieures très-longues : 5-7 épillets sessiles, alternes, presque distiques, oblongs-lancéolés, contigus : bractées subulées : fruits allongés, divergents, pointus, bifides, membraneux

25. Racine fibreuse, gazonnante: chaume lisse, strié : feuilles linéaires, planes ou pliées en carène: 5-6 épillets alternes, sessiles, courts, presque cylindriques, ceux du haut rapprochés : *fruits ovales, planes-convexes* , un peu aigus, striés, dressés, imbriqués; *plus longs que l'écaille* ovale, verdâtre. — ♃. Tourbières des Vosges, du Jura. Schk. Carn. t. C. f. 13. **C. à épis courts,** *curta.* (mai-juin). — Var. à tige convexe sur le milieu des faces, concave vers les angles.

ff. — *Chaume rude.*

et dentelés sur les bords, dépassant l'écaille ovale oblongue, à nervure verte. — ♃. Basses-Pyrénées, environs de Salins. Host. Gr. 1. t. 47. **C. brize,** *brizoides.* Lin. (avril-mai).

qq.— *Epillets non arqués.*

27. Racine *rampante*, gazonnante: chaume très-rude, de la longueur des feuilles linéai-

15

res, planes, ou pliées en gouttière, rudes, à 3 angles au sommet : 10-12 épillets sessiles, alternes, cylindriques, un peu écartés-divergents : fruits ovales pointus, striés, étalés, rudes sur le bec, un peu échancrés, nervés, dépassant l'écaille ovale, verte sur la nervure. — ♃. Bois humides, les ruisseaux. Schk. Carn. t. 5. f. 25. **C. allongé**, *ellongata*. Lin. (mai-juin).

28. Racine *fibreuse* : chaume couché, strié, rude : feuilles étroites, linéaires, planes, ou pliées en carène, *terminées par une longue pointe effilée, rude :* épillets alternes, pistilés au sommet, l'inférieur muni d'une bractée pointue en arête, formant un épi presque cylindrique : fruits ovales, anguleux-comprimés, aigus, luisants, un peu plus longs que l'écaille aiguë, verte sur la nervure, blanche sur les bords. — ♃. Marais de Strasbourg. Sturm. fasc. 47. t. 6. **C. des marécages**, *heleonastes*. Ehrh. (mai).

nnn. = Épillets un peu écartés.

29. Racine rampante, poussant des rejets : chaume grêle, nu, à 3 angles : feuilles *étroites, molles :* épillets peu fournis, les inférieurs un peu écartés : bractée filiforme : fruits divergents, *oblongs-elliptiques*, striés, *à bec court, entier*, dépassant beaucoup l'écaille membraneuse aiguë. — ♃. Les marécages, St-Léger. Fl. dan. 1403. **C. ivraie**, *loliacea*. Lin. (mai).

30. Racine gazonnante, dure : chaume dressé, rude au sommet, à 3 angles peu marqués : feuilles linéaires, canaliculées, *trigones et rudes au sommet*, moins longues que le chaume : épillets ovales globuleux, sessiles, un peu écartés : fruits verts, ovales pointus, *bidentés*, rudes sur les bords, *divergents en étoile*, plus longs que l'écaille brune, verte sur la nervure. = Variété. = Chaume grêle, cylindrique, courbé : feuilles presque planes : fruits presque dressés, à bec un peu arqué. — ♃. Marais tourbeux des montagnes, Grenoble, Haguenau, Amiens. Bot. 806. — Schk. t. Hhh. f. 193. **C. étoilé**, *stellulata*. Good. (avril-mai).

nnnn. — Épillets très-écartés.

31. Racine fibreuse : chaume grêle, presque lisse, à angles peu marqués : feuilles linéaires, longues, planes, penchées : épillets sessiles, solitaires, alternes, les inférieurs très-écartés : bractées foliacées, longues : fruits ovales, pointus, rudes sur le bec, un peu échancrés, dépassant l'écaille lancéolée aiguë. — ♃. Lieux humides, ombragés. Mich. Gen. t. 33. f. 15. 16. **C. espacé**, *remota*. Lin. (avril-mai).

V. = Plusieurs épis ; ceux du sommet à étamines ou à pistils : ceux du milieu à étamines et à pistils ; les plus bas à pistils : 2 stigmates.

a. = Épillets supérieurs et inférieurs à pistils.

32. Racine dure rampante : chaume droit, rude sur les angles aigus, feuillé dans le bas : feuilles planes, linéaires longues : épillets roux, alternes, sessiles, ovales, en épi ovale cylindrique, un peu lâche dans le bas : bractée inférieure ovale, subulée : *fruits* ovales oblongs, pointus, échancrés, bifides, *ciliés-dentelés en scie*, égaux à l'écaille ovale pointue. — ♃. Les marécages. Engl. Bot. 2042. **C. intermédiaire**, *intermedia*. Good. (avril-mai).

b. = Épillets supérieurs à étamines.

33. Racine noueuse, longue, rampante : chaume courbé, à angles aigus : feuilles linéaires, rudes : épillets ovales, alternes, sessiles, rapprochés, les inférieurs séparés : bractées foliacées : fruits ovales, aigus, bifides, *à bec ailé*, scabres sur les bords, égaux à l'écaille ovale pointue. — ♃. Sables maritimes de l'Océan, Rouen, Bayeux. Schk. Carn. t. B. f. 6. **C. des sables**, *arenaria*. Lin. (avril-mai).

34. Racine rampante, longue, noueuse : chaume anguleux, grêle : feuilles rudes étroites : épillets supérieurs serrés, ceux du milieu et du bas distincts, munis de bractées : fruits oblongs, comprimés, pointus aux 2 bouts, bifides, dentelés, *non ailés*. — ♃. Normandie. Schk. Carn. t. Iii. f. 155. **C. rampant**, *repens*. Bellard. (mai-juin).

VI. = Plusieurs épis ou épillets renfermant des fleurs à étamines et des fleurs à pistils : 3 stigmates.

n. — *Epillets réunis en tête.*

35. Racine à longues fibres : chaume grêle , strié, lisse, cylindrique : feuilles presque séta-cées, dures, glauques , canaliculées, recour-bées, unilatérales : 4-5 épillets sessiles, réu-nis en capitule dense : fruits ovales, compri-més, pointus, lisses, presque égaux à l'écaille ovale, mucronée, brune : bractée lancéolée, échancrée, pointue en arête. — ♃. Sommités du Lautaret, Alpes, Pyrénées. Sturm. fasc. 47. t. 9. **C. courbé**, *curvula*. All. (juin-juillet).

nn. — *Epillets distincts.*

a.—*Épillet supérieur à étamines.*

36. Racine fibreuse : chaume à 3 angles, un peu rude au sommet, feuillé dans le bas: feuil-les planes, courbées, lisses : épillets 3-4, noirs, ovales , rapprochés, les inférieurs à pistils pédicellés dans la gaîne des bractées ru-des, foliacées : fruits noirs, jaunes sur les bords, ovales-comprimés, à bec presque en-tier, court, égaux à l'écaille noire, ovale, à nervure un peu verte. — ♃. Sommités des Alpes du Dauphiné, Lautaret, le Queyras. Sturm. fasc. t. 10. **C. noir** , *nigra*. All. (juillet-août).

b.—*Épillet supérieur à étamines à la base.*

37. Chaume, *lisse*, strié, à trois angles: feuilles planes, *lisses*, pointues, striées à gaîne lâche : épillet supérieur ovale sessile, les autres à pis-tils, oblongs, fructifères pendants, *le plus bas radical*, souvent à long pédoncule : fruits ovales arrondis , bidentés, à bec court un peu rude, un peu noircissants, ou très-noirs; écaille ovale aiguë. — ♃. Prairies des Pyrénées, Al-pes, au Prat-Mort près Grenoble. Host. t. t. 88. **T. noirâtre**, *atrata*. Lin. (juillet-août). —

Var. à feuilles rudes sur les bords : épis dres-sés, cylindriques, ou tous ovales, pendants.

38. Racine rampante : chaume dressé, à 3 angles , *rude au sommet :* feuilles *rudes* sur les bords et la carène : épillet supérieur ovale oblong, les autres à pistils, écartés, un peu pédonculés : fruits verts, lisses, à 3 angles , amincis à la base , oblus au sommet, un peu moins longs que l'écaille *à longue pointe*, verte sur la nervure. — ♃. Entre Pontarlier et Lau-sanne. Schk. carn. t. x. et Gg. f. 79. **C. de Buxbaumii**, *Buxbum*. Vahl. (avril-mai).

c.—*Tous les épis à étamines dans le haut.*

39. Racines tuberculeuses : chaume grêle , à 3 angles, lisses, très-peu plus long que les feuilles sétacées, linéaires, en faisceaux : 2-3 épillets sessiles, alternes, linéaires, grêles, distants : bractées foliacées , embrassantes , la plus basse dépassant le chaume : fruits droits, ovales pointus, à 3 angles, à bec obli-quement tronqué, plus court que l'écaille lancéolée, pointue, verdâtre. — ♃. Terrains secs du Midi, Montpellier, Prats-de-Mollo. Schk. carn. t. Bbb. f. 117. 118. **C. à deux épis**, *distachia*. Desf. (mai).

VII. = Plusieurs épis, les uns à étamines, les autres à pistils : 2 stigmates.

a. — *Chaume cylindrique.*

40. Racine fibreuse : chaume filiforme, flexueux , feuillé à la base : feuilles sétacées, dures, enroulées : épillet supérieur , sessile, ovale oblong, à étamines, les autres sessiles, à pistils, le plus bas muni d'une bractée fo-liacée, longue : fruits ovales oblongs, planes-convexes', recourbés au sommet, bidentés, rudes-ciliés sur les bords , égaux à l'écaille ovale oblongue, aiguë. — ♃. Col de l'Arc, près Grenoble, en vue du Villard-d'Arène. Schk. carn. t. k. f. 44. **C. mucroné**, *mucronata*, All. (juin-août).

b. — *Chaume anguleux.*

q. — *Feuilles planes.*

p.—*Feuilles glauques.*

41. Racine rampante, entortillée : chaume droit, *presque lisse*, à 3 angles aigus : feuilles linéaires, étalées, allongées : épillets 1-2 su-

périeurs à étamines, noirâtres, grêles, 2-3 à pistils, obtus, contigus, mélangés de vert et de noir : bractées foliacées : fruits serrés, comprimés, imbriqués, elliptiques, obtus, percés au sommet : écaille oblongue, verte sur la nervure. — ♃. Les marais, les bois humides. Good trans. Lin. 2. t. 21 f. 8. **C. gazonnant**, *cæspitosa*. Lin. (avril-juin).

42. Racine rampante, poussant des rejets : chaume droit, à 3 angles, *rude dans le haut :* feuilles glauques, raides, linéaires, planes, ou pliées en gouttière, à gaîne déchirée : épillets 1-3 supérieurs à étamines, allongés, 2-3 à pistils, écartés, mélangés de noir et de vert : bractées longues, foliacées, *à oreillettes noires :* fruits verts, imbriqués sur 8 rangs, ovales, comprimés, percés au sommet, plus longs que l'écaille lancéolée, noire. — ♃. Les rivières, les marais. Good. tr. Lin. 2. t. 21. f. 9. **C. raide**, *stricta*. Good. = *Variété*. = 1 seul épi à étamines, à pistils dans le bas.

43. Racine rampante : chaume flexueux, rude, grêle, à 5 angles aigus : feuilles rudes sur les bords : épillets à étamines, 2-3 noirâtres, *allongés ;* ceux à pistils 3-4 filiformes allongés, écartés, quelquefois à étamines au sommet : bractées foliacées, *sans oreillettes :* fruits roussâtres, ou verts, ovales, glabres, serrés dans le haut de l'épi, lâches dans le bas, nervés, luisants, percés au sommet : *presque égaux à l'écaille oblongue aiguë.* — ♃. Prairies marécageuses. Engl. Bot. t. 580. **C. aigu**, *acuta*. Lin. (avril-mai).

44. Chaume anguleux, rude, droit, ou un peu courbé : feuilles linéaires, aiguës, rudes sur les bords : épis contigus, *le supérieur à étamines,* oblong, les autres sessiles, alternes, le plus bas pédonculé dans la gaîne d'une bractée plus longue : fruits ovales, lisses, à bec court, entier, *dépassant l'écaille un peu obtuse.* — ♃. Alpes du Dauphiné. Fl. dan. t. 159. **C. des rocailles**, *saxtilis*. Lin. (juillet-août).

qq. = *Feuilles roulées, ou à trois angles.*

45. Racine rampante : chaume droit, courbé, lisse, à 5 angles, plus court que les feuilles raides, à trois angles au sommet : épis à étamines 1-4 inégaux, à pistils 5-4 aigus, ovales, cylindriques, sessiles, un peu distants, quelquefois ceux du milieu à étamines au sommet : fruits imbriqués très-serrés, ovales comprimés, à 3 nervures, glabres, luisants, ponctués à orifice entier, dépassant l'écaille oblongue nervée, aiguë. — ♃. Sables humides de la Gascogne. Lois. Fl. fr. 2. p. 294. **C. à trois nervures**, *trinervis*. (mai-juin).

VIII. = **Plusieurs épis, les uns à étamines, les autres à pistil : 3 stigmates. fruit pubescent ou velu.**

A. — ÉPI A ÉTAMINES SOLITAIRES.

n. — *Chaume cylindrique, ou à angles peu marqués.*

a. — *Fruit triangulaire.*

46. Racine rampante, poussant des rejets : chaume nu, grêle, un peu rude au sommet : feuilles planes, étalées gazonnantes, recourbées : épillets 3-4 *roux, rapprochés,* celui à étamines *en massue,* ceux à pistils ovales oblongs, *le plus bas radical :* bractées scarieuses, inférieures engaînantes : fruits pubescents, globuleux, trigones en poire, à bec tronqué, entier, dépassant un peu l'écaille pointue. — ♃. Coteaux secs. Engl. Bot. 1099. **C. précoce**, *præcox*. Jacq. (mai-avril).

47. Racine fibreuse : chaume grêle, nu, comprimé, un peu lisse, garni à la base de gaînes courtes, *pâles :* feuilles planes, aiguës,

d'un vert jaunâtre : épis linéaires, celui à étamines sessiles, ceux à pistils grêles, digités divergents, *presque sessiles :* bractées courtes, engaînantes : fruits pubescents, armés d'un bec court, *plus longs que l'écaille* obovée. — ♃. Coteaux du Midi. Fl. dan. t. 1405. **C. pied d'oiseau**, *ornithopoda* Willd. (avril-mai).

48. Diffère de l'*ornithopoda*, par *les gaînes roussâtres ;* feuilles *d'un vert foncé :* épis inférieurs pédonculés, *un peu écartés :* bractées pointues : fruits *égaux à l'écaille mucronée.* — ♃. Bois ombragés. Englis. Bot. t. 615. **C. digité**, *digitata*. Lin. (avril-mai).

b. — *Fruits ovales*, ou *arrondis*.

f. — *Feuilles sétacées canaliculées.*

49. Feuilles étroites, dépassant beaucoup le chaume, un peu rudes : épis à étamines lancéolées, ceux à pistils à 3-4 fleurs, éloignés, presque cachés dans la gaîne des bractées grandes, brunâtres, scarieuses sur les bords : fruits obovés, obtus, pubescents, presque égaux à l'écaille scarieuse, mucronée, verte sur la nervure. — ♃. Collines sèches, bois de Boulogne. Schk. Cœrn. t. k. f. 43. **C. humble**, *humilis*. Leys. (avril-mai).

ff. — *Feuilles planes.*

50. Chaume anguleux, presque lisse : feuilles étroites, tendres, rudes, aiguës, rouges sur la gaîne : épis 1-3 à pistils, sessiles, rapprochés : bractées grandes, embrassantes, blanchâtres sur les bords : fruits *ovales-oblongs*,

pubescents à bec court, dépassant l'écaille *ovale arrondie.* — ♃. Bois des montagnes, Nancy, Mont-Rachet. Fl. Dan. 1769. **C. des montagnes**, *montana*. Lin. — Var. à feuilles pubescentes (avril-mai).

51. Racine rampante, poussant des rejets : chaume lisse, recourbé : feuilles dures, linéaires, aiguës, courtes : épis à étamines, presque globuleux, ceux à pistils 1-3 rapprochés, sessiles : bractées scarieuses, embrassantes : fruits pubescents, *obovés*, *obtus*, dépassant un peu l'écaille *obovale*, obtuse, scarieuse sur les bords. — ♃. Bruyères des Alpes, Pyrénées-Orientales, Agen, Sassenage, Vosges, Sturm. fasc. 57. t. 6. **C. des Bruyères**, *Ericetorum.* Pall. (avril-mai).

nn. = *Chaume à angles très-marqués.*

a. — *1 épi à pistils très-éloigné des autres.*

52. Racine fibreuse : chaume grêle, strié, un peu rude : feuilles linéaires, dures, carénées, rudes sur les bords : épis à pistils à 3-5 fleurs, arrondis, supérieurs rapprochés, à court pédicelle, 1-2 radicaux, à très-long pédoncule : bractées scarieuses : fruits obovés, à peine

pubescents, à bec tronqué, dépassant très-peu l'écaille oblongue, à 2-3 nervures vertes. — ♃. Collines du Jura, des Cévennes, Canigou, Agen, Grenoble. Host. Gram. t. 70. **C. à épi radical**, *gynobasis*. Willd. (avril-mai).

b. — *Epis à pistils rapprochés.*

g. — *Epis presque sessiles.*

53. En gazon : chaume droit, lisse, anguleux comprimé, rude, un peu penché : feuilles étroites, planes, droites, égalant presque le chaume, inférieures engaînantes : fruits pubescents, ovales comprimés, bidentés, égaux à l'écaille ovale, mucronée, rude-ciliée sur la nervure. — ♃. Environs de Bordeaux, Besançon. Host. Gram. 1. t. 69. **C. à longues feuilles**, *longifolia*. Host. (avril-mai).

gg. — *Epis à pistils sessiles.*

54. Racine fibreuse : chaume anguleux, un peu lisse, faible, tombant : feuilles rudes, presque planes : épis à pistils 2-3 *arrondis-elliptiques*, celui à étamine linéaire : fruits arrondis,

bruns, *pubescents*, dépassant à peine l'écaille *oblongue aiguë*, brune, un peu ciliée. — ♃. Bois secs, Besançon : Arbois, Agen. Engl. Bot. t. 885. **C. à pilules**, *pilulifera*. Lin. (avril-mai).

55. Racine rampante : chaume grêle, droit, lisse, anguleux : feuilles linéaires, étroites, planes, ou roulées sur les bords : épis à étamines linéaires, jaunâtres, à pistils *ovales cylindriques*, obtus : bractée courte, foliacée, embrassante : fruits *cotonneux*, presque ronds, obtus, presque égaux à l'écaille, *ovale pointue*. — ♃. Prairies ombragées, Rouen, Nancy, Fréjus. Sturm. fasc. 55. f. 2. **C. cotonneux**, *tomentosa*. Lin. (avril-mai).

B. = 2 OU PLUSIEURS ÉPIS A ÉTAMINES.

a. — *Feuilles filiformes.*

56. Racine rampante, poussant des rejets : chaume droit, presque cylindrique, lisse à la base : feuilles roulées, engaînantes, aussi longues que la tige : 1-2 épis à étamines, longs, à pistils ovales, sessiles, distants : fruits lai-

neux, serrés, elliptiques, bifides, aussi longs que la glume lancéolée, aristée. — ♃. Marécages des Alpes, Paris à Saint-Léger, Haguenau. Engl. Bot. t. 904. **C. filiforme**, *filiformis*. Lin. (mai-juin).

b.—*Feuilles larges.*

57. Racine rampante, émettant des rejets : chaume droit, un peu anguleux, presque lisse: feuilles glauques, planes, *rudes:* 1-3 épi à étamines dont un presque sessile, à pistils distants, pédonculés, pendants, noirâtres : fruits serrés, ovales, *ciliés, à bec très-court,* égaux à l'écaille ovale. — ♃. Fossés, lieux humides, Valbonne. Mich. Gen. t. 52. f. 5. **C. glauque,** *glauca.* Scop. (avril-mai).

58. Racine rampante : chaume lisse, strié, à angles peu marqués : feuilles en carène, *velues,* ou glabres, *excepté les gaines* : 2-3 épis à étamines, velus, inégaux, à pistils 2-3 distants, pédonculés, presque cachés dans la gaine des bractées foliacées : fruits *velus,* oblongs, terminés par *une pointe bifide,* dépassant l'écaille oblongue, aristée. — ♃. Sables humides. Host. 1. t. 96. **C. hérissé,** *hirta.* Lin. (mai-juin).

IX.=**Plusieurs épis, les uns à étamines, les autres à pistils : 3 stigmates: fruits glabres ou ciliés sur les angles.**

A. = 2 OU PLUSIEURS ÉPIS A ÉTAMINES.

n. — *Chaume lisse.*

a.— *Fruits plus courts que l'écaille.*

59. Racine rampante, tenace: chaume grand, glabre, à 5 angles, feuillé, nu au sommet : feuilles planes carénées, longues, glauques, rudes, très-aiguës au sommet : 2-4 épis à étamines, serrés, linéaires, 2-4 à pistils cylindriques, oblongs, sessiles, droits, quelquefois des étami-au sommet : bractées longues, à gaines brunes sur les bords : fruits ovales arrondis, comprimés, ciliés sur les nervures, à bec court, *moins longs que l'écaille* linéaire lancéolée, pointue, ciliée dentelée, verte sur les 5 nervures. — ♃. Marécages de Toulon, Corse. Lois. t. 51. **C. denté,** *serrulata.*|Biv. (avril-mai).

b.—*Fruits au moins aussi longs que l'écaille.*

60. Chaume *plane convexe,* feuillé, grand : feuilles très-longues, larges, rudes et filiformes au sommet : *gaines ventrues :* épis staminés, 4 inégaux, contigus, cylindriques, *terminal*

plus long; 2-3 à pistils, écartés, renflés au milieu, à court pédoncule : bractées foliacées, à gaine courte, portant des oreillettes noires, soudées ensemble : fruits ovoïdes, rugueux, ciliés dans le haut, lisses et concaves en dedans, presque sans bec, *égaux,* à l'écaille lancéolée obtuse, blanchâtre sur la nervure. — ♃. Les champs du Midi. Lois. t. 30. **C.** à **fruits tronqués,** *retusa.* ,Degl.

61. Racine rampante, longue : chaume droit, glabre, *fistuleux,* lisse : feuilles étroites, très-longues, un peu caniculées : 2-3 épis staminés, grêles, pointus; à pistils 2-3 cylindriques, droits, à court pédoncule, bractées foliacées : fruits renflés, striés, *rétrécis en col par un bec assez long,* bifide filiforme, *plus long* que l'écaille lancéolée. — ♃. Marécages des montagnes, Embrun, Bondy. Eng. Bot. t. 780. **C. ampoulé,** *ampulacea.* Good. (mai-juin).

nn. — *Chaume rude.*

a. — *1 épi presque radical.*

62. Racine presque rampante : chaume flexueux, à angles aigus, rude au sommet : feuilles dentelées en scie, planes, plus longues que le chaume: 2-3 épis à étamines grêles, 3-4 à pistils distants, épais, à pédoncule sortant de la gaine des bractées longues, foliacées: fruits

jaunâtres, imbriqués comme des épis d'orge, ovales bidentés, comprimés, ciliés-dentés sur les angles, dépassant l'écaille ovale scarieuse. — ♃. Marécages du Dauphiné, étang de Suzo- la-Rousse. Host. Gr. 1. t. 76. **C. épi d'Orge,** *hordeistichon.* Willd. (avril-mai).

b. — *Pas d'épi radical.*

1.—*Feuilles rudes coupant sur les bords.*

63. Racine rampante : chaume droit, rude sur les angles : feuilles très-longues, planes, pointues, glauques en dessous, à nervures en réseau : 3-5 épis staminés *roux,* aigus, trigones, inégaux, 5-4 épis à pistils, *épais au milieu,* inférieurs pédonculés : fruits coniques

renflés, nervés, à bec bifide, égaux à l'écaille lancéolée, aristée. — ♃. Bords des rivières. Mich. Gen. t. 52. f. b. 7. **C. des rives,** *riparia.* Curt. (avril-mai).

ff.—*Feuilles non coupant sur les bords.*

64. Racine longue, rampante : chaume à angles aigus : feuilles très-longues, rudes, larges

linéaires, les supérieures embrassantes, les radicales à gaîne déchirée en réseau : 2-4 épis staminés contigus, anguleux , *bruns* ; 2-3 à pistils *grêles*, sessiles, le plus bas pédonculé : fruits glabres , *ovales* , nervés , bidentés , *livides*, aussi longs que la glume lancéolée aiguë. — ♃. Marécages , bords des rivières. Curt. Lond. fasc. 4. t. 61. = *Variété*. = Épis staminés à écailles du sommet plus longues ; à pistils plus grêles, allongés , à écailles pointues en arête, même *hispides. C. Kochiana.*—**C. des marais**, *paludosa.* Good. (mai-juin).

65. Racine rampante , articulée : chaume rude, droit, grand, feuillé dans le haut et à la base : feuilles longues, planes, en réseau sur les nervures : 2-3 épis à étamines grêles, inégaux, 2-3 épis à pistils oblongs, cylindriques, pédonculés , axillaires : fruits *renflés, coniques,* nervés , lisses , terminés par un bec linéaire, court, bifide, plus longs que l'écaille aiguë. — ♃. Les marécages. Fl. Dan. 1. 647. **C. en vessie**, *vesicaria.* Lin. (mai-juin).

B. — ÉPI A ÉTAMINES , UNIQUE.

n. — *Chaume à angles peu marqués.*

g. — *Chaume rude.*

66. Racine grêle , articulée : chaume faible, un peu rude , penché au sommet, *garni presque jusqu'au milieu* de feuilles plus courtes que les radicales très-longues, pliées en carène , ou planes, un peu rudes : épi staminé oblong ; les pistilés 2-3 écartés, *pendants* , grêles, filiformes, *dépassés* par les bractées : fruits ovales , à angles peu marqués , rudes , *à faces lisses*, à bec bifide, frangés , un peu plus longs que l'écaille ovale mucronée. — ♃. Alpes du Dauphiné, Lautaret, Villad-d'Arènc, Jura. Sturm. fasc. 53. t. 12. **C. de Scopoli ,** *Scopoliana.* Good. (juin-juillet).

67. Racine rampante , poussant des rejets : chaume droit, grêle, *engainé à la base* par des feuilles longues, sétacées, canaliculées, un peu rudes : bractées membraneuses, transparentes, engaînant les pédoncules des épis 5-4, *blancs*, l'épi à étamines *réuni dans une même gaine avec un épi à pistils* : fruits rares , globuleux, sillonnés, à bec court, tronqué , plus longs que l'écaille ovale obtuse membraneuse, blanche. — ♃. Forêts du Jura. Pluck. t. 94. f. 2. **C. blanc,** *alba.* Scop. (avril-juin).

gg. — *Chaume lisse.*

a.—*Fruits lisses.*

68. Racine fibreuse, capillaire : chaume filiforme, nu : feuilles étroites, *planes*, courtes , raides : 2-3 épis à pistils pendants, pauciflores , *le plus haut dépassant l'épi à étamines filiformes* : pédoncules longs, capillaires, engaînés ensemble : fruits ovales , atténués des 2 bouts, membraneux et *entiers au sommet* , dépassant l'écaille ovale obtuse, blanche sur les bords. — ♃. Les bois montagneux, Briançon, Canigou. Fl. dan. t. 168. **C. capillaire,** *capillaris.* Lin. — Voir. *C. Limosa.* (juin-août).

69. Racine fibreuse : chaume filiforme : feuilles linéaires, étroites , fasciculées, sétacées, *roulées* : épis linéaires, ceux à pistils écartés, pendants à la maturité, plus longs que les bractées : fruits lancéolés , atténués des 2 bouts, *bidentés*, dépassant l'écaille oblongue mucronée, ferrugineuse. — ♃. Montagnes de

la Lozère , Mende. Schk. Carn. t. P. f. 58. **C. à épis grêles**, *brachystachys.* (juin-juillet).

b.—*Fruits rudes.*

70. Racine presque rampante, dure : chaume nu , flexueux au sommet, presque cylindrique : feuilles courtes, raides, linéaires, planes, très-aiguës : épi à étamines obtus, ceux à pistils pauciflores, *le plus bas à long pédoncule* : fruits oblongs, *à angles aigus et hérissés*, à bec oblique, tronqué, dépassant l'écaille lancéolée, mucronée, rouge brun, un peu rude sur la nervure. — ♃. Sommités des Pyrénées, Lautaret. Host. Gra. 1. p. 56. t. 75. **C. ferme**, *firma.* Host. (juillet-août).

c.—*Fruits rugueux tachés de sang.*

71. Racine dure, gazonnante : chaume de 2 pieds, lisse, rude au sommet : feuilles planes, droites, glauques, à gaînes lâches , munies de languettes inégales : épi staminé *en massue*, ceux à pistils ovales *très-écartés* , le

plus bas à long pédoncule : fruits trigones , nervés, échancrés au sommet, à taches rouges de sang, dépassant l'écaille mucronée, à

3 nervures. — ♃. Fossés de Honfleur. Lois. 2. p. 298. **C. négligé**, *neglecta.* Degl. (juin-juillet).

nn. — *Chaume à angles obtus.*

g. — *Chaume rude.*

a.—*Fruit à bec bifide.*

72. Racine *fibreuse :* chaume *rude au sommet,* à peine plus long que les feuilles en faisceaux , lisses , presque planes, rudes au sommet : *gaînes tronquées, blanchâtres au sommet en avant :* épi staminé *linéaire aigu ;* ceux à pistils ovales , écartés, le plus haut sessile : bractées grandes, rudes, inférieures plus longues que l'épi staminé : fruits *elliptiques, renflés,* striés, rudes sur le bec à 2 pointes , plus longs que l'écaille *ovale obtuse,* d'un brun fauve, verte sur la nervure.— ♃. Prairies humides, Fontainebleau, Alençon. Fl. dan. 1763. **C. fauve,** *fulva.* Good. (avril-mai).

73. Racine *presque rampante ,* chaume sillonné, rude au sommet : feuilles raides, planes, aiguës : gaînes tronquées : épi staminé *aigu des 2 bouts,* cylindrique ; ceux à pistils 2-3 ovales, le plus bas à long pédoncule renfermé à moitié dans la gaîne , quelquefois rameux à la base : bractées dépassant le

chaume : fruits striés, jaunissant, *oblongs ,* à bec grêle , bidenté, dépassant peu *l'écaille lancéolée,* à 3 nervures. — ♃ Prairies marécageuses près Château-Gontier. Lois. 2. p. 299. **C. xanthocarpe,** *xanthocarpa.* Degl. —Voir aussi *C. Hornschuchiana.*

b.—*Fruits à bec entier.*

74. Racine rampante, poussant des rejets : chaume un peu rude, dressé , muni à la base de feuilles glauques , courtes , fermes , rudes sur les bords, *à 2 sillons sur le dos :* 1-2 épis staminés, ventrus, ceux à pistils 2-3 cylindriques, distants le plus haut caché dans la gaîne , le plus bas saillant, quelquefois un épi radical , à très-long pédoncule : fruits *très-renflés , verts blanchâtres,* ovales, à bec *très-court,* tronqués , dépassant l'écaille ovale, verte sur la nervure. — ♃. Prairies marécageuses, Paris, Strasbourg. Fl. Dan. t. 261. **C. panic,** *panicea.* Lin. (avril-mai).

gg. — *Chaume lisse.*

a. — *Fruit rude.*

75. Racine presque rampante : chaume filiforme, faible , garni à la base de feuilles linéaires, planes, fermes, persistantes,longues: épi à étamines, cylindrique, aigu; 2-3 à pistils *dressés ,* le plus haut sessile, les autres écartés , dépassant les bractées : fruits oblongs, hérissés sur les angles, *et un peu sur les faces près du sommet,* à bec bifide , membraneux, dépassant à peine l'écaille lancéolée, ferrugineuse.—♃. Lieux humides du Jura. Host. gra. 1. t. 80. **C. toujours vert,** *sempervirens.* Will. (mai-juin).

b. — *Fruit nervé.*

76. Racine épaisse , gazonnante : chaume strié, *recourbé au sommet,* feuilles raides, linéaires , striées, *pliées en carène, un peu déroulées ,* engaînantes , de la longueur du

chaume : 1-2 épis staminés sessiles linéaires: ceux à pistils 2-3 ovoïdes, à pédoncule caché dans la gaîne dilatée des bractées très-longues: fruits nervés, réticulés, *aigus des 2 bouts,* à bec bifide , plus longs que l'écaille ovale mucronée.—♃. Bords fangeux des deux mers, Fréjus, Bastia. Sturm. fasc. 57. t. 9. **C. étiré,** *extensa.* Good. (mai-juin).

77. Racine presque rampante , épaisse : chaume *presque articulé ,* feuillé : feuilles molles, *planes,* à longue gaîne : épi staminé pâle, grêle, 2-3 à pistils, à pédoncules engaînés par les bractées, droits : fruits gros, lâches , *ovales* globuleux, nervés, à bec long, oblique tronqué, dépassant l'écaille oblongue, scarieuse, mucronée.—♃. Les forêts, Vincennes, Alençon : Engl. bot. 1098. **C. appauvri.** *depauperata.* Good. (mai-juin).

c. — *Fruit lisse.*

f.—*Fruit marqué de 2 nervures vertes.*

78. Racine un peu rampante, épaisse : chaume raide, feuillé : feuilles planes , raides, un peu *rudes* et glauques : épi staminé *atténué*

des 2 bouts, ceux à pistils 2-4 distants; le plus haut renfermé dans la gaîne, les autres saillants : gaîne à languettes opposées : fruits ovales trigones, à bec court, échancré, d'un vert pâle , quelquefois marqués de taches d'un rouge noir, dépassant l'écaille *ovale obtuse*, mucronée, verte sur la nervure. — ♃. Bruyères humides de la Bretagne, Le Mans, Falaise, Amiens. Sturm. fasc. 55. t. 9. **C. à 2 nervures**, *binervis*. Smith.

ff. — *Pas de nervures vertes sur le fruit.*

79. Racine *rampante*, *poussant des rejets*: chaume plus long que les feuilles étroites : épi staminé oblong, un peu en massue ; ceux à pistils 2-3, cylindriques, le plus haut sessile dans la gaîne sans feuilles, le plus bas à long pédoncule dans la gaîne : fruits ovales, striés, à bec grêle, bifide, dépassant l'écaille *ovale*, brune, *blanchâtre sur les bords*. — ♃ . Prés humides. Sturm. fasc. 57. t. 12. **C. de Hornschuch**, *Hornschuchiana*.

nnn. — *Chaume à angles aigus.*

g. — *Chaume rude.*

a.—*Fruits rudes.*

80. Racine rampante, jetant des rejets : chaume grêle, rude : feuilles planes, linéaires allongées , à longue pointe : épi staminé *en massue*, ceux à pistils 1-2 *dressés*, le plus haut plus court, presque sessile, muni d'une bractée sétacée, l'inférieure à pédoncule sortant un peu de la gaîne : fruits ovales, hérissés sur les angles, un peu sur les faces, à bec bidenté, dépassant à peine l'écaille carénée mucronée. — ♃. Sommet des Alpes. Schk. Carn. t. Vuu. f. 165. **C. à fruits rudes**, *hispidula*. Gaud. (juillet-août).

81. Racine épaisse, presque rampante : chaume grêle, canaliculé, rude au sommet : feuilles larges, planes, pointues, portant à la gaîne 2 *languettes inégales :* épi staminé *en fuseau*, ceux à pistils allongés, cylindriques , *pendants*, les plus hauts à pédoncules cachés dans la gaîne : fruits verts, nervés , ovales , rudes sur le bec à 2 pointes, à peine plus longs que l'écaille rougeâtre, ovale pointue, verte sur la nervure. — ♃. Prairies humides de l'Anjou. Schk. Carn. t. Sss. f. 163. **C. à deux languettes** , *biligularis*. DC. (mai-juin).— Voir *C. Frigida.*

b. — *Fruits lisses.*

f. — *Fruits dépassant l'écaille.*

82. Racine fibreuse, tenace : chaume rude, dépassé par les feuilles planes, larges, rudes sur les bords ; les florales très-longues : épi staminé allongé, quelquefois pistilé au sommet ; ceux à pistils cylindriques, pendants , pédonculés : fruits lancéolés, sillonnés étalés, à bec long, fourchu, dépassant l'écaille verte, rude, en alène. — ♃. Bois humides. Fl. Dan. 1117. **C. faux Souchet** , *pseudo-Cyperus.* Lin.

ff. — *Fruits ne dépassant pas l'écaille.*

83. Racine fibreuse : chaume faible, cilié , rude : feuilles planes , linéaires , *surtout pubescentes sur la gaîne :* épi staminé cylindrique , jaunissant ; ceux à pistils 2-3 contigus , pédonculés, pendants ; bractées presque pas embrassantes : fruits serrés, ovales, verdâtres , obtus , renflés , pâles ; écaille oblongue, pointue. — ♃. Prairies humides. Mich. Gen. t. 35. f. 13. **C. pâle**, *palescens.* Lin.

84. Chaumes nombreux , un peu rudes au sommet , droits : feuilles planes , lisses , linéaires, un peu rudes au sommet : *épi staminé linéaire lancéolé*; ceux à pistils 2-3 oblongs cylindriques, distants, inférieurs pédonculés; *gaîne des bractées à 2 languettes :* fruits ovales globuleux , luisants , ponctués , à bec lisse , court : écaille blanchâtre dans le milieu , rougeâtre dans le reste, rude sur la carène. — ♃. Landes de St-Sever. Schk. t. Yy. f. 68. **C. ponctué**, *punctata.* Gaud. (mai-juin).

gg. — *Chaume lisse.*

a. — *Fruit rude.*

85. Racine épaisse , fibreuse, gazonnante : chaume droit, un peu flexueux au sommet : feuilles larges, planes, à languette opposée : épi staminé lancéolé, obtus, ceux à pistils oblongs, très-écartés, pédonculés dans la gaîne des bractées blanchâtres à l'orifice : fruits anguleux, *à nervures égales*, ovales, pointues , *rudes sur le bec* bifide, dépassant l'écaille *ovale pointue verte sur les 3 nervures :* le fruit est quelquefois ponctué de rouge. — ♃. Prairies humides, Valbonne. Fl. dan. t. 1049. **C. espacé**, *distans.* Lin. (mai-juin).

14

86. Racine *rampante poussant des rejets* : chaume faible, un peu penché, feuillé, presque rude au sommet : feuilles planes, linéaires, rudes sur les bords, courtes : épi staminé obtus, un peu anguleux, ceux à pistils quelquefois staminés au sommet, ovales cylindriques, écartés, les inférieurs à long pédoncule caché dans la gaine des bractées, tous pendants : fruits lancéolés, bruns, rudes sur les angles, à bec longuement subulé, bifide, dépassant l'écaille *oblongue, aiguë, un peu pâle sur les bords.* — ♃. Sommités des Alpes Lautaret, Villard d'Arène, Pyrénées, Port de Venasques. Sturm. fasc. 55. t. 10. **C. des frimats,** *frigida.* All. (juillet-août).

b. — *Fruits lisses.*

f. — *Fruits ponctués.*

87. Chaume dépassant à peine les feuilles molles, planes, à gaines membraneuses, lâches, tronquées : épi staminé allongé, cylindrique, jaunâtre, quelquefois accompagné d'un autre plus petit ; ceux à pistils 2-3 ovales oblongs, les inférieurs écartés, à long pédoncule : bractée supérieure filiforme : fruits coniques, anguleux, ventrus, ponctués, luisants, à 2 nervures, à bec court, échancré, dépassant l'écaille carénée, mucronée. — ♃. Fossés des environs de Toulon. Lois. 2. p. 299. **C. de Dégland,** *Déglandii.* Lois. —Voir. C. Æderi.

ff. — *Fruits non ponctués.*

g. — *Fruits à bec entier.*

a. — *Feuilles planes.*

88. Racine *gazonnante* : chaume droit, nu : feuilles linéaires-larges, planes, rudes sur les bords : épi staminé ventru, d'un brun roux, muni d'une bractée scarieuse, ceux à pistils 1-4, pauciflores, l'inférieur *quelquefois rameux*, bractées engainant les pédoncules : fruits obovales, ventrus, nervés, à bec très-court, presque entier, très-peu plus courts que l'écaille *oblongue*, pointue, rousse, luisante. — ♃. Bords du Rhône, près Belley. Fl. Fr. 5. p. 295. **C. à bec court,** *brevicollis.* DC.

89. Racine *épaisse, rampante* : chaume de 1-2 pieds : feuilles linéaires, planes, striées, allongées, rudes : épi staminé terminal, ceux à pistils filiformes, lâches, les inférieurs saillants hors de la gaine : bractées à 2 *languettes blanchâtres à gaine dilatée* : fruits oblongs lancéolés, nervés, à bec simple, obliquement tronqué, égalant l'écaille *ovale lancéolée* aiguë. — ♃. Bois humides, Falaise, Alençon. Schk. Carn. t. N. f. 55. **C. à épis grêles,** *strigosa.* Huds. (avril-mai).

b. — *Feuilles pliées en gouttière.*

90. Racine *rampante, laineuse, stolénifère* : chaume strié : feuilles linéaires étroites, pliées en carène : épi à étamines, lancéolé, droit : ceux à pistils 2 ovales, pédonculés, pendants, bractées à gaine courte, scarieuse : fruits *bleuâtres*, glauques, un peu comprimés, à angles obtus, *aigus des deux bouts*, à *bec entier* : écaille ovale arrondie, ou étroite allongée, mucronée, d'un roux de fer doré. — ♃. Marais tourbeux, assez rare, Besançon, Saulieu, St-Léger (Côte-d'Or), haut Jura. Fl. dan. 646. **C. des fanges,** *limosa.* Lin. (mai-juin). — Voir C. *Maxima.*

gg. — *Fruits à bec bifide.*

q. — *Feuilles poilues.*

91. Chaume *poilu sur les angles*. strié : feuilles planes, nervées, striées, *ciliées* sur les bords, linéaires larges : épi staminé terminal, obtus, à pistils 3-4, écartés, grêles, pauciflores ; pédoncules poilus, saillants hors de la gaine des bractées : fruits renflés, à bec oblique, bidenté, dépassant l'écaille ovale, mucronée, verte sur le dos. — ♃. Forêts des Alpes, Pyrénées, environs d'Arbois. Schk. Carn. t. M. f. 49. **C. poilu,** *pilosa.* Scop. (avril-mai).

qq. — *Ni feuilles ni chaume poilus.*

a. — *Racine rampante.*

92. Chaume garni à la base de feuilles linéaires-larges, planes, ou en gouttière, engainantes ; épi staminé cylindrique, filiforme, jaunâtre, pédonculé, les pistils 2-3 ovales : pédoncules des supérieurs cachés dans la gaine des bractées, celui de l'inférieur saillant : fruits imbriqués serrés, ovales, très-nervés, à

bec long, recourbé, bifide, dépassant l'écaille ovale lancéolée, pointue. — ♃. Prés humides. Schk. t. H. f. 56 **C. jaune,** *flava.* (avril-mai).

b.—*Racine fibreuse.*

93. Racine gazonnante: chaume faible, à peine plus long que les feuilles linéaires, planes, rudes sur les bords: épi staminé *cylindrique*, les pistils 3-5 *distants*, lâches, grêles, pendants, à pédoncules saillants hors de la gaîne des bractées, engaînant à moitié: fruits *ovales* anguleux, renflés, *aigus des 2 bouts*, à bec long, bifide, presque égaux à l'écaille ovale lancéolée, membraneuse, pointue.—♃. Les bois. Engl. Bot. t. 995. **C. des bois,** *sylvatica.* Huds. (avril-juin).

94. Chaume de 1-5 pouces, presque toujours moins long que les feuilles raides: épi staminé *oblong*, *anguleux*, les pistils 2-4 ovales, à très-court pédoncule, réunis, l'inférieur quelquefois très-écarté, ou radical: fruits *globuleux*, quelquefois *ponctués en réseau*, droits, à bec

droit, court, bidenté. — ♃. Sables inondés. Engl. Bot. t. 1775. **C. d'Œder,** *OEderi.* Ehrh. (mai-août).

c.—*Racine presque ligneuse.*

95. Racine *très-forte*: chaume droit, *très-grand*: feuilles *très-longues*, *larges*, dures, rudes sur les bords, marquées en dessous de 2 *sillons*, à gaîne *dilatée*: épi staminé terminal, renflé au milieu, portant quelquefois un plus petit à sa base, les pistilés 4-6 cylindriques, arqués pendants, quelquefois staminés au sommet, à pédoncules cachés dans la gaîne des bractées: fruits petits, imbriqués serrés, ovales coniques, nervés, à bec court, *tronqué*, égal à l'écaille ovale mucronée, verte sur la nervure. — ♃. Fossés ombragés, à Valbonne dans le ruisseau et sous le pont vis-à-vis la grange de Fabre d'Euzet, Tresques au Pujol. Schk. Carn. t. Q. f. 60. **C. très-grand,** *maxima.* Scop. (juin-juillet).

42. NARD, *Nardus.* Lin. — Épillets uniflores; valves 2, l'inférieure lancéolée, carénée, raide, à 3 nervures, un peu en arête au sommet, embrassant par les bords la supérieure plus courte, linéaire lancéolée; 3 étamines : 1 style : stigmate long, pubescent : épi filiforme.

1. Chaumes raides, gazonnants, en faisceaux : feuilles raides roulées, subulées: épi filiforme, droit, portant les épillets sur un seul côté : arête plus courte que la fleur.—♃.

Prairies sèches, montagneuses, St-Léger près Paris , Corse, Espérou. Engl. Bot. t. 290. **N. raide,** *stricta.* Lin. (mai-juin).

DIGYNIE.

—

GRAMINÉES.

43. CHIENDENT, *Cynodon.* Pers.—3-5 épis digités : épillets uniflores, imbriqués sur 2 rangs : glume à 2 valves ouvertes, un peu inégales, lancéolées, plus longues que la balle à 2 valves, extérieure très-grande, ovoïde : pas d'arête.

1. Racines grosses, rampantes, nombreuses, articulées : chaume rampant : feuilles glauques, courtes, raides, sur 2 rangs, ciliées sur les bords : languette courte, ciliée : glume

glabre, un peu ciliée sur le dos : fleurs verdâtres ou rougeâtres, en épis longs, grêles.—♃. Les champs. Kunt. agr. t. 16. f. 1. **Ch. pied de poule,** *dactylon.* Pers. (juin-août).

44. DIGITAIRE, *Digitaria*. Hall. Pers.— Glume à 2-3 valves conca-ves, serrées, une très-petite, souvent invisible, la plus intérieure longue: balle à 2 valves oblongues, ovales, sans arête : épis digités, géminés, unilatéraux. — Section du genre *Panicum*.

a.—*Feuilles et gaînes glabres.*

1. Chaumes rampants, touffus : feuilles éta-lées, rudes en dessus : gaîne *velue sur le col* ; épillets glabres, solitaires ; épis géminés, *un peu velus à la base* : rachis un peu larges.—♃. Originaire d'Amérique, naturalisé dans les sa-bles humides près Bordeaux, Michaux. Fl. amer. 1 p. 46. **D. fausse Paspale**, *paspa-loides*. Michaux.

2. Chaume presque tout couché : feuilles et gaînes *glabres ; à peine quelques poils sur la languette* : fleurs un peu violettes, à 2-4 épis digités, noueux à la base interne : épillets oblongs, pubescents : glumes égales, ovales, pubescentes, glabres sur les nervures. — ⊙. Champs cultivés près Avignon. Reich. cent. 11.

f. 1406. **D. filiforme**, *filiformis*. Kœl. (juil-let-septembre).

b.—*Feuilles et gaînes poilues.*

3. Chaumes couchés à la base : feuilles et gaînes poilues, ponctuées : fleurs verdâtres ou purpurines à 2-4 épis dressés : épillets ova-les lancéolés : glumes ovales oblongues, poin-tues, *à valves très-inégales.*—⊙. Les champs. Engl. Bot. 849. **D. sanguine**, *sanguinalis*. Kœl. (juillet-août).

4. Chaume couché à la base, puis redressé : 3-8 épis : épillets oblongs : glumes à valves très-inégales, *à nervure intérieure ciliée.* — ⊙. Bords de la Durance près d'Avignon. Schrad. Germ. t. 5. f. 1. **D. ciliée**, *ciliaris*. Kœl.(juil-let-août).

45. LAGURIER, *Lagurus*. Lin. — Glumes à 1 fleur, à 2 valves très-aiguës, très-velues, plumeuses, dépassant la fleur ; balle à valve inférieure à 3 arêtes, 2 terminales, 1 dorsale ; valve supérieure sans arête, à 2 carènes : 2 stigmates sessiles couverts de poils courts.

1. Chaumes de 3-11 pouces, velus, quelque-fois rameux : feuilles planes, larges, velues et la gaîne à languette courte, arrondie, ciliée : fleurs en épi ovale ou oblong, très-velu, blan-châtre ou roussâtre. — ⊙. Le Midi, St-Gilles, Aigues-Mortes. Lam. illust. t. 41. **L. ovale**, *ovalus*. Lin. (mai-juin).

46. SUCRE, *Sacharum*. Schreb. — Epillets fertiles, géminés, ar-ticulés a la base, dont 1 pédicellé : glume à 1 fleur, à 2 valves recou-vertes en dehors de longs poils soyeux : 2-3 étamines : 2 styles allon-gés : stigmates plumeux.

1. *Panicule lâche* : chaume de 6-9 pieds : feuilles planes, en gouttière, poilues sur l'ou-verture de la gaîne : panicule très-rameuse : arête beaucoup plus longue que la balle. — ♃. Rivages de la Méditerranée, Aigues-Mortes. Host. gra. 3. t. 1. **S. de Ravenne**, *Ravennæ*. Murr. (juillet-septembre).

2. *Épi cylindrique, gros, soyeux, argenté* : racine rampante : chaume de 2-3 pieds : feuil-les radicales longues, rudes sur les bords, caulinaires un peu roulées. — ♃. Sables ma-ritimes du Languedoc, Aigues-Mortes. Lam illust. t. 41. **S. cylindrique**, *cylindricum* Lam. (juin-juillet).

47. CRYPSIS, *Crypsis*. Ait. — Épillets à 1 fleur sessile : glume à 2 valves comprimées, sans arête, un peu inégales, ciliées : balle à 2 valves un peu inégales, membraneuses, sans arête, lancéolées, l'une à 2 nervures; quelquefois à une seule : 2-3 étamines : 2 styles très-longs : stigmates plumeux, à poils simples : panicule en épi.

a.—*2 étamines : une valve de la balle à 1 nervure : fleur un peu pédicellée.*

1. Chaume rameux, canaliculé, comprimé : panicule presque ronde, enveloppée d'un involucre de 2 feuilles engaînantes, piquantes. — ⊙. Rivages de la Méditerranée. Lam. ill. t. 42. f. 2. **Cr. aiguillonnée**, *aculcata*. Ait. (juillet-août).

b.—*3 étamines : balle à 2 nervures : fleur sessile.*

2. Chaumes simples, ascendants, nombreux, très-articulés : feuilles rudes sur les bords :

panicule oblongue, cylindrique, serrée : un peu violette, *nue à la base* : fleur d'un blanc cendré. — ♃. Lieux humides de l'ouest. Host. Gr.1. t. t. 29. **C. vulpin**, *alopecuroides*. Schr. (juillet-septembre).

3. Chaumes rameux, diffus, comprimés, un peu canaliculés : *panicule ovale, entourée d'une gaine foliacée.* — ⊙. Lieux humides du Languedoc, Dax , Nantes. Lam. illust. t. 42. f. 1. **C. faux Choin**, *schœnoides*. Lam. (juillet-septembre).

48. PHALARIS, *Phalaris*. Lin. — Épillets à 1 fleur fertile avec les rudiments de 2 autres : glume à 2 valves carénées en nacelle, à carène ailée ou non ailée, presque égales, sans arête : balle plus petite que la glume, à 2 valves dont une grande, embrassant l'autre, carénées : 2 styles terminaux, très-longs : stigmates plumeux, à poils simples, garnis de vésicules : fleurs en panicule spiciforme, quelquefois diffuse.

I. = Glumes carénées , ailées sur le dos.

g. — *Plantes vivant plus d'une année.*

1. Chaume de 3-4 pieds, strié : feuilles larges, linéaires, rudes sur les bords, quelquefois panachées de blanc et de vert : panicule d'un violet rougeâtre, lâche, enfin étalée : pédoncules rameux : glume à valves aiguës, à 3 nervures un peu poilues, *non ailée*.. — ♃. Prairies humides. Host. Gram. 2. t. 33. **Ph. roseau**, *arundinacea*. Lin. (juin-juillet).

2. Chaume renflé en bulbe à la base : panicule lâche, ovale, cylindrique, souvent enveloppée à la base par la gaîne supérieure : glume à valves mucronées au sommet, *à aile très-entière* : balle couverte de poils appliqués. — ♃. Environs de Cannes, Antibes. Fl. Grœc. 56. **Ph. noueuse**, *nodosa*. Lin. (mai-juin).

gg. — *Plantes annuelles.*

a. — *Chaume renflé en bulbe à la base.*

3. Chaume droit, lisse : panicule serrée, ovale oblongue, spiciforme, quelquefois lâche : glume carénée, aiguë, *à aile dentelée au sommet* : balles couvertes de poils rares, soyeux, appliqués : gaîne supérieure quel-

quefois longue de 8 pouces, renflée : feuille supérieure aiguë, rude sur les bords et les faces. — ⊙. Eaux stagnantes des environs de Toulon. Host. 2. t. 59.**Ph. aquatique,***aquatica*. Lin. (mai-juin).

b. — *Chaume non renflé en bulbe.*

p.—*Panicule presque toute renfermée dans la gaine supérieure.*

4. Chaume droit, articulé, feuillé : panicule serrée, oblongue, cylindrique ; *à peine saillante hors de la gaine supérieure*, à languette

longue de 4 lignes : glume chargée d'appendices aigus : des fleurs avortées rongées, aiguës. —⊙. Provence, environs d'Agen. Pluck. t. 33. f. 3. **Ph. paradoxe**, *paradoxa*. Lin. (mai-juin).

pp.— *Panicule non renfermée dans la gaine.*

5. Chaume droit, feuillé, articulé : feuilles assez larges : panicule serrée, *ovale* : épillets ovales, élargis dans le haut : glume carénée, *ailée*, entière au sommet, large, ovale, aiguë, balle pubescente.—⊙.Côtes maritimes du Languedoc, Fréjus, Narbonne, Perpignan. Engl.

Bot. t. 1310. **Ph. des Canaries**, *Canariensis*. Lin. (juin-juillet).

6. Racine fibreuse : Chaume droit, glabre, feuillé ; panicule serrée, allongée, cylindrique : glume glabre, aiguë, nervée, entière, *membraneuse sur les bords.* — ⊙. Côtes maritime de Provence. Host. Gra. 2. t. 56. **Ph. cylindrique**, *cylindrica*. DC. (mai-juin).

II. = Glume ciliée, non ailée sur le dos.

a.— *Gaines des feuilles renflées.*

7. Chaume lisse, redressé, rameux à la base : *gaines ventrues*, panicule serrée, ovale oblongue : glumes à valves *aiguës*, lancéolées, *ciliées sur la carène* : fleur d'un vert pâle. — ⊙. Sables maritimes. Fl. Dan. t. 915. **Ph. des sables**, *arenaria*. — Willd. (mai-juin).

8. Chaume simple : gaines un peu ventrues : panicule serrée, allongée, cylindrique : glume fermée, lancéolée, *un peu tronquée, mucronée*, ciliée sur la carène : balle à valve supérieure convexe, à 3 carènes, à 3 lobes obtus au sommet : fleurs verdâtres, quelquefois

vivipares. — ♃. Les prairies. Host. Gram. 2. t. 34. **Ph. fléole**, *phleoides*. Lin. (mai-juin).

b. — *Gaines non renflées.*

9. Racine noueuse, presque rampante : chaume très-lisse : panicule cylindrique, allongée, un peu lâche à la base ; à pédoncules courts, rapprochés : glume carénée, lancéolée, à longue pointe, membraneuse, à 3 nervures, *velue, chargée de longs cils sur la carène* : fleurs d'un vert jaunâtre.—♃. Sommités du Jura. Engl. Bot. t. 2265. **Ph. des Alpes**, *Alpina*. Bœnke. = *Variété.* = Racine rampante : 3 styles, *trigynum*. (juin-août).

49. PANIC, *Panicum*. Lin. — Épillets nus, ou munis d'un involucre, à 2 fleurs, 1 à étamines et à pistils, l'autre à étamines ou à pistils : glume à 2 valves, munie à sa base d'une 5me qui est très-petite; balle à 2 valves persistantes, formant l'enveloppe crustacée de la graine. Panicule lâche, ou spiciforme.

I. = Épillets nus : glumes et balles sans arête.

a.—*Gaines des feuilles glabres.*

1. Racine rampante : chaume ascendant, effilé : feuilles pliées en long, pubescentes en dessus et sur les bords : gaine poilue à l'orifice : feuilles inférieures courtes, étalées : panicule dressée, peu garnie, resserrée : une valve de la glume très-courte, presque tronquée, dilatée, embrassante : fleurs verdâtres. — ♃. Bords de la mer près Hyères. Cav. Icon. 2. t. 110. **P. rampant**, *repens*. Lin. (septembre-octobre).

b.—*Gaines des feuilles poilues.*

2. Panicule *droite*, à rameaux capillaires nom-

breux, étalés : gaine hérissée de longs poils blancs : glumes pointues, *lisses* : fleurs verdâtres. — ⊙. Environs de Toulon. Lin. syst. veget. 106. **P. capillaire**, *capillare*. Cron. Lin. (juin-août).

3. Panicule *pendante*, lâche, oblongue : chaume grand, strié, sillonné : feuilles larges, chargées de longs poils blancs, soyeux : glumes mucronées, *nervées* : graines ovales, glabres, luisantes, à 3 stries. — ⊙. Originaire d'Orient; spontané dans les champs sablonneux du Midi. Pluck. t. 42. **P. millet**, *milliaceum*. Lin. (juin-août).

II. = Épillets nus : glumes et balles aristées.

4. Chaume feuillé, rameux à la base : panicule unilatérale, dressée, à épis divisés ou simples : épillets imbriqués : glume et valve inférieures de la balle hérissées, mucronées, ou terminées en arête : axe à 3-5 angles : arê-

tes des épillets très-courtes; axe à 5 angles : arêtes longues : axes à 5 angles : arêtes très-courtes; axe à 3 angles.— ☉. Fossés, champs humides, Agen, près Vienne. Engl. Bot. t. 876. **P. pied de coq**, *crusgalli*. Lin.

III. ⸻ Épillets munis d'un involucre unilatéral de soies rudes : pas d'arêtes.

a.— *Épis interrompus.*

5. Chaumes un peu diffus : panicule à verticilles de 4 épillets, cylindrique : *involucelle de 2-4 soies accrochantes, à aiguillons dirigés en bas* : panicule quelquefois rameuse dans le bas : fleurs verdâtres. — ⊙. Les champs. Lam. ill. 43. f. 1. **P. verticillé,** *verticillatum.* Lin. (juillet-août).

6. Feuilles planes, larges-linéaires, très-rudes, *à gaînes lisses* : panicule cylindrique, interrompue à la base, quelquefois lobée, droite, ou pendante : l'involucelle 2-3 fois aussi long que la fleur : rachis hérissé. — ⊙. Originaire d'Orient, cultivé dans le Midi. Host. 4. t. 14. **P. d'Italie,** *Italicum.* C. Bauh. (juin-juillet).

b. — *Épis non interrompus.*

a.—*Feuilles non glauques.*

7. Chaumes un peu dressés, rameux à la base : feuilles à gaînes glabres, *velues seulement sur l'orifice* : panicule cylindrique, à épillets opposés, un peu lâches, entourés à la base de poils nombreux, à dents tournées vers le haut : graines *hérissées de tubercules.* — ⊙. Champs sablonneux. Engl. Bot. t. 875. **P. vert,** *viride.* Lin. (juin-août).

b.—*Feuilles glauques.*

8. Chaumes de 1-2 pieds, dressés, ou couchés, rameux à la base : feuilles linéaires, pointues, planes, glabres en dessus, rudes en dessous et au bord ; *gaîne frangée ;* panicule

cylindrique, allongée : épillets serrés, entourés de 6 soies roussâtres, plus longues, *à aiguillons dirigés en haut* : glumes arrondies, plus courtes que la balle aiguë, ondée en travers. — ⊙. Les champs. Host. 2. t. 16. **P. glauque,** *glaucum.* Lin. (juin-août).

9. Chaumes de 4-6 pieds, ascendants, émettant des racines à la base, raides, comprimés : feuilles comprimées en carène : gaîne longue, *à bord cilié de poils raides, soyeux* : un faisceau de poils d'un côté de chaque épillet : glumes inégales. — ⊙. Les champs. Kunth. Gra. 2. t. 118. **P. allongé,** *alongatum.* Rem. et Schult. (juin-août).

50. FLÉOLE, *Phleum.* Lin. Épillets uniflores : glumes à 2 valves égales, linéaires, rétuses au sommet, à carène finissant en 2 pointes: balle à 2 valves plus petites que la glume et sans arête. Panicule spiciforme.

n. — *Glumes nues sur le dos.*

1. Chaume rameux à la base, dressé : feuilles glabres : panicule spiciforme, allongée, cylindrique, un peu engaînée : glumes glabres, gibbeuses, rudes : arêtes très-courtes. — ⊙.

Lieux arides du Midi, Grenoble, Colmar. Vill. Dauph. t. 2. f. 4. **Fl. rude,** *asperum.* Vill. (mai-juin).

nn. — *Glumes ciliées sur le dos.*

a.—*Racine bulbeuse.*

2. Chaume noueux à la base plus ou moins, quelquefois genouillé : feuilles planes : panicule dense, cylindrique, allongée, quelquefois raccourcie et alors *racine très-bulbeuse* : glumes pubescentes : arête très-courte. — ⊙. Bords des chemins. Host. 3. t. 9. — Fl. Dan. t. 380. **Fl. des prés,** *pratense.* Lin. (juin-juillet).

b.—*Racine non bulbeuse.*

3. Chaume dressé, ou ascendant, d'un pourpre noir sur les nœuds : *gaîne de la plus haute feuille très-longue,* à languette oblon-

gue, aiguë : panicule ovale, serrée, hérissée : arête de la longueur de la glume tronquée. — ♃. Pâturages du Jura, Mont-d'Or. Engl. Bot. t. 519. **Fl. des Alpes,** *Alpinum.* Lin. (juillet-août). ⸻ *Variété.* ⸻ Chaume dressé : gaîne des feuilles ventrues ; *languette de la plus haute feuille très-courte* : panicule ovale, serrée : glumes un peu rudes, se terminant en arête glabre, de la même longueur. — ♃. Sommités des Pyrénées. Gaud. agr. 1. p. 40. **Fl. changé,** *commutatum.* Gaud. (juillet-août).

51. VULPIN, *Alœpecurus*. Lin. — Épillets uniflores : glumes à 2 valves égales, sans arête, quelquefois 1 arête : balle égale à la glume, à 1-2 valves, portant une arête sur le dos au-dessous du milieu : stigmates très-longs, plumeux pubescents : 2 styles soudés ensemble dans le bas, quelquefois libres. Panicule spiciforme.

n. — *Glume aristée.*

1. Racine courte, épaisse : chaume feuillé, couché à la base, puis redressé : feuilles courtes, à gaine renflée : panicule très-serrée, presque ronde, chargée de poils soyeux argentés : glume là valve mucronée, lancéolée, plus longue que l'arête. — ♃. Hautes montagnes, le Lautaret. Kunt. agr. t. 7. f. 2. **V. de Girard**, *Girardi*. Will. (juillet-août).

nn. — *Glume sans arête.*

a. — *Gaine des feuilles, au moins de la plus haute, ventrue.*

2. Chaume feuillé, articulé, ascendant, très-peu rude : feuilles supérieures *à gaine renflée*, à languette tronquée, courte : panicule ovale : glume aiguë, dilatée, bordée, plus courte que l'arête de la balle qui est au-dessus de la base. —⊙.Prairies humides, Grenoble, Rambouillet, île du Rhône à Lyon. Fl. Grœc. 65. **Vul. en vessie**, *utriculatus*. Pers. (mai-juin).

3. Glauque bleuâtre : chaume ascendant : gaine *plus renflée* que dans l'*utriculatus* : panicule presque cylindrique : glume obtuse, ciliée sur le dos, poilue sur le bord : balle glabre, portant une arête *au milieu du dos* : anthères blanchâtres, *devenant orangées*. — ♃. Fossés pleins d'eau du Dauphiné, Grenoble, Strasbourg, Paris. Engl. Bot. 1467. **Vul. à anthères orangées**, *fulvus*. Smith. (juillet-août).

b. — *Gaines non renflées.*

f. — *Chaume bulbeux à la base.*

4. Chaume grêle, droit, lisse : feuilles glabres, pointues : panicule en épi dense, cylindrique, amincie au sommet : glumes velues, obtuses, non soudées ensemble. — ♃. Prairies salées ou marécageuses, île Sainte-Lucie, Fréjus, le Hâvre. Engl. Bot. 1249. **V. bulbeux**, *bulbosus*. Lin. (mai-juin).

ff.—*Chaume non bulbeux à la base.*

aa. — *Glumes glabres.*

5. Chaume un peu rude, rameux à la base, un peu coudé : panicule serrée, grêle, allongée, *un peu renflée dans le milieu* : glumes à valves aiguës, soudées jusqu'au milieu : fleurs d'un bleu tournant sur le violet, anthères jaunes, puis violettes. — ♃. Les champs. Fl. dan. t. 697. **V. des champs**, *agrestis*. Lin. (juin-août).

bb. — *Glumes velues ou pubescentes.*

6. Chaume de 2-5 pieds, dressé, glabre : feuilles inférieures longues, toutes un peu rudes : gaines quelquefois un peu renflées : languette courte, obtuse : panicule épaisse, *un peu lobée*, quelquefois d'un blanc argenté : glume *à valves réunies en dessous du milieu*, ciliées sur la carène, plus courtes que l'arête de la balle plus longue, ou plus courte, ou égale : épi blanchâtre, rayé de vert. — ♃. Les prairies. Lam. illust. t. 42. **Vul. des prés**, *pratensis*. (juin-août).

7. Chaumes nombreux, lisses, coudés à la base, colorés dans le haut : feuilles radicales courtes, caulinaires presque nulles : panicule dense, allongée, cylindrique : glume à valves velues au sommet, obtuses, à 5 nervures poilues ciliées, *plus courtes que l'arête genouillée*, *insérée au-dessus de la base* de la balle : fleurs blanches et vertes : anthères jaunâtres, puis brunes. — ♃. Prairies marécageuses. Kunth. agr. t. 7 f. 19. **Vul. génouillé**, *geniculatus*. Lin. (juin-août).

32. STIPE, *Stipa*. Lin. — Epillets uniflores : glumes à 2 valves inégales, acérées, très-longues, sans arête : balle à 2 valves plus courtes que la glume, roulées, l'extérieure portant au sommet une arête longue, caduque, presque toujours tortillée, articulée à la base.

n. — *Arête courte, non tortillée.*

1. Chaume grêle : feuilles capillaires, roulées, cylindriques, les supérieures planes : languette supérieure très-courte : panicule resserrée en épi, peu fournie : valve de la balle portant entre deux dents une arête droite, rude de haut en bas : anthères très-longues. — ♃. Collines sèches et rocailles du Midi, Tresques, Aix, Fréjus. Cou. ill. t. 1. f. 4. **St. à arête courte**, *aristella*. Lin. (mai-juin).

nn. — *Arête tortillée.*

a. — *Arête glabre.*

2. Feuilles longues, étroites, roulées, pubescentes en dedans ; la plus haute à gaîne enveloppant la panicule : glume plus longue que la fleur, dont une valve pubescente, à 5 nervures : arête rude, très-longue, droite jusqu'au milieu, *puis tortillée*, paraissant glabre : fleurs verdâtres, puis roussâtres. — ♃. Collines arides du Midi, Tresques, sables des Landes. Rast. 3. t. 5. **St. chevelue**, *capillata*, Lin. (juin-août).

b. — *Arête pubescente ou velue.*

f. — *Arête plumeuse.*

3. Chaume couvert de feuilles longues, puis enroulées, filiformes : fleurs en panicule lâche ; arête très-longue, glabre et tortillée dans le bas, plumeuse dans le haut : *anthères gla-* bres. — ♃. Collines sèches, pierreuses, Valbonne. Lam. ill. t. 41. f. 1. **St. plumeuse**, *pinnata*. Lin. (mai-juin).

ff. — *Arête pubescente.*

q.—*Arête articulée à la base.*

4. Chaume assez haut : feuilles longues, étroites, roulées, glauques, pubescentes, junciformes : fleurs en panicule lâche : arête longue, pubescente, ciliée, *tordue en spirale jusqu'au milieu*, genouillée, droite en dessus du coude : *anthères barbues.* — ♃. Collines pierreuses du Midi, Tresques au mas de Fabre. Fl. grœc. 85. **St. jonc**, *juncea*. Lin. (mai-juin).

5. Chaumes gazonnants, le plus souvent étalés : feuilles radicales très-étroites, celles du chaume un peu larges, velues en dessous et sur les bords de la gaîne : languette courte, un peu ciliée : panicule courte, *engainée à la base* : glumes *luisantes : balle velue*, à valve supérieure courte, 2 fois nervée : *arête très-* longue, *velue à la base*, tortillée jusqu'au milieu. — ♃. Tresques, sur les rochers arides de la Côte. Desf. att. t. 31. f. 1. **St. tortillée**, *tortilis*. Desf. (mai).

qq.—*Arête non articulée à la base.*

6. Chaume de 3-4 pieds, le plus souvent rameux : feuilles lisses, enroulées, linéaires : panicule lâche, soyeuse, argentée : glume pointue, plus longue que la valve toute laineuse : valve inférieure bifide, émettant entre les lobes une arête genouillée au milieu, *non articulée à la base*, beaucoup plus longue que la glume. — ♃. Montagnes de la Bourgogne, du Languedoc. Reich. cent. 11. f. 1464. **St. argentée**, *argentea*. DC. (juin-juillet).

33. GASTRIDIE, *Gastridium*. P. Beauv. — Epillets à 1 fleur : glume à 2 valves aiguës, lancéolées, ventrues-arrondies à la base, dépassant la fleur : balle à 2 valves insérées sur une callosité, dentées au sommet, l'une portant au-dessous du sommet une arête (quelquefois nulle).

15

1. Feuilles planes, rudes, linéaires : panicule spiciforme, ovale cylindrique : glume luisante, pointue, aristée, rude sur les bords : balle poilue, *à arête dorsale plus longue que la glume.* — ☉. Les champs, les moissons. Palis. agr. t. 6. f. 6. **G. ventrue**, *lindigerum.* Gaud. Lois. (juin-juillet).

2. Caractères du *Lindigerum.* Panicule serrée, raide : glume oblongue, pointue, un peu rude : *arête de la balle à peine visible.* — ☉. Trouvé dans les terrains sablonneux de Toulon, par M. de Pouzzolz. Spreng. syst. veget. t. p. 250. **G. sans arête**, *muticum.* Lois. (mai-juin).

54. POLYPOGON, *Polypogon.* Desf. — Épillets à 1 fleur : les 2 valves de la glume aristées, presque égales, plus longues que la fleur : balle à valves tronquées, dentelées au sommet, une portant 1 arête insérée en dessous du sommet. Feuilles planes.

n.—*Valves de la glume profondément bifides.*

1. Chaume flexueux, glabre : feuilles supérieures à gaîne membraneuse : panicule oblongue, serrée, pubescente : glume *hérissée dans le bas sur le dos d'écailles étalées,* glabre au milieu, pubescente au sommet, portant au milieu de l'échancrure une arête trois fois plus longue : balle sans arête. — ☉. Sables maritimes du Midi. Mut. t. 77. f. 574. **P. maritime**, *maritimum.* Will. (juin-août).

2. Chaume rameux dans le bas : panicule renfermée dans la gaîne de la feuille supérieure, souvent tout-à-fait saillante : glumes *pubescentes, ciliées,* portant dans l'échancrure une arête trois fois plus longue : *balle sans arête.* — ☉. Ile de Lavoiso, lieux humides de la forêt de Broussans, près Saint-Gilles. Mut. t. 77. f. 573. **P. à épi caché dans une spathe**, *subspathaceus.* Requi. (juin-août).

nn.—*Valves de la glume entières ou un peu échancrées.*

5. Chaume rampant, coudé à la base : panicule un peu lâche : pédicelles *terminés par un renflement* : épillets ovales à la base : glumes pubescentes, velues sur les bords, ciliées *rudes sur le bas de la carène,* profondément échancrées : balle à valve inférieure enroulée, à 4 dents ; inférieure plus courte, à 2 nervures, à 2 dents. — ☉. Bords humides de la Méditerranée. Mut. t. 76. f. 572. **P. de Montpellier**, *Monspelliensis.* Desf. (juin-août).

4. Racine rampante : chaume rameux : feuilles plus larges que la gaîne, très-longuement pointues : panicule lobée, lâche : pédicelles courts, un peu renflés au sommet : glumes *rudes sur toute leur surface,* un peu ciliées au bord, presque entières, égales à l'arête terminale. — ☉. Bords des étangs près Montpellier. Mut. t. 77. f. 575. **P. des rivages**, *littoralis.* Smith. (juillet-août).

55. MILLET, *Milium.* Lin. — Épillets uniflores : glume à valves presque égales, ventrues, membraneuses, sans arête, plus longue que la balle à 2 valves persistantes, glabres ou pubescentes, l'extérieure aristée au sommet, quelquefois sans arête, enroulant l'intérieure. Semences à enveloppe crustacée.

n. — *Balle sans arête.*

1. Racine vivace : chaume droit, *lisse :* feuilles planes, larges, linéaires, rudes sur les bords : languette oblongue, déchirée, frangée : gaîne cylindrique : panicule très-lâche : à rameaux inégaux, étalés, demi-verticillés : épillets épars : pédicelles renflés au sommet : glume ovale, aiguë, glabre, guère plus longue que la balle. — ♃. Les bois des montagnes, la Grande-Chartreuse. Fl. dan. t. 1145. **M. étalé**, *effusum.* Lin. (juin-juillet).

2. Racine vivace : chaume *rude :* feuilles rudes, linéaires, lancéolées, courtes, planes :

paîne ventrue dans le haut, *très-rétrécie dans le bas* : languette lancéolée, aiguë, saillante : panicule courte, serrée : pédicelles très-renflés au sommet : glume rude, *tuberculeuse :*

nn. — *Balle aristée.*

a. — *Feuilles planes.*

3. Chaumes nombreux, coudés ou rampants, feuillés : feuilles glabres, longues, rudes sur les bords : languette très-courte, tronquée : panicule allongée, lâche, diffuse : rameaux en demi-verticille : fleurs nombreuses : valve inférieure de la glume *à 5 nervures* : arête droite, raide, à peine *double de la longueur des épillets.* — ♃. Le Midi, sables du bord de la mer, Avignon, Arles, Fréjus. Host. Gra. 3. t. 45. **M. multiflore**, *multiflorum.* Car. (mai-juin). — Var. panicule à pédicelles inférieurs dépourvus de fleurs, à rameaux très-nombreux. Cap Corse.

4. Chaume feuillé : feuilles larges, linéaires, rudes : languette très-courte : panicule très-lâche : pédicelles géminés : glume lisse, gla-

fleurs verdâtres. — ♃. Corse, près Liza. Dumort. agr. t. 15. f. 49. **M. rude**, *scabrum.* Martel de La Boulaye. (juin-juillet).

bre, aiguë, *à 5 nervures :* valve extérieure de la balle pubescente : arête droite, *presque 5 fois plus longue que l'épillet.* — ♃. Bois du Midi, Orange. Pluck. t. 32. f. 2. **M. paradoxal**, *paradoxa.* Lin. (juin-juillet).

b. — *Feuilles roulées.*

5. Chaume dressé, nu dans le haut : feuilles glauques, sétacées, très-étroites : languette oblongue, obtuse, panicule très-lâche : pédicelles solitaires, ou géminés, rameux : glumes égales, lisses, doubles de la balle, *dépassant un peu l'arête* caduque, terminale : fleurs panachées de violet et de bleuâtre. — ♃. Lieux pierreux du Midi, Toulon, Aix, Arles. Desf. atl. t. 1. 12. **M. bleuâtre**, *cærulescens.* Schousb. (mai-juin).

56. CALAMAGROSTIS , *Calamagrostis*. Adans. — Epillets uniflores : glume à 2 valves presque égales : balle à valve supérieure à 2 carènes, l'inférieure portant une arête dorsale , toutes deux chargées à la base ou sur toute leur surface de longs poils soyeux. Panicule lâche ou serrée.

I. = Glumes et balles sans arête.

1. Racine articulée , rampante : chaume droit : feuilles roulées , glauques , piquantes , aussi longues que le chaume : panicule allongée : glume lisse, aiguë, luisante, à valve inférieure plus petite : balle portant à la base des poils plus courts, à valve inférieure bifide,

à 5 nervures, la supérieure un peu plus courte, à 2 carènes. — ♃. Rivages des deux mers, sables du Rhône près Avignon, derrière la phare d'Aigues-Mortes. Mut. t. 78. f. 584. **Cal. des sables**, *arenaria.* Roth. (juin-juillet).

II. — Balle munie d'une arête.

n. — *Un pinceau de poils à la base de la balle.*

a. — *Pinceau de poils plus long que la balle.*

2. Feuilles planes , linéaires , rudes sur les bords : panicule droite, diffuse : glume aiguë, *lancéolée*, plus courte que l'arête basale : pinceau de poils quelquefois plus court que la balle presque égale : épillets quelquefois à 2

fleurs , et alors pas de pinceau de poils.— ♃. Bois montagneux du Jura. Mut. t. 78. f. 584. **Cal. de montagne**, *montana.* Host. (juin-juillet).

aa. — *Pinceau de poils plus court que la balle.*

b. — *Glume subulée.*

5. Panicule presque étalée : glume longuement acuminée en alène : épillets longs, grê-

les : balle munie sur le dos d'une arête genouillée, dépassant à peine la glume en alène : pinceau peu fourni de poils : fleurs d'un vert roussâtre. — ♃. Lieux humides du Jura. Mut. t. 78. f. 582. **Cal. à fleurs aiguës**, *multiflora*. DC. (juin-juillet).

bb. — *Glume lancéolée*.

4. Racine rampante : chaume raide : feuilles étroites, rudes : panicule plus ou moins étalée, à pédicelles rudes, fasciculés : glume pointue, en gouttière, un peu rude en dehors : balle à valve inférieure bifide, à 4 dents, poilue à la base : arête géniculée, *dépassant la glume*, basale. — ♃. Le Jura, bois de Chaumont. Mut. t. 78. f. 583. **Cal. des bois**, *sylvatica*. DC. (juillet-août).

5. Chaume *très-grêle :* languette ovale, oblongue, déchirée : panicule dressée, diffuse : glume pointue, dépassant un peu la balle entourée de *poils aussi longs :* balle à valve inférieure une fois plus longue que l'autre, bifide au sommet, portant une *arête dorsale, rude, pas plus longue :* un très-petit pinceau de poils aussi long que la valve supérieure bifide : fleurs panachées de pourpre violet et roussâtre. — ♃. Prairies humides des Alpes du Dauphiné, à l'Échaudat en Vallouise. Mut. t. 78. f. 580. **Cal. à fleurs poilues**, *villosa*. Mut. (juillet-août).

nn. — *Poils non réunis en pinceau, mais libres en faisceau.*

a. — *Arête dorsale.*

6. Racine rampante : chaume *grêle*, dressé : feuilles planes, rudes sur les bords, plus larges que la gaîne : languette oblongue, large : panicule dressée, serrée dans la jeunesse, puis un peu étalée : pédicelles rudes : balle à valves très-inégales, *la supérieure à peine visible*, l'inférieure à 5 nervures *prolongées en 5 dents :* arête quelquefois nulle. — ♃. Lieux humides des Alpes, Taillefer près Grenoble. Mut. t. 78. f. 579. **Cal. délicat**, *tenella*. Lin. (juillet-septembre).

7. Chaume *grand :* feuilles *très-longues*, rudes en dessous : panicule serrée, *lobée :* glume à valves inégales, lancéolées, presque doubles de la balle à valves profondément bifides, inégales : arête plus courte que les poils, *égalant presque la glume.*— ♃. Terrains secs, ou humides. Mut. t. 78. f. 576. **Cal. commun**, *epigeios*. Lin. (juillet-août).

b. — *Arête terminale.*

8. Racine traçante : chaume rude, presque rameux, très-feuillé à la base : feuilles larges d'abord, puis roulées et finissant en pointe : panicule diffuse : glume lancéolée, pointue : arête naissant entre les dents de la valve, *plus courte que les poils, dépassant beaucoup la balle à valve inférieure rude.*—♃. Prés et bois marécageux, Rouen, Le Hâvre, Nancy. Mut. t.78 f. 578. **Cal. lancéolé**, *lanceolata*. Roth. (juin-juillet).

9. Racine rampante : chaume grêle : feuilles longues, linéaires, rudes en dessous : panicule presque unilatérale, un peu resserrée : glume à valves inégales, *étroites lancéolées, pointues :* balle à valves très-inégales, l'inférieure plus longue, bifide, supérieure à 3 dents : *arête et balle dépassées par les poils.*— ♃. Sables des rivières, Avignon, Abbeville. Mut. t. 78. f. 577. **Cal. des rivages**, *littorea*. DC. (juillet-août).

—Var. à chaume grand, souvent penché : panicule lâche, presque penchée : balle à valve inférieure bifide.

57. LÉERSIE, *Leersia*. Sw. — Pas de glume : balle à 2 valves serrées, fermées, comprimées, carénées, ciliées, une plus grande, sans arête : 5-6 étamines : stigmates à poils rameux. Panicule lâche.

1. Chaume grand, velu sur les articulations : feuilles planes, rudes sur les bords : panicule étalée à pédicelles flexueux, engaînée dans la jeunesse par la feuille supérieure : valve inférieure de la balle ciliée sur la carène, velue sur le dos : fleurs blanchâtres.—♃. Lieux humides, canal du Languedoc. Host. 1. t. 35. **Léer. à fleurs de Riz**, *Oryzoides*. Sw. (août-septembre).

58. BARDANETTE, *Tragus*. Hall. — 2-5 épillets uniflores, réunis sur un pédicelle commun : glume à 2 valves inégales, l'extérieure concave, raide, hérissée sur le dos d'aspérités crochues, l'intérieure très-petite : balle à 2 valves inégales, plus courtes que la glume : 2 styles terminaux, distincts : stigmates à poils simples, dentelés.

1. Chaumes étalés, rameux : feuilles planes, courtes, ciliées : panicule à pédicelles diffus, épars, courts, à épillets supérieurs plus petits. — ⊙. Terrains sablonneux. Fl. Græc. 101. **B. en grappe**, *racemosus*. Hall. (juin-août). —

Var. à chaumes de 12-18 pouces, rameux, rampants à la base, genouillés dans le bas, redressés : rameaux stériles très-feuillés, courts. *Tr. erectus.*

59. AGROSTIDE, *Agrostis*. Lin. — Epillets à 1 fleur : glume à 2 valves sans arête, presque égales, carénées, souvent beaucoup plus longues que la balle : balle à valve inférieure presque toujours portant une arête dorsale, la supérieure souvent très-petite ou nulle : stigmates plumeux.

I. = Balle à 2 valves sans arête.

n. — *Feuilles enroulées.*

1. Chaume rameux, rampant et *radicant dans le bas :* feuilles nombreuses, courtes, rudes au sommet : languette *glabre*, bifide ou déchirée : panicule resserrée en épi : glume à valves *hispides sur la carène, dépassant un peu la balle.* — ⚄. Sables maritimes du Languedoc, Narbonne, Béziers. Reich. cent. 11. f. 1456. **A. maritime**, *maritima.* Lam. (juillet-août).

2. Chaumes couchés, *émettant des racines dans le bas*, puis ascendants : feuilles raides, glauques, distiques, *un peu piquantes :* languette *pubescente :* panicule en épi : glume *lisse*, inégale, presque plus courte que la balle. — ⚄. Aigues-Mortes. Cav. icon. 114. **A. piquante**, *fungens.* Schreb. (juin-août).

nn. — *Feuilles planes, molles.*

a. — *Pédicelles rudes.*

3. Chaumes redressés : feuilles étroites : languette courte, *tronquée*, bifide : panicule à pédicelles divergents, presque lisses, *à aiguillons peu nombreux, écartés :* glume à valve inférieure rude sur le bord et le haut de la carène. — ⚄. Prairies humides. Engl. bot. 1671. **A. commune**, *vulgaris.* With. (juillet-août). = *Variétés.* = 1° — Plante grêle : pédicelles très-fins, divergents : épillets presque lisses, très-petits : balle à valve supérieure à peine visible, collée sur le fruit. *Tenella.* = 2° — Panicule à épillets fleuris étalés, ceux non fleuris resserrés : une arête à la valve inférieure de la balle. *Decumbens.* = 5° — Chaumes très-petits : panicule lâche, pyramidale : glume scarieuse, à peine plus longue que la graine rugueuse. *Pumila.* = 4° — Epillets vivipares, foliacés. *Viviparis.*

4. Chaume rampant à la base : feuilles rudes sur le bord : languette obtuse : panicule blan-che, fleurie, étalée, diffuse, resserrée après la floraison : pédoncules un peu verticillés, très-rudes, *à aiguillons nombreux, rapprochés :* balle à valve inférieure rude sur la carène. — ⚄. Bord des eaux, prairies humides. Host. gra. 4. t. 55. **A. blanche**, *alba.* Lin. (juillet-août). = *Variétés.* = 1° = CHAUMES RAMPANTS, COUCHÉS. = a. — Chaumes étalés et divergents dans le jeune âge : panicule étalée pendant la floraison, très-resserrée à la maturité : balle presque égale à la glume. *Decumbens.* = 2° = CHAUMES REDRESSÉS. = a. — *Panicule resserrée en épi.* — g. — Feuilles larges, courtes : panicule à rameaux très-courts : glume rude, lancéolée, aiguë, dépassant une fois la balle tronquée, dentelée. *Rivularis.* — gg. — Glume à valves égales, plus courtes, puis plus longues que la balle sans arête. *Sylvatica.* = b. — *Panicule diffuse.* — g. — Chaumes genouillés : feuilles lancéolées aiguës, les supérieures plus courtes que la gaîne : pédoncules divergents,

noueux à la base. *Patula.*— gg.— Feuilles longues, rudes : panicule purpurine, presque noirâtre, très-fournie : balle le plus souvent aristée. *Gigantea, rubra.*

b. — *Pédicelles lisses.*

5. Chaume lisse, rameux et rampant à la base : feuilles rudes sur les bords : languette

courte, tronquée, ciliée frangée : panicule lobée, à pédicelles verticillés : glume lancéolée mucronée, hérissée de petits poils : glume à valves inégales, tronquées, persistantes autour de la graine. —♃. Environs de Marseille, Gap, Bordeaux. Engl. Bot. 1552. **A. stolonifère**, *stolonifera.* Lin. (juin-août).

II. = Balle à 2 valves, l'extérieure aristée.

6. Chaume droit, feuillé, penché au sommet : feuilles planes, rudes : panicule allongée, étalée : pédicelles grêles, en demi-verticille, les inférieurs plus courts, plus écartés : fleurs nombreuses, verdâtres ou brunâtres : balle à

valve extérieure portant une arête très-longue, raide, insérée un peu en dessous du sommet, l'intérieure à 2 pointes courtes.—☉. Les moissons. Léer. t. 4. f. 1. **A. épi du vent**, *spica venti.* Lin. (juin-juillet).

III. = Balle à 1 seule valve.

n. — *Balle sans arête.*

7. Chaume droit, grêle, simple, filiforme : feuilles roulées, subulées : languette *longue*, *rongée*, *tronquée* : panicule lâche : pédoncules lisses, capillaires : *glume égale*, aiguë, plus longue que la balle obtuse.— ☉. Environs de Fréjus. Dax. Lois. t. 22. **A. élégante**, *elegans.* Lois. (mai-juin).

8. Chaume grêle : feuilles linéaires, très-fines : panicule lâche à pédoncules capillaires *verticillés* : glume à *valve extérieure plus courte*, aiguë, égale à la balle : fleurs verdâtres, panachées de pourpre.— ♃. Bois de l'Esterelle près Fréjus. Lois. nouv. not. 7. **A. exiguë**, *exilis.* Lois. (juin-juillet).

nn. — *Balle aristée.*

a. — *Arête insérée au-dessous du sommet.*

9. Chaume ascendant ou genouillé : feuilles planes, étroites, rudes : panicule allongée, raide, comme interrompue, à pédicelles inférieurs écartés : glume à valves inégales, aiguës, ciliées, rudes sur le dos, dépassant à

peine la balle dont *l'arête* est très-longue, un peu flexueuse, naissant au-dessous du sommet.—☉. Champs sablonneux. Vaill. bot. par. t. 17. f. 4. **A. interrompue**, *interrupta.* Lin. (juin-juillet).

b. — *Arête insérée sur le dos.*

f.—*Feuilles planes.*

10. Chaume grêle, genouillé, dressé : feuilles courtes, étroites, à la fin un peu enroulées : languette oblongue, à 2 dents : panicule dressée, lâche, très-rameuse : glume à valves aiguës, un peu inégales, l'extérieure ciliée rude sur le dos, double de la balle à 4 pointes, à arête *insérée au-dessus du milieu du dos*, plus longue que la glume, genouillée.— ☉. Environs de Toulon, Fréjus. Trin. icon. 5. t. 30. **A. pâle**, *pallida.* DC. (juin-juillet).

ff.—*Feuilles enroulées.*

11. Chaume droit, grêle : feuilles sétacées, vertes, un peu rudes en dessous et sur les bords : panicule d'abord serrée, puis lâche : *pédicelles rudes* : glume à valves lancéolées, aiguës, inégales, l'une rude sur la carène,

l'autre lisse : balle à *valve inférieure égalant la glume*, terminée par 4 soies inégales : arête rude, genouillée, égale à la balle.—♃. Montagnes de la Lozère, Auvergne. Host. gra. 5. t. 50. **A. des Alpes**, *Alpina.* Scop. (juillet-août).

12. Chaume rameux à la base, genouillé : feuilles inférieures fasciculées, sétacées, *les supérieures planes* : languette obtuse, frangée, déchirée : panicule un peu rude, à pédicelles divergents, flexueux pendant la floraison, resserrés après : glume à valves inégales, *l'extérieure rude*, hispide sur le dos : balle bifide, portant une arête dorsale, quelquefois nulle. —♃. Fossés et prairies humides. Host. 4. t. 53. **A. des chiens**, *canina.* Lin. (juin-juillet).— Voir *A. Rupestris.*

c. — *Arête basale.*

13. Chaume droit, quelquefois géniculé : feuilles capillaires, lisses, raides, un peu pu-

bescentes en dedans, enroulées, les supérieures un peu larges : panicule étroite, peu fournie à la maturité : pédoncules lisses : glumes à valves presque égales, *l'inférieure* rude sur la carène, *plus longue que la balle à 4 pointes ovales* : arête rude, genouillée : fleurs mêlées de pourpre et de violet. — ♃. Prairies sèches des montagnes, Taillefer, Saulavet. Host. 3. t. 49. **A. des rochers**, *rupestris*. All. (juillet-août). — Voir *A. Alpina*.

14. Chaumes ascendants, inclinés : feuilles glauques, radicales fines comme des soies, courtes, les supérieures un peu larges : lan-

guette pointue : panicule ouverte pendant la floraison, puis resserrée : *pédicelles rudes* : glume à valves inégales, rudes sur la carène, dépassant peu la *balle à 4 dents inégales* : arête basale, géniculée, tortillée, rude, dépassant un peu la glume : fleurs blanchâtres ou un peu violettes. — ♃. Bruyères sèches des Landes et de la Bretagne, Dax, Quimper. Engl. Bot. 1188. **A. sétacée**, *setacea*. Curt. (juin-juillet).

60. LAMARKIE, *Lamarkiœ*. Mœnch. — Des épillets stériles, 3 par 3, pendants, sans arête, formant une sorte d'involucre à la base des épillets fertiles : épillets géminés, à 2-3 fleurs : glume membraneuse, à valves lancéolées : balle à valve supérieure à 2 carènes, l'inférieure à longue arête. — *Genus Lamarkiœ à cynosuro totâ florum fabricâ longe distat.* Koch.

1. Chaume articulé, de 5-8 pouces : feuilles molles : languette très-longue, dentée : panicule unilatérale : pédicelles poilus, lâches, horizontaux : épillets à 2 fleurs, l'une fertile, l'autre rudimentaire, portant à la base une longue arête : balle à valve inférieure enrou-

lée, à 3 nervures, portant une longue arête sous le sommet bifide : fleurs d'un vert pâle, puis dorées. — ☉. Rochers près Collioure. Palis. Agr. t. 22. f. 5. **L. dorée**, *aurea*. Mœnch. (mai-juin).

61. MÉLIQUE, *Melica*. Lin. — Epillets à 3-5 fleurs, dont 1-2 inférieures fertiles : glume à valves inégales, concaves, membraneuses, sans arête renfermant les fleurs : balle à valves membraneuses, sans arête, inférieure concave, quelquefois rude sur le dos, supérieure à 2 carènes : stigmates plumeux.

a. — *Balle velue à l'extérieur.*

1. Chaume droit, rameux : feuilles glauques, rudes, planes, presque enroulées : languette membraneuse, pointue dans les feuilles supérieures : *panicule allongée en forme d'épi serré* : balle très-velue, fleurs luisantes, souvent panachées. — ♃. Lieux arides de Provence, Dauphiné, Fontainebleau, Les Andelys. Host. 2. t. 12. **M. ciliée**, *ciliata*. Lin. (juin-juillet).

2. Chaume rameux dans le bas : feuilles étroites, sèches, enroulées filiformes : languette laciniée, scarieuse argentée : *panicule lâche, unilatérale* : pédicelles inférieurs divergents : *balle du bas jusqu'aux 2 tiers garnie de longs poils* : fleurs panachées de vert et de pourpre. — ♃. Rochers abrités de Provence, Languedoc, Narbonne. Host. 4. t. 23. **M. de Bauhin**, *Bauhini*. All. (mai-juin).

b. — *Balle glabre.*

d. — *Feuilles planes, puis enroulées.*

3. Chaume rameux à la base, souvent coudé : feuilles planes, étroites, sèches enroulées, junciformes, rudes du haut en bas : gaine rude du bas en haut : languette déchi-

rée : panicule lâche, à rameaux étalés : épillets presque unilatéraux : panicule quelquefois très-peu fournie. — ♃. Rochers abrités du Languedoc, Narbonne. Kunt. Agr. t. 26. f. 2. **M. rameuse**, *ramosa*. Vill. (mai-juin).

dd. — *Feuilles planes.*

4. Chaume droit, feuillé : feuilles glabres : languette courte, *à stipule allongée, très-fine :* panicule unilatérale, lâche, peu fournie : *pédoncules allongés,* filiformes : épillets droits à une seule fleur fertile, rougeâtre.—♃. Commune. Host. 2. t. 11. **M. uniflore,** *uniflora.* Lin. (mai-juin).

5. Languette courte, *sans stipule :* panicule simple, unilatérale : épillets pendants, à 2-4 fleurs fertiles, rougeâtres, ou d'un pourpre foncé.—♃. Bois des montagnes, de l'Est et du Midi. Engl. Bot. 1059. **M. penchée,** *nutans.* Lin. (mai-juin).

62. DONAX, *Arundo.* Lin. — Épillets à 1-3 fleurs distiques, écartées, à étamines et pistils, excepté la plus haute, chargées depuis la base jusqu'au milieu de longs poils, insérées sur les côtés d'un pédicelle glabre, aplati, quelquefois un peu poilu au sommet : glume à valves presque égale, carénées, membraneuses, égalant les fleurs : balle à valves inégales, l'inférieure bifide, poilue, portant entre les lobes une arête très-courte ; la supérieure à 2 carènes : 2-3 styles allongés : stigmates plumeux, à poils portant des papilles.

1. Chaume *ligneux, épais,* de 10-15 pieds : feuilles planes, larges, rudes sur les bords : panicule longue, *dense, continue :* pédicelles *sur 4 rangs,* dressés : axe épais, *anguleux :* fleurs enveloppées de poils nombreux, *plus longs :* panicule mûre, toute blanche. — ♃. Le Midi au bord des eaux. Mut. t. 78. f. 585. **D. à quenouille,** *arundo.* Lin. (septembre-octobre).

2. Chaume de 6-8 pieds, grêle, ligneux : feuilles longues, étroites, planes, rudes sur les bords : panicule peu serrée, *interrompue :* pédicelles *sur 2 rangs :* poils *plus courts* que les fleurs : glume à valves presque égales, pointues, celles de la balle inégales, l'interne aiguë, l'externe aristée.—♃. Ile Ste-Lucie, près Narbonne. Mut. t. 78. f. 586. **D. à petites fleurs,** *micrantha.* Lam. (septembre-octobre).

63. ROSEAU, *Phragmites.* Trin.— Épillets à 1-7 fleurs, distiques, glabres, à étamines et à pistils, l'inférieure à étamines et la supérieure souvent stérile, insérées dans le prolongement d'un pédicelle aplani, garni de chaque côté de longs poils mous, égalant la fleur : glume à valves carénées, membraneuses, très-inégales, plus courtes que les fleurs : balle à valves membraneuses, l'inférieure très-longue, subulée au sommet, la supérieure très-courte, à 2 carènes : styles et stigmates du *Donax.*

1. Racine longue, rampante : chaume simple, feuillé, de 4-10 pieds : feuilles larges, glabres, longues, aiguës, rudes sur les bords : une rangée de poils sur l'orifice de la gaîne : panicule lâche, soyeuse, d'un violet noir : pédicelles inférieurs verticillés : épillets à 4-5 fleurs, les supérieurs souvent stériles. —♃. Marais, fossés. Hoffm. 2. t. 9. **R. à balais,** *phragmites.* Trin. (juillet-août).—Var. à chaume de 15-20 pieds : feuilles larges avec une languette : panicule d'un vert jaunâtre, puis jaune. *Altissima.*

64. PATURIN, *Poa.* Lin. — Épillets multiflores, comprimés, disti-

ques, ovales arrondis à la base : glume à 2 valves, sans arête : balle
à 2 valves scarieuses, l'externe carénée, embrassant l'interne linéaire,
pliée, sans arête. — Feuilles planes : panicule diffuse ou contractée.

**I. = Épillets de 2-12 fleurs : glume presque égale à la balle : valve interne
de la balle bifide, dentée : graines sillonnées : panicule composée,
plus ou moins rameuse, diffuse.**

1° = LANGUETTE AIGUE.

a. — *Feuilles pliées, enroulées.*

1. Chaume droit, comprimé, de 3-5 pouces : feuilles très-étroites, glauques, sur 2
rangs, aiguës : *languettes lancéolées, allongées aiguës* : panicule courte, resserrée, penchée au sommet : *pédicelles flexueux, dressés:*
épillets à 3-4 fleurs ovales : balle à valve interne très-étroite, l'externe ovale, un peu
obtuse : fleurs panachées de vert, de blanc
et de violet quelquefois très-foncé.— ⚥. Sommets des Alpes de Provence, glaciers du Mont-
de-Lans. Host. Gr. 3. t. 15. **P. lâche**, *laxa.*
Hœnk. (juillet-septembre).

b. — *Feuilles planes.*

f. — *Chaume bulbeux à la base.*

2. Racine fibreuse : feuilles planes, étroites,
celles du chaume courtes : languettes allongées, la supérieure oblongue : panicule presque unilatérale, ovale, ouverte, un peu
flexueuse : pédicelles rudes, géminés : épillets à 3-5 fleurs entourées de poils laineux à la
base : fleurs quelquefois vivipares, allongées
en forme de feuilles. — ⚥. Les champs. Vaill.
Bot. Par. t. 17. f. 8. **P. bulbeux**, *bulbosa.*
Lin. (mai-juin).

ff. — *Chaume non bulbeux à la base.*

3. Racine fibreuse, chaume radicant à la
base, ascendant, *rude* ainsi que les feuilles et
les gaines : languette oblongue lancéolée, un
peu frangée : panicule diffuse, pyramidale :

rameaux rudes, 3 à 5 ; épillets petits, à 3-4
fleurs ovales, imbriquées, réunies à la base
par des poils longs : balle à valve externe à 5
nervures saillantes : fleurs d'un vert foncé. —
⚥. Prés, chemins, fossés. Engl. Bot. t. 1072.
P. commun, *trivialis.* Lin. (mai-juin).

4. Chaume simple, droit, violet dans le
haut : feuilles courtes : *languettes inférieures
tronquées, très-courtes*, supérieures allongées, lancéolées aiguës : *panicule courte*, arrondie, diffuse étalée : épillets à 4-6 fleurs :
balle à valve inférieure velue soyeuse, surtout
sur le dos et les 2 nervures. — ⚥. Prairies des
montagnes. Host. 2. t. 67. **P. des Alpes**,
Alpina. Lin. (juin-août).

2° = LANGUETTE OBTUSE.

a. — *Chaume comprimé.*

d. — *Panicule unilatérale.*

5. Racine fibreuse, chaume oblique, petit :
feuilles planes, molles, obtuses, ondulées sur
les bords : languette obtuse, courte, ovale,
panicule un peu unilatérale, courte : *pédoncules géminés*, divergents, puis déjetés, lisses : épillets à 3-4 fleurs : balle à valve inférieure à 5 nervures, pubescente sur le dos,
poilue à la base : fleurs mêlées de blanc et de
vert. — ⊙. Champs cultivés. Kunt. Agr. t. 23.
f. 2. **P. annuel**, *annua.* Lin. (mai-septembre).

6. Racine rampante : *chaume* couché, ascendant, *comprimé à 2 tranchants* : feuilles
courtes, planes, enroulées au sommet, lisses
ainsi que la gaîne : languettes courtes : panicule courte, étalée, presque unilatérale : pédicelles courts, lisses : épillets lancéolés,
comprimés, de 6-8 fleurs, ayant à la base
quelques poils : balle à valves égales, l'extérieure obtuse, un peu soyeuse sur le dos. —
⚥. Prairies sèches. Vaill. Bot. par. t. 18. f. 5.
P. comprimé, *compressa.* Lin. (juin-juillet).

dd. — *Panicule non unilatérale.*

7. Racine *rampante*, *poussant des rejets* :
chaume comprimé, ascendant, dans la jeunesse très-feuillé, longuement nu au sommet
à la floraison : feuilles planes, droites, sur 2
rangs : languettes saillantes, obtuses : panicule oblongue, flexueuse, resserrée; puis ou-

16

verte, *à pédicules fleuris dès la base*, épillets de 3-5 fleurs ovales : balle soyeuse sur le dos et les bords dans le bas, très-laineuse à la base. — ♃. Pic du Midi, montagnes du Dau-phiné. Reich. Cent. 11. f. 1652. **P. à feuilles distiques**, *distichophylla*. Gaud. (juillet-août).

b. — *Chaume non comprimé.*

f. — *Racine fibreuse.*

8. Chaume droit, incliné, lisse : feuilles étroites, planes, aiguës, rudes sur les bords et en dessous vers le sommet, presque aussi longue que la gaîne : *languette oblongue, obtuse, longue de 2 lignes :* panicule pyramidale, un peu lâche : pédoncules rudes, allongés : épillets ovales, de 3-5 fleurs, munies à la base de longs poils rares : balle *à valves à peine carénées, nervées.* — ♃. Fossés, prairies marécageuses, Strasbourg, Brissac. Host. 5. t. 14. **P. fertile**, *fertilis.* Host. (juillet-août).

9. Chaumes en gazon, rudes et longuement nus au sommet : feuilles étalées, courtes, rudes : gaînes striées, le plus souvent rudes, *la supérieure plus longue que la feuille :* panicule resserrée, flexueuse, peu fournie : pédoncules géminés, courts, rudes : épillets

distiques : fleurs un peu soyeuses sur le dos et le bord en bas : axes à longs poils laineux sous les fleurs. — ♃. Rochers abrités des Alpes. Engl. Bot. 1719. **P. âpre**, *cæsia.* Smith. (juillet-août).

ff. — *Racine rampante.*

10. Racine longue, rampante : chaume rameux à la base, lisse, ainsi que les gaînes : feuilles planes, larges, rudes sur les bords : languettes courtes, tronquées : panicule diffuse : pédoncules nus à la base, en demi-verticilles : épillets ovales oblongs, imbriqués de fleurs 4-6 ayant *à leur base des poils nombreux longs, laineux :* valve externe de la balle à 5 nervures, les deux latérales soyeuses dans le bas, saillantes. — ♃. Les prés. Host. Gram. 2. t. 61. **P. des prés**, *pratensis.* Lin. (mai-juin).

3° = DES LANGUETTES OBTUSES, D'AUTRES AIGUES.

11. Racine fibreuse : chaumes de 3-8 pouces, filiformes : *languette courte, obtuse dans les feuilles inférieures,* allongée, aiguë dans les feuilles supérieures : panicule le plus souvent resserrée, penchée, tremblante : *pédoncules* capillaires, un peu lisses, solitaires ou

géminés, *non flexueux,* épillets ovales oblongs, à 4-6 fleurs très-soyeuses sur le dos depuis le milieu jusqu'au bas, très-velues sur les bords à la base. — ♃. Sommets des Alpes. Sturm. Fasc. 34. t. 1. **P. mineur**, *minor.* Gaud. (juillet-août). = Voir P. bulbosa. — P. Alpina.

4° — LANGUETTE NULLE OU PRESQUE NULLE.

a. — *Feuilles roulées au sommet.*

12. Racine rampante : chaume grêle, faible, un peu comprimé, glabre ainsi que les gaînes : feuilles planes, étroites, tombantes : panicule unilatérale, allongée, à rameaux géminés ou ternés, étalés pendant la floraison : épillets lancéolés, à 2-4-5 fleurs carénées, un peu velues à la base, soyeuses sur le dos et les bords : axe de la panicule rude, *jamais glabre.* — ♃. Les bois, les rochers. Fl. Dan. t. 749. **P. des bois**, *nemoralis.* Lin. (juin-septembre).

b. — *Feuilles planes larges.*

13. Racine émettant des rejets : chaumes dressés, comprimés : feuilles planes, non en

capuchon au sommet, comme dans le *sudetica*, mais très-aiguës : panicule lâche, allongée : épillets lancéolés, petits, à fleurs lanugineuses à la base. — ♃. Sommet du Jura. Reich. Cent. 11. f. 1636. **P. hybride**, *hybrida.* Gaud. (juillet-août).

14. Racine rampante, stolonifère : chaume dressé, comprimé : feuilles linéaires, glabres, aiguës, *gaîne comprimée carénée :* languette très-courte, tronquée : panicule violâtre, étalée : épillets ovales aigus, *à 4-5 fleurs aiguës, glabres :* balle à valve extérieure, 5 nervures proéminentes, quelquefois peu distinctes. — ♃. Jura, Mont-d'Or. Host. 5. t. 13. **P. de Silésie**, *Sudetica.* Hœnke. (juin-août).

II. = Épillets allongés, imbriqués sur 2 rangs : fleurs plus courtes que les épillets : semences non sillonnées : panicule composée, plus ou moins étalée.

13. Chaumes rameux, inclinés : feuilles planes, larges, *velues sur le bord ainsi que la* gaîne : panicule jeune contractée, diffuse à la maturité : pédoncules inférieurs un peu poi-

lus à la base : fleurs petites, aiguës , appliquées contre l'axe : balle à valve extérieure à 3 nervures, un peu ciliée sur les bords. — ☉. Lieux sablonneux. Reich. Cent. 11. f. 1659. **P. amourette**, *eragrostis*. Lin. (juillet-septembre).

16. Chaumes petits : feuilles planes, un peu ciliées au sommet : *gaines glabres :* panicule allongée, menue, étalée : pédicelles flexueux : épillets comprimés , à 7-8 fleurs : glume à valves inégales , un peu aiguës , celles de la balle inégales, obtuses. — ☉. Terrains sablonneux. Scheu. Gra. t. 4. f. 3. **P. poilu**, *pilosa*. Lin. (juin-août).

65. FESTUQUE , *Festuca*. Lin. — Épillets à 2 ou plusieurs fleurs distiques : axe articulé : glume à 2 valves inégales, ordinairement carénées : balle à 2 valves raides , l'extérieure le plus souvent aiguë , ou mucronée, ou aristée, à dos arrondi, non caréné; l'extérieure à 2 carènes : 1-2-3 étamines : 2 styles : stigmates plumeux, à poils simples ou bifides, dentelés : fruit linéaire oblong, libre ou adhérent à la valve intérieure.

I. = Épillets en grappe ou en panicule resserrée, unilatérale : glume à valves inégales, l'une très-petite, ou nulle : balle à valve extérieure terminée par une longue arête.

n.— *Pédicelles peu ou point dilatés , le plus souvent à plusieurs épillets.*

g. — 1 *étamine.*

1. Chaumes droits , gazonnants : feuilles étroites , enroulées : languette courte, tronquée : *panicule* serrée , allongée , *penchée en axe, à rameaux de la base beaucoup plus courts que la panicule*, quelquefois enveloppée à la base par la gaine supérieure; balles rudes au sommet, quelquefois pubescentes ou longuement ciliées, ou glabres. — ☉. Champs sablonneux, Avignon , Aix , Agen , Toulouse. Scheu. Gr. t. 6. f. 12. — Engl. Bot. 1412. **F. queue de rat**, *myurus*. Lin. (mai-juin).

2. Chaumes grêle: feuilles étroites, enroulées, pubescentes en dessus : languette très-courte, obtuse: *panicule droite*, spiciforme, *à rameaux de la base dépassant le milieu de la panicule;* pédicelles comprimés, renflés : épillets à 3-6 fleurs glabres : glume à valve intérieure à 2

nn. — *Pédicelles très-dilatés au sommet. 3 étamines.*

a. — *Pédicelles aplatis, dilatés au sommet.*

4. Chaumes inclinés : feuilles étroites , roulées : languette très-courte : *panicule droite, en épi* : pédicelles aplatis , à 2 *tranchants :* épillets de 5-8 fleurs : glume à valve inférieure presque nulle ou très-courte , la supérieure aristée : balle à valve inférieure longue, terminée par une longue et forte arête rude. — ☉. Lieux sablonneux, Saumur, Fontainebleau, Grenoble , Valence. Engl. Bot. 1411. — Reich.

nervures saillantes : balle rude au sommet. — ☉. Terrains sablonneux. Scheu. 290. t. 6. f. 10. **F. queue d'écureuil**, *sciuroides*. Roth. (mai-juin).

gg. — 3 *étamines.*

3. Racines fibreuses, cotonneuses : chaumes garnis à la base de gaines brunes, à nervures blanches : feuilles presque toutes radicales , enroulées , d'autres presque planes , glabres : languette très-courte : panicule assez lâche, à rameaux du milieu géminés ou ternés : pédicelles comprimés , un peu renflés au sommet : épillets de 3-4 fleurs un peu rudes au sommet : glume à valve extérieure terminée en arête : balle à valve extérieure ciliée sur les bords , aristée. — ♃. Corse, à Porto-Vecchio· Mut. t. 84. f. 608. **F. de Thomas** , *Thomasiana*. Gay.

Cent. 11. f. 1326-27. **F. brôme**, *bromoides*. Lin. (mai-juin).

5. Chaume genouillé ou ascendant : feuilles radicales étroites, enroulées, celles du chaume larges , pubescentes en dessus : la plus haute languette à peine visible : *panicule resserrée , puis étalée :* rameaux géminés ou ternés, ou quaternés, celui du milieu simple : pédicelles dilatés de la base au sommet : épillets de 3-4 fleurs, rudes au sommet et sur les bords ,

écartés : axe rude du côté extérieur : glume à valve inférieure subulée, supérieure pointue en arête courte : balle à valve supérieure échancrée ou bifide. — ⊙. Environs de Toulon, Montpellier. Mut. t. 85. f. 611. **F. stipe**, *stipoides*. Mut. (mai-juin).

  b. — *Pédicelle épaissi au sommet.*

6. Chaumes couchés ou genouillés à la base, dressés : feuilles radicales étroites, enroulées, celles du chaume presque planes : languette dentelée, saillante : panicule un peu serrée ,

puis ouverte, à rameaux divariqués, pubescents, ternés ou géminés : pédicelles rudes , inégaux, presque à 3 angles épaissis de la base au sommet : épillets de 5-8 fleurs : glume à valves rudes sur la carène, l'inférieure à 5 nervures peu sensibles : balle à valve inférieure à 5 angles, à 5 nervures saillantes, la supérieure à 2 dents au sommet, égale à l'autre. — ♃. Sables maritimes du Midi, Pont-du-Gard. Mut. t. 89. f. 614. **F. à pédicelles épaissis**, *incrassata*. Lois. (juin-juillet).

II. — Panicule développée : pédicelles filiformes : glume à valves presque égales, carénées : balle à valve inférieure aiguë, plus longue que l'arête terminale, ou nulle.

  n. — *Languette très-courte, à 2 oreillettes ; toutes les feuilles très-fines.*

  g. — *Chaume d'un bleu violet.*

7. Chaumes grêles, presque cylindriques : feuilles raides, très-fines, longues : panicule étalée : épillets oblongs à 5-7 fleurs un peu aiguës, sans arête : glume et balle ciliées. — ♃. Rochers du Midi, citadelle de Mont-Louis . Saleix. Host. 2. t. 89. **F. améthyste**, *amethystina*. (juin).

  gg.— *Chaume non améthyste.*

  a. — *Arête égale à la balle ou plus courte.*

8. Racine fibreuse : chaumes presque nus , en gazon : feuilles capillaires, *rudes du haut en bas*, la supérieure du chaume au milieu ou au-dessus : panicule jeune très-étroite : pédoncules simples, quelquefois géminés dans le bas : épillets à 4-5 fleurs presque cylindriques : axe de la panicule rude ainsi que ceux

des épillets : balle à valve inférieure à 5 nervures fines, *à peine égale à l'arête, ou même plus courte* : fleur d'un vert jaunâtre à la base, d'un violet grisâtre au sommet. — ♃. Le Briançonnais, Villard-d'Arène. Reich. Cent. 11. f. 1555. **F. de Haller**, *Halleri*. Wil. (juillet-août).

  b. — *Arête plus courte que la balle.*

  f. — *Feuille lisse.*

9. Racine forte, fibreuse : chaumes capillaires, *feuillés seulement dans le bas* : feuilles *capillaires, molles, vertes, lisses*, la plus haute insérée en dessous du milieu du chaume : panicule *très-resserrée* : pédoncules simples : épillets oblongs, à 3-4 fleurs bordées de blanc jaunâtre au sommet : arête *une fois plus courte* que la balle. — ♃. Alpes du Dauphiné. Reich. Cent. 11. f. 1553. **F. des Alpes**, *Alpina*. Kunth. (juillet-août).

  ff. — *Feuilles presque lisses.*

10. Chaumes plus longs et plus épais que les feuilles vertes, molles, capillaires, enroulées, *très-courtes sur le chaume* : panicule étroite, lâche, rameaux violets, flexueux, quelquefois géminés : épillets *comprimés* distiques, à 4-6 *fleurs subulées, violettes* : valve *plus longue que l'arête*. — ♃. Prairies des Alpes, Lautaret. Reich. Cent. 11. p. 1557. **F. Violette**, *violacea*. Gaud. (juillet-août).

  fff. — *Feuilles rudes.*

11. Chaume nu et à 4 angles plus ou moins marqués au sommet, *rude de haut en bas* : feuilles inférieures très-nombreuses, *capillaires enroulées*, celles du chaume très-petites : panicule unilatérale, resserrée : pédoncules ciliés, rudes : épillets ovales, très-petits : balle à valve inférieure portant une arête moitié plus courte, quelquefois nulle. — ♃. Bois de Boulogne, plaines et côteaux secs. Host. 2 t. 84. **F. à petites fleurs**, *ovina*. Lin. (mai-juin).

12. *Racine fibreuse* : chaumes raides, anguleux, gazonnants : feuilles toutes enroulées, capillaires, pliées, carénées, glauques, rudes sur les bords : panicule raide, rameuse, étalée, un peu unilatérale : pédoncules rameux, quelquefois géminés : épillets oblongs, comprimés, à 4-10 fleurs écartées, sur 2 rangs : arête au moins une fois plus longue que la valve inférieure de la balle. — ♃. Collines et

pâturages secs. = *Variétés.* = I. — *Fleurs petites , verdâtres ou mêlées de pourpre.* — 1° Feuilles presque glauques, un peu épaisses et rudes : épillets glabres. *Variuscula.* Engl. Bot. 470. — 2° Feuilles glauques : panicules en épi : épillets pubescents. *Hirsuta.* Fl. dan. t. 700. — 5° Feuilles courtes, raides, plus ou moins courbées, tortueuses. *Curvula.* Reich. Cent. 11. f. 1559. = II — *Epillets glauques , elliptiques , de 5-10 fleurs subulées, peu comprimées , rapprochées , glauques.* — 1° Chaume un peu rude et cylindrique : panicule resserrée , le plus grand nombre des pédoncules solitaires , courts, appliqués. *Valesiaca.* Reich.

Cent. 11. Fl. 1547. — 2° Panicule pyramidale, étalée : pédoncule assez long : épillets courts. *Guestfalica.* Reich. Cent. 11. Fl. 1548. — 5° Panicule oblongue , un peu resserrée : épillets linéaires oblongs. *Pannonica.* Host. Gr. 4. t. 62. = III. — *Epillets lancéolés , à 5-8 fleurs comprimées , convexes , carénées au sommet , glauques ou pubescentes, 2 fois aussi longues que l'arête.* — 1° Plante glauque , cendrée : panicule le plus souvent un peu penchée : axe et pédoncule flexueux. *Glauca.* — 2° Feuilles du chaume presque planes ou pliées en long. *Montana.* — **F. un peu dure,** *durius-dula.* Lin.

nn. — *Languette courte, tronquée , à 2 oreillettes : feuilles radicales fines , enroulées , celles du chaume planes , ou en gouttière.*

13. Racine *rampante,* à rejets : chaume de 10-15 pouces : feuilles du chaume presque enroulées, pubescentes en dessus, les radicales enroulées, sétacées : panicule allongée, presque lâche : épillets grands, distiques, comprimés : fleurs 5-7 un peu écartées, cylindriques, 2 fois plus longues que l'arête , verdâtres ou rougeâtres, mêlées de violet. — ♃. Prairies et montagnes. Host. 2. t. 82. **F. rouge,** *rubra.* Lin. (juin-août). = *Variétés.* = I. — *Feuilles toutes roulées.* — 1° Balle à longs cils, pubescente au sommet. *Dumetorum.* — 2° Epillets laineux. *Villosa.* = II. — *Feuilles radicales enroulées, celles des chaumes planes.* — 1° Feuilles presque toutes capillaires : épillets elliptiques, à 4-5 fleurs écartées, presque sans arête. *Pratensis.* — 2° *Une arête.* — a. — Fleurs une fois plus longues que l'arête : chaume de 2-5 pieds : feuilles molles, très-longues, celles du chaume presque planes , courtes : panicule penchée. *Heterophylla.* — b. — *Arête égale à la fleur.* — g. — Chaume de

5-4 pieds, aminci au sommet : feuilles de l'he-terophylla : nemorum. — gg. — Chaume raide, anguleux : feuilles radicales, anguleuses, celles du chaume planes, courtes, lisses : languette à 2 oreillettes inégales : panicule rameuse, flexueuse : épillets de 4-5 fleurs noircissantes, lancéolées. *Nigrescens.* (juin-août).

14. Racine longue, rampante : chaume *lisse, renflé sur les nœuds :* feuilles fermes, glauques : *les radicales très-longues , filiformes , caulinaires , larges , plus courtes :* panicule allongée, un peu unilatérale, presque en épi au sommet : pédoncules supérieurs presque nuls, géminés dans le bas : épillets à 6 fleurs velues, avec poils en dehors : glume à valves égales, sans arête, la supérieure à 5 nervures : balle à valves égales: l'inférieure à 5 nervures, aristée, la supérieure à 2 carènes ciliées, à 2 dents au sommet : fleurs d'un vert glauque. — ♃. Sables des bords de l'Océan. Mut. t. 86 f. 615. **F. des sables,** *sabulicola.* Dufr. Duby. (juin-août).

nnn. — *Languette oblongue, saillante , ou à peine tronquée dans les inférieures : feuilles fines , enroulées , souvent piquantes.*

a. — *Arête insérée sur le dos , en dessous du sommet.*

15. Racine fibreuse : chaume filiforme : feuilles rudes de haut en bas : languette oblongue, aiguë: panicule étalée, quelquefois penchée au sommet : pédoncules flexueux, en demi-verticille : épillets à 5-5 fleurs bigarrées de vert, de violet et de jaune : balle pubes-

cente à la base, à poils courts sur le dos : axe poilu sous les fleurs. — ♃. Hautes-Alpes du Dauphiné, Le Queyras, Canigou. Host. 2. t. 84. **F. faux Paturin,** *poœformis.* Host. (juillet-août).

b. — *Arête terminale.*

f. — *Panicule toujours resserrée.*

16. Racine rampante : chaumes coudés à la base, *plus grêles et plus longs* que les feuilles

lisses, luisantes, piquantes, pliées en long , celles du chaume roulées, plus étroites : panicule un peu penchée , toujours resserrée :

pédoncules rudes : épillets très-ouverts à la maturité : axe rude en dedans, cilié en dehors : balle à valve inférieure plus courte, bifide, à 2 nervures fortes, rudes, ciliées : glume à valves inégales, aiguës. — ♃. Pelouses des Pyrénées. Mut. t. 87. f. 617. **F. eskia**, *eskia*. Ram.

ff. — *Panicule à la fin étalée.*

17. Racine fibreuse : feuilles molles : languette ovale oblongue, obtuse : pédoncules rudes, inférieurs géminés : épillets linéaires cylindriques, puis distiques comprimés, à 3 fleurs écartées, luisantes, scarieuses, panachées de vert et de violet : axe rude, cilié sur un côté : glume à valves inégales, la supérieure un peu écartée, ovale, à 3 nervures : balle à valve inférieure sinuée, dentée, à arête courte, la supérieure bifide, à 2 nervu-

res ciliées. — ♃. Alpes du Dauphiné, près Gap. Host. 2. t. 91. **F. élégante**, *pumila*. Will. (juillet-août).

18. Racine fibreuse : *chaumes coudés, plus épais* et plus longs que les feuilles toutes enroulées, *très-fines dans toute la longueur*, lisses, piquantes : panicule un peu penchée au sommet, *les supérieures à languette d'une ligne au plus* : pédoncules rudes, quelquefois géminés dans le bas : épillets un peu écartés, à 4-5 fleurs panachées : axe presque lisse, cilié en dehors. — ♃. Montagnes du Dauphiné, Lautaret, Mont-de-Lans. Host. 3. t. 90. **F. poignante**, *acuminata*. Gaud. (juillet-août). = *Variété.*=Feuilles capillaires, très-menues : languette très-courte : épillets à 5-6 fleurs allongées, cylindriques, à la fin jaunâtres. *Flavescens*. Prato de Mollo.

nnnn. — *Toutes les feuilles planes, au moins dans la jeunesse.*

1° — ÉPILLETS APLANIS : LANGUETTE SAILLANTE.

a. — *Racine fibreuse.*

19. Ch'ume un peu bulbeux à la base, un peu anguleux, 2-4 pieds : feuilles inférieures longues, lisses, dures, presque piquantes, celles du chaume courtes, *toutes étroites*, *linéaires*, *très-glabres* : languette à 2 lobes obtus : panicule dressée, ouverte pendant la floraison : rameaux lisses, géminés ou solitaires : épillets distiques, à 3-5 fleurs rapprochées, d'un jaune roussâtre, très-aiguës : axe lisse. — ♃. Les montagnes, Mont-d'Or. Host. 3. t. 2. **F. dorée**, *spadicea*. Lin. (juillet-août).

b. — *Racine rampante.*

20. Racine articulée : chaume g rni d'écailles à la base : feuilles vertes, rudes sur les bords, celles du chaume moins longues, *toutes lancéolées*, *linéaires*, *glauques en dessus*, d'un vert gai en dessous : languette

ciliée, tronquée : panicule dressée, très-rameuse : *pédicelles* grêles, en demi-verticille, *rudes* : épillets petits, ovales, distiques, à 3-5 fleurs vertes : balle subulée, un peu rude, sans arête, plus longue que la glume, *ovaire poilu au sommet*. — ♃. Les bois, Grande-Chartreuse. Will. t. 2. f. 8. **F. des bois**, *sylvatica*. Will. (juin-juillet).

21. Feuilles linéaires, vertes, planes, aiguës : languette tronquée, *oblongue*, à 2 oreillettes : panicule rameuse, étalée, presque penchée : pédicelles grêles, flexueux, *nus à la base* : épillets oblongs, distiques, à 3-5 fleurs panachées : glumes à valves presque égales : balle à valve inférieure à 3 nervures, la dorsale prolongée en petite arête dorsale : *ovaire glabre*. — ♃. Prairies des Alpes. Reich' Cent. 11. f. 1560. **F. de Scheuchzer**, *Scheuchzeri*. Gaud. (juillet-août).

2° — ÉPILLETS CYLINDRIQUES, AU MOINS JEUNES : LANGUETTE TRÈS-COURTE, TRONQUÉE.

a. — *Racine rampante.*

22. Chaume 2-5 pieds, longuement nu au sommet : feuilles rudes : languettes très-courtes, déchirées : panicule dressée : pédoncules *en demi-verticilles* : épillets linéaires, à 7-9 fleurs vertes ou panachées, imbriquées, puis distinctes : balle obtuse, portant une *arête très-courte* en dessous du sommet, *quelquefois nulle* : glume à valves inégales. — ♃ Les prés, les bois, Le Havre, Abbeville. Host. 1. t. 9. **F. sans arête**, *inermis*. DC. (juin-juillet).

23. *Racine forte* : chaume dressé, noueux, rude : feuilles striées, *arides*, rudes sur les bords, dilatées à l'orifice de la gaîne en 2 oreillettes : *languettes très-courtes* : panicule rameuse : épillets rudes, courts, elliptiques, à 3-5 fleurs rapprochées, distiques : axe rude ou poilu : arêtes quelquefois nulles : *pédicelles rudes, géminés, le plus court portant 1 épillet, l'autre 5-5 épillets* : *ovaire glabre*. — ♃. Bords ombragés des rivières, Alsace, Languedoc, Provence. Mut. t. 88. f. 618-21. **F. élc-**

vée , *elatior*. Lin. = *Variétés*. = 1. — *Panicule rude, robuste, condensée, très-garnie* : épillets très-comprimés : fleurs munies sous la base de 2 faisceaux de poils très-courts : *axe de l'épillet poilu en dehors*. — 1° Chaume poilu, pubescent au sommet et les rameaux : épillets très-rapprochés : axe poilu en dehors : glume ponctuée, très-rude sur la carène : balle à valve supérieure pointue, bifide. *Pubescens*. Grenoble. — 2° Chaume glabre, presque lisse : feuilles pliées en long, la supérieure roulée au sommet : rameaux et pédicelles lisses, poilus sur les angles : panicule très-serrée. *Angustata*. — 3° Chaume glabre, très-rude au sommet : rameaux inférieurs allongés, écartés, garnis d'aiguillons forts : épillets écartés, sur un axe rude, poilu en dehors : balle à valve inférieure presque lisse, à 3 nervures un peu rudes. *Aspera*. Marseille. = II. — *Panicule lâche, grêle, peu garnie, interrompue* : rameaux inégaux, grêles : épillets très-petits, lancéolés, un peu comprimés : fleurs très-rapprochées, nues sous la base : *axe à peine rude en dehors*. — 1° Feuilles supérieures, à la fin roulées au sommet : panicule grande, étalée : pédicelles longs : glume à valves à 3-5 nervures : balle à valve inférieure à 5 nervures, un peu rude, la supérieure à 2 dents au sommet. *Umbrosa*. Grenoble. — 2° Chaume très-lisse, guère plus long que les feuilles roulées et piquantes au sommet : panicule étalée ou fermée : rameaux un peu rudes : épillets de 2-3 fleurs. *Littorea*. Perpignan. (juin-juillet).

b. — *Racine fibreuse*.

24. Chaume cylindrique, ascendant : feuilles tendres, planes, rudes sur les bords, et souvent sur les faces : languette déchirée, ciliée : panicule dressée, unilatérale, lâche : pédicelles filiformes, géminés dans le bas, l'un plus long que l'autre, simples ou un peu rameux, les supérieurs décroissants : épillets distiques, à 5-10 fleurs panachées : *glume à valves presque égales* : balle à valve inférieure sans ou avec 5 nervures , inférieure un peu plus courte. — ♃. Prairies, collines, Paris, Besançon. Fl. dan. t. 1525. **F. des prés**, *pratensis*. Huds. (mai-juin). = *Variétés*. = 1° Chaume élevé : panicule rameuse : fleurs avec ou sans arête, très-courte, un peu dorsale. *Elatior*. — 2° Chaume bas : épillets en épi presque simple, interrompu : fleurs avec ou sans arête. *Humilior*. — 3° Chaume à 2 tranchants, surtout vers le haut : panicule très-rameuse : pédoncule dressé, longuement nu à la base. *Intermedia*. Grenoble.

25. Chaume de 1-2 pieds : feuilles rudes au bord , souvent en dessus : panicule flexueuse, *imitant celui de l'Ivraie* : épillets sessiles, alternes, distiques, de 6-12 fleurs panachées de vert et de blanc : *glume à valve inférieure une fois plus petite que l'autre*, appliquée contre la fleur : axe de l'épillet *creusé*. — ♃. Prairies de l'Alsace, Gap. Mut. t. 88. f. 624-25. **F. ivraie**, *loliacea*. Huds. (juin-juillet).

III. = **Panicule en grappe, à la fin divariquée : épillets à 3-6 fleurs d'un vert bleu : valves de la glume très-inégales, bien plus courtes que la balle dont la valve inférieure obtuse, échancrée, terminée en courte arête.**

26. Chaumes inclinés, puis redressés, tout couverts par les gaînes : feuilles un peu rudes, glauques, très-aiguës, divergentes : épillets petits subulés : fleurs écartées : axe un peu rude : glume à valves aiguës, nervées; balle à valve supérieure bifide au sommet. — ♃. Environs d'Avignon. Seg. Ver. 5. t. 5. f. 5. **F. tardive**, *serotina*. Lin. (juillet-août).

IV. = **Panicule bien allongée, très-étalée : épillets violets, noirs, à 2-3 fleurs très-petites : glume et balle ventrues, coniques.**

27. Chaumes de 2-5 pieds, grêles, feuillés à la base, à *un seul nœud très-bas* : feuilles longues, raides, très-aiguës, planes, roulées sèches, rudes sur les bords : languette très-courte, poilue ainsi que l'entrée de la gaîne : glume à trois nervures peu marquées. — ♃. Lieux humides, parc de Tresques. Fl. dan. 259. **F. bleue**, *cœrulea*. DC. (juillet-août). — Chaumes de 6-12 pouces. *Minor*. Hautes montagnes. — Chaume très-élevé : panicule très-allongée : épillets verts étalés, à 3-5 fleurs. *Littoralis*. Tresques.

V. = **Glume à valves concaves, obtuses : balle à valves presque égales, l'infé-rieure arrondie, obtuse ou tronquée, dentée au sommet.—Plantes aqua-tiques, à épillets obtus.**

n. — *Epillets multiflores : valve inférieure de la balle concave, à 7 nervures : styles longs, divergents.*

28. Racine rampante : chaume grand , cy-lindrique : feuilles linéaires, glabres, aiguës : languette et gaîne tachées de brun : panicule ample, diffuse, rameuse : épillets oblongs, à 5-8 lancéolés, d'un vert blanchâtre. — ♈. Bords des fossés. Engl. Bot. 1315. **F. aquati-que**, *aquatica*. Mut. (juillet-août).

nn. — *Epillets à 2—, peu à 3-5 fleurs : balle à valve inférieure carénée-trigone, à 3 nervu-res saillantes : styles très-courts.*

29. Racine rampante : chaume couché à la base : feuilles courtes : panicule étalée : épil-lets petits, à 2 fleurs d'un rouge violet, dont l'un sessile, toutes obtuses, dentées rongées. — ♈. Fossés. Engl. Bot. 1557. **F. Couche**, *ai-roides*. Mut. (mai-août).

VI. = **Epillets pédicellés, à 2-10 fleurs écartées ou imbriquées distiques : balle à valve inférieure à 5 nervures peu marquées. — Sables maritimes ou terrains salés.**

n. — *Plantes vivaces.*

30. Chaumes nombreux, genouillés, quel-quefois radicants à la base : languette *oblon-gue, tronquée*, ou *bifide* : panicule *divariquée :* rameaux en demi-verticilles, déjetés : épillets linéaires, puis comprimés, à 2-6 fleurs obtu-ses, un peu barbues à la base, à cinq nervures peu marquées : glume à valves très-inégales , concaves. — ♈. Marais salins, Briançon, Mar-seille. Engl. Bot. 986. **F. écartée**, *distans*. Kunth. (juillet-août). = *Variétés.* = a. — Chau-me droit, filiforme : feuilles enroulées : pani-cule peu fournie : épillets à 2-3 fleurs. *Capil-laris.* — b. — Panicule égale, étalée ; rameaux supérieurs dressés , inférieurs déjetés : épil-lets à 5-6 fleurs obtuses ou un peu aiguës. *Maritima.*

31. Racine rampante, très-fibreuse : feuilles longues, raides, planes, étroites, à stries pro-fondes : *languette aiguë, puis déchirée :* pa-nicule *oblongue, allongée , flexueuse : ra-meaux en demi-verticille, dressés :* épillets linéaires lancéolés , enfin comprimés : 5-7

fleurs obtuses, poilues à la base : *valves* de la glume *égales,* à trois nervures jusqu'au mi-lieu : valve inférieure de la balle à cinq nervu-res , la supérieure à deux dents, à deux carè-nes et deux nervures. — ♈. Marais maritimes du Midi. Reich. Ant. 11. f. 1615. **F. des ma-rais maritimes,** *palustris*. Scenus. (juin-juillet).

52. Glauques : chaumes couchés, genouil-lés , redressés : feuilles courtes, planes, pres-que aiguës : gaînes longues, celle de la feuille supérieure renflée dans le haut : languette courte ou tronquée : panicule unilatérale : ra-meaux très-courts, étalés : pédicelles rudes : glumes à valves inégales , à *cinq nervures très-fortes*, celles de la balle égales, l'exté-rieure rongée, *à cinq fortes nervures*, l'inté-rieure ciliée sur la carène. — ♈. Bords de la Manche, Dieppe, Le Tréport, Le Havre. Engl. Bot. t. 352. **F. couchée**, *procumbens*. Kunth. (juillet-août).

nn. — *Plantes annuelles.*

f.—*Chaume dichotôme.*

53. Chaumes genouillés , très-grêles au moins deux fois dichotome : feuilles inférieu-res très-fines, enroulées ; celles du chaume planes, molles : panicule en ombelle : épillets divariqués : pédicelles à trois angles rudes :

fleurs allongées, trigones, nervées , rudes sur les nervures, bifides au sommet : arête un peu dorsale. — ☉. Montpellier. Mut. t. 89. f. 628. **F. dichotôme,** *dichotoma*. Forsk.

ff.—*Chaume non dichotôme.*

ɑ. — *Chaume robuste , cendré.*

54. Chaume *gros , épais*, genouillé, en fais-ceau aminci à la base : feuilles inférieures et

gaînes glabres , enroulées, celles du chaume planes, puis enroulées : languette déchirée et ciliée au sommet : panicule unilatérale, à rameaux inférieurs étalés à angles aigus, *presque pas rudes* : épillets dressés, puis divergents, à 4-8 *fleurs très-nerveuses, lisses en dehors*, terminées par une pointe saillante : axe de l'épillet lisse, glabre : balle à valve inférieure à nervures très-saillantes, la supérieure tronquée, à deux carènes rudes, velues. — ⊙. Sables maritimes à Cette, bords du Rhône

à Romans. Mut. t. 89. f. 625. **F. robuste,** *robusta.* Mut. (mai-juin). = *Variété.* = Épillets minces, lancéolés, assez ouverts : fleurs écartées : nervures des glumes peu marquées, souvent disparaissant, excepté à la base, *non bordées* de chaque côté *par un sillon*, comme dans le *Robusta ;* couleur de la plante plus verte. *Lanceolata.* Mut. t. 89. f. 627.

b. — *Chaume grêle.*

q. — *Fleurs ponctuées rudes en dehors.*

35. Chaumes *très-grêles*, genouillés à la base, rameux : feuilles inférieures très-fines, enroulées, celles du chaume planes : languette déchirée, saillante : panicule à *rameaux courts*, inégaux, *très-rudes*, grêles, à la fin divergents, à 2-3 épillets composés de 6-12 fleurs courtes, ouvertes, mucronées : axe de l'épillet très-rude : fleurs panachées de blanc. — ⊙. Pont-Juvenal, à Montpellier. Mutel. t. 89. f. 629. **F. divariquée,** *divaricata.* Desf. (juin-juillet).

qq. — *Fleurs non ponctuées, rudes en dehors.*

36. Racine fibreuse : chaume grêle, de 4-9 pouces : feuilles *filiformes :* panicule *à la fin divariquée :* rameaux capillaires, épaissis au sommet, divisés en trois : épillets très-petits,

lancéolés, à 3-4 fleurs mêlées de pourpre, aiguës : *glume à une nervure à la base des valves inégales :* balle à valve supérieure à deux lobes, deux nervures ; l'inférieure à trois nervures. — ⊙. Sables d'Arles. Gou. illust. t. 2. f. 1. **F. de Gouan,** *Gouani.* Mut. (mai).

37. Racine fibreuse : chaumes genouillés, redressés, de 2-5 pouces : feuilles planes, étroites, raides, aiguës : panicule lancéolée : *rameaux* rapprochés, *presque dressés :* épillets géminés, ou ternés, linéaires, à 6-12 fleurs contiguës : glume à valve *portant des nervures peu marquées*, rudes sur la carène. — ⊙. Lieux secs. Host. 2 t. 74. **F. raide,** *rigida.* Kunth. (juin-juillet). = Var. à chaume filiforme : feuilles enroulées, courtes : panicule simple : épillets solitaires. *Gracilis.*

VII. = **Épillets sessiles ou à courts pédicelles, le plus souvent en épi, peu souvent solitaires ou en grappe : glume à valves aiguës.**

n. — *Plantes annuelles : épillets très-petits : arête nulle ou terminale.*

a. — *Gaînes très-glabres.*

38. Chaumes de 2-4 pouces, nombreux ascendants : feuilles courtes, presque planes, inférieures étroites, pliées en long : languette tronquée, laciniée, dentée : épi unilatéral, raide, un peu arqué ou droit, simple, quelquefois rameux à la base : axe de l'épi à 5 angles aigus, dentelés, rudes : axe de l'épillet à peine rude, arrondi, *ondulé sur le dos :* épillets imbriqués : fleurs panachées, ou lavées de pourpre, *imbriquées :* valves de la glume *à une nervure, bordée de deux sillons :* balle à valve inférieure à deux dents, à deux nervures rudes, ciliées. — ⊙. Rivages des deux mers, Antibes, Grandville, Foz. Host. 2. t. 27. **F. unilatérale,** *unilateralis.* Chaub. mor. (mai-juillet).—Var. à chaume à 3-4 rameaux tous terminés par un épi ; le principal rameux à la base. *Subpaniculata.*

b. — *Gaînes poilues ou pubescentes.*

39. Chaume filiforme, lisse, genouillé à la

base, dressé, purpurin sur les nœuds : feuilles filiformes, en gouttière, puis roulées, velues en dedans : languette courte, dentée, à deux oreillettes latérales saillantes : axe de l'épi un peu rude : *non ondulé sur le dos :* 4-8 épillets écartés, à 5-7 fleurs vertes, sans arête, rétrécies au sommet : glume à valves presque égales, *à trois nervures très-marquées :* balle à valve inférieure à 3-5 nervures non continues ; supérieure à deux dents, à deux nervures, bords ciliés-rudes. — ⊙. Dans presque toute la France, Orléans, Lyon, Montpellier. Bocc. Mus. 2. t. 67. **F. délicate,** *tenella.* Mut. (mai-juin).

40. Chaumes grêles, de 5-8 pouces : feuilles étroites, dans la vieillesse pliées, ou enroulées, poilues en dedans et les gaînes : languette courte, obtuse, quelquefois munie d'oreillettes : épi grêle, droit ou arqué : *épillets serrés contre le rachis, unilatéraux,* les inférieurs un peu *écartés,* à 4-6 fleurs d'un vert pâle, *linéaires, aiguës, très-grêles,* arête variable,

souvent insensible ou nulle dans le bas de l'épi : axe rude sur les angles. — ⊙. Lieux secs, pierreux. **F. maritime**, *maritima* Lin. (mai-juin). = *Variétés.* = a. — *Chaume filiforme : feuilles capillaires :* languette sans oreillettes : épillets supérieurs très-rapprochés, comme entre-croisés : arête égale aux fleurs du sommet de l'épi, les dépassant dans le milieu, plus courtes dans le bas. *Nardus.*

Mut. t. 9. f. 650. — b. — Chaume et épi plus fermes : *feuilles un peu larges :* languette nulle ou 2 oreillettes à la place : épillets sessiles, enchâssés dans le rachis, assez écartés dans le bas, jamais entre-croisés : fleurs aiguës, distinctes, en faisceaux comprimés : arête nulle dans le bas de l'épi. *Psilurus.* Mut. f. 654-655.

nn. — *Plantes vivaces : épillets allongés : arête un peu au-dessous du sommet.*

a. — *Languette tronquée carrément.*

41. D'un vert foncé : racine fibreuse : chaume de 2-5 pieds, assez grêle, velu sur les nœuds : feuilles planes, lancéolées, *molles*, pointues, *velues et les gaines :* épi distique, à la fin penché : 8-10 épillets à 6-8 fleurs pointues, les plus *hautes plus courtes que l'arête*, longue, flexueuse : glume à valve inférieure à 7-9 nervures : balle à valve inférieure à 8-9 nervures très-marquées au sommet — ♃. Bois des montagnes. Host. 1. t. 21. **F. grêle**, *gracilis.* Mœnch. (juin-juillet).

42. Racine rampante : chaume assez grand, rameux à la base, couvert de poils courts sur les nœuds : *feuilles glabres*, glauques, longues, enroulées, *piquantes au sommet :* languette à 2 lobes ciliés : grappe en épi allongé : 5-7-12 épillets dressés : valves de la glume à 5-7 nervures : balle à valve inférieure à 7-9 nervures, mucronée, la supérieure tronquée, arrondie ou échancrée. — ♃. Sables du Rhône devant Viviers, Avignon. Gérar. Gall. Pr. t. 2. f. 2. **F. à feuilles piquantes**, *phœnicoides.* Lin. (mai-juin). = *Variété.* = Chaumes très-rameux, moins élevés, en gazon : feuilles très-fines, d'abord un peu ciliées, puis glabres, rudes, distiques : 1-5 épillets à fleurs tronquées, échancrées. *Ramosa.*

b. — *Languette arrondie au sommet.*

43. Racine fibreuse : chaumes petits, raides, lisses ascendants, *coudés aux nœuds pubescents :* feuilles très-courtes, aiguës, poilues, ciliées : languette dentelée, ciliée : épillets peu nombreux, droits, alternes, allongés, enfin comprimés, à fleurs nombreuses, rappro-

chées : glume à valves rudes, inégales, très-pointues, *très-nervées :* balle à valve inférieure nervée portant *une arête rude, longue,* la supérieure obtuse, mucronée, à longs cils raides : axe cylindrique, à peine rude. — ♃. Le Midi, aux bords des chemins, Perpignan, Agen, Avignon, Lyon. Desf. atl. t. 24. f. 2. **F. ciliée**, *ciliata.* (mai-juin). = *Variétés* = 1. Chaume rude de bas en haut : 1-6 épillets : arête longue dans les fleurs supérieures de l'épillet, courte ou nulle dans les inférieures. *Aspera.* — 2° Chaume grand, rude de bas en haut : feuilles plus longues, planes : 4 épillets à fleurs nombreuses : arête longue. *Intermedia.*

44. Racine rampante : chaumes de 2-5 pieds, rameux à la base, *pubescents sur les nœuds :* feuilles planes, raides : gaines pubescentes : languette *tronquée, arrondie :* épi dressé, peu ou non penché, distique : 6-12 épillets à la fin étalés : 6-12 fleurs aiguës ou obtuses : glume à valves lancéolées, mucronées, très-nervées : balle à valve inférieure très-nervée, *terminée subitement par une arête plus courte*, la supérieure tronquée, arrondie, quelquefois plus longue. — ♃. Les champs, Paris, Grenoble. Host. 1. t. 22. **F. pinnée**, *pinnata.* Mœnch. (juillet-août). = *Variétés.* = 1° Chaumes très-grêles, amincis au sommet : épillets grêles, droits, glabres. *Rupestris.* — 2° Glauque, dure, gazonnante : feuilles très-longues, enfin enroulées, subulées au sommet : gaines couvertes de poils mous, déjetés : épillets glabres. *Pinnata.*

66. **KOELÉRIE**, *Kœleria.* Pers. — Épillets distiques, à 2-5 fleurs : glume à valves inégales, comprimées, carénées : balle à valves inférieures aiguës, sans ou avec une arête terminale ou insérée un peu au-dessous du sommet, embrassant la valve supérieure étroite, pliée, un peu aiguë : semences nues : panicule spiciforme, serrée.

I.=Une arête.

n. — Feuilles roulées.

1. Pubescente : chaume très-grêle, filiforme : feuilles très-étroites : gaine pubescente à sa fente : languette déchirée, ciliée, plus courte dans les feuilles inférieures : panicule unilatérale, grêle, droite : pédoncules grêles, un peu épaissis au sommet, rudes : épillets à 3-4 fleurs très-fines, écartées : axe rude en dehors : glume à valve extérieure grande : arête petite, naissant au-dessous du sommet de la balle. — ☉. Salles maritimes du Languedoc. Mut. t. 85. f. 609-10. **É. maigre**, *macilenta*. Lois. (mai). — Var. à valve inférieure de la balle émettant du fond de l'échancrure une arête très-courte. *Subaristula*.

nn. — Feuilles planes.

a. — Valves de la glume inégales.

2. Chaume glabre : feuilles et gaines poilues : languette courte, déchirée, ciliée : *panicule en épi, ovale, cylindrique :* épillets à 5-7 fleurs distiques : glume ciliée, rude sur le dos : balle à valve intérieure aiguë, l'extérieure glabre aristée au-dessous du sommet : arête courte, molle : fleurs panachées. — ☉. Bords de la mer du Languedoc. Mut. t. 84. f. 602. **É. à queue**, *caudata*. Mut. (mai).

3. Chaume droit, quelquefois rameux à la base : feuilles planes, velues et la gaine : languette déchirée : *panicule en épi serré, mais lobé à la base :* épillets lancéolés, à 3-5 fleurs d'un vert blanchâtre : glume à valves inégales, glabres, pointues, la supérieure à 5 nervures : balle à valve extérieure poilue, rude sur le dos, ayant au-dessous du sommet une arête molle, plus longue que l'épillet. — ☉. Champs cultivés du Midi, Grenoble, Lyon, Corse. Vill. Dauph. t. 2. f. 7. **É. fléole**, *phleoides*. Pers. (mai-juillet).

b. — Glume à valves presque égales.

4. Chaume glabre, rameux, dressé : feuilles molles, velues et *la gaine qui porte un pinceau de poils :* languette courte, pubescente : panicule serrée, dense, cylindrique, velue : épillets linéaires, à 2 fleurs blanchâtres : glume velue sur le dos : balle à valve intérieure aiguë ou bidentée, extérieure rude sur les 2 carènes, munie en dessous du sommet d'une arête. — ♃. Le Midi, dans les sables humides maritimes, la Camargue, Fréjus, Narbonne. Reich. Cent. 11. f. 1667. **É. velue**, *villosa*. Pers. (mai-juin). — Var. à feuilles très-courtes, moins velues : panicule ovoïde. *Linera*. Avignon.

5. Chaume cotonneux au sommet : feuilles glabres, très-étroites, en gouttière, sèches, enroulées : gaines dilatées : panicule ovale, oblongue, un peu interrompue à la base : *épillets hérissés*, à 2-3 fleurs brillantes, panachées : arête droite, saillante. — ♃. Prairies des Hautes-Alpes. Reich. Cent. 11. f. 1675. **É. hérissée**, *hirsuta*. Gaud. (juillet-août).

II.= Pas d'arête.

n. — Toutes les feuilles planes.

6. Chaume rameux, glabre : feuilles courtes, pubescentes ou glabres : languette courte, tronquée : *gaines entières :* panicule allongée, lobée, *interrompue à la base :* épillets à 2-4 fleurs linéaires : glume à valves inégales, rudes sur le dos, ainsi que la balle. — ♃. Collines stériles, Grande-Chartreuse. Kunt. agr. t. 27. **É. à crête**, *cristata*. Pers. = *Variétés.* = 1° Chaume presque glabre : feuilles glabres : glume glabre, un peu obtuse. *Glauca.* — 2° Chaume pubescent au sommet : feuilles pubescentes : glumes poilues sur les côtés, ciliées sur la carène : balle à valve inférieure à cils longs. *Pubescens.* (mai-juin).

nn. — Pas toutes les feuilles planes.

a. — Panicule engainée à la base.

7. Chaume pubescent, plus court que les feuilles *pubescentes et la gaine*, très-étroites, glauques, roulées : panicule *interrompue çà* et là : épillets à 2-3 fleurs linéaires : glume rude sur le dos de balle aiguës. — ♃. Terrains stériles du Midi, Toulouse. Fl. fr. 5. p. 269. **É. blanchâtre**, *albescens*. DC. (mai-juin). =

Variété. = Glabre : gaînes inférieures très-larges : panicule non engaînée. *Glabra.*

b. — *Panicule non engaînée à la base.*

8. Chaume simple, cotonneux au sommet : feuilles molles, pointues, étroites, supérieures planes, toutes parsemées de poils longs, plus nombreux à l'entrée de la gaîne : panicule oblongue, un peu lâche, un peu interrompue : épillets à 3-5 fleurs écartées : glume très-grande, glabre, dépassant et enveloppant les fleurs : *balle à valves* égales, l'inférieure élargie et bifide au sommet, *à 9 nervures poilues, sur les bords et le dos :* épis en spatule aiguë *à 2 nervures :* fleurs panachées, *styles très-longs.* — ♃. Champs cultivés du Midi, Montpellier, Perpignan. Cav. icon. 1. t. 44 f. 2.

K. à grand calice, *calicina.* DC. (juin).

9. Chaume bulbeux à la base couverte de tuniques desséchées, pubescent au sommet et aux nœuds inférieurs dans la jeunesse, *puis presque ou tout-à-fait glabre :* feuilles radicales, courtes, enroulées, celles du chaume planes · panicule oblongue, très-serrée, d'un blanc argenté, un peu interrompue, glabre, quelquefois velue, comme cotonneuse : *balle presque sans nervure :* styles très-courts. — ♃. Rochers arides du Midi, Marseille, Arles, Lautaret. Reich. Cent. 11. f. 1671. **K. du Valais**, *Valesiaca.* Gaud. (avril-août). — Var. Chaume pubescent au sommet : panicule interrompue dans toute la longueur : des arêtes. *Muteli.*

67. BRIZE, *Briza.* Lin. — Épillets à 2-15-20 fleurs imbriquées, distiques, contiguës : glume à 2 valves en nacelle, comprimées, concaves, ventrues, membraneuses, sans arête : balle à 2 valves ventrues, sans arête, l'inférieure en cœur à la base, la supérieure à 2 carènes : styles très-courts : 2 stigmates plumeux. Panicule simple ou rameuse, le plus souvent diffuse : épillets pédicellés.

I. = Panicule resserrée.

1. Gazon : chaumes dressés, filiformes : feuillés capillaires : gaîne supérieure un peu renflée : épillets globuleux, à 2 fleurs blanchâtres. — ☉. Les landes de Dax, Fréjus, Antibes. Thor. journ. Bot. 1. t. 7. f. 3. 4. **B. globuleuse**, *globosa.* Mut. (mai-juin).

II. = Panicule lâche : épillets à fleurs nombreuses.

a. = *Racine vivace.*

2. Chaume presque nu, 1-2 pieds : feuilles glabres, planes : *languette* obtuse, *très-courte :* panicule très-lâche : pédicelles filiformes, bifurqués : épillets de 5-7 fleurs ovales, comprimées, violettes : panicule quelquefois presque engaînée : chaume court. — ♃. Les pâturages. Engl. Bot. t. 54. **B. moyenne**, *media.* Lin. (mai-juin).

b. — *Plantes annuelles.*

3. Chaume feuillé, un peu rameux, robuste : feuilles larges, rudes sur les bords : *languette* allongée, aiguë : panicule penchée, pauciflore : épillets à 12-15 fleurs panachées, gros, quelquefois pubescents. — ☉. Les pâturages de Provence, Languedoc. Host. 2. t. 30. **B. à gros épillets**, *maxima.* Lin. (mai-juin).

4. Feuilles linéaires lancéolées : *languette très-longue*, lancéolée, aiguë : panicule enveloppée à la base par la feuille supérieure : rameaux flexueux : épillets à 3 angles, à 5-7 fleurs, plus courts que la glume : fleurs vertes ou panachées. — ☉. Les bois, Provence, Normandie, Corse. Fl. græc. 74. **B. mineure**, *minor.* Lin. (mai-juin).

68. DACTYLE, *Dactylis.* Lin. — Épillets à 2-7 fleurs : glume à 2 valves inégales carénées, aiguës, mucronées en arête courte : balle à 2 valves carénées, l'inférieure à 5 nervures, portant en dessous du sommet une arête très-courte.

n. — *Des poils au lieu d'une languette.*

1. Chaume long, rampant, muni de gaînes un peu coriaces : chaque nœud émettant plusieurs rameaux dressés, feuilles raides, enroulées, subulées, velues, sur 2 rangs, très-serrées : *panicule ovale en tête, serrée :* épillets petits, velus, distiques, comprimés, à 4-6 fleurs verdâtres. — ♃. Le Midi. Desf. att. t. 15. **D. rampant**, *repens.* Desf. (mai-juillet).

nn. — *Une languette.*

2. Chaume rampant, poussant des rameaux couchés à la base, puis redressés : feuilles glauques, glabres, roulées au sommet, sur 2 rangs : *languette divisée, barbue : panicule* unilaté-rale, *resserrée,* interrompue : épis un peu écartés, distiques : épillets de 7-9 fleurs vertes. — ♃. Sables maritimes du Languedoc, île Ste-Lucie, Corse. Host. 4. t. 28. **D. des rivages**, *littoralis.* Willd. (mai-juillet).

3. Chaume articulé, de 2-3 pieds : feuilles planes, carénées, rudes sur les bords : gaînes comprimées, à 2 angles : *languette longue, pointue, déchirée :* panicule agglomérée, unilatérale : *rameaux nus dans un long espace à la base :* épillets à 3-5 fleurs vertes, imbriquées, sur 2 rangs : glume et valve inférieure de la balle rudes, ciliées. — ♃. Prairies, champs. Engl. Bot. 535. **D. aggloméré**, *glomerata.* Lin. (juin-août).

69. CANCHE, *Aira.* Lin. — Épillets à 2-3 fleurs : glume à 2 valves presque égales, carénées, sans arête : balle à valve inférieure portant à la base une arête quelquefois nulle, la supérieure à 2 carènes : 2 stigmates presque sessiles, plumeux. Chaumes gazonnants : fleurs très-petites, en panicule rameuse.

n. — *Arête articulée dans le milieu.*

a. — *Article supérieur de l'arête filiforme.*

1. Chaumes grêles, droits, presque nus : feuilles sétacées, roulées, flexueuses : gaînes striées, anguleuses : panicule resserrée en épi : arête double en longueur de la fleur panachée, puis blanche. — ⊙. Terrains sablonneux, humides. Fl. dan. t. 583. **C. précoce**, *præcox.* Lin. (avril-mai).

b. — *Article supérieur de l'arête en massue.*

2. Chaumes très-grêles, couchés, peu feuillés : feuilles glauques, capillaires, roulées, se terminant en pointe raide, piquante : *languette oblongue, tronquée :* panicule resser-rée, engaînée dans le bas par la feuille supérieure : arête presque égale à la glume. — ♃. Terrains sablonneux, bois de Boulogne, Rouen, Lyon, Crest en Dauphiné. Mut. t. 58 f. 587. **C. blanchâtre**, *canescens.* Lin. (juin-juillet).

3. Chaume souvent genouillé : feuilles planes roulées par la dessication : *languette oblongue, un peu aiguë :* panicule d'abord resserrée, puis étalée : arête presque égale à la glume. — ⊙. Sables maritimes du Midi, Toulon. Desf. att. 4. t. 15. **C. articulée**, *articulata.* Desf. (mai-juin).

nn. — *Arête non articulée dans le milieu.*

q. — *Valve inférieure de la balle à 4-5 dents au sommet.*

4. Feuilles raides, nervées, planes : languette longue, bifide : panicule étalée, très-rameuse ; pédicelles verticillés : fleurs égalant la glume : arête insérée en dessous du milieu de la valve inférieure de la balle *à 4 dents :* fleurs velues à la base. — ♃. Prairies et bois. Fl. dan. t. 240. **C. en gazon**, *cœspitosa.* Lin.

5. Chaume droit, presque nu : feuilles nombreuses, glauques, filiformes, piquantes, radicales, fasciculées : languette oblongue, pointue, entière : panicule étalée : axe poilu : balle à valve inférieure tronquée, *à 5 dents,* portant une arête dorsale, droite, de sa longueur. — ♃. Lieux arides du Midi, Gap, Sisteron. Mut. t. 78. f. 588. **C. intermédiaire**, *media.* Gou. (juin-juillet). = *Variétés.* = 1° Chaumes très-nombreux, arqués, ascendants : feuilles presque toutes sèches, arides. *Pumila.* — 2° Chaumes de 4-6 pouces : panicule allongée, resserrée : pédoncule du bas rameux. *Seslerioides.*

qq. — *Valve inférieure de la balle bifide.*

f. — *Une arête.*

a. — *Arête droite.*

6. Chaumes droits, grêles, quelques-uns inclinés : feuilles très-courtes, ordinairement *à languette plus longue que le limbe :* gaînes rudes de bas en haut, celles de la feuille supérieure très-longues : panicule à rameaux nombreux : *pédoncules lisses,* 5 fois divisés , flexueux dans la jeunesse, *non renflés au sommet :* arête droite, dorsale : une fleur pédicellée, l'autre sessile : glume tronquée, à 2-4 dents au sommet. — ⊙. Le Midi. Mut. 79. f. 592. **C. de Lens**, *Lensii.* Lois. (mai-juin).

b. — *Arête géniculée.*

7. *Plante annuelle :* chaume grêle, presque nu : feuilles enroulées, capillaires : languette lancéolée, pointue, le plus souvent bifide ou déchirée : panicule divergente, 5 fois divisée : *pédicelles rudes, un peu renflés au sommet :* fleurs d'un vert rougeâtre, poilues à la base : valves de la glume peu inégales, rudes sur la carène, plus courtes que l'arête : balle à valve inférieure pointue, à 2 pointes. — ⊙. Lieux secs, sablonneux, Toulon , Pouzilhac , Tresques. Mut. 1. 80. f. 595. **C. caryophyllée**

cariophyllea. Lin. (mai-juin). = *Variétés.* = 1° Chaumes très-genouillés à la base, très-feuillés : feuilles supérieures très-près de la panicule à rameaux et pédicelles capillaires : glume longue de 1 ligne dans le haut de la panicule. *Intermedia.* — 2° Chaume garni dans le bas de feuilles longues de 1-2 pouces , la supérieure près de la panicule : glume n'atteignant pas 1 ligne. *Capillaris.*

8. *Plante vivace :* chaume grêle, rougeâtre, presque nu : feuilles roulées, filiformes : *languette bifide :* panicule flexueuse, peu fournie, étalée : *pédicelles flexueux :* fleurs velues à la base : arête double en longueur de la glume : balle à valve inférieure tronquée , à 5 dents inégales, aiguës. — ♃. Prairies des plaines et bois des montagnes. Reich. Cent. 11. f. 1678. **Can. flexueuse**, *flexuosa.* Lin. (mai-juin). = *Variétés.* = 1° — Panicule dressée, resserrée : pédicelles flexueux dans le bas , dressés au sommet. *Montana.* = 2° — Feuilles radicales très-longues, filiformes : panicule resserrée : épillets bigarrés : arête longue, genouillée. *Discolor.*

ff. — *Pas d'arête.*

a. — *Gaînes rudes.*

9. Chaumes réunis plusieurs ensemble : feuilles roulées subulées : *gaînes rudes de bas en haut,* courtes dans le bas, longues dans le haut de la plante : panicule très-rameuse, resserrée en faisceau à la base : pédoncules plusieurs fois divisés, capillaires, allongés, lisses, quelquefois flexueux : épillets très-petits : glume plus longue que la fleur, dentelée au sommet, blanche au sommet , purpurine au milieu, ciliée, rude sur la carène dans la moitié supérieure. — ⊙. Le Midi, Corse. Lois. t. 22. **C. infléchie** , *inflexa.* Lois. (mai-juin). = *Balle terminée par une pointe , fléchie en dedans.*

b. — *Gaînes lisses.*

10. *Annuelle :* chaumes petits : feuilles planes, courtes, supérieures beaucoup plus lon-

gues que la languette : panicule lâche, étalée : *pédicelles lisses, quelquefois géminés :* glume plus courte que la fleur panachée, lisse sur la carène : balle glabre. — ⊙. Calvi en Corse. Mut. t. 79. f. 589. **C. naine**, *minuta.* Lin. (février-mars).

11. *Vivace :* chaumes rameux, genouillés et radicants à la base : feuilles planes : panicule étalée, lâche : *rameaux géminés :* glume plus longue que la balle glabre, à valve inférieure concave, à 5 lobes arrondis, celui du milieu plus large : la supérieure échancrée : fleurs blanchâtres ou panachées. — ♃. Pelouses humides de la Bretagne. — ♃. Mut. t. 79. f. 591. **Can. agrostide**, *agrostidea.* Lois. (juillet-août).

70. **AVOINE**, *Avena.* Lin. — Épillets à 2 ou plusieurs fleurs à étamines et à pistils , ou à étamines par avortement : glume membraneuse, sans arête : balle à 2 valves, l'inférieure à 2 pointes au sommet, portant sur le dos une arête tortillée , géniculée ; la supérieure

à 2 carènes le plus souvent ciliées : 2 stigmates sessiles , velus , plumeux , à poils finement dentelés.

I. = Balle à valve inférieure terminée par 2 soies : arête peu tortillée , dorsale , le plus souvent en dessus du milieu : ovaire glabre (n° 1 excepté).

n. — *Ovaire hérissé au sommet.*

1. Racine fibreuse : chaume de 5-5 pouces , grêle , raide , chargé de poils étalés : feuilles planes , molles , les inférieures pubescentes : panicule assez resserrée, rougeâtre : épillets à 5-5 fleurs, plus longues que la glume : balle à valve inférieure portant 5 nervures. — ♃. Alpes, Pyrénées. Host. 5. t. 59. **A. des Basses-Alpes ,** *Alpestris.* Host. (juillet-septembre).

nn. — *Ovaire glabre.*

q. — *Feuilles glabres.*

2. Chaume très-petit, cotonneux au sommet : feuilles planes : *languette courte, obtuse : panicule ovale oblongue, dense, en épi :* axe poilu : épillets à 2 fleurs avec le rudiment d'une troisième : glume aiguë , presque égale à la fleur verdâtre ou panachée : arête genouillée , puis réfléchie. — ♃. Pic du Midi. Fl. dan. 128. **A. en épi ,** *subspicata.* Clairv. (juin-août).

3. Chaume grêle , purpurin sur les nœuds : feuilles radicales planes , étroites , les autres roulées, toutes courtes : *languette allongée , étroite, aiguë : panicule grêle, étalée :* axe glabre : épillets à 2-4 fleurs verdâtres , plus longues que la glume : axe glabre : balle à valve extérieure sans arête dans la fleur inférieure, bifide , aristée et poilue à la base dans les autres fleurs. — ☉. Champs arides des environs de Mende, Dauphiné. Vill. t. 4. f. 5. **A. grêle ,** *tennis.* Mœnch. (juin-juillet).

qq. — *Feuilles velues ou pubescentes.*

a. — *Feuilles distiques.*

4. Chaume couché, rameux à la base : feuilles étroites, planes, rudes, courtes, divergentes, sur deux rangs sur les jeunes tiges, pubescentes en dessous et les gaînes : languette courte, tronquée : panicule droite, étroite : axe très-velu : épillets à 2-5 fleurs panachées, plus longues que la glume : balle à valve extérieure bidentée , chargée à la base de longs poils , portant un peu au-dessous du sommet une arête de sa longueur. — ♃. Alpes du Dauphiné, environs de Gap , Mont-Ventoux. Vill. t. 4. f. 4. **A. à feuilles distiques ,** *distichophylla.* Vill. (juillet-août).

b. — *Pas des feuilles distiques.*

d. — *Axe glabre.*

5. Chaume de 5-10 pouces , genouillé à la base : feuilles planes , molles , velues et la gaîne : panicule dense , ovale , lobée : épillets à 3-4 fleurs panachées : *axe glabre :* arête un peu au-dessus du milieu du dos , un peu plus longue que la balle. — ☉. Montpellier, Corse. Reich. cent. 11. f. 1687. **A. négligée ,** *neglecta.* Savi. (mai-juin).

dd. — *Axe velu en dehors.*

6. Chaume petit, dressé, couvert de feuilles planes , étroites , pubescentes en dessus : gaînes longues , glabres : languette très-courte , déchirée : panicule un peu lâche , jaunâtre : épillets de 2-3 ou 4-5 fleurs imbriquées sur 2 rangs, plus longues que la glume à valves très-inégales : valve extérieure de la balle portant au-dessus du milieu du dos une arête pliée , recourbée, beaucoup plus longue qu'elle : *axe velu en dehors.* — ♃. Prairies sèches. Leers. t. 10. f. 5. **A. jaunâtre ,** *flavescens.* Lin. (juin-juillet). — Var. Panicule quelquefois panachée de blanc argenté et de violet foncé. *Variegata.*

ddd. — *Axe très-barbu, terminé par un bouquet de poils.*

7. Chaumes dressés, pubescents au sommet : feuilles et gaînes blanchâtres, pubescentes : languette obtuse : panicule assez resserrée : épillets à 2-3 fleurs d'un vert purpurin, moins longues que la glume : arête au-dessous du sommet, double de la balle : axe terminé par un bouquet de poils — ☉. Alpes du Dauphiné. Cav. icon. t. 15. f. 1. **A. de Cavanilles ,** *Cavanillesii.* Mut. (avril-mai).

II. = Valves inférieures de la balle bifide au sommet : pas de soies : arête basale, robuste, genouillée, très-tortillée : ovaire poilu au sommet.

n. — *Fleurs en épi.*

8. Chaume rameux et coudé à la base : feuilles planes, molles, velues et les gaines : épi fragile, articulé : épillets serrés contre l'axe, à 4-7 fleurs verdâtres : glume à valves inégales. — ☉. Prairies et côteaux des environs de Toulouse, Agen, Grenoble, Nantes, Corse. Host. 2. t. 54. **A. fragile**, *fragilis*. Lin. (mai-juin).

nn. — *Fleurs en panicule.*

V. — PLANTES VIVACES.

q. — *Feuilles sétacées, enroulées.*

9. Chaumes raides, grêles, pas plus longs que les feuilles radicales, *roulées, fines, lisses*, celles du chaume plus courtes : gaines hérissées, pubescentes : panicule resserrée, peu fournie : pédicelles ternés : axe poilu : balle poilue dans le haut et l'arête dans le bas plus longue que la balle. — ♃. Alpes du Dauphiné, Mont-Ventoux. Vill. Dauph. t. 5. f. 1. **A. sétacée**, *setacea*. Vill. (juin-juillet).

qq. — *Feuilles pas toutes enroulées.*

a. — *Feuilles lisses.*

g. — *Toutes les fleurs aristées.*

10. Chaumes de 10-20 pouces : feuilles radicales, *pliées, carénées, étroites, presque lisses*, celles du chaume toujours planes : languette oblongue, un peu aiguë : panicule droite, courte, étroite : épillets à 5-6 fleurs panachées, plus longues que la glume à valves inégales : axe des fleurs velu. — ♃. Montagnes du Forez, Canigou, Lautaret. Vill. t. 4. f. 5. **A. bigarrée**, *versicolor*. Vill. (juillet-août).

11. Racine un peu rampante : chaume de 2-3 pieds : *feuilles toutes planes, pubescentes, velues des deux côtés :* languette oblongue dans les feuilles du haut : panicule droite, presque en épi : épillets à 3-4 fleurs égales à la glume dont les valves sont très-inégales : balle à valve inférieure rongée au sommet, velue à la base : axe poilu. — ♃. Campestre, dans les Cévennes. Fl. dan. t. 1203. **A. pubescente**, *pubescens*. Lin. (mai-août).

gg. — *Fleur inférieure seule aristée.*

12. Chaumes touffus, serrés, gazonnants, de 3-4 pieds : *feuilles glauques, cendrées*, les radicales toujours enroulées, filiformes, raides, striées en dedans, celles du chaume planes, courtes, étalées : gaines poilues à l'ouverture : *languette courte, ciliée, oblongue, glabre dans les feuilles du chaume :* panicule pendante : épillets laineux, luisants, à 2 fleurs panachées, à anthères d'un pourpre violet. — ♃. Environs de Gap, Mont-Aurose. Vill. t. 5. f. 2. **A. toujours verte**, *sempervirens*. Vil. (juillet-août).

b. — *Feuilles rudes.*

P. — UNE SEULE FLEUR ARISTÉE.

13. Chaume de 2-4 pieds : feuilles inférieures longues, planes, roulées par la dessication, couvertes comme les gaines et les nœuds de poils blancs, longs : supérieures très-courtes : languette ciliée : panicule droite, resserrée : épillets à 2 fleurs d'un vert pâle : arête sur le milieu de la valve inférieure poilue : glume à valve supérieure égale aux fleurs. — ♃. Bruyères des Landes, entre la Durance et Barbaste. Mut. t. 85. f. 609. **A. à longues feuilles**, *longifolia*. Thor. (juin-juillet.

PP. — TOUTES LES FLEURS ARISTÉES.

f. — *Axe poilu.*

14. Feuilles étroites, planes ou enroulées, rudes en dessus : *languette oblongue, pointue :* panicule droite, resserrée : épillets tantôt solitaires, tantôt géminés, à 5-7 fleurs plus longues que la glume à valves inégales, pointues : balle à valve inférieure à 2 dents, pointue à la base : axe poilu. — ♃. Environs de Narbonne. **A. de Requien**, *Requienii*. Mut.

ß. — *Axe velu en dehors, glabre en dedans.*

15. Chaume à un seul nœud : feuilles rudes en dessus, un peu enroulées, la supérieure très-courte : languette pointue : panicule très-étroite, peu fournie : épillets un peu pédicellés, *solitaires dans le haut, géminés dans le bas* : à 4-6 fleurs verdâtres dépassant la glume : balle à valve inférieure glabre ; arête presque droite, insérée au milieu du dos. — ♃. Prairies, bords des bois, Meudon, Grenoble, Bordeaux. Fl. Dan. 1085. **A. des prés,** *pratensis.* Lin. (mai-juillet). ═ *Variétés.* ═ 1° — Feuilles

supérieures très-courtes: panicule très-garnie : épillets géminés dans le bas, les autres alternes, à 4-5 fleurs munies à leur base de 2 paquets de poils courts : axe glabre, ou à 1-2 poils : arête enfin divergente. *Intermedia.* ═ 2°—Feuilles raides, cendrées, enroulées, sèches, la supérieure très-courte : panicule garnie : épillets géminés, à 6-8 fleurs : axe de la variété 1° : valve inférieure de la base pubescente : arête très-divergente. *Bromoides.* Avignon.

VV. — PLANTES ANNUELLES.

n. — *Des fleurs sans arêtes.*

a. — *Fleurs glabres à la base.*

16. Chaume feuillé, dressé, 2-4 pieds : feuilles larges, planes, un peu rudes : *panicule très-lâche ;* épillets pendants à 2 fleurs verdâtres, moins longues que la glume : rameaux en demi-verticille, divisés ou simples : axe glabre. — ☉. Cultivée. Kunt. Agros. t. 20. f. 1. **A. cultivée,** *sativa.* Lin. (juin-juillet).

17. Chaume grand, robuste : feuilles larges, planes un peu rudes : *panicule longue, serrée, unilatérale* : épillets à 2 fleurs verdâtres, plus courtes que la glume : axe glabre. — ☉. Cultivée. Host. 3. t. 44. **A. orientale,** *orientalis.* Schreb. (juillet-août).

b. — *Fleurs garnies de poils.*

18. Chaume de 1-2 pieds : feuilles larges, linéaires, glabres et les gaînes inférieures : languette ovale aiguë : panicule unilatérale : épillets à 5-6 fleurs verdâtres, les supérieures glabres, sans arête, *plus petites que la glume.* — ☉. Les moissons du Languedoc. Jacq. icon. rar. 1. t. 25. **A. stérile,** *sterilis.* Lin. (mai-juin).

19. Chaume grêle, 1-2 pieds : feuilles planes, glabres, un peu rudes : languette courte, obtuse : panicule droite, étroite, peu garnie : épillets *à 2 fleurs égalant la glume* : valve externe de la balle à 7 nervures, poilue à la base. — ☉. Environs de Prades. Wahl. Symb. 2. p. 24. **A. blanche,** *alba.* Wahl.

nn. — *Toutes les fleurs aristées.*

a. — *Fleurs glabres.*

20. Chaume de 1-2 pieds : feuilles glabres, planes, rudes : languette, tronquée, dentelée, panicule grêle, arquée, unilatérale : épillets *à 2-3 fleurs verdâtres, égales à la glume* à valves presque égales, pointues : valve inférieure de la balle terminée par 2 arêtes courtes, droites, et une autre dorsale longue, tortillée. — ☉. Les moissons, Paris, Falaise, Haguenau. Engl. Bot. t. 1266. **A. rude,** *strigosa.* Schreb. (juin-juillet).

21. Panicule lâche : épillets à 5 fleurs verdâtres , *plus longues que la glume* : arête non tortillée : valve extérieure de la balle bifide. — ☉. Cultivée. Host. Gram. 3. t. 45. **A. nue,** *nuda.* Lin. (juin-juillet). Balle caduque.

b. — *Fleurs poilues.*

22. Chaume de 1-2 pieds : feuilles planes, glabres, languette courte, obtuse : panicule unilatérale : pédicelles en demi-verticilles : épillets à 2-3 fleurs verdâtres, égales à la glume aristée sur les 2 valves : *balle bidentée et poilue au sommet, glabre à la base.* — ☉. Environs de Paris , Amiens. Host. Gr. 3. t. 42. **A. courte,** *brevis.* Roth. (juillet-août).

23. Chaume très-haut : feuilles larges , planes, striées, les inférieures et les gaînes pubescentes : languette tronquée : panicule grande, lâche : épillets à 5-6 fleurs verdâtres : pédicelles , grêles, hispides : axe velu : glume aristée, velue à la *base de poils jaunes , plus longue que la balle.* — ☉. Les moissons. Fl. Dan. 1626. **A. follette,** *fatua.* Lin. (juin-juillet).

71. BROME , *Bromus.* Lin. — Épillets multiflores , à fleurs sur 2

rangs : axe articulé à la maturité : glume à 2 valves inégales, le plus souvent carénées : balle à valve inférieure convexe sur le dos, fendue presque toujours jusqu'à l'arête insérée un peu en dessous du sommet ; valve supérieure à 2 carènes en dents de peigne : ovaire hérissé au sommet : 2 stigmates insérés en dehors plus bas que le sommet, plumeux. Fruit velu au sommet, linéaire, convexe en dehors, plane en dedans, marqué d'une ligne.

I. = Espèces vivaces : valve inférieure de la balle presque entière, ou à 2 lobes au sommet. Feuilles planes : épillets pédicellés.

a. — Feuilles et gaînes glabres.

1. Chaume de 2-4 pieds, lisse, gros, noirâtre sur les nœuds : feuilles larges, rudes sur les bords et les gaînes : panicule très-longue, lâche, penchée, rameaux inférieurs, longs, ouverts : épillets lancéolés, à 4-6 fleurs verdâtres, imbriquées : arête plus longue que la balle presque entière.— ♃. Les bois, les prés, Paris, Amiens, Grande-Chartreuse, rives de l'Adour. Fl. Dan. 1630. **B. géant**, *giganteus*. Lin. (juin-août).

b. — Feuilles velues.

2. Chaume de 2-3 pieds, dressé, presque nu : feuilles radicales très-étroites, un peu canaliculées, velues et les gaînes; supérieures plus larges, rudes : gaînes hérissées : lan-guette courte : *panicule longue, lâche, droite,* rameaux inférieurs en demi-verticilles : épillets lancéolés, pubescents, à 6-8 fleurs verdâtres, imbriquées : arête longue plus courte que la balle, insérée très-peu en dessous du sommet. — ♃. Les prés. Engl. Bot. 471. **B. droit**, *erectus*. Huds. (juin-août).

3. Chaume de 2-3 pieds, droit, pubescent, rude : feuilles larges, velues, rudes : gaînes hérissées : languette tronquée : *panicule longue, lâche, penchée* : rameaux et pédicelles longs, rudes, géminés ou en demi-verticilles : épillets lancéolés, pubescents, à 6-8 fleurs verdâtres : arête droite, plus courte que la balle un peu bifide. — ♃. Bois des montagnes. Engl. Bot. 1172. **B. rude**, *asper*. Lin. (juillet-août).

II. = Espèces annuelles : valve inférieure de la balle profondément bifide : épillets pédicellés ; feuilles planes.

n. — Arête moins longue que la balle.

a. — Arête contournée, divergente.

4. Feuilles molles, presque glabres : gaînes pubescentes : *panicule très-simple, droite, un peu resserrée :* épillets pubescents, à 10-15 fleurs verdâtres, imbriquées serré : glume un peu aiguë. — ☉. Sables arides du Languedoc, Provence, Fréjus, Marseille. Rhode in Lois. not. 22. **B. lancéolée**, *lanciolatus*. = Var.

1° — Epillets pubescents, laineux. *Lanugino-sus*. =2° — Epillets très-velus laineux : gaînes très-velues : des poils mous, rares sur les feuilles. =3° — Epillets très-grands. *Macrostachis*. = Voir aussi les variétés des *B. arvensis et B. secalinus*.

b. — Arête droite.

d. — Pédoncules de la panicule lisses.

5. Chaume droit, *couvert d'un duvet mou,* ainsi que les feuilles et les gaînes : panicule droite, *resserrée après la floraison :* pédoncules rameux, courts pubescents : épillets ovales oblongs, couverts d'un duvet blanchâtre, à 5-10 fleurs verdâtres, imbriquées par les bords : balle obtuse. — ☉. Bords des chemins. Lam. illust. t. 46. f. 1. **B. mollet**, *mollis*. Lin. (juin-juillet). =Var. à épillets glabres.

dd. — Pédoncules rudes.

g. — Arêtes à la fin divergentes.

6. Tige de 2 pieds : feuilles et gaînes poilues. quelquefois la plus haute feuille glabre : *panicule étalée, enfin penchée d'un seul côté :*

pédicelles inférieurs arqués , horizontaux : épillets lancéolés, à 8-10 fleurs elliptiques, un peu écartées à la base surtout : valve inférieure de la balle plus longue. — ②. Alsace. Koch. Syn. p. 947. **B. étalé** , *patulus*. Mert. et Koch. (mai). = Voir les variétés du *Br. secalinus*.

gg. — *Arêtes droites non divariquées.*

7. Chaume droit, glabre , olivâtre sur les nœuds ; feuilles molles, un peu poilues en dessus : gaînes inférieures pubescentes , toutes striées : *panicule lâche, dressée, puis penchée :* épillets ovales , comprimés , à 6-12 *fleurs* verdâtres , *renflées*, lisses, écartées : arête droite, flexueuse. — ⊙. Les champs. Engl. Bot. 1171. **B. des seigles** , *secalinus*. Lin. (juin-août). = *Variétés.*= Pas d'arête, ou fleur supérieure

aristée. = 1° — Arêtes toujours divergentes. =2° — Épillets pubescents ou glabres ; panicule courte : arête enfin divergente, dépassant la balle.

8. Chaume grêle, lisse, glabre : feuilles molles, pubescentes et la gaîne : panicule droite, puis penchée : pédoncules simples et rameux : *épillets glabres ou pubescents , allongés, lancéolés ,* à 10-12 fleurs luisantes , panachées , imbriquées : balle obtuse au sommet. — ⊙. Les champs. Host. 1. t. 14. **B. des champs ,** *arvensis*. Lin. (juin-juillet). = *Variétés.* = 1° — Gaîne supérieure très-glabre , panicule peu ouverte : arêtes un peu divergentes. = 2° — Panicule dressée, très-ouverte : arêtes à la fin divergentes, plus longues que la balle. *Patulus.*

nn. — *Arête égale à la balle.*

a. — *Pédoncules renflés au sommet.*

9. Chaume droit, grêle : feuilles molles , velues et les gaînes blanches : *panicule lâche, simple, penchée au sommet :* pédicelles filiformes, simples, solitaires ou géminés : épillets ovales, comprimés, à 9-10 fleurs verdâtres ou panachées , imbriquées , puis distinctes : *balle à valve extérieure grande, en nacelle :*

arête très-divergente à la maturité.—⊙. Bords des champs , Fréjus , Agen , Tresques. Engl. Bot. 1885. **B. rude** , *squarrosus*. Lin. (juin). =Var. 1° — à épillets hérissés ou pubescents. = 2° — à chaume grêle , terminé par 1-3 épillets. *Exilis.* == Pédicelles renflés au sommet.

b. — *Pédoncules non renflés au sommet.*

I. — *Chaume rude au sommet.*

10. Chaume de 1-2 pieds , quelquefois lisse au sommet : feuilles larges , poilues et les gaînes inférieures : *panicule diffuse , penchée au sommet , puis resserrée :* pédoncules le plus souvent simples : épillets glabres, aigus, à 6-10 fleurs verdâtres ou un peu rougeâtres, imbriquées ; balle obtuse, un peu échancrée au sommet.—⊙. Champs, prairies, Paris, Corse. Engl. Bot. t. 1079. **B. en grappe**, *racemosus*. Lin. (mai-juin). = Var. 1° — à chaume de 4 pouces terminé par un seul épillet. *Uniflorus.* = 2° — Chaume très-élevé : panicule grande , resserrée à la maturité : fleurs très-déprimées, moins longues que l'arête droite, ou convergente. *Commutatus.*

11. Chaume grêle, de 6-10 pouces : feuilles molles, pubescentes et les gaînes, avec des poils longs, épars à leur base : languette déchirée : *panicule penchée de côté, lâche non resserrée : pédicelles flexueux , lisses* en demi-verticille : épillets linéaires , à 5-7 fleurs verdâtres ou purpurines, luisantes. — ⊙. Murs ,

décombres. ⅠⅠ. Grœc. 82. **B. des toits ,** *tectorum.* Lin. (mai-juin). = Voir la variété 2° du *Br. rubens.*

II. — *Chaume lisse au sommet.*

12. Chaume de 10-15 pouces, glabre : feuilles un peu raides, *pubescentes et les gaînes : panicule droite, simple, fasciculée :* épillets à courts pédicelles, à 5-7 fleurs rougeâtres, ou d'un vert rougissant, glabres, ou pubescentes : arête droite, ou divergente. — ⊙. Lieux sablonneux du Midi, Paris, Crest, Avignon , Marseille. Fl. Grœc. 83. **B. rougeâtre ,** *rubens.* Lin. (avril-juin). = *Variétés.* = 1°—Chaume pubescent au sommet : épillets dressés, presque sessiles , élargis vers le haut : arête droite, dépassant la balle. *Rigidus.* = 2°— Chaume presque lisse au sommet : panicule ouverte : pédicelles grêles : épillets linéaires : arête droite, égale à la balle. *Polystachius.*

13. Chaume luisant, glabre, genouillé, à articulations allongées: *feuilles poilues en dessus et sur les bords, fermes , glabres en dessous :* gaînes glabres , ou peu souvent velues, sillon-

nées : *panicule lâche*, *un peu pendante*, couverte de poils courts, serrés, blanchâtres : épillets oblongs, à 8-12 fleurs verdâtres, cylindriques, écartées. — ⊙. Terrains secs, stériles. Schrad. t. 6. f. 3. **B. velouté**, *velutinus*. (juin-août). = *Variétés.* = 1° — Épillets quelque-

fois glabres, luisants. *Nitidus.* = 2° — Panicule presque simple : épillets glabres : valve inférieure de la balle, rude, à 3 lobes prolongés en arête, celle du milieu plus longue : une dent de chaque côté de la valve en dessous du milieu. *Triaristatus.*

unn. — *Arête dépassant la balle.*

a. — *Chaume rude au sommet.*

14. Chaume de 1-2 pieds, un peu rude au sommet : feuilles pubescentes en dessus : gaines supérieures très-longues, enveloppant la panicule dans la jeunesse : *languettes très-courtes*, *tronquées*, supérieures plus longues, aiguës : panicule droite, étalée : pédoncules supérieurs solitaires, rudes, aplatis dilatés au sommet : épillets linéaires, à 5-6 fleurs d'un vert blanchâtre, puis jaunâtre : balle à longue pointe terminée *par une arête terminale.* — ⊙. Les champs, Manduel. Host. 1. t. 17. **B. de Madrid**, *Madritensis.* Lin. (mai-juin).

15. Chaumes pubescents : feuilles ciliées, à *languettes lancéolées, pointues déchirées :* panicule unilatérale, un peu ouverte, puis resserrée : pédoncules inégaux, pubescents, ternés, ou géminés, très-dilatés et renflés au sommet :

épillets de 5-6 fleurs à 2 longues pointes formées par 2 soies grêles : *arête robuste*, beaucoup plus longue que la balle rude pubescente. — ⊙. Sables d'Aigues-Mortes. Desf. Atl. 1. t. 26. **B. à longue barbe**, *maximus.* Desf. (mai).

b. — *Chaume lisse au sommet.*

16. Chaume de 1-3 pieds, glabre lisse au sommet : feuilles et gaines inférieures pubescentes : languette déchirée : panicule lâche : étalée, pendante au sommet : *pédoncules* verticillés, filiformes allongés, *rudes*, un peu dilatés au sommet, à 1-2 épillets lancéolés, rudes, à 5-9 fleurs vertes, ou mêlées de pourpre : *arête droite, très-longue.* — ⊙. Lieux stériles. Fl. Dan. 1525. **B. stérile**, *sterilis.* Lin. (mai-juin).

72. DANTHONIE, *Danthonia.* DC. — Épillets à 3-6 fleurs distiques, velues à la base : glume à 2 valves membraneuses, très-grandes, concaves, presque égales : balle à valve extérieure concave, parcourue par plusieurs nervures, velue à la base, fendue au sommet, portant dans la fissure une arête plane dans le bas, longue, tortillée, ou presque nulle, avortée : 2 styles quelquefois courts : stigmates plumeux à poils simples ou rameux.

1. Chaume grêle, coudé à la base, ascendant ; feuilles étroites, planes, les inférieures roulées, sétacées : gaine poilue à l'ouverture : panicule peu fournie : épillets à 3-6 fleurs verdâtres : *arête longue, tortillée, genouillée.* — ⊙. Environs de Gap, Sisteron. Vill. Dauph. t. 2. f. 9. **B. à grand calice**, *calycina.* Vill. (juin-juillet).

2. Racine un peu rampante : chaume ra-

meux, dressé, puis incliné, 1-2 pieds : feuilles planes, ou un peu roulées, velues surtout vers le bas : gaine velue ; languette souvent remplacée par un bord cilié : panicule en épi peu fourni : épillets à 3-4 fleurs grosses, violettes : *arête très-courte, comme une dent.* — ♃. Collines sèches, bois de Boulogne, Besançon, Fréjus. Kunt. Agr. t. 21. f. 2. **B. inclinée**, *decumbens.* DC. (mai-juillet).

73. ÉCHINAIRE, *Echinaria.* Desf. — Épillets à 2-3 fleurs, les unes staminées, les autres staminées et pistilées : glume membraneuse, à valves carénées, l'inférieure à 2 arêtes terminales, la supérieure un

peu plus longue , à 1 arête , toutes subulées, ou presque nulles : balle à valve inférieure concave, à 5 nervures, à 5 lanières raides, divergentes ; la supérieure à 2 carènes, bifide au sommet, à 2-3 divisions raides , subulées : ovaire velu au sommet : 2 styles très-longs : stigmates glabres.

1. Chaume de 6-8 pouces : feuilles planes , glabres, épi ovale arrondi, hérissé. — ⊙. Terrains arides du Midi , Saint-Gilles. Kunt. Agr. | t. 15. f. 6. fleurs verdâtres. **Ech. en tête ,** *capitata.* Desf. (mai-juin).

74. CYNOSURE , *Cynosurus*. Lin. — Epillets distiques , à 2-5 fleurs, chacun muni à la base d'une espèce d'involucre : glume membraneuse, lancéolée-subulée, ou terminée par une courte arête : balle membraneuse , valve inférieure mucronée ou munie d'une arête au sommet, la supérieure à 2 carènes : 2 styles courts : stigmates plumeux.

a. — *Epillets mucronés ; pas d'arête.*
1. Chaume glabre, raide, de 12-15 pouces : feuilles linéaires, pliées en gouttière : *panicule en épi , droit , serré , comprimé :* épillets mucronés : épillets stériles en dents de peigne , formés chacun de 10 bractées distiques : les fertiles à 2-3 fleurs d'un vert argenté : balle à valves inégales, l'inférieure terminée par 2 dents et une courte arête , la supérieure concave, à 2 lobes mucronés. — ⅔. Prairies , chemin de Tresques à Connaux , devant Grange-Neuve. Lam. ill. 47. f. 1. **C. à crêtes,** *cristatus.* Lin. (juin-juillet).

b. — *Epillets à longues arêtes.*
2. Chaume de 1-2 pieds , genouillé : feuilles glabres, lancéolées : languette allongée, courte dans le bas : *panicule resserrée en épi ovale , ou un peu allongée :* involucre de 11-15 dents sur 2 rangs ; épillets à 2 fleurs argentées, puis roussâtres, dont 1 stérile munie d'une longue arête : balle à valves égales, l'inférieure rude au sommet terminé par 4 dents, et une arête très-longue ; la supérieure à lobes subulés. — ⅔. Champs , prairies du Midi , Saint-Malo , Cherbourg. Lam. ill. t. 47. f. 2. **C. hérissé ,** *echinatus.* Lin. (mai-juin). ═*Variété.*═ Chaume robuste , très-renflé sur les nœuds : panicule luisante, formant un épi lobé, interrompu: panicules partielles condensées : involucres à dents très-écartées , très-apparentes : épi roussâtre. Corse. Mutel. t. 84. f. 60. *Multibracteatus.*

3. Chaume grêle, dressé : feuilles molles, glabres, la supérieure beaucoup plus courte que la gaîne renflée, bordée d'une membrane blanche : languettes supérieures lancéolées , aiguës : *panicule lâche unilatérale : épillets agglomérés :* involucre à dents transformées en longues soies : balle à valve inférieure, poilue au sommet et au bord, terminée en longue arête. — ⅔. Environs de Fréjus. Mut. t. 84. f. 606. **C. élégant,** *elegans.* Desf. (mai). ═*Variété.*═ Epillets tous fertiles, à 2 fleurs , 2 glumes à valves égales, étroites, subulées. *Fertilis.* Mut. t. 84. f. 607.

75. ELYME , *Elymus*. Lin. — Rachis denté : 2-4 épillets sur chaque dent , à 1-4-6 fleurs staminées et pistilées ; la supérieure quelquefois staminée : glume à valves inégales, à côtés inégaux, avec ou sans arête : balle à valve inférieure le plus souvent aristée , la supérieure à 2 carènes : ovaire poilu au sommet : 2 stigmates sessiles , pas tout-à-fait terminaux , écartés , plumeux , à poils dentés.

a.—*Glume et valve inférieure de la balle sans arête : écailles entières, poilues au sommet.*

1. Glauque, blanchâtre : chaume articulé, de 2-4 pieds : feuilles très-longues, raides, rudes, un peu enroulées : épi long, fort, droit : épillets à 2-3 fleurs, ceux du milieu ternés, plus courts que la glume ciliée. — ♃. sables maritimes des deux mers. Host. 4. 1. 12. **El. des sables**, *arenarius*. Lin. (juin-juillet).

b. — *Glume et valve inférieure de la balle aristées : écailles glabres, le plus souvent à 1 lobe latéral.*

2. Chaume de 1-2 pieds : *feuilles longues,* larges, planes, molles, à peine pubescentes : gaînes poilues : épi long, droit, serré : 3 épillets sur chaque dent du rachis : glume rude, linéaire subulée, aristée, et la balle.—♃. Bois des montagnes, prairies, Compiègne, Rouen, bois de Pende. Fl. Dan. **El. d'Europe,** *Europæus*. Lin. (juin-septembre).

3. Chaume droit, ou couché à la base, glabre: *feuilles courtes, étroites :* épi droit, court, mais allongé par les arêtes : 2 épillets sur chaque dent du rachis, uniflores ou biflores : involucre de 4 valves aristées au bas de chaque fleur supérieure. — ☉. Terrains arides du Midi, Avignon. Fl. Græc. 96. **El. à crinière,** *crinitus*. Schreb. (mai-juin).

76. ORGE, *Hordeum*. Lin.

— Rachis denté : 3 épillets sur chaque dent, les latéraux le plus souvent pédicellés, staminés, celui du milieu sessile, staminé et pistilé, à 1 fleur avec le rudiment d'une seconde : glume à valves linéaires, subulées, terminées par une arête presque plane ; balle à valve inférieure concave, terminée par une arête, la supérieure à 2 carènes : ovaire poilu au sommet : 2 stigmates pas tout-à-fait terminaux, plumeux : grain poilu au sommet, marqué d'un sillon en dedans. Feuilles planes : épis simples.

I. = Toutes les fleurs à étamines et à pistils.

a. — *Plantes vivaces.*

1. Chaume renflé en bulbe à la base, de 1-2 pieds : feuilles inférieures portant de longs poils blancs : épi long distique : épillets latéraux pédicellés, celui du milieu seul aristé : axes et pédicelles latéraux ciliés, rudes : glume de l'épillet sessile, calleuse à la base. — ♃. Provence. Reich. Cent. 11. f. 1365. **Or. bulbeux,** *bulbosum*. Lin. (juillet).

b. — *Plantes annuelles.*

2. Chaume feuillé jusqu'au haut : feuilles rudes ; épis gros ; toutes les fleurs munies d'arête, sur 6 rangs, *dont 2 plus saillants,* ce qui fait paraître l'épi un peu comprimé : graine revêtue de la balle, ou s'en dépouillant à la maturité.—☉. Sicile, Tartarie. Host. 3. 1. 34. **Or. commun,** *vulgare*. Lin. (mai-juin).

3. Chaume droit, très-feuillé : épis gros, comprimés, épais; *à 6 rangées* de fleurs et de graines *également saillantes :* fleurs toutes aristées. — ☉. Cultivé. Host. 3. 1. 35. **Or. à six rangs,** *hexastichon*. Lin. (mai-juin).

II. = Pas toutes les fleurs à étamines et à pistils.

n. — *Toutes les fleurs aristées.*

a. — *Glumes glabres.*

4. Chaumes gazonnants, couchés à la base, géniculés : feuilles toutes pubescentes et les gaînes inférieures : épi court, oblong, un peu comprimé : arêtes courtes sur les fleurs latérales, longues sur celles du milieu : glumes rudes, *les latérales lancéolées.*—♃. Bords des deux mers, Avignon. Fl. Dan. 1632. **Or. maritime,** *maritimum*. With. (mai-juin).

5. Chaume de 1-2 pieds, grêle, ascendant : feuilles supérieures courtes, glabres, inférieures velues, au moins les gaînes : épi allongé : épillet du milieu sessile, à longue arête : *les 6 glumes en forme de soies rudes,* plus longues que les arêtes des fleurs à étamines, moins longues que l'arête de la fleur fertile. — ♃. Prés secs et bords des chemins, Paris, Salins, Nancy, Vienne. Engl. Bot. 409. **Or. des prés,** *pratense*. Huds. (juin-juillet).

b. — *Glumes ciliées.*

6. Chaume gazonnant, couché à la base, puis redressé : feuilles molles, pubescentes : *gaines glabres, supérieure renflée :* épi oblong, épais : les 2 valves de l'épillet du milieu et la valve intérieure des épillets latéraux , linéaires lancéolées, ciliées : *la valve extérieure des épillets latéraux en forme de soies , plus courtes que la balle et son arête.* — ☉. Bords des]chemins. Fl. Dan. 629. **Or. queue de souris**, *murinum.* Lin. (juin-août).

nn. — *Pas toutes les fleurs aristées.*

7. Chaume droit, feuillé jusqu'au haut : feuilles rudes : *épi allongé, comprimé :* fleurs fertiles sur 2 rangs : épillets latéraux sans arêtes : graines quelquefois sans]enveloppe à la maturité. — ☉. Cultivé. Host. 3. t. 36. **Or.** à **deux rangs**, *distichum.* Lin. (juin-juillet).

8. Chaume droit, *épi élargi à la base, rétréci au sommet.* Fleurs fertiles à arêtes très-divergentes. — ☉. Cultivé. Viborg. t. 4. **Or. riz**, *zeocritum.* Lin. (juin-juillet).

77. EGILOPE , *Ægilops.* Lin. — Epillets sessiles , distiques , à 3-5 fleurs , la terminale avortée : glume à valves coriaces , concaves , presque égales, tronquées au sommet, à 2-5 arêtes terminales, longues, quelquefois pas d'arêtes : balle à valve inférieure concave , tronquée , à 2-5 dents, quelquefois celle du milieu seule aristée : ovaire poilu au sommet : grain convexe en dehors, plane et marqué d'un sillon en dedans. Feuilles planes.

n. — *Epi court, ovale.*

1. Chaume *articulé*, rameux , coudé , de 4-5 pouces : *épi court, ovoïde :* glume striée, rude, velue, à 3-4 arêtes presque égales, longues. — ☉. Bords des chemins dans le Midi , Fontainebleau. Lam. ill. t.]859. **Eg. ovale**, *ovata.* Lin. (mai-juin).

2. Chaumes *élancés, dressés,* de 5-6 pouces : épi *aminci* ovale , à 4 *épillets imbriqués :* glume rude, à 5-5 arêtes divergentes, *inégales ,* élargies à la base : article dernier de l'axe presque toujours égal à la glume. — ☉. Avignon, Aigues-Mortes. Mut. t. 92. f. 646. **Eg. aminci** , *triaristata.* Willd. (mai-juin).

nn. — *Epi allongé.*

f. — *Epis bosselés, à arêtes courtes.*

3. Chaume genouillé à la base, redressé , presque couvert par les gaines des feuilles ; la supérieure très-courte : *épi raide, épais, articulé, cylindrique :* épillets ovales , contigus , *mais non imbriqués,* à 3 fleurs fertiles, 2 supérieures stériles : glume à valves convexes, rudes, nervées, à 2 lobes inégaux, aigus : balle à valve inférieure à 5 dents. — ☉. Près de Montpellier. Mut. t. 92. f. 648. **Eg. rude**, *squarrosa.* Lin. (mai-juin).

ff. — *Toutes les arêtes très-longues.*

4. Chaume de 8-12 pouces , grêle, ascendant : épi *grêle,* presque *cylindrique,* à 5-6 *épillets* contigus, *mais non imbriqués :* glumes rudes ; les inférieures à 2 , les autres à 3 arêtes divergentes, ascendantes : articles de l'axe plus longs que l'épillet (moins les arêtes) : glumes poilues. — ☉. Lieux arides du Midi , Tresques, Sorrèze. Lam. ill. 859. f. 5. **Eg. allongé**, *triuncialis.* Lin. (juin-juillet).

5. Chaumes raides, blanchâtres, dressés, de 1-2 pieds : épi oblong, cylindrique : épillets *ouverts, imbriqués, plus longs que l'article de l'axe* poilu à 5 dents dont 2 prolongées, en très-longues arêtes droites : balle à valve inférieure à 5 dents, dont celle du milieu prolongée en très-longue arête.—☉. Environs d'Avignon, de La Calmette. Mut. t. 92. f. 650. **Eg. froment** , *triticoides.* Requien. ined. (mai-juillet).

78. IVRAIE , *Lolium.* Lin. — Epillets multiflores solitaires sur

chaque dent du rachis et présentant un de leurs côtés à ce même rachis, distiques, sessiles : rachis ou axe creusé : glume à une seule valve, l'inférieure très-petite : balle à valve inférieure, concave, avec ou sans arête au-dessous du sommet ; la supérieure à 2 carènes : stigmates plumeux, à poils dentés : graine glabre, unie à la valve supérieure de la balle. Feuilles planes.

n. — *Plantes vivaces.*

1. Chaume grêle, de 12-18 pouces : gaînes lisses : épi très-long, comprimé : *épillets sans arêtes, alternes, assez écartés, à* 8-12 *fleurs lancéolées :* glume moins longue que l'épillet, à 2 valves presque égales dans l'épillet supérieur : dans tous les épillets balle à valve oblongue, concave, à 5 nervures, sans arête : la glume à 5-7 nervures dans les épillets inférieurs. — ♃. Prairies, les champs. Engl. Bot. 315. **Iv. vivace**, *perenne.* Lin. (juin-septembre). — Var. à épi rameux à la base, allongé. *Ramosum.* = Chaume effilé : feuilles étroites : épillets très-peu fournis, 1-4 fleurs. *Tenue.*

2. Chaume de 1-2 pieds, fort, rude : feuilles roulées dans la jeunesse, puis très-larges, rudes en dessus et les gaines : *épillets* avec ou sans arête, comprimés, fragile à la maturité, *à* 10-20 *fleurs allongées :* glume moins longue que l'épillet, à 2 valves dans le plus haut, 1 dans les autres : balle à valve inférieure portant 5-7 nervures apparentes seulement au milieu. — ♃. Les champs, Paris, Grandchamp. Reich. Cent. 11. f. 1545. **Iv. multiflore**, *multiflorum.* Lam. (mai-juillet). = *Variétés.* = 1° — Epillets à 5-10 fleurs munies d'arête. *Diminutum.* = 2° — Epi aplani en massue dans le haut, large : épillets très-rapprochés. *Complanatum.* = 3° — Epi rameux à la base. *Compositum.*

nn. — *Plantes annuelles.*

3. Chaumes en faisceau, rudes du haut en bas, sillonnés, 1-2 pieds : feuilles étroites, très-aiguës, languette très-courte : *épillets oblongs, de* 6-10 *fleurs lancéolées*, pourvues d'une arête flexueuse, naissant *en dessous du sommet :* glume aiguë, égale à l'épillet, à 4-7 nervures : balle à valve inférieure portant 5 nervures très-marquées dans le haut, presque nulle dans le bas. — ☉. Carpentras, Arbois. Mut. t. 91. f. 639. **Iv. des champs**, *arvense.* With. (juin-juillet). = *Variété.* = Epillets aplanis, ovales, plus ouverts au sommet, dépassant un peu la glume. *Complanatum.* Mut. f. 640.

4. Chaume articulé, rude et velu au sommet : feuilles glabres, longues : épi droit, raide : *épillets* comprimés, *à* 5-9 *fleurs elliptiques, aristées,* distiques, imbriquées : glume plus longue que l'épillet : balle à valve inférieure à 5 nervures très-marquées au sommet. — ☉. Champs. Engl. Bot. 1124. **Iv. énivrante**, *temulentum.* Lin. (juin-juillet). = *Variétés.* = a. — *Chaume rude.* — 1° Chaume robuste : feuilles rudes, très-longues, très-larges : fleurs renflées, distinctes au sommet, serrées à la base de l'épillet. *Robustum.* — 2° Plante très-robuste : glume très-nervée, dépassant l'épillet : fleurs très-grosses, imbriquées, distinctes. *Robustissimum.* Mut. f. 642. — b. — *Chaume lisse.* — 1° feuilles un peu rudes : glume de la longueur de l'épillet à 6-8 fleurs distinctes, sans arête. *Lævigatum.* Mut. f. 643. — 2° Feuilles un peu rudes : glume moins longue que l'épillet à fleurs alternes, aristées, écartées entre elles. *Dissitum.* Mut. f. 644.

79. FROMENT, *Triticum.* Lin. — Epillets à 2 ou plusieurs fleurs : rachis denté : épillets solitaires, sessiles dans chaque dent du rachis, le plus souvent articulé à la maturité : glume à 2 valves presque égales, avec ou sans arête : balle à valve inférieure avec ou sans arête, ou mucronée, la supérieure à 2 carènes plus ou moins ciliée : ovaire poilu au sommet : 2 stigmates sessiles, plumeux, à poils simples, dentés :

graine convexe en dehors, concave et marquée d'un sillon en dedans , libre ou unie à la balle : épi simple.

I. = Plantes annuelles : des fleurs stériles au sommet des épillets.

n. — *Grains non adhérents à la base*

a. — *Épi incliné.*

1. Chaume gros, plein de moëlle, de 4-5 pieds : épillets velus, soyeux, renflés, à 4-5 fleurs : *épi à 4 angles*, quelquefois rameux : *glume* à valves courtes, renflées, tronquées, un peu mucronées, *présentant dans toute leur longueur une carène aiguë :* arête très-longue : grains ovales, bossus. — ⊙. Cultivé. Host. 5. t. 28. **F. pétanielle** , *turgidum.* Lin. (mai-juin).

2. Épi à 4 angles : épillets à 5-4 fleurs : glumes à 5 valves un peu ventrues, allongées , oblongues, marquées de carènes sur le dos, mucronées : balle portant des arêtes très-longues : fleurs presque pas renflées : *grains allongés*, bossus. — ⊙. Cultivé. Host. 4. t. 5. 6. **F. dur,** *durum.* Desf. (juin).

b. — *Épi droit.*

5. Chaume droit, feuillé dans le bas : feuilles planes : épillets à 5-4 fleurs, presque pas pubescents : *glume* à valves ventrues, en nacelle, tronquées, *à carène saillante,* sur le dos *vers le sommet :* axe poilu au bord ; des arêtes ou pas d'arêtes. — ⊙. Cultivé en grand. Chaumel., tom. 7. t. 45. **F. commun** , *vulgare.* Vill. (mai-juin).

4. Chaume très-grand, quelquefois de 6 pieds, épais, robuste, plein de moëlle : *épi à* 4 angles, quelquefois comprimé : *irrégulier : épillets allongés*, de 4 fleurs : glume à *valves* un peu ventrues, *divergentes*, carénées, à 2 pointes, dépassant la balle, moins les arêtes très-longues : épi quelquefois glabre, cendré. — ⊙. Cultivé dans les montagnes. Host. 5. t. 51. **F. de Pologne**, *Polonicum.* Lin. (mai-juin).

nn. = *Grains adhérents à la balle.*

a. — *Épi incliné.*

5. Chaume ferme, glabre, à nœuds d'un brun rouge : feuilles *hérissées de poils en séries parallèles :* gaîne glabre, renflée, striée : épi un peu comprimé : épillets sur 2 rangs , à 5 fleurs et le rudiment d'une quatrième :

glume élargie et tronquée au sommet, aristée, poilue sur la carène et l'axe. — ⊙. Environs de Montpellier. Host. 2. t. 47. **F. velu,** *villosum.* P. Beauv. (mai-juin).

b. — *Epi droit.*

q. — *Epi comprimé sur le côté plane du rachis.*

6. Épi simple, lâchement imbriqué : épillets à 4 fleurs, dont 1-2 stériles : glume à valves oblongues, aiguës, mucronées, à carène saillante, nervées, ciliées, épineuses vers le sommet : épi quelquefois sans arête, velu ou glabre.— ⊙. Cultivé. Host. 5. t. 29. **F. épautre,** *spelta.* Lin. (juin-juillet).

qq. — *Épi comprimé sur le tranchant de l'axe.*

7. Épi très-comprimé : épillets serrés, à 5

fleurs *dont 2 stériles sans arête*, l'autre avec arête : glume à valves égales, *à 5 pointes* au sommet : balle à valve inférieure de la fleur fertile, portant une barbe très-longue. — ⊙. Cultivé. Host. 5. t. 52. **F. locular**, *monococum.* Lin. (juin-juillet).

8. Épillet grêle, allongé, distique : épillets *à 5 fleurs imbriquées serré, avec ou sans arête :* glume à valves ventrues, lancéolées, *à 2 dents recourbées en dedans* . carène arquée, saillante dans le bas : grains à 5 angles , longs, aigus : épi lisse ou velu. — ⊙. Cultivé. Host. 5. t. 50 **F. amidon** , *dicoccum.* Schr. (juin).

II. = Plantes vivaces : toutes les fleurs fertiles : glume à valves linéaires ou lancéolées aiguës , entières.

n. — *Racine fibreuse.*

9. Chaume de 2-3 pieds : feuilles planes , *rudes des deux côtés :* épi simple, serré, pen-

ché, long : épillets sessiles, glabres, serrés, sur 2 rangs, à 4-5 fleurs : axe rude : balle à valve

interne obtuse, ciliée, l'externe moins longue
que l'arête : glume à valves égales, pointues ,
aristées, à 5-5 nervures. — ⊙. Les bois, les

buissons. Fl. dan. 1447. **F. des buissons** ,
caninum. Lin. (juin-août).

nu. — *Racine rampante.*

f. — *Épi interrompu.*

a. — *Axe lisse.*

10. *Glauque :* chaume raide, droit : feuilles
très-longues, raides, droites, *poilues en dessous*, celles des jeunes pousses enroulées : épi
allongé, sur 2 rangs, un peu interrompu :
épillets comprimés, larges, à 4-7 fleurs obtuses, sans arête : glume *à valves* tronquées, un
peu striées, *à 9 nervures :* balle à valve inférieure tronquée, obtuse, la supérieure mucronée, toutes deux dépassant la glume. — ♃.
Sables des deux mers, Toulon, Montpellier ,
St-Valéry, Cayeux. Fl. dan. 916. **F. jonc** ,
junceum. Lin. (juin-août).

b. — *Axe rude.*

11. Plante raide, glauque, ferme : feuilles
un peu roulées en dessus, rudes : épi distique, allongé, un peu lâche, interrompu à la
base : épillets comprimés, sessiles, serrés, à
5-7 fleurs : glume à valves presque égales ,
rétuses, *à 5-7 nervures :* balle plus longue que
la glume, la valve interne finement ciliée :
fleurs sans arêtes ni pointes, ou pointes et pas
d'arêtes, ou enfin des arêtes. — ♃. Les sables,
environs de Narbonne. Host. 2. t. 22.. **F. intermédiaire**, *intermedium*. Host. (juin-
juillet).

ff. — *Epi continu.*

12. Racine longue, articulée, rampante :
chaume droit : feuilles planes, longues, *hérissées*, *rudes en dessus*, quelquefois roulées
au sommet : épi long, raide, serré : axe rude :
épillets glabres, comprimés, à 4-5 fleurs pointues ou un peu obtuses, avec ou sans arêtes :
glume lancéolée, pointue, plus courte que la
balle. — ♃. Les champs. Host. 2. t. 21. **F.
chiendent** , *repens*. Lin. (juin-août). = *Variétés*. = 1° *Plante verte.* — feuilles planes :
épillets ouverts, imbriqués, à 8-10 fleurs ouvertes : glume et balle pointues, sans arête.
Firmum. = 2° *Plantes plus ou moins glauques.* — a. Feuilles glauques, rudes , enroulées, piquantes : épi à 2 rangs : glume linéaire,

aiguë ou un peu obtuse, à 5 nervures , un
tiers moins longue que la balle mucronée ou
munie d'arêtes. *Acutum*. — b. Feuilles aiguës,
planes ou enroulées : épillets rapprochés ,
presque sur 2 rangs : axe glabre ou rude :
glume un peu aiguë, à 7 nervures : balle de
même, sans arête. *Pungens*. — c. Feuilles
planes : axe lisse : glume lancéolée, pointue:
balle pointue, avec ou sans arêtes. *Littorale*.

15. Épi tétragone, presque renflé, semblable à celui de l'Orge ou du Seigle : glume
noire, velue au bord : arêtes longues. — ♃.
Bords de la mer, en Normandie. — *Espèce
trouvée par Bory-Saint-Vincent, maintenant*
PERDUE. **F. noirâtre**, *nigricans*. Pers.

80. **SEIGLE**, *Secale*. Lin.—Rachis denté: épillets solitaires dans chaque dent du rachis. à 2 fleurs ovales, rudiment d'une troisième terminale : glume à 2 valves carénées , aristées ou non : balle à valve inférieure carénée , à longue arête , à côtés inégaux, la supérieure large,
forte, plus courte , à 2 carènes : ovaire poilu au sommet : 2 stigmates
plumeux, à poils dentés.

1. Chaume articulé, de 5-5 pieds : feuilles
planes, glabres, longues, assez étroites : épi
grêle , allongé, à 2 rangs : épillets à 2 fleurs ,
munies de cils raides : *glume linéaire*, lancéolée, *aiguë, dentée, rude sur la carène* :
balle à valve inférieure ciliée, épineuse sur la
carène, portant une longue arête terminale

droite, rude. — ⊙. Cultivé. Lam. ill. t. 49. **S.
cultivé** , *cereale*. Lin. (mai-juin).

2. Racine presque tubéreuse : épi comprimé :
glume tronquée, aristée, *chargée sur la carène de faisceaux de poils :* balle à valve inférieure aristée, *velue et ciliée sur la carène vers
le sommet.* — ⊙. Corse. Tournef. corol. 59. **S.
de Crète**, *Creticum*. Lin.

81. PSILURE , *Psilurus.* — Epi filiforme , cylindrique , articulé : épillets alternes, solitaires ou géminés, le pédicellé presque avorté : 2 fleurs, dont l'une très-petite , presque avortée : glume à 1 seule valve, sans arête : balle à 2 valves membraneuses, l'interne à 1 nervure, aristée au sommet, embrassant l'autre à 2 carènes : 1 étamine : 2 stigmates plumeux , pubescents : fruit à 3 angles, adhérent à la balle.

1. Chaumes flexueux, filiformes : feuilles enroulées, filiformes : épi très-long, grêle , flexueux ou courbé : arêtes pas plus longues que les fleurs. — ⊙. Le Midi, dans les champs, Haguenau , St-Léger près Paris. Kunth. agr. t. 38. f. 4· **P. faux Nard,** *Nardoides.* Trin. (mai–juin).

82. ROTTBOLLE , *Rottbollia.* — Epi cylindrique, articulé : épillets à 1 fleur staminée et pistilée; ou à 2 fleurs dont 1 à étamines , ou avortée , ou réduite à un simple rudiment , ou quelquefois toutes les 2 à étamines et à pistils : glume à 1-2 valves égales : balle à 2 valves inégales, membraneuses, plus courtes que la glume : fleurs enchâssées dans l'axe.

a. — *Glume à 1 seule valve.*

1. Chaume rameux à la base, ascendant : feuilles presque lisses : épi subulé, plus épais à la base : *glume en épée, pointue, étalée pendant la floraison,* quelquefois les fleurs sont opposées dans le bas de l'épi. — ⊙. Sables maritimes de Cette, Toulon. Savi. Giorn. pis. 4. f. 4. 8. **R. subulée,** *subulata.* Sav. (mai–juin).

b. — *Glume à 2 valves.*

2. Chaume rameux, couché à la base, ascendant dans le haut : *feuilles planes,* les radicales longues : *gaine sillonnée :* épi cylindrique, *arqué,* pointu : glume subulée, un peu ouverte. — ⊙. Sables des deux mers, Aigues-Mortes, derrière le Phare. Fl. dan. 938. **R. courbée ,** *incurrata.* Lin. (mai–juin).

3. Chaume droit : *feuilles enroulées : gaine presque lisse :* épi filiforme, subulé, droit, un peu comprimé : glume pointue, étalée, presque égale à la balle. — ⊙. Sables maritimes , Aigues-Mortes , derrière le Phare. Savi. giorn. pis. 4. f. 5. 6. **R. filiforme,** *filiformis.* Roth. (mai–juin).

83. SPARTINE , *Spartina.* — Epillets uniflores, sessiles, unilatéraux, imbriqués sur 2 rangs : glume à 2 valves inégales, carénées, membraneuses, à 1 très-courte arête ; l'extérieure grande, plus longue que la balle à valve supérieure plus longue que l'autre, en nacelle, à 2 nervures sur le dos : 2 styles allongés : stigmates allongés, plumeux , à poils simples.

1. Chaume raide, 2-3 pieds : *feuilles glabres, enroulées, un peu piquantes* : 2-3 épis terminaux, raides, pointus, pubescents : épillets imbriqués. — ♃. Sables maritimes de la Bretagne, Nantes, Brest, La Rochelle. Reich. Cent. 11. f. 1401. **S. raide,** *stricta.* DC. (juin–juillet).

2. Chaume raide, 1-5 pieds : feuilles *planes, roulées au sommet :* épis réunis en panicule resserrée, grêle, allongée : axe flexueux : épillets alternes, distincts, — ♃. Environs de Bayonne, dans les bords limoneux de la mer. Fl. fr. 5. p. 279. **S. à fleurs alternes ,** *alterniflora.* DC. (juin–juillet).

84. CHAMAGROSTIS, *Chamagrostis.* — Epillets uniflores, presque unilatéraux et distiques : glume à 2 valves presque égales, oblongues, tronquées, sans arête, dentelées : balle membraneuse, velue ; à valve inférieure large, tronquée, à 5 nervures, embrassant la valve supérieure ; ovaire glabre ; stigmates très-longs, poilus : grain lisse, glabre, libre.

1. Chaume de 1-4 pouces, nombreux, gazonnants, capillaires et les feuilles pliées en long, obtuses : épis filiformes, presque unilatéraux, violâtres : fleurs alternes : rachis flexueux. — ☉. Au premier printemps, dans les terrains sablonneux. Engl. Bot. 1127. **Ch. nain**, *minima.* Borkh.

85. SESLÉRIE, *Sesleria.* — Epillets à deux rangs, à 2-4 fleurs : glume à 2 valves inégales membraneuses, quelquefois mucronées : balle membraneuse à valve inférieure aristée, ou à 3-5 dents pointues : la supérieure bifide : 2 stigmates très-longs, plumeux : ovaire glabre, quelquefois poilu.

n. — *Épi entouré à la base par des glumes sans fleurs.*

1. Chaume de 6-10 pouces, plus long que les feuilles linéaires, courtes, étroites : *épi en tête arrondie :* épillets à 3 fleurs blanchâtres ou bleues, la plus haute avortée : balle pubescente : une valve rongée au sommet, à 1 arête très-courte, l'autre bifide. — ♃. Rochers des Hautes-Alpes, Valgaudemar. Arduin, specim. 2. p. 20. t. 7. **S. à tête ronde**, *sphærocephala.* Ard. Host. (juillet-août).

2. Racine fibreuse ou rampante, quelquefois stolonifère : chaume variant en grandeur, de 3 à 15 pouces, rameux, presque nu : feuilles étroites, planes, très-variables en longueur, rudes sur les bords : languette un peu ciliée : *épi presque unilatéral, ovale, ou ovale oblong, ou cylindrique et long de plus d'un pouce :* épillets de 2-3 fleurs : glume à valves égales : balle à valve inférieure souvent à 3-5 arêtes, celle du milieu plus longue, fleurs bleuâtres. — ♃. Rochers et prairies des montagnes, Mont-Ventoux. Host. 2. t. 98. **S. bleuâtre**, *cærulea.* Ard. (mars-juillet).

nn. — *Épi sans involucre : fleurs sans arête.*

3. Chaume à 1-2 feuilles, les radicales en gazon, enroulées, sétacées : panicule unilatérale, resserrée en épi, comprimée, ovale : épillets imbriqués, à 4-5 fleurs ouvertes, sur 2 rangs : glume à valves presque égales, ovales, tronquées : balle à *valves égales, aiguës, poilues à la base, l'inférieure à* 5 *nervures aiguës.* — ♃. Prairies élevées des Pyrénées, Dent d'Orlu, Pic du Midi. Jacq. rar. 1. t. 19. **S. distique**, *disticha.* Pers. (juillet-août).

4. Chaumes de 3-5 pouces, comprimés, en gazon : feuilles planes, à peine aiguës : panicule raide, unilatérale, resserrée en épi : épillets à 4-5 fleurs, presque sessiles, ouverts, étalés : glume à valves inégales, obtuses, coriaces sur les bords : balle à *valve inférieure obtuse,* un peu ciliée. — ☉. Environs de Gap, d'Avignon. Kunt. agros. t. 22. f. 4. **S. dure**, *dura.* Kunth. (mai-juin).

86. MAIS, *Zea.* — Fleurs à étamines en panicule terminale, rameuse : épillets à 2 fleurs : glume à 2 valves concaves, sans arête : balle plus courte, à valve inférieure sans arête, à 3 lobes, ciliée, la supérieure convexe à 2 carènes et à 2 dents au sommet. — Fleurs à pistils en épi gros, allongé, caché sous des gaines foliacées : glume

charnue, membraneuse, large, ciliée, la valve inférieure presque à 2 lobes : balle à 2-3 valves pour la fleur fertile : styles très-longs, filiformes : graines arrondies, lisses, unies, rangées par séries longitudinales.

1. Chaume de 3-4 pieds, gros, rameux, cylindrique dans le bas, un peu comprimé dans le haut, rempli de moëlle, émettant des racines aux nœuds inférieurs : feuilles grandes, engaînantes, pointues, planes, rudes et ciliées sur les nervures longitudinales, pubescentes : languette courte, soyeuse, ciliée : graines variant de couleur, purpurines, dorées, blanchâtres ou panachées. — ⊙. Cultivé dans le Midi. Lam. ill. t. 749. **M. cultivé**, *Mays*. Lin. (juin-août).

87. HOUQUE, *Holcus*. — Epillets à 3 fleurs, 1 à étamines et à pistils, sans arête, les autres à étamines, avec une arête dorsale, géniculée (il se trouve quelquefois une fleur fertile, avec arête) ; glume à valves membraneuses, carénées, égales : balle à valves inférieures à 1 carène, supérieures 1-2 carènes : 2 styles : stigmates plumeux : grain glabre, libre. Feuilles planes.

n. — *Panicule presque unilatérale.*

1. Racine rampante : feuilles planes, glabres : épillets à 3 fleurs, les 2 inférieures staminées, à 3 étamines, la supérieure à étamines et à pistils, à 2 étamines : stigmates à poils rameux, fasciculés : *pédoncules glabres* : fleurs à étamines à courtes arêtes. — ♃. Les Alpes. Host. 3. t. 3. **H. odorante**, *odorata*. Lin. (mai-juin).

2. Les fleurs du n° 1 : racine rampante : *pédoncules poilus* : fleurs à étamines inférieures munies en dessous du sommet d'une arête courte, la supérieure à arête géniculée, saillante au milieu du dos. — ♃. Terrains pierreux du Midi, environs de Montpellier. Host. 1. t. 4. **H. du Midi**, *Australis*. Schrad. (mars-avril).

nn. — *Panicule non unilatérale, resserrée, cylindrique.*

3. *Couverte de poils mous* : feuilles planes, velues : épillets à 2 fleurs, l'inférieure à étamines et à pistils, sans arête, la supérieure à étamines, portant sous le sommet *une arête tordue dans le bas, puis droite, enfin recourbée, moins longue que la glume.* — ♃. Les prés. Fl. dan. t. 1181. **H. laineuse**, *lanata*. Lin. (mai-juillet).

4. Chaume tout velu dans la jeunesse, puis seulement dans le bas, *velu sur les nœuds* et *glabre dans le haut* : fleurs planes presque glabres : épillets à 2 fleurs staminées pistilées, la plus basse sans arête, la supérieure ayant sous le sommet *une arête genouillée, dépassant la glume.* — ♃. Les champs. Engl. bot. t. 1170. **H. molle**, *mollis*. Lin. (juin-juillet).

88. FLOUVE, *Anthoxantum*. Lin. — Epillets à 3 fleurs, la supérieure seule fertile, à étamines et à pistils, sans arête ; les 2 inférieures portant une arête dorsale, tortillée, insérée au milieu du dos dans l'une et au-dessus de la base dans l'autre ; la balle soyeuse, hérissée, glabre dans la fleur fertile : 2 étamines : 2 styles terminaux : stigmates très-longs, plumeux, à poils simples : grain glabre, lisse, presque cylindrique.

1. Chaume de 6-10 pouces : feuilles planes, glabres et les gaînes : languette allongée, déchirée au sommet, poilue à la base : panicule ovale, oblongue, spiciforme, quelquefois interrompue à la base et plus ou moins lâche et rameuse, d'autres fois très-appauvrie, à 4-6 fleurs seulement : le chaume varie aussi depuis 1 à 12 pouces.— ♃. Prairies montueuses, champs cultivés, à Tresques. Lam. ill. t. 23. **F. odorante**, *odorata*. Lin. (mai-juin).

89. BARBON , *Andropogon*. Lin.

— Epillets géminés , mais ternés au sommet de l'épi : épillet pédicellé à étamines , sans arête ; épillet sessile , à étamines et à pistils , aristé : glume hérissée de poils sur la face externe : balle à valve inférieure de la fleur fertile portant à son sommet une arête très-longue, ou presque nulle : 2 styles ; stigmates plumeux : grain glabre. Fleurs en panicule , ou en épi solitaire, ou fasciculé.

I. = Fleurs en épi.

n.—*Epi solitaire.*

1. Chaume rameux, comprimé sur les nœuds : feuilles longues, un peu rudes, quelquefois garnies de quelques poils longs vers la base : une touffe de poils courts à l'entrée de la gaîne : épi comprimé : fleurs à étamines d'un côté de l'épi, fleurs à pistils de l'autre, les glumes de celles-ci hérissées et terminées par une longue arête velue. — ♃. Frontières de la Provence, sur le Var. Reich. cent. 11. f.1496. **B. d'Allioni,** *Allionii*. DC. (juillet août).

nn. — *2-5 ou plusieurs épis au sommet du chaume ou des rameaux.*

a. — *Pas plus de 2 épis.*

2. Chaume droit, simple : *feuilles planes , étroites*, rudes sur les bords, *poilues et les gaînes* : 2 épis droits, comprimés, blanchâtres : axe velu : fleur fertile, portant une arête dans l'échancrure de la balle : fleur stérile , aristée. — ♃. Lieux pierreux et secs du Midi , aux environs de Cabasse, à Prato de Mollo , Canigou. Gerard. Gall. prov. t. 5 f. 2. **B. double épi**, *distachyon*. Lin. (mai-août).

3. Chaume portant vers le haut des rameaux filiformes : feuilles étroites, glauques , rudes, le plus souvent glabres, un peu roulées sur les bords : 2 épis peu fournis, à fleurs écartées : *les glumes très-chargées de poils blancs : pédicelles velus.*— ♃. Lieux stériles et pierreux des bords de la Méditerranée !, Collioure, Canigou, Roche St-Vincent, à Vicdessos. Host. Gr. 4. t. 1. **B. hérissé**, *hirtusa*. Lin. (juillet-août).

b. — *Plus de 2 épis.*

4. Chaume droit, *glabre sur les nœuds et les feuilles*, presque rameux, garni de feuilles planes, allongées, rudes : gaîne garnie de poils courts à l'entrée : 4-5 épis dressés, raides fragiles, sortant de la gaîne supérieure : épillets *garnis à la base de faisceaux de poils étalés* : glumes glabres ou velues — ♃. Montagne de Sainte-Victoire. Gerard. Gall. prov. t. 4. **B. de Provence**, *Provincialis*. Lam. (mai-juillet).

5. Racine rampante : chaume presque rameux à nœuds purpurins : feuilles étroites *chargées de poils blancs, surtout à l'entrée de la gaîne* : 6-10 épis droits, digités : fleurs purpurines, géminées, munies de longs poils blancs à la base : axe comprimé. — ♃. Terrains secs de toute la France. Jacq. Aust. 1. 584. **B. pied-de-poule**, *ischœmum*. Lin. (juin-août).

II. — Fleurs en panicule.

n. —*2 arêtes à la fleur fertile.*

6. Chaume droit, 2-3 pieds : feuilles étroites, un peu velues, presque soyeuses sur les gaînes inférieures : panicule lâche , rameaux simples, verticillés, un peu rudes, à fleurs entourées à la base d'une touffe de poils jaunâtres : les deux fleurs latérales sté-

riles, sans arête : glumes rougeâtres.—♃.Lieux secs du Midi, les sables en devant d'Aigues-

purines, poilues en dehors, *une valve à 11 nervures, l'autre ciliée, à 7 nervures.* — ♃. Le midi de la France. Kunth. agr. t. 40. f. 1. **B. d'Alep**, *Alepense.* Sibth. (juin-juillet).

Mortes. Lam. ill. 840. f. 1. **B. grillon**, *gryllus.* Lin. (juin-juillet).

nn. — *Pas 2 arêtes à la fleur fertile.*

f.—*Arête insérée sur le réceptacle.*

7. Chaume de 4-5 pieds, pubescent sur les nœuds : feuilles larges, rudes sur les bords , glabres et les gaînes : panicule lâche, rameuse, purpurine : rameaux verticillés, rudes et l'axe : pédicelles poilus : *glumes presque pur-*

ff. — *Arête non insérée sur le réceptacle.*

a. — *Les nœuds inférieurs émettant des racines.*

8. Chaume très-haut, de 5-10 pieds : *panicule ovale,* à rameaux longs, nombreux, composés, *penchée* : glumes velues, frangées : balle à 5 valves frangées, la plus basse munie d'une arête très-courte. — ☉. ♃. Originaire du Bengale, cultivé. Host. Gram. 4. t. 3. **B. penché**, *cernuus.* Roxb. — Graines globuleuses.

b. — *Nœuds inférieurs sans racines.*

9. Chaume dressé : *panicule diffuse, étalée,*

les rameaux penchés : glumes poilues, frangées : balle à 5 valves dans la fleur fertile , *sans arête :* graines comprimées. — ☉. De l'Inde, cultivé. Host. Gram. 4. t. 4. **B. à sucre**, *saccharatum.* Roxb.

10. Chaume *pubescent sur les nœuds :* feuilles dentelées, rudes sur les bords, glabres et la gaîne : panicule resserrée, oblongue : rameaux velus ou pubescents : *axe glabre : pédicelles poilus : glumes pubescentes :* graines comprimées. —☉. De l'Inde, cultivé dans le Midi. Host. gr. 4. t. 2. **B. sorgho**, *sorghum.* Brot. (juillet-août).

90. **MASSETTE** , *Typha.*—Chaton cylindrique : —*Fleurs staminées :* périgone à 5 folioles, renfermant 5 anthères, (2-4-6) portés par un filet unique. — *Fleurs pistilées :* périgone à 5 folioles : ovaire supère , pédicellé. — Etamines dans le haut ; pistils dans le bas du chaton d'un brun noirâtre.

n. — *Fleurs à étamines et fleurs à pistils très-rapprochées.*

1. Chaume de 4-6 pieds : feuilles engaînantes, planes, larges, linéaires, de la longueur du chaume : stigmates élargis : bractées ou glumes nulles : des fleurs stériles mêlées avec

les fleurs à pistils. — ♃. Les étangs, les marais. Lam. ill. 748. f. 1. **M. à larges feuilles**, *latifolia.* Lin. (juin-juillet).

nn. — *Fleurs à étamines éloignées des fleurs à pistils.*

a. — *Chaume n'atteignant pas 2 pieds.*

2. Chaume de 10-15 pouces, revêtu de gaînes glauques, sans feuilles : feuilles glauques, grêles, carénées, *plus courtes que la tige,* quelquefois feuilles étroites, demi-cylindriques, très-peu en gouttière : les 2 chatons quelquefois contigus. — ♃. Sables humides , Arles. Poll. fl. verv. 5. t. 1. **M. naine** , *minima.* Funk. (avril-mai).

b. — *Chaume de plus de 2 pieds.*

3. Chaume de 5-4 pieds : *feuilles* convexes en dessous, canaliculées en dessus, demi-cy-

lindriques à la base, *plus longues que la tige :* fleurs fertiles mêlées de paillettes grêles, nombreuses, élargies et colorées au sommet : *bractées ou glumes insérées sur l'axe florifère ou au bas des pédicelles :* stigmate subulé. — ♃. Les étangs, les marais. Lam. ill. t. 748. f. 2. **M. à feuilles étroites** , *angustifolia.* Lin.

4. Chaume de 2-3 pieds : *feuilles planes ,* étroites, presque linéaires, *plus courtes que le chaume :* chatons longs, épais. — ♃. Les marais, les étangs. Moris. s. 8. t. 15. f. 9. n. 2. **M. moyenne** , *media.* Schle. (mai-juin).

TRIGYNIE.

91. MONTIE, *Montia*. — Calice persistant, comprimé, à 2-3 sépales : corolle monopétale à 5 divisions inégales : 3-5 étamines : style court à 3 divisions : capsule à 1 loge à 1 graine.

1. Tiges rameuses, faibles, diffuses, un peu succulentes : feuilles opposées, ovales, oblongues ou linéaires : fleurs blanches, pédoncu-lées, axillaires ou terminales, petites, nombreuses. — ☉. Les marais fangeux. Vaill. B. pav. t. 5. f. 4. **M. des fontaines**, *fontana* (avril-août).

92. TILLÉE, *Tillæa*. — Calice à 3-4 divisions : 3-4 pétales : 3-4 étamines : 3 ovaires : 3 capsules étranglées au milieu : à 1 loge à graines.

1. Très-petites plantes annuelles, rougeâtres, un peu rameuses : feuilles épaisses, connées : fleurs d'un blanc sale, très-petites, axillaires, presque sessiles. — ☉. Lieux inondés l'hiver, source du Loiret. Lam. ill. t. 9 f. 2. **T. des mousses**, *muscosa*. (mai-juin)

93. POLYCARPON, *Polycarpon*. — Calice à 5 divisions profondes, membraneuses sur les bords, concaves, carénées, mucronées au sommet : 5 pétales échancrés, très-petits : 3-5 étamines : 2-3 styles très courts : capsule à 1 loge à 3 valves, à 1 graine.

a. — *La plupart des fleurs à 3 étamines.*

1. Tige un peu couchée, rameuse, dichotôme : feuilles de la tige 4 à 4, celles des rameaux opposées : fleurs petites, blanchâtres, verdâtres, nombreuses, mêlées de stipules argentées, en corymbe terminal. — ☉. Terrains sablonneux du Midi, St-Malo, Tresques, Nîmes. Lam. ill. t. 51. **P. à quatre feuilles**, *tetraphyllum*. (mai-octobre).

b. — *La plupart des fleurs à 5 étamines.*

2. Annuelle : pétales un peu échancrés : feuilles ovales, élargies au sommet, *non char*-nues, opposées : fleurs d'un blanc verdâtre ramassées en cime terminale. — ☉. Sable maritimes du Languedoc, Collioure, sable d'Argelès. Bocc. sécul. t. 38. **P. à feuilles d'Alsine**, *Alsinæfolium*. (mai-juin).

3. *Vivace* : pétales très-entiers : tiges allongées, rameuses : feuilles obovales, presque rondes, opposées, *très-charnues, aqueuses*, fleurs en cime terminale, serrée. — ♃. Bords de la mer du Roussillon, Collioure. Duby. 1. p. 199. **P. peplis**, *peploides*. (mai-juin).

94. HOLOSTÉE, *Holosteum*. Lin. — 5 sépales : 5 pétales dentés, rongés : étamines 3-4-5-10 : 3 styles : capsule presque cylindrique, s'ouvrant au sommet en 6 dents.

1. *Glauque* : tige de 4-8 pouces : feuilles sessiles, opposées, lancéolées : fleurs blanches, en ombelle terminale : pédoncules ve-lus, visqueux ou non visqueux. — ☉. Les lieux sablonneux. Engl. Bot. 27. **H. en ombelle**, *umbellatum*. (avril).

QUATRIÈME CLASSE.

TÉTRANDRIE.

Fleurs à trois Étamines.

Iᵉʳ ORDRE.

MONOGYNIE. — Fleurs a 1 Pistil.

I. — Fleurs complètes.

A.=FLEURS POLYPÉTALES.

§ 1. — *Ovaire supère.*

qq. — Fruit presque sec, ou en baie, jamais
rouge. . . . . 186. Nerprun.

§ 2. — *Ovaire infère.*

a. — Arbres . . . . 96. Cornouiller.

b. — Plantes herbacées, aquatiques. . . . . . 97. Macre.

B. = FLEURS MONOPÉTALES.

§ 1. — *Ovaire supère.*

1° — *Fleurs réunies, ou en épi serré, plus ou
moins long.*

a. — Corolle à 5 divisions. . . . . 98. Globulaire.

b. — Corolle à 4 divisions. . . . . 98. Plantain.

2° — *Fleurs ni en épi ni en tête.*

p. — Anthères presque soudées, conniventes. 150. Morelle.

pp. — *Anthères libres.*

q. — Plantes sarmenteuses; feuilles demi-cylindriques . . . . Littorelle.

qq. — *Plantes ni sarmenteuses, ni à feuilles demi-
cylindriques.*

a. — Fleurs jaunes . . . . 100. Exaque.

b. — Fleurs d'un blanc verdâtre. . . . . . . 101. Centenille.

§ 2. — *Ovaire infère.*

n. — *Arbres ou arbustes.*

a. — Arbuste filiforme, rampant. . . . . . . Linnée.

aa. — *Arbrisseaux droits, forts.*

b. — Fleurs en ombelle. . . . . 96. Cornouiller.

bb. — Fleurs non en ombelle. . . . . 186. Nerprun.

nn. — *Plantes herbacées.*

1° — *Fleurs réunies en tête sur un réceptacle
commun.*

a. — Réceptacle hérissé de paillettes épineuses. 102 Cardère.

b. — Réceptacle garni de paillettes non épineuses . . . . 103. Scabieuse.

2° — *Fleurs non réunies en tête.*

q. — *Fruit en baie sèche.*

a. — Fruit terminé par 3 cornes. . . . . 104. VAILLENTIE.
b. — Fruit couronné par le calice à 4-5 dents,
     qui s'accroît. . . . . 105. SHÉRARDIE.
c. — *Fruit nu.*
s. — Calice à 2 divisions profondes . . . . . . 106. CRUCIANELLE.
ss. — *Calice à 4-5 divisions.*
a. — Corolle en cloche évasée, à 4-5 lobes; fruit
     un peu charnu à 2 baies; 4-5 étamines. 108. GARANCE.
b. — Corolle en roue ou en cloche, à 4 lobes
     profonds; baie non charnue; toujours 4
     étamines . . . . 107. GAILLET.
c. — Corolle en entonnoir. . . . . 109. ASPÉRULE.
qq. — *Fruit en capsule.*
a. — Fleurs en cloche; étamines décurrentes sur
     le tube de la corolle. . . . . 142. GENTIANE.

II. — Fleurs incomplètes.

§ 1.—*Ovaire supère.*

1° — *Arbres.*
a. — Fruit en samare membraneuse; fleurs en
     paquet . . . . 198. ORME.
2° — *Plantes herbacées.*
a. — Périgone à 8 divisions . . . . 110. ALCHEMILLE.
b. — *Périgone à 4 divisions.*
n. — *Feuilles ailées.*
s. — Feuilles 1 fois ailées. . . . . 111. SANGUISORBE.
ss. — Feuilles 2 fois ailées. . . . . 117. CUMIN.
nn. — *Feuilles simples.*
a. — Feuilles linéaires. . . . . 112. CAMPHRÉE.
b. — Feuilles larges, en cœur, glabres. . . . . 113. MAYANTHÈME.
c. — Feuilles larges, non en cœur, poilues. . . PARIÉTAIRE.

§ 2. — *Ovaire infère.*

1° — *Arbres.*
a. — Feuilles argentées en dessous. . . . . . . 114. CHALEF.
2° — *Plantes herbacées.*

a. — Feuilles linéaires, cylindriques ; fleurs jaunâtres ou blanchâtres . . . . 187. Thésie.

b. — Feuilles oblongues, non cylindriques; fleurs
verdâtres . . . . 115. Isnardie.

II ORDRE.

DIGYNIE. — Fleurs a 2 Pistils.

q. — *Plantes herbacées.*

1° — Plantes parasites , filiformes , sans feuilles. 116. Cuscute.

2° — *Plantes non parasites.*

n. — *Fleurs complètes.*

a. — Calice à 2 divisions ; fruit en longue silique. 117. Cumin.

b. — Calice à 4 divisions. . . . . 119. Bufonie.

c. — *Calice à 5 divisions.*

s. — Corolle monopétale , en cloche. . . . . . 142. Gentiane.

ss. — Corolle à plusieurs pétales. . . . . 94. Holostée.

nn. — *Fleurs incomplètes.*

a. — Périgone à 8 divisions. . . . . 118. Aphane.

b. — Périgone a 4-5 divisions munies d'appendices scarieuses. . . . . 201. Kochia.

qq. — Arbres . . . . 279. Tamarisque.

III ORDRE.

TRIGYNIE. — Fleurs a 3 Pistils.

§ 1.—*Pétales à onglet bien prononcé.*

q. — *Valves de la capsule et les styles en nombre égal.*

a. — Pétales très-petits , herbacés . . . . 582. Cherlérie.

aa. — *Pétales blancs ou colorés.*

b. — Plantes succulentes, charnues . . . . . . 383. HONCKÉNIE.
bb. — *Plantes non succulentes, ni charnues.*
c. — Feuilles munies de stipules. . . . . 384. LÉPIGONE.
cc. — Feuilles dépourvues de stipules . . . . . 385. ALSINE.
qq. — *Valves de la capsule en nombre double des*
styles.
g. — *Pétales bifides.*
a. — Capsule plus longue que le calice . . . . . 387. STELLAIRE.
aa. — Capsule moins longue que le calice . . . . 388. MALACHIE.
gg. — *Pétales entiers ou irrégulièrement dentés.*
b. — Pétales entiers. . . . . 386. SABLINE.
bb. — Pétales irrégulièrement dentés.. . . . . . 94. HOLOSTÉE.

§ 2. — *Presque pas d'onglet.*

1° — *Calice à 5 divisions.*
a. — Feuilles opposées et quaternées ; fleurs en
paquets terminaux. . . . . 93. POLYCARPON.
2° — *Calice à 2-3-4 divisions.*
s. — *3 capsules à 2 graines.*
a. — Petite plante succulente, à feuilles soudées
à la base . . . . 92. TILLÉE.
ss. — *Une seule capsule.*
a. — Petite plante un peu succulente ; graines
globuleuses, anguleuses. . . . . 91. MONTIE.
b. — Plantes non succulentes ; graines oblongues,
ridées en travers . . . . · . 351. ELATINE.

IV ORDRE.

TÉTRAGYNIE. — FLEURS A 4 PISTILS.

§ 1. — *Calice monosépale.*

1° — *Arbres.*
a. — Feuilles très-luisantes, le plus souvent épineuses . . . . 120. HOUX.

2° — *Plantes herbacées.*

a. — Fleurs roses, solitaires. . . . . 121, Bulliardie.

b. — Fleurs d'un blanc verdâtre, en épi . . . . 122. Potamot.

§ 2. — *Calice polysépale.*

1° — *Calice de 3-4 sépales.*

a. — Sépales lobés, moins longs que la corolle. 125. Radiole.

b. — *Calice à sépales entiers.*

s. — Fleurs terminales, à long pédoncule. . . . 124. Sagine.

ss. — Fleurs axillaires, à court pédoncule. . . . 351. Élatine.

2° — *Calice à 5 sépales.*

a. — Arbres à feuilles très-petites, imbriquées. 279. Tamarisque.

3° — *Calice à 2 pétales.*

a. — Plantes aquatiques, à feuilles linéaires et
fleurs en chaton. . . . . 123. Ruppie.

V ORDRE.

PENTAGYNIE. — Fleurs a 5 Pistils.

q. — *Pétales entiers.*

a. — Plantes un peu charnues . . . . 385. Honckénie.

aa. — Plantes pas charnues. . . . . 391. Spargoute.

qq. — *Pétales bifides ou entiers.*

g. — *Calice tubuleux.*

a. — Capsule s'ouvrant au sommet par 10 valves. 390. Mélandrie.

aa. — Capsule s'ouvrant au sommet par 5 valves. 589. Lychnide.

gg. — *Sépales libres ou réunis à la base.*

b. — Capsule plus courte que le calice . . . . . 588. Malachie.

bb. — Capsule plus longue que le calice . . . . . 592. Ceraiste.

MONOGYNIE.

95. EPIMÈDE, *Epimedium*. Lin. — Calice de 4 sépales caducs : 4 pétales ayant chacun à la base intérieure une appendice de couleur différente, en forme de coupe, fixée au réceptacle par son bord : stigmate latéral : capsule en forme de silique, à plusieurs graines.

1. Tige garnie d'écailles à la base , hérissée sur les nœuds : feuilles radicales nulles, une seule sur la tige 2 fois ternée, à lobes en cœur, lancéolés, ciliés dentés, nervés : fleurs d'un rouge foncé, appendices jaunes, en grappe droite, rameuse. — ♃. Lieux ombragés des Alpes, les bords du Beuvron aux Montils. Lam. ill. t. 83. **Ep. des Alpes** , *Alpium*. Lin. (avril-mai).

96. CORNOUILLER , *Cornus*. Lin. — Calice petit, à 4 dents : 4 pétales alternant avec les étamines : anthères bifurquées à la base : fruit contenant un noyau à 2 loges à 1 graine. Arbrisseaux.

1. Arbrisseau à écorce grisâtre : feuilles ovales pointues , un peu pubescentes en dessous, à nervures convergentes : *fleurs jaunes, en paquets sur les branches, naissant avant les feuilles :* involucre coloré de la longueur de l'ombelle. — ♄. Bois des montagnes , Valbonne. Black. [Herb. t. 121. **C. mâle** , *mas*. Lin. (mars-avril). — Fruit oblong, rouge ou jaunâtre.

2. Arbrisseau à écorce brune, rougeâtre sur les jeunes rameaux et tout l'hiver : feuilles ovales aiguës, entières, nervées : pédoncules et ramilles garnis de poils couchés : *fleurs blanches, en ombelles terminales :* pas d'involucre : fruit globuleux, noirâtre. — ♄. Les haies, les bois. Fl. Dan. t. 481. **C. sanguin** , *sanguinea*. Lin. (juin-juillet).

97. MACRE , *Trapa*. Lin. — Calice adhérent, à 4 divisions profondes, persistantes : 4 pétales : 4 étamines : style filiforme , épaissi à la base : capsule à une graine, à 4 angles, couronnée par les 4 dents du calice endurcies en épines. Plantes aquatiques.

1. Tiges longues , flottantes sous l'eau : feuilles submergées divisées en lobes capillaires, les flottantes triangulaires, larges, dentées, pubescentes sur les nervures de dessous : pétioles renflés, ventrus au milieu : fleurs blanches, petites : pédoncules fistuleux. — ♃. Les étangs, les fossés. Lam. ill. t. 75. **M. nageante** , *natans*. Lin. (été).

98. GLOBULAIRE , *Globularia*. Lin. — Fleurs en capitule entouré d'un involucre de plusieurs folioles : réceptacle garni de paillettes : calice tubuleux, à 5 divisions profondes : corolle presque à 2 lèvres, la supérieure à 2 divisions, l'inférieure à 3 : une paillette à la base de chaque fleur : une graine ovale enveloppée dans le calice.

I. ═ Tige ligneuse.

a. — Tige droite.

1. Tige rameuse : feuilles ovales en spatule, ou lancéolées, mucronées, ou tridentées au sommet : fleurs bleues, à lèvre inférieure très-longue : dents du calice velues. — ℏ. Lieux pierreux du Midi, Valbonne. Nouv. Duham. 5. p. 158. t. 41. f. 1. **G. turbith**, *alypum*. Lin. (mars-avril et août-septembre).

b. — Tige couchée ou ascendante.

2. Souche rampante, produisant des rejets : *feuilles échancrées en cœur au sommet*, élargi,

obtus : pédoncules longs, *feuillés* : fleurs bleuâtres : dents du calice et paillettes ciliées. — ℏ. Rocailles abritées des Alpes, Mont-Ventoux. Jacq. Aust. t. 245. **G. à feuilles en cœur**, *Cordifolia*. Lin. (avril-juin).

3. Tige rameuse, très-basse : *feuilles petites entières, ovales spatulées, mucronées :* pédoncules courts, *nus* : fleurs d'un bleu clair : calice velu. — ℏ. Montagnes abritées de Provence, Mont-Ventoux. Nouv. Duham. 5. p. 159. t. 41. f. 2. **G. naine**, *nana*. Lam. (avril-juin).

II. ═ Tige herbacée.

a. — Plante couverte de points calleux.

4. Feuilles pétiolées, les inférieures presque rondes, celles de la tige lancéolées : toutes les parties vertes de la plante couvertes de points calleux. — ♃. Les Pyrénées, à Cambredases. **G. ponctuée**, *punctata*. Lapeyr.

b. — Pas de points calleux.

5. Tiges *feuillées*, simples : feuilles radicales pétiolées, spatulées, quelquefois à 3 dents au sommet ; celles de la tige alternes, sessiles,

ovales lancéolées, aiguës : fleurs d'un bleu pâle : *calice cilié*. — ♃. Terrains secs, Valbonne. Bot. Magn. t. 2256. **G. commune**, *vulgaris*. (mai-juin). — Racine dure, ligneuse.

6. Tige nue : feuilles entières, les radicales pétiolées, oblongues en coin, les caulinaires remplacées par des écailles quelquefois nulles : fleurs bleues ; *calice et involucre glabres*. — ♃. Montagnes du Midi, l'Espéron. Jacq. Aust. t. 230. **G. à tige nue**, *médicaulis*. Lin. (mai-juin).

99. PLANTAIN, *Plantago*. Lin. — Fleurs en épi ou en tête serrée : calice persistant, à 4 divisions profondes : corolle tubuleuse, à 4 divisions ovales, réfléchies : 4 étamines insérées au fond du tube, saillantes, plus longues que le style : capsule en boîte à savonnette, à 2-4 loges.

I. ═ Tige rameuse, feuillée.

a. — Tige ligneuse.

1. Pubescent : feuilles opposées, connées à la base, linéaires, entières, canaliculées : pédoncules axillaires, dépassant les feuilles : capitules ovoïdes, entourés de bractées larges,

ovales, obtuses mucronées, les inférieures terminées par une pointe : fleurs blanchâtres. — ℏ. Lieux incultes du Midi, Valbonne. Lob. Icon. t. 437. f. 1. **P. sous-ligneux**, *cynops*. Lin. (juin-juillet).

b. — Tige herbacée.

f. — Bractées allongées à la base de l'épi.

2. Tige droite, rameuse, pubescente, un peu visqueuse : feuilles opposées, linéaires, poilues à la base et pubescentes, le plus souvent entières : fleurs blanchâtres, en capitules ovoïdes, serrés : bractées ovales, concaves, obtuses, scarieuses, celles de la base plus longues, en pointe, herbacées. — ☉. Terrains sablonneux, Tresques. Sturm. Fasc. 7. t. 3. **P. des sables**, *arenaria*. Waldst. (juillet-septembre).

ff. — Pas de bractées allongées à la base de l'épi.

3. Tige droite, rameuse, pubescente, un peu visqueuse : feuilles linéaires planes, entières ou un peu dentées, très-velues à la base : fleurs blanchâtres, en capitules ovales, lâches, dépourvues à la base de bractées foliacées : bractées ovales subulées : lanières du calice toutes lancéolées pointues. — ☉. Terrains sablonneux du Midi, Valbonne. Hayne. 5. t. 17. **P. psyllium**, *psyllium*. Lin. (juillet-septembre).

II. = Hampe radicale, nue.

1° — FEUILLES PINNATIFIDES.

4. Hampes rondes, dressées, pubescentes : feuilles étalées en rosette, 1-2 fois ailées à lobes entiers, ou dentés, écartés, peu nombreux : fleurs jaunâtres, en épis grêles : corolle velue sur le tube : calice cilié. — ♃. Terrains sablonneux, stériles, Tresques. Lob. icon. 457. f. 2. **P. corne de cerf.** *coronopus.* Lin.

(mai-août). =*Variétés.*= b.— Epis nombreux, serrés, ou un seul rameux : bractées en alène, arquées, recourbées. *Multiceps.* Salis.—Corse. = c. — Tous les épis rameux : feuilles à lobes elliptiques, terminées en pointe mucronée. — Monstruosité trouvée à Aigues-Mortes.

2° — FEUILLES NON PINNATIFIDES.

n. — *FEUILLES LINÉAIRES, OU LANCÉOLÉES.*

a. — *Feuilles triangulaires.*

5. Hampe cylindrique : feuilles courtes, serrées, ciliées-rudes sur les bords, en alène : *bractées charnues, glabres,* ovales à la base , subulées-pointues, membraneuses, *plus courtes que le tube de la corolle :* fleurs blanchâtres. — ♃. Terrains pierreux, sablonneux du Midi ; Valence, au bord du Rhône ; Marseille, au bord de la mer. Lob. icon. t. 459. f. 2. **P. en alène ,** *subulata.* Lin. (juin-juillet).

6. Gazon épais : hampe cylindrique, à stries très-fines, garnie de poils appliqués : feuilles raides, le plus souvent courbées, filiformes , presque demi-cylindriques, convexes en dessous, sillonnées en dessus, rendues rudes par de petits aiguillons tournés vers le haut : *bractées ciliées,* carénées sur le dos, *à 3 nervures, égales au tube de la corolle :* fleurs en épi très-serré, penché, puis dressé. — ♃. Le Midi,

au bord des rivières, Mont-Louis, Bagnols. Jacq. Coll. 1. t. 10. **P. en carène,** *carinata.* Schrad. —C'est une variété du *P. subulata.* (avril-mai).

b. — *Feuilles demi-cylindriques.*

7. Hampes pubescentes à la base, cylindriques, droites ou ascendantes : feuilles linéaires lancéolées, entières, ou dentées poilues , charnues, un peu aiguës, laineuses à la base, moins longues que les hampes : fleurs d'un blanc sale, en épi cylindrique, long, olivâtre : bractées obtuses, glabres, moins longues que les fleurs. — ♃. Rivages des deux mers. Fl. dan. t. 243.—Fl. græc. t. 148. **P. maritime,** *maritima.* Lin. = Variété. = b.— Souche recouverte par de grandes écailles brunes : feuilles longues de 5-6 pouces, succulentes , demi-cylindriques. Les salines ; Tresques , dans le Tave. Fl. dan. 694. *Squamata.* (juin-septembre).

c. — *Feuilles planes.*

s. — *Tube de la corolle poilu.*

o. — *Feuilles linéaires.*

q. — *Bractées plus longues que le tube de la corolle.*

8. Gazon : hampe pubescente, le plus souvent flexueuse : feuilles linéaires, en carène par la dessication, ciliées rudes sur les bords, entières, très-rarement munies de quelques dents fines, terminées par une pointe calleuse : fleurs blanchâtres, en épis lâches, cylindriques, allongés, très-souvent un peu courbés : bractées ovales lancéolées, pointues, carénées sur le dos. — ♃. Le Midi, Salazac, dans le fond du vallon, le long du chemin. **P. serpentin ,** *serpentina.* Lam. (mai-juin).

qq. — *Bractées égalant le tube de la corolle.*

p. — *Bractées ovales-lancéolées.*

9. Hampe droite ou flexueuse : feuilles rétrécies à la base, dilatées dans le haut, terminées par une pointe calleuse, poilues à la base, entières, rendues rudes par de petits aiguillons très-peu nombreux : fleurs blanchâ-

tres, en épis lâches, cylindriques, souvent un peu courbés : *bractées ovales lancéolées,* ciliées sur les bords, à 3 nervures. — ♃. Collioure, Mont-Louis. **P. piquant ,** *pungens.* Lapeyr. (mai-juin). —C'est une variété du *P. serpentina.*

21

pp. — *Bractées ovales.*

10. Hampes cylindriques, dressées, pubescentes : feuilles ½néaires, glabres, entières , ou à 1-2 dents : fleurs blanchâtres, en épi allongé : *bractées ovales, glabres, égales au calice.* — ♃. Bords des rivières du Midi, Tresques, dans le Tave. **P. gramen**, *graminea.*

Lam. ⇒ *Variétés.*=b. — Feuilles très-étroites, d'un vert gai , à nervure peu marquée. *Angustissima.* Près Cap. =c. — Feuilles glabres, lisses, très-étroites, portant en dessous une nervure large, blanche, saillante. *Serpentina.* (mai-août).—Voir le *P. Alpina.*

oo. — *Feuilles lancéolées linéaires.*

11. Hampe cylindrique, pubescente, double des feuilles lancéolées linéaires , ou linéaires, atténuées des deux bouts , entières, ou à 2 dents presque opposées, blanchâtres sur les bords : fleurs brunâtres , en épi cylindrique, serré : bractées ovales aiguës , égales au tube de la corolle , membraneuses sur les bords.— ♃.Prairies des montagnes, Alpes, Jura, Montd'Or. Sturm. fasc. 51. t. 1. **P. des Alpes**, *Alpina.* Lin. ⇒ Var. à fleurs en épi arrondi. *Capitellata.* DC. (juin-août).

ss. — *Tube de la corolle glabre.*

q. — *Feuilles linéaires ou linéaires lancéolées.*

u. — *Bractées lancéolées aiguës.*

12. Hampes droites étalées , cylindriques , à poils longs, étalés : feuilles velues, rétrécies à la base , linéaires ou linéaires lancéolées , pointues : fleurs blanchâtres , en épis ovales ou cylindriques, serrés : bractées égales au tube de la corolle. — ☉. Terrains secs, stériles du Midi, Nîmes , Marseille à Montredon. Fl. græc. t. 146. **P. de Bellard**, *Bellardi.* All. (avril-mai). ⇒ *Variétés.*= b. — Hampe naine : feuilles linéaires : épis ovales. *Pilosa.* Cav. ⇒ c. — Hampe forte : feuilles très-rétrécies à la base : épis cylindriques. *Villosa.* Lam. — Nîmes , bois de Signan.

uu. — *Bractées ovales.*

13. Racine ligneuse : hampes ascendantes, cylindriques, un peu laineuses : feuilles linéaires lancéolées , rétrécies aux 2 bouts , chargées de poils argentés un peu laineux : bractées arrondies obtuses, *plus longues que le calice :* fleurs blanchâtres, en épi cylindrique, lâche, interrompu à la base. — ♃. Terrains stériles du Midi, Roussillon , Marseille aux environs de Séon. Fl. græc. t. 145. **P. blanchâtre**, *albicans* Lin. (mai-juin). ⇒ Var. à hampe de 1 pied : feuilles linéaires : corolle très-grande. *Velutina.* Poir.

14. Gris jaunâtre : hampes le plus souvent courbées , très-laineuses : feuilles linéaires , allongées aiguës, quelquefois un peu dentées, chargées de poils couchés et très-laineux à la base : bractées un peu *aiguës, ciliées, un peu plus courtes que le calice :* fleurs grisâtres , en épi cylindrique, serré, non interrompu. — ♃. Montagnes humides des Pyrénées, Narbonne. Fl. fr. 3. p. 414. **P. blanc**, *incana.* Ram. in DC.

qq. — *Feuilles lancéolées.*

v. — *Hampe comprimée.*

15. Hampe comprimée, soyeuse : feuilles plus courtes que la hampe, soyeuses dans le jeune âge, un peu dentées : bractées larges, obtuses, ciliées, marquées sur le milieu d'une raie verte : fleurs en épis ovales. — ♃. Les Alpes. **P. des rochers**, *saxatilis.* Bieb. Var. à feuilles entières, chargées de poils soyeux , argentés. *Argentea.* Des Pyrénées. (juillet-août).

vv. — *Hampe anguleuse.*

a. — *Épi hérissé de poils blancs.*

16. Hampe poilue, anguleuse, à 5-8 sillons : feuilles larges-lancéolées, ou oblongues-lancéolées, un peu dentelées, à plusieurs nervures, un peu velues, laineuses à la base : bractées ovales, pointues, velues : fleurs blanchâtres , en épi oblong, ou ovale-oblong. — ♃. Terrains secs, pierreux du Midi. **P. du Portugal**, *Lusitanica.* Lin. ⇒ *Variétés.*=b.— Feuilles lancéolées ovales, à 5 nervures, bractées laineuses. *Eriostachia.* Ten. =c. — Épis allongés, à pistils persistants. *Crinita.*

b. — *Épis non hérissés de poils.*

17. Hampes ascendantes-droites, à 5 sillons : feuilles rétrécies aux deux bouts, à 3-5 nervures, presque glabres : bractées scarieuses, pointues : fleurs blanchâtres, en épi allongé , cylindrique ou ovale oblong : *sépales* barbus *sur la carène :* style dépassant la corolle à peine de la moitié. — ♃. Les prés, les champs. Fl. dan. t. 437. **P. lancéolé**, *lanceolata.* Lin. (juin-août). = *Variétés.* = b. — Feuilles laineuses : hampe presque glabre. *Tomentosa.* Guêp. = c. — Hampes et feuilles hérissées à la base : bractées poilues au sommet. *Lanata.* = d. — Bractées noirâtres , vertes sur le dos. *Atrata.* Host.

18. Hampes rudes au sommet, *à plus de* 5 *sillons :* feuilles à 5 nervures, presque dentées, glabres : *bractées* pointues, *scarieuses, vertes sur le dos :* fleurs d'un blanc sale, en épis ovales oblongs : *sépales non carénés ,* quelquefois barbus : style 2-5 fois plus long que la corolle. — ♃. Les prairies, la rivière du Paglion, à Nice. Jacq. obs. 4. t. 85. **P. très-élevé**, *altissima.* Lin. (juin-août).

vvv. — *Hampe cylindrique.*

a. — *Épi hérissé de poils blancs.*

19. Hampe cylindrique : feuilles sans nervures, pubescentes en dessous, rétrécies aux 2 bouts, un peu dentelées : bractées scarieuses, ovales lancéolées, pointues, chargées de poils ainsi que le calice au sommet : divisions de la corolle quelquefois poilues sur le dos. — ♃. Le Midi, Nîmes, le long des chemins, Marseille. Moris. s. 8. t. 16. f. 13. **P. pied-de-lièvre ,** *lagopus.* Lin. (avril-mai).

b. — *Épi non hérissé de poils blancs.*

20. Hampe chargée *de poils* courts, *couchés,* très-velue au sommet de poils très-courts : feuilles rétrécies aux deux bouts, lancéolées, pointues, couvertes de poils courts, couchés,

à 5-5 nervures, quelquefois un peu dentées : bractées ovales pointues, scarieuses, un peu poilues : sépales en carène. — ♃. Terrains secs, montueux du Midi ; Alzon , Salbous , Mont Ste-Victoire. Gérard, Galloprov. t. 12. **P. soyeux**, *sericea.* W. et Kit.—Épi ovale, *serré.* (mai-septembre).

21. Hérissée *de poils , étalée,* non striée : feuilles rétrécies des deux bouts, un peu dentées, à 3-5 nervures, velues et vertes fraîches : bractées obovales, très-obtuses, scarieuses, barbues au sommet : fleurs brunes, en *épi ovale, lâche.* — ♃. Prairies des Alpes, Lautaret, Jura. Jacq. Hort. Vind. 2. t. 125. **P. de montagne ,** *montana.* Lam. (mai-juin).

nu. — FEUILLES OVALES.

a. — *Feuilles étalées en rosette serrée contre terre.*

22. Hampe cylindrique, un peu striée : feuilles ovales ou elliptiques , un peu dentées, pubescentes sur les deux faces, à 5-9 nervures, rétrécies en un pétiole court, élargi, plus courtes que les hampes : bractées ovales, membraneuses sur les bords : fleurs blanches, à étamines lilas, en épi long, cylindrique. — ♃. Bords des chemins. Fl. dan. t. 581. **P. moyen ,** *media.* Lin. (juin-août). = Variété. = Hampe striée au sommet : feuilles presque hérissées : épi ovale. *Minor.* — Racine pivotante.

b. — *Feuilles droites, non couchées contre terre.*

23. Très-variable pour la hauteur : *hampes ascendantes,* cylindriques, *pubescentes :* feuilles pétiolées, ovales ou elliptiques, entières ou dentées, glabres ou pubescentes, à 5-9 nervures : bractées petites, ovales, membraneuses

sur les bords, *égales au calice :* fleurs blanchâtres, en épi long, cylindrique, aigu, à fleurs nombreuses, imbriquées. — ♃. Bois frais , bords des chemins. Hayne. 5. t. 13. **P. à larges feuilles,** *major.* Lin. = b. — Hampes petites, arquées, souvent plus courtes que les feuilles presque sessiles, dentées, à 5 nervures. *Intermedia.* DC. = c. — Hampe de 1-2 pouces, pas plus longues que les feuilles, à 3-5 nervures. *Minima.* DC. Toulon , sables humides. (juin-octobre).

24. *Hampes droites, glabres,* à stries très marquées , beaucoup plus longues que les feuilles, très-longuement pétiolées, ovales ou elliptiques, un peu dentées, laineuses à la base : *bractées* ovales, en carène, *moitié plus courtes que le calice :* fleurs blanchâtres, en épi très-allongé. — ♃. Prairies salées, Aigues-Mortes. Zannich. ist. t. 75. **P. de Cornuti ,** *Cornuti.* Gou. (juin-août).

100. EXAQUE, *Exacum.* Willd. — Calice à 4-5 dents, ou à 4-5 divisions : corolle tubuleuse, à 4 divisions : 4 étamines : stigmate en tête, ou bifide : capsule creusée de 4 sillons, s'ouvrant par le sommet, à 2 loges à 2 graines.

1. Tige grêle, filiforme, *dichotôme rameuse* : feuilles oblongues-lancéolées : fleurs jaunes ou blanches, ou rosées, à lobes obtus, concaves, *connivents*, ne s'ouvrant qu'au soleil : calice à *4-5 divisions aplaties, fendues jusqu'à la base* : stigmates *à 2 lobes* : capsule *longue, presque cylindrique.*—⊙. Lieux inondés l'hiver, Autun, Broussans près St-Gilles. Vail. Bot. par. t. 6. f. 2. **Ex. main** , *pusillum.* DC. — Var. à rameaux nus, divergents. *Candollii.* — Fleurs presque agrégées. (juillet-août).

2. Tige filiforme, *simple* ou rameuse : feuilles *radicales ovales,* caulinaires *subulées* : pédoncules allongés, nus, uniflores : fleurs jaunâtres, *solitaires, à limbe étalé* : calice en soucoupe, *à 4 dents courtes,* membraneuses sur le bord : stigmate en tête : capsule *courte,* obtuse. — ⊙. Lieux humides, forêt d'Orléans, Chambord. Vaill. Bot. par. t. 6. f. 5. **Ex. filiforme** , *filiforme.* Delarbre. (juin-juillet).

101. CENTENILLE, *Centunculus.* Lin. — Calice à 4 divisions : corolle à tube renflé, globuleuse, à limbe ouvert à 4 lobes aigus : 4 étamines courtes : capsule globuleuse, en boîte à savonnette.

1. Très-petite plante rameuse, quelquefois simple : feuilles ovales, entières, un peu pétiolées, presque toujours alternes : fleurs, blanchâtres ou rosées, sessiles, axillaires, très-

petites. — ⊙. Lieux inondés l'hiver, environs de Chambord. Fl. dan. t. 177. **C. naine** , *minimus.* Lin. (juin-septembre).

102. CARDÈRE, *Dipsacus.* Lin. — Fleurs réunies en tête sur un réceptacle commun, conique, garni de paillettes épineuses, entouré d'un involucre foliacé, épineux : calice double, l'intérieur poilu au sommet : corolle à 4 divisions : étamines saillantes : graines anguleuses, couronnées par le calice. — Folioles de l'involucre longues : feuilles opposées.

I. ⸺ Paillettes recourbées en crochet.

1. Tige anguleuse, grande, garnie d'aiguillons forts : feuilles formant par leur réunion à la base un large entonnoir, dentées en scie, ou incisées, les caulinaires entières, toutes

coriaces : involucre réfléchi, moins long que le capitule : fleurs purpurines. — ♃. Cultivé. Regnault. Bot. t. 18. **C. des foulons,** *fullonum.* Mill. (juillet-août).

II. ⸺ Paillettes non recourbées en crochet.

a. — *Feuilles de la tige pétiolées.*

2. Tige et rameaux velus, rudes : feuilles appendiculées à la base, ovales : capitule globuleux, poilu, égal aux folioles de l'involucre

réfléchies : fleurs blanchâtres : paillettes ciliées. — ♂. Fossés humides, environs de Paris. Lam. ill. t. 56. f. 2. **C. velue** , *pilosus.* Lin. (juillet-septembre).

b. — *Feuilles sessiles.*

g.—*Feuilles de la tige non pinnées.*
5. Tige couchée, hérissée d'aiguillons : feuil-

les connées, ovales lancéolées, hérissées d'aiguillons sur les nervures : involucre à folioles arquées , subulées , dépassant le capitule : fleurs d'un blanc rougeâtre , moins longues que les paillettes.—②. Les haies, les bords des fossés. Fl. dan. t. 965. **C. sauvage,** *sylvestris.* Mill. (juillet-septembre). = Var. à feuilles du milieu de la tige ailées.

    gg.— *Feuilles de la tige ailées.*

4. Hérissée d'*aiguillons* coniques, *très-forts:* feuilles radicales allongées, dentées, rétrécies à la base , les caulinaires soudées à la base : involucre à folioles triangulaires, *étalées , dépassant* le capitule ovale : fleurs blanchâtres, ou un peu rosées : paillettes supérieures longues , raides, ramassées en toupet.—②. Corse, Toulon. Lois. t. 3. **C. féroce,** *ferox.* Lois. (juillet-septembre).

5. Garnie d'*aiguillons petits , faibles :* feuilles connées, allongées-étroites : involucre à folioles *droites ,* ascendantes, raides, lancéolées, subulées, *plus courtes* que le capitule pyramidal : fleurs rougeâtres : paillettes flexibles, plus longues que les fleurs.—②. Bord des chemins , Colmar, Nantes. Jacq. Aust. t. 403. **C. laciniée ,** *laciniata.* Lin. (juillet-septembre).

103. SCABIEUSE, *Scabiosa.* Lin. — Involucre de plusieurs folioles : réceptacle convexe , presque globuleux , à paillettes non épineuses , aussi longues que les fleurs : calice double ou simple , extérieur bordé d'une membrane très-développée : corolle à 4-5 divisions , celles de la circonférence plus grandes : 4-5 étamines : stigmate en tête : échancré : graines pubescentes , couronnées par le calice.

I. = **Involucre à double rang de folioles : corolle à 4 divisions : graines couronnées par le calice simple.**

    a.— *Feuilles minces , membraneuses.*

1. Tige hérissée de poils glanduleux dans le bas, de poils plus longs sans glande dans le haut : feuilles elliptiques lancéolées, crénelées ou entières , ou incisées à la base : pétioles soudés ensemble, ailés : fleurs d'un bleu rougeâtre : aigrette de 8 poils : involucre égal aux fleurs peu rayonnantes.— ♃. Grande-Chartreuse. Jacq. Aust. t. 362. **S. des bois,** *sylvatica.* Lin. (mai-septembre).

2. Tige glabre ou portant des poils très-courts dans le bas, velue glanduleuse dans le haut : feuilles lancéolées allongées, entières, pointues, quelquefois un peu denticulées : involucres plus courts que les fleurs rosées : rayonnantes.— ②. Les Alpes. W. et Kith. t. 5. **S. à longues feuilles,** *longifolia.* W. et K. (juin-août).

    b. — *Feuilles épaisses.*

3. Feuilles inférieures pétiolées, oblongues, crénelées-dentées en scie, lyrées, quelquefois entières, les *supérieures lancéolées , sessiles ,* *entières :* calice intérieur beaucoup plus court que le fruit ; aigrette velue : fleurs lilas.—♃. Les champs , Avignon , Montpellier. Coult. dips. p. 30. **S. hybride,** *hybrida.* All. (juin-juillet).

4. *Hérissée :* feuilles chargées de poils appliqués, les radicales entières, ou ailées , à lobes entiers , pointus , le terminal plus grand , *les caulinaires ailées,* à lobes linéaires, écartés, les plus hautes *entières , linéaires :* fleurs rayonnantes, bleuâtres ou purpurines. — ♃. Les champs. Fl. Dan. t. 447. **S. des champs,** *arvensis.* Lin. (tout l'été). = *Variétés.* = 1° — *Feuilles lyrées , ailées.* — a. — Un peu velue ou toute hérissée : lobes des feuilles linéaires, obtus , en dents de peigne. *Collina.* Req. Avignon, Gap. = 2° — *Feuilles non ailées.* —a.— Peu poilue : feuilles inférieures en spatule, dentées , les supérieures lancéolées , entières. *integrifolia.* Lin. Nîmes , Avignon. — b. — Toute hérissée : feuilles dentées , toutes blanchâtres. *Hispida.* Saint-Nizier. — c. — Glabre ou presque glabre : feuilles cendrées en dessous, hérissées sur les nervures , d'un vert obscur en dessus, lancéolées, entières, ou un peu incisées à la base, *Sylvatica.* Grande-Chartreuse.

II. = Involucre imbriqué : corolle à 4 divisions : graines couronnées par le calice simple.

n. — *Corolles non rayonnantes , bleues.*

5. *Racine rongée au bout :* tige presque simple, chargée et les feuilles de quelques poils longs : *feuilles* épaisses, les radicales ovales , pétiolées, *entières*, les caulinaires lancéolées , rétrécies à la base, soudées ensemble , quelquefois dentées , les plus hautes linéaires : fleurs le plus souvent par 3 : capitule globuleux.—♃. Lieux humides. Black. Herb. t. 142.

Lin. **S. mors du diable,** *succisa.* Lin. (juin-septembre).

6. *Tige hérissée*, raide ou glabre : feuilles ovales lancéolées, dentées ou entières : folioles de l'involucre et paillettes arrondies, *aristées* : fleurs naissant dans l'embranchement, sessiles ou pédonculées. — ⊙. Les moissons à Nîmes. Coult. t. 1. f. 7. **S. de Syrie ,** *Syriaca.* Lin. (juin-juillet).

nn. — *Fleurs un peu rayonnantes , blanchâtres ou jaunâtres.*

q. — *Feuilles non ailées sur la tige.*

7. Glabre : feuilles elliptiques, pointues aux deux bouts, entières, ou dentées en scie: involucre imbriqué : écailles extérieures ovales, les intérieures en spatule : graines couronnées de paillettes déchirées : fleurs blanches. — ⊙. Bois des montagnes en Corse. **S. de la Méditerranée,** *Mediterranea.* Viv.

qq. — *Feuilles de la tige ailées.*

a. — *Feuilles radicales entières.*

8. Tige hérissée dans le bas : feuilles radicales rétrécies en pétioles, peu durables , les caulinaires ailées, à lobes lancéolés, entiers ou portant 1-2 fortes dentelures: fleurs jaunâtres: paillettes extérieures obtuses, les intérieures pointues. — ♃. Alpes de Provence. Coult. t. 1. f. 8. **S. centaurée ,** *centauroides.* Lam.

(juillet-août). = *Variétés.* = b.— dents du calice dressées. *Transylvanica.* All.— c. — Dents du calice en pointe, puis tordues. *Corniculata.* W. et Kit. — d. — Dents du calice inégales, obtuses : paillettes recourbées. *Uralensis.* Murr. — e. — Dents du calice avortées. *Cretacea.* Bieb.

b. — *Feuilles toutes ailées.*

g. — *Fleurs en tête velue.*

9. Tige fistuleuse, velue : feuilles à folioles lancéolées , dentées, décurrentes : fleurs jaunâtres en tête penchée : folioles de l'involucre et paillettes aiguës, velues. — ♃. Les montagnes, Narbonne, Grande-Chartreuse. Coult. t. 1. f. 5. **S. des Alpes ,** *Alpina.* Lin. (juillet-août).

gg. — *Fleurs en tête non velue.*

10. Pas d'involucre : tige glabre , rameuse : feuilles grandes, à folioles lancéolées, pointues: nervure du dessous blanche : *fleurs blanches,* en têtes arrondies : *écailles* pubescentes, *ovales obtuses.* — ♃. Coteaux arides du Midi, Valbonne. Haquet. pl. alp. t. 4. f. 1. **S. à fleurs blanches,** *leucantha.* Lin. (juin-septembre).

11. Tige hérissée dans le bas : feuilles à folioles décurrentes, celles des inférieures oblongues, dentées en scie, à lobe terminal très-grand, celles des supérieures linéaires, lancéolées entières, terminées par un poil: fleurs *d'un bleu rougeâtre :* paillettes et écailles ovales *lancéolées, en arête piquante.*—⊙. Toulon. Coult. t. 1. f. 6. **S. de Transylvanie,** *Transylvanica.* Lin. (juillet septembre).

III. = Involucre de plusieurs folioles sur un seul rang ou sur plusieurs: corolle à 5 divisions : aigrette double, extérieure scarieuse, intérieure sétacée.

n. — *Toutes les feuilles simples.*

12. Couverte d'un duvet blanc, court : tige uniflore : feuilles linéaires, pointues : fleur unique, bleue, assez grande, rayonnante. — ♃. Provence, Dauphiné , au Baiou. W. et Kit. t. 188. **S. graminée,** *graminifolia.* Lin. (juillet-août).

nn. — *Pas toutes les feuilles simples.*

q.—*Limbe du calice gonflé, courbé.*

a.—*Fleurs d'un pourpre noir.*

13. Tige très-rameuse : feuilles radicales ovales oblongues, crénelées ou lyrées, les caulinaires à folioles dentées ou incisées : fleurs d'un pourpre noir, quelquefois blanches, rayonnantes, à anthères blanches : capitule convexe, souvent émettant des pédoncules terminés par une tête de fleurs. — ♃. De l'Inde ; cultivée. Coult. dips. t. 2. f. 11. **S. pourpre**, *atro-purpurea*. Lin. (l'été).

b. — *Fleurs jamais d'un pourpre noir.*

g.—*Plantes glabres.*

14. Tige rameuse : feuilles inférieures ailées, à lobes dentés, celles du milieu de la tige à lobes linéaires, entiers, les plus hautes linéaires entières : fleurs *purpurines* ou *lilas :* involucre plus court que les fleurs du rayon.— ⊙. Sur les bords de la mer ; Corse ; Montpellier. **S. maritime,** *maritima*. Lin. (juin-août). = Var. à feuilles pubescentes, les inférieures spatulées-lyrées, les autres à lobes linéaires. Mut. t. 26. f. 222.

15. Feuilles inférieures, les unes en spatule, dentées , les autres ailées et dentées en scie au sommet , les autres à lobes linéaires : fleurs *d'un rouge agréable*, celles du rayon à divisions pointues : graines surmontées de 5 soies saillantes. — ♃. Corse. Mut. t. 26. f. 221. **S. à fleurs aiguës,** *acutiflora*. Reich. (mai-juillet).

gg. — *Plantes velues.*

16. Tige velue, rameuse : feuilles radicales lyrées, ailées, les caulinaires 1-2 fois divisées en lobes allongés, étroits, aigus : fleurs lilas , celles du rayon très-grandes : calice quelquefois double de la corolle.— ⊙. Corse, à Bastia. **S. à grandes fleurs,** *grandiflora*. Scop. (depuis mai jusqu'en octobre). = Voir la variété du *S. maritima.*

qq. — *Calice membraneux, non renflé.*

a. — *Toutes les feuilles ailées.*

17. Tige à rameaux nombreux, divergents , dichotômes : feuilles épaisses, ciliées à la base, à folioles obtuses, entières : folioles de l'involucre soudées, formant un godet, à 5-7 dents, plus court que les fleurs du rayon : fleurs blanchâtres. — ♃. Corse ; les sables maritimes de Bonifacio. Coult. dips. t. 2. f. 16. **S. en godet,** *urceolata*. Desf. (mai-septembre).

b. — *Feuilles supérieures linéaires, entières.*

18. Tige blanchâtre: hérissée de poils longs, feuilles du milieu de la tige à 3-4 folioles allongées, linéaires, portant toutes vers le bas sur les bords des poils longs : calice large : fleurs blanches, celles du rayon très-grandes, plus courtes que l'involucre : couronne plus courte que les soies.— ♁. Les rochers, près Fontainebleau. Mut. t. 26. f. 223. **S. d'Ukraine,** *Ukranica*. Lin. (juin-juillet).

c. — *Toutes les feuilles de la tige ailées.*

s. — *Feuilles radicales très-entières.*

19. Tige rameuse dans le haut : feuilles radicales lancéolées étroites, entières ; les caulinaires à lobes étroits, entiers , nombreux : fleurs bleu-lilas, odorantes : écaille de l'involucre en spatule à 5 soies étalées. — ♃. Lieux secs aux environs de Fontainebleau. Coult. dips. t. 2. f. 14. **S. odorante ,** *suaveolens.* Desfs. (juillet-septembre).

ss. — *Feuilles radicales lyrées–dentées.*

20. *Tige presque glabre* ou velue : feuilles radicales ovales en spatule, dentées lyrées, les caulinaires à folioles linéaires, incisées ; fleurs bleuâtres ou purpurines. — ♃. Bords des champs. Mut. t. 27. f. 226. **S. colombaire ,** *columbaria*. Lin. (juin-septembre).=*Variétés.* = b. — Feuilles radicales ovales oblongues , crénelées, les caulinaires lyrées, ailées. *Pyrenaica.* = c. — Feuilles radicales en spatule lyrée, les caulinaires 2 fois ailées, à folioles entières, toutes très-velues : capitule en fruit globuleux noirâtre, plus court que l'involucre. *Gramuntia.* Lin. = d. — Feuilles lyrées, à lobes incisés : aigrette à 1-5 soies. *Columnæ.* Tend. — Toutes ces variétés sont quelquefois soyeuses cotonneuses.

21. *Tige velue, blanchâtre*, rameuse ou simple : feuilles velues, molles, les radicales

oblongues ovales, les caulinaires ailées, à lobes lancéolés, seulement *dentés incisés vers le sommet :* fleurs rosées, assez grandes, velues: aigrette campanulée, portant au milieu une étoile pédicellée, à 5 pointes.— ☉. Lieux pierreux du midi ; Carpentras. Coult. dips. t. 2. f. 5. **S. étoilée**, *stellata*. Lin. (mai-juin). = Var. à soies de l'étoile très-saillantes. *Monspeliensis*. Jacq. Carpentras.

    sss. — *Feuilles radicales dentées.*

22. Glabre : tige rameuse ou presque simple : feuilles radicales ovales, pétiolées, dentées en scie ; les caulinaires supérieures à folioles linéaires, pointues, celles du bas ailées dans leur partie inférieure, dentées en scie ,

incisées dans la partie supérieure : fleurs *purpurines : couronne* dentée, 3-4 *fois plus courte* que les 5 soies noires. — ♃. Bois montagneux de Provence, Dauphiné ; Grande-Chartreuse , Nîmes. Mut. t. 27. f. 227. **S. luisante**, *lucida*. Vill. (juillet-septembre). — *Feuilles glabres*, *luisantes*.

23. Plante en grosse touffe : *feuilles connées, blanchâtres*, 2 fois ailées, à lobes linéaires, entiers, pointus ; les radicales et celles des jeunes plantes en spatule, crénelées : fleurs *jaunâtres* : involucre moins long que les fleurs. — ♃. Prairies sèches du Midi, Gap, Abbeville. Mut. t. 27. f. 228. **S. jaunâtre**, *ochroleuca*. Lin. (juin-septembre).

104. VAILLENTIE, *Vaillentia*. Lin. — Corolle en cloche, à 4-5 divisions : 4-5 étamines : fruit à 2 baies accolées, à 3 cornes formées par le calice endurci : 3 fleurs à chaque aisselle : feuilles verticillées.

1. Tige grêle, rameuse dès la base : feuilles elliptiques, 4 au verticille : fleurs d'un vert jaunâtre, toujours 2 à étamines seulement, à 5 divisions.— ☉. Les rochers, les murs du Midi, Avignon, Nîmes. Mich. Gen. t. 7. **V. des murs**, *muralis*. Lin. (mai-juin).

105. SHÉRARDIE, *Sherardie*. Lin. — Corolle en entonnoir, à 4 divisions : fruit à 2 graines, couronné par le calice à 4 divisions, accru et persistant. — Fleurs en ombelle terminale.

1. Tige grêle, rude, hérissée, rampante, étalée : feuilles lancéolées, pointues, hispides, en verticille : fleurs bleues, petites : bractées glabres, rudes. — ☉. Les champs. Fl. dan. t. 459. **Sh. des champs**, *arvensis*. Lin. (mai-juin).

106. CRUCIANELLE, *Crucianella*. Lin. — Calice à 2 sépales : corolle tubuleuse , à 4-5 divisions conniventes : 4-5 étamines : fruit à 2 graines linéaires, couronné par le calice. — Épis panachés de vert et de blanc.

    n. — *Tige ligneuse.*

1. Tige tombante, très-rameuse : feuilles quaternées, raides, lancéolées, mucronées : fleurs jaunes opposées. — ♄. Sables maritimes ; Aigues-Mortes, à l'embouchure du Vidourle , Collioure, Toulon. Barr. icon. t. 533. **C. maritime**, *maritima*. Lin. (juin-juillet).

    nn. — *Plantes herbacées.*

2. Tige droite, rameuse : rameaux quelquefois réfléchis : feuilles *linéaires*, 5 à 6 : fleurs en épis comprimés, interrompus à la base. — ☉. Terrains sablonneux , pierreux du Midi :

Gaujac , au Mont-St-Vincent ; Mornas ; Broussans , près Saint-Gilles. Lam. ill. t. 61. **C. à feuilles étroites**, *angustifolia*. Lin. (juin-juillet).

3. Tige dressée : feuilles *inférieures ovales*, supérieures linéaires : fleurs en épis linéaires. — ⚬. Terrains stériles du Midi ; Toulon. Il. grœc. t. 159. **C. à larges feuilles**, *latifolia*. Lin. (juin-juillet). = *Variété*. = b. — Feuilles aiguës , les caulinaires ovales, 4 à 4, les ramaires linéaires, 5 à 5. *Monspeliaca*. Lin. — Montpellier, Marseille.

Observation. = J'ai vu sur le versant nord du pont du chemin de Nimes à Beaucaire, près la station de Manduel, la *Cru. stylosa.* Trin. — On la reconnaîtra à ces caractères : Plante hispide ; tige couchée : feuilles lan- céolées, 8-9 au verticille : fleurs roses, viola- cées, en capitules terminaux, pédonculés : style en massue, saillant, très-long, courte- ment bifide au sommet. — *Cette plante est du Pérou.* — Trin. mem. Acad. Pétersb. 1818. p. 485. n. 5. t. 11.

107. GAILLET, *Galium.* Lin. — Calice très-petit, presque confondu avec l'ovaire, à 4 dents : corolle à 4 divisions étalées : 4 étamines courtes : stigmate globuleux : 2 baies nues, accolées : tige articulée : feuilles en verticille.

I. = Plantes annuelles.

§ 1. = FLEURS SESSILES OU PRESQUE SESSILES, AXILLAIRES.

1. Tige couchée, *presque glabre*, rameuse : feuilles mucronées, inférieures ovales ellipti- ques, 6 au verticille, celles du milieu 4, lan- céolées : fleurs d'un blanc jaunâtre ou purpu- rines, opposées, géminées, presque sessiles : fruit oblong, hérissé, barbu au sommet : pé- dicelles avec le fruit réfléchi. — ⊙. Rochers, murs du Midi, Corse. All. ped. t. 77. f. 1. **G. des murs,** *murale.* (avril-mai). — Var. à

plante toute glabre, même le fruit. *Leiosper- mum.* Montpellier.

2. Tige rameuse dans le bas : *feuilles pu- bescentes* ou *hérissées*, lancéolées, *réfléchies*, 4 à 4 au milieu, *opposées dans le haut* : fleurs blanchâtres, verticillées : fruit hérissé, globu- leux, à pédoncules dressés. — ⊙. Vaucluse, au pied du Mont-Ventoux. Lois. not. 55. t. 2. **G. verticillé,** *verticillatum.* Danth. (avril-mai).

§ 2. = FLEURS PÉDONCULÉES.

a. — *Pédoncules uniflores, solitaires.*

5. Feuilles glabres, ovales lancéolées, 5-4 au verticille : fleurs d'un blanc sale. — ⊙. Pyré- nées, à St-Paul-de-Fenouilhède. **G. fragile,** *fragile.* Pourr. — Voir le *Gal. setaceum.* (juin- août).

b. — *Pédoncules uniflores géminés.*

4. Tige très-grêle, couchée ascendante, an- guleuse, de 5-8 pouces, à rameaux capillaires,

divergents : feuilles linéaires, mucronées, hispides, rudes, ciliées, 6-7 au verticille, les supérieures dressées, les inférieures réflé- chies : fleurs blanches, petites, pédoncules capillaires : fruit ridé. — ⊙. Terrain pierreux, sablonneux du midi : Grande-Chartreuse, St- Gilles à Broussans. DC. icon. rar. Gall. t. 24. **G. divariqué,** *divaricatum.* Lam. (juin- août). — Voir les variétés du *G. Parisiense.*

c. — *Pédoncules rameux.*

d. — *Fruit hérissé de poils droits.*

5. Tige droite, filiforme, un peu rude, di- visée au sommet en rameaux capillaires : feuilles très-fines, capillaires, 4-6 au verticille dans le bas, 6-9 dans le haut : pédoncules

plus courts que les feuilles, à 1-2 fleurs blan- châtres ou rosées. — ⊙. Lieux secs du Midi : Toulon, Aix. Cava. t. 191. f. 1. **G. sétacé,** *se- taceum.* Lam. (avril-mai). — Voir le *G. tenuis- simum.*

dd. — *Fruit hérissé de poils crochus.*

s. — *Tige glabre.*

6. Tige grêle, filiforme, rameuse, diffuse, un peu rude : feuilles linéaires, *lancéolées*, mucronées, à 1 nervure, de 6-8 au verticille, *rudes sur les bords, à aiguillons dirigés vers le haut* : pédoncules axillaires, capillaires : fleurs rougeâtres. — ⊙. Lieux arides ; Paris, Nimes. DC. rar. Gall. 1. t. 26. **G. de Paris,** *Pari-*

siense. Lin. (juin-août). = Variétés. = a. — Fruit grenu, non hérissé. *Anglicum.* Huds. = b. — Feuilles 8 au verticille, rameaux demi- dressés, fruit grenu. *Parcifolium.* Rœm. : leurs blanchâtres dans les 2 variétés.

7. Tige grêle, ascendante : feuilles *capilla- res*, 8 au verticille dans le bas, 4 dans le haut, *les dernières opposées*, toutes rudes, ciliées :

22

pédoncules 1-2 capillaires : fleurs blanchâtres : poils aussi longs que le fruit.—⊙. Lieux
secs près Toulon. **G. à fruit petit**, *micros-*
permum. Desf.—Voir le *G. tenuissimum*.

ss. — *Tige velue sur les nœuds*.

8. Tige anguleuse, garnie d'aspérités dirigées en bas, renflée et velue sur les nœuds :

feuilles lancéolées , en carène garnie et les
bords d'aspérités renversées vers la base, 8
au verticille, plus courtes que les pédoncules
divergents : fleurs petites, blanchâtres : fruits
gros, globuleux.— ⊙. Les champs, les haies.
Fl. dan. t. 495. **G. grateron** , *aparine*. Lin.
—Voir la variété du *G. spurium*.

ddd. — *Fruit tuberculeux*.

9. Tige anguleuse, garnie d'aspérités sur les
angles : feuilles rudes sur les bords, lancéolées, 7-8 au verticille, plus longues que les pédoncules : fleurs blanchâtres : fruits pendants,
à tubercules peu marqués. —⊙. Les moissons. Engl. Bot. t. 1641. **G. à trois cornes** ,
tricorne. Smith. (juin-août).

10. Tiges faibles, tombantes, garnies d'aspérités dirigées de bas en haut, le contraire
pour les feuilles linéaires, étalées, 6-7 au verticille : pédoncules trifides, plus courts que les
feuilles : fleurs blanchâtres : fruit gros, *à tu-*
bercules saillants.—⊙. Les moissons. Vail. Bot.
par. t. 4. f. 5. **G. sucré** , *saccharatum*. All.
(juin-août).

dddd. — *Fruit un peu grenu*.

11. Tige rameuse, rude sur les angles :
feuilles lancéolées, pliées en carène, rudes de
bas en haut sur les bords et la carène, plus
courtes que les pédoncules divergents : fleurs
blanchâtres : fruit réniforme. — ⊙. Les moissons. **G. bâtard** , *spurium*. Lin. (mai-juin).
═Var. à tige hérissée sur les nœuds : fruits
hérissés. *Infestum*. — Voir le *G. divaricatum*.

12. Tiges grêles , rameuses, ascendantes ,
garnies d'aspérités dirigées de haut en bas :
feuilles inférieures oblongues ou ovales, les
autres linéaires, étroites, terminées par une
soie, rudes sur les bords, roulées en dessous,
6-8 au verticille : pédoncules trifides, allongés, grêles, divergents : fleurs blanches, petites.—⊙. Toulon. DC. Prodrom. **G. très-**
fin , *tenuissimum*. Bieb. (mai-juin).

II. ═ Plantes vivaces.

§ 1. ═ 4 FEUILLES AU VERTICILLE.

n. — *Fleurs axillaires*.

q.—*La fleur terminale à étamines et à pistil, les autres à étamines seulement , stériles*.

s. — *Pédoncules munis de bractées*.

13. Velue : tige grêle : feuilles grandes, ovales oblongues ou elliptiques, à 5 nervures :
pédoncules rameux, glabres ou velus, réfléchis avec les fruits glabres, lisses : fleurs jaunes. — ♃. Prairies des montagnes, les chemins. Engl. Bot. 143. **G. croisette** , *cruciata*.
(avril-mai).

ss.— *Pédoncules sans bractées*.

14. *Tige velue* : feuilles ovales ou oblongues, à 5 nervures, un peu ciliées : pédoncu-

les avec le fruit réfléchi : fleurs petites, blanchâtres ou jaunâtres : fruit *en forme de poi-*
re. — ♃. Canigou, Corse. Scop. carn. t. 2. **G.**
du printemps, *vernum*. Scop. (mars-avril).

15. *Plante glabre* : feuilles ovales, ciliées ,
serrées, à 5 nervures, plus longues que les pédoncules bifides : fleurs jaunes, grandes :
fruits *globuleux*, glabres. — ♃. Pyrénées ;
Landes, près Dax. Rochel. Bann. t. 24. f. 23.
G. de Bauhin, *Bauhini*. Rœm. (mars-
mai).

qq. — *Toutes les fleurs à étamines et à pistil*.

16. Tiges faibles, diffuses, anguleuses, *ru-*
des de bas en haut : feuilles linéaires oblongues, *élargies au sommet*, obtuses, roulées
sur les bords, rudes de bas en haut : pédoncule avec le fruit droit, *étalé horizontale-*
ment : fruits lisses. — ♃. Les fossés ; les bords
des ruisseaux. Fl. dan. t. 423. **G. des ma-**
rais , *palustre*. Lin. (été). ═ Var. à peine
rude.

17. Tige grande, ferme, anguleuse, *presque*
lisse : feuilles *linéaires*, obtuses, rudes sur
les bords, 4-6 au verticille : pédoncules courts,
serrés contre la tige à la maturité : fleurs
blanches, purpurines en dehors, rapprochées : fruits lisses, grenus à la loupe. — ♃.
Prairies humides des environs d'Agen, Bordeaux. Chaub. Fl. Agen. t. 2. **G. agglo-**
méré , *constrictum*. Chaub. (juin).

nn. — *Fleurs terminales, à étamines et à pistil, en panicule.*

a. — *Feuilles lancéolées.*

18. Tige droite, raide, anguleuse, glabre ou un peu pubescente, rameuse : feuilles glabres, à 3 nervures, émoussées à la pointe, rudes sur les bords : pédicelles avec le fruit, droits, étalés, cotonneux ou glabres : fleurs blanches : soies du fruit *courbées.* — ♃. Prairies des montagnes ; Grande-Chartreuse ; Cévennes. Fl. dan. t. 1024. **G. boréal**, *boreale.* Lin. (juin-août). = *Variétés.* = b. — fruit glabre. *Hyssopifolium.* Hoffm.=c.—Panicule diffuse, fruit glabre. *Diffusum.* Schrad.= d. — Fruit un peu rude, garni de soies appliquées, comme parsemé de points argentés. *Intermedium.* Schult.

b. — *Feuilles ovales.*

19. Tige faible, tombante, anguleuse, velue à la base, presque glabre au sommet : feuilles ovales arrondies, mucronées, rudes-ciliées sur les bords, à 3 nervures : fleurs blanches : en corymbe allongé, dichotôme : fruit hérissé de poils crochus. — ♃. Bois des montagnes ; Grande-Chartreuse ; Espérou, à la Pinède de St-Sauveur ; Cévennes. Bocc. sic. t. 6. f. 1. **G. à feuilles rondes**, *rotundifolium.* Lin. (mai-juin).

20. Tige dressée, *hérissée de poils nombreux étalés* : feuilles *hérissées*, *ovales*, parsemées de points transparents, à 3 nervures : fleurs blanches ou rougeâtres, en panicule dichotôme : fruit hérissé de poils crochus : style persistant, bifide. — ♃. Corse, Bastia. Barr. icon. 324. **G. elliptique**, *ellipticum.* Willd (juin),

§ 2. — 5-8 FEUILLES AU VERTICILLE.

n.—*Fleurs axillaires, solitaires.*

21. Vert jaunâtre : tige grêle, 2-4 pouces, rameuse : feuilles linéaires aiguës, dressées, convexes en dessous, renflées à la base, luisantes, 6 au verticille : fleurs blanches, presque sessiles. — ♃. Pyrénées ; Mont-Ventoux ; près Briançon. Gou. ill. t. 1. f. 4. **G. des Pyrénées**, *Pyrenaicum.* Lin. (juin-juillet).

nn. — *Fleurs terminales, en faisceau.*

q. — *Fleurs jaunes.*

22. Racine longue, rampante : tige grêle, anguleuse, lisse, rameuse : feuilles lancéolées, très-pointues, bordées d'aspérités, rapprochées, 6-10 au verticille : pédoncules géminés, terminaux : fleurs à 3-5 parties : fruit gros, glabre, ridé, un peu charnu. — ♃. Dunes de St-Jean-de-Luz ; Vieux-Boucau. All. ped. t. 79 f. 4. **G. à gros fruit**, *megalospermum.* All. mai-juin).

qq.— *Fleurs rouges.*

23. Tige rameuse, diffuse, anguleuse, rude ou lisse : feuilles *fines, linéaires, rétrécies aux deux bouts*, rudes sur les bords, étalées : pédoncules capillaires, lisses, dichotômes : divisions de la corolle terminées par une arête : fruit glabre, lisse. — ♃. Lieux stériles de Pro-

a. — *Des feuilles ovales-aiguës.*

25. Tiges velues, anguleuses, rameuses, ascendantes, entrelacées : feuilles velues, d'autres glabres, courtes, ovales-aiguës et 4-5 au verticille dans le bas, linéaires lancéolées, mucronées et 6 au verticille dans le haut : pédoncules divergents, 2-3 fois divisés : fleurs

vence ; Mende, Gap, Briançon. Balbis et Nocca. ticin. t. 4. **G. rouge**, *rubrum.* Lin. (juin-juillet). == *Variétés.* = a. — Velue et couchée à la base : feuilles inégales. *Obliquum.* Vill.= b. — *Feuilles déjetées* : pédoncules longs. *Floribundum.* Sibthor.—Voir les variétés du *G. Corsicum.*

24. Plante naine : tige et feuilles hérissées de poils étalés : feuilles inférieures *ovales et elliptiques, élargies au sommet, 4 au verticille*, les supérieures linéaires, rétrécies aux deux bouts, 6 au verticille, les plus hautes opposées ou solitaires, toutes roulées sur les bords : pédoncules et fruits glabres : fleurs purpurines, à divisions pointues en arête. — ♃. Corse, au Mont-Coscione. Vivian. Cors. append. 1830. **G. à fleur nue**, *nudiflorum.* Viv.

qqq. — *Fleurs blanches.*

blanches, à divisions de la corolle terminées en arête : fruit un peu ridé.—♃. Corse ; bords de la mer, près Calvi. **G. de Corse**, *Corsicum.* Spreng. (mai-juin).= *Variétés.* = a. —. Glabre ou un peu pubescente : feuilles 6-7 au verticille : tige faible, tombante. *Collium.* = b. — Feuilles longues, plus larges, pointues en arête, un peu poilues et les pédoncules. *Intermedium*.—Fleurs des deux variétés rouges ou blanches.

b.—*Des feuilles ovales élargies au sommet.*

26. Tige couchée, *glabre* et toute la plante , rameuse : feuilles mucronées, à 1 nervure, les supérieures lancéolées, mucronées : pédicelles plus courts que les feuilles : pédoncules à plusieurs fleurs blanches : divisions de la corolle *ovales-aiguës : fruit parsemé de petits tubercules.*— ♃. Lieux montueux ; le mont Pilat, Ballon des Vosges. Fl. dan. t. 1663. **G. des rochers**, *saxatile*. Lin. (mai-juin).

27. Tiges *glabres* ou *velues*, ascendantes , anguleuses : feuilles inférieures petites, ovales, élargies au sommet, les autres linéaires ou lancéolées, mucronées, à une nervure, 6-8 au verticille : fleurs blanches en corymbe, à divisions *lancéolées aiguës ;* pédicelles droits , étalés : *fruit lisse à l'œil nu.*— ♃. Les bois des montagnes ; Grande-Chartreuse ; Mont-Louis. **G. sauvage**, *sylvestre*. (juin-juillet). =Variétés. == b.— Plante lisse : feuilles 6-8 au verticille, 4 dans le haut inégales. *Anisophyllum*. Vill. t. 7. ==c.— Plante verte couchée, feuilles réfléchies, les supérieures plus petites. Grande-Chartreuse ; le Dole au Jura. *Montanum*. Vill. t. 7. == d.— Argentée, brillante, redressée, feuilles ciliées, rudes sur les bords roulés en dessous, à côte d'un blanc argenté. Lautaret. *Argenteum*. Vill. t. 7. ==e.— Tige étalée, filiforme, feuilles linéaires en spatule, rudes sur les bords : panicule plusieurs fois divisée. *Supinum*. Revel.

c. — *Feuilles linéaires en spatule.*

28. Tiges rameuses, anguleuses, glabres , gazonnantes : feuilles épaisses, *mucronées* , *rudes sur les bords*, presque sans nervure, 6-8 au verticille : pédoncules ternés ou solitaires, plus longs que les feuilles supérieures : fleurs blanches, à divisions lancéolées-aiguës : fruit glabre. — ♃. Graviers des montagnes ; Mont-Aurouse. Juss. act. Acad. par. 1714. t. 13. f. 1. **G. de Suisse,** *Helveticum*. Weig.==Var. Tige très-couchée, puis redressée : feuilles linéaires en spatule, aiguës, les inférieures très-courtes. *Pusillum*. Vill. t. 8. (juillet-août).

29. Tiges étalées, rameuses : feuilles linéaires en spatule, *arrondies obtuses* au sommet , *un peu charnues* (sèches noires) ; pédoncules allongés, à 1-3 fleurs blanches, grandes : fruit sphérique. — ♃. Rocailles brisées des hautes montagnes ; Mont-Ventoux. Requien. in. Guer. Vaucl. éd. 2. p. 250. **G. de Villars ,** *Villarsii*. Req. (juillet-août).

d. — *Feuilles linéaires subulées, très-fines.*

30. Tiges gazonnantes, ascendantes, d'un vert luisant : feuilles étalées, 5-7 au verticille, parcourues par 2 sillons en dessus, terminées par un poil blanc : pédoncules trifides, plus longs que les feuilles : fleurs blanches : divisions de la corolle obtuse, à 3 nervures. — ♃. Les rochers des Alpes ; Mont-Ventoux. Lam. ill. t. 60. f. 2. **G. nain ,** *pumilum*. Lam. (juin août). == *Variétés.* == b.— Feuilles courbées ; pédoncules uniflores. *Cœspitosum*. Lois. ==c. —Tiges dressées, très-grêles ; feuilles dressées, d'un blanc argenté. *Jussiœi*. Vill. t. 7. == d.— Tiges dressées, rameuses au sommet ; 2-4 fleurs au pédoncule. *Rectum*.

nnn. — *Fleurs en grappes latérales.*

31. Tige diffuse, garnie sur les angles d'aspérités dirigées en bas : feuilles lancéolées linéaires, mucronées, rudes sur les bords dentelés : fleurs blanches : fruit glabre, presque lisse, — ♃. Lieux fangeux, aquatiques ; Paris. Engl. Bot. t. 1972. **G. des fanges,** *uliginosum*. Lin. (août-septembre).

nnnn. — *Fleurs en panicule.*

q. — *Fleurs rouges.*

32. Tige lisse, très-rameuse, très-feuillée : feuilles linéaires étroites, rétrécies en pointe acérée, 8-10 au verticille : pédicelles penchés, capillaires : fleurs d'un pourpre noir, petites : divisions de la corolle pointues : *fruit lisse.*— ♃. Environs d'Antibes. Balbis et Nocca. ticin. t. 3. **G. pourpre ,** *purpureum*. Lois. (juillet-août).

33. Cendrée pubescente : tige grande, rampante, puis dressée : feuilles oblongues, rétrécies aux deux bouts, 6 au verticille dans le bas, 4 au milieu, opposé dans le haut : fleurs petites, rouges : *fruit hérissé.*— ♃. Montpellier. Narbonne. **G. maritime,** *maritimum*. Lin. (juin-août).

qq. — *Fleurs jaunes.*

34. Tiges anguleuses, un peu rudes : la

base : feuilles linéaires, mucronées, sillonnées en dessous et un peu pubescentes, entières : fleurs petites, odorantes, nombreuses, portées sur des rameaux courts : fruit lisse. — ♃ Prairies; bords des champs. Savi. Bot. t. 165. **G. Jaune,** *verum.* Lin. (mai-juillet). = *Variétés.* = b. — Feuilles fines comme la pointe d'une aiguille. *Asparagifolium.* = c. — Rameaux cotonneux blanchâtres. *Canescens.* = d. — Tige simple ; feuilles dressées, plus longues que les pédoncules à 1-2 fleur, axillaires. *Axillare.* = e. — Tige très-velue au sommet : feuilles étalées ou réfléchies. *Maritimum.*

qqq. — Fleurs blanches.
g. — Feuilles ovales ou elliptiques.
a. — Divisions de la corolle ovales obtuses.

55. Tige presque cylindrique, à angles très-obtus, dressée, lisse ou hérissée : feuilles elliptiques ou ovales, obtuses, mucronées, glauques, rudes sur les bords, 8 au verticille, les plus hautes opposées, quelquefois pubescentes sur les nervures en dessous ou sinuées dentées sur les bords : fleurs blanches en panicule ample ; pédicelles capillaires, penchés avant la floraison, avec le fruit, étalés : fruit *glabre, un peu rugueux.* — ♃. Les bois , Valbonne. Fl. dan. t. 609. **G. des bois ,** *sylvaticum.* Lin. (juillet-août).

b. — Divisions de la corolle très-pointues.

s. — Feuilles ovales en spatule.

56. Tige couchée anguleuse, glabre, à rameaux nombreux, étalés : feuilles *subitement mucronées*, 6 au verticille sur la tige, 4 sur les rameaux : une seule bractée : pédicelles avec le fruit, étalés.-♃.Bois humides; Grande-Chartreuse. Gaud. helv. 1. p. 421. **G. élevé ,** *elatum.* Thuil. (été).

ss. — Feuilles elliptiques.

57. Tige *glabre ou hérissée*, genouillée, le plus souvent couchée, anguleuse : feuilles mucronées, rudes sur les bords, 6-8 au verticille : panicule à *rameaux inférieurs horizontaux,* divergents avec le fruit glabre, un peu rugueux. — ♃. Bords des chemins ; coteaux. Fl. dan. t. 455. **G. blanc,** *mollugo.* Lin. (été). — Divisions de la corolle *aristée.*

58. *Cendré glauque* : tige *presque ligneuse* , anguleuse, rameuse, glabre, lisse : feuilles raides, elliptiques, longues, denticulées, sur la tige réfléchies, 6-8 au verticille : fleurs en panicule : fruit glabre. — ♃. Provence ; Corse , à St-Florent. All. ped. t. 77. **G. cendré,** *cinereum.* All. (mai-juin). — Divisions de la corolle *acuminées par un fil.*

gg. — Feuilles linéaires ou lancéolées.

a. — Divisions de la corolle terminées
en pointe soyeuse.

39. Tige droite, anguleuse à la base , lisse : feuilles lancéolées mucronées , quelquefois rudes sur les bords, glauques, 6-8 au verticille: panicule grande: pédicelles capillaires, dressés-étalés : fruits lisses. — ♃. Les bois ; Valbonne. **G. aristé,** *aristatum.* Lin. (juillet-août). = Var. à feuilles vertes sur les deux faces.

b.— Divisions de la corolle pointues , non
terminées en pointe soyeuse.

40. Tige faible, dressée, anguleuse, presque lisse, rameuse, quelquefois pubescente à la base : feuilles lancéolées ou linéaires, mucronées, dentelées-rudes *sur les bords, non roulées*, 6-8 au verticille : fleurs petites, en panicule 5 fois divisée : fruit glabre. — ♃. prairies et lieux humides; l'Espérou. Engl. Bot. t. 2007. **G. dressé,** *erectum.* Huds. (mai-juin).

41. Plante très-raide : tige lisse , anguleuse, redressée, rameuse : feuilles linéaires, très-dures , dentelées-rudes *sur les bords roulés en dessous* : pédoncules trifides, terminaux : fruit glabre, lisse. —♃. Rochers le long du Rhône; Narbonne. **G. à feuilles menues,** *tenuifolium.* All. (mai-juin).

108. GARANCE , *Rubia.* Lin. — Calice à 4 dents: corolle en cloche, à 4-5 divisions étalées : 4-5 étamines : 2 baies globuleuses, charnues, accolées : tiges carrées.

I. — **Feuilles annuelles.**

1. Tiges hérissées de dents crochues : feuilles un peu pétiolées, ovales et lancéolées, hérissées sur les bords et la nervure de dessous de dents crochues, membraneuses : 4-6 au verticille : pédoncules axillaires, rameux : fleurs jaunâtres : à divisions calleuses, réfléchies au sommet. — ♃. Montpellier, Lyon : cultivée dans Vaucluse ; l'Alsace. Lam. ill. t. 60.-f. 1. **G. des teinturiers**, *tinctorum*. Lin. (juin-juillet).

II. — **Feuilles persistantes.**

a. — *Feuilles presque lisses sur les nervures.*

2. Tiges presque lisses, surtout dans le bas : feuilles lancéolées linéaires, les inférieures en cœur renversé, mucronées, luisantes surtout en dessous, 4 au verticille : fleurs blanchâtres, à divisions acérées. — ♃. Provence, Languedoc. Fl. græc. t. 142. **G. luisante**, *lucida*. Lin. (juin-juillet).

b. — *Feuilles munies d'aiguillons.*

3. Tiges fermes, rudes, accrochantes : feuilles souvent rudes en dessus, sessiles, *les unes* ovales, *les autres lancéolées aiguës;* fleurs d'un blanc sale, à divisions acérées : fruit noir. — ♃. Les haies du Midi, Valbonne. Tenor. Neap. t. 10. **G. étrangère**, *peregrina*. Lin. (juin-juillet).

4. Tiges rudes : feuilles sessiles, *linéaires*, *étroites, allongées, pointues*, rudes sur les bords et les nervures, 4-6 au verticille : fleurs verdâtres, à divisions ovales-lancéolées, acérées. — ♃. Corse ; montagnes d'Ajaccio. **G. à longues feuilles**, *longifolia*. Poir. (mai-juin).

---

109. ASPÉRULE, *Asperula*. Lin. — Calice petit, à 4 dents : corolle en entonnoir, ou en cloche, à 4 lobes : fruit sec, à 2 lobes, à 2 graines.

I. — **Plantes annuelles.**

1. Tige feuillée, rameuse, dressée : feuilles linéaires, glabres, obtuses ; fleurs bleues presque sessiles, en tête terminale, environnée de bractées velues, en étoile : fruit glabre. — ⊙. Les champs. Lob. icon. 801. f. 1 **As. des champs**, *arvensis*. Lin. (mai-juin).

II. — **Plantes vivaces.**

n. — *Corolle en cloche.*

2. Racine rampante : tiges simples, feuillées, anguleuses : feuilles *ovales lancéolées*, pointues, un peu ciliées, les supérieures plus grandes, 8 au verticille : fleurs blanches, en corymbe pédonculé ; fruit *hérissé* de poils en crochet. — ♃. Bois ombragés. Fl. dan. t. 562. **As. odorante**, *odorata*. Lin. (mai-juin). — Odorante quand elle est sèche.

3. Tiges droites ou ascendantes, presque cylindriques, glabres ou pubescentes dans le bas : *feuilles raides, linéaires*, mucronées *roulées sur les bords rudes :* fleurs blanches en corymbe, à divisions oblongues égalant le tube : *fruit lisse.* — ♃. Lieux pierreux du Midi ; Mont-Ventoux. Vill. t. 7. **As. faux Gaillet**, *Galioides*. Bieb. (juin-juillet).

nn. — *Corolle en entonnoir.*

§ 1. — 6 FEUILLES AU VERTICILLE.

a. — *Feuilles du milieu, 4 au verticille.*

4. Racine rouge : tiges renflées sur les nœuds, cylindriques : feuilles linéaires, *les florales ovales, courtes, 4 au milieu de la tige*, opposées dans le haut : bractées ovales aiguës émoussées : fleurs blanches, à divisions égalant le tube : *fruit lisse.* — ♃. Collines arides ; Fontainebleau. Taber. hist. 433. t. 735. f. 1. **As. des teinturiers**, *tinctoria*. Lin. (juin-juillet).

b. — *Toujours 6 feuilles au verticille.*

5. Racine ligneuse, forte : tiges nombreuses, grêles, anguleuses, dressées : feuilles linéaires, hérissées, aiguës, plus longues que les entre-nœuds : fleurs blanches, *purpurine en dehors, en têtes terminales :* fruit glabre

— ♃. Rochers; terrains arides des Hautes-Pyrénées ; port de Pinède. Ram. Bull. phil. n° 41. p. 131. t. 9. f. 1. 2. 3. **As. hérissée**, *hirta*. Ram. (juin-juillet).

6. Glabre : tige grêle, anguleuse, simple ou rameuse : feuilles linéaires, étroites, pointues,

roulées sur les bords un peu rudes : fleurs purpurines, en ombelle *entourée de 6 bractées plus courtes* : fruit glabre, sillonné. — ♃. Rochers de Tende. All. ped. t. 77. f. 3. **As. à six feuilles**, *hexaphylla*. All. (juillet-août).

§ 2. = 4 FEUILLES AU VERTICILLE.

a. — *Fleurs blanches*.

7. Tiges lisses, anguleuses, glabres, ascendantes : feuilles *oblongues*, écartées, *obtuses*, un peu rudes sur les bords, plus courtes que les entre-nœuds : pédoncules divergents, plu-

sieurs fois divisés, à 3-4 fleurs petites : fruit un peu rude. — ♃. Les bois ; Lyon, Gap, Corse. Moris. hist. s. 5. 9. t. 21. f. 4. **As. lisse**, *lævigata*. Lin. (juin). — Voir l'*As. trinervia*.

b. — *Fleurs purpurines*.

q. — *Fleurs hérissées, rudes à la base*.

8. Tiges nombreuses, grêles, fermes, rameuses : feuilles linéaires, un peu rudes sur les bords, les supérieures inégales : bractées lancéolées, mucronées : fleurs en corymbe, fruit grenu. — ♃. Terrains sablonneux, pier-

reux. Engl. Bot. t. 53. **As. à l'esquinancie**, *cynanchica*. Lin. (juin-septembre). = Var. à feuilles inférieures plus courtes, plus larges, *Pyrenaica*. Tresques. = Voir l'*As. deficiens*.

qq. — *Fleurs glabres*.

p. — *Feuilles ovales lancéolées, à 3 nervures*.

9. Tige dressée, rameuse : feuilles larges, pointues, ciliées : fleurs à anthères violettes, saillantes, en faisceau entouré de bractées velues ciliées : tube beaucoup plus long que le limbe : fruit glabre, ponctué rude. — ♃. Bois montueux ; le Lautaret ; la Vérune, près Montpellier. Lob. icon. 800. f. 1. **As. à trois nervures**, *trinervia*. Lam. (avril-mai).

pp. — *Des feuilles ovales en spatule*.

10. Glabre : feuilles très-caduques, oblongues et *ovales en spatule*, 4 au verticille dans le bas, les supérieures linéaires, roulées sur les bords, opposées : bractées courtes, ovales, lancéolées : pédoncules à 2-3 fleurs, à divisions ovales aiguës, *hérissées et le fruit.* — ♃. Ile de Tavolara, près la Corse. Vivian. Cors. app. 1830. **As. dénudée**, *deficiens*. Viv.

ppp. — *Feuilles linéaires ou lancéolées*.

11. Tige redressée : feuilles *linéaires*, glabres, 4 au verticille, les supérieures plus longues, opposées : bractées lancéolées, subulées : fleurs *blanchâtres* ou *jaunâtres en dedans*, à tube dépassant beaucoup les divisions glabres, échancrées, bifides ; fruit glabre. — ♃. Provence. W. et Kit. t. 150. **As. à longues fleurs**, *longiflora*. Lois.

12. Tiges dressées, rameuses dès la base : feuilles inférieures courtes, presque imbriquées, les autres plus longues, toutes *linéaires lancéolées*, pointues, nervées : fleurs *purpurines*, en faisceaux, glabres : fruit lisse, sillonné, ondulé en long. — ♃. Pyrénées-Occidentales ; Piquette d'Endretlis. **As. multiflore**, *multiflora*. Lapey.

110. ALCHEMILLE, *Alchemilla*. Tourn.

— Périgone tubuleux, resserré au sommet du tube, à 8 dents inégales : 1-4 étamines insérées à l'entrée de la gorge, et opposées aux petites dents : style inséré sur le côté de l'ovaire : stigmate en tête. Feuilles lobées.

a. — *Feuilles à 3-5 digitations multifides ou dentées*.

1. Tiges rameuses, couchées, feuillées : feuilles glabres ou ciliées, à 3-5 folioles en coin à la base, incisées : fleurs petites, verdâtres, en ombelle munie de deux feuilles sessiles,

dentées au sommet. — ♃. Prairies des Hautes-Alpes ; les glaciers du Valgaudemar. Bocc. mus. f. 18. t. 1. **Al. à cinq feuilles**, *pentaphylla*. Lin. (juillet-août). = Var. soyeuse blanchâtre, à folioles extérieures bi-trifides.

b. =*Feuilles à 5-7 digitations.*

2. Tiges rameuses, blanchâtres : feuilles à divisions ovales oblongues, dentées au sommet, soyeuses argentées en dessous : fleurs verdâtres, petites, en paquet. — ♃. Prairies des Alpes du Dauphiné ; Provence ; l'Espérou ; sommets du Jura ; montagnes de Corse. Fl. dan. t. 49. **Al. des Alpes,** *Alpina.* Lin. (juin-juillet).

c. — *Feuilles à 7-9 digitations.*

5. Tiges et pétioles presque glabres ou soyeux pubescents : feuilles réniformes, *pubescentes poilues des deux côtés,* quelquefois presque glabres, d'autres fois tout-à-fait, à 7- 9 lobes bordés tout autour de dents aiguës , quelquefois ovales aigus, ou courts arrondis , ou tronqués : fleurs verdâtres, en corymbe dichotôme. — ♃. Les prairies ; les bois ; l'Espérou. Fl. dan. t. 695. **Al. commune,** *vulgaris.* Lin. (avril-septembre).

4. Pétioles glabres : feuilles réniformes, divisées jusqu'au milieu en 7-9 digitations ovales élargies au sommet, entières à la base, incisées dentées vers le haut, *ciliées, rarement un peu poilues :* fleurs verdâtres, en corymbe diffus. — ♃. Sommités des Alpes ; Pyrénées ; Galibier ; Tronquette de Courts. Mut. t. 46. f. 85. **Al. incisée,** *fissa.* Gaud. (été).

111. SANGUISORBE, *Sanguisorba.* Lin. — Fleurs en capitule dense, arrondi : périgone à 4 divisions , muni de 2 écailles à la base : 2 stigmates en pinceau : 1-2 graines renfermées dans le périgone persistant.

1. Tige anguleuse : feuilles ailées, à folioles ovales, dentées, en cœur, les plus petites à la base de la feuille : fleurs d'un pourpre foncé. — ♃. Coteaux et prairies sèches. Fl. dan. t. 97. **S. officinale,** *officinalis.* Lin. (juillet-août).

112. CAMPHRÉE, *Camphorosma.* Lin. — Périgone à 4 divisions inégales , les 2 plus grandes pliées sur le dos : 4 étamines très-saillantes : style bifide : capsule à 1 graine.

1. Tiges couchées, velues, un peu ligneuses : feuilles et bractées linéaires, étroites, pointues, velues : fleurs verdâtres, axillaires, en épi serré, velu. — ♄. Lieux arides, sablonneux du Midi ; Nîmes, au bord des chemins. Lam. ill. t. 86. **C. de Montpellier,** *Monspeliaca.* Lin. (juillet-septembre).

113. MAYANTHÈME, *Mayanthemum.* Roth. — Périgone à 4 divisions étalées : 4 étamines : stigmate presque bifide : baie à 2 loges à 1-2 graines.

1. Tige anguleuse, portant 2-3 fleurs pétiolées, en cœur, pointues : fleurs blanches, petites, en grappe terminale : fruit rouge. — ♃. Bois des montagnes. Fl. dan. t. 291. **M. à deux feuilles,** *bifolium.* DC. (mai-juin).

114. CHALEF, *Elæagnus.* Lin. — Périgone à tube grêle, à limbe campanulé , à 4-5 divisions : 4-5 étamines : fruit en drupe à 1 graine.

1. Arbrisseau à rameaux blanchâtres, épineux ou sans épines : feuilles lancéolées aiguës, entières, argentées en dessous : fleurs jaunes en dedans, argentées en dehors, axillaires, à court pédoncule. — ♄. Provence, au bord des rivières ; Collioure. Lam. ill. t. 71. f. 1. **Ch. à feuilles étroites,** *angustifolia.* Lin. (juin-juillet).

115. ISNARDIE, *Isnardia.* Lin. — Périgone persistant, à 4 divisions, quelquefois pétales alternant avec les sépales : 4 étamines opposées aux divisions du périgone : style filiforme, caduc ; stigmate en tête : capsule à 4 angles, à 4 loges à plusieurs graines.

1. Plante aquatique : tige rampante ou nageante : feuilles opposées, ovales aiguës, atténuées en pétiole : fleurs herbacées, sessiles, axillaires. — ⊙. Les fossés ; Manduel. Lam. ill. t. 77. **Is. des marais**, *palustris*. Lin. (juin-août).

DIGYNIE.

116. CUSCUTE, *Cuscuta*. Lin. — Calice à 4-5 divisions : corolle urcéolée, globuleuse, à 4-5 divisions : 4-5 étamines écailleuses en dessous : 2 styles ; capsule en boîte à savonnette, à 2 loges, à 2 graines : plantes parasites, capillaires, sans feuilles.

I. = Un style.

1. Tiges épaisses, tuberculeuses : corolle tubuleuse, à 5 lobes : styles non saillants : stigmates à peine échancrés : écailles à 2 parties bifides : fleurs d'un violet pâle ou jaunâtre en petits paquets disposés en épi interrompu. — ⊙. Le Midi, sur la Vigne, la Ronce. Mut. t. 57. f. 284. **C. à un style**, *monogyna*. Wahl. (mai-août).

II. = Deux styles.

a. — Corolle à 4 lobes.

2. Tiges rameuses : fleurs d'un blanc rosé, petites, à lobes presque toujours réfléchis : styles divergents dès la base : paquets de fleurs entourés de bractées.— ⊙. Sur le Chanvre, l'Ortie. Mut. t. 56. f. 282. **C. d'Europe**, *Europœa*. Lin. (juillet-août).

b. — Corolle à 5 lobes ou dents.

5. Tiges simples, tortueuses, *chargées de tubercules dans les courbures ;* fleurs verdâtres, en grelot globuleux, à 5 dents aiguës : styles courts, arqués, divergents. — ⊙. Sur le Lin commun. Mut. t. 57. f. 285. **C. étrangle-Lin**, *épilinum*. Weihe. (juin-juillet).

4. Tiges *rameuses, contournées :* fleurs très-petites, d'un blanc rosé, entourées de bractées, en paquets : corolles globuleuses, à 5 lobes ovales pointus ou ovales obtus : styles divergents au sommet.— ⊙. Sur la Sarriette de montagne, la Lavande. = ⊙. Mut. t. 56. f. 285. **C. du Thym**, *Epithymum*, Smith. (juillet-août).

117. CUMIN, *Hypecoum*. Lin. — Calice à 2 sépales caducs : 4 pétales, les 2 extérieurs plus grands : capsule en forme de silique allongée, divisée en articles transverses, à 1 graine : fleurs et suc jaunes : feuilles 2 fois ailées.

a. — Silique comprimée.

1. Glauque : hampe étalée ou droite, se ramifiant au sommet en 5-4 *pédoncules uniflores :* feuilles radicales, grandes, divisées en lanières courtes, un peu dilatées, pointues : involucre découpé en lanières très-fines : pétales à 5 lobes, les extérieurs glabres : siliques arquées, redressées, longues. — ⊙. Manduel ; Comps ; Orange. Lam. ill. t. 88. **C. couché**, *procumbens*. Lin. (mars-avril).

2. Hampe ascendante : *pédoncule multiflore :* fleurs grandes, en panicule dichotôme :

siliques arquées.—☉. Bords de la mer , en Roussillon. **C. glauque**, *glaucescens*. Guss. 79. 1. 13. (mai-juin).

    b. — *Siliques cylindriques.*

3. Tiges redressées : lanières des feuilles longues, très-fines : pétales glabres, les 2 ex-térieurs elliptiques oblongs, entiers, les inté-rieurs à 3 divisions, celle du milieu presque ronde, dépassant les latérales, d'un jaune d'or à l'intérieur et parsemés de points rouges bruns. — ☉. Les champs; Aix ; Carpentras. Lob. icon. 743. f. 2. **C. pendant**, *pendulum*. Lin. (mai-juin).

118. APHANE, *Aphane*. Leers. — Périgone à 8 divisions , 4 plus petites alternes : 1-4 étamines fertiles : 2 graines recouvertes par le périgone.

1. Tiges très-petites, rameuses, velues, éta-lées ou ascendantes : feuilles pubescentes, al-ternes, à très-court pétiole , à 3 lobes 2-3 fois divisés : fleurs verdâtres, en paquets axillai-res. — ☉. Les champs. Fl. dan. t. 973. **Aph. des champs**, *arvensis*. Lin. (juin-juillet).

119. BUFONIE, *Bufonia*. Sauv. — Calice de 4 sépales : 4 pétales entiers , plus courts que le calice : capsule comprimée , à 1 loge à 2 graines , à 2 valves.

1. Tige divisée *dès la base* en rameaux courts, nombreux, filiformes comme la tige : feuilles subulées étroites, dilatées-connées à la base : fleurs blanchâtres, en panicules nom-breuses, droites : calice strié jusqu'*au-dessus du milieu* : graines comprimées, *tubercuteu-ses sur les bords*. — ☉. Nîmes, le long des chemins. Lam. ill t. 87. f. 1. **B. annuelle**, *annua*. DC. (juillet-août).

2. Tiges divisées *au sommet* , en rameaux filiformes,allongés : feuilles étroites, subulées : fleurs blanchâtres , peu nombreuses : calice strié jusqu'*au-dessous* du sommet : graines *partout couvertes de tubercules*. — ♃ . Ter-rains secs du Midi ; Avignon. Lam. ill. t. 87. f. 2. **B. à feuilles menues**, *tenuifolia*. Lin. (juin-juillet).═Var. à tige solitaire, rameuse au sommet. *Perennis*. Petit. —Mont-Ventoux.

TÉTRAGYNIE.

120. HOUX, *Ilex*. Lin. — Calice petit, persistant, à 4-5 dents : corolle à 4-5 divisions étalées : 4-5 étamines : 4-5 stigmates sessiles : baie arrondie, à 4 graines.

1. Arbrisseau toujours vert, rameux : feuil-les luisantes, ovales aiguës, ondulées, épineu-ses, sans épines sur les vieux pieds : fleurs d'un blanc rosé, en paquets axillaires : baies rouges.— ♄. Bois des montagnes ; Valbonne. Fl. dan. t. 508. **H. commun**, *aquifolium*. Lin.═*Variétés*.═ a. — Des feuilles entières. *Heterophylla*.═b. —Feuilles un peu épineu-ses en dessous. *Ferox*. (avril-mai).

121. BULLIARDE, *Bulliardia*. DC.—Calice à 4 divisions : corolle à 4 pétales : 4 étamines : 4 écailles linéaires , alternes avec les divisions du calice et aussi longues : 4 capsules à plusieurs graines.

1. Plante grasse, très-petite, à rameaux rougeâtres, dichotômes : feuilles charnues, oblongues, cylindriques , plus courtes que les pédoncules axillaires, solitaires, à 1 fleur rose. — ⊙. Lieux humides, ombragés; étangs de St-Léger (Côte-d'Or). Lam. ill. t. 90. f. 1. **B. de vaillant** , *vaillantii*. DC. (juin-août). = Var. à tige presque couchée. *Prostrata*.

122. POTAMOT , *Potamogeton*. Lin. — Fleurs en épi renfermé dans une spathe à **2** feuilles membraneuses : périgone à **4** divisions profondes , atténuées à la base : 4 étamines insérées sur la base des divisions du périgone , sessiles : 4 capsules à 1 graine. — *Plantes aquatiques.*

I. = Tiges comprimées : toutes les feuilles linéaires , membraneuses luisantes.

a. — *Tiges ailées.*

1. Tiges menues, rameuses, très-garnies de feuilles linéaires, allongées , nervées, luisantes, mucronées : fleurs en épi court, arrondi : *fruit ovale , élargi au sommet , en corône obtuse.* — ♃. Eaux stagnantes; le Loiret; Blois. Mut. t. 63. f. 464. **P. comprimé**, *compressus*. Lin. (mai-septembre).

2. Tiges du *Compressus :* feuilles toutes membraneuses, luisantes, sessiles, pointues , à plusieurs nervures, dont 3-5 plus saillantes : 4-5 fleurs en épi ovale, arrondi avec les *fruits réniformes , à carène aiguë :* pédoncule épais, court. — ♃. Eaux stagnantes ; Paris ; Lyon ; Ancenis; Châteaubriand. Mut. t. 63. f. 465. **P. à feuilles pointues ,** *acutifolius*. Link. (juin-juillet).

b. — *Tiges non ailées.*

f. — Épi plus court que le pédoncule.

3. Tiges presque pas comprimées, rameuses, filiformes comme les feuilles, *à 3-5 nervures*, étalées, sans veines, non engaînantes à la base : stipules plus larges que les feuilles , très-fugaces : pédoncules 2-3 fois plus longs que les épis à 4-8 fleurs, souvent interrompus : fruits elliptiques.— ♃. Les marais; les ruisseaux; la Nièvre , près Nevers; Issoudun. Fl. dan. t. 1431. **P. fluet**, *pusillus*. Lin. (mai-septembre).= Var. à tige plus comprimée , à feuilles veinées.

4. Plante noire après la dessication : tige un peu cylindrique, très-rameuse : feuilles capillaires, *à 1 nervure*, non veinées, pointues : pédoncule très-long : fleurs en épi souvent interrompu, de 4-8 fleurs : capsule ovale en demi-lune, à 3 carènes sur le dos, la médiane aiguë. — ♃. Étangs et fossés du Nord. Cham. Linn. 2. t. 4. f. 6. **P. à feuilles capillaires,** *trichoides*. Chamisso.

ff. — *Épi au moins aussi long que le pédoncule.*

5. Tige à angles obtus : feuilles longues, obtuses mucronées, à 3-5 nervures, rétrécies et portant 2 glandes à la base : fleurs 6-8 en épi ovale, continu : fruit ovale comprimé. — ♃. Eaux stagnantes ; Paris ; Besançon. Cham. Linn. 2. t. 4. f. 8. **P. à feuilles obtuses ,** *obtusifolius*. Koch. (mai-septembre).

II. = Tiges cylindriques.

c. — *Toutes les feuilles très-fines.*

6. Tiges grêles, filiformes, très-longues dans les eaux courantes et profondes, rabougries gazonnantes dans les lieux bourbeux, privés d'eau : feuilles alternes, les 2 plus hautes opposées, aiguës, *engaînantes à la base*, luisantes, à 1 nervure, *à veines transversales* et un peu épaisses, presque sur 2 rangs ou éparses : pédoncule long : épi allongé, interrompu : fruits obliquement obovales, comprimés. — ♃. Rivières ; étangs ; canal du Berry ; Baugency ; Semur. Fl. dan. 1746. **P. à dents de peigne**, *pectinatus*. Lin. (août-septembre).

7. Tige de 1-2 pieds, cylindrique filiforme , finement striée : feuilles sétacées linéaires, à à 1 nervure, *non veinées*, les florales opposées : stipules transparentes, jaunâtres, à 10-15 stries: pédoncule blanc, cylindrique, strié, non renflé au sommet, 3 fois plus long que

l'épi *non interrompu*, à 4–5 fleurs à 1–2 pistils : fruit oblique, ovoïde aplati, en demi-lune, un peu concave sur les faces, à bord extérieur marqué de 5 carènes, la médiane crénelée tuberculeuse, les latérales granuleuses : stigmate en tête, mamelonné.—☉. Mares des environs d'Angers et de Ségré. Guépin, Fl. Maine-et-Loire, 3ᵐᵉ édit., p. 6. **P. à fruit tuberculeux**, *tuberculatus*. Guép. (juin-juillet) — C'est le *P. monogynus* de Lloyd, commun dans les marais de Penestin.

qq. — *Feuilles larges, au moins une partie.*
k. — *Toutes les feuilles opposées.*

8. Tige rameuse, cylindrique, dichotome : feuilles nombreuses, sur 2 rangs, ovales lancéolées, un peu ondulées, lisses, luisantes, transparentes : pédoncule axillaire, court : 3–5 fleurs en épi penché après la floraison : fruit comprimé en carène, surmonté d'un bec court. — ♃. Eaux stagnantes ; fossés. Fl. dan. t. 1264. **P. serré**, *densus*. Lin. (juin-juillet). = *Variétés*. = b. — Feuilles ovales lancéolées, étalées, peu serrées. *Oppositifolius*. = c. — Feuilles linéaires étroites, pointues, à dentelures très-fines. *Angustifolius*.

kk. — *Feuilles la plupart alternes, variant de forme sur le même pied, rarement uniformes et alors toujours larges.*
n.—*Feuilles toutes submergées.*
a. — *Feuilles non dentées en scie.*

9. Tiges longues, menues, un peu rameuses, cylindriques : feuilles sessiles, membraneuses, lancéolées aiguës, rétrécies à la base, un peu luisantes, transparentes, *alternes et écartées dans le bas de la tige*, opposées dans le haut : stipules déchirées : 5–7 fleurs en épi linéaire : *pédoncule* plus épais que la tige, *épaissi au sommet*. — ♃. Eaux stagnantes ou un peu courantes. **P. crépu**, *crispus*. Lin. (juin-septembre). = Var. Toutes les feuilles de la même forme, les nageantes coriaces ou transparentes, sessiles ou pétiolées, d'autres fois pliées en carène, ondulées, planes ou contournées.

10. Tige *flexueuse* : feuilles d'un vert foncé, sessiles embrassantes, transparentes, oblongues ou lancéolées, *en capuchon au sommet*, à nervures nombreuses, les latérales peu marquées : fleurs en épi un peu interrompu : fruit gros, à carène aiguë, avec un bec crochu. — ♃. Rivière de l'Orne. Mut. t. 65. f. 465. **P. flexueux**, *flexuosus*. Wred. (juin-août).

b. — *Feuilles dentelées en scie.*

f.—*Feuilles un peu pétiolées.*

11. Tiges longues, articulées, rameuses : feuilles ovales lancéolées, transparentes, luisantes, nervées, mucronées, dentelées sur les bords, quelquefois rétrécies aux 2 bouts, très-allongées, ondulées et non rudes sur les bords : stipules aussi longues que les entre-nœuds : pédoncule épaissi au sommet : fleurs en épi cylindrique : fruit comprimé, à 1 carène peu marquée. — ♃. Eaux tranquilles ; rivières. Fl. dan. t. 195. **P. luisant**, *lucens*. Lin. (juillet-août).

ff.—*Feuilles sessiles demi-embrassantes.*

12. Tige grêle, rameuse, *cylindrique*, feuilles *en cœur, ovales* ou *ovales lancéolées*, lisses, luisantes, nervées, transparentes : pédoncule court, d'autres fois très long, jamais renflé au sommet : fleurs en épi court oblong : fruit comprimé, obtus sur les bords.— ♃. Etangs ; rivières. Fl. dan. t. 196. **P. perfolié**, *perfoliatus*. Lin. (juin-septembre).

13. Tige *comprimée*, rameuse : feuilles d'un vert clair, sur 2 rangs, *oblongues, allongées*, obtuses, *ondulées et dentelées sur le bord*, à 5 nervures, les supérieures opposées : 5–7 fleurs en épi lâche : pédoncule plus grêle que la tige : fruit comprimé, à 1 bec de sa longueur — ♃. Fossés ; canal du Languedoc. Fl. dan. t. 927. **P. denté**, *serratus*. Lin. (juin-juillet).

nn. — *Des feuilles nageantes.*
q. — *Pédoncule un peu épaissi au sommet.*
f. — *Toutes les feuilles sessiles, ou les inférieures.*

14. Tige cylindrique, rameuse : feuilles submergées membraneuses, transparentes, un peu raides, linéaires lancéolées, pointues, rétrécies à la base, un peu ondulées et un peu

rudes sur le bord, les supérieures plus larges, pétiolées, les nageantes ovales ou oblongues , à long pétiole , coriace : fruit comprimé , à bords obtus, surmonté d'un bec très-court. — ♃. Les étangs; Boreau. Fl. cent. Fran. 2. p. 434. **P. graminé**, *gramineus*. Lin. (juin-

août). = *Variétés*. = a. — Feuilles toutes submergées, lancéolées linéaires. *Graminifolius*. Etangnœuf, à Baugy. = b. — Feuilles submergées linéaires, les flottantes ovales, élargies. *Heterophyllus*. Bourges ; Bourbon-l'Archambault.

ff. — *Toutes les feuilles pétiolées.*

g.—*Feuilles non aiguës aux 2 bouts.*

15. Tige cylindrique, rameuse au sommet , feuilles membraneuses, peu transparentes , d'un vert foncé, les submergées lancéolées ou elliptiques, les flottantes ovales ou arrondies , *plus longues que le pétiole :* fleurs en épi grêle, linéaire, fruit ovale ou arrondi, un peu comprimé, à 3 carènes. — ♃. Les marais. Gaud. Helv. 1. t. 3. **P. plantain**, *plantagineus*. Ducroz. (juillet-août).

16. Tige longue, cylindrique : stipules engaînantes, pointues : feuilles *à long pétiole*, entières, les plus jeunes submergées, étroites, lancéolées ou oblongues , les nageantes coriaces, ovales ou elliptiques, presque toujours en cœur à la base *(les submergées réduites à la floraison au pétiole linéaire par la putréfaction du limbe.* Koch) : fleurs en épi : pédoncules *un peu renflés au sommet :* fruit comprimé, obtus sur les bords. — ♃. Eaux stagnantes; étang de Suse-la-Rousse. Fl. dan. 1025. **P. nageant**, *natans*. Lin. (juillet-août). = *Variétés*. = b. —

Plante grande, stérile, feuilles aplanies, allongées, les nageantes non en cœur à la base. *Explanatus*. = c. — Feuilles submergées lancéolées, étroites, allongées, roulées en dessus dans le jeune âge, rétrécies en pétiole, *Fluitans*. Roth.

gg.—*Feuilles aiguës aux 2 bouts.*

17. Tige plus ou moins grande : feuilles à très-long pétiole, les submergées lancéolées *(le limbe persistant encore à la floraison)*, les nageantes coriaces, oblongues, les premières atténuées en pétiole à la base, les plus hautes un peu en cœur à la base : fruit comprimé , obtus sur les bords.—♃. Les fossés tourbeux ; Haguenau ; la Sologne. Viv. frag. llal. 1. t. 2. **P. oblong**, *oblongus*. Viv. (juillet-août). = *Variété*. = b. — Dans les eaux peu profondes, les feuilles sont à peine longues d'un pouce ; les inférieures linéaires lancéolées, les nageantes ovales ou arrondies. *Parnassifolius*. Schrad. — Dans les fossés desséchés en été la tige est très-courte et les feuilles toutes ovales ou oblongues.

qq. —*Pédoncule non renflé au sommet.*

f. — *Feuilles submergées sessiles.*

18. Feuilles roussâtres , les submergées membraneuses , luisantes, lancéolées , atténuées aux 2 bouts, lisses sur les bords, les nageantes coriaces, opposées, ovales spatulées , rétrécies en court pétiole, toutes à nervures nombreuses , dont 3 très-saillantes : fleurs en épi cylindrique, fruit à carène aiguë. — ♃. Rivière de l'Orne ; étangs du Jura ; Abbeville. Mut. t. 65. f. 462. **P. roussâtre**, *rufescens*. Schrad. in Cham. (juillet-août). = Var. Feuilles allongées, transparentes, les supérieures ternées ou quaternées. *Alpinus*. DC.

ff. — *Toutes les feuilles pétiolées.*

19. Tige rameuse , cylindrique : feuilles toutes minces transparentes , vertes ou roussâtres, lisses sur les bords, les inférieures lancéolées , les supérieures ou nageantes, ovales

ou arrondies , *doubles de la longueur du pétiole, un peu cordiformes*, nervées, veinées : fruit petit , comprimé, à carène obtuse. — ♃. Eaux vives ; Bourges ; St-Michel-en-Brenne. Boreau. Fl. cent. de France, 2. p. 433. **P. d'Hornemann**, *Hornemannii*. Meyer. chl. ban. p. 521. (juillet-septembre).

20. Feuilles d'un vert gai, tendre, entières, les submergées membraneuses, transparentes, les plus basses lancéolées étroites, longuement rétrécies en pétiole, les suivantes plus oblongues rétrécies aussi en long pétiole, les nageantes coriaces, oblongues en spatule , rétrécies en *pétiole* 2-5 *fois plus long que le limbe :* fruit comprimé lenticulaire , à carène aiguë. — ♃. Eaux froides, courantes ; ruisseau de Reyerswiller, près Bitche. Koch. synop. p. 776. **P. en spatule**, *spatulatus*. Schrad. (juillet-août).

123. RUPPIE, *Ruppia*. Lin. — Fleurs disposées sur 2 rangs sur un spadice solitaire, horizontal, enveloppé d'une spathe transparente : périgone de 2 pièces caduques : 4 anthères sessiles, réniformes : 4 pistils en cone renversé : 4 capsules pédicellées, à 1 graine, couronnées par le stigmate.

1. Anthères *oblongues* : fruit ovale, droit ou oblique : feuilles linéaires, à gaînes larges, anguleuses au sommet. — ♃. Etangs et fossés maritimes. Mut. t. 63. f. 466. **R. maritime**, *maritima*. Lin. (automne-hiver). — Pédoncule *très-long*, *en spirale*.

2. Anthères *globuleuses* : fruit ovale, presque en demi-lune : pédoncule *court* : feuilles du *Maritima*.—♃. Etangs, fossés maritimes ; Caen, Cherbourg. Mut. t. 63. f. 467. **R. à bec**, *rostellata*. Koch. apud Reich. icon. fig. 306. (automne-hiver).

124. SAGINE, *Sagina*. Lin. — Calice à 4-5 sépales étalés : 4-5 pétales, quelquefois nuls : 4-5-10 étamines : 4 styles : capsule à 1 loge à 4-5 valves, rarement 8 dents, à graines nombreuses.

I. = Calice s'ouvrant au sommet en 8 dents.

1. Glauque, glabre : tige droite, ou à rameaux étalés : feuilles linéaires aiguës, souvent serrées contre la tige · fleurs 1-3 sur chaque pédoncule allongé : sépales aigus, scarieux sur les bords, dépassant les pétales transparents : capsule oblongue. — ⊙. Terrains stériles. Vaill. Bot. par. t. 3. f. 2. **S. dressée**, *erecta*. Lin. (avril-mai).

II. = Calice à 4 valves entières.

a.—*Feuilles non mucronées.*

2. Glabre : tiges nombreuses, filiformes, presque simples, rouges dans le jeune âge, dressées ou couchées à la base : feuilles connées, membraneuses sur les bords, linéaires, charnues : pédoncules grêles, raides : fleurs vertes ; pétales nuls : sépales concaves, sans nervures, ovales, dépassant un peu la capsule ovale : graines tuberculeuses. — ⊙. Rochers maritimes du Bourg-de-Batz. Engl. Bot. 2195. **S. maritime**, *maritima*. Don. (avril-mai).

b. — *Feuilles mucronées.*

3. Glabre : tiges *couchées*, *radicantes à la base*, grêles, rameuses : feuilles linéaires, mucronées : pédoncules droits, *recourbés après*

la floraison, puis redressés avec le fruit : fleurs verdâtres : pétales très-petits ou nuls ; sépales obtus, mutiques. — ⊙. Terrains sablonneux ; murs ; Saint-Esprit, au bord du Rhône. Engl. Bot. t. 880. **S. couchée**, *procumbens*. Lin. (avril-mai).

4. Tiges rameuses, filiformes, *dressées*, divisées au sommet quelquefois un peu pubescent : feuilles linéaires, mucronées, ciliées à la base : pédoncules toujours droits : pétales très-petits, échancrés ou nuls : sépales obtus, ou terminés par une petite pointe recourbée : fleurs verdâtres. — ⊙. Terrains sablonneux, Nîmes, Collioure. Curt. Lond. 3. t. 14. **S. apétale**, *apetala*. Ard. spec. (mai-juin).

125. RADIOLE, *Radiola*. Gmel. — Calice à 4 divisions multifides : 4 pétales : 8 étamines, 4 stériles : 4 styles : capsule à 8 loges, à 8 graines rougeâtres, lisses.

1. Plante de 4-5 pouces, rameuse, filiforme, à rameaux étalés, plusieurs fois divisés : feuilles opposées, ovales lisses : fleurs blanches, très-petites, nombreuses, en bouquets serrés, terminaux. — ⊙. Lieux humides, inondés l'hiver. Fl. dan. t. 178. **R. faux Lin**, *Linoides*. Gmel. (juillet-août).

CINQUIÈME CLASSE.

PENTANDRIE.

Fleurs à cinq Étamines libres.

Iᵉʳ ORDRE.

MONOGYNIE. — FLEURS A 1 PISTIL.

I. — FLEURS COMPLÈTES.

K.—OVAIRE SUPÈRE.

N. — FLEURS MONOPÉTALES.

H. — Étamines opposées aux divisions de la corolle.

A. — *Divisions de la corolle inégales ou laciniées.*

B. — *Divisions de la corolle égales, non lobées.*

§ 1. — *Corolle en roue.*

1° — *Capsule charnue.*

2° — *Capsule non charnue.*

a. — Feuilles pectinées ; capsule surmontée d'un
    style très-long . . . . 130. Hottonie.
b. — *Feuilles entières.*
c. — Capsule en boîte à savonnette ; étamines
    velues . . . . 129. Mouron.
d. — Capsule à 10 valves ; étamines glabres. . 131. Lysimachie.
e. — Capsule à 5 valves, mucronée ; calice co-
    loré, hispide ; fleurs violettes. . . . . 132. Dentelaire.

§ 2. — *Corolle campanulée.*

a. — Feuilles entières . . . . 133. Asterolin.
b. — Feuilles lobées. . . . . 134. Cortuse.

§ 3. *Corolle en soucoupe.*

1° — *Fleurs en ombelle.*
a. — Gorge de la corolle resserrée par des glan-
    des. . . . . 135. Androsace.
b. — *Gorge libre.*
c. — Fleurs portées sur un pédoncule radical. . 136. Primevère.
2° — *Fleurs non en ombelle.*
a. — Gorge de la corolle resserrée par des glan-
    des. . . . . 138. Arétie.
b. — *Gorge de la corolle libre.*
g. — Fleurs portées sur une hampe, ou pédon-
    cule radical. . . . . 136. Primevère.
gg. — Fleurs axillaires. . . . . 137. Grégorie.

BB. — Étamines alternes avec les divisions de la corolle.

q. = **Fruit, une capsule.**

a. — CAPSULE A 1 LOGE.

n. — *Stigmate simple.*
a. — Feuilles verticillées, rudes. . . . . . 107. Garance.
b. — *Feuilles non verticillées.*
g. — Gorge de la corolle munie de 5 glandes ci-
    liées . . . . 139. Swertie.
gg. — Pas de glandes, corolle barbue à l'intérieur. 140. Ményanthe

nn. — *Stigmate bifide.*

a. — Corolle en roue ; lobes du stigmate crénelés. 141. VILLARSIE.

b. — Corolle campanulée . . . . 142. GENTIANE.

b. — CAPSULE A 2 LOGES.

n. — *Corolle à divisions inégales.*

1° — *Corolle en roue.*

a. — Des étamines barbues ; fleurs jaunes ou
    rouges . . . . 143. MOLÈNE.

b. — Etamines glabres ; corolle barbue ; fleurs
    violettes. . . . . 144. RAMONDIE.

2° — *Corolle en entonnoir.*

a. — Capsule en boîte à savonnette . . . . . 145. JUSQUIAME.

nn. — *Corolle à divisions égales.*

1° — Fleurs petites ; feuilles opposées . . . . 149. ERYTHRÉE.

2° — *Fleurs grandes ; feuilles alternes.*

a. — Calice à 5 angles ; tube de la corolle très-
    long ; stigmate à 2 lames . . . . . . 146. DATURA.

b. — Corolle campanulée, à 5 plis ; étamines in-
    cluses. . . . . , . . . 147. LISERON.

c. — Corolle non anguleuse ; stigmate échancré ;
    capsule lisse, en pyxide. . . . . . . 148. NICOTIANE.

c. — CAPSULE A 3 LOGES.

a. — Corolle en roue ; étamines dilatées à la base. 150. POLÉMOINE.

b. — Corolle campanulée . . . . 147. LISERON.

d. — CAPSULE A 4 LOGES.

a. — Arbuste ; corolle à divisions inégales . . . 151. AZALÉE.

b. — *Plantes herbacées.*

1° — Corolle en entonnoir ; tube très-long ; stig-
    mate à 2 lames. . . . . 146. DATURA.

2° — Corolle campanulée, à 5 plis . . . . . . 147. LISERON.

e. — CAPSULE A PLUS DE 4 LOGES.

a. — Arbuste ; corolle à divisions inégales . . . 151. AZALÉE.

24

qq. = Fruit , une baie.

§ 1. — *Arbustes.*

a. — Arbuste épineux , quelquefois sans épines ;
   étamines velues à la base . . . . . .   152. Lyciet.

b. — Arbuste non épineux ; étamines glabres. .   155. Morelle.

§ 2. — *Plantes herbacées.*

1° — Baie coriace , dilatée , grande. . . . . .   154. Piment.

2° — *Baie molle.*

a. — Calice vésiculeux , enveloppant la baie . .   155. Coqueret.

b. — *Calice non vésiculeux.*

n. — *Corolle campanulée.*

a. — Etamines inégales , rapprochées à la base,
   écartées au sommet. . . . .   179. Atrope.

b. — Etamines égales, barbues à la base. . . .   180. Mandragore.

nn. — *Corolle non campanulée*

g. — Baie de couleur aurore; graines velues ; anthères s'ouvrant en long. . . . . . .   156. Tomate.

gg. — Baie jamais couleur aurore ; graines glabres ; anthères s'ouvrant au sommet par
   2 pores. . . . .   155. Morelle.

qqq. = Fruit , une follicule.

a. — *Etamines portées sur le tube de la corolle.*

1° — Arbuste à rameaux rampants, sarmenteux ;
   fleurs bleues . . . .   157. Pervenche.

2° — Arbuste droit , jamais rampant ; fleurs jamais bleues . . . .   158. Laurier rose.

b. — *Etamines soudées en tube en forme de cou-*
   ronne.

1° — Divisions de la corolle réfléchies ; stigmate
   non mucroné. . . . .   184. Asclépiade.

2° — Divisions de la corolle étalées; stigmate mucroné . . . .   185. Cynanque.

qqqq. = Graines nues au fond du calice.

§ 1. — *Gorge de la corolle nue ; 2 graines au fond du calice.*

a. — Corolle tubuleuse, ventrue ; étamines à peine
saillantes. . . . . 159. Mélinet.

§ 2. — *Gorge de la corolle nue ; 4 graines distinctes.*

1° — Divisions de la corolle inégales. . . . . . 160. Vipérine.
2° — *Divisions de la corolle égales.*
a. — Calice renflé à la maturité ; graines sillonnées . . . . 161. Nonnée.
b. — Calice non renflé, à 5 angles ; graines lisses. 162. Pulmonaire.
c. — *Calice ni renflé, ni anguleux.*
g. — Stigmate bifide ; anthères oblongues. . . . 163. Grémil.
gg. — Stigmate simple ; anthères sagittées . . . . 164. Orcanette.

§ 3. — *Gorge de la corolle nue ; 4 graines réunies.*

a. — 5 petites dents alternant avec les divisions
de la corolle. . . . . 165. Héliotrope.

§ 4. — *Gorge de la corolle munie de 5 écailles.*

1° — *Fleurs axillaires.*
a. — 5 petites dents alternant avec les divisions
du calice . . . . 168. Rapette.
2° — *Fleurs terminales.*
a. — Corolle campanulée. . . . . 167. Cousoude.
b. — *Corolle non campanulée, mais limbe de la
corolle étalé.*
g. — *Corolle en roue.*
a. — Graines lisses, dentées ou ciliées sur les
bords, attachées par le côté au style . . 171. Omphalode.
b. — Graines ridées, trouées à la base, reposant
sur un réceptacle creusé. . . . . 166. Bourrache.
gg. — *Corolle en entonnoir, ou en soucoupe.*
1° — Graines lisses . . . . 170. Myosote.

2° — Graines ridées, creusées à la base. . . . .   169. Buglosse.

3° — *Graines hérissées d'aiguillons, au moins sur les angles.*

a. — Corolle en entonnoir; graines comprimées, hérissées d'aiguillons . . . .   172. Cynoglosse.

b. — Corolle en soucoupe; graines lisses, à 1 rangée d'aiguillons sur les angles, plantes gazonnantes . . . .   170. Myosote.

c. — Corolle en soucoupe; graines tuberculeuses, à 2 rangées d'aiguillons sur les angles; plantes dressées . . . .   170. Myosote.

KK. — OVAIRE INFÈRE.

§ 1. — *Plantes ligneuses.*

a. — Corolle tubuleuse, à divisions inégales . . .   173. Chèvrefeuille

§ 2. — *Plantes herbacées.*

n. — *Une capsule.*

1° — *Ovaire demi adhérent au calice.*

a. — Une écaille à chaque échancrure du limbe; tige droite . . . .   174. Samole.

b. — Pas d'écailles aux échancrures du limbe; tige radicante. . . . .   175. Wahlenbergie

2° — *Ovaire tout adhérent au calice.*

n. — Corolle en roue; capsule allongée, anguleuse. . . . .   176. Prismatocarpe

gg. — Corolle à 5 lobes linéaires; capsule ovoïde.   177. Phyteuma.

ggg. — *Corolle campanulée.*

a. — Etamines dilatées à la base; stigmates à 4-5 lobes. . . . .   178. Campanule.

nn. — *Une baie.*

a. — Etamines égales . . . .   180. Mandragore.

b. — Etamines inégales . . . .   179. Atrope.

NN. — FLEURS POLYPÉTALES.

§ 1.—*Ovaire supère.*

a. — Rameaux sarmenteux s'accrochant par des
vrilles . . . . 181. Vigne.
b. — Rameaux et tige sarmenteux, s'accrochant
aux murs par de petites racines très-
nombreuses. . . . . 182. Ampélopside.

§ 2. — *Ovaire infère.*

n. — *Arbres.*
d. — *Etamines alternes avec les pétales.*
a. — Arbustes toujours verts, s'accrochant par de
petites racines . . . . 183. Lierre.
b. —'*Arbres perdant leurs feuilles.*
g. — Feuilles simples . . . . 184. Fusain.
gg. — Feuilles ailées . . . . 192. Staphylier.
dd. — *Etamines opposées aux pétales.*
a. — Pétales concaves; baie peu succulente. . . 186. Nerprun.
b. — Pétales non concaves; baie très-succulente. 185. Groseiller.
nn. — *Plantes herbacées.*
a. — Pétales épaissis sur le dos. . . . . 196. Illécèbre.
b. — Pétales non épaissis sur le dos . . . . . . 195. Paronique.

II. — FLEURS INCOMPLÈTES.

1° — *Arbres.*
a. — Feuilles argentées en dessous. . . . . . . 113. Chalef.
b. — Feuilles non argentées en dessous. . . . . 186. Nerprun.
2° — *Plantes herbacées.*
n. — *Feuilles alternes ou éparses.*
a. — Feuilles cylindriques, linéaires . . . . . . 187. Thésie.
b. — Feuilles larges, planes. . . . . 348. Renouée.
nn. — *Feuilles opposées.*
g. — *Divisions du périgone en capuchon.*
a. — Divisions du périgone épaissies sur le dos. 196. Illécèbre.

b. — Divisions du périgone non épaissies sur le
    dos. . . . . 195. PARONIQUE.
gg. — *Divisions du périgone non en capuchon.*
a. — Feuilles opposées ; capsule polysperme . . 188. GLAUX.

II ORDRE.

DIGYNIE. — FLEURS A 2 PISTILS.

A. — FLEURS NON EN OMBELLE.

I. — Fleurs monopétales.

§ 1. — *Plantes parasites.*

a. — Pas de feuilles ; tiges filiformes . . . . . . 116. CUSCUTE.

§ 2. — *Plantes non parasites ; gorge libre.*

a. — Tiges étalées. . . . . 189. CRESSE.
b. — Tiges droites . . . . 142. GENTIANE.

§ 3. — *5 écailles à la gorge de la corolle.*

1° — *Fruit en follicule.*
a. — Divisions de la corolle réfléchies ; stigmate
    non mucroné . . . . 191. ASCLÉPIADE.
b. — Divisions de la corolle étalées ; stigmate mu-
    croné. . . . . 190. CYNANQUE.
2° — *Fruit en capsule.*
a. — 5 glandes ciliées à la gorge de la corolle. 159. SWERTIE.
b. — Appendices multifides à la gorge de la co-
    rolle . . . . 142. GENTIANE.

II — Fleurs polypétales.

§ 1. — *Arbres.*

a. — Feuilles ailées . . . . 192. STAPHYLIER.
b. — Feuilles simples, rameaux épineux . . . . 195. JUJUBIER.

§ 2. — *Plantes herbacées.*

III. — Fleurs incomplètes.

§ 1. — *Arbres.*

§ 2. — *Plantes herbacées.*

a. — Fleurs très-petites, en paquets . . . . . . 369. Scléranthe.

nnn.— *Graines nues, non recouvertes par le périgone.*

a. — Périgone scarieux, déchiré, à 2-5 divisions.   6. Corisperme.

B. — FLEURS EN OMBELLE.

I. = Feuilles épineuses.

a. — Une seule fleur à pistil au centre de l'ombelle, les autres à étamines . . . . . 210. Echinophore.

b. — Toutes les fleurs à étamines et à pistils,
en tête. . . . . 209. Panicaut.

II. = Toutes les feuilles simples, non épineuses.

a. — Plantes aquatiques; feuilles orbiculaires. . 206. Hydrocotyle.

b. — Plantes terrestres; feuilles jamais orbiculaires . . . . 234. Buplèvre.

III. = Des feuilles simples.

n. — *Fleurs jaunes.*

a. — Feuilles ovales, embrassantes . . . . . . 213. Macéron.

b. — Feuilles primitives en cœur. . . . . . . 247. Kundmannie.

nn. — *Fleurs blanches.*

a. — Pétales de la circonférence plus grands. . 260. Berce.

b. — Rameaux verticillés. . . . . 243. Trochisque.

c. — Rameaux non verticillés. . . . . 238. Séséli.

IV. = Feuilles toutes ternées.

a. — Fruit chargé de 8 ailes. . . . . 264. Laser.

b. — *Fruit non ailé.*

f. — Pétales de la circonférence plus grands,
rayonnants . . . . 260. Berce.

ff. — *Pétales égaux, non rayonnants.*

q. — *Fruit comprimé sur le dos.*

a. — Fruit lenticulaire, à 5 côtes primaires et à 5
côtes secondaires. . . . . 263. Siler.

b. — *Fruit elliptique, sans côtes secondaires.*

g. — Folioles lancéolées, charnues, allongées. . 246. Crithme.

gg. — Folioles ovales, lobées, non charnues . . 256. Impératoire.

qq. — *Fruit comprimé sur les côtés.*

d. — Rameaux verticillés, entourés à la base de
　　　3 folioles simples. . . . . 243. Trochisque.

dd. — Rameaux non verticillés; pétioles inférieurs
　　　divisés en 3 . . . . 229. Egopode.

V. = Pas toutes les feuilles ternées.

n. — *Fleurs jaunes.*

a. — Fruit cylindrique, oblong . . . . 248. Kundmannie.

b. — *Fruit presque globuleux.*

f. — Un sillon sur la face interne de la graine;
　　　calice entier. . . . . . r . . . . . . 213 Macéron.

ff. — Pas de sillon sur la face interne de la graine;
　　　calice à 5 dents. . . . . 221. Ache.

nn. — *Fleurs blanches ou rougeâtres.*

q. — *Calice entier.*

a. — Racine globuleuse ou en fuseau. . . . . . 231. Terrenoix.

qq. — *Calice à 5 dents.*

d. — Fruit ovale en fuseau. . . . . 240. Wallrhothie

dd. — *Fruit ovale.*

a. — Feuilles 2 fois ternées . . . . 225. Ptychotis.

b. — Feuilles 3 fois ternées; graines creusées
　　　d'un sillon à la face interne . . . . . . Pleurosperme

ddd. — Fruit oblong; folioles très-longues, à dents
　　　petites, très-nombreuses. . . . . 226. Faucille.

dddd. — Fruit globuleux; feuilles 1 fois ternées. . 233. Berle.

VI. = Feuilles palmées.

a. — Fruit couvert d'aiguillons crochus. . . . . 207. Sanicle.

b. — *Fruit hérissé.*

f. — Pétales tous égaux . . . . 208. Astrance.

ff. — Pétales de la circonférence plus grands . . . 261. Berce.

VII. = Feuilles ailées.

A. — INVOLUCRE PINNATIFIDE.

1° — Fruit hérissé d'aiguillons, ou de soies raides. 267. Carotte.

2° — *Fruit lisse.*

a. — Pétales de la circonférence plus grands . . . 228. Ammi.

b. — Pétales tous presque égaux. . . . . 250. Pachiplèvre.

B. = INVOLUCRE NON PINNATIFIDE.

I. = Fruit velu, ou pubescent, ou hérissé d'aiguillons, ou tuberculeux rude.

§ 1. — *Fleurs de la circonférence plus grandes.*

n. — *Pas de sillon sur la commissure.*

a. — *Fruit comprimé sur le dos, aplati.*

1° — Fruit entouré d'un rebord dilaté en aile. . 261. Berce.

2° — Fruit entouré d'un bord en bourrelet. . . 262. Tordyle.

b. — Fruit comprimé sur le dos, non aplati, hérissé d'aiguillons . . . . 266. Orlaya.

c. — *Fruit comprimé sur les côtés.*

g. — 1-2 rangées d'aiguillons sur les côtes secondaires. . . . . 268. Caucalyde.

gg. — 1 seule rangée d'aiguillons sur chaque côte. 269. Turgénie.

ggg. — Aiguillons épars; la fleur centrale sessile, à étamines. . . . . 270. Torilis.

nn. — *Un sillon sur la commissure des carpelles.*

q. — *Fruit surmonté d'un bec.*

a. — Bec plus court que le fruit dépourvu de côtes . . . . 216. Anthrisque.

b. — Bec plus long que le fruit muni de côtes. . 215. Scandix.

qq. — Fruit sans bec. . . . . 217. Cerfeuil.

§ 2. — *Tous les pétales égaux.*

1° — Ni involucre, ni involucelle . . . . . . 232. Boucage.

2° — Pas d'involucre; les involucelles . . . . 23. Séséli.

3° — *L'involucre et l'involucelle.*

g. — Fruit aminci sous le sommet, très-velu; dents du calice persistantes . . . . . 244. Athamanthe.

gg. — Fruit non aminci sous le sommet; dents du calice caduques . . . . 259. Libanotide.

II. = Fruit glabre, lisse.

A. — FRUIT COMPRIMÉ SUR LE DOS, APLATI, OU LENTICULAIRE.

§ 1. — *Les 2 carpelles réunis seulement par le centre de la commissure;*

4 ailes.

§ 2. — *Les 2 carpelles réunis par toute l'étendue de la commissure;*

2 ailes.

ddd.—Carpelles planes ; toutes les feuilles ter-
    nées, à divisions larges . . . . . .   257. Impératoire.

2° — *Calice à 5 dents.*

a. — Pétales entiers, pointus, jaunes; feuilles di-
    visées en lanières filiformes . . . . . .   259. Ferule.

b. — *Pétales échancrés , obovés ; divisions des
    feuilles larges.*

d. — Pétales extérieurs toujours un peu plus
    grands, divisions des feuilles très-larges.   261. Berce.

dd. — Tous les pétales presque égaux ; divisions
    des feuilles moins larges. . . . . . .   256. Peucédan.

ddd.— Tous les pétales presque égaux ; divisions
    des feuilles larges . . . .   259. Panais.

§ 3. — *Carpelles réunis par toute l'étendue de la commissure ;
    pas d'ailes.*

a. — Pétales ovales élargis, échancrés . . . . .   251. Pachiplèvre.

b. — Pétales lancéolés, entiers; bords des deux
    carpelles séparés par un sillon . . . . .   242. Petitie.

B. = FRUIT APLATI, ORBICULAIRE, ENTOURÉ D'UN REBORD RENFLÉ.

a. — Fleurs blanches ou roses; calice à 5 dents.   262. Tordyle.

C. = FRUIT COMPRIMÉ SUR LES COTES.

I. = **Graine munie d'un sillon sur le côté intérieur.**

n. — *Fruit gonflé.*

a. — Côtes du fruit ondulées; tige tachée de sang.   211. Cigue.

b. — *Côtes du fruit non crénelées.*

f. — Calice à 5 dents; fleurs blanches . . . . .   212. Pleurosperme

ff. — *Calice entier; fleurs jaunes.*

d. — Côtes du fruit obtuses, épaisses ; feuilles
    décomposées en lanières fines. . . . .   214. Armarinthe.

dd. — Côtes du fruit aiguës; feuilles divisées en
    lobes larges. . . . .   215. Macéron.

nn. — *Fruit allongé : un sillon profond sur la
    commissure des carpelles.*

q. — *Fruit surmonté d'un bec.*
a. — Bec très-long ; côtes sur le fruit. . . . . . 215. Scandix.
b. — Bec moins long que le fruit; côtes sur le
      bec. . . . . 216. Anthrisque.
qq. — *Fruit sans bec.*
a. — Pétales obovés , échancrés ; côtes du car-
      pelle creuses en dedans . . . . 218. Myrrhis.
b. — Pétales lancéolés , entiers ; côtes du carpelle
      non creuses en dessous . . . . 219. Molobosperme

II. = Pas de sillon sur la graine, ni sur la commissure.

A.—*Fruit évidemment comprimé sur les côtés.*

q. — *Carpelles globuleux.*
a. — Fleurs jaunes . . . . 221. Ache.
b. — *Fleurs blanches.*
f. — Fruit à côtes crénelées , crispées . . . . . 220. Cicutaire.
ff. — Fruit à côtes filiformes, non crénelées , sur-
      monté par les styles réfléchis . . . . . . 233. Berle.
fff. — Fruit à côtes filiformes , non crénelées ;
      ombelles opposées. . . . . 223. Trinie.
qq. — *Fruit ovale.*
a. — Ombelles opposées ; des fleurs à étamines ,
      d'autres à pistil . . . . 223. Trinie.
b. — *Pas d'ombelles opposées; toutes les fleurs à*
      étamines et à pistils.
g. — Pétales ovales aigus; ombelles opposées aux
      feuilles . . . . 224. Héloscidie.
gg. — *Pétales obovés , échancrés ; pas d'ombelles*
      opposées aux feuilles.
d. — Ni involucre, ni involucelle. . . . . 232. Boucage.
dd. — *Des involucres.*
f. — *Fleurs verdâtres.*
a. — Ombelles demi-sphériques; presque toutes
      les feuilles ailées . . . . 222. Persil.
b. — Ombelles en faisceau ; feuilles ternées, à fo-
      lioles charnues . . . . 247. Crithme.

ff. — *Fleurs blanches.*

a. — Pétales presque ronds, à sommet très-large, obtus; feuilles 1 fois ailées . . . . 227. Sison.

b. — *Pétales obovés , échancrés.*

s. — Pétales marqués d'une crête ou d'un pli transversal ; côtes des carpelles filiformes,
peu apparentes . . . . 225. Ptychotis.

ss. — Pétales ne portant ni crête, ni pli transversal ; côtes des carpelles saillantes en carène aiguë, presque ailée.. . . . . . . 245. Ligustique.

qqq.— *Fruit oblong.*

a. — Involucre pinnatifide ; pétales de la circonférence plus grands . . . . 228. Ammi.

b. — *Involucre simple.*

g. — Ombelles opposées ; des fleurs à étamines,
d'autres à pistils. . . . . 223. Trinie.

gg. — Ombelles toutes terminales ; des feuilles
simples, d'autres ternées. . . . . . . 226. Faucille.

ggg— Ombelles toutes terminales ; toutes les feuilles ailées . . . . 250. Endressie.

qqqq.— *Fruit en fuseau.*

a. — Racine en fuseau; pointe des pétales rétrécie aiguë . . . . 230. Carum.

b. — Racine tubéreuse ; pointe des pétales large,
obtuse . . . . 251. Terrenoix.

B. — *Fruit non évidemment comprimé.*

1° — *Fruit ovale globuleux.*

a. — Calice presque entier; ombelles presque planes. . . . . 255. Ethuse.

b. — Calice à 5 dents longues ; ombelles convexes. . . . . 256. Enanthe.

2° — *Fruit ovale.*

a. — *Fleurs jaunes.*

s. — Feuilles découpées en lanières filiformes . . 257. Fenouil.

ss. — Feuilles divisées en lobes lancéolés . . . . 246. Silaüs.

III ORDRE.

TRIGYNIE. — FLEURS A 3 PISTILS.

§ 1. = Plantes herbacées.

qq. — *Calice et corolle.*

a. — Pétales inégaux ; calice à **2-3** divisions. . .   91. MONTIE.

b. — *Pétales égaux.*

d. — *Etamines insérées sur le bas du calice.*

s. — Capsule renfermant 1 seule graine, cachée
dans le calice . . . .   274. CORRIGIOLE.

ss. — *Capsule à plusieurs graines.*

a. — Plantes glauques . . . .   273. TÉLÈPHE.

aa. — Plantes non glauques. . . . .   93. POLYCARPON.

dd. — *Etamines insérées sur le réceptacle.*

q. — *Valves de la capsule et les styles en nombre
égal.*

a. — Pétales très-petits, herbacés . . . . . .   382. CHERLÉRIE.

aa. — *Pétales blancs ou colorés.*

b. — Plantes succulentes, charnues. . . . . .   383. HONCKÉNIE.

bb. — *Plantes non succulentes.*

c. — Feuilles munies de stipules. . . . . . .   384. LÉPIGONE.

cc. — Feuilles dépourvues de stipules . . . . .   385. ALSINE.

qq. — *Valves de la capsule en nombre double des
styles.*

g. — *Pétales bifides.*

a. — Capsule plus longue que le calice . . . .   387. STELLAIRE.

aa. — Capsule moins longue que le calice . . .   388. MALACHIE.

gg. — *Pétales entiers ou irrégulièrement dentés.*

b. — Pétales entiers. . . . .   386. SABLINE.

bb. — Pétales irrégulièrement dentés . . . . .   94. HOLOSTÉE.

2° — *Ovaire infère.*

a. — Graines renfermées dans le périgone persistant, charnu . . . .   205. BETTE.

§ 2. = Plantes ligneuses.

n. — *Ovaire supère.*

a. — Feuilles petites imbriquées. . . . . . .   279. TAMARISQUE.

b. — *Feuilles larges, non imbriquées ; étamines
opposées aux pétales.*

s. — Fruit bordé d'une grande aile horizontale.   276. PALIURE.

ss. — Fruit sans aile. . . . . 186. Nerprun.
c. — *Etamines alternes avec les pétales.*
g. — Fleurs en grappe pendante. . . . . 192. Staphylier.
gg. — Fleurs en panicule ou en épi droit . . . . 278. Sumac.
nn. — *Ovaire infère.*
d. — Feuilles ailées . . . . 277. Sureau.
dd. — Feuilles simples. . . . . 280. Viorne.

IV ORDRE.

TÉTRAGYNIE. — Fleurs a 4 Pistils.

§ 1. — Plantes herbacées.

a. — Toutes les feuilles radicales ; une écaille à la
base de chaque étamine. . . . . 281. Parnassie.
b. — Des feuilles caulinaires . . . . 124. Sagine.

§ 2. — Arbres.

a. — Feuilles petites, comme imbriquées . . . 279. Tamarisque.
b. — Feuilles larges, non imbriquées. . . . . 186. Nerprun.

V ORDRE.

PENTAGYNIE. — Fleurs a 5 Pistils.

§ 1. — Feuilles ternées.

a. — Calice à 10 divisions inégales. . . . . . 282. Sibbaldie.

§ 2. — Feuilles simples.

a. — *Calice scarieux.*
s. — Fleurs en tête à 1 involucre . . . . . . 284. Armeria.

ss. — Fleurs en épis disposés en cime . . . . . . 285. Statice.

b.   — *Calice herbacé.*

n.   — *Des filaments des étamines stériles.*

d.   — Feuilles lobées ou crénelées. . . . .   Géranium.

dd.— Feuilles très-entières . . . . 285. Lin.

nn. — *Tous les filaments des étamines fertiles.*

f.   — Feuilles charnues ; des écailles à la base des
       ovaires . . . . 286. Crassule.

ff. — *Feuilles non charnues.*

g.   — Plante aquatique ; feuilles verticillées . . . 287. Aldrovande.

gg. — *Plantes terrestres ; feuilles non verticillées.*

k.   — Fleurs en épi. . . . . 288. Rossolis.

kk. — *Fleurs non en épi.*

q.   — *Pétales entiers.*

a.   — Plantes un peu charnues succulentes . . . 585. Honckénie.

aa. — Plantes peu charnues. . . . . 591. Spargoute.

qq. — *Pétales entiers ou irrégulièrement dentés.*

p.   — *Calice tubuleux.*

b.   — Capsule s'ouvrant au sommet par 10 valves. 590. Mélandrie.

bb. — Capsule s'ouvrant au sommet par 5 valves. 589. Lichnide.

pp. — *Sépales libres ou réunis à la base.*

c.   — Capsule plus courte que le calice . . . . . 588. Malachie.

cc. — Capsule dépassant le calice . . . . 592. Céraiste.

VI ORDRE.

POLYGYNIE. —Fleurs a plus de 5 Pistils.

a.   — Pétales tubuleux ; capsule en épi allongé. . 289. Ratoncule.

b.   — Pétales à onglet, non tubuleux , capsules
       en corne comprimée . . . .   Cératocéphale

MONOGYNIE.

126. CORIS, *Coris*. Lin. — Calice ventru, à 5 dents épineuses à la base : corolle tubuleuse, à 5 divisions inégales, bifides : 5 étamines : stigmate en tête : capsule globuleuse, à 5 valves, à 5 graines.

1. Tige un peu ligneuse à la base, grisâtre, à rameaux pubescents : feuilles linéaires, serrées, sillonnées, obtuses : fleurs purpurines, en têtes terminales. — ♃. Terrains arides du midi, Valbonne, Tresques. Lam. ill. t. 102. **C. de Montpellier**, *Monspelliensis*. Lin. (mai-juin).

127. SOLDANELLE, *Soldanella*. Lin. — Calice à 5 divisions : corolle campanulée, à 5 divisions à plusieurs lobes : 5 étamines à anthères pointues : capsule oblongue, striée en spirale, à plusieurs graines.

1. Hampe de 3-4 pouces : feuilles en cœur à la base, arrondies-réniformes, à oreillettes formant un angle droit · *pédicelles rudes par des glandes sessiles* : 1-5 fleurs lilas, un peu penchées : écailles de la gorge égales aux filets des étamines : style au moins égal à la corole. — ♃. Les montagnes hautes, La Moucherolle. Bot. magn. t. 49. **S. des Alpes**, *Alpina*. Lin. (juin-juillet).

2. Hampe assez élevée : feuilles d'un vert obscur, profondément échancrées en cœur arrondi, sinuées crénelées ; oreillettes formant un angle aigu : *pédicelles rudes par des poils glanduleux* : fleurs 5-6 d'un bleu foncé, penchées : écailles de la gorge égales aux filaments des étamines. — ♃. Bois des montagnes. Moris. s. 5. t. 15. f. 8. **S. de montagne**, *montana*. — Dans les deux espèces, les anthères sont une fois plus longues que les filaments.

128. CYCLAMEN, *Cyclamen*. Lin. — Calice campanulé, à 5 divisions : corolle campanulée, à 5 divisions profondes, réfléchies en dehors, lancéolées : anthères pointues, sessiles au fond de la corolle : capsule charnue, globuleuse, à 5 valves, à graines nombreuses. — Racine tuberculeuse.

I. = Gorge de la corolle entourée d'un anneau entier.

1. Racine grosse, épaisse, garnie de fibres : feuilles toutes radicales, pétiolées, rougeâtres en dessous, tachées de blanc en dessus, ovales-arrondies, un peu pointues, légèrement sinuées crénelées, profondément échancrées en cœur à la base, à oreillettes arrondies, rapprochées : fleurs portées sur une hampe nue, grêle, d'un blanc rosé, à divisions ovales lancéolées, aiguës, réfléchies. — ♃. Bois couverts des montagnes, Saint-Guillin, le Désert, Capouladoux. Sturm. fasc. 34. t. 5. **C. d'Europe**, *Europæum*. Lin. (avril-septembre). = Var. à feuilles orbiculaires, en cœur, très-obtuses, à peine un peu sinuées, presque peu tachées en dessus ; à divisions de la corole ovales arrondies. *Coum*. Mill.

II. = Gorge de la corolle entourée d'un anneau denté.

2. Feuilles en cœur, oblongues, crénelées, un peu hastées, à lobes anguleux, divergents : fleurs rougeâtres ou rosées, à divisions lancéolées, *aiguës*. — Bois des montagnes du Languedoc, Provence. S. Hil. Fl. pom. fr. t. 161. **C. à feuilles de Lierre**, *hiderœfolium*.

Alt. (août-septembre). ⇒ *Variétés.* = b. — Feuilles grandes, non anguleuses. *Neapolitanum.* Ten. — Corse, à Bastia. = c. — Feuilles en cœur, triangulaires, crénelées, anguleuses dans le bas. *Subhastatum.* Reich. = d. — Feuilles linéaires, entières. *Linifolium.* DC.

5. Feuilles largement échancrées à la base, en cœur, *à nervures prolongées au-delà du* bord, *formant des angles aigus* : corolle à divisions d'un rouge foncé, allongées, *obtuses : pédoncules le plus souvent contournées.* ♃. Trouvé par M. le capitaine de Pouzzolz dans un vallon sur les bords du Gardin, au midi du Moulin de La Baume. Lob. icon. 605. f. 1. **C. du printemps,** *vernum.* Lob. (avril).

129. MOURON, *Anagallis.* Lin. — Calice à 5 divisions : corolle en roue ou en entonnoir, à 5 divisions : 5 étamines velues, insérées à la base de la corolle : stigmate en tête : capsule globuleuse, en boîte à savonnette,

I. = Feuilles alternes.

1. Tige couchée, rampante, rameuse : feuilles presque pétiolées, épaisses, arrondies : pédoncules plus courts que les feuilles : fleurs blanches, glanduleuses, à divisions plus longues que les lobes du calice ; lancéolées pointues. — ♃. Lieux humides et tourbeux aux environs de Dax. Thore, Chlor. Land. p. 62. **M. à feuilles épaisses,** *crassifolia.* (juin-juillet).

II. = Feuilles opposées.

n. — *Calice herbacé.*

2. Tige de 2-4 pouces, délicates, filiformes, radicantes dans toute leur longueur : feuilles un peu pétiolées, arrondies : pédoncules axillaires, filiformes, beaucoup plus longs que les feuilles : fleurs rosées, veinées, à divisions denticulées, non veinées, plus longues que les lobes du calice linéaires pointus. — ♃. Lieux humides ; Tresques, aux Imbres. Fl. dan. t. 1085. **M. délicat,** *tenella.* Lin. (mai-août).

nn. — *Calice transparent au bord.*

a. — *Feuilles en cœur embrassantes.*

3. Tiges comprimées, à quatre angles, redressées, rameuses : feuilles ovales, embrassantes, larges, à 5-7 nervures : pédoncules longs : fleurs d'un bleu clair, rouge foncé à la gorge : divisions de la corolle glanduleuses sur les bords, dentelées, plus longues que les lobes du calice lancéolés, entiers. — ♃. Toulon. Meerb. icon. t. 32. **M. à larges feuilles,** *latifolia.* Lin. (février-mars).

b. — *Pas des feuilles en cœur embrassantes.*

f. = *Pédicelles plus longs que les feuilles.*
4. Tige couchée, anguleuse, rameuse : feuilles sessiles, ovales, à 3 nervures : pédoncules axillaires : fleurs rouges, à divisions de la corolle bordées de cils glanduleux, un peu plus longues que les lobes du calice ; capsule à 3 stries. — ☉. Les champs. Hayne. 2. t. 25. **M. des champs,** *arvensis.* Lin. (tout l'été).
= Var. à feuilles 3-5 verticillées : fleurs roses, blanches et rouges à la base, d'un rouge violet.
ff. = *Pédicelles ne dépassant pas les feuilles.*
5. Tige anguleuse, rameuse, un peu dressée : feuilles sessiles, ovales oblongues, à 3 nervures : fleurs bleues, à divisions dentelées, non glanduleuses, égales au calice : capsule à 8-10 stries. — ☉. Les champs. Hayne. 2. t. 26. **M. bleu,** *cærulea.* Schreb. (tout l'été). — Var. à feuilles ternées, à fleurs blanches ou bleues, à gorge rouge.

6. Tige très-rameuse, *rampante et les rameaux* : feuilles sessiles, ovales : fleurs petites, rouges, à sépales linéaires lancéolés, aigus. — ♃. Montagne de Seyne, en Provence. Fl. fr. 3. p. 581. **M. rampant,** *repens.* DC. mai.

130. HOTTONIE, *Hottonia*. Lin. — Calice à 5 divisions profondes, linéaires : corolle en roue, à 5 divisions échancrées : 5 anthères presque sessiles, insérées à la gorge de la corolle : stigmate en tête : capsule indéhiscente, mucronée.

1. Plante submergée : tige rampante : feuilles verticillées, en dents de peigne, à lobes filiformes : pédoncule s'élevant au-dessus de l'eau, terminé par 3-4 verticilles de fleurs pédonculées, roses ou blanchâtres : pédicelles glanduleux, munis de bractées linéaires. — ♃. Eaux stagnantes, Nevers, Bourges. Fl. dan. t. 487. **H. des marais**, *palustris*. Lin. (mai-juin).

131. LYSIMACHIE, *Lysimachia*. Lin. — Calice à 5 divisions : corolle en roue, à 5 divisions planes ou réfléchies, plus longues que le calice : 5-6 étamines, souvent réunies par les filets : capsule globuleuse, polysperme, s'ouvrant par le sommet en 2-5-10 valves.

a. — *Etamines 5, libres; capsule à 2 valves.*

1. Glabre, glauque : tige de 1-2 pieds : feuilles tendres, sessiles, opposées, *allongées-lancéolées* : fleurs *d'un blanc rose*, en grappes terminales : lobes de la corolle obovales-arrondis, étalés. — ♃. Pyrénées-Orientales, les ruisseaux à Perpignan, Prades. Till. pis. 106. t. 40. f. 2. **L. éphémère**, *ephemerum*. Lin. (juillet-août).

2. Tige de 3-4 pouces, grêle, couchée, *radicante à la base* : feuilles opposées, à court pétiole, *ovales-aiguës*, entières : pédoncules filiformes, axillaires, solitaires, penchés à la maturité : fleurs *jaunes*, petites. — ♃. Bois humides, fossés, Grande-Chartreuse, forêt de Blois. Fl. dan. t. 174. **L. des bois**, *nemorum*. Lin. (juin-juillet).

b. -- *Etamines 5-6, libres : corolle à 5-6 lobes alternes avec de petites dents.*

3. Tige dressée, assez grande : feuilles assez longues, opposées, ou ternées, ou quaternées, lancéolées allongées, ponctuées de noir : fleurs jaunes, en grappes axillaires, denses, pédonculées, moins longues que la feuille. — ♃. Lieux humides, les marais, Cap. Fl. dan. t. 517. **L. à fleurs en thyrse**, *thyrsiflora*. Lin. (juin-juillet).

c. — *Etamines 5, soudées à la base : corolle à 5 lobes.*

4. Tige couchée, *rampante*, anguleuse, peu rameuse : feuilles *opposées*, à court pétiole, entières, *ovales ou arrondies* : pédoncules *axillaires* : fleurs jaunes, grandes, solitaires. — ♃. Bois humides, fossés à Nîmes. Black. herb. t. 542. **L. nummulaire**, *nummularia*. Lin. (juillet-août).

5. Tiges grandes, *droites, rameuses*, pubescentes : feuilles presque sessiles, opposées, ou *ternées*, quelquefois *alternes*, ovales ou oblongues-lancéolées, aiguës, pubescentes en dessous : pédoncules dressés, en grappes paniculées, terminales : fleurs d'un jaune doré. — ♃. Bords des eaux. Black. herb. t. 278. **L. commune**, *vulgaris*. Lin. (juillet-septembre).

132. DENTELAIRE, *Plumbago*. Lin. — Calice coloré, hispide, tubuleux, à 5 dents : corolle tubuleuse, à 5 divisions : étamines insérées sur le réceptacle, dilatées à la base : 1 style à 5 stigmates : capsule s'ouvrant par le sommet en 5 valves.

1. Tige ligneuse à la base, rameuse : feuilles embrassantes, lancéolées, ciliées-rudes sur les bords, les radicales pétiolées, obovées : fleurs lilas, à divisions ovales, en bouquets terminaux. — ♃. ♄. Les haies, Tresques. Col. Ecphr. J. t. 161. **D. d'Europe**, *Europæa*. Lin. (août-septembre).

133. ASTÉROLIN, *Asterolinum*. Link. — Calice à 5 divisions, 5-4 fois plus grand que la corolle campanulée, à 5 lobes arrondis : capsule globuleuse, à 5 valves, à 5-4 graines.

1. Tige petite, droite, rameuse : feuilles ses- siles, opposées, lancéolées aiguës : fleurs d'un blanc verdâtre, à divisions linéaires, pointues : calice à lobes lancéolés, mucronés.— ⊙. Lieux herbus du Midi, Tresques. Magnol. Mousp. 162. icon. **As. étoilé**, *stellatum*. Link. (mars-avril).

134. CORTUSE, *Cortusa*. Lin. — Calice à 5 divisions : corolle en entonnoir, à tube court, à 5 divisions petites : étamines insérées sur un anneau placé à la gorge de la corolle, à anthères conniventes, aiguës : style saillant : capsule à 5 valves, à plusieurs graines.

1. Feuilles velues, pétiolées, à plusieurs lo- bes obtus : fleurs violettes, en ombelle : corolle dépassant le calice. — ♃. Vallée d'Oulx, près Briançon. Lam. ill. 99. f. 2. **C. de Mathiole**, *Mathiolii*. Lin. (mai-juin).

135. ANDROSACE, *Androsace*. Lin. — Calice persistant, à 5 divisions profondes : corolle en soucoupe, à 5 lobes entiers le plus souvent, à gorge resserrée par 5 glandes (l'*And*. *maxima* excepté) : anthères ob- tuses : style très-court : capsule s'ouvrant en 5 valves du sommet à la base : graines 5- ou nombreuses, anguleuses : fleurs en ombelle munie d'un involucre.

I. = Espèces annuelles.

n. = *Calice plus court que la corolle*.

1. Plante garnie de poils étoilés, courts, puis glabre : hampes nombreuses, de 4-6 pou- ces, raides : feuilles en rosette, lancéolées, dentées, luisantes : pédicelles beaucoup plus longs que l'involucre : fleurs blanches ou ro- sées, nombreuses, à divisions entières : calice anguleux. — ⊙. Pelouses élevées des monta- gnes, Mont-Ventoux, Cévennes. Lam. ill. t. 98. f. 2. **And. du Nord**, *Septentrionalis*. Lin. (juin-juillet).

nn. = *Calice plus long que la corolle*.

a. — *Plante glabre*.

2. Feuilles en rosette, lancéolées, dentées, un peu ciliées sur les bords : fleurs d'un blanc de lait, un peu jaunes à la gorge : fruits très- allongés. — ⊙. ♃. Pyrénées, au Puech de Bugarach. Jacq. Aust. t. 350. **And. à fruit allongé**, *elongata*. Lin. (juillet-août).

b. — *Plante pubescente*.

3. Hampes de 5-6 pouces : feuilles en ro- sette, elliptiques lancéolées, dentées, garnies et les hampes de poils courts, articulés : fleurs blanches ou rougeâtres, à gorge sans glandes : calice denté en scie, très-grand. — ⊙. Les champs, le Vigan, Campestre. Lam. ill. t. 98. f. 1. **And. à grand calice**, *maxima*. Lin. (avril-mai).

II.=Espèces vivaces.

n. — *Plantes très-glabres*

4. Racine à plusieurs têtes : hampes grêles, à 1-5 fleurs : feuilles linéaires ou lancéolées- linéaires, entières, quelquefois un peu ciliées au sommet ou sur les bords, en rosette : pédi- celles beaucoup plus longs que l'involucre : fleurs d'un blanc de lait avec la gorge d'un

jaune doré, à divisions échancrées, un peu plus longues que le calice. — ♃. Hautes montagnes calcaires, Grenoble, Montpellier. Jacq. Aust. t. 333. **And. blanc de lait**, *lactea*. Lin. (juin-juillet).

nn. — *Plantes velues ou pubescentes.*

f. — *Plantes velues.*

g. — *Feuilles en rosettes étalées, aplanies.*

5. Racine à plusieurs têtes, gazonnantes : hampe de 2-3 pouces, garnie de longs poils blancs, ainsi que le calice et le pédicelle, et le bord des feuilles-*lancéolées*, entières, rétrécies en pétiole : fleurs blanches ou rosées, avec la gorge jaune ou pourpre : pédicelles égaux à l'involucre, ou plus courts pendant la floraison : corolle plus longue que le calice. — ♃. Alpes du Dauphiné, pics du Gard et du Midi dans les Pyrénées. Mut. t. 32. f. 393. **And. trompeuse**, *chamœjasme*. Host. Syn. (juillet-août). — Poils *articulés.* — *Divisions* de la corolle *entières.*

gg. — *Feuilles en rosettes globuleuses.*

6. Racine à têtes nombreuses : hampes nombreuses, de 1-2 pouces, chargées de poils étalés, et toute la plante, plus longs au sommet arrondi, des feuilles *oblongues, un peu en spatule*, dressées - conniventes : pédoncules égaux à l'involucre ou plus courts pendant la floraison : fleurs blanches (ou roses au Ventoux), avec la gorge jaune ou rougeâtre : corolle plus longue que le calice. — ♃. Rochers des hautes montagnes, Mont-Ventoux. Jacq. Coll. t. t. 12. f. 3. **And. velue**, *villosa*. Lin. (juillet-août). — *Divisions* de la corolle *échancrées.*

ff. — *Plantes pubescentes.*

g.—*Divisions de la corolle échancrées.*

7. Racine à plusieurs têtes gazonnantes : hampes de 1-5 pouces, garnies de poils étoilés, ainsi que les pédicelles et les calices : feuilles entières, lancéolées, rétrécies à la base, garnies sur les bords de poils étoilés, en rosettes étalées : pédicelles plus longs que l'involucre : fleurs blanches ou rougeâtres, avec la gorge jaune : corolle plus longue que le calice. — ♃. Montagnes du Dauphiné, Lautaret. Mut. t. 32. f. 392. **And. à feuilles obtuses**, *obtusifolia*. All. (juin-juillet). = Var. à pédoncule unique, radical, à 1 fleur.

gg. — *Divisions de la corolle entières.*

8. Racine à plusieurs têtes gazonnantes : tiges de 1-5 pouces, garnies ainsi que les pédicelles et le calice, de poils courts, étoilés : feuilles linéaires en alène, carénées en dessous, quelquefois réfléchies en dessous, glabres ou ciliées sur les bords de poils étoilés : pédicelles égaux à l'involucre : fleurs d'un beau rose, à gorge jaune : corolle plus longue que le calice. — ♃. Pelouses des hautes montagnes, Lautaret, Canigou, port de Venasques. Mut. t. 32. f. 391. **And. couleur de chair**, *carnea*. Lin. (juillet-août).

136. PRIMEVÈRE, *Primula*. Lin. — Calice à 5 divisions : corolle en soucoupe, à 5 lobes entiers ou échancrés : gorge nue, ou resserrée par 5 glandes, dilatée à l'insertion des étamines : capsule ovale, à 5-10 valves s'ouvrant au sommet seulement : graines petites, nombreuses, anguleuses.

I.=**Calice prismatique : gorge de la corolle resserrée par de petites glandes : feuilles ridées : fleurs jaunes verdissant par la dessication.**

q. — *Corolle à limbe concave.*

1. Hampe multiflore, munie d'une collerette de plusieurs folioles lancéolées subulées : feuilles toutes radicales ovales oblongues, rugueuses, crénelées, dentées, un peu cotonneuses en dessous, rétrécies en pétiole : fleurs odorantes, d'un beau jaune, avec 5 taches orangées à la gorge : calice renflé, blanchâtre, un peu cotonneux, à lobes courts ovales obtus. — ♃. Prairie, bois taillis, Valbonne. Engl. Bot. 5. **P. officinale**, *officinalis*. Jacq. (mars-mai). = Var. à feuilles blanchâtres en dessus, à pétiole à peine ailé.

qq. — *Limbe de la corolle plane.*

ß. — *Feuilles ovales obtuses.*

2. Hampe velue, comme celle du *P. officinalis* : feuilles *ovales obtuses*, ondulées crénelées, velues en dessous, rétrécies en pétiole :
fleurs inodores, d'un jaune soufré, sans taches : calice *blanchâtre dans les plis, verdâtre*
et *velu sur les angles*, à lobes pointus aigus :
limbe de la corolle large. — ♃. Prairies, bois
des montagnes, Valbonne. Hayne. 5. t. 55.
P. élevée, *elatior.* Jacq. (mars-avril).

ss. — *Feuilles oblongues ou obovales.*

a. — *Calice cylindrique, étroit.*

5. Hampes uniflores, velues : feuilles obovales, rétrécies en pétioles, velues, pâles en
dessous : fleurs d'un jaune pâle : calice étroit,
cylindrique, à 5 dents lancéolées aiguës, profondes, aussi longues que les lobes de la corolle, réfléchies en dedans et appliquées sur
la capsule : corolle à limbe plane, dépassant
en largeur la longueur du lobe, taché d'orangé
et portant 5 plis à la base : les lobes en cœur
renversé : capsule égalant le tube du calice.
— ♃. Bois des montagnes, Valbonne, dans le
vallon en dessous des Sallettes au bord du
ruisseau; Angers; Nancy, au bois de Malzeville.
Lam. ill. n. 1920. **P. à grande fleur,** *grandiflora.* Lam. (avril-mai).

b. — *Calice campanulé, évasé.*

4. Hampes multiflores ou uniflores souvent
sur le même pied, velues : feuilles velues et
la hampe, oblongues, rétrécies à la base, plus
pâles en dessous : fleur d'un jaune citron, plus
petite que dans le *Grandiflora*, penchée : calice campanulé, évasé, fendu jusqu'au tiers,
en dents lancéolées, n'atteignant pas le sommet du tube de la corolle dont elles s'écartent :
corolle à limbe plane, à lobes en cœur, ne dépassant pas en largeur la longueur du tube, à
5 taches orangées et à 5 plis à la base : capsule
plus courte que le tube du calice évasé à la
maturité. — ♃. Bois et prairies humides; Valbonne, dans le vallon en dessous des Sallettes
au bord du ruisseau; environs de Nantes :
Nancy, au bois de Malzeville. Goupil. ann-soc.
Linn. 5. p. 246, 248.—4. p. 290. **P. variable,**
variabilis. Goupil. (avril-mai). — C'est le type
du *P. variabilis* cultivé dans les jardins où
il donne une foule de variétés.

**II. ═ Calice tubuleux, à dents carénées : gorge de la corolle glanduleuse,
de deux couleurs : feuilles farineuses : fleurs purpurines ou rosées,
à gorge jaune.**

5. Hampe variant de 3 à 15 pouces : feuilles *couvertes en dessous d'une poussière jaune*,
obovales-oblongues, atténuées en pétioles,
souvent roulées sur les bords : fleurs blanches
ou carnées, bleuâtres, à gorge jaune : *tube
de la corolle dépassant à peine le calice à
dents ovales.*— ♃. Prairies humides des montagnes, les Cévennes, le Lautaret. Fl. dan. t.
125. **P. farineuse,** *farinosa.* Lin. (juin-juillet). ═ Var. à feuilles non farineuses en dessous.

6. Hampe flexueuse : feuilles obovales oblongues, un peu crénelées : 2-5 fleurs purpurines, en ombelle penchée : corolle 5-4 *fois plus
longue que le calice à dents lancéolées.* Étamines toujours insérées au sommet du tube.
— ♃. Alpes de Provence, Canigou, Madres.
All. ped. t. 59. f. 5. **P. à longues fleurs,** *longiflora.* All. (juin-juillet). — Folioles de l'involucre linéaires, épaisses à la base dans les
deux espèces.

**III. ═ Calice très-court, en cloche : corolle à gorge sans glandes :
feuilles épaisses, non ridées.**

n. — *Plantes visqueuses.*

7. Glabre, visqueuse, naine : feuilles lancéolées en coins, obtuses, depuis le milieu jusqu'au sommet, dentées en scie : 5-5 *fleurs violettes, à odeur de violette,* presque sessiles :
calice tubuleux : involucre égal au calice ou
plus long. — ♃. Les Pyrénées, au val d'Eynes.
Jacq. Aust. app. t. 26. **P. glutineuse,** *glutinosa.* Lin. (juin-août).

8. Plante de 2-5 pouces, pubescente, glanduleuse visqueuse : feuilles en spatules, ré-

trécies en pétiole, à dents obtuses depuis le milieu jusqu'au sommet : *fleurs grandes, d'un rouge vif*, blanches sur le tube, à divisions un peu échancrées calice court, à dents ova-les, peu aiguës. — ♃. Rochers du Dauphiné, Taillefer, la Romanche; les Pyrénées, Cambredases. Mut. t. 54. f. 401. **P. visqueuse,** *viscosa*. Vill. (juin-juillet). = Voyez aussi la variété de la *P. hirsuta*.

nn. — *Plantes non visqueuses.*

q. — *Feuilles farineuses sur les bords.*

9. Feuilles obovées, dentées en scie, ou presque entières, *bordées de cils denses , glanduleux* : fleurs jaunes ou rouges, *farineuses dans la gorge* : involucre à folioles ovales obtuses, plus courtes que les pédicelles farineux et le calice en dedans. — ♃. Rochers des Alpes, Grande-Chartreuse, sommet du Canigou. Jacq. Aust. t. 415. **P. oreille d'ours,** *auricula*. Lin. (mai-juin). = Var. à calice cilié, à tube de la corolle plus long que le limbe, quelquefois toute blanchâtre poudreuse. *Ciliata*.

10. Feuilles obovées, rétrécies à la base, à dents profondes, *bordées d'une bande étroite, farineuse* : pédicelles farineux : fleurs 5-8 purpurines, dressées : calice *farineux, blanc en dedans*, à dents courtes, ovales : capsule plus longue que le calice. — ♃. Alpes du Dauphiné, Lautaret, Provence, Digne, Canigou. Mut. t. 55. f. 597. **P. à rebord farineux,** *marginata*. Curt. (juin-août).

qq. — *Feuilles non farineuses.*

a. — *Plantes glanduleuses.*

11. Toute pubescente glanduleuse : feuilles d'une consistance transparente, en spatule, sinuées, à dents de scie obtuses, atténuées en pétioles : fleurs grandes, d'un pourpre violet foncé : calice à dents obtuses : tube de la corolle double du calice : valves de la capsule terminées par une petite pointe, dépassant plus ou moins le calice. — ♃. Rochers des Pyrénées , des Alpes, Lautaret , environs de Briançon. Mut. t. 55. f. 599. **P. hérissée,** *hirsuta*. Vill. (juillet-août). = Var. à tige visqueuse au sommet, à dents du calice pointues. *Latifolia*. Mut. t. 55. f. 400.

b. — *Plantes non glanduleuses.*

12. Hampe glabre, petite : feuilles *oblongues* en spatule, *obtuses*, ciliées cartilagineuses sur les bords : fleurs profondément *bifides*, 2-5 en ombelle droite : calice tubuleux, grand, à *lobes obtus*, égalant presque le tube de la corolle. — ♃. Les Alpes ; les Pyrénées, col d'Enfer, port de Venasques. Mut. t. 54. f. 402. **P. à feuilles entières,** *integrifolia*. Lin. (juin-juillet).

13. Hampe un peu anguleuse, lisse : feuilles *elliptiques aiguës*, blanches cartilagineuses sur le bord : fleurs roses, puis d'un violet foncé , grandes , en ombelle de 4-5 : calice grand, ventru, *à lobes linéaires aigus*, dépassant le tube de la corolle à divisions très-échancrées. — ♃. Pyrénées. Mut. t. 54. f. 404. **P. glauque,** *glaucescens*. Moretti. (mai-juin).

157. GRÉGORIE, *Gregoria*. Duby. — Calice à 5 divisions : corolle en soucoupe , à tube cylindrique, dilaté à l'insertion des étamines, plus long que le calice, à gorge libre , ou resserrée par de très-petites glandes, à limbe à 5 divisions ovales : capsule s'ouvrant jusqu'à la base en 5 valves.

1. Tiges nombreuses , filiformes , couchées, un peu ligneuses , terminées par des bouquets de feuilles étroites , linéaires , aiguës , raides , garnies de poils étoilés et le calice moins long que la corolle : fleurs jaunes , solitaires , axil-laires , verdissant par la dessication. — ♃. Montagnes élevées, Briançon, Gap, Mont-Ventoux. Sesler, epit. t. 10. f. 1. **G. de Vitalien,** *Vitaliana*. Duby. (juin-août).

158. ARÉTIE, *Aretia*. Lin. — Calice à 5 divisions : corolle en soucoupe ou en entonnoir, à 5 divisions munies chacune de 2 glandes à l'entrée de la gorge : capsule à 5 valves s'ouvrant au-delà du milieu : 5 graines triangulaires : pas d'involucre.

I. — Tiges couvertes tout-à-fait de feuilles imbriquées, serrées. Fleurs latérales à pédoncules très-courts.

a. — *Fleurs couleur de chair en dehors.*

1. Tiges droites, courtes, nombreuses, plusieurs fois divisées : feuilles lancéolées obtuses, cotonneuses, blanchâtres par des poils très-courts étoilés : fleurs blanches en dedans, purpurines sur le tube et en dehors, presque sessiles et pédonculées, axillaires et terminales : calice à lobes obtus, dépassant le tube de la corolle à divisions entières. — ♃. Sommités des Hautes-Alpes. Labr. aret. f. 26. 28. **A. cotonneuse**, *tomentosa*. Schleich. (juin-juillet).

b. — *Fleurs blanches.*

2. Gazon peu serré : feuilles pubescentes, ciliées, recourbées, carénées, *linéaires obtuses* : pédoncules recourbés vers la terre, au moins à la maturité, plus longs que les feuilles : fleurs solitaires, à lobes du calice presque glabres, obtus.— ♃. Sommités glacées des Pyrénées, pic de Cournale, port de Venasques. Lapeyr. Fl. pyr. t. 5, **A. des Pyrénées**, *Pyrenaica*. Lin. (septembre-octobre).

3. Gazon : tige un peu ligneuse, à rameaux cylindriques, *disposés en éventail :* feuilles très-serrées, pubescentes, *lancéolées un peu en spatule*, les anciennes réfléchies : pédicelles grêles, velus, longs : fleurs à limbe saillant, à tube renfermé dans le calice à divisions lancéolées aiguës. — ♃. ♄. Pyrénées centrales, forêt de St-Bertaud dans le Marboré, Mont-Ventoux. Lois. 1. p. 158. **A. cylindrique**, *cylindrica*. Lois. (août-septembre).

c. — *Fleurs blanches, à gorge jaune.*

4. Racine ligneuse, noirâtre : tiges droites, courtes, serrées les unes contre les autres : feuilles petites, courtes, oblongues, couvertes *de poils* courts, serrés, argentés, *étoilés*, les plus jeunes en rosette terminale, étalée : fleurs sessiles au milieu de la rosette, solitaires : capsule pédonculée dans le calice. — ♃. Sommités arides des Alpes, Valgaudemar; Pyrénées, port de Venasques. Lam. ill. t. 98. f. 4. **A. argentée**, *argentea*. Lois. (juillet-août).

5. Tiges nombreuses, gazonnantes, *bifurquées, couvertes de feuilles mortes :* feuilles d'un vert brun, oblongues, petites, chargées *de poils* blancs, *simples, renversés vers le bas :* fleurs presque sessiles, solitaires, cachées entre les feuilles : calice velu, à dents lancéolées, égales au tube de la corolle cilié, à divisions arrondies : capsule globuleuse. — ♃. Rochers des Alpes, montagnes de Seyne en Provence. Labr. aret. f. 1. 2. **A. helvétique**, *helvetica*. Lois. (juin-juillet).

II. — Tiges presque nues : feuilles en rosette sous les fleurs à long pédoncule.

a. — *Poils étoilés au sommet.*

6. Tiges terminées par des rosettes de feuilles vertes, linéaires lancéolées, rétrécies à la base, pubescentes et les pédoncules et les calices de poils très-courts : fleurs terminales ou axillaires, blanches ou d'un rose pâle, à gorge jaune : calice à divisions lancéolées, plus longues que le tube de la corolle. — ♃. Sommités des Pyrénées; Alpes, rochers de l'Oisans. Jacq. Aust. app. t. 18. f. infer. **A. glaciale**, *glacialis*. Hoppe. (juillet-août). — Var. à pédoncules saillants, à corolle d'un rose foncé, à gorge safranée.

b. — *Poils simples ou fourchus.*

7. Tiges courtes, dressées, *molles et toute la plante :* feuilles en spatule, étalées, pubescentes : *pédoncules épaissis au sommet*, à peine plus longs que les feuilles : fleurs grandes, orangées à la gorge : calice à divisions lancéolées *aiguës*. — ♃. Rochers les plus élevés des Pyrénées; Alpes, Lautaret, Briançon à la vallée de Cervières. DC. icon. Gall. rar. p. 2. t. 5. **A. des Alpes**, *Alpina*. Lin. (juillet-août). = *Variétés*. = b. — Feuilles glabres, veinées, ciliées de poils simples ou fourchus, à pédoncules recourbés, plus longs que les

feuilles. *Ciliata,* DC. Icon, rar, t. 6. = c. — orangées à la gorge , *presque sessiles* : calice Tiges petites , en gazon serré : feuilles très- hérissé, à divisions lancéolées linéaires, *pres-* petites, lancéolées, élargies au sommet, héris- *que obtuses.* — ♃. Pyrénées, port d'Oo, Alpes sées de poils serrés , étalés : fleurs blanches, du Dauphiné. *Hirtella.* Dufour.

139. SWERTIE , *Swertia*. Lin. — Calice à 5 divisions étalées : corolle en roue, à 5 divisions planes , lancéolées, portant à la base chacune 2 glandes ciliées, saillantes : étamines 5-9 , plus courtes que la corolle : 2 stigmates sessiles : capsule à 1 loge à 2 valves, à graines ciliées.

1. Tige simple, anguleuse : feuilles radicales d'Or, Lautaret. Engl. Bot. t. 144. **Sw. vivace,** elliptiques, à long pétiole, caulinaires sessiles, *perennis.* Lin. (juillet-août).—Var. à tige cylin- lancéolées : fleurs d'un bleu violâtre, ponc- drique; feuilles presque pliées en deux; éta- tuées, en épi terminal, à divisions doubles du mines une fois plus courtes que la corolle. calice.— ♃. Tourbières des montagnes, Mont- *Grandiflora.*

140. MÉNYANTHE , *Menyanthes*. Lin. — Calice à 5 divisions : corolle en roue, à 5 divisions barbues à l'intérieur, étalées : stigmate en tête, à 2-3 sillons : ovaire placé sur un anneau cilié : capsule à 1 loge à 5 valves : graines nombreuses.

1. Tiges rampantes , articulées : feuilles de bractées, portées sur de longues hampes grandes, flottantes , pétiolées , à trois folioles axillaires. — ♃. Les marais ; baraque de Mi- ovales : fleurs d'un blanc rougeâtre, munies chel. Lam. ill. t. 100. f. 1. **M. trèfle d'eau ,** *trifoliata.* Lin. (avril-mai).

141. VILLARSIE , *Villarsia*. Vent. — Calice à 5 divisions : corolle en roue, glabre à l'intérieur, à divisions étalées, ciliées sur les bords : stigmate à 2 lobes crénelés : 5 glandes alternes avec les étamines à la base de l'ovaire : capsule à 1 loge ne s'ouvrant pas : graines ovales plates, ciliées.

1. Tige longue, flottante : feuilles flottantes, tes, le Vistre à Nimes, fossés de Saint-Gilles. orbiculaires , en cœur à la base, entières : Fl. dan. t. 339. **V. faux Nénuphar ,** *Nym-* fleurs jaunes, en ombelle, sessiles au sommet *phoides.* Vent. (juillet-août). d'un long pédoncule. — ♃. Les eaux stagnan-

142. GENTIANE , *Gentiana*. Lin. — Calice à 5 divisions : corolle en cloche, ou en entonnoir, glanduleuse dans le fond, à 4-9 divisions entières, glabres ou ciliées, décurrentes dans le tube : gorge nue, ou fermée par des appendices multifides : étamines insérées sur le tube : anthères quelquefois réunies : 2 stigmates sessiles : capsule à 1 loge à 2 valves : graines nombreuses.

I. — Corolle à 4-5 divisions: gorge fermée par des appendices ciliés.

n. — *2 lobes du calice très-grands, aigus.*

1. Tige dressée, rameuse : feuilles radicales en spatule, pétiolées ; les caulinaires ovales lancéolées, souvent aiguës: fleurs violet foncé, blanches sur le tube, ou blanches et jaunissant par la dessication : corolle à 4, rarement 5 lobes : *calice à 4 divisions dont 2 très-grandes, aiguës.* — ♃. Pelouses des montagnes, Tuevlz. Engl. Bot. t. 257. **G. des champs,** *arvensis.* Lin. (août-septembre).

2. *Petite plante filiforme,* souvent rameuse à la base : feuilles *ovales, très-petites,* les inférieures en spatule : fleurs bleues, plus pâles sur le tube, portées sur des *pédicelles grêles, très-longs:* corolle à tube ventru, à 4 divisions obtuses : 2 divisions du calice très-grandes. — ⊙. Glaciers des Alpes, le Galibier. Sturm. fasc. 54. **G. des Glaciers,** *Glacialis.* Vill. (juillet-août).

nn. — *Lobes du calice égaux ou presque égaux en largeur.*

a. — *Plantes vivaces.*

3. Tige de 5-5 pouces, verte, bordée d'une aile et les rameaux : feuilles radicales en spatule, les caulinaires sessiles oblongues obtuses, les plus hautes ovales lancéolées aiguës : fleurs bleuâtres, plus pâles sur le tube, ou blanches et jaunes sèches : corolle à 4-5 lobes: calice à divisions roulées sur les bords, lancéolées. — ♃. Prairies des montagnes, Lyon, Bourg-d'Oisans. Kœmer. Arch. 1. t. 2. f. 3. **G. à feuilles obtuses,** *obtusifolia.* Willd. = *Variétés.* = b. — Vert noirâtre, grêle, peu feuillée. *Flava.* Lois. t. 28. = c. — Vert pâle, très-rameuse et très-fleurie. *Minor.* (juillet-août).

b. — *Plantes annuelles.*

4. Tige droite, paniculée au sommet, simple d'ailleurs, à 4 angles très-obtus, à 4 faces inégales : feuilles radicales pétiolées, en spatule, les caulinaires ovales, larges à la base, poin tues, plus pâles en dessous : fleurs d'un violet purpurin, axillaires, terminales, pédonculées, à 5 divisions pointues : calice à lobes linéaires, pointus, égaux, *plus courts que le tube.* — ⊙. Pelouse des montagnes, des bois ; Thionville, garenne de Chamilly. Engl. Bot. t. 256. **G. d'Allemagne,** *Germanica.* Willd. (septembre-octobre).

5. Tige droite, à angles obtus, presque violette : feuilles inférieures en spatule, les caulinaires larges à la base, lancéolées aiguës : fleurs violet foncé, pâle sur le tube, ou blanches et jaunes sèches : calice à dents *un peu inégales,* linéaires, *quelques-unes plus courtes que le tube* de la corolle à 5 divisions. — ⊙. Prairies humides, le Jura. Reich. Cent. 2. f. 250. **G. amarille,** *amarilla.* Lin. (août-septembre).

II. = Corolle à 4 divisions ciliées, en entonnoir ; gorge nue.

6. Tige droite, flexueuse, anguleuse, rameuse : feuilles étroites, lancéolées-linéaires, dressées : fleurs bleues, terminales, grandes : corolle à 4 divisions profondes, dentées, fran gées dans le milieu. — ♃. Prairies des montagnes, Cévennes ; garenne de Chamilly. Jacq. Aust. t. 115. **G. ciliée,** *ciliata.* Lin. (août-septembre).

III. = Corolle en entonnoir, ou en soucoupe ; à 5-10 divisions non ciliées : gorge nue.

n. — *Corolle à 10 divisions, 5 plus petites*

7. Gazon : tige de 2-5 pouces : rameuse, un peu couchée à la base : feuilles *à bords membraneux,* dressées, lancéolées linéaires, mucronées : fleurs bleues ou violettes, solitaires, terminales : anthères saillantes : *calice membraneux sur les bords.* — ♃. Les Pyrénées, J.aurenti, Canigou. Gou. ill. 7. t. 2. f. 2. **G. des Pyrénées,** *Pyrenaica.* Lin. (juillet-août).

8. Gazon serré : tiges de 2-3 pouces, nombreuses, uniflores, les fertiles un peu ailées au sommet, les stériles très-feuillées : pas de rosette : feuilles lancéolées-linéaires : fleurs bleues, *à divisions un peu dentées en scie,* ovales lancéolées, les alternes échancrées, *rayées de bleu.* — ♃. Alpes de Provence, Dauphiné, Pyrénées, pic du Midi. Jacq. Aust. t. 302. **G. naine,** *pumila.* Jacq. (juin-juillet). = Var. à tige filiforme, non en gazon, à 5-3 paires de feuilles. *Elongata.* Hœnke. = Voir la *G. verna.*

DD. — *Corolle à 5 divisions.*

R. — TIGES UNIFLORES.

q. — *Calice à 3 angles saillants.*

9. Tige rameuse dès la base, un peu dressée : feuilles radicales en rosette, ovales lancéolées ou oblongues, les caulinaires rares,
plus petites : fleurs d'un très-beau bleu, solitaires, terminales, à divisions ovales pointues :
stigmates demi-orbiculaires. — ♃. Prairies
humides, Alsace, environs de Grenoble. Mut.
t. 56. f. 281. **G. anguleuse**, *angulosa*. Bieb.
(juillet-août).

qq. — *Calice non à angles ailés-saillants.*

10. Tiges gazonnantes, un peu couchées :
feuilles *obovales*, *arrondies très-obtuses*, rétrécies en très-court pétiole, toutes et surtout
les radicales très-serrées, *imbriquées*, les
caulinaires plus petites : fleurs d'un bleu très-
foncé, ou blanches, à divisions obtuses, presque toujours dentées : stigmates frangés. —

♃. Prairies humides des Alpes du Dauphiné,
Provence. Vill. t. 10. **G. de Bavière**, *Bavarica*. Lin. (juillet-août). — Var. à tige presque
nulle couverte de feuilles imbriquées. *Subacaulis*. Gaud.

11. Tiges ascendantes, de 2-5 pouces : feuilles *radicales en rosette serrée*, lancéolées
ovales, aiguës, plus étroites vers la base, les
caulinaires plus petites : fleurs bleues ou
blanches, à divisions entières ou rongées,
ovales arrondies ou pointues, ou lancéolées
étroites : stigmate *orbiculaire*, *plane*, frangé.
— ♃.Pelouses des Pyrénées,des Alpes,Lautaret,
Combe de la Lance, St-Nizier. Engl. Bot. t. 493.
G. du printemps, *verna*. Lin. (juin-août).
— Var. à tige presque nulle, à feuilles très-
petites, ovales-arrondies. *Brachyphylla*. Vill.

RR — TIGE RAMEUSE , A PLUSIEURS FLEURS.

12. *Calice enflé*, *à angles ailés :* tige purpurine, rameuse dès la base : feuilles *radicales
grandes*, ovales obtuses, en rosette : fleurs
d'un beau bleu en dedans, moins foncé en dehors, ou blanches, terminales : calice à divisions ovales pointues, plus *courtes que le tube:*
style bifide, allongé : stigmates demi-orbiculaires. — ♃. Prairies humides, Alsace, Jura,
W. et Kit. rar. hung. t. 206. **G. à calice
enflé**, *utriculosa*. Lin. (juillet-août).

13. Calice cylindrique, *caréné anguleux*,

non ailé, *marqué d'une ligne brune sur les
angles :* tige grêle, simple ou rameuse alterne, uniflore : feuilles radicales en rosette,
ovales arrondies, les caulinaires étroites, lancéolées ou ovales, obtuses, les plus hautes un
peu aiguës : fleurs bleues, à divisions très-
petites : calice à divisions lancéolées, très-
aiguës, *de la longueur du tube*. — ♃. Près les
neiges, Lautaret, port de Venasques. Hall.
helv. t. 17. f. 5. **G. des neiges**, *nivalis*.
Lin. (juillet-août).—Var. à feuilles très-petites.
Minima. Vill.

**IV. ⸗ Corolle un peu campanulée, ou en roue, glabre, à 4-9 divisions :
gorge nue.**

D. — *Fleurs bleues.*

q. — *Anthères libres.*

14. Tige couchée à la base, dressée, cylindrique, simple ou rameuse au sommet : feuilles radicales obovales, rétrécies à la base, les
caulinaires nombreuses, nervées, opposées
engaînantes, ovales lancéolées : fleurs bleues,

axillaires verticillées et terminales : calice à
8 divisions subulées, plus courtes que la corolle. — ♃. Prairies sèches des montagnes,
Nevers, Espérou. Jacq. Aust. t. 572. **G. croisette**, *cruciata*. Lin. (juillet-août).

qq. — *Anthères soudées.*

a. — *Feuilles à nervure 1 ou nulle.*

15. Tige couchée à la base, grêle, simple ou
peu rameuse : *feuilles* opposées, réunies à la
base en gaîne très-courte, un peu roulées sur
les bords, *lancéolées linéaires*, les inférieures
très-petites, en forme d'écailles : fleurs bleues,

pédonculées, axillaires, terminales, *à 5 divisions triangulaires* aiguës: stigmates linéaires
allongés. — ♃. Pâturages humides, Espérou,
environs d'Autun. Fl. dan. t. 269. **G. à feuilles étroites**, *Pneumonanthe*. Lin. (juillet-
août).

16. Tige *très-petite*, *uniflore*, 2-3 fois plus courte que la fleur d'un bleu foncé, renflée ou-dessous du milieu, à petits lobes alternant avec les grands : feuilles *ovales*, presque *aussi larges que longues*, charnues, à 1 nervure souvent très-peu marquée, à paires opposées, en croix, en rosette. — ♃. Alpes du Dauphiné, Taillefer, Sept-Laus, pic du Midi. Vill. t. 10. **G. des Alpes**, *Alpina*. Vill. (juin-juillet). — Voir la variété du *G. acaulis*.

b. — *Feuilles à 3 nervures.*

17. *Tige de 1-2 pieds* : feuilles embrassantes, ovales lancéolées pointues, à 3-5 nervures, rudes sur les bords : fleurs bleues ou blanches, opposées, axillaires, terminales, sessiles,

à tube en massue allongée, à lobes pointus, dentés. — ♃. Montagnes de Provence, Dauphiné, Valgaudemar. Jacq. Aust. t. 328. **G. Asclépiade**, *Asclepiadea*. Lin. (juillet-août).

18. Tige *uniflore*, le plus souvent *plus courte que la corolle* bleue ou blanche, *ponctuée en dedans*, à divisions aiguës : calice à lobes ovales lancéolés, étalés : feuilles ovales lancéolées, à 3 nervures, étalées, en rosette. — ♃. Pâturages des hautes montagnes. Jacq. Aust. t. 135. **G. sans tige**, *acaulis*. Lin. (mai-juin). — Var. à feuilles lancéolées étroites, à nervures peu visibles, à corolle ventrue au milieu, à lobes du calice pointus, presque aussi longs que le tube. *Angustifolia*. Vill.

nn. — *Fleurs jaunes, ou purpurines.*

q. — *Calice à 6-7 divisions.*

19. Racine très-grosse : tige dressée, très-feuillée : feuilles ovales lancéolées, aiguës, nervées, les plus hautes lancéolées : fleurs très-ponctuées ou non ponctuées, en verticille, à 6-7 divisions profondes, ovales : calice à di-

visions inégales, plus courtes que le tube de la corolle : anthères presque libres. — ♃. Prairies des montagnes, Grande-Chartreuse, pic du Midi. Jacq. Obs. t. 59. **G. ponctuée**, *punctata*. Lin. (juillet-août).

qq. — *Calice à 2 lobes.*

20. Tige feuillée : feuilles ovales lancéolées, les plus hautes plus longues que les fleurs verticillées, ponctuées d'un pourpre noir, à 6 divisions : calice à 2 lobes obtus, égaux. —

♃. Montagnes de Seyne en Provence. De Candolle, icon. rar. Gall. t. 15. **G. à deux lobes**, *biloba*. DC. (juin-juillet).

qqq. — *Calice d'une seule pièce fendue d'un côté.*

a. — *Anthères libres.*

21. Racine grosse, épaisse : tige *très-grande*, droite, simple : feuilles ovales elliptiques, nervées, engaînantes opposées, les radicales très-grandes, rétrécies en pétiole : fleurs très-nombreuses, pédicellées, à divisions 5-8 *profondes*, *allongées*, *aiguës* : calice membraneux. — ♃. Prairies des montagnes, l'Espérou, Tueytz. Lam. ill. t. 109. f. 1. **G. jaune**, *lutea*. Lin. (juin-juillet). — Fleurs quelquefois purpurines.

22. Tige simple, de 1 *pied* : feuilles *ovales lancéolées obtuses*, pétiolées dans le bas : fleurs d'un jaune pâle, quelquefois sans points, en verticilles, à 5-7 divisions *ovales lancéo-*

lées *arrondies*, alternant avec de petites dents : calice membraneux. — ♃. Pyrénées, Canigou, pic du Midi. Fl. fr. 5 p. 425. **G. de Burser**, *Burseri*. Lap. (juillet-août).

b. — *Anthères soudées.*

23. Tige de 1 pied : feuilles lancéolées, inférieures elliptiques, toutes nervées, caulinaires plus étroites : fleurs purpurines en dehors, jaunâtres en dedans, ou jaunes, ou blanches, ponctuées, en verticilles, à 6 divisions en spatule, 5 fois plus courtes que le tube : calice membraneux, en spathe. — ♃. Les Alpes. Fl. dan. t. 50. **G. purpurine**, *purpurea*. Lin. (juillet-août).

143. MOLÈNE, *Verbascum*. Lin. — Calice à 5 divisions : corolle en roue, à 5 divisions inégales : 5 étamines inégales, un peu inclinées, le plus souvent barbues à la base : capsule ovale ou globuleuse, aiguë, s'ouvrant en 2 valves au sommet.

II. = Feuilles décurrentes.

§ 1. = LES 2 LONGS FILETS DES ÉTAMINES GLABRES OU PEU BARBUS.

N. = FEUILLES DÉCURRENTES DE L'UNE A L'AUTRE.

q. — Tige rameuse.

1. Plante chargée d'un *coton peu épais*, *roussâtre* : feuilles oblongues, lancéolées, les *radicales sinuées*, dentées, caulinaires ondulées, dentées, aiguës, les plus hautes courtes, pointues : bractées pointues : fleurs grandes, jaunes, sessiles, *en faisceaux écartés*, formant un épi interrompu, plus long que la tige. — ♀. Bords de la Garonne. Chaub. Fl. d'Agen. **M. à long épi**, *longiracemosum*. Chaub. (juin-juillet).

2. Coton *épais, très-blanc, floconneux* : feuilles oblongues lancéolées, aiguës, les supérieures *ovales pointues* : fleurs assez petites, *en paquets serrés*, formant un épi interrompu, toutes les étamines à poils blancs. — ♀. Port Juvénal. **M. très-blanche**, *caudidissimum*. DC. (juin-septembre).

qq. — Tige simple.

f. — Barbe des étamines purpurine.

3. Cotonneuse *roussâtre* : tige simple, très-grande : feuilles oblongues, les inférieures rétrécies en pétiole, les caulinaires très-aiguës, longuement décurrentes, les plus hautes *à base arrondie* : bractées presque nulles : fleurs jaunes, sessiles, en épi rameux à la base : étamines inférieures glabres en dedans. — ♀. Port Sainte-Marie sur la Garonne. Chaub. Fl. d'Agen. **M. à petit calice**, *calyculatum*. Chaub. (juillet-août).

4. Tige simple, grande : feuilles cotonneuses, vertes en dessus, blanches en dessous, crénelées, inférieures ovales elliptiques, atténuées en pétiole, les caulinaires longuement décurrentes, plus étroites à la base, les supérieures ovales, *à longue pointe* : bractées en cœur, pointues, plus courtes que les fleurs jaunes, sessiles : calice à divisions lancéolées aiguës. — ♀. Landes de Barbaste et le lac de la Lagué. Chaub. Fl. d'Agen. **M. demi-blanc**, *semialbum*. Chaub. (mai-août).

ff. — Barbe des étamines jaune ou blanche.

g. — Feuilles de la tige longuement pointues.

5. Plante *finement cotonneuse*, 3-4-pieds : feuilles radicales très-crénelées, très-veinées en réseau en dessous, les caulinaires à pointe très-allongée : fleurs jaunes, en fascicules écartés, formant une *grappe simple*. — ♀. Collines boisées, Grenoble, Pont-Saint-Esprit à La Blache. Fl. dan. t. 1810. **M. à feuilles pointues**, *cuspidatum*. Schrad. (juin-juillet).

gg. — Feuilles de la tige peu ou point pointues.

a. — *Anthères 2 fois plus courtes que le filet*.

6. Plante couverte d'un coton épais, *laineux* : tige grande, simple, droite : feuilles radicales oblongues obtuses, grandes, les caulinaires crénelées, *lancéolées*, *pointues* : bractées à longue pointe, souvent dépassant les fleurs d'un beau jaune, à divisions *ovales arrondies* : poils des étamines blancs ou jaunâtres, presque nuls sur les 2 inférieures plus grandes. — ♀. Les champs. Black. herb. t. 3. **M. bouillon blanc**, *thapsus*. Lin. (juin-juillet).

7. Coton épais, laineux, jaunâtre : feuilles ovales, les inférieures rétrécies en pétiole, arrondies au sommet, les supérieures pointues, *rétrécies aux deux bouts* : pédicelles plus courts que le calice : corolle en roue : 2 filaments presque glabres : anthères longuement décurrentes. — ♀. Terrains stériles, Montpellier. Schrad. mou. 1. p. 21. **M. thapsiforme**, *thapsiforme*. (juin-juillet).

b. — *Anthères 4 fois plus courtes que les filets*.

8. Duvet court, grisâtre ou blanc jaunâtre : tige grande : feuilles oblongues, bordées de crénelures fines, les radicales un peu rétrécies à la base : pédicelles avec le fruit plus

court que le calice : fleurs d'un jaune pâle, médiocres, un peu en entonnoir, en paquets rapprochés en épi serré, très-long ; anthères un peu décurrentes : 2 filets presque glabres :

divisions de la corolle *oblongues*. — ②. Bords des chemins. Meyer. Chlor.-Hanov. p. 326. **M. de Schrader**, *Schraderi*. (juillet-août). — Voir le *V. sinuatum*.

NN. = FEUILLES NON DÉCURRENTES DE L'UNE A L'AUTRE.

q. — *Poils des étamines purpurins.*

9. Coton blanchâtre : tige divisée en rameaux nombreux, paniculés : feuilles oblongues, radicales et inférieures sinuées, presque pinnatifides, les supérieures crénelées, peu décurrentes : fleurs jaunes, en paquets écartés, formant un épi long : anthères égales. — ②. Terrains arides du Midi, Tresques. Fl. Groec. t. 227. **M. sinuée**, *sinuatum*. Lam. (juin-août).

10. Tige cylindrique, grêle, rameuse au sommet, légèrement chargée d'un coton cen-

dré jaunâtre, ainsi que les feuilles demi-décurrentes, crénelées, les supérieures terminées en longue pointe : fleurs grandes, en petites fascicules, formant des grappes allongées : pédicelles égalant le calice : poils des filets violacés, rarement blancs : les longs filets à anthères décurrentes. — ②. Château de la Roche-aux Moines près Serrant (Maine-et-Loire). **M. bâtarde**, *nothum*. Koch. Syn. Fl. Germ. 2 édit. p. 590. (juillet-août).

qq. — *Poils des étamines blancs.*

a. — *Pédicelles des fleurs plus courts que le calice.*

11. Coton jaune vert : tige de 2-3 pieds, simple, droite, rarement un peu rameuse : feuilles épaisses, ridées en dessus, veinées en dessous, finement crénelées, les inférieures elliptiques lancéolées, atténuées en pétiole, celles du milieu oblongues, embrassantes, les supérieures ovales pointues : fleurs jaunes, grandes, en paquets écartés, formant un épi un peu interrompu : 2 étamines 2 fois plus longues que *l'anthère oblongue longuement décurrente* : bractées plus courtes que les fleurs. — ②. Terrains sablonneux, Tresques. Fl. groec. t. 224. **M. Phlomide**, *Phlomoides*. Lin. (juin-juillet). = Var. finement cotonneuse : feuilles vertes, inférieures oblongues lancéolées, atténuées en pétiole, celles du milieu oblongues aiguës, les plus hautes un peu en cœur, ovales pointues. *Australe.*

12. Coton jaunâtre ferrugineux : tige simple : feuilles à peine un peu crénelées, épaisses, veinées en dessous, ovales oblongues, les radicales pétiolées : bractées plus courtes que les fleurs jaunes, grandes, en paquets, formant un épi serré, peu souvent interrompu à la base : 2 *étamines à anthères un peu décurrentes*. — ②. Terrains incultes, Sorrèze, prés Chavenon. Schrad. host. Gott. fasc. 2. p. 18.1.2. **M. de montagne**, *montanum*. Schr. (juillet-août).

b. — *Pédicelles des fleurs égaux au calice ou le dépassant.*

13. Tige raide, dressée, rameuse, anguleuse au sommet : feuilles cotonneuses, blanchâtres, un peu crénelées, les inférieures oblongues elliptiques, *atténuées en pétiole* : les caulinaires peu décurrentes : pédicelles des fleurs *égalant le calice* : fleurs en paquets au sommet des tiges et des rameaux : épi interrompu : étamines inférieures portant une ligne de poils, à anthères insérées en travers, toutes égales, beaucoup plus courtes que les filets, les plus grandes laineuses, à poils épaissis en massue, à anthères *non décurrentes* : style cylindrique, à stigmate *non décurrent* : capsule ovoïde. — ②. Carrière de Villers-les-Nancy. Godron, Fl. lorraine, 1er suppl. p. 27. **M. abâtardie**, *spurium*. Koch. (juillet-août).

14. Tige dressée, presque toujours rameuse, anguleuse au sommet *à angles aigus* : feuilles cotonneuses blanchâtres, à fortes crénelures, les inférieures oblongues elliptiques, *atténuées à la base* : les caulinaires lancéolées, peu décurrentes, celles des rameaux embrassantes, non décurrentes : pédicelles des fleurs *plus longs que le calice* : fleurs en paquets au sommet des tiges et des rameaux : épis grêles, interrompus, toutes les anthères égales ; celles des étamines inférieures quatre fois plus courtes que le filet muni d'une ligne de

poils : les étamines supérieures à poils épaissis en massue : style *s'élargissant vers le haut*, à stigmate *décurrent* : capsule ovoïde.

—②. Nancy. Codr. Fl. lorr. premier suppl. p. 26. **M. à rameaux**, *ramigerum*. Koch. (juillet-août).

§ 2. = LES 2 LONGS FILETS DES ÉTAMINES TRÈS-BARBUS.

15. Tige un peu rameuse, 2-3 pieds : feuilles cotonneuses, lancéolées ovales, crénelées, les caulinaires oblongues aiguës, un peu décurrentes : fleurs jaunes, en paquets denses, quelques-unes solitaires : pédoncules moins

longs que le calice : anthères presque égales. — ②. Bords des champs. Schrad. t. 5. f. 2. **M. faux bouillon blanc,** *thapsoides*. Link. (juin-juillet). = Voir aussi les *V. spurium*, *nothum* et *ramigerum*.

II. — **Feuilles non décurrentes : fleurs solitaires ou géminées**.

n. — *Fleurs rouges ou blanches*.

16. Tige grêle, droite, presque simple, glanduleuse pubescente dans la panicule ou l'épi : feuilles chargées de poils rares, les radicales et les inférieures pétiolées, ovales ou oblongues, crénelées, celles du milieu et les plus

hautes plus petites, sessiles, crénelées : fleurs solitaires, un peu jaunes sur le tube : bractées plus courtes que le pédicelle. — ②. Collines incultes, Alsace. Jacq. Aust. t. 125. — **M. pourpre,** *phœniceum*. Lin. (juin-juillet).

nn. — *Fleurs jaunes*.

a. — *Pédoncules plus courts que les bractées*.

17. Tige dressée, presque toujours simple, pubescente glanduleuse dans le haut : feuilles pubescentes, inférieures elliptiques oblongues, atténuées en pétiole, les caulinaires sessiles oblongues, les supérieures embrassantes, oblongues pointues, quelquefois un peu décurrentes : 1-2 pédoncules, bractées et calice poilus visqueux : fleurs grandes, en épi allongé : poils des étamines violets.— ②. Terrains incultes, Moulins, Bayonne. Fl. port. t. 28. **M. fausse Blattaire**, *Blattarioides*. Lam. (juin-juillet).

b. — *Pédoncules dépassant la bractée*.

18. Tige grêle, simple ou rameuse, poilue glanduleuse dans le haut : feuilles glabres, vertes, les inférieures atténuées en court pétiole, ovales oblongues, sinuées dentées, les supérieures sessiles, embrassantes, plus petites, ovales lancéolées pointues, dentées : fleurs jaunes, violettes à la base, solitaires, en épi long, très-lâche : calice, pédoncules et bractées poilus glanduleux : pédoncules alternes : poils des étamines purpurins. — ②. Bords des chemins, Tresques. Engl. Bot. t. 393. **M. blattaire**, *blattaria*. Lin. (juin-septembre),

III. = **Feuilles non décurrentes : fleurs en paquets**.

n. — *Poils des étamines pâles*.

q. — *Plantes couvertes d'un coton blanc très-épais*.

19. Tige droite, *anguleuse*, violacée sous le coton : rameaux ascendants : feuilles *crénelées*, très-cotonneuses en dessous, *moins en dessus*, les radicales oblongues elliptiques, atténuées en pétiole, les caulinaires sessiles-embrassantes, brusquement rétrécies en pointe oblique : fleurs cachées sous le coton avant l'épanouissement, en grappes allongées : panicule ouverte au sommet. — ②. Terrains secs, incultes, Nevers, Bellegarde. Roch. Bann. f. 40. **M. pulvérulente**, *pulverulentum*. Vill. (juin-septembre).

20. Tige droite, *cylindrique*, violacée sous le coton, à rameaux ascendants, formant une

panicule : feuilles entières, *très-cotonneuses sur les deux faces* : les caulinaires sessiles embrassantes, oblongues lancéolées, pointues, épaisses, les radicales atténuées en pétiole : fleurs jaunes, comme au *Pulverulentum*. — ②. Terrains secs, bords des chemins, Tresques. W. et Kit. rar. hung. t. 79. **M. à flocons,** *floccosum*. (juin-septembre).

qq. — *Coton moins épais, moins long*.

21. Plante couverte d'une pubescence pulvérulente : tige anguleuse, droite, rameuse, paniculée au sommet : *feuilles crénelées*, vertes, luisantes et presque glabres en dessus, blanchâtres, cotonneuses en dessous, les inférieures elliptiques oblongues, atténuées en pétiole, un peu pointues, les supérieures sessiles ova-

les pointues : fleurs petites, jaunes, cotonneuses, en paquets disposés en grappes : rameaux de la panicule anguleux : pédicelles et calices cotonneux. — ②. Lieux incultes, le Vigan. Fl. dan. t. 586. **M. Lychnite**, *Lychnitis*. Lin. (juin-août). = Var. à fleurs blanches, étant sèches, rougeâtres. *Album*. Mœnch.

22. Coton d'un vert blanchâtre ou jaunâtre : tige très-haute, à rameaux dressés : feuilles allongées, *très-entières, ondulées*, les inférieures oblongues aiguës, atténuées en pétiole, les caulinaires sessiles, *en cœur à la base, munies d'oreillettes* : fleurs petites, jaunes, en paquets, disposées en panicule à rameaux anguleux : anthères égales : pédicelles 2-3 fois plus longs que le calice. — ②. Port Juvenal. Roch. Bann. t. 41. **M. à longues feuilles**, *longifolium*. DC. (juillet-août).

nn. — *Poils des étamines colorés.*

q. — *Tige simple.*

a. — *Fleurs solitaires ou géminées.*

23. Coton blanc, floconneux, *caduc* : tige simple : feuilles verdâtres en dessus, cotonneuses en dessous, crénelées inférieures ovales, ou ovales oblongues, pétiolées, les supérieures sessiles, un peu en cœur, oblongues : fleurs jaunes, grandes, en épi très-lâche ; anthères égales : poils des étamines purpurins, les plus longues presque glabres. — ②. Bois de Broussans, près Saint-Gilles. **M. de mai**, *maiale*. DC. (mai-juin).

b. — *Fleurs en paquets.*

24. Coton blanc, serré, *adhérent :* feuilles oblongues, aiguës, les inférieures atténuées en pétiole, les supérieures sessiles, *un peu embrassantes, pointues*, toutes dentées, les inférieures très-finement : fleurs jaunes, en épi grêle, très-long. — ②. Bois de Broussans. **M.**

à épi grêle, *leptostachyon*. DC. (mai-juin). = Tige cylindrique *noirâtre : feuilles d'un vert jaunâtre*.

25. Peu cotonneuse : tige *anguleuse, rougeâtre*, simple ou rameuse : feuilles presque glabres, *noirâtres* en dessus, cotonneuses en dessous, crénelées, les inférieures à long pétiole, en cœur, oblongues ; les supérieures ovales, oblongues, presque sessiles : fleurs jaunes, petites, à barbe purpurine : *pédicelles plus longs que le calice* : grappe simple ou paniculée. — ②. Terrains secs, pierreux, bois de Broussans, Espérou. Eng. Bot. t. 59. **M. noire**, *nigrum*. Lin. (mai-juin).=*Variétés*. = b. — 2-5 rameaux droits, parallèles à l'axe, à la base de l'épi. *Parisiense*. Thuil.= c. — Feuilles décurrentes sur le pétiole, floconneuses en dessous. *Alopecurus*. Thuil.

qq. — *Tige rameuse.*

v. — *Feuilles adultes luisantes et glabres en dessus.*

26. Tige grande, forte, anguleuse dans le haut : feuilles crénelées, membraneuses, pubescentes cotonneuses dans la jeunesse, *toujours en dessous*, les radicales et les inférieures très-longues, pétiolées, ovales oblongues, aiguës : celles du milieu oblongues aiguës, sessiles, les plus hautes ovales pointues, un peu en cœur, embrassantes : pédoncules *plus longs* que le calice, l'un et l'autre *couverts d'un coton très-blanc* : fleurs jaunes, assez grandes, en grappes feuillées, formant une panicule très-rameuse.—③. Collines incultes, bois, environs d'Embrun. Schrad. mon. verb. p. 15. t. 5. f. 2. **M. de Schott**, *Schottianum*. Schrad. (juillet-août).

vv. — *Feuilles adultes presque glabres en dessus, mais non luisantes.*

27. Tige flexueuse, à rameaux longs, effilés, un peu anguleux : feuilles à crénelures mucronées, presque glabres en dessus, finement cotonneuses en dessous, les inférieures ovales oblongues, rétrécies en pétiole ou un peu en cœur, celles du milieu ovales, un peu pétiolées, les plus hautes sessiles, un peu en cœur : *pédicelles à peine plus longs que le calice :* fleurs jaunes, petites, *en grappes allongées effilées*. — ③. Collines incultes, Roch. Bann. f. 39. **M. d'Orient**, *Orientale*. Bieb. (juin-juillet).

28. Tige rougeâtre, flexueuse, paniculée, garnie de poils rameux : feuilles pétiolées, en cœur à la base, ou un peu prolongées sur le pétiole, d'un vert noirâtre, presque glabres, un peu cotonneuses dans la jeunesse, velues en dessous, dentées, crénelées, les inférieures incisées ou ailées à la base, les supérieures sessiles : fleurs jaunes, petites, en paquets, disposées en panicule formée de *rameaux*

courte, lâches, interrompus : *pédicelles presque deux fois plus longs que le calice.* — ②. Serre de Bouquet. Vill. t. 13. **M. de Chaix**, *Chaxii.* Vill. (juin-août).

vvv. — *Feuilles finement velues des deux côtés.*

29. Tige droite, un peu anguleuse, rougeâtre, très-rameuse, finement velue : feuilles demi-embrassantes, oblongues aiguës, crénelées : fleurs pédicellées, 2-5 à chaque paquet, portées sur des rameaux grêles formant une panicule : calice petit, pubescent et le pédicelle. — ②. Colline de l'Anjou, environs de Montreuil-Belfroy. **M. de Bastard**, *Bastardii.* Rœm.-Bast. suppl. Fl. Maine-et-Loire, 42. (juin-septembre).

vvvv. — *Feuilles couvertes d'un coton épais, blanc.*

30. Feuilles inférieures pétiolées, ovales aiguës, crénelées, incisées, auriculées à la base, les supérieures sessiles, ovales, terminées par une pointe courte, crénelées, dentées : fleurs d'un beau jaune, en faisceaux cotonneux, plus serrés dans le haut que dans le bas. — ②. Frontières de Nice. **M. à 2 couleurs**, *bicolor.* Badar. (juin-juillet).

144. RAMONDIE, *Ramondia.* Rich. — Calice à 5 divisions : corolle en roue à 4-5 divisions inégales, velue et tachée à l'échancrure des lobes : étamines glabres, rapprochées : anthères percées d'un trou au sommet : capsule à 1 loge polysperme.

t. Tige nue, pubescente, souvent uniflore : feuilles toutes radicales, en rosette, ovales, crénelées, velues en dessus, laineuses-rousses en dessous : 1-4 fleurs d'un pourpre violet, blanches à la gorge et tachées de jaune. — ♃. Les Pyrénées, port de Venasques, pont de Lartigue. Bot. magn. t. 236. **R. des Pyrénées**, *Pyrenaica.* Richard. (juin-septembre).

145. JUSQUIAME, *Hyosciamus.* Lin. — Calice tubuleux, à 5 divisions : corolle en entonnoir, à 5 lobes obtus, inégaux, obliques : 5 étamines inclinées : capsule en boîte à savonnette, sillonnée, un peu comprimée, à 2 loges polyspermes.

n. — *Feuilles sessiles.*

1. Cotonneuse visqueuse : feuilles embrassantes, alternes, anguleuses, sinuées ou presque ailées, les florales presque entières : fleurs sessiles, d'un gris jaunâtre sur les bords, d'un pourpre noir en dedans. — ☉. ②. Les ruines, bords des chemins. Fl. dan. t. 1452. **J. noire**, *niger.* Lin. (mai-août).

nn. — *Feuilles pétiolées.*

a. ═ *Feuilles en cœur à la base.*

2. *Velue* : feuilles pétiolées, ovales-arrondies, sinuées, à lobes obtus, courts, les florales presque entières : *fleurs blanchâtres*, souvent à gorge violette, presque sessiles. — ☉. Le midi, Avignon, Clarensac. Black. herb. t. 111. **J. blanche**, *albus.* Lin. (juin-juillet).

3. *Hérissée :* feuilles arrondies anguleuses, dentées vers la base, les supérieures oblongues, *élargies au sommet :* fleurs d'un *beau* jaune : gorge et étamines violettes : *capsules pendantes.* — ☉. Les décombres, île Sainte-Lucie. Boi. reg. 180. **J. dorée**, *aureus.* All. (juin-juillet).

b. — *Pas de feuilles en cœur.*

4. Tige presque simple, velue : feuilles ovales oblongues, sinuées, dentées, anguleuses, velues : fleurs blanches, pédonculées, solitaires : dents du calice épineuses. — ☉. Corse. Pluck. alm. 188. t. 57. f. 5. **J. naine**, *pusillus.* Lois. (juin-juillet).

146. DATURA, *Datura.* Lin. — Calice caduc, grand, tubuleux, ventru , à 5 plis et à 5 dents : corolle grande, en entonnoir, à tube long, plissé , à 5 angles : stigmate à 2 lames : capsule épineuse ou lisse, ovale, à 2 loges complètes, à graines nombreuses : base du calice orbiculaire , persistante.

a. — *Feuilles pubescentes.*

1. Tige droite, rameuse : feuilles pétiolées , en cœur, presque entières : fleurs blanches : capsule globuleuse , épineuse, pendante. — ⊙. Le Midi , Bagnols dans les Pyrénées. Rumph. amb. s. p. 242. t. 87. **D à feuilles entières,** *metel.* Lin. (juin-septembre).

b. — *Feuilles glabres.*

2. *Tige purpurine, plusieurs fois divisée en deux* : feuilles *en cœur, 2 fois dentées*, rougeâtres sur les veines de dessous : fleurs d'un

pourpre violet : capsule ovale, dressée, épineuse : odeur de la plante fétide. — ⊙. Pont du Gard, Lepin. Meerb. t. 15. **D. à feuilles dentées,** *tatula.* Lin. (juillet-août).

3. *Verte , rameuse, diffuse :* feuilles *rétrécies en pétiole*, larges , anguleuses, *sinuées :* fleurs blanches, quelquefois violettes : capsule ovale, dressée, épineuse. — ⊙. Lieux incultes, autour des granges, Tresques. Fl. dan. t. 436. **D. à feuilles sinuées ,** *stramonium.* Lin. (juin-septembre).

147. LISERON , *Convolvulus*. Lin. — Calice à 5 divisions , nu ou muni de 2 bractées, corolle campanulée, à 5 plis formant 5 angles : stigmate bifide : étamines incluses, souvent inégales : capsule à 2-5 loges, à 2 graines.

I. = Tige volubile.

n. — *Feuilles découpées, ou palmées.*

1. *Poils soyeux, appliqués fins :* feuilles inférieures en cœur, sinuées-crénelées, les supérieures incisées, à lobes linéaires, entiers, celui du milieu beaucoup plus long : pédoncules uniflores : fleurs rosées.— ♃. Provence, Fl. græc. t. 196. **L. à feuilles de Guimauve,** *Althæoides.* Lin. (mai-juin).

2. *Poils raides, étalés*, aussi longs que l'épaisseur de la tige : feuilles inférieures en cœur, crénelées, les supérieures palmées, à lobes dentés, celui du milieu plus long : fleurs roses, grandes : pédoncules à 1-2 fleurs. — ♃. Rochers du Midi, cap Roux, Cette. Clus. 2. p. 49. **L. à feuilles d'Alcée ,** *Alceæfolius.* Lam. (mai-juin).

nn. — *Feuilles entières.*

a. — *Plantes glabres ; 2 bractées.*

5. Tiges longues , grêles : feuilles sagittées, pointues, à *oreillettes tronquées*, souvent dentées : pédoncules axillaires , anguleux, uniflores, plus longs que les pétioles : fleurs grandes, d'un beau blanc , peu souvent rose : calice embrassé *par 2 bractées larges , en cœur :* stigmates *ovales*. — ♃. Haies des lieux humides. Fl. dan. t. 458. **L. des haies ,** *sepium.* Lin. (mai-septembre). = Var. à pédoncule cylindrique. *Sylvaticus.* W. et Kit.

4. Tige faible, anguleuse, *à rejets rampants :* feuilles sagittées , ovales , arrondies obtuses , ou bien oblongues ou linéaires aiguës : oreillettes *entières, divergentes :* fleurs *médiocres ,* blanches ou rosées : pédoncules axillaires,

anguleux , portant *en dessous du sommet 2 bractées linéaires,* souvent uniflores : stigmates linéaires. — ♃. Les champs. Fl. dan. t. 459. **L. des champs,** *arvensis.* Lin. (mai-septembre). = Var. à feuilles étroites, linéaires.

b. — *Plante cotonneuse ; pas de bractées.*

4. Feuilles en cœur, sagittées, à oreillettes le plus souvent à 2 dents : pédoncules à 1-2 fleurs d'un rouge clair : lobes du calice pointus. — ♃. Au fort Lamalgue. Lois. 1. p. 165. **L. laineux,** *lanuginosus.* Lois. (mai-juin).

c. — *Plantes pubescentes ou ciliées :* 2 *bractées.*

5. Tige couchée , cylindrique, volubile au sommet : feuilles en cœur, ovales aiguës ,

tronquées à la base : pédoncules uniflores,
penchés après la floraison, plus courts que
les feuilles : fleurs bleues, petites : stigmates

filiformes : lobes du calice aigus, ciliés. — ⊙.
Bruyères des Landes. Saint-Hil. Fl. pom. fr. t.
11. **L. de Sicile,** *Siculus.* Lin. (juin-juillet).

II. = Tige non volubile.

n. — *Plantes tout-à-fait herbacées.*

g. — *Feuilles linéaires.*

6. Soyeuse : Tige à rameaux nombreux ,
couchés, puis ascendants : feuilles linéaires ,
lancéolées, aiguës : pédoncules à 1-5 fleurs
roses ou blanches : calice poilu.—♃. Rochers,
terrains pierreux du Midi, Valbonne, Tresques.
Jacq. Aust. t. 296. **L. de Biscaye,** *Canta-
brica.* Lin. (mai-août).

gg. — *Feuilles ovales lancéolées.*

7. Tige ascendante, velue : feuilles un peu
en spatule, ciliées à la base : calice poilu et le
pédoncule uniflore : fleurs bleues, panachées

de blanc et de jaune. — ⊙. Originaire de Sicile, cultivé. Moris. s. 1. t. 4. f. 4. **L. trico-
lore,** *tricolor.* Lin. (juin-août). — Voir le *C.
Siculus.*

ggg. — *Feuilles arrondies.*

8. Tige étalée : feuilles réniformes arrondies,
glabres : 2 bractées entourant le calice : pédoncules à 1 fleur purpurine. — ⊙. Sables
maritimes du Languedoc. Engl. Bot. t. 314.
L. Soldanelle, *Soldanella.* Lin. (mai-juin).
= Var. à tige velue : pédoncules à 5 fleurs.
Pseudo-Soldanella. Lois. — Voir le *C. Siculus.*

nn. — *Plantes ligneuses , au moins à la base.*

a. — *Plante toute ligneuse.*

9. Soyeux argenté : tige de 12-18 pouces :
feuilles lancéolées : calice velu : fleurs blan-

châtres, rayées de rose, en ombelle. — ♄.
Oneille. Bot. mag. t. 459. **L. camélée,** *enco-
rum.* Lin.

b. — *Plante ligneuse à la base.*

s. — *Feuilles rétrécies en pétiole.*

10. Soyeuse velue : tige un peu ligneuse,
petite, rameuse , couchée, ascendante : feuilles oblongues , élargies au sommet, nervées :
fleurs d'un blanc rosé : pédoncule à 1-5 fleurs,
plus court que les feuilles. — ♃. ♄. Rochers
maritimes de Provence, rochers des aires de
St-Pons et Villeneuve (Gard). Séjan. Fl. græc. t.
199. **L. rayé,** *lineatus.* Lin. (mai-juin).=Var.
Plante dressée , toute argentée. *Intermedius.*

ss. — *Feuilles sessiles aiguës*

11. Laineuse : tige dressée, un peu ligneuse
à la base : feuilles linéaires : bractées linéaires : pédoncules longs, à 3-5 fleurs, sessiles,
d'un blanc rosé : stigmates linéaires : calice
allongé. — ♄. Rochers du Midi , Perpignan ,
Elne. Barr. 470. **L. des rochers ,** *saxatilis.*
Wahl. (juillet-août). = Var. Plante couchée ,
soyeuse argentée : calice moins allongé. *Li-
nearis.* Lois. — A Cuges.

---

148. NICOTIANE, *Nicotiana.* Lin. — Calice en cloche, à 5 divisions:
corolle plus longue, en entonnoir, à 5 divisions égales : 5 étamines inclinées : stigmate échancré : capsule à 2 loges , à 2 valves : graines
nombreuses.

a. — *Fleurs roses.*

1. Tige grande, rameuse : feuilles *oblongues
lancéolées* , pointues , *sessiles* , les inférieures
décurrentes : fleurs roses, en panicule : corolle renflée à la gorge , *à dents pointues.* —
⊙. Cultivé dans le Midi , Alsace. Black. herb.
t. 146. **N. tabac ,** *tabacum.* Lin. (juillet-
août).

2. Tige très-grande : feuilles *très-larges,*

ovales pointues , *embrassantes,* un peu auriculées : fleurs roses : corolle renflée à la
gorge , *à divisions courtement arrondies,
mucronées.* — ⊙. Cultivé. **N. à larges
feuilles** , *macrophylla.* Spring. (juillet-
août).

b. — *Fleurs verdâtres.*

3. Visqueuse glanduleuse : tige cylindrique :
feuilles pétiolées, ovales entières : fleurs en

panicule : corolle à lobe cylindrique, à divisions arrondies. — ☉. Originaire d'Amérique, comme les deux autres espèces. Black. herb. t. 257. **N. rustique**, *rustica*. Lin. (juillet-août).

149. ERYTHRÉE, *Erythræa*. Rén. — Calice tubuleux, anguleux, à 5 divisions : corolle à tube très-long, à 5 divisions : étamines insérées sur le tube, à anthères contournées en spirale après l'émission du pollen : ovaire long, incliné : 2 stigmates en lame : capsule allongée, à 2 loges, à 2 valves : graines nombreuses.

I. = Fleurs jaunes ; stigmates linéaires.

1. Tige allongée, simple, anguleuse : feuilles ovales, lancéolées ou très-étroites : fleurs jaunes, en panicule dichotôme : pédoncules le plus souvent uniflores : divisions du calice linéaires subulées : divisions de la corolle ovales pointues : stigmates plus longs que le style. — ☉. Prairies maritimes ; Nîmes. Bocc. mus. sicul. t. 76. **Er. maritime**, *maritima*. Pers. (mai-juin). = *Variété.* = Tige naine, plus courte que les fleurs, rameuse dès la base : feuilles ovales oblongues : calice divisé au-delà du milieu en lobes linéaires. Sables de l'Océan. *Occidentalis.*

II. = Fleurs roses ; stigmates ovales ou arrondis.

q. — *Calice 3-4 fois plus court que le tube de la corolle.*

2. Tiges anguleuses, dressées, très-rameuses au sommet : feuilles sessiles, à 3 nervures, inférieures oblongues un peu en spatule, les autres lancéolées linéaires : fleurs grandes, purpurines, nombreuses : limbe de la longueur du lobe. — ☉. Pyrénées. Link. et Hoffen. Fl. port. t. 65. **Er. à grandes fleurs**, *grandiflora*. Link. (juillet-août).

qq. — *Tube de la corolle moins de 3-4 fois plus long que le calice.*

a. — *Divisions de la corolle ovales.*

3. Tiges à 4 *angles égaux*, *lisses*, paniculées dichotômes au sommet : feuilles radicales *en rosette étalée*, *ovales*, plus grandes que les caulinaires ovales ou lancéolées : fleurs roses, purpurines, quelquefois blanches, en bouquets : lobes de la corolle une fois plus longs que le calice muni de bractées.— ☉. Bois ; pâturages. Fl. dan. t. 617. **Er. centaurée**, *centaurium*. Pers. (mai-septembre).

4. Tige *comprimée*, *à angles inégaux*, *rudes*, rameuse dichotôme : feuilles *toutes linéaires*, *ou linéaires oblongues :* fleurs roses, en bouquets. — ☉. Avignon, dans les sables de la Durance. Reich. cent. 1. p. 185-189. **Er. à feuilles linéaires**, *linearifolia*. Pers. (août-septembre).

b. — *Divisions de la corolle lancéolées.*

5. Tige rameuse, paniculée dichotôme, anguleuse ; feuilles *lancéolées oblongues :* fleurs roses ou blanches, sessiles, en épi lâche, allongé, sur chaque rameau : *bractées* et calice presque de la longueur du tube. — ☉. Terrains humides du Midi ; l'Espérou. Zannich. t. 3. **Er. en épi**, *spicata*. Pers. (juillet-septembre).

6. Tige rameuse dès la base, à rameaux divergents, dichotômes, *à 4 angles aigus :* feuilles *ovales, à 3 nervures : pas de bractées :* fleurs roses ou blanches, axillaires, pédicellées, en petits bouquets terminaux : calice presque égal au tube de la corolle. — ☉. Prairies humides ; Bourges ; Orléans. Engl. Bot. t. 458. **Er. élégante**, *pulchella*. Fries. (juillet-septembre). — Peu de feuilles en rosette. = Var. à tige très-courte, simple, uniflore. *Palustris.* Lam.

POLÉMOINE, *Polemonium*. Lin. — Calice persistant, à 5 divisions : corolle en roue, à 5 divisions : 5 étamines dilatées à la base, fermant la gorge de la corolle : capsule recouverte par le calice , à 3 loges polyspermes.

1. Tige feuillée : feuilles ailées , à folioles ovales lancéolées pointues : fleurs bleues ou blanches, en corymbe poilu-glanduleux : calice à lobes ovales lancéolés, pointus , dépassant le tube de la corolle. — ♃ . Prairies marécageuses ; le mont Jura , environs de la Brévine. Fl. dan. t. 255. **P. bleu** , *cæruleum*. Lin. (mai-juin).

151. AZALÉE , *Azalea*. Lin. — Calice à 5 divisions colorées : corolle un peu en cloche , à 5 divisions : 5 étamines insérées sous le pistil : anthères arrondies , s'ouvrant par 2 fentes longitudinales : capsule à 2-3 loges.

1. Très-petit arbuste , 3-10 pouces, couché , rameux, diffus : feuilles petites, luisantes , roulées sur les bords, un peu pétiolées , elliptiques : fleurs roses, en bouquets terminaux. — ♄. Les Alpes , en dessous des glaciers du Bec ; les Pyrénées. Nouv. Duham. t. 63. **A. couchée** , *procumbens*. Lin. (juillet-août).

152. LYCIET, *Lycium*. Lin. — Calice court , tubuleux, à 2 lèvres ou à 4-5 divisions : corolle en entonnoir, à 5 divisions : étamines velues à la base : stigmate sillonné : baie ovoïde ou arrondie. Arbuste épineux.

n.— *Rameaux cylindriques.*

1. Arbrisseau à rameaux effilés , raides , droits, épineux, sans aucune ligne saillante , pubescents, presque cotonneux : feuilles lancéolées obovées, un peu ondulées dans le jeune âge : fleurs violettes, rayées de blanc : calice à 5 dents ; baie rouge ou jaune. — ♄. Avignon ; Arles ; le Roussillon. **L. d'Europe** , *Europæum*. Lin. (juin-septembre).

nn. — *Rameaux anguleux.*

2. Rameaux grêles, anguleux, pendants , souvent sans épines : feuilles elliptiques, lancéolées aiguës, entières, rétrécies en pétioles , un peu épaisses ; pédoncules axillaires, en faisceau : fleurs d'un violet clair : calice à 2 lèvres : baie rouge. — ♄. Les haies ; les buissons; Nevers; Auxerre. Dict. Sc. nat. t. 33. **L. de Barbarie**, *Barbarum*. Lin. (juin-octobre).

3. Rameaux flexibles, penchés, un peu épineux, anguleux, glabres : feuilles *ovales*-elliptiques, entières, un peu ondulées, atténuées en pétiole : pédoncules axillaires, *solitaires ou géminés* : fleurs violettes, veinées : *calice à 3 dents* : baie rouge ou jaune.— ♄. Les haies ; les buissons ; Nevers ; Blois ; Orléans. Lam. ill. t. 112. f. 2. **L. de la Chine**, *Sinense*. (juin-octobre). — Fl. cent. de la Fran. 2. p. 347.

153. MORELLE , *Solanum*. Lin. — Calice persistant, à 4-5-10 divisions : corolle en roue, à 4-5-10 divisions : 4-5-10 anthères oblongues, conniventes, s'ouvrant au sommet par 2 pores : baies rondes ou oblongues, à 3-4-5-6 loges polyspermes.

II. = Tige ligneuse.

a. — *Pas d'aiguillons.*

1. Tige très-longue, sarmenteuse, grimpante, flexueuse : feuilles en cœur , munies d'oreillettes à la base au moins les supérieures , ovales aiguës , entières : fleurs violettes , en grappes latérales ou terminales : baie ovale , écarlate. — ♄. Les haies. Fl. dan. t. 607. **M. douce-amère** , *dulcamara*. Lin. (mai-septembre).

2. Tige rameuse au sommet : feuilles *oblon-gues lancéolées*, un peu *sinuées* : fleurs blanches, pédonculées, solitaires ou 2-3 ensemble. — ♄. Orette en Béarn. Sabb. hort. rom. t. 59. **M. faux Piment,** *pseudo-Capsicum*. Lin. (mai-août).

b. — *Plante munie d'aiguillons.*

3. Tige cylindrique, aiguillonnée : feuilles sinuées-pinnatifides, aiguillonnées et le calice. — ♄. Bastia. Pluck. alm. t. 316. f. 4. **M. de Sodome ,** *Sodomœum*. Lin.

II. = Tige herbacée.

n. — *Tige et feuilles aiguillonnées.*

4. Tige rougeâtre, rameuse : feuilles ovales, *un peu sinueuses*, cotonneuses en dessous : fleurs solitaires, d'un bleu pâle : baie grosse , oblongue , à 3-4 loges : graines nues. — ☉. Originaire de l'Inde ; cultivée. Pluck. phyt. t. 226. t. 2. **M. aubergine ,** *esculentum*. Lin. (juillet-septembre).

nn. — *Tiges et feuilles sans aiguillons.*

q. — *Feuilles ailées pinnatifides.*

5. Racines produisant des tubercules : tige herbacée , rameuse , anguleuse : feuilles pubescentes en dessous, à folioles alternes avec d'autres folioles plus petites : fleurs blanches , roses ou violettes, en cime bifide, terminale : pédoncules articulés : baie sphérique, grosse , verdâtre. — ♃. Originaire du Pérou ; cultivée partout. Black. herb. 523. **M. pomme de terre,** *tuberosum*. Lin. (juin-juillet et octobre).

qq. — *Feuilles simples.*

s. — *Baie au moins de la grosseur d'un œuf.*

6. Tige dure, rameuse : feuilles ovales, un peu sinuées, couvertes et le calice d'un coton étoilé : fleurs d'un lilas pâle, solitaires : baie en forme d'œuf, blanche ou jaune, ou violette. — ☉. Originaire d'Arabie ; cultivée. Black. turb. t. 349. **M. à œuf,** *ovigerum*. Dun. (juillet-septembre).

ss. — *Baie moins grosse qu'un œuf.*

a. — *Baie rouge.*

7. *Musquée :* tige à rameaux *diffus* , dentés sur les angles, à *poils raides, appliqués :* feuilles ovales, à 4 angles, 2 aigus et 2 obtus, sinuées, pointues, presque glabres : fleurs blanches, en ombelle : baie d'un vermillon clair. — ☉. Orléans ; Moulins ; Tresques. Mut. t. 40. f. 502. **M. fardée ,** *miniatum*. Willd. (juin-octobre), — Lobes du calice *pointus*.

8. Tige simple dans le bas, à rameaux *dressés*, presque cylindriques, *à poils étalés :* feuilles *un peu en cœur*, à 4 angles, 2 aigus et 2 obtus, sinuées, *obtuses*, poilues : fleurs blanches, en ombelle : lobes du calice *arrondis* : baie écarlate. — ☉. Mut. t. 40. f. 503. **M. écarlate,** *coccineum*. (juin-octobre).

b. — *Baie jaune verdâtre.*

9. Tige couchée, anguleuse et les rameaux tuberculeux sur les angles : feuilles ovales , sinuées , supérieures presque entières : fleurs blanches, en ombelle , baie jaune verdâtre. = ☉. Sables de la Loire , à Orléans ; Nevers. Mut. t. 39. f. 500. **M. humble,** *humile*. Willd. (juin-octobre).

c. — *Baie jaune.*

10. Poils *raides, appliqués :* tige et rameaux anguleux, dentés : feuilles ovales oblongues , anguleuses-sinuées : fleurs blanches, en ombelle : baie d'un jaune citron. — ☉. Angers. Mut. t. 39. f. 501. **M. jaune,** *flavum*. Kitaib. (juin-septembre).

11. Poils *blancs jaunâtres :* Tige dressée , pyramidale , rameaux *cylindriques :* feuilles ovales , anguleuses, dentées, à poils *étalés :* fleurs blanches, en ombelle : baie *jaune-oran-gée.* — ☉. Champs cultivés ; Tresques. Hayne, 2. t. 41. **M. velue,** *villosum*. Lin. (juin-octobre).

d. — *Baie noire.*

x. — *Tige et rameaux cylindriques ou très-peu anguleux, jamais dentés.*

12. Glabre : rameaux *comprimés*, cylindri-ques : feuilles ovales, aiguës, sinuées ou sinuées anguleuses. — ☉. Mut. t. 39. f. 296. **M. noire,** *nigrum* Lin. (juin-septembre). —

Fleurs blanches : ombelle des fruits *pendante*.
13. Tige et rameaux *cylindriques*, *un peu anguleux* : feuilles ovales pointues, *entières* : fleurs blanches : fruits *gros*, luisants, ponctués de blanc avant la maturité, en ombelle *redressée.* —⊙. Les champs. Mut. t. 59. f. 299. **M. de Dillen**, *Dillenii*. (juin-septembre).
vv. — *Tiges et rameaux anguleux dentés.*
14. Tige et rameaux *très-dentés*, *presque épineux :* feuilles ovales pointues, sinuées, ve-

lues : fleurs blanches. — ⊙. Les champs; les décombres. Mut. t. 59. f. 297. **M. à tige ailée**, *pterocaulon*. (juin-septembre).
15. Tige et rameaux *peu anguleux*, *presque pas dentés :* feuilles ovales, sinuées dentées : fleurs blanches, pendantes : baies petites. — ⊙. Champs cultivés. Mut. t. 59. f. 298. **M. des lieux cultivés**, *oleraceum*. Reich. (juin-septembre).

154. PIMENT, *Capsicum*. Lin. — Calice à 5 divisions : corolle en roue, à 5 divisions chiffonnées : anthères droites, conniventes, s'ouvrant par une fente longitudinale : baie grande, dilatée, coriace, à 2-3 loges polyspermes.

1. Tige anguleuse, rameuse : feuilles ovales lancéolées, pétiolées : fleurs solitaires : fruit pendant, écarlate à la maturité. — ⊙. Originaire de l'Amérique méridionale ; cultivé. Hayne. 10. t. 24. **P. annuel**, *annuum*. Lin. (juillet-septembre.) = *Variétés* à fruit. — 1° Globuleux. — 2° Ventru à la base, anguleux au sommet. — 3° Très-allongé, pointu, un peu courbé. — 4° ovale conique.

155. COQUERET, *Physalis*. Lin. — Calice à 5 lobes, très-dilaté à la maturité, renfermant la baie globuleuse, à 2 loges : corolle en roue, à 5 lobes étalés : anthères oblongues, conniventes, s'ouvrant dans le sens de la longueur.

1. Tige souvent rameuse dès la base : feuilles géminées, ovales pointues, entières ou sinuées, pubescentes : pédoncules axillaires, solitaires, uniflores : fleurs d'un blanc verdâtre : baie d'un beau rouge vermillon. — ♃. Les vignes; Tresques; Bagnols. Black. herb. t. 161. **C. alkekenge**, *alkekengi*. Lin. (juin-juillet).

156. TOMATE, *Lycopersicum*. Tourn. — Calice persistant à 5-6 divisions : corolle à 5-6 lobes : 5-6 anthères réunies au sommet par une membrane, s'ouvrant en long : graines velues : baie grosse, très-aqueuse.

1. Velue-visqueuse : tige rameuse, diffuse : feuilles inégalement ailées, à lobes incisés, glauques en dessous : fleurs jaunes, en grappes bifides : baie d'un jaune aurore à la maturité, le plus souvent bosselée, déprimée. — ⊙. Originaire d'Amboine ; cultivée. Dun. sol. t. 5. f. 3. **T. pomme d'amour**, *esculentum*. Mill. (juillet-septembre).

157. PERVENCHE, *Vinca*. Lin. — Calice persistant, à 5 divisions : corolle en soucoupe, à tube long, muni d'appendices saillants à l'entrée ; limbe à 5 divisions planes, obtuses obliques au sommet : anthères rapprochées, cachées dans le tube : stigmate en tête, annulé à la base,

couronné de poils : capsule en follicules allongés : graines nues. —
Feuilles persistantes, luisantes.

1. Tige grêle, *dure*, couchée, *radicante* : rameaux fleuris un peu redressés : feuilles à court pétiole, glabres, presque *coriaces*, lancéolées ou ovales elliptiques, *rétrécies des 2 bouts, plus courtes* que les *pédoncules* : fleurs bleues, blanches, violettes, axillaires, solitaires : divisions du calice plus courtes que le tube. — ♃. Lieux frais, ombragés; Valbonne. Black. herb. t. 59. E^p. **à petite fleur**, *minor*. Lin. (avril-mai).

2. Tige couchée, *non radicante; rameaux fleuris redressés : feuilles grandes, molles ciliées*, ovales pointues, *en cœur ou arrondies à la base, plus longues* que les *pédoncules* un peu glanduleux : fleurs *grandes*, bleues ou blanches, axillaires, solitaires : calice à divisions *ciliées égalant* le tube. — ♃. Les haies ; les murs; Valbonne. Garid. Aix. t. 81. E^p. **à grande fleur**, *major*. Lin. (mars-avril).

158. LAURIER-ROSE, *Nerium*. Lin.

— Calice à 5 divisions : corolle en entonnoir, à 5 lobes obtus appendiculés à la base dans l'intérieur à l'entrée du tube : anthères surmontées d'un filet coloré : stigmate tronqué, entouré à la base d'un anneau : fruit en follicule allongé : graines couronnées de poils.

1. Arbrisseau à rameaux presque toujours par trois : feuilles ternées, chargées en dessous de veines parallèles, transversales, lancéolées : fleurs roses ou blanches : appendices trifides, pointus. — ♄. Les ruisseaux, en Provence ; environs d'Hyères. Black. herb. t. 351. **L. commun**, *oleander*. Lin. (mai-août).

159. MÉLINET, *Cerinthe*. Lin.

— Calice à 5 divisions inégales : corolle campanulée-cylindrique, un peu renflée, à 5 dents ou divisions : gorge nue : anthères en flèche, un peu saillantes : 2 graines osseuses.

I. = Corolle tronquée, à 5 dents courtes, réfléchies.

1. Tige dressée, rameuse : feuilles très-rudes, ciliées, chargées en dessus de petits tubercules, dont plusieurs terminés par un poil raide : fleurs grandes, jaunes, portant depuis le milieu jusqu'à la base 5 bandes d'un brun rouge : calice cilié, de moitié plus court que la corolle : étamines à *filets plus longs* que les anthères. — ☉. Les terrains cultivés du Midi; Aigues-Mortes; Sommières. Mut. t. 37. f. 288. **M. rude**, *aspera*. Roth. (juin-juillet).=Var. à corolle plus grande, anthères *égales* ou *plus longues* que les filets *dilatés à la base*. Major. Desf.

II. = Corolle à 5 lobes : filets des étamines presque nuls.

a. — *Une tache large jaune purpurine au-dessus du milieu de la fleur.*

1. Glauque : tige dressée, simple ou un peu rameuse : feuilles oblongues, sessiles, auriculées, glabres, lisses, *ciliées rudes sur les bords* (plante d'Aigues-Mortes), portant dans la vieillesse, sur la face supérieure, de petits tubercules blancs : fleurs jaunes : calice glabre, cilié rude sur les bords, moitié plus court que la corolle à 5 lobes aigus, réfléchis. — ♃. Sables d'Aigues-Mortes, près la Pinède. Reich.

Cent. 5. f. 658. **M. glabre**, *glabra*. Mill. (juin-juillet).=Var. d'une glauque bleuâtre, simple.

b. — *5 taches purpurines, confluentes vers les anthères.*

3. Tige dressée : feuilles rudes et ciliées sur les bords, sans taches : fleurs jaunes, petites, tachées de pourpre : corolle à 5 lobes linéaires subulés, descendant jusqu'au milieu du tube : calice cilié rude, dép ssant le milieu de la corolle. — ♂. Prairies inférieures des Alpes.

Mut. t. 37. f. 287. **M. à fleurs tachées**, *maculata*. Lin. (juin-juillet).

c. — *Fleurs sans taches ou portant un point pourpre vers le sinus de la corolle.*

4. Tige dressée, peu rameuse : feuilles allongées, sessiles, glabres, souvent tachées de blanc, rudes-ciliées sur les bords : corolle à 5 divisions aiguës, profondes : calice cilié rude, à divisions pointues, dépassant le milieu de la corolle. — ②. Le Champsaur; montagnes de Seyne. Mut. t. 37. f. 286. **M. à petites fleurs**, *minor*. Lin. (juin-juillet).

160. VIPÉRINE, *Echium*. Lin. — Calice à 5 divisions : corolle à tube court, à limbe dilaté, campanulé, à 5 lobes inégaux, obliquement tronqués au sommet : gorge nue : étamines ascendantes : stigmates bifides : 2 graines tuberculeuses.

n. — *Toutes les étamines saillantes.*

1. Tige simple ou rameuse, tuberculeuse, hérissée : *rameaux recourbés* : feuilles sessiles, lancéolées, hispides : fleurs bleues ou roses, ou blanches, sessiles, unilatérales, en long épi terminal, composé de petits épis latéraux, recourbés. — ②. Terrains stériles. Fl. dan. t. 445. **V. commune**, *vulgare*. Lin. (mai-juillet). = Var. à feuilles oblongues lancéolées, hérissées : étamines plus courtes que la corolle : fleurs disposées en 6-10 grappes, courtes, rapprochées, dressées ouvertes, les inférieures plus courtes. — Tresques. *Wierzbickii*. Reich.

2. Hérissée de poils blancs, étalés, à rameaux nombreux, *non recourbés*, en pyramide : feuilles linéaires lancéolées, les inférieures nervées : fleurs couleur de chair, ou blanches : étamines glabres, plus longues que la corolle *peu irrégulière*. — ②. Terrains secs, pierreux du Midi ; Avignon. Engl. Bot. t. 2081.

V. d'Italie, *Italicum*. Lin. (mai-juillet). = Var. à poils jaunes sur les bractées et le calice, pâles sur les rameaux peu décroissant, blancs sur la tige. *Luteum*. Lap.

nn. — 2 *étamines saillantes.*

3. *Poils mous, étalés ou un peu dressés*, presque pas tuberculeux à la base : tige couchée à la base, puis dressée : feuilles à poils soyeux, appliqués, les inférieures ovales, grandes, pétiolées, à nervures nombreuses, caulinaires lancéolées sessiles, les plus hautes embrassantes, très-larges à la base : fleurs rouges, puis violettes ou blanches, en grappes lâches, non réunies en épi : calice égal aux bractées, deux fois plus court que la corolle à poils écartés sur les nervures et le bord. — ⊙. St-Gilles, dans les prairies de Francvau. Fl. græc. t. 179. **V. à feuilles de Plantain**, *plantagineum*. Lin. (juin-juillet). = Var. Poils tous étalés, feuilles inférieures oblongues lancéolées. *Lanceolatum*. Mut.

nnn. — *Etamines plus courtes que la corolle.*

a. — *Corolle toute velue de poils courts, appliqués.*

4. Des poils rudes, étalés, d'autres mous, couchés : tige simple ou paniculée au sommet : poils des feuilles tous couchés, inégaux, les feuilles inférieures ovales oblongues, rétrécies en pétiole, les supérieures lancéolées, quelquefois aiguës : corolle 2-3 fois plus longue que le calice : style velu, non saillant : fleurs grandes, rouges, puis bleues ou blanches, en grappes serrées en épi. — ⊙. Bords des chemins du Midi. Desf. atl. t. 46. **V. à grandes fleurs**, *grandiflorum*. (juin-juillet).

b. — *Corolles glabres ou non toutes velues.*

5. Tiges simples ou rameuses à la base, hé- rissées de poils uniformes, *étalés* : feuilles parsemées de points calleux, hérissées, *oblongues*, sessiles, les supérieures un peu élargies à la base, les florales en forme de bractées dépassant le calice, accru, dilaté à la maturité : fleurs rougeâtres, puis bleues, presque pas plus longues que le calice *à divisions larges, lancéolées*, en grappe simple. — ⊙. Marseille, à Endoumé. Till. pis. t. 25. f. 5. **V. de Crète**, *Creticum*. Lin. (juin-juillet).

6. Tiges nombreuses, peu hérissées de poils courts, *un peu étalés* : feuilles *ovales, rétrécies aux deux bouts* : bractées embrassantes et brusquement larges à la base, pointues : fleurs rouges, puis bleues, écartées, en épis grêles : calice à divisions *lancéolées linéaires*,

dépassant le tube de la corolle ciliée : étamines velues au sommet. — ⚇. Prairies de France-vau ; Beaucaire. **V. du Midi**, *Australe*. Lam. (juin-juillet).

161. NONNÉE , *Nonnea*. Medik.

— Calice vésiculeux après la floraison, à 5 divisions égales : corolle à tube droit, obstrué à la gorge par les anthères et par des touffes de poils ; limbe à 5 divisions égales : graines ridées, sillonnées à la base.

1. Fleurs *violettes*, petites, axillaires, en épi unilatéral, feuillé : tige couchée, hérissée de poils rudes : feuilles oblongues-lancéolées, entières : fleurs d'un violet foncé, dépassant à peine le calice. — ⚇. Montpellier. Moris. s. 11. t. 26. f. 11. **N. en vessie**, *vesicaria*. Reich. (mai-juin).

2. Fleurs *blanches*, en épi unilatéral, feuillé : feuilles linéaires, hérissées de poils et la tige redressée : corolle dépassant le calice. — ⚇. Les moissons; Avignon; Aramon. Fl. fr. 5. p. 626. in add. **N. blanche**, *alba*. DC. (mai-juin).

3. Fleurs *jaunes*, de la longueur du calice, en longs épis bien garnis : tige couchée, rameuse, diffuse, hérissée de longs poils raides et d'autres poils courts, glanduleux au sommet : feuilles oblongues, bractées en cœur : calice divisé au-delà du milieu. — ⚇. Roussillon ; Corse. **N. jaune**, *lutea*. DC. (juin-juillet).

4. Fleurs *d'un brun pourpre* : tige dressée, hérissée : feuilles lancéolées, cotonneuses : bractées plus longues que le calice. — ♃. Roussillon, à Cazas de Pena. Jacq. aust. t. 188. **N. brune**, *pulla*. DC. (mai-juin).

162. PULMONAIRE , *Pulmonaria*. Lin.

— Calice campanulé , à 5 angles et à 5 dents : corolle en entonnoir, à gorge barbue , à 5 divisions : stigmate obtus, échancré : graines lisses, tronquées à la base.

I. = Feuilles en cœur à la base.

1. Poils raides entremêlés de poils courts, glanduleux : tige dressée, un peu rameuse au sommet : feuilles radicales pétiolées, ovales aiguës , en cœur, les caulinaires sessiles, un peu embrassantes, décurrentes : fleurs roses ou bleues, en bouquets terminaux. — ♃. Les bois. Mnt. t. 57. f. 292. **P. officinale**, *officinalis*. Lin. (mars-mai). — Feuilles avec ou sans taches.

II. = Pas de feuilles en cœur.

n. — *Poils de la tige glanduleux visqueux.*

2. Racine à fibres épaisses : tige droite, presque simple : feuilles presque jamais tachées, couvertes de poils mous, les radicales ovales lancéolées aiguës, rétrécies en un long pétiole, les caulinaires ovales lancéolées, très-élargies et embrassantes à la base, terminées en pointe oblique. — ♃. Bois des montagnes. Mut. t. 58. f. 294. **P. molle**, *mollis*. Wolff. (avril-mai). — Fleurs rouges, puis violettes.

nn. — *Pas de poils visqueux.*

q. — *Feuilles radicales ovales, subitement rétrécies en pétiole.*

3. Poils raides, aigus, entremêlés de poils courts, articulés, glanduleux : tige dressée : feuilles radicales, ovales, pointues aux deux bouts, à très-long pétiole, les caulinaires inférieures oblongues, rétrécies en pétiole décurrent, les supérieures sessiles, embrassantes, toutes tachées de blanc. — ♃. Les bois ; Montluçon ; Chavenon ; Montaigu , dans l'Allier. Mill. Gartn. lex. 5. p. 702. **P. sucrée**, *saccharata*. Mill. (avril-mai).

qq. — *Feuilles radicales lancéolées ou elliptiques lancéolées.*

a. — *Gorge de la corolle glabre en dessous de l'anneau barbu.*

4. Tous les poils de la tige soyeux : feuilles radicales lancéolées, rétrécies en pétiole , long sur les caulinaires , dressées , un peu décurrentes : fleurs d'un bleu d'azur gai : tube constamment glabre. — ♃. Les bois : Pougues ; Pouilly, dans la Nièvre. Besser. prim. Fl. gallic. 1. p. 150. **E**. **azurée** , *azurea*. Besser. (avril-mai). — Reich. ic. 6. f. 694.

b. — *Gorge de la corolle poilue en dessous de l'anneau barbu.*

5. Racine à fibres charnues : tige dressée : couverte de poils raides entremêlés d'autres

plus courts, un peu glanduleux : feuilles radicales étroites, lancéolées ou elliptiques lancéolées aiguës, rétrécies en long pétiole , les caulinaires embrassantes : fleurs bleues ou roses, en bouquets terminaux. — ♃. Les bois; Valbonne ; Boussargues. **E**. **à feuilles étroites** , *angustifolia*. Lin. (avril-mai).= *Variétés.* = a. — Racine renflée, tuberculeuse : feuilles elliptiques lancéolées aiguës, les supérieures peu élargies à la base. *Tuberosa.* Mut. t. 58. f. 293. = b. — Racine grêle , feuilles ovales-oblongues, les supérieures sessiles , peu embrassantes. Boussargues. *Oblongata.* Mut. t. 58. f. 293.

163. GRÉMIL , *Lithospermum.* Lin. — Calice à 5 divisions : corolle en entonnoir, à 5 divisions ; gorge un peu resserrée par 5 empreintes , ou plissée , souvent velue : anthères cachées dans le tube : stigmate obtus , bifide : graines osseuses , lisses ou rugueuses , tronquées à la base.

I. = Plantes ligneuses.

a. — *Corolle 4 fois plus longue que le calice.*

1. Tige couchée, diffuse : feuilles lancéolées linéaires, poilues, un peu roulées sur les bords : fleurs purpurines, puis bleues : corolle pubescente, velue à la gorge, dépassant les étamines. — ♄. Les landes de Bayonne. Lois. Fl. gall. 1. p. 148. t. 4. **G. couché**, *prostratum*. DC. (mai-juin).

b. — *Corolle une fois plus longue que le calice.*

2. Tige dressée, grisâtre : feuilles *hérissées, linéaires, roulées sur les bords* : fleurs pourpres, puis violettes : corolle *un peu ciliée* à la

loupe en dehors , égalant les étamines. — ♄. Lieux arides du Midi; Valbonne, aux Cabreries; Tresques, à Canéque. Garid. Aix. t. 15. **G. ligneuse** , *fruticosum*. Lin. (mai-juin).

3. Tige droite, diffuse , *blanchâtre sur les rameaux* : feuilles pétiolées, *elliptiques oblongues*, verdâtres un peu poilues en dessus, *soyeuses argentées* en dessous : fleurs bleuâtres, velues en dehors , dépassant les étamines. — ♄. Saint-Aniol , près Prato de Mollo. Lapeyr. Pyr. abbr. suppl. 28. **G. à feuilles d'Olivier**, *oleæfolium*. Lois. (mai-juin).

II. = Plantes herbacées.

n. — *Fleurs jaunes.*

4. Hérissé de poils étalés : tiges dressées : feuilles inférieures linéaires lancéolées, les autres linéaires : fleurs jaunes, petites, serrées , en épis unilatéraux , terminaux , entremêlés de feuilles : graines triangulaires, tuberculeuses sur les angles. — ⊙. Lieux arides du Midi, entre Broussans et St-Gilles ; Marseille, à Mazargue. Col. Ecphr. p. 185. f. 1. **G. de la Pouille**, *Apulum*. Wahl. (mai-juin).

nn. — *Fleurs blanches ou d'un blanc verdâtre.*

5. Poils grisâtres, rudes, courts, appliqués :

tige simple ou rameuse : feuilles sessiles, lancéolées, un peu pointues, *non veinées*, les inférieures oblongues obtuses, rétrécies en pétiole : fleurs blanchâtres , dépassant à peine le calice : graines *rugueuses, grenues.* — ⊙. Les champs. Fl. dan. t. 454. **G. des champs,** *arvense*. Lin. (mai-juin).=Var. à fleurs bleues. Orléans.

6. Poils grisâtres, rudes, courts, appliqués, tuberculeux à la base et dans l'*arvense* : tige droite, cylindrique, rameuse : feuilles sessiles, oblongues lancéolées, *veinées*, un peu pointues : fleurs petites, d'un blanc verdâtre ou

purpurines, dépassant à peine le calice, axillaires : *graines lisses, brillantes.* — ♃. Terrains incultes. Fl. dan. t. 1084. **G. officinal**, *officinale*. Lin. (mai-juin).

nnn. — *Fleurs violettes, ou rouges, ou bleuâtres.*

a. — *Pédoncules renflés en massue au sommet.*

7. Diffère du *L. arvense* par les feuilles oblongues ; par les pédoncules très-courts, fortement renflés en massue au sommet ; fleurs bleuâtres, cachées dans le calice : fruits fortement ridés grenus. — ☉. Bernay, dans les champs cultivés, entre les chemins de Lisieux et de Malouy (Calvados). **G. à pédoncules renflés**, *incrassatum*. Guss.

b. — *Pédoncules non renflés au sommet.*

8. Poils *grisâtres* brillants, courts, *appliqués*, tuberculeux à la base : tiges *dressées*, simples ou un peu rameuses au sommet, les stériles rampantes, allongées : feuilles *lancéolées* pointues, à 1 seule nervure longitudinale :

fleurs grandes, axillaires, *purpurines*, puis *bleu d'azur*, beaucoup plus longues que le calice à lobes linéaires, allongés : corolle poilue à l'extérieur, *lisse* à la gorge : graines *lisses*. — ♃. Les haies. Jacq. aust. t. 14. **G. violet**, *purpureo-cœruleum*. Lin. (mai-juin).

9. Poils *blancs*, ceux de la tige *étalés*, ceux des feuilles *appliqués*, tous tuberculeux : racine d'un pourpre noir : tiges *couchées* : feuilles inférieures oblongues lancéolées, les supérieures *élargies à la base*, ovales lancéolées : fleurs d'un *beau bleu*, petites, en grappes géminées : gorge *plissée* : graines *rudes*. — ♃. Terrains sablonneux du Midi ; Tresques. Wahl. symb. 2. t. 28. **G. des teinturiers**, *tinctorium*. Lin. (mai-juin).

164. ORCANETTE, *Onosma*. Lin. — Calice à 5 divisions : corolle tubuleuse, renflée, à 5 divisions courtes, droites : anthères sagittées, prolongées au sommet, réunies par la base : stigmate simple : graines ovées, luisantes, tronquées à la base. — Gorge de la corolle nue.

1. Hérissée de poils rudes, étalés, tuberculeux à la base, d'un blanc jaunâtre : tige dressée, *rameuse pyramidale* : feuilles oblongues, *un peu en spatule* : fleurs jaunâtres, penchées, en épis contournés en spirale : anthères *lisses*, moitié plus courtes que les filets : calice *moitié plus court* que la corolle. — ☉. Collines arides du Midi. Jacq. Fl. aust. t. 295. **O. vipérine**, *echioides*. Lin. (juin-juillet).

2. Hérissée de poils blancs, étalés, tuberculeux à la base : tige terminée par 2-4 *rameaux*

courts : feuilles *inférieures longues, étroites linéaires*, les supérieures plus larges, moins longues, à poils appliqués : fleurs jaunâtres, longues en massue : anthères plus longues, *rudes au bord*, égales aux filets insérés au milieu de la corolle une fois plus longue que les divisions du calice dressées, chargées de poils dressés sur la nervure et le bord. — ♃. Lieux arides et sablonneux du Midi ; sable d'Aigues-Mortes. W. et Kith. rar. hung. t. 279. **O. des sables**, *arenarium*. W. et K. (mai-juin).

165. HÉLIOTROPE, *Heliotropium*. Lin. — Calice tubuleux à 5 dents ou à 5 lobes : corolle en soucoupe, à 5 divisions alternant avec 5 petites dents : gorge nue : stigmate un peu conique : graines réunies avant la maturité.

n. — *Tige ligneuse.*

1. Feuilles lancéolées ovales : fleurs blanches, nombreuses, en épis nombreux, réunis en corymbe. — ♃. Originaire du Pérou ; les

jardins. Mill. ic. 143. **H. du Pérou**, *Peruvianum*. Lin. (mai-août).

nn; — *Tige herbacée.*

q. — *Calice ouvert à la maturité.*

2. Hérissé de poils étalés : tige flexueuse,

rameuse diffuse ascendante : feuilles ovales, entières, *ridées, ponctuées en dessous* : fleurs *blanches, velues*, le plus souvent odorantes, en épis, les latéraux simples, longs, les terminaux géminés : calice à divisions lancéolées, presque égales au tube de la corolle, *dressées avec le fruit.* — ⊙. Corse. Reich. Cent. 4. f. 558. **H. velu**, *villosum*. Desf.

3. Blanchâtre cotonneux : tige droite, rameuse : feuilles *pétiolées*, ovales, entières, *veinées*, en dessous : fleurs blanches, *jaunâtres à la gorge, glabres* : épis latéraux solitaires, les terminaux géminés : calice *avec le fruit ouvert.* — ⊙. Terrains sablonneux. Mut. t.

37. f. 290. **H. d'Europe**, *Europæum*. Lin. qq. — *Calice appliqué sur le fruit à la maturité.*

4. Tiges rameuses, étalées, couchées : feuilles ovales, ondulées, crénelées, pliées en long, cotonneuses blanchâtres en dessous : fleurs blanches, verdâtres à la gorge, petites : épis géminés : calice très-court : fruit très-velu, oblong, comprimé. — ⊙. Prairies humides du Midi ; Aix ; le Capouladou, près Montpellier. Fl. græc. t. 157. **H. couché**, *supinum*. Lin.

166. BOURRACHE, *Borrago*. Lin.—Calice à 5 divisions profondes : corolle en roue, à 5 divisions étalées : gorge couronnée par 5 écailles obtuses, échancrées : 5 anthères oblongues, conniventes, insérées à la base interne des filets prolongés en écaille colorée : graines ridées recouvertes par le calice.

1. *Très-hérissée :* tige droite, cylindrique, fistuleuse, rameuse : feuilles radicales pétiolées, ovales, caulinaires sessiles oblongues, alternes : fleurs bleues, blanches ou roses : pédoncules *rameux :* fleurs en roue, à divisions étalées, *aiguës.*—⊙. Les champs. Black. herb. t. 56. **B. officinale**, *officinalis.* Lin. (mai-septembre).

2. *Peu hérissée :* tige couchée : feuilles radicales oblongues, atténuées en pétiole, caulinaires sessiles : pédoncule grêle, écarté, *uniflore :* fleurs d'un bleu pâle, en cloche ouverte, à divisions obtuses. — ⊙. Corse. S.-Hil. Fl. pom. fr. t. 168. f. a. **B. à fleurs lâches**, *laxiflora.* Desf. (juin-août).

167. CONSOUDE, *Symphytum*. Lin. — Calice à 5 divisions : corolle cylindrique, campanulée, à 5 lobes courts : gorge fermée par 5 écailles subulées, conniventes, dentées, glanduleuses sur les bords : semences lisses, entourées à la base d'un anneau strié.

a. — *Racine fibreuse en faisceau.*
1. Hispide : tige droite, rameuse : feuilles décurrentes, inférieures ovales lancéolées, rétrécies en pétiole, les supérieures sessiles, lancéolées, pointues : fleurs d'un blanc jaunâtre ou purpurines ; calice appliqué, égal au tube de la corolle : écailles pointues, dépassant les étamines : style droit. — ⧈. Prairies humides. Fl. dan. t. 664. **C. officinale**, *officinale.* Lin. (mai-juin).= Var. Calice ouvert, écailles obtuses : style genouillé sous le stigmate. *Patens.* Sibth.

b. — *Racine tubéreuse.*
2. Racine garnie de fibres : tige grêle, simple ou bifide au sommet : feuilles couvertes de poils mous, inférieures pétiolées, ovales, petites, caulinaires ovales, elliptiques, un peu décurrentes, les plus hautes opposées : fleurs

jaunâtres, à lobes larges, obtus réfléchis au sommet, *fendus jusqu'au quart de la corolle. style saillant :* étamines incluses. — ⧈. Bois et prés humides ; Seyssins, près Grenoble ; Tresques, dans le parc. Engl. Bot. t. 1502. **C. tubéreuse**, *tuberosum.* Lin. (mai-juin).

c. — *Racine parsemée de tubercules arrondis.*
3. Tige un peu rameuse : feuilles inférieures pétiolées, ovales aiguës, supérieures opposées, sessiles, à poils naissant sur des tubercules blancs, enfoncés, formant en dessous des points saillants, noirâtres : fleurs jaunâtres, *divisées jusqu'au milieu en 5 lobes ovales, un peu aigus, dressés :* écailles *saillantes.* — ⧈. Corse ; midi de la France. Reich. Cent. 5. f. 56 7. **C. filipendule**, *macrolepis.* Gay. (mai-juin).

168. RAPPETTE, *Asperugo*. Lin. — Calice à 5 divisions inégales, dans chaque sinus 2 dents plus courtes, renflé et appliqué sur le fruit : corolle en entonnoir, à tube court, fermé à la gorge par 5 écailles convexes conniventes, à 5 lobes courts, obtus : semences recouvertes par le calice représentant 2 sépales opposés, sinués dentés.

1. Tige hispide, couchée, rameuse dichotome : feuilles hérissées, très-rudes, oblongues atténuées à la base, les inférieures alternes, les supérieures sessiles, opposées : fleurs bleues ou blanches, 2-4 à l'aisselle des feuilles, dirigées du côté opposé à la direction des feuilles : pédicelles avec le fruit arqués, réfléchis. — ⊙. Lieux cultivés ; murs ; bois de Boulogne ; Malesherbes. Fl. dan. t. 552. **B. couchée**, *procumbens*. Lin. (mai-juin).

169. BUGLOSSE, *Anchusa*. Lin. — Calice à 5 divisions : corolle en soucoupe ou en entonnoir, à tube prismatique à la base, droit ou courbé, à 5 divisions entières, un peu inégales : gorge fermée par 5 écailles ovales, conniventes : semences entourées à la base d'un rebord plissé.

I. = Tube de la corolle droit.

n. — *Ecailles de la gorge saillantes, hérissées de longues barbes en pinceau.*

1. Hérissée de poils raides, tuberculeux à la base, *étalés sur les rameaux et la panicule :* tige rameuse : feuilles lancéolées ou oblongues, ondulées, les inférieures atténuées en pétiole, les supérieures sessiles : bractées linéaires lancéolées : fleurs rouge pourpre, puis bleues, pédonculées ; pédoncules inférieurs égaux au calice : épis géminés, allongés, unilatéraux : *calice à divisions linéaires profondes, subulées, égales ou presque égales au tube de la corolle.* — ②. Terrains secs, pierreux ; Charenton ; Haguenau ; Besançon. **B. paniculée**, *paniculata*. Ait. Fl. græc. t. 165. (mai-septembre). = *Variétés.* — b. — Style et tube de la corolle égalant le calice. *Azurea.* Mill. = c. — Style et tube de la corolle plus courts que le calice : feuilles courtes, larges. *Italica.* Retz.

2. Hérissée de poils tuberculeux, *couchés sur les rameaux et la panicule :* tige rameuse paniculée : feuilles sessiles oblongues lancéolées, dentées ou sinuées, bractées ovales lancéolées : fleurs d'un bleu d'azur, sessiles, un peu pédonculées dans le bas de l'épi unilatéral, allongé : *calice divisé jusqu'au milieu en lobes obtus,* renflé à la maturité, *moitié plus court que le tube de la corolle.* — ♃. Le Midi. Fl. græc. t. 164. **B. à feuilles étroites**, *angustifolia*. Lin. (juin-août).

nn. — *Ecailles de la corolle un peu saillantes, pubescentes.*

a. — *2 bractées au sommet des pédoncules.*

3. Tiges dressées, simples, hérissées : feuilles à peine rudes, *ovales lancéolées, aiguës* aux deux bouts, les radicales assez grandes, pétiolées, les caulinaires à très-court pétiole ou sessiles dans le haut : fleurs bleues, en tête au sommet de longs pédoncules : bractées ovales lancéolées : *calice à divisions ovales lancéolées, dépassant le tube de la corolle.* — ♃. Environs d'Embrun ; Dax ; St-Malo. Sabb. hort. rom. 2. t. 25. **B. toujours verte**, *sempervirens*. Lin. (mai-juin).

b. — *Bractées à la base du pédoncule.*

4. Poils mous, divergents : tige forte : feuilles planes, entières, lancéolées : bractées ovales : fleurs d'un bleu foncé ou rouges, ou blanches ou panachées, *en épi serré :* corolle à tube guère plus long que le *calice à divisions lancéolées aiguës, roulées en boule après la floraison :* anthères oblongues : écailles *ovales.* — ♃. Bords des champs. Black. herb. t. 112. **B. officinale**, *officinalis*. Lin. (mai-juillet).

5. Poils mous, divergents : tige grêle , rameuse : feuilles étroites, lancéolées, dentées, ondulées : bractées ovales lancéolées : fleurs bleues, en *épi lâche* : corolle à divisions *ovales* : calice à *divisions aiguës, dressées après* la floraison : *anthères linéaires* : écailles oblongues. — ♀. Bords des champs, dans le Midi; Haguenau. Reich. Cent. 3. f. 740. **B. des campagnes** , *arvalis*. Reich. (mai-juillet). = Var. de l'*Officinalis*.

nnn. — *Ecailles très-saillantes, pubescentes; fruit penché.*

6. Poils raides, piquants : feuilles linéaires, oblongues, ondulées, un peu sinuées : bractées lancéolées linéaires, plus longues que le pédoncule, quelquefois égales au pédoncule : fleurs violettes, en grappes terminales, paniculées, laineuses et le calice à lobes plus courts que le tube de la corolle ou égaux : étamines incluses. — ♃. Bords des champs ; Montpellier. Fl. port. t. 22. **B. ondulée** , *ondulata*. Lin. (juin-août).

nnnn. — *Ecailles courtes sous les étamines.*

7. Poils blanchâtres , rudes : tige ascendante : feuilles linéaires oblongues, presque obtuses : bractées un peu en cœur à la base , ovales lancéolées : fleurs d'un rouge foncé : calice divisé jusqu'au milieu en dents aiguës plus courtes que le tube de la corolle : étamines non saillantes : rameaux de la panicule et calice laineux, blanchâtres. — ♀. Perpignan ; Collioure. Fl. græc. t. 166. **B. des teinturiers** , *tinctoria*. Lin. (juin-juillet).

II. = Tube de la corolle courbé.

8. Poils raides : tige droite, rameuse : feuilles lancéolées, un peu ondulées, dentées, inférieures atténuées en pétiole, les supérieures sessiles, un peu embrassantes : fleurs bleues ou blanches, ou roses, petites : calice à divisions lancéolées, plus courtes que le tube de la corolle, se renflant beaucoup après la floraison : bractées vertes, plus longues que le calice. — ☉. Les champs. Engl. Bot. t. 958. **B. ou Lycopside des champs** , *arvensis*. Lin. (mai-octobre).

170. MYOSOTE, *Myosotis*. Lin. — Calice à 5 divisions ou à 5 dents à peu près égales : corolle en soucoupe ou en roue, à 5 lobes, alternant avec 5 plis : gorge fermée par 5 écailles obtuses presque glabres : étamines non saillantes : fruit lisse ou rude , à 5 angles ou arrondi.

I. = Fruit à 3 angles, rude.

a. — *Fruit lisse sur les faces.*

1. Tige de 1 pouce, simple, soyeuse, en gazon serré : feuilles oblongues lancéolées étalées, velues : fleurs grandes, d'un beau bleu , 3-4 en grappe feuillée : fruit portant sur les angles une rangée d'aiguillons — ♃. Rochers les plus froids des Alpes ; Villard-d'Arène, sous les glaciers; Lautaret. Vill. t. 15. **M. nain** , *nana*. Vill. (juillet-août).

b. — *Fruit rude sur les faces.*

2. Tige droite, rameuse au sommet , rude ou chargée de poils mous : feuilles lancéolées, entières velues : fleurs bleues ou blanches : calice à lobes linéaires ou lancéolés, égalant ou dépassant le tube de la corolle : fruits dressés, portant sur les bords 2 rangées de tubercules ou d'aiguillons. — ♀. Les champs ; les bords des rivières. Fl. dan. t. 692. **M. bardane** , *lappula*. Lin. (juin-août).

II. = Fruit arrondi, lisse.

§ 1. = FLEURS JAUNES.

5. Tige dressée, hérissée, rameuse dès la base : feuilles hérissées, inférieures pétiolées, en spatule, caulinaires un peu embrassantes, lancéolées aiguës, alternes, quelques-unes opposées : fleurs en grappes nues, serrées, les plus basses écartées : pédoncules un peu dressés, plus courts que le calice hérissé de poils crochus au sommet, les inférieurs ouverts,

ascendants, les supérieurs dressés : style très-court. — ⊙. St-Bonnet-le-Froid, près Lyon ; Rocroy, dans les Ardennes. Cava. ic. 1. t. 69. f. 1. **M. jaune**, *lutea*. Pers. — Voir aussi le *M. versicolor*.

§ 2. = FLEURS BLEUES OU BLANCHES.

n. — *Tous les poils du calice droits, dressés, non en hameçon.*

4. Tige de 1-2 pouces, rameuse, diffuse, feuillée et fleurie dans toute sa longueur, hérissée et toute la plante de poils étalés : fleurs blanches, en grappes feuillées : calice renflé au milieu, plus long que le pédoncule, tous deux garnis de poils dressés, non en hameçon. — ⊙. Fréjus ; Corse, à Ajaccio. Lois. t. 25. **M. Buet**, *pusilla*. Lois. (mai-juin).

nn. — *Tous les poils du calice appliqués, non crochus.*

a. — *Jamais des poils étalés sur aucune partie de la plante.*

5. Racine fibreuse : tige variant de 2 à 15 pouces, gazonnante, hérissée de poils courts, appliqués et toute la plante, quelquefois demi-dressés : feuilles oblongues lancéolées, à 3 nervures, à cils raides, écartés, caducs : fleurs bleues, petites, en grappes feuillées à la base, puis recourbées, très-longues : pédoncules plus longs que le calice ouvert, fendu jusqu'au milieu ou au tiers en lobes lancéolés obtus : corolle à divisions arrondies. — ♃. Pont-à-Mousson ; Route de Nevers à Fourchambault. Engl. Bot. t. 2661. **M. à feuilles étroites**, *linguata*. Lehman. (juin-septembre). = Var. à lobes de la corolle échancrés.

b. — *Poils étalés sur la tige.*

6. Racine oblique, rampante : tige variant de hauteur, ascendante, tombante, anguleuse, à poils étalés et sur les feuilles, appliqués sur les rameaux et le calice, *jamais crochus :* feuilles lancéolées oblongues, peu poilues : fleurs bleues, jaunes au centre, quelquefois blanches, en grappes contournées, nues, lâches, droites à la maturité : pédoncules à la fin beaucoup plus longs que le calice ouvert, à 5 dents : style moins long que le calice. — ♃. Fossés, les rivières, dans la Veire, au milieu des montagnes de Gaujac. Engl. Bot. t. 1975. **M. des marais**, *palustris*. Withering. (mai-septembre). = *Variété*. — Racine tronquée, à fibres nombreuses : tige anguleuse dans le bas : feuilles rapprochées, supérieures oblongues lancéolées : fleurs rapprochées : calice en fruit à 5 dents triangulaires lancéolées : pédicelles courts. Fossés desséchés. *Strigulosa*. Reich.

nnn. — *Poils de la base du calice étalés ou réfléchis, crochus.*

q. — *Racine vivace.*

a. — *Poils de la base du calice réfléchis recourbés.*

7. Poils de la tige et des feuilles étalés, appliqués sur les rameaux : racine fibreuse : tige dressée rameuse : feuilles radicales en spatule, souvent à très-long pétiole, caulinaires sessiles, oblongues : pédoncules un peu dressés ou recourbés, égaux au calice ou plus longs : fleurs bleues ou blanches, en grappes allongées, lâches à la maturité : calice campanulé, à divisions linéaires, aiguës, inégales à la maturité, couvert de poils presque tous étalés, dans le bas réfléchis, recourbés : corolle à limbe plane, à divisions arrondies. ⊙. ♃. Terrains frais, ombragés, Sermoise et Sauvigny dans la Nièvre, Grenoble, Agen. Engl. Bot. New. ser. t. 2630 **M. des forêts**, *sylvatica*. Ehrh. (mai-juin).

b. — *Poils de la base du calice étalés ascendants.*

8. Vert gai : tige anguleuse à poils étalés : poils appliqués sur les feuilles et les rameaux : feuilles radicales et inférieures en spatule, à long pétiole, caulinaires sessiles, oblongues : pédoncules fleuris et fructifères beaucoup plus longs que le calice : fleurs bleues, jaunes à la gorge, grandes, à divisions arrondies, presque toujours entières : calice à divisions profondes, linéaires aiguës, à poils soyeux argentés, les supérieurs dressés, les inférieurs étalés ascendants, un peu crochus. — ♃. Les montagnes, Mont-Ventoux, Espérou. Engl. Bot. t. 2559. **M. des Alpes**, *Alpestris*. Schmidt. (juin-août). = *Variétés*. = b. — Pétioles de 1-2 pouces : feuilles un peu poilues, presque glabres, au moins en dessous. *Longepetiolata*. =

c. — Base de la tige et feuilles très-velues : calice blanchâtre. *Pyrenaica*. Vaill. = d. — Calice régulier à la maturité , à soies raides , les inférieures ascendantes courbées. *Suave olens*. Kit.

qq. — Racine annuelle , ou bisannuelle.

s. — Poils de la base du calice étalés , un peu crochus.

9. Tige de 4-6 pouces, divisée dès la base en rameaux effilés, raides, le plus souvent simples, hérissés : feuilles oblongues, velues : fleurs petites, bleues, à gorge jaune doré, *presque sessiles et le calice avec le fruit*, en grappe raide, feuillée à la base , occupant presque toute la tige à la maturité : calice avec le fruit dressé, cylindrique, à lobes connivents, fermés, hérissé dans le bas de poils étalés, un peu crochus. — ☉. Sables de la Loire , Nevers , Montpellier. Reich. in Sturm. fasc. 42. t. 14. 15. **M. raide**, *stricta*. Link. (avril-mai-septembre).

ss. — Poils de la base du calice courbés réfléchis , crochus.

a. — Style très-court.

10. Poils étalés sur la tige et les feuilles, appliqués sur les rameaux, au moins dans la partie supérieure : tige divisée dès la base en rameaux grêles, allongés, peu feuillés : feuilles molles, oblongues, obtuses : *pédoncules plus courts que le calice :* fleurs très-petites, bleues, à gorge d'un jaune pâle, *à tube plus court que le calice*, hérissé dans la partie inférieure de poils courbés, réfléchis, crochus au sommet, à lobes linéaires, ouverts : *grappe de fleurs feuillée à la base, tenant les trois quarts de la tige*, calices fructifères, très-écartés. — ☉. Terrains sablonneux , Vincennes , Falaise , Tresques. Bull. méd. t. 555. **M. hispide,** *hispida*. Schlecht. (avril-mai-août).

11. Tige variant beaucoup de hauteur, anguleuse, rameuse, à poils étalés, et appliqués sur les rameaux : feuilles d'un vert sombre, lancéolées ou oblongues , les radicales atténuées en pétiole, oblongues ou obovales : pédoncules avec le fruit écartés, *les inférieurs 2 fois plus longs que le calice :* fleurs bleues, à gorge jaune, à limbe concave, à tube ne dépassant pas le calice hérissé de poils courbés réfléchis, crochus au sommet, à lobes linéaires, fermés à la maturité : style très-court : grappes *nues, allongées à la maturité.* — ☉. ②. Bords des chemins, Falaise, Vincennes, Tresques. Bull. Méd. t. 555. f. B. **M. intermédiaire** , *intermedia*. Link. (avril-mai-octobre).

b. — Style très-long.

12. Tige grêle , raide : feuilles sessiles , à longs cils, les radicales plus petites, en rosette, les caulinaires linéaires lancéolées, aiguës, *les 2 plus hautes presque opposées :* pédoncules un peu dressés, *plus courts que le calice :* fleurs jaunes, plus foncées à la gorge, ensuite bleues et pourpres à la gorge, en grappes lâches, nues : *calice fermé à la maturité, 2 fois plus court que le tube de la corolle*, hérissé de poils courbés réfléchis, crochus au sommet : anthères atteignant la base des écailles. — ☉. Champs et bois humides, Vincennes, Montpellier, Toulouse. Reich. in Sturm. fasc. 42. t. 12. **M. changeant** , *versicolor*. Roth. (mai-août).

171. OMPHALODE , *Omphalodes*. Tourn. — Calice à 5 divisions : corolle courte, en roue , à 5 divisions : gorge fermée par 5 écailles convexes, conniventes : stigmate échancré : fruit déprimé, lisse, fixé latéralement au style , en forme de corbeille, à bord membraneux, denté ou cilié.

a. — Feuilles radicales en cœur.

1. Racine rampante : tiges nombreuses , grêles, rameuses : feuilles un peu pubescentes, aiguës, radicales pétiolées, en cœur, ovales, supérieures ovales lancéolées : fleurs d'un bleu vif, rayées de blanc, en grappes géminées, peu garnies. — ♃. Bords des bois près Besançon. Bull. med. t. 509. **Om. du printemps,** *verna*. Mœnch. (avril).

b. — Pas de feuilles en cœur.

2. Glauque : tige de 8-15 pouces : feuilles inférieures, en spatule, obtuses, à long pétiole,

caulinaires linéaires lancéolées, glabres, dentées, rudes sur les bords : fleurs blanches ou bleuâtres, *en grappes* lâches, *nues*, très-allongées après la floraison. — ⊙. Pied du Mont-Ventoux, Carpentras. Barr. icon. 1254. **Om. à feuilles de Lin**, *Linifolia*. Lin. (mars-juillet). — *Fruit crénelé sur le bord.*

5. Feuilles radicales en spatule, les caulinaires *oblongues*, sessiles, les florales *ovales lancéolées* : fleurs blanches, *en grappes feuillées*. — ⊙. Sables maritimes de [Bretagne, Noirmoutiers. **Om. des rivages**, *littoralis*. Mut. (mai-juin).

172. CYNOGLOSSE, *Cynoglossum*. Lin. — Calice à 5 divisions : corolle en entonnoir, à 5 lobes : gorge fermée par 5 écailles convexes, conniventes, saillantes : stigmate échancré : fruit déprimé, attaché par le côté au style persistant, hérissé de petits aiguillons à pointe crochue. Fruit penché.

n. — *Fleurs veinées.*

1. Tige droite, rameuse ouverte : feuilles velues blanchâtres dans la jeunesse, un peu rudes en vieillissant, inférieures oblongues, atténuées en pétiole, supérieures en cœur, embrassantes, oblongues lancéolées : fleurs bleues, marquées de stries rougeâtres, à gorge rouge, dépassant peu le calice, en grappes terminales : étamines plus courtes que la corolle. — ⊙. Lieux arides, Auxerre, Orléans, Avignon, Agen. Bot. magn. t. 2431. **C. rayée**, *pictum*. Ait. (mai-juin). — Voir aussi la variété du *C. montanum*.

nn. — *Fleurs non veinées.*

q. — *Feuilles presque glabres, vertes.*

2. Tige un peu hérissée, droite, à rameaux ascendants : feuilles minces, luisantes, parsemées en dessous de quelques poils épars, les inférieures elliptiques, atténuées en pétiole, celles du milieu un peu en spatule, les supérieures oblongues, embrassantes : fleurs violettes, dépassant peu le calice, en grappes terminales : pédoncule fructifère plus court que le calice : épines du fruit très-rapprochées.—⊙. Bois humides, forêt de Vincennes, le Capouladoux près Montpellier. Engl. Bot. 1642. **C. de montagne**, *montanum*. Lam. (juin-juillet). = *Variété*. = Hérissée blanchâtre : tige très-grêle, garnie de feuilles petites, velues des deux côtés, lancéolées, rétrécies des deux bouts : calice à divisions ovales lancéolées, très-obtus. *Dioscoredis*. Vill. — Grenoble, Briançon. Lorey. Fl. Côte-d'Or. p. 623. f. 4.

qq. — *Feuilles cotonneuses blanchâtres.*

a. — *Étamines saillantes.*

3. Mollement cotonneuse : tige assez élevée, très-garnie de feuilles oblongues : fleurs bleues ou purpurines. — ②. Montpellier au mont Saint-Loup. Colomn. Ecphron. 1. p. 178. t. 170. **C. des Apennins**. *Apenninum*. Lin.

b. — *Étamines non saillantes.*

s. — *Corolle 2 fois aussi longue que le calice.*

4. Duvet blanc, doux : tige anguleuse, rameuse : feuilles lancéolées, obtuses, les radicales en spatule, longuement pétiolées : fleurs rosées, tachées de rouge, plus foncées à la gorge, quelquefois blanches. — ⊙. Montélimart, Avignon, Tresques. Reich. Cent. 8. f. 1050. **C. à feuilles de Giroflée**, *cheirifolium*. Lin (mai-juin).

ss. — *Corolle non 2 fois aussi longue que le calice.*

5. Tige rameuse, velue : feuilles couvertes d'un *duvet court*, *grisâtre*, molles, radicales elliptiques, atténuées en pétiole et les inférieures, supérieures lancéolées, embrassantes : fleurs d'un rouge sale, quelquefois blanches : calice à divisions lancéolées, obtuses. — ②. Bords des chemins. Engl. Bot. t. 921. **C. officinale**, *officinale*. Lin. (mai-juillet).

173. CHÈVREFEUILLE , *Lonicera.* Lin. — Calice urcéolé, à 5 dents : corolle tubuleuse, irrégulière, à 4-5 divisions inégales, ou à 2 lèvres, la supérieure à 4 lobes, l'inférieure entière : 5 étamines : 1 style filiforme, à stigmate en tête : baie à 2-4 loges polyspermes. Arbrisseaux à feuilles simples.

I. = Plus de 2 fleurs réunies : baies solitaires.

n. — *Pas de feuilles connées.*

1. Tige sarmenteuse, volubile : rameaux rougeâtres, un peu pubescents au sommet : feuilles glabres ou un peu pubescentes, ovales oblongues : fleurs d'un blanc jaunâtre, rou-geâtre en dehors, odorantes, en capitules terminaux, pédonculés : baies couronnées par le calice. — ♄. Les bois, les haies. Fl. dan. t. 908. **Ch. des bois**, *periclymenum.* Lin. (mai-juillet).

nn. — *Des feuilles connées.*

q.—*Feuilles persistantes.*

2. Feuilles glabres, glauques en dessous, d'un vert foncé en dessus, oblongues lancéolées, pointues, entières, tronquées ou un peu en cœur à la base, les supérieures réunies par la base, les 2 dernières aussi larges que lon-gues, pointues : fleurs d'un blanc jaunâtre, rougeâtres en dehors, sessiles, 4-6 en tête terminale. — ♄. Bois, rochers, Avignon, Marseille, Prades. Bot. magn. t. 640. **Ch. des Baléares**, *Balearica.* DC. (mai-juin).

qq. — *Feuilles caduques.*

a. — *Capitules des fleurs pédonculés.*

3. Tige droite, ferme, à rameaux presque peu volubiles : feuilles pubescentes en dessous, sur les bords et les nervures, ovales élargies au sommet, très-obtuses, pétiolées dans le bas, soudées dans le haut, pointues : fleurs jaunâtres, rougeâtres en dehors, en 3 têtes pédonculées, celle du milieu plus fournie. — ♄. Les haies, les bois, Avignon, Nîmes, Tresques à Boussargues. Santi. viagg. 1 p. 113. t. 1. **Ch. d'Étrurie**, *Etrusca.* Savi. (mai-juin).

b. — *Capitules des fleurs sessiles.*

4. Rameaux sarmenteux, grimpants : feuil-les glabres, *ovales*, entières, supérieures connées : fleurs blanches en dedans, rougeâtres en dehors, odorantes, glanduleuses : capitule terminal, sessile au centre de la dernière paire de feuilles. — ♄. Le Midi, dans les haies, les bois. Dect. sc. nat. t. 103. **Ch. des jardins**, *caprifolium.* Lin. (avril-juin).

5. Jeunes rameaux *poilus au sommet :* feuilles glabres, ovales, *élargies au sommet*, les inférieures pétiolées, les supérieures larges, soudées à la base : fleurs pâles, *poilues en dehors*. — ♄. Environs de Strasbourg. Hayne, 2. t. 57. **Ch. pâle**, *pallida.* Rost. (mai-juin).

II. = Pédoncules à 2 fleurs.

n. — *Baies distinctes.*

a. — *Feuilles élargies au sommet.*

6. Tige rameuse, à écorce grisâtre : feuilles pétiolées, glabres, glauques en dedans, oblon-gues, un peu élargies vers le sommet : fleurs blanches, presque régulières, portant une bosse à la base de la corolle : anthères jaunâtres : baies rouges. — ♄. Pyrénées, à Prato de Mollo, Gavarni. Duham. 2e édit. 1. t. 15. **Ch. des Pyrénées**, *Pyrenaica.* Lin. (juin-juillet).

b.— *Feuilles non élargies au sommet.*

7. Tige non grimpante, droite, rameuse : feuilles pubescentes et les jeunes rameaux, pétiolées, ovales aiguës, entières : fleurs ve-lues, d'un blanc rosé : pédoncules à 2 fleurs munis de 2 bractées au sommet : baies d'un beau rouge, soudées à la base, divergentes au sommet. — ♄. Bois des montagnes, le Vigan, Nevers. Engl. Bot. t. 916. **Ch. des haies**, *xylosteum.* Lin. (mai-juin).

8. Tige non grimpante, à rameaux droits, feuillés, pliants : *feuilles un peu pubescentes en dessous, très-glabres en dessus, très-min-*

ces, entières, elliptiques, à très-court pétiole : fleurs pubescentes, d'un rose gai, munies chacune d'une bractée sétacée : *baies noires*. —

♄. Bois des montagnes, environs de Grenoble, Mont-Louis, pic du Gard. Jacq. Aust. t. 514. **Ch. à baies noires**, *nigra*. Lin. (mai-juin).

nn. — *Baies réunies.*

9. Arbrisseaux à bois cassant, à rameaux épais, feuillés : feuilles opposées, pétiolées, ovales lancéolées, acuminées, plus larges au milieu qu'à la base, un peu velues sur les bords : *pédoncule très-long* : fleurs géminées, labiées, jaunâtres en dedans, purpurines en dehors : baie *rouge*, à 2 lobes. — ♄. Montagnes couvertes, Concoules, Montpellier. Jacq. Aust. t. 274. **Ch. des Alpes**, *Alpigena*. Lin. (avril-juin).

10. Arbrisseaux rameux, à écorce rougeâtre : feuilles opposées, ovales, obtuses, entières, enfin glabres, à court pétiole : *pédoncule très-court* : fleurs d'un blanc jaunâtre, géminées sur un seul ovaire, *presque régulières* : les 2 baies *réunies entièrement en une seule bleue*. — ♄. Bois des montagnes élevées, Taillefer près Grenoble, Briançon, Barèges, Alsace. Fl. ross. t. 57. **Ch. à baies bleues**, *cærulea*. Lin. (mai-juin).

174. SAMOLE, *Samolus*. Lin. — Calice demi-adhérent à l'ovaire : corolle en soucoupe, à 5 divisions ouvertes : 5 écailles placées à la base des échancrures de la corolle, alternant avec les étamines 5 insérées au bas du tube : ovaire demi-infère : capsule à 5 valves s'ouvrant au sommet.

1. Racine fibreuse : tige cylindrique, droite, un peu rameuse au sommet : feuilles entières, les radicales pétiolées, spatulées, les caulinaires sessiles, alternes, obovales, obtuses :

fleurs blanches, en grappes droites, lâches · pédicelles portant une courbure munie d'une bractée. — ♃. Lieux humides, partout. Engl. Bot. t. 703. **S. de Valérand**, *Valerandi*. Lin. (mai-juin).

175. WAHLENBERGIE, *Wahlenbergia*. Schrad. — Corolle en cloche, à 5 lobes : 5 étamines peu élargies à la base : stigmate à 5 lobes : capsule demi-adhérente, à 3 loges, s'ouvrant par 3 valves dans toute la partie non adhérente au calice.

1. Tiges couchées diffuses, rameuses, très-grêles, filiformes : feuilles glabres ou poilues en dessus, en cœur, arrondies, à 5-7 lobes ou angles, pétiolées : fleurs petites, bleuâtres, axillaires, solitaires, à long pédoncule : calice

à divisions linéaires, plus courtes que le tube de la corolle. — ♃. Lieux humides, ombragés, Saint-Léger près Paris, les Landes, Bagnères. Fl. dan. t. 530. **Wahl. à feuilles de Lierre**, *Hederacea*. (juin-juillet).

176. PRISMATOCARPE, *Prismatocarpus*. L'Hérit. — Calice à 5 divisions allongées : corolle en roue, à limbe plane, divisé en 5 lobes : 5 étamines non dilatées, insérées sur des glandes à la base de la corolle : capsule linéaire allongée, prismatique, à 2-3 loges s'ouvrant au sommet.

a. — *Corolle égalant le calice.*

1. Tiges droites, à rameaux divergents, anguleux, pubescents ou presque glabres : feuil-

les oblongues ou obovales, crénelées, un peu ondulées : fleurs violettes ou blanches, en panicule terminale : divisions du calice linéaires, de la longueur de l'ovaire et de la corolle. — ⊙. Les champs. Bot. magn. t. 102. **P. miroir de Vénus,** *Speculum.* L'Hérit. (mai-juin).

b. — *Calice beaucoup plus long que la corolle.*

2. Tige droite simple ou rameuse dès la base, glabre ou un peu hispide : feuilles oblongues ou obovales crénelées : fleurs rougeâtres ou blanches, sessiles, axillaires ou en corymbe terminal : calice à *divisions lancéolées , dressées ,* dépassant la corolle et n'atteignant que

le milieu de l'ovaire. — ⊙. Les moissons , Nimes, Bourges, Moulins, Montrouge. Engl. Bot. t. 375. **P. hybride,** *hybridus.* L'Hérit. (mai-juin). — *Capsule rétrécie aux deux bouts.*

5. Tige simple ou rameuse dès la base : feuilles oblongues, crénelées : fleurs bleues, beaucoup dépassées par les divisions du calice très-longues, lancéolées pointues, *un peu en faux, divergentes au sommet :* capsule *un peu rétrécie au sommet.* — ⊙. Les moissons du Midi, îles d'Hières. Ten. nap. t. 20. **P. en faux,** *falcata.* Ten. (mai).

177. RAIPONCE , *Phyteuma.* Lin. — Calice à 5 divisions : corolle à tube court, à 5 divisions linéaires, allongées , très-profondes : 5 étamines à filets dilatés : 2-3 stigmates : capsule à 2-3 loges s'ouvrant par un trou latéral. — Fleurs en épis ou ramassées en capitule muni de bractées.

I. ═ Fleurs réunies en capitule.

n. — *Tige fistuleuse.*

1. Tige sillonnée : feuilles crénelées, oblongues, obtuses, inférieures et radicales pétiolées, les autres embrassantes : bractées lancéolées, recourbées : fleurs d'un bleu pâle, en capitule ovale, moitié plus long que large. —

𝄆. En Dauphiné, à La Mure, Die. Vill. t. 11. *(Elliptica.)* **R. fistuleuse,** *fistulosum.* Reich. (juin-juillet). ═ Var. Capitule sessile, entouré à la base de 7-9 feuilles glauques et les autres : chaque fleur accompagnée d'une bractée. Près Grenoble.

nn. — *Tige non fistuleuse.*

q. — *Bractées plus longues que le capitule.*

Tige de 2-3 pouces : feuilles radicales ovales en cœur, à long pétiole, caulinaires linéaires ou lancéolées, les supérieures sessiles : *bractées* linéaires, *chargées de poils mous et le calice* à divisions allongées : fleurs bleues ou blanches, en capitule arrondi. — 𝄆. Rochers des montagnes , Mont-Ventoux. Vill. t. 11. **R. de Charmel,** *Charmelii.* Vill. (juin-août).

3. Tige droite : feuilles radicales pétiolées, nervées, oblongues entières ou dentelées et alors lancéolées linéaires, dans le haut de la tige sessiles linéaires : bractées linéaires,beaucoup plus longues que les fleurs, *glabres et le calice à divisions étalées en étoile :* fleurs d'un bleu foncé ou blanches. — 𝄆. Les Alpes. Mut. t. 53. f. 273. **R. de Scheuchzer,** *Scheuchzeri.* All. (juillet-août).

qq. — *Bractées plus courtes que le pédoncule.*

s. — *Feuilles entières.*

4. Tige simple : feuilles linéaires, pointues, longues , nombreuses, rarement dentées : bractées *ovales pointues, dentées ,* ciliées à la base, une fois plus courtes que le capitule : fleurs bleues ou blanches. — 𝄆. Montagnes élevées, Saint-Nizier, La Pra en Dauphiné, les Cévennes. Mut. t. 53. f. 271. **R. hémisphérique,** *hemisphereum.* Lin. (juillet-août).

5. Racine grosse, émettant une touffe de feuilles lancéolées en spatule, aiguës : tige portant 1-5 feuilles *un peu ciliées,* lancéolées, supérieure plus large : *bractées* en cœur, *ovales aiguës, ciliées dans toute leur longueur :* fleurs bleues ou blanches, en capitule peu fourni. — 𝄆. Sommets des Alpes, Pyrénées, environs de Guillestre , Canigou, Pic du Midi.

Mut. t. 33. f. 269. **R. à petites têtes**, *pauci-flora*. Lin. (juillet-août). == Var. à plante toute

ciliée, à feuilles dentées au sommet. *Globula-riæfolium*. Mut. t. 35. f. 270.

ss. — *Feuilles dentées.*

g. — *Des feuilles en cœur à la base.*

6. Tige droite : feuilles en cœur à la base, à *dents* de scie grosses, *aiguës, toutes ovales pointues et les bractées* dentées : fleurs bleues, grandes, en capitule globuleux de 8-10 fleurs. — ♃. Sommets des Alpes, montagnes des environs d'Embrun. Vill. t. **11. R. en cœur**, *cordatum*. Vill. (juillet-août).

7. Tige simple, grêle : feuilles *crénelées*, inférieures, *ovales ou ovales lancéolées*, en cœur, ou *rétrécies à la base*, les caulinaires étroites, pointues, presque sessiles : bractées *ovales lancéolées* : fleurs nombreuses, bleues ou blanches, en capitule arrondi.— ♃. Les montagnes, sommet du Ventoux. Engl. Bot. t. 142. **R. orbiculaire**, *orbiculare*. Lin. (juin-août). == *Variétés.* == b. — 6 grandes bractées placées en dessous du capitule. *Comosum.* Vill. == c. — Feuilles linéaires lancéolées, pubescentes sur les bords et les nervures, pétiolées, les caulinaires petites, sessiles. *Lancifolium.* Gaud. == d. — Feuilles allongées ellipti-

ques, pétiolées, les plus hautes très-petites, sessiles : bractées ciliées. *Lanceolatum.* Vill.

gg. — *Pas de feuilles en cœur.*

8. Feuilles raides, linéaires lancéolées ou linéaires, longues, le plus souvent dentelées : bractées *lancéolées* pointues, *ciliées à la base* de poils un peu réfléchis, dentelées, dépassant quelquefois le capitule : fleurs d'un bleu foncé : calice à divisions linéaires lancéolées. — ♃. Taillefer, montagnes de Briançon. Mut. t. 33. f. 272. **R. humble**, *humile*. Gaud. (août-septembre).

9. Tige presque toujours plus courte que les feuilles linéaires lancéolées, à dents écartées, obtuses, peu profondes, les radicales nombreuses : *bractées glabres, en cœur, ovales pointues*, dentées en scie : fleurs bleues, en capitule dense, ovale arrondi : calice à divisions très-longues, linéaires. — ♃. Montagnes de Corse, Calvi. **R. dentée en scie**, *serratum*. Vivian. (juin-juillet).

EE. == Fleurs en épi cylindrique au moins à la maturité.

n. == *Bractées très-courtes.*

a. — *Des feuilles en cœur à la base.*

10. Tige simple, nue dans le haut : feuilles rudes, inférieures à pétiole hérissé, oblongues en cœur, crénelées, supérieures lancéolées linéaires, rares : bractées fort courtes : fleurs bleuâtres ou blanches, en épi serré. — Les montagnes élevées, Rhodez, l'Espérou. Vill. t. 12. f. 5. **R. à feuilles de Bétoine**, *Betonicæfolium.* Vill. (juin-août).

b. — *Pas de feuilles en cœur.*

11. Tige simple, raide, couchée : feuilles *glabres et toute la plante*, inférieures longues, *oblongues lancéolées, rétrécies en long pétiole*,

supérieures rares, sessiles, linéaires, toutes presque très-entières : bractées extrêmement petites : fleurs bleues ou blanches, en épi un peu lâche, quelquefois arrondi. — Montagnes du Dauphiné, Provence, Lautaret, l'Argentière. Vill. t. 12. f. 2. **R. à feuilles de Scorzonère**, *Scorzoneræfolium.* Vill. (juin-août).

12. Tige droite, simple : feuilles sessiles, linéaires, étroites, un peu dentées, ciliées : bractées très-petites, *ciliées* : fleurs bleues, en épi arrondi, puis allongé. — ♃. Les Alpes, Lautaret. Mut. t. 26. f. 274. **R. de Micheli**, *Micheli.* All. (juillet-août).

nn. — *Bractées de 4 lignes et plus.*

a. — *Pas de feuilles en cœur.*

13. Tige nue au sommet : feuilles inférieures, elliptiques, crénelées, dentées, rétrécies en pétiole ailé : supérieures lancéolées linéaires : bractées de 4-6 lignes de long : fleurs bleues ou blanches. — ♃. La Lozère. **R. à feuilles de Pêcher**, *Persicæfolium.* Hoppe. (juin-août). — Var. du *Betonicæfolium*.

b. — *Des feuilles en cœur.*

14. Racine *charnue, filiforme* : tige simple, droite : feuilles inférieures, en cœur, ovales, *brusquement rétrécies-acuminées*, à dents aiguës, inégales, pétiolées, supérieures lancéolées linéaires sessiles : *bractées linéaires* : fleurs bleues ou blanches, ou mêlées de blanc jaunâtre et bleuâtre, quelquefois noirâtres. —

𝒜. Prairies des montagnes, l'Espérou, Mont-Ventoux. Fl. dan. t. 562. **R. en épi**, *spicatum*. Lin. (juillet-août). = Var. à feuilles caulinaires ovales lancéolées, poilues.

15. Tige dressée, ferme : feuilles inférieures glabres, à long pétiole, larges, en cœur, obtuses, *à doubles dents profondes*, supérieures lancéolées : *bractées lancéolées, très-longues* : fleurs d'un violet très-foncé, ou blanches, en épi ovale, puis allongé : *style très-velu*. — 𝒜. Alpes du Dauphiné, Lautaret, à Prat-Brunet. **R. de Haller**, *Halleri*. All. (juillet-août).

178. CAMPANULE, *Campanula*. Lin. — Calice turbiné, adhérent à l'ovaire, à 5 divisions : corolle campanulée ou rotacée, à 5 divisions : 5 étamines à filets dilatés à la base, fermant le fond de la corolle : stigmate à 3-5 lobes : capsule à 3-5 loges s'ouvrant à la base par des trous latéraux, ou par des valves incomplètes.

I. = Intervalles des lobes du calice réfléchis sur la capsule.

n. — *Tige rameuse.*

1. Rude hérissée : tige droite : feuilles ovales lancéolées, crénelées, les inférieures rétrécies en pétiole, les supérieures sessiles : fleurs bleues ou blanches, grandes, pédonculées : stigmate à 4-5 lobes : oreillettes du calice fort grandes, garnies de cils raides : capsule à 5 loges. — ☉. Terrains arides du Midi, Valbonne, Lyon, Jaumes Saint-Hilaire. Fl. fr. t. 72. **C. carillon**, *medium*. Lin. (mai-juin). — Voir aussi la variété du *C. barbata.*

nn. — *Tige simple.*

q. — *Tige à 1 fleur.*

2. Racine longue, rampante : tige hérissée et toute la plante : feuilles ondulées, radicales, un peu larges, obtuses : caulinaires linéaires lancéolées : fleur bleue ou blanche, grande, droite ou un peu penchée. — 𝒜. Les hautes montagnes, dans les débris des rochers, Mont-Ventoux, Mont-Aurose près Gap. Vill. t. 10. **C. d'Allioni**, *Allionii*. Vill. (juillet-août).

qq. — *Tige à plusieurs fleurs.*

a. — *Feuilles ovales lancéolées.*

3. Velue : tige feuillée : feuilles ovales oblongues ou lancéolées, entières, un peu rudes au toucher : les radicales nombreuses, étalées : fleurs bleues ou blanches, barbues en dedans, pendantes : oreillettes du calice grandes. — 𝒜. Prairies des montagnes, Grande-Chartreuse, Pont-à-Mousson. Bot. magn. t. 1258. **C. barbue**, *barbata*. Lin. (juillet-août).

b. — *Feuilles linéaires ou lancéolées.*

4. Hérissée : feuilles radicales en rosette, longues, presque très-entières, lancéolées linéaires, les caulinaires très-nombreuses : pédoncules uniflores, portant *deux feuilles linéaires opposées dans leur milieu*, les inférieurs très-longs, tous droits : fleurs grandes, bleues ou blanches : oreillettes ovales triangulaires. — Lieux pierreux des montagnes, Mende, Montpellier au Capouladoux, les Pyrénées. Lapeyr. Pyr. 1. t. 6. **C. brillante**, *speciosa*. Pourr. (juillet-août).

5. Racine *presque ligneuse*, rampante : tige hérissée et toute la plante : feuilles longues, *droites*, linéaires lancéolées, presque très-entières, nombreuses : fleurs bleues, *assez petites*, en *long épi* garni de larges bractées dépassant le calice. — 𝒜. Les montagnes, le Queyras, Lautaret, montagne de Seyne. All. ped. n. 414. t. 46. f. 2. et t. 47. f. 1. **C. en épi**, *spicata*. Lin. (juillet-août).

II. = Intervalles des lobes du calice dressés.

n. — *Lobes du calice étroits linéaires en alène.*

q. — *Corolle resserrée en godet.*

6. Racine épaisse : tiges gazonnantes, rameuses, en pyramide au sommet : feuilles radicales pétiolées, ovales aiguës, quelquefois échancrées en cœur, caulinaires lancéo-

lées, dentées en scie, très-serrées sur la tige, diminuant de longueur et de largeur, enfin linéaires : fleurs bleues, nombreuses, penchées, à pédoncules filiformes rameux. — ♃.

s. — *Feuilles caulinaires linéaires, très-entières.*

7. Tiges nombreuses, *grêles, filiformes*, couchées à la base, ascendantes : feuilles radicales, pétiolées, orbiculaires ou ovales en cœur, crénelées, les premières de la tige lancéolées linéaires, dentées, atténuées en pétiole, toutes les autres linéaires entières : fleurs bleues ou blanches : calice glabre. — ♃. Bords des chemins, des champs. Il. dan. t. 805. **C. à feuilles radicales rondes**, *rotundifolia*. Lin. (mai-septembre).

8. Glabre : tige *d'assez de consistance*, droite : feuilles radicales *arrondies* ou *en cœur arrondi*, caulinaires linéaires lancéolées ou linéaires, sessiles : fleurs grandes, d'un bleu foncé. — ♃. Hautes montagnes, Grande-Chartreuse, Rhodez. Vill. t. 10. **C. à feuilles de Lin**, *Linifolia*. Lam. (juillet-août).= *Variété.* = b. — Plus ou moins pubescente : feuilles un peu arquées. *C. Scheuchzeri.* Vill.

ss. — *Feuilles caulinaires lancéolées.*

9. Tige *uniflore*, simple, dressée, striée, un peu poilue : feuilles *radicales arrondies*, à court pétiole, caulinaires sessiles, lancéolées, *aiguës aux 2 bouts, étalées ou réfléchies* : corolle bleue, un peu plus longue que le calice glabre, à divisions étalées.— ♃. Les Pyrénées. **C. des Pyrénées**, *Pyrenaica.* Alph. DC.

10. Racine *charnue, en fuseau* : tiges dressées, simples, hérissées dans le bas, *glabres dans le haut* : feuilles radicales *ovales lancéolées*, atténuées en pétiole, pubescentes, les caulinaires sessiles, lancéolées dans le bas, linéaires dans le haut, *presque toutes dressées* : fleurs bleues ou blanches, 5 *sur chaque pédoncule, à pédicelles inégaux, les plus hautes solitaires.* — ☉. Champs, coteaux, bois taillis. Fl. dan. t. 855. **C. raiponce**, *rapun-*

Montagnes du Dauphiné. Scop. carn. t. 4. **C. gazonnante**, *cœspitosa.* Scop. (juin-juillet). == *Variétés.* == Tige à 1 fleur. *Bellardi.* All. == Feuilles radicales, en cœur, arrondies, dentées. *Cordata.*

qq. — *Corolle en cloche très-ouverte.*

culus. Lin. (mai-septembre). == Voir la variété c. du *C. rhomboidalis.*

sss. — *Feuilles caulinaires inférieures oblongues ou ovales.*

11. Tige *uniflore*, pubescente à la base, glabre au sommet : feuilles inférieures ovales ou arrondies, crénelées, les suivantes *oblongues elliptiques entières*, les plus hautes lancéolées linéaires, entières : fleurs d'un bleu foncé, grandes : lobes du calice dépassant le milieu de la corolle. — ♃. Taillefer, Pyrénées-Orientales. Lois. t. 24. **C. de Rhodes**, *Rhodii.* Lois. (juillet-août).

12. Tiges grêles, gazonnantes, velues à la base, *multiflores* : feuilles radicales à long pétiole, arrondies ou ovales, *en cœur* ou atténuées en pétiole, anguleuses ou dentées en scie, les caulinaires *oblongues*, supérieures *linéaires*, entières, rares : fleurs bleues, en grappe unilatérale. — ♃. Montagnes ombragées, Grande-Chartreuse, Mont-Aurose. Bot. magn. t. 512. **C. fluette**, *pusilla.* Hœnk. (juin-juillet).

ssss. — *Feuilles caulinaires rhomboidales.*

13. Tiges droites, simples : feuilles un peu poilues et la tige, ovales lancéolées ou rhomboidales, les supérieures plus étroites, toutes dentées en scie : pédoncules droits, uniflores : fleurs bleues ou blanches, presque toutes tournées du même côté : calice à lobes étalés, plus courts que la corolle. — ♃. Montagnes couvertes; Pech-David, près Toulouse. Bocc. mus. sic. t. 61. **C. rhomboïdale**, *rhomboïdalis.*Lin. (juillet-août). = *Variétés.* = b. — Tige uniflore : feuilles rudes, petites, arrondies en cœur. *Pulla.* Vill. ==c. — Tige rameuse : feuilles lancéolées, dentées : fleurs pendantes. *Lanceolata.* Lap.

nn. — *Lobes du calice ovales ou lancéolés.*

q. — *Fleurs toutes sessiles, le plus souvent réunies.*

s. — *Feuilles de la tige lancéolées, ou lancéolées linéaires.*

a.— *Fleurs en épi serré.*

14. Hérissée de poils blancs : tige simple : feuilles nombreuses, éparses, lancéolées li-

néaires, obtuses : fleurs d'un blanc sale, velues, nombreuses, en épi serré, feuillé dans le bas. — ♃. Montagnes de Provence : Dauphiné; le Lautaret. Jacq. obs. t. 21. **C. en thyrse**, *thyrsoides*. Lin. (juin-juillet). — Divisions du calice ovales lancéolées.

b. — *Fleurs en capitules.*

15. Hérissée de poils raides blancs : tige simple, à poils étalés dans le haut, réfléchis dans le bas : feuilles rudes, radicales et inférieures lancéolées, *atténuées en pétiole ailé jusqu'à la base*, les caulinaires supérieures sessiles, lancéolées étroites : fleurs petites , d'un bleu pâle, un peu poilues en dehors, en capitule terminal, et d'autres latéraux, entourés de bractées : divisions du calice courtes , ovales obtuses. — ☉. Clairières des bois ; Forêt de Sénart ; Gap. Gmel. Sib. III. 157. t. 31. **C. cervicaire**, *cervicaria*. Lin. (juin-août). — *Pétiole plus court que le limbe.. —* Var. hé-

rissée de poils courts : toutes les feuilles lancéolées, les unes aiguës, les autres obtuses, les inférieures atténuées en *pétiole plus long que le limbe :* fleurs assez grandes. Grande-Chartreuse. *Cervicarioides*. Rœm et Schult. — Voir aussi la *C. bononiensis*.

16. Tige anguleuse, dure, flexueuse, le plus souvent simple ou garnie dès la base de rameaux qui lui donnent la forme d'une pyramide : feuilles lancéolées ou oblongues, crénelées, *blanchâtres cotonneuses en dessous*, inférieures atténuées en pétiole : fleurs bleuâtres, en capitules terminaux et axillaires : *style très-saillant.* — ♃. Les escales d'Aiglun , près Entrevaux (Var). Poll. élem. Pot. 2. t. 5. **C. des pierres**, *petræa*. Lin. (juillet-septembre).

ss. — *Feuilles de la tige oblongues.*

17. Tige hérissée de poils raides, réfléchis : feuilles oblongues, à pétiole ailé, supérieures embrassantes, en cœur. fleurs lilas, en tête terminale, d'autres axillaires, quelques-unes

pédonculées. — ♃. Bois des montagnes ; Beauregard, près Grenoble. Reich. Cent. 6. f. 760. **C. agrégée**, *aggregata*. (juin-juillet). Willd. —Voir aussi la *C. petræa.*

sss. — *Feuilles ovales lancéolées.*

18. Tige *anguleuse*, ferme, simple, hérissée de poils courts, *réfléchis :* feuilles crénelées, rudes par des poils courts, radicales et inférieures ovales oblongues ou lancéolées, en cœur ou tronquées à la base, à pétiole long, nu, les supérieures sessiles, ovales aiguës : fleurs d'un bleu foncé ou violet, médiocres , en têtes terminales ou axillaires. — ♃. Terrains secs ; les bois. D. dan. t. 1238. **C. agglomérée**, *agglomerata*. Lin. (juin-juillet). =Var. à tiges de 1-2 pouces , uniflores , à feuilles blanchâtres en dessous.=b. — Tige de 2 pieds, flexueuse ; feuilles veinées en ré-

seau en dessous : bractées très-larges ovales lancéolées, blanchâtres à la base, blanches veinées en réseau. *Elliptica*. Kit. —Fleurs en capitules très-nombreux, terminaux et axillaires. Tresques , au mas de Boule.

19. Tige droite, cylindrique, simple : feuilles en cœur ovales lancéolées, crénelées, *blanchâtres cotonneuses en dessous*, radicales et inférieures *à long pétiole*, les supérieures sessiles embrassantes : fleurs bleues, petites, à calice glabre, un peu dentelé sur les divisions lancéolées. — ♃. Gap. Reich. Cent. 2. f. 222. **C. de Boulogne**, *Bononiensis*. Lin. (juillet-août).

qq. — *Fleurs pédonculées.*

s. — *Fleurs en grappe unilatérale.*

20. Tige droite, cylindrique, simple, quelquefois rameuse , hérissée de poils courts : feuilles radicales et inférieures ovales lancéolées, en cœur, pétiolées, caulinaires supérieures lancéolées ou linéaires, presque sessiles , toutes *rudes*, dentées en scie : fleurs bleues, pendantes : calice à lobes lancéolés, enfin réfléchis sur la *capsule oblongue : divisions de la corolle étalées. —* ♃. Champs pierreux, secs ; Orléans ; Versailles. Engl. t. 1569. **C. fausse Raiponce**, *Rapunculoides*. Lin. (juin-août).

21. Tige de 1-3 pieds, ferme , cylindrique , hérissée de poils courts : feuilles très-grandes, *hérissées*, dentées, radicales et inférieures pétiolées, en cœur, les caulinaires ovales lancéolées, les supérieures lancéolées, presque sessiles : fleurs bleues, pendantes , en grappe lâche, presque unilatérale : corolle allongée , à *lobes rapprochés :* calice hérissé , à lobes lancéolés, divergents sur la *capsule globuleuse.* = ♃. Les champs, au Lautaret ; Villard-d'Arène. Reich. Cent. 6. f. 701. **C. contractée** , *contracta*. Vill. Corr. (juin-août).

ss. — *Fleurs non en grappe unilatérale.*

h. — *Lobes du calice dentés à la base.*

22. Tige un peu couchée à la base, dressée, terminée par une panicule à rameaux divergents, étalés : feuilles inférieures ovales lancéolées, étalées, supérieures lancéolées-linéaires, glabres, entières : fleurs bleues : calice glabre ou poilu, à lobes lancéolés linéaires, un peu plus courts que la corolle. — ♃. Haies ; bords des champs ; Rhodez ; bois des Landes. Fl. dan. t. 575. **C. étalée**, *patula*. Lin. (juin-juillet).══ *Variétés.* ══ b. — Feuilles radicales en spatule, crénelées, caulinaires lancéolées aiguës. *Bellidifolia.* Lap. ══ c. — Tige rude sur les angles, feuilles larges, lancéolées, dentées en scie. *Latifolia.* DC. — Voir le *C. latifolia.*

hh. — *Lobes du calice entiers.*

m. — *Tige uniflore.*

23. Racine rampante, traçante, émettant plusieurs tiges simples, feuillées, terminées par une seule fleur, assez grande, divisée jusqu'au milieu en 5 lobes ouverts, pointus : feuilles ovales obtuses, rétrécies à la base, entières, ciliées, les radicales en rosette : sommet des tiges et calice hérissés, à 5 divisions larges à la base, lancéolées. — ♃. Rochers des Hautes-Alpes ; le Galibier, près la Croix. Reich. Cent. 1. f. 179. **C. du Mont-Cenis**, *Cenisia.* Lin. (juillet-août).

mm. — *Tiges à plusieurs fleurs.*

k. — *Tige plusieurs fois bifurquée.*

24. Hérissée : tige rameuse dichotôme, diffuse : feuilles inférieures obovales, les autres oblongues, les plus hautes opposées, toutes fortement dentées : fleurs solitaires, d'un bleu pâle, terminales et dans la dichotomie des rameaux : calice à divisions étalées, s'accroissant à la maturité.— ⊙. Terrains pierreux ; les murs du Midi ; Tresques. Fl. græc. t. 214. **C. erine**, *erinus.* Lin. (mai-juin).

kk. — *Tige non bifurquée.*

a. — *Calice glabre.*

g. — *Plantes glabres.*

25. Tige droite ou couchée à la base dressée (plante du Ventoux), *simple*, presque nue au sommet : feuilles *radicales et inférieures ovales oblongues*, *rétrécies en pétiole*, les caulinaires étroites, allongées, sessiles, toutes faiblement dentées : fleurs bleues ou blanches, pédonculées : calice à divisions lancéolées ou linéaires. — Quelquefois la plante est toute hérissée. — ♃. Bois des montagnes ; Mont-Ventoux ; Tueytz. Bull. herb. t. 567. **C. à feuilles de Pêcher**, *persicifolia.* Lin. ══ *Variétés.* ══ b. — Toute glabre, uniflore ; Mont-Ventoux. ══ c. — Glabre : tige très-haute, épaisse, sillonnée : feuilles de la tige très-longues : fleurs grandes. Toulouse, au bois des Landes ; Tueyts (Ardèche). *Maxima.* ══ d. — Tube du calice hérissé, à lobes glabres. *Hispida.* Lej. (juin-août).

26. Tige droite, à rameaux nombreux, serrés contre la tige, les inférieurs plus longs, puis allant toujours en se raccourcissant et donnant à la plante la forme d'une pyramide : feuilles *lisses*, presque luisantes, ovoïdes ou en cœur à la base, les supérieures oblongues ou lancéolées, toutes dentelées : fleurs bleu d'azur, très-nombreuses, *en panicule allongée pyramidale* : pédoncules rameux, axillaires.— ♃. Cultivée dans les jardins ; St-Hilaire. Fl. fr. t. 446. **C. pyramidale**, *pyramidalis.* Lin. (juillet-octobre).

gg. — *Plante un peu poilue.*

27. Tiges *simples*, cylindriques, droites : feuilles inférieures en cœur, à très-long pétiole (plante du Ventoux), supérieures à court pétiole, non en cœur, toutes *ovales lancéolées, pointues*, *deux fois dentées*, *un peu rudes*, *poilues sur les nervures en dessous et sur le pétiole* : fleurs bleues, grandes, à divisions pointues, ciliées, solitaires, pendantes : calice à lobes lancéolés acuminés, quelquefois dentés.— ♃. Bois des montagnes ; Mont-Ventoux ; les Vosges ; Pyrénées. Fl. dan. t. 85. **C. à larges feuilles**, *latifolia.* Lin. (juin-août).

b. — *Calice hérissé ou cilié.*

28. Tige droite, anguleuse, plus ou moins hispide, simple ou rameuse : feuilles *rudes*, *hérissées*, radicales ovales aiguës, ou triangulaires aiguës, plus ou moins en cœur, à pétioles portant quelquefois des lanières herbacées, caulinaires ovales lancéolées, un peu pétiolées ou presque sessiles : fleurs bleues, en grappes feuillées : calice *hérissé*, à lobes ovales lancéolés : pédoncules un peu rameux. — ♃. Les bois. Fl. dan. t. 1026. **C. gantelée**, *trachelium*. Lin. (juillet-août).═*Variété.* ═b. — Feuilles caulinaires allongées : pédon-cules presque uniflores. *Urticæfolia*. Schmi. Bois de Montmorency. — Voir aussi la variété du *C. persicifolia*.

29. Tiges faibles, tombantes, quelquefois un peu rameuses : feuilles *ciliées*, *pétiolées*, *en cœur*, inférieures *arrondies*, à dents grosses, inégales, pointues, les supérieures à court pétiole : pédoncules axillaires, presque à 3 fleurs purpurines : calice à lobes allongés, *garnis de longs cils*.— ♃. Les Alpes, frontières de la France et du Piémont. All. ped. t. 7. f. 2. **C. élatine**, *elatines*. Lin. (mai-juin).

179. BELLADONNE, *Atropa*. Lin. — Calice à 5 lobes étalés : corolle en cloche, un peu rétrécie à la base, à 5 lobes : 5 étamines inégales, poilues à la base : stigmate à 2 sillons : baie globuleuse, insérée sur le calice, à 2 loges.

1. Tige de 2-5 pieds, dressée, forte, rameuse dichotôme, un peu pubescente, glanduleuse au sommet : feuilles grandes, ovales pointues, rétrécies en pétiole : fleurs d'un pourpre noir, livides, grandes, penchées, pédicellées, axillaires : calice à divisions ovales pointues : baies globuleuses, d'un noir luisant, de la grosseur d'une cerise. — ♃. Bois des montagnes; Blois, sur les bords de la Loire; forêt de Marly ; Salbous (Gard). Bull. herb. t. 29. **Bel. vénéneuse**, *Belladonna*. Lin. (juin-octobre).

180. MANDRAGORE, *Mandragora*. Tour. — Calice en toupie, à 5 lobes : corolle en entonnoir, fendue en 5 lobes jusqu'au-delà du milieu : étamines égales, barbues à la base : 2 glandes à la base de l'ovaire : baie charnue, à 1 loge polysperme.

1. Racine épaisse, charnue, simple, ou à 2-3 branches : feuilles grandes, étalées, ovales, entières, obtuses, un peu rétrécies à la base, un peu ondulées : pédoncules radicaux, plus courts que les feuilles, portant un ombelle de fleurs d'un blanc lilas : lobes du calice et de la corolle ovales obtus. — ②. Les jardins. Mill. dict. t. 175. **M. officinale**, *officinalis*. Lin. (août-avril).═ Var. à feuilles lancéolées, aiguës, ciliées, lobes du calice et de la corolle pointus : baie ovale. Bull. herb. t. 146. *Angustifolia*.

181. VIGNE, *Vitis*. Lin. — Calice très-petit à 5 dents : 5 pétales adhérant par le sommet et tombant ensemble : stigmate sessile : baie globuleuse, succulente, à 2-5 graines.

1. Arbrisseau sarmenteux, muni de vrilles rameuses, opposées aux feuilles pétiolées, en cœur, arrondies, à 3-5 lobes sinués, un peu cotonneuses en dessous, alternes : fleurs verdâ-tres, petites, en grappes opposées aux feuilles. — ♄. Cultivée. Black. herb. t. 154. **V. commune**, *vinifera*. Lin. (mai-juin).

182. AMPÉLOPSIDE, *Ampelopsis*. Michaux. — Calice sinué, à 5 dents : 5 pétales étalés : 5 étamines : stigmate en tête : baie à 2 - 4 graines.

1. Arbrisseau grimpant très-haut, s'attachant aux murs par une infinité de petites radicules naissant tout le long des tiges et des rameaux : feuilles digitées, à 5-5 folioles ovales lancéolées, un peu pétiolées, dentées en scie, glabres, d'un vert luisant, puis presque rouges : fleurs verdâtres, en corymbe dichotome. — ♃. Originaire du nord de l'Amérique. Kern. t. 665. **Amp. Lierre**, *hedera*. Lin. (juillet-août).

183. LIERRE, *Hedera*. Lin. — Calice petit, à 5 dents, adhérent à l'ovaire : 5 pétales petits, oblongs : 5 étamines à anthères bifurquées à la base, alternes avec les pétales : baie à 5 loges avant la maturité.

1. Tige ligneuse, grimpante au moyen de radicules très-nombreuses qui s'accrochent aux corps voisins : feuilles luisantes, coriaces, persistantes, en cœur, anguleuses, quelquefois lobées, les florales ovales pointues, entiè-res : fleurs d'un blanc jaunâtre, en ombelles droites, globuleuses, pubescentes. — ♃. Les murs; les arbres; les rochers. Bull. herb. t. 115. **L. grimpant**, *helix*. Lin. (juin-juillet). = Var. rampante dans les bois, ne fleurissant pas.

184. FUSAIN, *Evonimus*. Lin. — Calice plane, à 4-6 divisions : 4-6 pétales : 4-6 étamines insérées sur des glandes saillantes du disque, alternes avec les pétales : capsule à 5-5 angles, à 5-5 loges : graines uniques dans chaque loge, entourées d'un arille charnu, coloré.

1. Arbrisseau droit, à rameaux *anguleux* dans le jeune âge, opposés : feuilles opposées, ovales ou elliptiques, lancéolées aiguës, glabres, dentelées : pédoncules *comprimés*, axillaires, portant 5 fleurs d'un blanc verdâtre à 4 *étamines* : *pétales oblongs* : capsule à 4 *angles obtus* : graine toute couverte par l'arille orrangé. — ♃. Les haies; les bois. Fl. dan. t. 1049. **F. d'Europe**, *Europœus*. Lin. (mai-juin). = Var. à feuilles oblongues lancéolées, terminées en très-longue pointe, finement dentelée. *Angustifolius*. Schulz.

2. Arbrisseau à rameaux *comprimés*, puis cylindriques : feuilles *larges ovales* oblongues, pointues, dentelées : pédoncules filiformes allongés : fleurs roses, à 5 étamines : pétales *ovales aigus* : capsule à 5 angles *ailés* : arille orangé écarlate. — ♃. Bois des montagnes du Midi; Avignon. Sturm. fasc. 27. t. 4. **F. à larges feuilles**, *latifolius*. Scop. (mai-juin).

185. GROSEILLER, *Ribes*. Lin. — Calice à 5 divisions : 5 pétales insérés sur la gorge du calice, alternant avec ses divisions : 5-6 étamines : stigmate à 2-4 lobes : baie globuleuse, à graines oblongues, un peu comprimées.

E. = Arbrisseaux épineux, fleurs axillaires.

1. Aiguillons ternés : feuilles petites, pubescentes, incisées, à 5-5 lobes obtus : pédoncules à 1-2 fleurs verdâtres : pétales obovales, arrondis : calice velu, réfléchi : baies pubescentes dans la jeunesse, puis glabres, rouges verdâtres à la maturité. — ♃. Les bois; les haies. Fl. dan. t. 516. **G. épineux**, *uva crispa*. Lin. (mars-mai). = Var. Feuilles grandes, souvent glabres et luisantes en dessous : bractées à 5 divisions : baies grosses, hérissées ou glabres. *Grossularia*. Lin.

III. — Arbrisseaux non épineux : fleurs en grappes.

n. — *Ovaire adhérent : style bifide.*

2. Feuilles petites, pâles et luisantes en dessous, un peu velues en dessus, à 3-5 lobes dentés, obtus : grappes *dressées*, velues glanduleuses : bractées *lancéolées, plus longues que le pédicelle* : fleurs d'un jaune verdâtre : pétales très-petits, étroits : calice glabre, à divisions ovales, planes : baies rougeâtres, insipides. — ♃. Lieux ombragés des montagnes ; Mont-Ventoux ; Moulins ; Bourges. Fl. dan. t. 968. **G. des Alpes**, *Alpinum*. Lin. (avril-mai).

3. Feuilles en cœur à la base, pubescentes en dessous, à 3-5 lobes obtus, dentés : grappes *pendantes* : bractées *ovales, plus courtes que le pédicelle* : fleurs d'un jaune verdâtre : pétales obtus : calice glabre, campanulé, plane : baies rouges, acides. — ♃. Bois des montagnes ; environs de Cap ; Nevers. Fl. dan. t. 967. **G. rouge**, *rubrum*. Lin. (avril-mai).

nn. — *Ovaire demi-adhérent : style entier :*
2 stigmates.

4. *Aromatique, surtout les baies :* feuilles grandes, glanduleuses jaunâtres en dessous, à 3-5 lobes dentés : grappes *pendantes, pubescentes :* bractées plus courtes que les pédicelles : fleurs verdâtres ; pétales oblongs, calice pubescent, campanulé, à divisions renversées : baies grosses, noires, ponctuées de jaune. — ♃. Les montagnes ; le Valgaudemar, près la chapelle ; à Meyrueis, près Montpellier. Fl. dan. t. 556. **G. noir**, *nigrum*. Lin. (avril-mai).

5. Feuilles longuement pétiolées, pointues, ciliées, poilues sur les pétioles et les nervures, à 3-5 lobes incisés dentés en scie : grappes *poilues, droites :* fleurs d'un *rouge brun :* baies *rouges*, courbes, déprimées — ♃. Les montagnes ; le mont Pilat ; les Pyrénées, au Mont-de-Médassoles. Jacq. rar. t. 49. **G. des rockers**, *petræum*. Wulf. (avril-mai).

---

186. NERPRUN, *Rhamnus*. Lin. — Calice urcéolé, à 4-5 divisions étalées, caduques, adhérent par la base à l'ovaire ; 4-5 pétales, quelquefois nuls : 4-5 étamines opposées aux pétales : 2-4 stigmates : fruit presque sec ou en baie, à 2-4 loges renfermant chacune une graine marquée d'un sillon profond.

I. — Fleurs à étamines et à pistils : 1 stigmate.

1. Arbrisseau droit, à rameaux un peu pubescents, non épineux : feuilles ovales elliptiques, pointues, entières, glabres, nervées : fleurs blanchâtres, pédonculées, axillaires : baie rouge, puis noire. — ♃. Les bois humides ; Valbonne, dans la vallée de St-Laurent. Fl. dan. t. 278. **N. bourdaine**, *frangula*. Lin. (mai-juin).

II. — Des fleurs à étamines, d'autres à pistil : 2-4 stigmates.

n. — *Fleurs à 5 parties : 5 stigmates.*

2. Toujours vert, sans épine : feuilles coriaces, glabres, ovales elliptiques ou lancéolées, luisantes, dentées en scie, mucronées : fleurs dioïques, jaunâtres, en grappes axillaires. — ♃. Le Midi ; Valbonne ; bois de Gaujac. Duham. ic. nouv. 3. p. 42. t. 14. **N. alaterne**, *alaternus*. Lin. (mars-avril). — Rameaux alternes.

nn. — *Fleurs à 4 parties : 2-3 stigmates.*

q. — *Rameaux épineux au sommet.*

s. — *Feuilles très-entières.*

3. Tige droite, rameuse dès la base : feuilles *linéaires*, sessiles, agrégées, *glabres :* fleurs verdâtres, pédonculées : baies rondes, noires. — ♃. Le Midi. Cavan. icon. t. 182. **N. faux Lyciet**, *Lycioides*. Lin. (premier printemps).

4. Tige basse, à rameaux diffus : feuilles *ovales oblongues*, entières, nervées, *pubescentes en dessous :* fleurs jaunâtres. — ♃. Environs de Carcassonne. Poir. in Lam. dict. 4. p. 464. **N. pubescent**, *pubescens*. Poir.

ss.—*Feuilles dentées.*

a. — *Feuilles lancéolées.*

5. Écorce cendrée rougeâtre : tige à rameaux divergents, tombants, ou un peu dressés : feuilles elliptiques lancéolées, à dents de scie écartées, à nervures inférieures presque droites, non flexueuses, jaunes verdâtres : pétiole de la longueur des stipules ; fleurs jaunâtres, celles à pistils sans pétales : fruit globuleux, ombiliqué, inséré sur la base du calice plane un peu convexe. — ♄. Débris des rochers ; le Noyer, près Gap ; Tresques, à St-Pierre. Jacq. Fl. ausl. t. 55. **N. des rochers**, *saxatilis*. Lin. (mai-juin).

b. — *Feuilles ovales.*

g. — *Pétiole 2-3 fois plus long que les stipules.*

6. Arbrisseau dressé, à rameaux étalés : feuilles ovales ou arrondies, à dents glanduleuses, à nervures convergentes, peu nombreuses : fleurs jaunâtres, en paquets axillaires : baie noire, globuleuse, insérée sur la base du calice un peu convexe. — ♄. Bois ; haies ; Gaujac, au chemin des Côtes ; Grenoble ; Lyon. Hayne. 5. t. 43. **N. purgatif**, *catharticus*. Lin. (juin-juillet).

gg. — *Pétiole de la longueur des stipules.*

7. Arbrisseau dressé, étalé, à écorce rougeâtre, pubescente sur les jeunes rameaux : feuilles ovales elliptiques, pointues, à dents de scie inégales : fleurs jaunâtres, quelques-unes à étamines et à pistils : baie un peu en cœur, sillonnée du sommet à la base, insérée sur *la base* du calice *hémisphérique*, *anguleuse*. — ♄. Terrains arides du Midi ; Avignon ; Carcassonne. W. et Kit. pl. rar. hung. 3. t. 255. **N. des teinturiers**, *tinctoria*. W. et Kit. (mai).

8. Arbrisseau à écorce noirâtre, à rameaux grêles, lisses : feuilles *blanches verdâtres*, ovales elliptiques ou arrondies, dentées crénelées, à nervures courbées flexueuses : fleurs jaunâtres : baie en cœur, partagée presque en deux par un sillon profond descendant du sommet à la base : *base du calice très-plane.* — ♄. Terrains arides du Midi ; le Canigou ; Ambouilla. **N. intermédiaire**, *intermedius*. Stend. (mai-juin).

187. THÉSIE, *Thesium*. Lin. — Périgone en entonnoir ou en soucoupe, à 4-5 divisions : 4-5 étamines barbues sur le dos : stigmate simple : capsule à 1 graine, couronnée par le limbe du calice. — Koch, Boreau, Mutel, Cosson et Germain.

n. — *Feuilles à 3 nervures.*

s.—*Couronne du fruit plus courte.*

1. *Racine rampante :* Tige dressée, rameuse paniculée : feuilles *linéaires lancéolées, aiguës*, à 3 nervures : pédoncules ouverts, ascendants, munis au sommet de 3 bractées : fleurs jaunâtres : fruit ovale ou oblong, marqué de côtes et de veines saillantes, couronné par les divisions du périgone repliées en dedans, 5-4 fois plus courtes que le fruit. — ♄. Bois et terrains secs ; Valbonne. Mut. t. 59. f. 446. **T. à feuilles de Lin**, *Linophyllum*. Lin. (mai-juin).

2. *Racine pivotante, rameuse :* tiges droites, ascendantes, rameuses paniculées : feuilles *lancéolées, longuement acuminées*, à 5-5-7 nervures : pédoncules étalés, portant au sommet 5 bractées : fleurs jaunâtres : fruit arrondi ovale, couronné par les lobes du périgone 5 fois plus courts. — ♃. Bois et terrains arides ; les Vosges, au Hochstaufen, près Salzbach. Hayne in Schrad. Journ. 1800. t. 6. **T. de montagne**, *montanum*. Ehrh. (juillet-août).

ss. — *Couronne du fruit l'égalant.*

5. Racine fusiforme, pivotante : tiges déliées, terminées par une panicule, les extérieures inclinées : feuilles étroites, lancéolées linéaires, à 3 nervures peu marquées : pédoncules divergents, paniculés, portant 3 bractées inégales, planes, denticulées : fleurs jaunâtres, à 4-5 divisions en grappes rameuses à la base : fruit presque globuleux, couronné

par le périgone roulé au sommet, de sa longueur.— ♃. Bois et prairies des montagnes; environs de Besançon, de Metz. Mut. t. 59. ♃. 443. **T. des prés**, *pratense*. Ehrh. (juin-juillet).

uu. — *Feuilles à 1 nervure.*

s. — *Pédoncules uniflores.*

4. Racine pivotante, fusiforme : tiges nombreuses, simples, droites ou tombantes, terminées par une grappe feuillée : feuilles épaisses, un peu glauques, à 1 nervure : pédoncules *uniflores, en grappes unilatérales*, portant au sommet 3 bractées inégales, dont une plus longue que la fleur : fleurs blanchâtres, à 4-5 divisions : fruit presque globuleux, couronné par le périgone roulé au sommet, *ordinairement plus long que la capsule.*—♃. Bruyères ; pelouses ; St-Nizier ; Mont-de-Lans ; Fontainebleau; Espérou, à Bramabiaou. Gérard. Gallopiov. t. 17. f. 1. **T. des Alpes**, *Alpinum*. Lin. (mai-juillet).

ss. — *Pédoncules en grappes.*

5. Racine dure, pivotante, *rameuse* : tiges nombreuses, rameuses, paniculées, étalées ou tombantes : feuilles lancéolées linéaires, à 1 nervure peu marquée : pédoncules portant 3 bractées inégales, *divariqués étalés avec le fruit*, dentelés sur les bords ainsi que les bractées et les feuilles supérieures : fleurs d'un blanc verdâtre ou jaunâtre : fruit ovale ou globuleux, marqué de côtes, couronné par le périgone enroulé au sommet, 3 *fois plus court.* — ♃. Terrains arides; Tresques, à Boussargues. Schultz. herb. Fr. et All. 2ᵐᵉ. Cent. **T. couchée**, *humifusum*. DC. (juin-septembre).

188. GLAUX, *Glaux*. Lin. — Périgone campanulé, coloré, à 5 divisions : 5 étamines insérées sur le réceptacle : stigmate en tête : capsule à 1 loge, à 5 valves, entourée du périgone dont les divisions sont roulées en dehors : graines anguleuses, ponctuées, rudes.

1. Charnue : tige couchée, étalée : feuilles ovales allongées, opposées en croix : fleurs d'un blanc rose, axillaires solitaires, sessiles. — ♃. Bords des deux mers; Bayonne. Fl. dan. t. 548. **G. maritime**, *maritima*. Lin. (mai-juin).

DIGYNIE.

189. CRESSE, *Cressa* Lin. — Calice à 5 divisions : corolle tubuleuse en soucoupe, à 5 divisions : 5 étamines saillantes : 2 styles : stigmates en tête : capsule mûre à 1 graine.

1. Tige rameuse, étalée, pubescente : feuilles petites, alternes, entières, blanchâtres, à poils appliqués : fleurs jaunes, en paquets terminaux. — ♃. Lieux humides du Midi, Arles, Narbonne. Pluck. t. 45. f. 6. **Cr. de Crète**, *Cretica*. Lin. (août-septembre).

190. CYNANQUE, *Cynonchum*. Lin. — Périgone en roue, à 5 divisions : appendice en forme de couronne à la gorge de la corolle, à 5-10 divisions, portant les anthères : stigmates aigus : 2 ovaires : follicules lisses, allongées : graines chevelues.

32

a. — *Fleurs d'un pourpre noirâtre.*

1. Tige assez grêle, un peu volubile au sommet : feuilles ovales oblongues, pointues, velues à la base : fleurs noirâtres, velues en dedans, en ombelle terminale : appendice presque à 10 divisions. — ♃. Suze en Dauphiné, Aigues-Mortes, Canigou, Jacq. misc. t. 1. et 6. **C. noir**, *negrum*. Pers. (juin-juillet).

b. — *Fleurs blanches ou jaunâtres.*

s. — *Lobes de l'appendice presque dressés, non terminés en corne.*

2. Tige cylindrique, simple ou un peu rameuse, dressée, quelquefois pubescente au sommet : feuilles ovales, pointues, quelquefois en cœur, un peu ciliées, pétiolées : fleurs d'un blanc jaunâtre, en paquets axillaires, pédonculés : capsule renflée à la base. — ♃. Terrains secs, arides. Hayne, 6. t. 50. **C. dompte-venin**, *vince-toxicum*. Pers. (mai-septembre). — Vénéneuse.

ss. — *Lobes de l'appendice dressés, terminés en corne.*

5. Tige *glabre* : feuilles réniformes en cœur, *très-pointues, longues de* 20-24 *lignes*, sur 12-18 de large, à oreillettes *très-prononcées, écartées*, ciliées dans la jeunesse : fleurs blanches, en paquets axillaires, bifides, *très-garnis.* — ♃. Sables maritimes, Aigues-Mortes. Fl. græc. t. 251. **C. de Montpellier**, *Monspellacum*. Lin. (juillet-août).

4. Tige *pubescente* : feuilles en cœur oblongues, un peu pointues, *à oreillettes peu prononcées, peu écartées*, feuilles de 2-5 pouces de long sur 15-20 lignes de large, aux bifurcations supérieures seulement : fleurs blanches ou d'un rose clair, à divisions *obtuses*, en paquets axillaires, bifides, peu *fournis.* — ♃. Rivages de la mer, Montpellier, Narbonne. Fl. græc. t. 250. **C. aigu**, *acutum*. Lin. (juillet-août).

191. ASCLÉPIADE, *Asclepias*. Lin. — Périgone à 5 divisions réfléchies : appendice de la gorge à 5 folioles en cornet, portant les étamines : anthères terminées par une membrane : stigmate déprimé, non mucroné : follicule allongée, à graines chevelues.

1. Tige *ligneuse*, à rameaux effilés : feuilles linéaires lancéolées, glabres : fleurs blanches, terminales, à pédoncules et pédicelles velus : follicule *chargée d'aiguillons mous* : lobes de l'appendice dentés de chaque côté, sans cornes. — ♄. Corse, Bastia. Pluck. alm. t. 138. f. 2. **As. arbuste**, *fruticosa*. Lin. (mai-septembre).

2. Tige *herbacée*, simple : feuilles ovales cotonneuses en dessous : fleurs rougeâtres, en ombelles pendantes : *follicule lisse* : lobes de l'appendice portant à leur base une corne. — ♃. Originaire de Syrie, naturalisée dans diverses localités, Grenoble, Saint-Pourçain, îles du Rhône à Pont-Saint-Esprit, Strasbourg. Black. herb. t. 521. **As. de Syrie**, *Syriaca*. Lin. (juin-juillet).

192. STAPHYLIER, *Staphylea*. Lin. — Calice à 5 lobes allongés, concaves, colorés : 5 pétales alternant avec les sépales : 5 étamines opposées aux sépales : 2-5 styles soudés : ovaire à 2-5 lobes : capsule à 2-5 loges, à graines peu nombreuses.

1. Arbre de moyenne grandeur : feuilles opposées, ailées avec impaire, à folioles lancéolées allongées, dentées en scie : fleurs blanches, en grappes pendantes : capsule renflée, à graines luisantes ferrugineuses, de la grosseur d'un pois. — ♄. Forêts de l'Alsace, Strasbourg, Mossel dans les Pyrénées. Schk. t. 84. **St. ailé**, *pinnata*. Lin. (mai-juin).

195. JUJUBIER, *Zizyphus*. Tourn. — Calice ouvert, à 5 lobes, la moitié inférieure persistant après la floraison : disque glanduleux, adhérent à la base du calice et portant 5 pétales à onglet : 5 étamines saillantes , opposées aux pétales : drupe oblongue , à noyau à 2 loges , à 1-2 graines.

1. Arbre épineux : feuilles alternes , ovales oblongues, dentelées : fleurs jaunâtres , axillaires , à court pédoncule : fruit mûr orangé. — ♄. Le Midi , Tresques. Lam. ill. t. 185. f. 1. **J. commun,** *vulgaris.* Lam. (juin-août).

194. VELLÉZIE , *Vellezia.* Lin. — Calice tubuleux , à 5-6 dents : 5-6 pétales à onglets filiformes, barbus, à limbe bifide : 5-6 étamines : 2 styles : capsule cylindrique, à 1 loge s'ouvrant par des dents.

1. Tige flexueuse, rameuse : feuilles opposées, subulées : fleurs purpurines , axillaires, presque sessiles : calice pubescent visqueux , cylindrique, plus long que le limbe des pétales.—⚥. Terrains arides, Broussans, les bords du Gardon au moulin de la Baume. Bocc. mus. sic. 2. t. 43. fig. infer. **V. raide,** *rigida.* Lin. (juin-juillet).

195. PARONIQUE, *Paronychia.* Tourn. — Calice à 5 divisions mucronées , un peu en capuchon au sommet : 5 pétales ou écailles alternes avec les sépales : 5 étamines insérées sur la base des sépales : capsule à 1 graine, indéhiscente, ou à 5 valves : stipules et bractées blanches, scarieuses.

I. = Divisions du calice dilatées au sommet : fleurs en cime.

1. Tige droite , pubescente , rameuse, très-petite : feuilles linéaires aristées, en verticille : stipules et bractées très-courtes : divisions du calice à longue pointe acérée. — ⊙. Orange, les Cévennes. Schrad. journ. 1800. p. 408. t. 4. **P. en cime,** *cymosa.* Poir. (avril-mai).

II. — Divisions du calice non dilatées au sommet : fleurs axillaires.

n. — *Feuilles plus courtes que les stipules.*

a. — *Toutes les feuilles plus courtes que les stipules.*

2. Tige ligneuse, un peu droite, noueuse, pubescente : feuilles linéaires, lancéolées, carénées, velues soyeuses : stipules lancéolées aiguës : fleurs en têtes terminales, cachées par les bractées grandes, argentées, arrondies ovales, pointues. — ⚥. ♄. Collines sèches du Midi, le Buis, Mont-Ventoux , Narbonne. **P. à têtes terminales,** *capitata.* Lam. (mai-juin). = *Variétés.* = b. — Tige noueuse ligneuse , rameuse : feuilles ovales ciliées, un peu aiguës , plus longues que les stipules larges, argentées : calice obtus, un peu hérissé. — ⚥. ♄. Environs d'Uzès, Beaucaire. Hacq. Alp. carn. t. 2. f. 1. *P. serpylifolia.* Lam. = c.

— Feuilles lancéolées, un peu hérissées, aiguës, presque plus courtes que les stipules lancéolées, pointues.— ⚥. ♄. Mont-Ventoux. *P. Nivea.* DC.

b. — *Pas toutes les feuilles plus courtes que les stipules.*

3. Tiges herbacées , couchées , étalées, 5-4 pouces : feuilles ovales lancéolées, à peine aiguës, ciliées, dentelées : stipules ovales aiguës : bractées lancéolées , acuminées , brillantes, cachant les fleurs axillaires terminales. — ⚥. Alpes du Dauphiné , le Champsaur , Allevard , Pyrénées, Canigou, l'Espérou. Vill. in Schrad. journ. 1801. t. 4. Dauph. t. 16. **P. à feuilles de Renouée,** *Polygonifolium.* DC. (juin-juillet). = Voir aussi les variétés du *P. capitata.*

nn. — *Feuilles plus longues que les stipules.*

a. — *Paquets de fleurs hérissés d'arêtes.*

4. Tiges grêles, articulées, pubescentes, rameuses, couchées : feuilles ovales, pointues, opposées, souvent fasciculées, plus longues que les stipules aiguës, larges à la base : fleurs en paquets axillaires, le plus souvent unilatéraux : divisions du calice terminées en pointe acérée : bractées très-courtes. — ☉. Sables maritimes de Provence, Corse. Bocc. Mus. Sic. t. 20. f. 5. **P. hérissée**, *echinata*. Lam. (mai-juin).

b. — *Paquets de fleurs non hérissés d'arêtes.*

5. Tiges étalées, couchées : feuilles opposées, ovales oblongues, mucronées, presque glabres, plus longues que les stipules ovales pointues, transparentes : fleurs en paquets axillaires et terminaux, cachées par les bractées argentées, un peu dépassées par les feuilles supérieures : divisions du calice mucronées. — ♃. ♄. Lieux pierreux du Midi, Toulon, Ségean. Dict. sc. nat. t. 192. **P. argentée**, *argentea*. Lam. (mai-juin). — Voir aussi les variétés du *P. capitata*.

196. ILLÉCÈBRE, *Illecebrum*. Lin.

— Calice à 5 divisions cartilagineuses, en capuchon, épaissies sur le dos, terminées en pointe acérée : 5 pétales ou écailles linéaires, alternes avec les étamines : 2 stigmates sessiles, en tête : capsule renfermée dans le calice, presque à 5 valves, à 1 graine : bractées plus petites que la fleur.

1. Tiges nombreuses, rameuses, grêles, couchées : feuilles petites, opposées, ovales arrondies, 2 stipules scarieuses à la base de chacune : fleurs en verticille, blanches, cartilagineuses. — ♃. Sables humides du Midi, le Vigan, Alzon, Rambouillet. Engl. Bot. t. 895. **Ill. verticillé**, *verticillatum*. Lin. (juin-septembre).

197. HERNIAIRE, *Herniaria*. Tourn.

— Calice à 5 divisions un peu concaves, un peu colorées en dedans : 5 pétales filiformes, alternant avec les étamines : 2 styles courts, distincts ou réunis à la base : 2 stigmates presque sessiles : capsule oblongue, monosperme, indéhiscente, enveloppée par le calice subsistant.

I. — Racine et tige un peu ligneuse.

1. Rameaux nombreux, grêles, redressés, articulés, pubescents : *feuilles* opposées, ovales terminées par une petite pointe acérée, *écartées, 2 fois plus longues que les stipules*, pointues, luisantes : *fleurs sessiles*, en paquets axillaires et terminaux. — ♄. Collines maritimes de Provence. Cavan. icon. 2. t. 157. **H. fausse Renouée**, *polygonoides*. Cav. (mai-septembre).

2. Tiges étalées, pubescentes, très-rameuses : *feuilles* petites, *imbriquées*, ovales arrondies *obtuses*, glabres ou hérissées de poils blanchâtres, *presque pas plus longues que les stipules* aiguës, ciliées, blanches scarieuses : calice hérissé : fleurs *pédicellées*, 2-5 en paquets axillaires et terminaux. — ♃. ♄. Alpes du Dauphiné et de Provence, Pyrénées, Briançon, sommet de Cambredases. Pluck. alm. t. 55. f. 5. **H. des Alpes**, *Alpina*. Vill. (mai-septembre). — Var. Feuilles presque glabres, ciliées. *Pubescens*. DC.

II. — Racine et tige herbacées.

a. — *Plantes glabres.*

3. Tiges filiformes, rameuses, diffuses, couchées : feuilles glabres, oblongues ou ovales oblongues : fleurs velues, nombreuses, en pa-

quels : calice glabre. — ♃. Terrains sablonneux de toute la France. Fl. dan. t. 629. **EE.
glabre,** *glabra.* Lin. (mai-septembre).

b. — *Plantes velues.*

4. *Poils presque égaux :* tiges couchées, rameuses : feuilles petites, nombreuses, oblongues, rétrécies à la base ; fleurs *un peu pédicellées,* en paquets axillaires, *peu fournis.* —
♃. Terrains stériles du Midi, Tresques, Mont-
Ventoux. Lam. dict. 3. p. 124. **EE. blanchâtre,** *incana.* Lam. (mai-juin).

5. *Poils très-inégaux :* tiges couchées, ra-

meuses, étalées : feuilles oblongues, ou ovales
oblongues, rétrécies vers la base : fleurs *sessiles,* en paquets axillaires. — ♃. ②. Terrains
sablonneux de toute la France. Engl. Bot. t.
1379. **EE. velue,** *hirsuta.* Lin. (mai-septembre). = *Variétés.* = b. — Ascendante, verte,
presque glabre : calice un peu poilu. *Virescens.* Salzm. Corse. = c. — Feuilles obtuses et
bractées aiguës , glabres , ciliées. *Latifolia.*
Lap. Collioure. = d. — Tiges redressées au
sommet, à poils divergents, très-serrés sur le
calice. *Cinerea.* DC. Nîmes, Vaucluse.

198. ORME , *Ulmus.* **Lin.** — Périgone campanulé, coloré, persistant,
à 4-5 dents : 3-5-12 étamines : ovaire comprimé, à 2 stigmates sessiles :
fruit en samare comprimée, orbiculaire , entouré d'aile membraneuse,
très-large. Grands arbres.

n. — *Fleurs presque sessiles.*

1. Feuilles alternes, plus ou moins pétiolées,
quelquefois en cœur, ovales pointues, 2 fois
dentées , inégales à la base , le plus souvent
rudes pubescentes : fleurs en paquets : fruit
ovale élargi au sommet et échancré, *à capsule placée près du sommet.*— ♄. Les bois, les
chemins. Engl. Bot. t. 1887. ⊙. **commun,**
campestris. Lin. (mars-avril). = *Variétés.* =
b. — Feuilles glabres des deux côtés, à aisselles des nervures pubescentes, plus pâles en
dessous. *Glabra.* Mill. = c. — Feuilles rudes :
fruit arrondi. *Corylifolia.* Host. = d. — Arbre
peu élevé : écorce des branches boursoufflée,
ailée subéreuse : rameaux étalés. *Suberosa.*
Ehr. 4-5 étamines.

nn. — *Fleurs pédicellées.*

2. Pétioles courts : feuilles ovales pointues,
2 fois dentées en scie, inégales à la base, minces, *pubescentes en dessous :* fleurs grandes,
longuement pédonculées, pendantes : 8 étamines : fruits petits, *ovales aigus,* ciliés, en paquets. — ♄. Remparts de Soissons, Nancy,
Orléans, les boulevards de Nîmes. Hayne, 3. t.
17. ⊙. **à fruits épars,** *effusa.* Willd. (mars-
avril).

3. Feuilles ovales oblongues , *très-rudes des*
2 *côtés,* 2 fois dentées à dents aiguës ; 5-6 étamines : fleurs pédonculées : fruits *arrondis,
très-larges :* capsule placée au-dessous du milieu. — ♄. Bois des montagnes, mont de
Lans. Engl. Bot. t. 1887. ⊙. **de montagne,**
montana. Smith. (mars-mai).

199. MICOCOULIER , *Celtis.* **Lin.** — Des fleurs à étamines, d'autres
à pistils, et d'autres à étamines et à pistils. — Périgone herbacé, à 5-6
divisions : 5-6 étamines insérées à la base du périgone, opposées à ses
divisions : 2 stigmates sessiles, divergents, pubescents-glanduleux : fruit
globuleux , à 1 noyau à 1 graine.

1. Grand arbre : feuilles alternes, pétiolées,
ovales lancéolées , pointues , dentées en scie,
rudes en dessus , pubescentes et très-nervées
en dessous, inégales à la base : fleurs blan-

châtres, axillaires, solitaires, pédicellées : fruit
noir, peu charnu. — ♄. Les rochers du Midi,
Tresques, Sauve, Bordeaux. Scop. del. inst. 2.
t.18. **EE. du Midi,** *Australis.* Lin. (avril).

200. SOUDE , *Salsola.* **Lin.** — Périgone à 5 divisions , portant,
après la floraison, sur le dos un appendice transversal , scarieux , pé-

taloïde : 3 - 5 étamines : 2 styles presque toujours soudés à la base : 1 graine renfermée dans le calice ailé étoilé : *fleurs* axillaires, sessiles, *solitaires, munies de 2 bractées* : feuilles charnues, presque cylindriques.

1. *Vert glauque ou jaunâtre* : tige dressée ou diffuse, rameuse, un peu velue au sommet ou glabre : feuilles étroites, épineuses, à 3 angles : fleurs axillaires : périgone en toupie, *à divisions plus courtes que les appendices larges* d'un blanc rosé. — ☉. Rivage des 2 mers, Tresques dans les sables. Pall. ill. t. 28. f. 2. **S. épineuse,** *kali*. Lin. (juin-septembre). = Var. Feuilles filiformes, longues, terminées par une pointe acérée : divisions du périgone plus longues que les appendices oblongs, très-transparents. *S. tragus.* Tresques. Pall. ill. t. 28. f. 3.

2. *Vert foncé* : tige droite ou ascendante, rameuse, lisse, glabre : feuilles étroites, charnues, *demi-cylindriques,* allongées, larges à la base : appendices du périgone fructifère *membraneux,* carénés, concaves, *portant un pli transversal en dehors sous le sommet.* — ☉. Bords des 2 mers. Pall. ill. t. 30. **S. commune,** *soda*. Lin. (juillet-septembre).

201. KOCHIA, *Kochia*. Rot. — Comme le *Salsola* : 5-4-5 étamines insérées sur le réceptacle : 2 styles soudés à la base : graine recouverte par le périgone membraneux, ailé étoilé : feuilles le plus souvent non charnues, planes ou demi-cylindriques : fleurs à étamines et à pistils : d'autres à étamines ou à pistils, *en paquets de 2-3 :* pas de bractées.

I. = Tige ligneuse.

1. Racine simple : tiges nombreuses, grêles, étalées ou ascendantes, allongées, cotonneuses ou pubescentes vers le sommet : feuilles linéaires, molles, planes, pointues, velues, blanchâtres ou pubescentes, en faisceaux sur les vieilles tiges : 2-3 fleurs sessiles, axillaires : appendices du périgone étalés, foliacés, rougeâtres, veinés. — ♄. Environs de Perpignan, faussement indiquée au pied du Mont-Ventoux, Avignon, Tarascon, où se trouve la *K. arenaria*. Pall. ill. t. 40. **K. étalée,** *prostrata*. Schrad. (août-septembre).

II. = Plantes herbacées, annuelles.

a. — *Appendice du calice épineux à la maturité.*

2. Velue : tige grêle, rameuse, dressée : feuilles étroites, obtuses, molles, blanchâtres, dressées, appliquées sur les rameaux fertiles, étalés sur les rameaux stériles : 2-3 fleurs axillaires, *en épis contournés en spirale* : appendices du périgone *épineux, coniques, en forme de corne crochue.* — ☉. Bords des 2 mers, rives du Rhône à Pierrelatte. Fl. dan. t. 187. **K. hérissée,** *hirsuta*. Nolte. novit. fl. holsat. p. 24. (août-septembre).

b. — *Appendices du calice non épineux.*

3. Racine fibreuse : tige poilue, à rameaux inférieurs couchés, étalés, les autres dressés : feuilles linéaires, très-étroites, subulées, sillonnées en dessous, un peu charnues, un peu velues, fasciculées, les florales portant de longs cils à la base : 2-3 fleurs axillaires, en épis longs, d'un aspect cotonneux : périgone très-velu : appendices non contigus, écartés, scarieux, pétaloïdes, ovales oblongs, veinés. — ☉. Tresques, dans les sables de la Madelaine ; Bedouin, au pied du Mont-Ventoux ; Aramond, Avignon, Mornas, Tarascon. W. et Kit. rar. hung. t. 78. **K. des sables,** *arenaria*. Rot. in Schrad. journ. (septembre-octobre).

202. ARROCHE, *Atriplex*. Lin. — Des fleurs à étamines, d'autres à pistils, d'autres à étamines et à pistils : — périgone à 5-5 divisions :

5-5 étamines. — *Fleurs à pistils*, périgone comprimé, à 2 lobes persistants, croissant après la floraison, et couvrant, en forme de valves, la graine aplatie : fleurs herbacées.

I. = Tige ligneuse.

a. — Des feuilles hastées.

1. Tige dressée, ascendante : feuilles inférieures lancéolées hastées, supérieures linéaires lancéolées, entières. — ♃. Corse. Lois. 1. p. 217. **Ar. grecque**, *græca*. Willd.

b. — Pas de feuilles hastées.

2. Arbrisseau de 4-5 pieds, à rameaux effilés, glauque blanchâtre : feuilles *alternes*, pétiolées, *deltoïdes* ou *rhomboïdales*, argentées des deux côtés, les plus hautes lancéolées aiguës : fleurs jaunâtres, en grappes terminales: valves du fruit rhomboïdales, entières ou très-faiblement dentées. — ♃. Environs de Fréjus, Nantes, Saint-Malo. Fl. grœc. t. 962. **Ar. halime**, *halimus*. Lin. (août-septembre).

3. Sous-arbrisseau de 2-3 pieds, à rameaux effilés, blanchâtres, dressés : feuilles *opposées*, entières, *ovales lancéolées*, *élargies au sommet*, argentées des deux côtés : fleurs jaunâtres, en épis terminaux, nus : périgone avec le fruit *sessile*, à trois lobes. — ♃. Marais maritimes, Fréjus, Aigues-Mortes, Bordeaux, Nantes. Engl. Bot. t. 261. **Ar. Pourpier**, *Portulacoïdes*. Lin. (juillet-septembre).

II. = Tiges herbacées.

1° = VALVES DU FRUIT EN FER DE LANCE.

4. Glauque : tige flexueuse, simple ou à rameaux divergents : feuilles *argentées des 2 côtés*, entières, obtuses, ovales ou oblongues, rétrécies à la base : *fleurs à pistils à très-long pédoncule* : 3-4 *valves* du fruit triangulaires, hastées, échancrées en oreillettes portant une petite dent du côté intérieur. — ☉. Bords de la mer près Abbeville, vallée d'Eu. Fl. dan. t. 504. **Ar. pédonculée**, *pedunculata*. Lin. (août-septembre).

5. *Plante étalée :* tige rameuse dès la base : rameaux nombreux, ouverts à angle droit, puis ascendants : feuilles *vertes des 2 côtés*, inférieures lancéolées hastées, dentées ou entières, les autres lancéolées, les plus hautes linéaires : valves du fruit rhomboïdales hastées, en pointes aiguës : fleurs en épis axillaires, raides à la maturité. — ☉. Commune aux bords des chemins. Engl. Bot. t. 174. **Ar. étalée**, *patula*. Lin. (juillet-septembre). = *Variétés*. = b. — Feuilles toutes linéaires, entières. *Angustissima*. Wahl. = c. — Rameaux inférieurs ouverts, supérieurs dressés. *Erecta*. Smith. Engl. Bot. t. 2223.

2° = VALVES DU FRUIT TRIANGULAIRES.

6. Tige grande, raide, rameuse : feuilles grandes, vertes, luisantes, inférieures triangulaires, *celles du milieu hastées*, *terminées en longue pointe, de la base au milieu profondément dentées*, les supérieures lancéolées, à peine un peu dentées à la base : valves du fruit triangulaires *ovales pointues*, entières, *en réseau*. — ☉. Dans les champs, aux environs d'Arles. W. et Kit. rar. hung. t. 165. **Ar. d'Hermann**, *Hermannii*. Willem. Journal. fr. 1798 (juillet-août).

7. Tige à rameaux étalés, *divergents dans le bas* : feuilles inférieures triangulaires hastées, dentées, celles du milieu *hastées lancéolées*, à *oreillettes allongées aiguës*, les plus hautes lancéolées, *entières* : valves du fruit triangulaires entières, ou *denticulées*. — ☉. **Ar. à larges feuilles**, *latifolia*. Wahl. = *Variétés*. = 1° *Graines grandes, dépassant une ligne de large, ponctuées, largement bordées.* — a. — Très-verte : tige rayée de blanc et de vert : feuilles le plus souvent alternes, un peu farineuses dans la jeunesse, le plus souvent entières : fruits inégaux, à valves entières ou à 1-2 dents de chaque côté. *Patula*. Smit. Engl. Bot. 936. — b. — Dressée, flexueuse : feuilles épaisses, oblongues, un peu en flèche : valves épaisses, entières, non veinées, portant un tubercule saillant. *Tuberculosa*. Mut. = 2° *Graines n'atteignant pas une ligne de large, ni ponctuées ni bordées : fleurs en grappes allongées.* = a. — Farineuse écaillée : feuilles alternes. *Salina*. Wahl. = b. — Blanchâtre écailleuse, couchée : feuilles inégales, entières, à la fin très-vertes en dessus : valves nerveuses, deltoïdes ou rhomboïdales, entières ou

à 2 dents. *Prostrata.* Bouch. Le Havre, Dieppe. = 5° *Graines petites, n'atteignant pas une demi-ligne, très-lisses, sans bordure : fleurs en grappes étalées, courtes, simples.* = a. — Feuilles presque en fer de lance, aiguës, à

dents éloignées, les supérieures entières, les plus hautes lancéolées : valves entières, presque triangulaires. *Microsperma.* Lois. Paris, Calais. — Voir aussi l'*Atr. Tatarica.*

3° — VALVES DU FRUIT OVALES.

8. Tige raide, à rameaux dressés : feuilles *argentées en dessous,* inférieures ovales lancéolées, un peu hastées, dentées, les supérieures lancéolées, entières : fleurs en épis lâches, *penchés avec le fruit* : valves ovales, un peu deltoïdes, entières. — ⊙. Bords des chemins le long du Rhin. Schk. t. 349. **Ar. de Tartarie,** *Tatarica.* Lin. (juillet-septembre).

9. Tige très-élevée, droite, rameuse : feuilles grandes, triangulaires, *vertes des deux cô-*

tés, un peu farineuses dans la jeunesse, obtuses, le plus souvent entières, les supérieures ovales lancéolées, avec une dent de chaque côté : fruit grand, à valves arrondies, un peu pointues, entières, veinées. — ⊙. Cultivée. Lam. ill. t. 853. f. 1. **Ar. des jardins,** *hortensis.* Lin. (juillet-septembre). = Fleurs en épis rameux, interrompus, *droits avec le fruit.* = Voir aussi l'*Atr. latifolia,* l'*Atr. littoralis.*

4° = VALVES DU FRUIT RHOMBOÏDALES.

a. — *Feuilles linéaires.*

10. Tige à rameaux dressés ou divergents : feuilles linéaires entières ou un peu dentées, vertes des 2 côtés : fleurs en grappes terminales, raides, fournies : valves ovales rhomboïdales, sinuées dentées.— ⊙. Bords de la mer, le Havre, Paris, Orléans. Engl. Bot. t. 708. **Ar. des rivages,** *littoralis.* Lin. (juillet-septembre).

b. — *Pas de feuilles linéaires.*

11. *Blanchâtre* : tige dressée, à rameaux divergents ι feuilles ovales rhomboïdales rétrécies à la base, à dents inégales, argentées en dessous, *presque pas en dessus :* fleurs en paquets axillaires et terminaux : *valves entières*

sur les 2 côtés inférieurs, dentées sur les 2 côtés supérieurs. — ⊙. Lieux maritimes du Midi, Aigues-Mortes, Villeneuve-lez-Avignon, Toulon, La Rochelle. Schk. t. 350. **Ar. à rosette,** *rosea.* Lin. (juin-septembre).

12. Tige étalée, diffuse : feuilles à sinuosités et à dents profondes, argentées en dessous, *vertes en dessus,* inférieures triangulaires rhomboïdales, supérieures hastées oblongues ou rhomboïdales : fleurs en paquets axillaires, en épis allongés : *valves du fruit à 3 lobes, les latéraux tronqués.* — ⊙. Terrains maritimes, Aigues-Mortes, Arles, Dieppe, Moris. s. 5. t. 52. f. 17. **Ar. laciniée,** *laciniata.* Lin. (juillet-août). = Voir aussi l'*Atr. latifolia.*

205. SUÉDA, *Suæda.* Forsk. — Périgone en godet, à 5 divisions charnues, puis renflées, jamais appendiculées : étamines insérées à la base des divisions, le plus souvent sur le réceptacle : 2-3 stigmates : fruit comprimé, couvert par le périgone. — Feuilles linéaires, cylindriques, charnues : fleurs à étamines et à pistils munies de bractées, axillaires, fasciculées.

u. — *Plante ligneuse.*

1. Glabre, rameuse : feuilles obtuses, imbriquées : fleurs axillaires, 1-3. — ♄. Rivages des 2 mers, Saint-Gilles, Aigues-Mortes. Engl. Bot. t. 633. **S. ligneuse,** *fruticosa.* Forsk. (juillet-septembre).

nn. — *Plantes herbacées.*

a. — *Feuilles terminées par un poil.*

2. Tige couchée, rameuse à la base : feuilles glauques, épaisses, terminées par un long

poil : fleurs en paquets axillaires. — ⊙. Terrains salés, Montpellier, Arles. **S. porte-soie,** *setigera.* Moquin.

b.—*Feuilles non terminées par un poil.*

3. *Vert pâle ou rougeâtre :* tige à rameaux étalés, surtout les inférieurs : feuilles *un peu aiguës :* fleurs *axillaires, 1-5 : graines* d'un noir brillant, presque rondes, *ponctuées.* — ⊙. Marais salés des 2 mers, étang salé de Courthéson. Engl. Bot. t. 653. **S. maritime,** *maritima.* Moq. (août-septembre).

4. *Glauque :* tige de 2-3 pieds , dressée , rameuse : feuilles *un peu obtuses :* fleurs 1-5 axillaires, à divisions du périgone presque pas en carène : *graines lisses.* — ⊙. Le Midi, rivages de la mer. Jacq. hort. vind. 3. t. 85. **S. des lieux salés ,** *salsa.* Pall. (août-septembre).

204. ANSERINE, *Chenopodium.* Lin. — Périgone à 5 divisions, persistant, entourant la graine, et formant un fruit à 5 angles : 5 étamines : 2-5 stigmates. — Fleurs à étamines et à pistils, fasciculées, en épi ou en cime : feuilles larges.

I. = Feuilles entières.

1. Tige rameuse, diffuse, tombante ou dressée : feuilles pétiolées *ovales ou ovales oblongues, d'un vert gai sur les deux côtés,* ou rougeâtres, *jamais farineuses :* fleurs en grappes grêles axillaires et terminales : calice avec le fruit à divisions ouvertes, étalées : graines luisantes, ponctuées. — ⊙. Terrains cultivés, voisinage des maisons. Engl. Bot. t. 1480. **An. polysperme,** *polyspermum.* Lin. (juillet-septembre).

2. Très-fétide : tige rameuse , diffuse , couchée : feuilles d'un *blanc cendré et farineuses sur les deux côtés, ovales rhomboïdales :* fleurs en paquets, en petites grappes axillaires, non feuillées, formant par leur réunion une panicule serrée au sommet des rameaux : graines pointues. — ⊙. Lieux cultivés , bords des murs. Engl. Bot. t. 1054. **An. fétide,** *vulcaria.* Lin. (juillet-août).

II. = Feuilles dentées ou anguleuses.

n. = *FLEURS EN PAQUETS , EN ÉPI.*

1° = FEUILLES LANCÉOLÉES.

3. Tige droite, couchée, rameuse, verdâtre : feuilles vertes, lancéolées, amincies aux deux bouts , à dents grandes, écartées : fleurs en paquets sessiles, axillaires : graines lisses, brillantes, noires. — ⊙. Du Mexique, natura-lisée dans le Midi et l'Ouest, Perpignan , Toulouse, Nantes. Pluck. t. 168. **An. fausse Ambroisie,** *Ambrosioides.* Lin. (juillet-septembre). = Odeur forte, agréable.

2° = FEUILLES OBLONGUES OU OVALES.

4. Tige sillonnée , rameuse , couchée ou ascendante : feuilles épaisses, *oblongues, obtuses,* rétrécies en pétiole, *sinuées dentées, glauques et farineuses en dessous,* vertes en dessus : fleurs réunies en petites grappes axillaires plus courtes que les feuilles : graines *lisses,* aiguës sur les bords. — ⊙. Voisinage des habitations, bords des rivières. Engl. Bot. t. 1454. **An. glauque,** *glaucum.* Lin. (juillet-septembre).

5. Tige dressée ou un peu étalée, rameuse : feuilles pétiolées , *ovales rhomboïdales,* pointues, *luisantes, vertes,* bordées de dents *inégales aiguës,* nombreuses : fleurs en grappes simples, axillaires et terminales : périgone enveloppant le fruit : graines non luisantes, *ponctuées.* — ⊙. Bords des murs, des chemins. Engl. Bot. t. 1722. **An. des murs,** *mural .* Lin. (juillet-septembre).

3° = FEUILLES RHOMBOIDALES.

a. — *Des feuilles entières.*

6. Blanche farineuse : tige dressée : feuilles rhomboïdales ovales, rongées, les supérieures oblongues *très-entières,* toutes glauques en dessous : fleurs en paquets formant des grappes axillaires dressées : graines brillantes, fi-

nement ponctuées. — ☉. Terrains cultivés.
Engl. Bot. t. 1725. **An. blanche**, *album*. Lin.
(juillet-septembre). = *Variétés*.= b. — Feuilles vertes sur les 2 faces. *Viridescens*. Cos. et
Germ. = c. — Feuilles ovales ou lancéolées,
toutes entières : fleurs en grappes allongées, à
paquets écartés. *Lanceolatum*. Willd. = d. —
Feuilles très-petites, oblongues ou lancéolées.
Microphyllum. Cos. et Germ.

b. — *Pas de feuilles entières*.

7. Tige dressée, anguleuse, parcourue de lignes vertes : feuilles *d'un vert foncé en dessus*,
blanchâtres, farineuses en dessous, pétiolées,
rhomboïdales ou *ovales rhomboïdales*, presque
à 3 *lobes*, le moyen tronqué ou obtus, inégalement dentées, les supérieures ovales pointues

où rhomboïdales : fleurs en paquets farineux,
en grappes axillaires et terminales, formant
une panicule.— ☉. Berges des rivières, bords
des chemins, Nîmes, Orléans, Paris aux bords
de la Seine. Vaill. Bot. par. t. 7. f. 1. **An.
verte**, *veride*. Lin. (juillet-septembre).

8. Tige droite : feuilles *vertes*, *luisantes*,
*prolongées en coin au milieu de la base, trian-
gulaires, en fer de lance*, sinuées, à dents profondes, larges à la base, pointues : fleurs en
grappes axillaires et terminales, raides, dressées : graines grosses, creusées de points. —
☉. Terrains gras des environs des villages,
Strasbourg, Beaucaire, Rouen. Engl. Bot. t.
717. **An. rhomboïdale**, *rhombifolium*.
Willd. (juillet-septembre).

4° == FEUILLES HASTÉES.

q.—*Feuilles entières*.

9. Un peu farineuse : feuilles grandes, rhomboïdales triangulaires, hastées, vertes en dessus, ponctuées, farineuses en dessous : fleurs
en épis terminaux et axillaires, formant un

gros épi nu, allongé : graines lisses. — ♃.
Chemins, voisinage des habitations. Fl. dan.
t. 579. **An. bon Henri**, *bonus Henricus*. Lin.
(juillet-septembre).

qq. — *Feuilles dentées ou lobées*.

a. — *Des fleurs à 3 divisions*.

10. Plante rougeâtre : tige dressée ou étalée,
anguleuse, rayée de rouge, rameuse, très-feuillée : feuilles luisantes, charnues, souvent
bordées de rouge, rhomboïdales triangulaires,
sinuées dentées, presque hastées lobées, à
dents lancéolées : fleurs en grappes axillaires,
dressées, feuillées : fleurs latérales à 3 divisions, à 1-5 étamines, la fleur terminale à 5
divisions, 5 étamines : calice rouge et un peu
charnu à la maturité. — ☉. Terrains gras, limoneux, fumiers des villages. Fl. dan. t. 1149.
An. rouge, *rubrum*. Lin. (juillet-septembre).
= *Variétés*. = b. — Tige dressée, robuste :
feuilles larges, charnues, hastées. Autun sur
les bords de l'Arroux. *Crassifolium*. Schr. =
c. — Plante grêle, divisée dès la base, en rameaux courts, étalés. Bords humides des rivières. *Patulum*. Mér.= d. — Feuilles lancéolées, peu dentées, les plus hautes entières :
paquets de fleurs très-gros. Etang de Saint-
Pierre-le-Moustier (Nièvre). *Blitoides*. Lejeune.

b. — *Toutes les fleurs à 5 divisions*.

11. Tige dressée, souvent rameuse dès la
base : feuilles rétrécies en pétiole, triangulaires hastées, aiguës ou pointues, dentées sinuées, supérieures étroites, le plus souvent
entières, toutes vertes en dessus, blanchâtres
mais non farineuses en dessous : fleurs en
grappes axillaires et terminales, effilées, serrées contre la tige : graines luisantes, creusées
ponctuées. — ☉. Murs, décombres autour des
habitations. Fl. dan. t. 1148. **An. des villages**, *urbicum*. Lin. (juillet-septembre).

12. Tige dressée, rameuse : feuilles rhomboïdales en fer de lance, très-obtuses, trilobées, sinuées dentées, rongées au sommet,
les supérieures oblongues entières, *toutes
glauques, pulvérulentes en dessous* : fleurs en
grappes dressées, nues ou un peu feuillées :
graines brillantes, ponctuées. — ☉. Bords des
murs, des rivières, Nîmes, Strasbourg. Engl.
Bot. t. 1714. **An. à feuilles de Figuier**,
Ficifolium. Sm. (juillet-septembre).

nn. = *FLEURS SÉPARÉES, EN CIME*.

13. Tige droite, *glabre*, couchée, à rameaux
étalés : feuilles pétiolées, larges, vertes des
deux côtés, *en cœur à la base, triangulaires*

pointues, à 3-5-7 lobes pointus, le terminal
très-allongé : fleurs en grappes nues, rameuses, formant une cime : graines ponctuées. —

⊙. Terrains cultivés, sablonneux. Vaill. par. t. 7. f. 2. **An. hybride,** hybridum. Lin. (juillet-septembre).

14. Tige simple ou rameuse dès la base, *pubescente visqueuse et toute la plante :* feuilles oblongues, *sinuées pinnatifides :* fleurs en grappes petites, nombreuses, étalées recourbées, presque nues : graines creusées ponctuées. — ⊙. Terrains sablonneux du Midi, Tresques, Avignon, Nîmes, Black. herb. t. 514. **An. Botrys,** Botrys. Lin. (juin-août).

305. BETTE, *Beta.* Lin. — Périgone à 5 divisions, un peu en capuchon, recouvrant les anthères : étamines 5 : stigmates 2-3 : graine arrondie, renfermée dans le périgone persistant charnu.

1. Racine rouge, jaune ou blanche : tige très-anguleuse, *droite :* feuilles grandes, un peu succulentes, entières, à pétiole charnu : fleurs petites, sessiles, en paquets, en longs épis grêles, *nus.* — ⊙. ⊗. Cultivée. Kern. t. 242. **B. commune,** *vulgaris.* Lin. (juillet-septembre). = *Variétés.* = a. — Racine grêle. *Poirée.* = b. — Racine très-épaisse, succulente.

Betterave. Black. herb. t. = *Stigmates ovales.*

2. Tige *étalée, couchée à la base :* [feuilles rhomboïdales ovales, pointues, décurrentes : fleurs axillaires, solitaires ou géminées, en épis allongés, *feuillés.* — ⊙. Bords des deux mers, Saint-Gilles. Engl. Bot. 285. **Bet. maritime,** *maritima.* Lin. (juillet-août).

OMBELLIFÈRES.

N. B. = Avant de décrire les Ombellifères, je crois devoir expliquer les caractères essentiels de cette famille. Cette connaissance fera disparaître une grande partie des difficultés qui arrêtent dans l'étude de ces plantes. Aussi je préviens ceux qui feront usage de mon livre, de lire cette notte avec attention, avant de s'occuper des Ombellifères. Pour bien connaître ces caractères, il faut lire ceci, ayant sous les yeux une plante sur laquelle il y ait des fleurs et des fruits, la Coriandre, par exemple, dont les fruits ont les *côtes primaires* et les *côtes secondaires.* Il faut s'aider, dans cette étude, d'une bonne loupe, parce que les yeux nus ne pourraient pas toujours donner une idée assez claire de la plupart des caractères qui sont souvent très-menus.

On appelle *Ombellifères* les plantes qui affectent l'inflorescence suivante. Le *pédoncule* principal, simple à son origine, se divise, à une certaine hauteur, en un nombre plus ou moins grand d'autres *pédoncules* qui partent tous d'un centre commun, et s'élèvent, en divergent, à une même hauteur, comme les branches d'un parasol. Puis, de l'extrémité de chacun de ces pédoncules secondaires qui deviennent autant de nouveaux centres communs, il part d'autres *pédoncules* plus courts, qui se terminent tous par une petite fleur. On appelle *ombelle générale,* la réunion des pédoncules qui partent de l'extrémité du *pédoncule* principal qui a son insertion sur le rameau de la plante, et *ombellules*, ou *ombelles partielles* le faisceau que forment les petits *pédicelles* florifères qui ont leur centre commun à l'extrémité de chacun des pédoncules qui composent l'*ombelle générale.*

Le *calice*, adhérent à l'*ovaire*, est à 5 dents bien marquées, ou il est presque entier. Les *pétales*, insérés sur l'ovaire, sont au nombre de *cinq*, entiers ou échancrés, droits ou fléchis, et comme roulés sur eux-mêmes, tantôt en dehors, tantôt en dedans. 5 *étamines* alternant avec les pétales, et comme eux insérées sur l'ovaire : 2 *styles* souvent persistants, droits ou réfléchis : *disque* déprimé ou se prolongeant sur la partie inférieure des styles qui semblent alors s'élargir en une base conique, nommée *stylopode*, qui couronne l'*ovaire.* Le fruit consiste en deux graines, appelées *carpelles* ou *akènes*, réunies ensemble par une surface plus ou moins large, plus ou moins plane, et entourées, à la base, par le calice qui persiste après la floraison. Après la maturité, elles se séparent de la base au sommet où elles demeurent suspendues à l'extrémité d'un axe central, appelé *carpophore.* Le *carpophore* est ordinairement bifide, de sorte que chaque *carpelle* en a une partie pour support, quelquefois il est indivis, et les graines sont insérées à son extrémité. La face interne de chaque *carpelle*, c'est-à-dire celle par laquelle les deux carpelles sont réunis, s'appelle *commissure*; et cette face est plus ou moins plane ou à bords roulés en dedans, selon la forme de la graine, mais elle est toujours plus plane que la face opposée qui est le *dos.* Le dos est parcouru dans sa longueur par des *côtes* tantôt saillantes, et tantôt tellement oblitérées, qu'elles disparaissent, et le fruit est *lisse.* Cependant elles existent toujours, au moins en rudiment, et l'on est certain de les retrouver à la base ou au sommet du fruit, ou au moins sur le bec, comme dans l'*Anthriscus.* La *côte* qui occupe le milieu de la graine est la *carène* : les deux qui forment le rebord ou qui y sont contiguës, sont les *côtes latérales.* Dans l'espace qui sépare la carène du rebord, il se trouve encore de chaque côté une *côte*; ce sont les *côtes intermédiaires.* Ces 5 côtes sont appelées *primaires.* Un petit nombre d'Ombellifères ont, de plus, sur leur fruit, 4 autres côtes dont 2

sont placées, chacune d'un côté, entre la *carène* et la *côte intermédiaire:*
on les nomme *côtes secondaires intérieures.* 2 autres se trouvent aussi,
chacune d'un côté, entre le bord, ou la *côte latérale*, et la *côte intermédiaire :* ce sont les *côtes secondaires extérieures.* L'intervalle qui est
entre deux côtes est le *sillon.* Quelquefois le fruit est parcouru par des
sillons qui n'arrivent pas jusqu'à son sommet, le *Panais.*— Le plus souvent le fruit est parcouru sur son *dos* et sur la *commissure* de *bandelettes* de couleur rougeâtre ou brunâtre; elles contiennent un suc hui-
leux ou résineux : elles sont souvent plus ou moins nombreuses dans le
même genre. Presque toujours elles sont recouvertes d'une membrane
qui les cache ; pour les reconnaître, il faut couper le fruit en travers, et
cette coupe horizontale du fruit mûr, est d'ailleurs absolument nécessaire pour déterminer la plupart des genres des *Ombellifères*, qu'on ne
peut bien connaître que par l'examen du fruit parvenu à sa maturité
parfaite. Cette coupe montre d'abord si la graine est plane ou roulée à
sa face interne, ensuite si elle est comprimée par les deux bouts ou par
sa *commissure.* — La coupe horizontale a encore le double avantage
de montrer très-exactement le nombre et la position des *bandelettes*,
et de faire distinguer les *côtes* des bandelettes qui quelquefois sont
peu colorées et sont saillantes à la surface du fruit.

---

206. HYDROCOTILE, *Hydrocotyle.* Tourn.— Calice presque entier :
pétales ovales, entiers, droits aigus au sommet : fruit comprimé sur les
côtés : carpelles à 5 côtes filiformes, celle du milieu et les latérales le
plus souvent oblitérées; les intermédiaires arquées. *Feuilles simples.
Tiges faibles, rampantes.*

1. Plante d'un *jaune verdâtre :* pétiole *non
inséré au centre* du limbe de la feuille orbiculaire, crénelée, un peu épaisse, à nervure
transparente après la dessication : fleurs blanches ou rosées en ombelle très-petite : pédoncules et pétioles portant quelques *poils couchés* dans le jeune âge : pétales *obtus.* — ♃.
Les marais ; Pujaud. Fl. dan. t. 90 Engl. Bot. t.
751. **H. commun**, *vulgaris.* Lin. (mai-juin).

2. plante *d'un vert obscur :* pétiole *inséré au
centre* du limbe : feuilles sinuées, membraneuses, à nervures peu apparentes : *poils droits* sur
les pétioles et les pédoncules : fleurs roses,
en ombelles très-petites : pétales *aigus.* — ♃.
Les marais. Mut. t. f. 20. 123. Koch. umbel. f.
64. 65. **H. de Schkuhr**, *Schkuhriana* Reich.
(mai-juin).

207. SANICLE, *Sanicula.* Lin. — Calice à 5 dents aiguës, foliacées :
pétales droits, connivents, obovés, échancrés, à pointe longue, fendue :

fruit presque globuleux, hérissé de pointes recourbées en hameçon, non divisé en deux carpelles, sans côtes : involucre et involucelle de plusieurs folioles : ombelles hémisphériques. Fleurs blanches.

1. Tige nue : feuilles radicales, palmées, à 3-5 lobes incisés dentés, les radicales à très-long pétiole : fleurs sessiles. — ♃. Les bois ; 'Valbonne. Fl. dan. t. 285. **S. d'Europe**, *Europæa*. Lin. (mai-juin).

208. ASTRANCE, *Astrantia*. Lin. — Calice à 5 dents foliacées, aiguës : pétales oblongs, recourbés, bilobés, à pointe longue : fruit en fuseau, un peu comprimé sur le dos : carpelles à 5 côtes saillantes, renflées, plissées dentées en travers : involucre dépassant les fleurs.

a. — *Fleurs jaunes.*
1. Tige nue, portant une seule ombelle : feuilles toutes radicales, à long pétiole, à 5 lobes obtus, dentés : involucre de 6 folioles obtuses, dentées en scie. — ♃. Montagnes chaudes. Lin. fil. suppl. 177. **A. épipactis**, *epipactis*.

b. — *Fleurs blanches ou roses.*
2. Tige grande, presque simple : feuilles radicales à long pétiole, les caulinaires à pétiole moins long, toutes à 5 lobes lancéolés, à grosses dents de scie : fleurs grandes, en ombelle serrée, imitant une fleur radiée : involucre à folioles libres, quelquefois dentées, *dépassant beaucoup les fleurs.* — ♃. Prairies et bois montagneux ; les Cévennes ; le Jura. Lam. ill. t. 191. f. 1. **A. à grandes fleurs**, *major*. Lin. (juin-août).

3. Tige grêle, presque simple, portant 2-3 ombelles : feuilles à digitations lancéolées ou lancéolées-linéaires, à dents de scie aiguës, profondes : fleurs en petites ombelles serrées, radiées : involucre *dépassant à peine les fleurs.* — ♃. Prairies des Alpes ; Grande-Chartreuse ; les Pyrénées ; étang de Llaurenti. Lam. ill. t. 191. f. 2. **A à petites fleurs**, *minor*. Lin. (juin-juillet).

209. PANICAUT, *Eryngium*. Lin. — Calice à 5 dents foliacées, dépassant la corolle : pétales obovés oblongs, profondément bifides, droits, connivents, à pointe longue, pliée : fruit sans côtes, entouré d'écailles serrées, dressées, couronné par les dents épineuses du calice : fleurs en tête, entremêlées de paillettes épineuses.

F. = Feuilles radicales très-découpées.

a. — *Folioles de l'involucre pinnatifides.*
1. Tige épaisse, blanche, rameuse : feuilles raides, coriaces, très-découpées, à lobes nerveux, épineux, sinués : folioles de l'involucre linéaires, dépassant le capitule. — ♃. Montagnes du Dauphiné ; Gap ; Mont-Ventoux. Vill. Dauph. t. 15 bis. **E. blanche-épine**, *spina alba*. Vill. (juin-juillet).

b. — *Involucre non pinnatifide.*
2. Tige raide, d'un bleu violet au sommet : feuilles découpées *en lobes divergents*, dentés épineux, les radicales à long pétiole, les caulinaires sessiles, embrassantes, munies d'une gaine entière : involucre à folioles linéaires lancéolées, dépassant le capitule conique : fleurs d'un bleu violet. — ♃. Les Pyrénées, au Canigou. Gou. ill. t. 5. **E. de Bourgat**, *Bourgati*. (juin-juillet).

3. Tige en panicule divergente : feuilles glauques, 2 fois ailées, à *lobes réticulés*, veinés, dentés épineux ; les radicales pétiolées, les caulinaires embrassantes, munies d'oreillettes découpées épineuses, *les feuilles de la jeune plante entières, planes* : involucre à fo-

lioles linéaires , épineuses, dépassant le capitule : calice plus long que la corolle : fleurs d'un bleu verdâtre clair. — ♃. Lieux incultes.

Jacq. Aust. t. 155. **P. des champs,** *campestre.* Lin. (juillet-septembre).

III. = Feuilles radicales en cœur à la base.

a. — *Plantes glauques poudreuses.*

4. Tige rameuse dès la base : feuilles radicales réniformes arrondies, pétiolées, plissées; caulinaires embrassantes, incisées, trilobées , toutes dentées épineuses : folioles de l'involucre ovales pointues , épineuses, un peu incisées dépassant le capitule ovale : paillettes à 3 pointes. — ♃. Sables maritimes; Aigues-Mortes, derrière le Phare. Fl. dan. t. 875. **P. maritime**, *maritimum.* Lin. (juillet-août).

b. — *Plantes non glauques poudreuses.*

f. — *Feuilles inférieures en cœur elliptiques.*

5. Tige en corymbe au sommet : feuilles radicales pétiolées , indivises, crénelées dentées, celles du milieu de la tige sessiles, non divisées, les supérieures à 5 lobes épineux dentés : paillettes extérieures à 5 pointes : folioles de l'involucre linéaires lancéolées, à dents écartées épineuses, dépassant le capitule ovale , d'un bleu violet, comme le plus souvent tout le haut de la plante. — ♃. Alpes de Provence. Jacq. Aust. t. 391. **P. plane**, *planum.* Lin. (juin-juillet).

ff. — *Feuilles radicales oblongues ou presque triangulaires*, *en cœur.*

6. Tige droite, *simple* ou *portant 3 capitules :* feuilles radicales profondément échancrées en cœur , aiguës , dentées en scie , non divisées; les supérieures à 5-5 lobes ciliés , dentés en scie : involucre d'un bleu violet ou blanchâtre, à folioles pinnatifides, dentées, ciliées, presque pas épineuses, *dépassant un peu* le capitule *ovale allongé.* — ♃. Pâturages des Alpes; environs d'Embrun ; Gap. Jacq. icon. rar. t. t. 55. **P. des Alpes,** *Alpinum.* Lin. (juillet août).

7. Tige *dichotôme au sommet :* feuilles radicales en cœur, oblongues, crénelées, les supérieures à 5-5 lobes : involucre à folioles linéaires, les unes simples, les autres à 2-3 pointes, *dépassant beaucoup* le capitule *petit*, *arrondi.* — ♃. Montpellier. Desf. atl. t. t. 55. **P. dichotôme**, *dichotomum.* Desf. (juin-août).

210. ECHINOPHORE , *Echinophora.* Lin. — Calice à 5 dents : pétales obovés, échancrés, à pointe réfléchie en dedans ; ceux de la circonférence plus grands, bifides : la fleur du milieu à pistil , celles de la circonférence à étamines : fruit ovale, renfermé dans le réceptacle , à bec court, saillant, à 5 côtes déprimées , ondulées, striées, égales : involucre et involucelle épineux. *Fleurs blanches.*

1. Tige basse, rameuse, diffuse divergente , canelée : feuilles épaisses, épineuses, 2-3 fois ailées , à lobes linéaires , raides , un peu à 3 angles, épineux : folioles des feuilles supérieures entières ou trifides. — ♃. Sables maritimes; Aigues-Mortes, derrière le Phare. Cav. icon. 2. p. 24. t. 127. **E. épineuse**, *spinosa.* Lin. (juin-juillet). = Var. à tige pubescente , profondément sillonnée ; ombelles poilues. *Pubescens.* Cass.

211. CIGUE, *Conium.* Lin. — Calice entier : pétales obovés, échancrés, à pointe très-courte, réfléchie en dedans : fruit presque globuleux, renflé , comprimé sur les côtés : 5 côtes saillantes, crénelées, ondulées, les 2 latérales contiguës au rebord : un sillon profond sur la commissure : involucre à 5-5 folioles; demi-involucelle : *fleurs blanches.* — Pas de bandelettes.

1. Tige grande, lisse, fistuleuse, glabre, chargée de taches noires ou rougeâtres : pétioles fistuleux, carénés : feuilles grandes, 2-3 fois ailées, à folioles lancéolées oblongues, incisées dentées, les dernières confluentes, toutes blanchâtres au sommet : involucelles plus courts que l'ombellule. — ②. Lieux humides; Prairies en dessous de Barjac; l'Espérou, à Notre-Dame-du-Bonheur. Jacq. Aust. t. 156. **C. tachée**, *maculatum*. Lin. (juin-août).— Très-vénéneuse.

212. PLEUROSPERME, *Pleurospermum*. Hoffm. — Calice à 5 dents : pétales obovés, entiers, à pointe large, fléchie en dedans : fruit ovale, comprimé sur les côtés : carpelles à 5 côtes ailées, creuses, renflées ; sur la semence 5 côtes opposées aux côtes extérieures : un sillon sur la commissure : involucres et involucelles de plusieurs folioles incisées : *fleurs blanches*. — Sillons à 1-3 bandelettes.

1. Tige grande, épaisse, fistuleuse, presque simple, feuillée : feuilles 2-3 fois ternées, celles de la tige ailées, à gaine courte, large ; les folioles incisées, décurrentes : ombelles très-fournies, grandes, rudes sur les pédicelles. — ②. Bords des eaux, dans les montagnes ; le Lautaret; Alpes de Provence. Vill. t. 13 bis. **P. d'Autriche**, *Austriacum*.. Hoffm. (juin-septembre).

213. MACÉRON, *Smyrnium*. Lin. — Calice presque entier : pétales elliptiques ou lancéolés, entiers, aigus, à pointe fléchie en dedans : fruit comprimé sur les côtés, ovale, presque didyme, succulent à la maturité : carpelles réniformes, à côtes aiguës, saillantes, les 2 latérales confondues avec le bord, presque nulles : involucres variables : fruits noirs succulents : *fleurs jaunes* : ombelles convexes. — Sillon à plusieurs bandelettes.

a. — *Pas de feuilles simples.*

1. Tige grande, cannelée, cylindrique : feuilles radicales, très-grandes, 2-3 fois ternées, les caulinaires 1 fois ternées, à folioles rondes ovales, crénelées dentelées en scie et trilobées : fleurs verdâtres. — ②. Prairies humides du Midi ; Nîmes. Lam. ill. t. 204. **M. commun**, *olusatrum*. Lin. (mai-juin).

b. — *Des feuilles simples.*

2. Racine *tubéreuse* : tige simple, droite, cylindrique, sillonnée et ailée dans le haut : feuilles inférieures *ternées*, à folioles arrondies, les caulinaires simples, embrassantes connées, rondes ovales, entières ou crénelées. — ⚃. Bois de Provence; Toulon; St-Tropez. W. et Kith. pl. rar. hung. t. 23. **M. perfolié**, *perfoliatum*. Mill. (avril-juin).

3. Tige *cylindrique* : feuilles radicales 2 *fois ailées*, incisées lobées, les caulinaires connées perfoliées, arrondies, presque entières. — ⚃. Environs de Bonifacio. Math. valgr. p. 513. f. 2. **M. à feuilles rondes**, *rotundifolium*. Mill. (mai-juin).

214. ARMARINTHE, *Cachrys*. Lin. — Calice entier : pétales ovales lancéolés, entiers, à pointe fléchie en dedans : fruit gros, renflé, ovale cylindrique, recouvert par une écorce épaisse subéreuse : carpelles à côtes épaisses, obtuses, égales, les 2 latérales contiguës au bord : in-

volucres à plusieurs folioles : *fleurs jaunes :* un sillon sur la commissure. — Bandelettes très-nombreuses.

1. Tige grande, striée, rameuse : feuilles très-décomposées en lobes fins, aigus : ombelles très-fournies : involucres sétacés, subulés. — ♃. Rochers du Midi; les rochers du Gardon, au mas de Seine. Moris. umb. t. 5. n. 4. **A. à fruit lisse**, *lævigata.* (juin-juillet).

215. SCANDIX , *Scandix.* Lin.

— Calice presque à 5 dents : pétales obovés, tronqués, à pointe fléchie en dedans : fruit comprimé sur les côtés , surmonté d'un très-long bec : carpelles à 5 côtes obtuses, égales, les 2 latérales confondues avec le bord : un sillon profond sur la commissure : pas d'involucre ; involucelles à plusieurs folioles. Fleurs *blanches.* — Sillons presque sans bandelettes.

1. *Bec du fruit comprimé sur le dos, chargé de 2 rangées de petits aiguillons* : tige rameuse, hispide ou presque glabre : feuilles très-décomposées en lobes linéaires aigus : involucelles à folioles entières ou trifides au sommet : fruit glabre sur les faces. — ☉. Les champs. Jacq. Aust. t. 844. **S. peigne de Vénus**, *pecten Veneris.* (avril-juin).

2. *Bec du fruit comprimé sur les côtés, hérissé de partout* : tige grêle, glabre à la base : feuilles plusieurs fois découpées en lobes très-fins : ombelles peu fournies : involucelles à folioles scarieuses sur les bords, entières ou à 2-5 dents au sommet : fruit tuberculeux sur toute sa surface. — ☉. Le Midi, dans les champs ; Nimes. Hoffm. umb. 1. p. 5. t. 2. f. 1. **S. du Midi** , *Australis.* Lin. (avril-mai).

216. ANTHRISQUE , *Anthriscus.* Hoffm.

— Calice entier : pétales obovés, tronqués, ou échancrés, à pointe courte le plus souvent, fléchie en dedans : fruit comprimé sur les côtés, surmonté d'un bec à 5 côtes et point sur le fruit : sillon profond sur la commissure : involucre nul ; involucelle à plusieurs folioles : *fleurs blanches.*

a. — *Fruit lisse.*
1. Tige striée, pubescente sur les nœuds : feuilles 5 fois ailées, à lobes lancéolés : gaînes et nervures des feuilles poilues : ombelles latérales presque sessiles, d'autres à long pédoncule : fruits linéaires lisses. — ☉. Cultivé dans les jardins. Engl. Bot. t. 1268. **A. cerfeuil**, *cerefolium.* Hoffm. (mai-juin).
b. — *Fruit hérissé.*
2. Tige fistuleuse, *renflée sous les nœuds hérissés* : feuilles hérissées, 2-5 fois ailées, à folioles incisées dentées : fruit presque cylindrique, hérissé de soies raides, portées sur un

tubercule : ombelles latérales, peu fournies.— ☉. Haies; buissons ; Perpignan. Jacq. hort. vind. 5. t. 23. **A. noueux**, *nodosa.* Spr.(mai-juin).
5. Tige à rameaux *presque toujours divergents, glabres* : feuilles 5-4 fois ailées, à folioles incisées, ciliées et les gaînes : ombelles latérales et terminales, sessiles et pédonculées : fruit hérissé d'aiguillons recourbés : *bec 4 fois plus court que le fruit* : styles courts, droits. — ☉. Haies; bords des chemins. Koch. umb. f. 59. 60. Jacq. Aust. t. 154. **A. commun**, *vulgaris.* Pers. (mai-septembre).

217. CERFEUIL , *Chærophyllum.* Lin.

— Calice entier. Pétales obovés, échancrés, à pointe fléchie en dedans : fruit comprimé sur les côtés, sans bec, oblong ou linéaire : carpelles à côtes très-obtuses, égales, les

2 latérales confondues avec le bord : un sillon profond sur la commissure : des ombelles terminales, d'autres dans la dichotômie, convexes : involucre nul ou de plusieurs folioles : involucelles à plusieurs folioles. *Fleurs blanches.* — Sillons à 1 bandelette.

I. = Côtes nulles au bas du fruit à la maturité.

a. — *Fleurs rayonnantes.*

1. Tige dressée, grande, presque simple, un peu striée : feuilles 2-3 fois ailées, à folioles ovales lancéolées, grossièrement dentées, un peu mucronées, confluentes : fruit allongé, lisse, luisant, entouré à la base d'une rangée de cils : styles courts, un peu dressés : fleurs rayonnantes. — ♃. Alpes de Provence, à la vallée de Colmars. Jacq. Aust. t. 63. C. à collier, *torquata.* DC. (juin-juillet).

b. — *Fleurs non rayonnantes.*

2. Tige grande, droite, fistuleuse, sillonnée, rameuse, renflée aux nœuds velus : feuilles 2-3 fois ailées, à folioles lancéolées, incisées pinnées, dentées, aiguës, les plus hautes confluentes, *toutes poilues sur les nervures du dessous* : involucelles ciliées poilues : fruit presque lisse, noir à la maturité, quelquefois chargé de tubercules émoussés. — ♃. Prairies; haies; Valbonne. Jacq. Aust. t. 149. C. sauvage, *sylvestris.* Lin. (avril–juin).

3. Tige faible, peu rameuse : feuilles *glabres*, vertes, 3 fois ailées, à folioles étroites, lancéolées écartées : pétales placés, entiers, plus petits : fruit lisse, à styles caducs : les involucres presque pas membraneux. — ♃. Sommets pierreux des montagnes; Grande-Chartreuse; Mont-Bovinnant. Vill. 2. p. 642. C. des Alpes, *Alpinum.* Vill. — Var. du précédent.

II. = Côtes parcourant toute la longueur du fruit.

a. — *Racine tubéreuse, en navet : plantes bisannuelles.*

4. Tige marquée de taches pourpres, droite, rameuse, très-renflée sous les nœuds, hispide dans le bas, *hérissée dans le haut :* feuilles inférieures 2 fois ailées, supérieures 1 fois, à *folioles ovales oblongues*, obtuses et les crénelures : involucelles ovales lancéolés, mucronés, *ciliés :* styles courts, recourbés. — ②. Haies; lieux incultes. Jacq. Aust. t. 63. C. penché, *temulum.* Lin. (juin-juillet).

5. Tige marquée de taches pourpres, droite, hérissée dans le bas, *glabre dans le haut*, fistuleuse, renflée sous les nœuds : gaines allongées, ventrues, glabres, non membraneuses : feuilles très-découpées en lanières *linéaires lancéolées, aiguës*, celles des feuilles supérieures très-étroites, linéaires : involucelles glabres : styles réfléchis. — ②. Alsace, dans les buissons; les haies. Jacq. Aust. t. 63. C. bulbeux, *bulbosum.* Lin. (mai-juin).

b. — *Racine rameuse : plantes vivaces.*

6. Tige droite, presque simple, souvent tachée, *non renflée sous les nœuds :* feuilles poilues sur les pétioles et sur les veines en dessous, 2-3 fois ailées : folioles ovales à la base, lancéolées, pointues, incisées dentées en scie, pinnées à la base, à longue pointe dentée en scie : involucelles ovales lancéolées, pointues, mucronées, ciliées : *pétales glabres :* fruit en fuseau, plus long que les styles réfléchis. — ♃. Pâturages des montagnes; environs de Gap; Embrun. Jacq. Aust. t. 64. C. doré, *aureum.* Lin. (juin-juillet). = Var. à poils réfléchis sur la tige. — *Fruit d'un beau jaune.*

7. Hérissée : tige fistuleuse, *un peu renflée sous les nœuds*, rameuse : feuilles très-décomposées, à divisions ovales lancéolées, incisées : involucelles à folioles larges, lancéolées, membraneuses et ciliées sur les bords : *pétales ciliés.* — ♃. Lieux humides des montagnes; Cévennes. Jacq. Aust. t. 148. C. hérissé, *hirsutum.* Lin. (juin-août). = *Variétés.* 1re Tige naine, très-hérissée. *Bauhin.* Mat. — 2e Tige grande, presque glabre, feuilles glabres, luisantes, à folioles grandes, 2 fois incisées, dentées en scie sur la pointe : *fleurs d'un beau rose. Ciccutaria.* Vill.

---

218. MYRRHIS, *Myrrhis.* Scop. — Calice entier : pétales obovés, échancrés, à pointe réfléchie en dedans : fruit linéaire allongé, comprimé sur les côtés, recouvert d'une double écorce, l'extérieure renflée, à 5 côtes égales, carénées, aiguës, creuses en dedans; l'intérieure adhérente à la semence : pas d'involucre ; involucelles de plusieurs folioles membraneuses, pointues : *fleurs blanches.*

1. Pubescente : tige épaisse, grande, fistuleuse, canelée : feuilles très-grandes, à contour triangulaire, 2-3 fois ailées, souvent tachées de blanc, odorantes : fruit noir, long, très-odorant. — ♃. Prairies des montagnes ; la Grande-Chartreuse. Jacq. Aust. app. t. 57. **M. odorante**, *odorata.* Scop. (mai-août).

219. MOLOPOSPERME, *Molopospermum.* Koch. — Calice à 5 dents foliacées : pétales lancéolés, entiers, droits, terminés par une longue pointe : fruit comprimé sur les côtés ; carpelles à 5 côtes aiguës, membraneuses, ailées, les 2 latérales confondues avec le bord, 2 fois plus courtes : un sillon sur la commissure très-étroite : involucres et involucelles de plusieurs folioles : *fleurs blanches.* — Sillons à 1 bandelette.

1. Tige très-grande, glabre, fistuleuse, striée, rameuse : feuilles très-grandes, très-découpées en folioles pinnées, incisées, pointues, rhomboïdales lancéolées : ombelles latérales, opposées ou verticillées, entourées de feuilles ailées. — ♃. Les Alpes; Pyrénées; Canigou ; les Cévennes; Espérou, au Valat de la Dauphine, à Bramebiaou, près Camprieu. Jacq. Aust. app. t. 15. **M. cicutaire**, *cicuta linu.* DC. juillet-août.

220. CICUTAIRE, *Cicuta.* Lin. — Calice à 5 dents foliacées : pétales obcordés, échancrés, à pointe fléchie en dedans : fruit presque globuleux, didyme par la contraction des bords : carpelles à côtes crénelées, crispées, égales, les 2 latérales confondues avec le bord : pas d'involucre ; involucelle de plusieurs folioles : ombelles en demi-sphère : *fleurs blanches.* — Sillons à 1 bandelette.

1. Racine à fibres filiformes : tige grande, fistuleuse et les rameaux, cylindrique, sillonnée : feuilles 2 fois ailées, à folioles linéaires, dentées en scie : ombelles latérales, opposées aux feuilles, grandes, bien fournies. — ♃. Bords des étangs, des fossés : Strasbourg; environs de Paris. Il. dan. t. 208. **C. vireuse**, *virosa.* Lin. juillet-septembre.

221. ACHE, *Apium.* Lin. — Calice ondulé, à 5 dents : pétales presque arrondis, entiers, obtus, fléchis : fruit presque globuleux, didyme par la contraction des bords : carpelles à 5 côtes filiformes, égales, les 2 latérales confondues avec le bord : involucre foliacé, souvent presque nul ; involucelles nuls : carpophore non divisé : *fleurs blanches.* — Sillons à 1-2-3 bandelettes.

1. Tige sillonnée, rameuse : feuilles inférieures ailées, à folioles larges, trilobées incisées, les caulinaires ternées, à folioles en coin, incisées dentées au sommet : fleurs en ombelles presque sessiles. — ♃. Les marais; les fossés : cultivé. Engl. Bot. t. 1210. **A. odo-**

rante, *graveolens*. Lin. (juillet-septembre). = *Variétés*. = a. — Feuilles dressées, à pétiole long, canelé, folioles à 5 lobes dentés. *Dulce*. Mill. = b. — Racine en rave ; folioles étalées :

pétioles courts, raides. *Rapaceum*. Mill. = c. — Feuilles radicales à 5 lobes, les caulinaires à 5 lobes crénelés. *Lusitanicum*. Mill.

222. PERSIL, *Petroselinum*. Hoffm.

— Calice à 5 dents peu marquées : pétales presque ronds, à pointe large, fléchie en dedans : fruit ovale, comprimé sur les côtés, presque didyme : carpelles à 5 côtes filiformes carénées, les 2 latérales contiguës au bord : involucre à 3-4 folioles ; involucelles à plusieurs folioles : carpophore divisé : *fleurs d'un blanc verdâtre* : ombelles hémisphériques. — Sillons à 1 bandelette, 2 sur la commissure.

a. — Feuilles ternées.

1. Tige cylindrique : feuilles inférieures 2 fois ternées, à folioles en cœur à la base, trilobées, supérieures 1 fois ternées, à folioles en coin à la base, trilobées au sommet, toutes dentées : involucelles membraneux sur les bords, à pointe très-fine. — ♃. Originaire de la Chine ; cultivé. **P. terné**, *ternatum*. Pall. (juillet-août).

b. — Feuilles ailées.

2. Tige droite, grande, sillonnée : feuilles luisantes, inférieures 2 fois ailées, à folioles ovales en coin, trifides ou dentées ; les supérieures ternées, à folioles linéaires lancéolées entières ou trifides : involucelles 1 fois plus courts que les ombellules. — ♁. Lieux frais, ombragés ; rocailles du Midi ; les jardins. Black. herb. t. 172. **P. cultivé**, *sativum*. Hoff. = *Variétés*. = b. — Feuilles caulinaires à folioles en coin, incisées et linéaires. *Heterophyllum*. Riv. t. 89. = c. — Feuilles inférieures plus grandes, crispées. *Crispum*. Riv. t. 90.

3. Tige droite, cylindrique, presque nue : feuilles ailées, inférieures à folioles pinnées incisées, dentées en scie, presque sessiles, celles des caulinaires linéaires entières et trifides, nulles dans les plus hautes : involucre de 2-3 folioles : rayons très-inégaux : fleurs quelquefois rougeâtres. — ☉. Champs humides ; Paris ; Nantes. Jacq. hort. vind. t. 134. **P. des moissons**, *segetum*. Koch. (juillet-août).

225. TRINIE, *Trinia*. Hoffm.

— Fleurs monoïques ou dioïques : calice entier. — *Fleurs à étamines* : pétales lancéolés, rétrécis en pointe roulée. — *Fleurs à pistils* : pétales ovales, surmontés d'une petite pointe fléchie : fruit ovale, comprimé sur les côtés, couronné par les styles réfléchis : carpelles à 5 côtes creuses, filiformes, égales, saillantes, les 2 latérales confondues avec le bord : carpophore à 2 parties planes : ombelles opposées, comme en panicule : involucre souvent nul : involucelle variable. *Fleurs blanches.* — Bandelettes 1 dans chaque côte, 1 ou 0 sur chaque sillon.

a. — Côtes du fruit en carène.

1. Glauque blanchâtre : tige à rameaux nombreux, diffus : pétioles très-longs, *aplanis*, à 5 angles : feuilles à folioles divisées en lanières très-longues, capillaires : involucre à 4-5 folioles : ombelles nombreuses. — ♀. Pyrénées ; Tarascon, au Pech ; Grenoble, W. et Kith. t. 72. **T. très-rameuse**, *ramosissima*. Reich. (juin).

2. Tige à rameaux ouverts : gaines dilatées : pétioles à 5 angles creusés d'un sillon en dessous : feuilles divisées en lanières linéaires, dilatées : pas d'involucelles : fruit presque globuleux. — ♀. Collines sèches du Midi : Gre-

noble. Engl. Bot. t. 1209. **T. à fruit globu-leux** , *pumila* Mut. (mai-juin) — Ombelles petites.

3. *Glauque :* tige variant de 2 pouces à 1 pied : *pétioles cylindriques :* feuilles à 3 parties 2 fois ailées , à lanières linéaires , planes,

aiguës : pas d'involucelles : fruit ovale oblong : ombelles grandes, à long pédoncule. — ②. Les champs , aux environs de Grenoble ; bois de Pouzilhac. Reich. Cent. 5. f. 633. **T. à fruit oblong** , *glauca.* Mut. (mai-juin).

224. HELOSCIADIE , *Helosciadium.* Koch. — Calice à 5 dents , quelquefois entier : pétales ovales, entiers, aigus, à pointe droite ou fléchie : fruit ovale ou oblong , comprimé sur les côtés : carpelles à 5 côtes filiformes, saillantes, égales, les 2 latérales confondues avec le bord : carpophore entier : involucres variables : *fleurs blanches* ou d'un *blanc verdâtre.* Feuilles 1 fois ailées. — Sillons à 1 bandelette.

I. = Ombelles terminales.

a. — *Pédicelles des ombellules épaissis et un peu réunis à la base.*

1. Tige rampante à la base, dressée : feuilles 1 fois ailées , à folioles obovées , incisées dentées au sommet, les dernières trifides : pas d'involucres. — ♃. Lieux inondés de la Corse. Reich. icon. Bot. 3. t. 218. **H. à pédicelles renflés**, *crassipes.* Koch. (juin-juillet).

b. — *Pédicelles libres , non épaissis.*

2. Tige grêle, flottante ou rampante : feuilles submergées décomposées en folioles capillaires, les supérieures à folioles en coin , incisées, trifides : ombelles pédonculées, petites : pas d'involucre : fruit ovale.— ♃. Les marais, les fossés pleins d'eau des environs d'Orléans ; Nantes. Pluck. t. 61. f. 3. **H. inondée** , *inundatum.* Koch. (juin-juillet). — Voir le *H. intermedium.*

II. = Ombelles opposées aux feuilles.

a. — *Racines bulbeuses.*

3. Racine émettant des rejets : tiges faibles, tombantes : feuilles radicales très-longues, divisées en lanières profondes, linéaires, comme verticillées : les involucres et involucelles à 4-5 folioles lancéolées : ombelle à long pédoncule, peu fournie. — ⊙. Les Landes ; étangs de Dax. Thor. journ. Bot. 1. t. 7. f. 2. **H. intermédiaire** , *intermedium.* DC. (août-septembre).

b. — *Racines non bulbeuses.*

4. Tiges couchées, rampantes à la base , striées , fistuleuses : feuilles *à folioles ovales lancéolées , à dents de scie égales :* involucres de 1-2 folioles : ombelles petites, presque sessiles : fruit ovale globuleux : fleurs d'un blanc verdâtre. — ♃. Fossés ; marais ; ruisseaux.

Engl. Bot. t. 639. **H. nodiflore**, *nodiflorum.* Koch. = *Variétés.*= b. — Tige de 2-3 pieds ; feuilles radicales à folioles ovales crénelées dentées , de 2 pouces de long. Bordeaux. *Giganteum.*= c. — Tige rampante : pétiole dilaté en gaîne membraneuse : ombelles à très-longs pédoncules. *Hybridum.* Neuilly-sur-Marne. (juin-juillet).

5. Tige rampante, fistuleuse , striée, radicante : feuilles 1 fois ailées, *à folioles ovales arrondies, inégalement dentées*-incisées ou lobées : involucre de 5-6 folioles lancéolées ; involucelles égalant les fleurs : fruit globuleux ; styles réfléchis. — ♃. Marais ; prairies tourbeuses de l'Alsace; Grande-Chartreuse. Jacq. Fl. Aust. 3. 260. **H. rampante**, *repens.* Koch. (juillet-septembre).

225. PTYCHOTIS , *Ptychotis.* Koch. — Calice à 5 dents : pétales obovés , échancrés bifides, portant au milieu un pli transverse , à pointe fléchie en dedans : fruit ovale oblong, comprimé sur les côtés, couronné par les styles réfléchis : carpelles à 5 côtes filiformes, égales, les 2 laté-

rales confondues avec le bord : carpophore bifide : pas d'involucre ; involucelle à plusieurs folioles : *fleurs blanches.*— Sillons à 1 bandelette.

1. Tige grêle, droite, à rameaux nombreux, divergents : feuilles radicales *à folioles ovales incisées*, lobées, dentées en scie, les caulinaires 2 *fois ternées*, divisées en lobes linéaires, étroites : involucelles sétacées : fruit oblong. — ☉. Lieux pierreux du Midi ; Grenoble ; Marseille. Jacq. hort. vind. 2. t. 198. **F**. à **feuilles variables**, *heterophylla.* Koch. (juillet-août).

2. Tige flexueuse, dressée, rameuse : feuilles divisées en lanières *linéaires filiformes*, celles des radicales linéaires en coin, bi-trifides, *verticillées autour d'un axe central* : involucelles à 2 folioles spatulées, mucronées, les autres très-fines : fruit ovale : pas d'involucre : ombelles pédonculées.—☉. Calvi ; Bonifacio en Corse. Riv. t. 95. **F**. **faux Ammi**, *Ammoides.* Koch. (mai).

226. FAUCILLE, *Falcaria.* Riv. — Calice à 5 dents : pétales obovés, échancrés, à pointe large obtuse, fléchie en dedans : fruit oblong, comprimé sur les côtés, couronné par les styles divergents, réfléchis : carpelles à 5 côtes filiformes, égales, les latérales confondues avec le bord : carpophore libre, bifide : involucres et involucelles très-fins : fleurs blanches, souvent stériles avortées dans les ombelles des rameaux latéraux. — Sillons à 1 bandelette.

1. Tige à rameaux nombreux, divergents : feuilles primitives simples et ternées, les caulinaires ternées, à folioles longues, un peu courbées en faulx, linéaires et larges, à dents

très-nombreuses, très-fines, cartilagineuses. — ♃. Bords des champs, partout ; Tresques. Jacq. Fl. aust. t. 257. **F**. de **Rivin**, *Rivini.* Hort. (juillet-août).

227. SISON, *Sison.* Lin. — Calice entier : pétales presque ronds, profondément échancrés, à pointe fléchie en dedans : fruit ovale, comprimé sur les côtés, couronné par les styles courts, inclinés : carpelles à 5 côtes filiformes, égales, les 2 latérales confondues avec le bord : corpophore divisé : involucre et involucelles de quelques folioles : *fleurs blanches.* — 1 bandelette.

1. Tige grêle, dressée, striée, presque simple : feuilles 1 fois ailées, les radicales à folioles ovales lancéolées, incisées dentées, les caulinaires à folioles linéaires pinnées : om-

belles latérales et terminales, peu fournies. — ♃. Champs humides ; bords des fossés : Orléans ; St-Gilles. Jacq. hort. vind. 3. t. 17. 61. **S**. **amome**, *amomum.* Lin. (juin-août).

228. AMMI, *Ammi.* Lin. — Calice entier : pétales obovés, échancrés bilobés, à pointe fléchie en dedans, ceux de la circonférence plus grands, rayonnants, profondément bifides : fruit ovale oblong, couronné par les styles réfléchis : carpelles à côtes filiformes, égales, les 2 latérales confondues avec le bord : carpophore divisé, libre : involucres ailés : *fleurs blanches.* Semences gibbeuses-convexes sur le dos. — Sillons à 1 bandelette.

q. — *Plantes glauques.*

1. Un peu glauque : tige assez grande, à rameaux ouverts : feuilles inférieures *à folioles lancéolées larges*, à dents aiguës, mucronées, *cartilagineuses*, les caulinaires à folioles lancéolées, dentées en scie, les plus hautes à folioles linéaires, divariquées, toutes dentées.— ☉. Champs cultivés; Tresques. Block. herb. t. 447. **A. élevé**, *majus*. Lin. (juin-août). — Voir le *A. intermedium*.

2. Glauque : tige un peu striée, presque lisse : feuilles *très-décomposées*, *en lanières linéaires*, pointues, entières ou portant au milieu de chaque côté une dent profonde, terminée par une pointe blanche : rayons des ombelles longs, étalés.—☉. Champs pierreux du Midi; Lyon; Montélimart. Lam. ill. t. 193. **A. à feuilles glauques**, *glaucifolium*. Lin. (juin-juillet).

qq. — *Plantes non glauques.*

a. — *Lobes des feuilles toujours entiers, jamais dentés.*

3. Tige striée, presque sillonnée, très-feuillée : feuilles toutes décomposées en lobes linéaires , aigus : ombelles resserrées à la maturité : rayons réunis à la base en une espèce de réceptacle à la maturité.—☉. Littoral des deux mers; Aigues-Mortes. Jacq. hort. vind. t. 26. **A. visnage**, *visnaga*. Lam. (juillet-août).

b. — *Lobes des feuilles dentés.*

4. Tige lisse : feuilles *décomposées*, *multifides*, presque vertes, à lobes incisés ou dentés,

en coin dans les feuilles du bas , linéaires , dentés en scie, très-pointus dans celles du haut : ombelles toujours étalées. — ☉. Environs de Toulouse. DC. Prod. t. 4. inedit. **A. intermédiaire**, *intermedium*. DC.

5. Tige grande, feuilles grandes, 1-2 *fois ailées*, à lobes entiers et incisés , les derniers confluents : involucres de la longueur des rayons : involucelles très-fins, doubles des ombellules, ciliés : ombelle grande , bien fournie : *styles divergents*. —☉. Prairies des environs de St-Béat. **A. des Pyrénées**, *Pyrenæum*. Lapeyr.

229. EGOPODE, *Ægopodium*. Lin. — Calice entier : pétales obovés échancrés, à pointes fléchies en dedans : fruit oblong, comprimé sur les côtés, couronné par les styles réfléchis : carpelles à côtes filiformes , égales, les 2 latérales confondues avec le rebord : graines cylindriques , convexes sur le dos, planes sur la commissure : involucre et involucelles nuls : *fleurs blanches*. — Bandelettes nulles.

1. Tige grande, profondément sillonnée : feuilles 1-2 fois ternées, à folioles lancéolées ovales, pointues : pétioles inférieurs partagés en 3 divisions, chacune portant 3 folioles ;

feuilles supérieures simples. — ♃. Les haies ; les jardins; Sumène. Fl. dan. t. 670. **E. des goutteux**, *podagraria*. Lin. (juin-août).

230. CARUM, *Carum*. Lin. — Calice entier : pétales obovés, échancrés , à pointe fléchie en dedans : fruit oblong, comprimé sur les côtés : carpelles à côtes filiformes égales , les 2 latérales confondues avec le rebord : commissure plane : graines cylindriques , un peu planes en devant : involucre et involucelles variables : *fleurs blanches*. — Sillons à 1 bandelette, 2 sur la commissure.

1. Racine *fusiforme* : tige anguleuse, à rameaux effilés : feuilles 2 fois ailées , à folioles divisées en lobes courts, linéaires confluents,

en croix sur le pétiole commun : ni involucre ni involucelle. — ♃. Prairies humides des montagnes. Fl. dan. 1091. **C. carvi**, *carvi*.

Lin. (mai-septembre). = Var. à involucre à 1-2 folioles allongées ; — à involucre à folioles découpées.

2. Racine *fasciculée* : tige droite, un peu striée, presque nue : feuilles décomposées en folioles capillaires, *verticillées* : *involucre* et *involucelle* à folioles linéaires lancéolées, courtes : fleurs blanches en ombelles terminales. — ♃. Prairies humides, au Mont-Pilat. Dalech. Lugd. 718. icon. **C. verticillé**, *verticillatum*. Koch. (juin-août).

231. TERRENOIX, *Bunium*. Lin. — Calice presque entier : pétales obovés , échancrés, à pointe obtuse, large réfléchie en dedans : fruit linéaire oblong, comprimé sur les côtés : carpelles à 5 côtes filiformes, obtuses égales ; les 2 latérales confondues avec le rebord : axe central, bifide : involucres variables : *fleurs blanches. Racine tubéreuse.* — Sillons à 1-2-5 bandelettes , 2-4 sur la commissure.

a. — *Styles du fruit réfléchis, caducs.*

1. Racine globuleuse : tige striée, rameuse, feuillée à la base : feuilles triangulaires, 2-3 fois ailées, folioles à 2-3 lanières linéaires, aiguës, calleuses au sommet, non mucronées ; gaînes supérieures larges, à 3 lobes linéaires allongés : involucres herbacés, linéaires , courts, aigus : fruit allongé oblong. — ♃. Pâturages humides. Lam. ill. t. 197. **T. commun**, *bulbocastanum*. Lin. (mai-juin).

b. — *Styles du fruit réfléchis , persistants.*

2. Racine fusiforme : tige sillonnée striée , rameuse : feuilles 2 fois ailées, à divisions linéaires : involucres et involucelles à folioles courtes , sétacées : fleurs verdâtres , en ombelles de 12-18 rayons très-inégaux. — ♃. La Bourgogne , au Mont-Afrique. DC. prod. t. 4. inedit. **T. verdâtre**, *virescens*. DC. (juin-juillet).

c. — *Styles persistants , dressés , un peu divergents.*

3. Racine globuleuse : tiges de 4-6 pouces , grêles, flexueuses, tombantes, peu rameuses , dichotômes : folioles linéaires oblongues : involucre presque nul, involucelles de quelques folioles *subulées sétacées*, courtes : ombelles peu fournies. — ♃. Bois montagneux de Corse. **T. corydale**, *corydalinum*. DC. prod. (avril-mai).

4. Racine globuleuse : tige simple, flexueuse, nue à la base : feuilles radicales à long pétiole, les caulinaires à gaîne courte, 2 fois ailées , à folioles linéaires, divisées incisées : les involucres à folioles linéaires : involucelles à folioles *ovales à l'extérieur*. — ♃. Prairies montagneuses des Cévennes ; Dauphiné. Engl. Bot. t. 988. **T. sans involucre**, *denudatum*. DC. (juin-juillet).

232. BOUCAGE, *Pimpinella*. — Lin. — Calice entier : pétales obovés, échancrés, à pointe échancrée, fléchie en dedans : fruit ovale comprimé sur les côtés : carpelles à côtes filiformes, égales , les 2 latérales confondues avec le rebord : semences gibbeuses , convexes : ombelles nues. *Fleurs blanches ou rosées.* — Sillons et commissure à plusieurs bandelettes.

I. = Fruit glabre.

a. — *Tige anguleuse, sillonnée.*

1. Tige feuillée, anguleuse sillonnée : feuilles radicales à folioles ovales , luisantes, incisées dentées, la paire la plus rapprochée de la tige pétiolée, l'impaire trilobée, feuilles supérieures à folioles divisées en lobes linéaires : styles dépassant l'ovaire : fruit oblong ovale. — ♃. Bords des forêts; Salhous. Jacq. Aust. t. 596. **B. à grandes feuilles**, *magna*. = Var. à feuilles découpées en lanières aiguës, linéaires. *Dissecta*. Bieb. (mai-septembre).

b. — *Tige à peine striée.*

2. Tige cylindrique, finement striée, presque nue dans le haut, *glabre ou pubescente* : pédoncules glabres : feuilles glabres, radicales 4 fois ailées, à folioles arrondies, grossement dentées, presque sessiles, les caulinaires 2 fois ailées, à folioles linéaires, les supérieures réduites à la gaîne : styles plus courts que l'ovaire : fruit ovale. — ♃ . Prairies et coteaux incultes. Fl. dan. t. 669. **B. saxifrage** , *saxifraga*. Lin. (juin-septembre). = *Variétés.* = a. = Segments ovales, dentelés dans les feuilles {radicales, divisés

dans les caulinaires inférieures. *Major*. Koch. = b. — Toutes les feuilles à segments découpés. *Dissectifolia*. Vallr. = c. — Segments des feuilles presque arrondis, crénelés. *Poteriifolia*. Vallr.

3. Tige cylindrique, finement striée, presque nue dans le haut, *chargée comme les rameaux et les pédoncules d'un duvet serré, épais* : feuilles ailées, à folioles ovales obtuses, lobées-dentées : styles pendant la floraison plus courts que l'ovaire : fruits ovales. — ♃ . Prairies et collines incultes. Koch. synop. edit. secund. t. p. 446. **B. noir,** *nigra*. Willd. (juillet-août).

II. = Fruit pubescent.

a. — *Plante annuelle.*

4. Feuilles inférieures simples, en cœur arrondi, incisées dentées en scie, celles du milieu à folioles en coin, lobées ou dentées, les plus hautes trifides : fruit ovale, chargé d'un duvet appliqué. — ⊙. Cultivé. Gœrtn. fruct. t. 25. f. 1. **B. anis,** *anisum*. Lin. (juillet-août).

b. — *Plantes vivaces.*

5. Couvert d'un duvet grisâtre : tige grêle : feuilles radicales à long pétiole, à folioles en coin, incisées, dentées en scie, les inférieures caulinaires à folioles linéaires, les supérieures réduites à la gaîne : ombelles peu fournies : fruit chargé d'un duvet velouté, serré : om-

belles peu fournies. — ♃ . Lieux pierreux du Midi ; Valbonne, aux Cabreries ; Mont-Ventoux. Lois. Fl. gall. t. 25. **B. tragium,** *tragium*. Vill. = Var. verte, presque glabre. *Viridis*. Trancade d'Ambouilla. (juin-juillet).

6. Tige droite, presque lisse, grêle : feuilles radicales à pétiole pubescent, à folioles crénelées, dentées, ovales obtuses, en cœur, un peu pédicellées, l'impaire en coin ou en cœur, les supérieures à lobes linéaires lancéolés, incisés : *ombelles très-fournies* : plante presque glabre. — ⊙. Les champs ; environs de Montpellier ; Toulon. Jacq. hort. vind. 2. t. 151. **B. voyageuse,** *peregrina*. Lin. (juin-juillet).

233. BERLE , *Sium*. Lin. — Calice à 5 dents quelquefois très-petites : pétales obovales, échancrés, avec la pointe fléchie en dedans : fruit comprimé sur les côtés, presque didyme globuleux par la contraction du rebord , couronné par les styles réfléchis : carpelles à 5 côtes filiformes , égales, un peu obtuses , les 2 latérales confondues avec le rebord : 3 bandelettes superficielles dans chaque sillon ; involucelle de plusieurs folioles. Carpophore divisé : *fleurs blanches.* — Sillons et commissure à plusieurs bandelettes.

a — *Tige anguleuse.*

1. Tige grosse, anguleuse, rameuse : pétiole fistuleux , anguleux : feuilles 1 fois ailées, à folioles grandes, lancéolées, inégales à la base, à dents de scie égales, mucronées, les feuilles submergées multifides : involucre inégal : styles rouges : racines fibreuses, rampantes. — ♃ . Les marais ; les fossés ; St-Gilles. Schk. t. 80. f. 666. **B. à larges feuilles,** *latifolium*. Lin. (juillet-août). — Ombelle terminale.

b. — *Tige non anguleuse.*

2. Racine *tubéreuse, fasciculée* : tige droite : feuilles inférieures ailées, à folioles *oblongues*, inégalement dentées en scie, la terminale ovale, un peu en cœur à la base, *supérieures ternées, à folioles lancéolées* : involucre de 1 5 folioles. — ♃ . Cultivé dans les jardins. Riv. t. 56. **B. chervi,** *sisarum*. Lin. (juillet-août).

3. Tige cylindrique, striée : feuilles ailées, à folioles *lancéolées*, inégalement lobées, ai-

guës, dentées en scie : *feuilles supérieures très-incisées :* fleurs en ombelles *opposées aux feuilles.* — ♃. Les fossés. Engl. Bot. t. 159. **B. à feuilles étroites**, *angustifolium.* Lin. (juillet-août).

254. BUPLÈVRE. *Buplevrum.* Lin. — Calice entier, ou à 5 dents très-peu marquées : pétales entiers, presque ronds, égaux, recourbés : fruit ovoïde, comprimé sur les côtés, presque didyme, bossu sur les deux faces, couronné par la base des styles : côtes égales, ailées ou filiformes, aiguës, ou presque nulles, les 2 latérales confondues avec le rebord : graines convexes sur le dos, un peu planes sur la face interne. — *Feuilles simples : fleurs jaunes.* — Sillons avec ou sans bandelettes.

I. = Tiges ligneuses.

a. — *Feuilles embrassantes.*

1. Tige droite, lisse, rameuse, feuillée : rameaux tortueux étalés divergents, presque nus : feuilles linéaires pointues, à pétiole dilaté embrassant à la base : les involucres très-petits : côtes des carpelles un peu élevées, obtuses. — ♄. Corse. Gou. ill. p. 8. t. 2. f. 3. **B. épineux**, *spinosum.* Lin.

b. — *Pas de feuilles embrassantes.*

2. Tige *droite*, à rameaux effilés, feuillés : feuilles *lancéolées obovales*, veinées, mucronées, presque sessiles, coriaces : involucres et involucelles plus courts que l'ombelle, caducs, lancéolés obovales : côtes des carpelles *saillantes*, un peu ailées.— ♄. Le Midi; Valbonne; Nîmes; Tresques, à Boussargues. Duham. arbr. 1. t. 43. **B. ligneux**, *fruticosum.* Lin. (juin-septembre).

3. Tige *tortueuse*, à rameaux raides, droits : feuilles *linéaires*, raides, *pointues*, roulées : involucre et involucelle à 5 folioles courtes, réfléchies, linéaires, aiguës : côtes des carpelles *peu saillantes.* — ♄. Roussillon, aux environs de Narbonne. Cav. icon. 2. t. 106. **B. tortueux**, *frutiscescens.* Lin.

II. = Tiges herbacées.

n. — *Feuilles perfoliées.*

4. Tige droite, lisse, *rameuse au sommet* ou simple : feuilles larges, ovales, mucronées, les inférieures lancéolées ovales, atténuées à la base, embrassantes, non perfoliées, toutes plus ou moins rapprochées : involucelles à folioles ovales, larges, acuminées.—☉. Les moissons. Sturm. fasc. 5. t. 4. **B. à feuilles rondes**, *rotundifolium.* Lin. (juin-juillet).— Involucelles dressés après la floraison : fruit oblong, lisse.

5. Tige *rameuse dès la base :* feuilles perfoliées, glauques, oblongues ovales, inférieures ovales oblongues, embrassantes non perfoliées, les plus basses atténuées à la base : involucelles ovales acuminés, *toujours étalés :* fruit globuleux, grenu, à côtes distinctes.— ♃. Les moissons, dans le Midi ; Gap. Reich. cent. 9. f. 1112. 1113. **B. grenu**, *protractum.* Link. (juin-juillet).

nn. — *Pas de feuilles perfoliées.*

q. — *Des feuilles en spatule.*

a — *Folioles de l'involucelle linéaires ou lancéolées.*

6. Glauque : tige raide, *droite*, un peu striée, rameuse dès la base : feuilles inférieures *en spatule*, supérieures *lancéolées :* involucelle à folioles lancéolées aiguës, dépassant les fleurs et les fruits grenus sur les côtés : ombelles latérales incomplètes, les terminales à 5 5 rayons. — ☉. Terrains stériles du Midi ; Narbonne. Gou. ill. p. 9. t. 7. f. 1. **B. demi-composé**, *semi-compositum.* Lin. (juillet-août).

7. Tige *flexueuse*, feuillée, à rameaux ascendants : feuilles radicales en spatule *un peu courbées en faulx*, caulinaires lancéolées linéaires, sessiles, atténuées à la base, supérieures *linéaires :* involucre de 5-5 folioles lancéo-

lées, inégales : involucelles à folioles petites , lancéolées, mucronées, plus courtes que les fleurs. — ♃. Terrains arides, pierreux; les haies. Jacq. Aust. t. 158. **B. en faulx**, *fal-catum*. Lin. (juillet-août). — *Variétés*. = b. — Feuilles radicales lancéolées. *junceum*. Thuil. = c. — Feuilles radicales ovales à long pétiole, toutes nervées. *Petiolare*. Lap.

b. — *Folioles de l'involucelle ovales.*

8. Glauque : tige droite, un peu striée, simple, un peu rameuse au sommet : feuilles pétiolées en spatule dans le bas , sessiles ovales *en cœur embrassantes dans le haut de la tige* : involucre à 3-5 folioles inégales : involucelles à 5-6 folioles ovales aiguës, égalant l'ombel-

lule. — ♃. Montagnes pierreuses; Grande-Chartreuse; Mont-d'Or. Moris. 5. 9. t. 12. f. 4. **B. à longues feuilles**, *longifolium*. Lin. (juillet-août).

9. Tige peu élevée, rameuse ou simple : feuilles radicales et inférieures longues, en spatule, *supérieures ovales* aiguës ou obtuses: involucre de 3-4 folioles ovales oblongues : involucelles ovales arrondis, mucronés égalant ou dépassant les fleurs. — ♃. Montagnes élevées; Lautaret; Jura. Reich. Cent. 9. f. 1102. **B. anguleux**, *angulosum*. Vill. (juillet-août).= Var. à feuilles elliptiques, supérieures oblongues. *Vapinse*. Gap.

qq. — *Les feuilles caulinaires ovales au moins à la base ; radicales et inférieures linéaires on lancéolées.*

a. — *Folioles des involucelles soudées jusqu'au-delà du milieu.*

f.— *Feuilles caulinaires nulles , ou une seule.*

10. Tige simple, nue, portant dans le haut 1 seule feuille ovale oblongue, les radicales linéaires lancéolées, rétrécies à la base, veinées en réseau : involucelle à 5-7 folioles obovées, mucronées, plus longues que l'ombelle, à sinus obtus. — ♃. Rochers élevés des Alpes; combe de la Lance. Hall. helv. t. 18. **B. étoilé**, *stellatum*. Lin. (juillet-août). — Tige à 2 feuilles opposées.

ff. — *Plus de 2 feuilles sur la tige.*

11. Tige droite, simple, flexueuse : feuilles radicales longues, lancéolées, acuminées, cau-

linaires en cœur, embrassantes, ovales oblongues: involucre de 3 folioles ovales lancéolées, égalant l'ombelle : involucelle de 5 folioles ovales arrondies, dépassant l'ombellule. — ♃. Sommités des Pyrénées. Gou. ill. p. 8. t. 4. f. 1. 2. **B. des Pyrénées**, *Pyræneum*. Gou. juillet-août).

12. Tige rameuse au sommet : feuilles radicales linéaires lancéolées, rétrécies aux 2 bouts : *caulinaires ovales lancéolées* : involucelle de 6-10 folioles doubles des ombellules, à sinus aigus. — ♃. Rochers des Alpes, à Charousse, près Grenoble. Reich. Cent. 9. f. 1103. **B. des pierres**, *petræum*. Lin. (juillet-août).

b. — *Folioles des involucelles libres.*

13. Tige un peu striée, presque simple : feuilles linéaires lancéolées, acuminées, rétrécies à la base, les plus hautes dilatées à la base, *en cœur*, pointues : involucre à 3-5 folioles inégales, ovales pointues : involucelle à folioles elliptiques acuminées, *doubles des ombelles*. — ♃.[Prairies des hautes montagnes; Grande-Chartreuse. J. Bauh. hist. 3. p. 199. f. 1. **B. renoncule**, *ranunculoides*. Lin. (juillet-août).

14. Tige grêle, flexueuse : feuilles nervées, radicales très-étroites, longues, les supérieures *ovales lancéolées* pointues : involucre de 1-5 folioles caduques : involucelles à 5 folioles pointues, *dépassant un peu l'ombellule*.— ♃. Lautaret; Briançon. Roch. bann. f. 57. **B. à feuilles de Carex**, *Caricifolium*. Willd. (juillet-août).

qqq. — *Feuilles oblongues lancéolées.*

15. Tige striée, à rameaux alternes, divergents : feuilles inférieures oblongues lancéolées aiguës, nervées, raides, rétrécies en pétiole embrassant, supérieures sessiles linéaires lancéolées : involucre à 5 folioles petites , linéai-

res : involucelles beaucoup plus courts que l'ombellule. — ♃. Terrains secs du Midi; Valbonne; Tresques, à Boussargues. Lob. icon. t. 456. f. 2. **B. raide**, *rigidum*. Lin. (juillet-septembre).

qqqq. — *Feuilles lancéolées ou linéaires.*

a. — *Feuilles opposées par paire.*

16. Tige droite, nue, glabre, à 8 rameaux simples, droits, portant chacun une ombelle : feuilles lancéolées, obtuses nervées : involucre nul ou à 1 foliole linéaire subulée : involucelle de 5 folioles lancéolées, nervées, aristées. — ☉. Pyrénées, à la Trancade d'Ambouilla. **B. à feuilles opposées**, *oppositifolium*. Lap.

b. — *Feuilles non opposées par paire.*

g. — *Tige nue, ou à 1-2 feuilles.*

17. Tige simple, nue, portant vers le sommet 1-2 feuilles lancéolées pointues, embrassantes : feuilles radicales linéaires, pointues, nombreuses, nervées, courbées, dilatées à la base : involucre de 3-5 folioles lancéolées, allongées : involucelle à folioles elliptiques lancéolées, libres, acuminées, égalant ou dépassant l'ombellule. — ♃. Montagnes pierreuses ; fissures des rochers de Provence ; Dauphiné. Vill. Dauph. t. 14. **B. à feuilles graminées**, *graminifolium*. Wahl. (juillet-août). = Var. Racine rampante : tige à 2-5 rameaux : feuilles à long pétiole : involucre à folioles très-larges, courtes. *Repens*. Pyrénées, au port de Plan.

gg. — *Tige feuillée.*

f. — *Feuilles de l'involucelle plus courtes que l'ombellule.*

18. Tige droite, rameuse paniculée au sommet : rameaux alternes : feuilles linéaires lancéolées, pointues, à 7 nervures, inférieures atténuées vers la base : ombelles axillaires, d'autres terminales : involucelles à folioles lancéolées linéaires, aiguës : pédicelles moitié plus courts que le fruit globuleux à côtes aiguës, filiformes. — ☉. ⊘. Terrains secs, pierreux ; Nîmes ; Narbonne ; Tresques, à St-Pierre. W. et Kith. pl. rar. hung. t. 257. **B. jonc**, *junceum*. Lin. (juillet-août).

ff. — *Folioles dépassant l'ombellule.*

p. — *Involucelle à folioles dentelées.*

19. Glauque : tige rameuse dès la base, diffuse : feuilles linéaires lancéolées, aiguës, inférieures recourbées : involucelles à folioles lancéolées aristées : ombelles axillaires incomplètes. — ☉. Sables maritimes du Midi ; environs de Marseille. Mut. t. 22. f. 152. **B. glauque**, *glaucum*. Rob. et Cast. (mai-juin).

pp. — *Involucelles non denticulés.*

d. — *Folioles de l'involucelle à 5 nervures, celle du milieu ailée.*

20. Tige grêle, à *rameaux divergents* : feuilles linéaires lancéolées, acuminées, nervées, inférieures rétrécies à la base : involucelles jaunâtres, *linéaires lancéolées*, aiguës : pédicelles *inégaux*, 2 fois plus courts que le fruit, l'intermédiaire plus court. — ☉. Collines abritées ; Provence ; Normandie. Mut. t. 22. f. 156. **B. odontalgique**, *odontitis*. Lin. (juin-juillet).

21. Tige droite, paniculée : feuilles linéaires, à 5 nervures : involucelles à 5 folioles, *elliptiques*, aristées mucronées, à 5 nervures : pédicelles *presque égaux* : fruit à côtes aiguës, très-fines. — ☉. Collines du Midi ; sables maritimes d'Aigues-Mortes, à teinte jaunâtre.

Mut. t. 22. f. 157. **B. aristé**, *aristatum*. Bartling. in. Reich. (juin-juillet).

dd. — *Nervures de l'involucelle non ailées.*

22. Tige grêle, flexueuse, rameuse : feuilles linéaires lancéolées, pointues aristées et les involucelles : ombelles *axillaires incomplètes*, les terminales complètes, à 3-5 rayons : fruits *grenus, à côtes distinctes*. — ☉. Terrains stériles et salés du Midi ; Narbonne ; Nîmes. Mut. t. 22. f. 154. **B. menu**, *tenuissimum*. Lin. (juillet-septembre). = Var. à tige naine, très-rameuse.

23. Tige grêle, flexueuse, à *rameaux étalés, portant des ombelles* : feuilles étroites, linéaires lancéolées aiguës, à 3-5 nervures : involucelles lancéolés subulés aigus. — ☉. Lieux stériles du Midi : Toulon. Mut. t. 25. f. 165. **B.**

de Gérard , *Gerardi*. Jacq. (juillet-août). = lés. *Affine*. Mut t. 23. f. 166 et Mut. t. 23. t. Var. Tige de 2-4 pieds : rameaux dressés, effi- 167. — *Fruit lisse*.

235. ETHUSE , *Æthusa*. Lin. — Calice entier : pétales inégaux , obovés , échancrés , à pointe fléchie en dedans ; ceux de la circonférence rayonnants : fruit ovale globuleux : carpelles à 5 côtes épaisses , entourées d'une carène aiguë, les 2 latérales un peu plus larges, presque ailées, contiguës au bord : semence demi-globuleuse : carpophore divisé : involucre à 1 foliole, ou nul ; involucelle à 3 folioles, les extérieures pendantes : ombelle plane , à rayons inégaux , bordés à l'intérieur d'une membrane ciliée dentelée : *fleurs blanches*. — Sillons à 1 bandelette, 2 sur la commissure.

1. Tige dressée, lisse, à rameaux diffus : feuilles 2 fois ailées, découpées en lanières linéaires entières ou incisées, les plus hautes confluentes : involucelles dépassant l'ombellule. = *Variétés*. = b. — Tige naine : folioles palmées, élargies au sommet, obtuses, trifides : pédoncules plus courts que les feuilles.

Segetalis. Bœnn. = c. — Tige très-grande, folioles larges : involucelles linéaires subulés , de la longueur des ombellules. *Elata*. Friedl. — ☉. Les champs cultivés ; les bois ; les haies. Engl. Bot. t. 1192. **E. petite Ciguë ,** *Cynapium*. [Lin. — Vénéneuse. — Plante d'un vert noirâtre. (juin-septembre).

236. OENANTHE , *OEnanthe*. Lin. — Calice à 5 dents : pétales obovés, échancrés, à pointe fléchie en dedans , ceux de la circonférence plus grands : fruit ovale oblong, plus large au sommet, couronné par les styles longs, droits : carpelles à 5 côtes obtuses, un peu convexes, les 2 latérales plus larges , confondues avec le bord : carpophore adhérent : semences convexes, ou presque cylindriques : involucre presque nul : involucelle à plusieurs folioles : *fleurs blanches*. — Sillons à 1 bandelette.

I: = Toutes les fleurs pédicellées , fertiles.

1. Racine fusiforme , portant autour des nœuds un verticille de fibres capillaires : tige grosse, fistuleuse, striée, à rameaux divergents : feuilles 2-3 fois ailées, à folioles divisées en lobes courts, divergents, les feuilles submergées très-divisées en lanières capillai-

res : ombelles opposées aux feuilles, les terminales à pédoncules plus courts. — ②. Marais ; fossés pleins d'eau, entre Mornas et Lapalud. Fl. dan. t. 1134. **Œ. phellandre ,** *phellandrium*. Lam. (juin-août).

II. = Ombellules à fleurs du centre fertiles , presque sessiles , celles du bord plus grandes , pédicellées , stériles.

q. — *Feuilles toutes uniformes.*

2. Racines tuberculeuses, sessiles et serrées vers le collet : tige assez grande, sillonnée , rameuse, d'un vert jaunâtre, pleine d'un suc roussâtre , très-âcre : feuilles toutes 2 fois ailées, à folioles en coin ovale, à grosses dents , ou incisées sur celles de la tige , lancéolées

dans les plus hautes : involucre de 4-6 folioles: fruit dépassant le pédicelle. — ②. Les rivières, les ruisseaux ; Nantes ; Dax. Jacq. hort. vind. t. 55. **Œ. à suc jaune ,** *crocata*. Lin. (juin-août). — Très-vénéneuse. Voir l'*OE. silaifolia*.

qq. — *Pas toutes les feuilles uniformes.*

n. — *Pétiole fistuleux.*

3. Racine formée d'un faisceau de fibres un peu épaisses ou de tubercules sessiles ovales : tige émettant au bas des rejets, luisante, fistuleuse, assez grosse : feuilles 2-3 fois ailées, à folioles en coin, décomposées en lanières linéaires, courtes, plus longues dans les feuilles supérieures qui sont plus courtes que le pétiole : involucre souvent de 1 foliole longue.

— ♃. Marais, prés humides, Nîmes dans les fossés. Lam. ill. t. 205. f. 1. Œ. **fistuleuse**, *fistulosa*. Lin. (juin-juillet). ═ *Variétés*. ═ a. — Feuilles radicales découpées en lanières linéaires. *Tabernæmontani*. ═ b. — Feuilles radicales 1-2 fois ailées, à folioles linéaires lancéolées : ombelle bifide. *Lanceolata*. Poir.

nn. — *Pétiole non fistuleux.*

f. — *Fruit ovale.*

4. Racine fasciculée, formée de fibres filiformes, renflées vers le sommet en tubercules presque globuleux et ovales : feuilles 2 fois ailées, à folioles assez courtes, à lobes obtus, lancéolés dans les unes, linéaires dans les autres : involucre souvent nul : involucelles plus courts que les fruits ovales, en têtes serrées, entourés à la base d'une callosité. — ♃. Marécages, lieux humides, Tresques dans les fossés. Engl. Bot. t. 548. Œ. **à feuilles de Silaüs**, *Silaifolia*. Bieberst. (juin-juillet).

ff. — *Fruit ovale globuleux.*

5. Racines à tubercules fusiformes, rétrécis au sommet, se terminant en pointe allongée : tige fistuleuse, couchée, un peu striée, comprimée dans le bas, à rameaux diffus : feuilles radicales 2 fois ailées, à folioles en coin incisées, les caulinaires 1 fois ailées, à folioles linéaires allongées, les unes entières, les autres bifides ; involucelles dépassant les ombellules : fruits ovales globuleux ventrus, en têtes serrées. — ♃. Les étangs, Montpellier. Gou. illust. 18. t. 9. Œ. **globuleuse**, *globulosa*. Lin. (juin-juillet).

fff. — *Fruit oblong.*

6. Racine fasciculée, formée de tubercules napiformes, sessiles : tige sillonnée, presque simple : feuilles radicales 2 fois, les supérieures de la tige 1 fois ailées, toutes à folioles linéaires, plus courtes dans les radicales : fruit oblong, rétréci à la base, resserré sous le calice : pétales des fleurs radiées en coin à la base, obovés, *échancrés jusqu'au tiers de leur longueur*. — ♃. Marécages, fossés, Cévennes, Pyrénées à Cambredases. Pollich. palat. 1. p. 289. t. 2. f. 3. Œ. **à feuilles de Peucédan**, *Peucedanifolia*. Poll. (juin-juillet).

7. Racine fasciculée, à fibres filiformes, charnues ou allongées en massue : tige presque lisse : feuilles radicales 2 fois ailées, à folioles ovales ou en coin, incisées, obtuses, crénelées ; les inférieures de la tige 2 fois, les supérieures 1 fois ailées, à folioles linéaires aiguës, un peu courbées en faulx : fruit aminci à la base, resserré sous le calice : pétales des fleurs radiées obovés, *échancrés jusqu'au milieu*. — ♃. Prairies humides, Strasbourg. Fl. dan. t. 1434. Œ. **de Lachenal**, *Lachenalii*. Gmel. (juin-août).

ffff. — *Fruit cylindrique.*

8. Racine fasciculée, à fibres *renflées en tubercule au sommet* : tige sillonnée, anguleuse : feuilles 2 fois ailées ; les radicales à folioles ovales, incisées, crénelées, obtuses, les inférieures de la tige 2 fois, à folioles ovales, en coin à la base, divisées en lanières aiguës, les supérieures à folioles linéaires, entières : *involucelles égalant l'ombellule* : fruit cylindrique, entouré d'une callosité à la base. — ♃. Prairies humides, Toulouse, Narbonne, Montélimar. Jacq. Aust. t. 394. Œ. **faux Boucage**, *Pimpinelloides*. (juin-juillet).

9. Racine formée *d'un faisceau de tubercules oblongs, sessiles* : tige grande, sillonnée, rameuse : feuilles radicales 2 fois ailées, à folioles ovales, incisées dentées, les caulinaires 1-2 fois ailées, à folioles en coin, à lanières linéaires : involucre à 1-7 folioles : involucelles à folioles subulées, *1 fois plus courtes que les ombellules*. — ♃. Corse dans les ruisseaux, Calvi. Brotero. phyt. lusit. t. 55. Œ. **à feuilles d'Ache**, *Apiifolia*. Brot. (juin). — Ombelles très-grandes.

237. FENOUIL , *Fœniculum.* Hoffm. — Bord du calice renflé , non denté : pétales presque ronds , entiers , tronqués , roulés en dedans : fruit un peu comprimé sur les côtés , ovale cylindrique : carpelles à 5 côtes un peu saillantes , carénées obtuses , les 2 latérales plus larges , confondues avec le bord : carpophore divisé : *fleurs jaunes.* — 1 bandelette sur les sillons , 2 sur la commissure.

1. Tige luisante , striée , *cylindrique à la base*, rameuse : feuilles grandes , décomposées en lanières capillaires , longues : gaines longues , herbacées , auriculées sous le pétiole : ombelles grandes.— ②. Terrains arides , pierreux, Valbonne. Hayn. Arzug. 7. t. 18. **F. officinal**, *officinale.* All. (juillet-août).

2. Tige *comprimée à la base* : feuilles grandes , décomposées en lanières plus longues et plus fines que dans la précédente : ombelles moins garnies : fruits noirs. — ②. Nice. Schk. t. 80. f. 712 b. **F. doux**, *dulce.* C. Bauh. (juin).

238. SÉSÉLI , *Seseli.* Lin. — Calice à 5 dents épaissies : pétales obovés, échancrés, fléchis en dedans : fruit ovale ou oblong, couronné par les styles réfléchis : carpelles à 5 côtes un peu saillantes, épaisses , membraneuses, les latérales confondues avec le bord, un peu plus larges : carpophore divisé : pas d'involucre : involucelles à plusieurs folioles. *Fleurs blanches ou rougeâtres.* — 1 bandelette sur les sillons , 2 sur la commissure.

I. = Involucelles soudés.

1. Tige grêle, lisse, rameuse dans le haut : feuilles de forme oblongue ovale , glauques, 2-3 fois ailées , décomposées en folioles un peu épaisses, à lanières linéaires aiguës : fruit rugueux , enfin glabre : pédicelles des rayons anguleux, pubescents sur la face interne.—♃. Collines et prairies sèches de l'Alsace. Jacq. Aust. t. 143. **S. fenouil des chevaux**, *hippomaratrum.* Lin. (juillet-août).

II. = Involucelles à folioles libres.

§ 1° — OMBELLES EN FAISCEAU.

q. — *Folioles des feuilles de la tige plus courtes que dans les feuilles radicales.*

2. Tige rameuse dès la base, fléchie à chaque division des rameaux : rameaux à angle droit : feuilles cendrées, oblongues, 2-3 fois ailées, divisées en lanières ouvertes, rapprochées : involucre de 3-4 folioles étroites, aiguës, membraneuses sur les bords : involucelles plus courts que les pédicelles membraneux : fruit lisse, strié. — ♃. Endroits secs du Dauphiné, le Champsaur, les Baux près Gap. Vill. daup.2. p. 586. **S. à feuilles de Carvi**, *Carvifolium.* Vill. (mai-août).

qq. — *Folioles des feuilles de la tige plus longues que dans les feuilles radicales.*

n. — *Pétiole canaliculé en dessus.*

3. Racine à plusieurs têtes : tiges sillonnées et rameuses au sommet : gaines longues, membraneuses, entières : feuilles à contour oblong ovale, les radicales et les caulinaires inférieures 3 fois ailées, divisées en lanières planes, linéaires, aiguës : feuilles supérieures réduites à la gaine : involucelles membraneux sur les bords, plus courts que l'ombellule : pédicelles des rayons et fruits pubescents : fleurs rougeâtres puis blanches. — ♃. Lieux secs, pierreux des montagnes, Nîmes. Jacq. hort. vind. t. 129. **S. de montagne**, *montanum.* Lin. (juillet-août).

nn. — *Pétiole non canaliculé en dessus.*

a. — *Feuilles divisées en lanières planes.*

4. Tige striée, rameuse : gaînes ventrues : feuilles glauques, divisées en lobes ovales oblongs, élargis au sommet : pédicelles des rayons un peu ailés : involucelles subulés, un peu membraneux sur les bords, atteignant à peine le milieu des pédicelles des fleurs : fleurs en ombelles serrées. — ♃. Bois herbeux des montagnes, Fontainebleau. Jacq. Aust. t. 44. **S. glauque**, *glaucum*. Jacq. (juillet-août).

b. — *Feuilles divisées en lanières cylindriques.*

5. Racine *divisée*, *chevelue* ; tige grêle, lisse, dichotôme : feuilles divisées en lanières linéaires, longues, pointues, écartées : feuilles supérieures peu divisées : gaînes *serrant étroitement* le rameau qui naît toujours à l'aisselle d'une feuille : involucelles très-petits : fruits un peu tuberculeux dans les sillons : ombelles

à rayons égaux. — ♃. Lieux montueux, Fontainebleau. **S. élevé**, *elatum*. Lin. (juillet-août).

6. Racine *en navet*, *couronnée par les pétioles des anciennes feuilles* : tige rameuse dès la base, dichotôme, lisse, un peu striée : gaîne membraneuse sur les bords, à 2 lobes au sommet, *lâche* : feuilles radicales et inférieures 5 fois ternées, celles du milieu de la tige 1 fois ternées, les plus hautes réduites à une foliole; folioles cylindriques, filiformes : fruit ovale, un peu rugueux, dans le jeune âge un peu pubescent : involucelles subulés, un peu membraneux sur les bords, égalant le pédicelle du fruit : ombelles à rayons égaux. — ♃. Lieux secs du Midi, Valbonne, Tresques à Boussargues. Gou. ill. 16. t. 8. **S. de Gouan**, *Gouani*. Koch. (juillet-septembre).

§ 2. = OMBELLES DEMI-GLOBULEUSES.

a. — *Feuilles ternées.*

7. Tige gazonnante, un peu charnue, cylindrique, un peu ligneuse à la base : feuilles ternées, divisées en lobes lancéolés, élargis-obtus au sommet dans les feuilles inférieures, un peu aigus dans les supérieures ou dans toutes : gaînes supérieures sans feuilles : involucelles fins, égalant les pédicelles des fruits glabres ovales oblongs. — ♃. Rochers de la Piana en Corse. Bocc. sicul. t. 27. 28. **S. de Boccone**, *Bocconi*. DC. Prod. (juin-juillet).

b. — *Feuilles ailées.*

8. Tige tortueuse, dure, striée, sillonnée au sommet : rameaux nombreux, divergents : gaînes à large bord membraneux : pétiole canaliculé en dessus : feuilles glauques, 2-3 fois ailées, divisées en lanières planes aiguës, à 1 nervure saillante : pédoncule des rayons à an-

gles aigus : involucelles aigus, *égalant presque les ombellules.* — ♃. Lieux secs du Midi, Valbonne, Tresques. J. Bauh. 3. p. 2. t. 16. f. 2.— **S. tortueux**, *tortuosum*. Lin. (juillet-septembre).

9. Racine couronnée de fibres mortes : tige anguleuse et rameuse dans le haut, le plus souvent rougeâtre : gaînes ventrues, membraneuses : pétiole canaliculé en dessus : fleurs à contour oblong ovale, 5 fois ailées, divisées en lobes linéaires aigus, un peu rudes sur les bords : involucelles à folioles linéaires aiguës, *au moins égalant l'ombellule* : pédicelles égaux, anguleux, un peu pubescents en dedans. — ☉. Collines montueuses, Valbonne, Cévennes. Jacq. fl. aust. t. 55. **S. bisannuel**, *bienne*. Crantz. (juillet-octobre).

239. **LIBANOTIDE**, *Libanotis*. Crantz. — Calice à 5 dents fines, subulées, tombant bientôt : — le reste comme au *Seseli*. — Involucre et involucelle de plusieurs folioles. — 1 bandelette sur les sillons du milieu, 2 sur les latéraux, 4 sur la commissure.

a. — *Feuilles décomposées en lobes très-fins, capillaires.*

1. Tige cylindrique, sillonnée au sommet : folioles à lobes les plus bas en sautoir : ombelles à rayons inégaux : involucelles de quelques

folioles très-fins : fruits glabres à la maturité. — ♃. Environs de Bayonne. Fl. grœc. t 275. **L. verticillée**, *verticillata*. DC.

b. — *Lobes des feuilles non capillaires.*

2. Tige épaisse, sillonnée anguleuse et les

rameaux : feuilles 2-3 fois ailées , à folioles en coin , *quelques-unes confluentes*, à 3-5 lobes lancéolés mucronés : involucelles pubescents, linéaires étroits : fruit hérissé : ombelles grandes , serrées. — ♃. Rochers des montagnes, Cévennes, Nimes. All. ped. 2 p. 30. t. 62. **L. de montagne**, *montana*. (juillet-août).

5. Tige grande, un peu rude au sommet, anguleuse sillonnée : feuilles glauques en dessous, 2 fois ailées, *pas de folioles confluentes*, toutes divisées en lobes linéaires lancéolés, les lobes les plus bas en croix : fruits et rayons pubescents. — ♃. Besançon , Grenoble. Gou. ill. t. 26. f. 2. **L. à feuilles de Carotte**, *Daucifolia*. Reich. (juillet-août). — Var. Tige et feuilles très-pubescentes : fruits presque velus. *Pubescens*. Involucre ailé.

240. WALLROTHIE, *Wallrhothia*. Spreng. — Calice à 5 dents petites, ovales lancéolées : pétales entiers, elliptiques, aigus des 2 bouts : fruit ovale, renflé au milieu : carpelles à 5 côtes en carène , les latérales confondues avec le bord : involucre à folioles inégales, 1-3 : involucelles de 6-8 folioles linéaires , aiguës. — Sillons à 1 bandelette, 2 à la commissure.

1. Tige simple , presque nue : feuilles radicales décomposées, les caulinaires ternées décomposées, toutes en folioles linéaires filiformes : involucre scarieux : involucelles dépassant l'ombellule. — ♃. Fissures des rochers les plus hauts des Pyrénées , Eaux-Bonnes, port d'Aulus. Spreng. in Rœm. et Schult. 6. p. 557. **W. à feuilles menues**, *tenuifolia*. (août-septembre).

241. CNIDIE, *Cnidium*. Cus. — Calice entier : pétales obovés , échancrés, à pointe fléchie en dedans . fruit presque cylindrique : carpelles à 5 côtes ailées, membraneuses, les 2 latérales confondues avec le bord : carpophore libre : involucre variable ; involucelles de plusieurs folioles : *fleurs blanches* : ombelle hémisphérique.

a. — Involucres rudes.

1. Tige grêle, anguleuse, portant au sommet des rameaux dressés : feuilles 2-5 fois ailées, divisées en lanières linéaires acuminées, à veines non transparentes : gaines lâches, écartées de la tige : involucelles sétacés , égalant ou dépassant l'ombellule : ombelles petites.— ⊙. Les haies, les buissons du Midi. Jacq. hort. vind. 1. t. 62. **Cn. de Lemonnier**, *Monieri*. Cus. (juillet-août).

b. — Involucres lisses.

2. Tige grande, striée, rameuse : feuilles 2-5 fois ailées , divisées en lanières linéaires lancéolées, mucronées, sillonnées en dessus : gaines lâches : involucelles sétacés , glabres, égalant les pédicelles. — ♃. Rochers des montagnes, au Glandaz en Dauphiné. Vill. dauph. t. 17. f. 1. **Cn. persil**, *apioides*. Spreng. (juin-août).

3. Tige rameuse et sillonnée au sommet , souvent simple : feuilles 2-5 fois ailées, divisées en lanières linéaires, mucronées, entières ou bi-trifides : veines et points des feuilles transparents : *gaines allongées, les supérieures serrées* : involucelles très-fins , égalant l'ombelle : ombelles petites. — ♃. ②. Prairies et bois humides de la Lorraine. Fl. dan. t. 1550. **Cn. des marais** , *palustre*. Reich. (juillet-août).

242. PETITIE , *Petitia*. Gay. — Calice entier : pétales lancéolés, entiers, à pointes lancéolées : fruit oblong, les bords des carpelles séparés par un sillon profond, non appliqués l'un contre l'autre : styles réfléchis :

carpelles un peu convexes, à 5 côtes épaisses, contiguës, saillantes, carénées, les 2 latérales un peu plus larges, écartées du bord : ombelle grande, enfin resserrée : fleurs verdâtres : involucre nul, ou de 1-3 folioles ; involucelles de plusieurs folioles linéaires, subulées. — 1 bandelette aux sillons, 2 à la commissure.

1. Verte glabre : racine beaucoup plus longue que la tige épaisse, rude, sillonnée, fistuleuse, simple ou peu rameuse : feuilles à pétioles et nervures rudes et glanduleuses, 3 fois ailées, à folioles incisées, obtuses, mucronées : pédicelles des ombellules rudes, marqués de points blancs : gaines très-grandes.— ♃. Près des neiges, sommités des Pyrénées, à la Cueillade de Nourri. Petit. ann. sc. obs. t. 3. **P. rude,** scabra. Gay. (août-septembre).

243. TROCHISQUE, *Trochiscanthes*. Koch.

— Calice à 5 dents : pétales à onglet très-long, spatulés obovales, à pointe triangulaire, fléchie en dedans : fruit oblong, un peu comprimé sur les côtés : carpelles à 5 côtes aiguës, un peu ailées, écartées, égales, les 2 latérales confondues avec le rebord : involucre nul ; involucelle de 3-5 folioles : *fleurs blanches.* — Sillons à 4 bandelettes, 8 sur la commissure.

1. Tige cylindrique, rameuse : rameaux verticillés, formant une panicule, entourés à la base de 3 folioles : feuilles radicales 3-4 fois ternées, à folioles lancéolées ovales, aiguës, à grosses dents ; les feuilles supérieures ternées sous les verticilles inférieurs ; les feuilles du sommet simples, lancéolées linéaires : ombelles très-nombreuses. — ♃. Forêts ombragées du Dauphiné, les Baux près Gap, Boscodon près Embrun. Vill. t. 15. **T. nodiflore,** nodiflorum. Koch. (juillet-août).

244. ATHAMANTHE, *Athamantha*. Lin.

— Calice à 5 dents : pétales obovés, échancrés, à onglet très-court, à pointe fléchie en dedans : fruit ovale oblong, un peu comprimé sur les côtés, aminci en col vers le haut, très-velu : carpelles à côtes égales, filiformes, obtuses, les 2 latérales confondues avec le rebord : involucre et involucelles de plusieurs folioles : *fleurs blanches.* — 1-2-3 bandelettes sur les sillons, 4 sur la commissure.

a. — *Folioles ovales rhomboïdales.*
1. Pubescente : tige ascendante, très-rameuse : feuilles glabriuscules, 2 fois ailées dans le bas, 1 fois dans le haut : folioles incisées crénelées : involucre très-velu : ombelles peu fournies. — ②. Embouchure du Var, les jardins. Lam. ill. t. 194. **Ath. de Macédoine,** Macedonica. Spr. in Rœm. (juillet-août).
b. — *Folioles linéaires ou lancéolées.*
2. Tige dressée, striée, peu rameuse, presque nue dans le haut, toute pubescente : feuilles 3 fois ailées, à folioles divisées en lanières linéaires aiguës, lobées : involucelles à folioles oblongues lancéolées, mucronées, membraneuses avec une ligne dorsale verte, égalant l'ombellule : ombelle grande : fruit hérissé de poils étalés. — ♃. Rochers des Alpes, Cévennes, Vosges, Mont-Louis, Grenoble. Jacq. Aust. t. 62. **Ath. de Crète,** Cretensis. Lin. (juillet-août). = Var. Plante presque glabre. Mutellinoides. Grande-Chartreuse.

245. LIGUSTIQUE, *Ligusticum*. Lin.

— Calice à 5 dents ou entier :

pétales à court onglet, obovés échancrés, à pointe réfléchie en dedans : fruit oblong ou ovale, un peu comprimé sur les côtés : carpelles à côtes aiguës, un peu ailées, égales, les 2 latérales confondues avec le rebord : involucre variable ; involucelle de plusieurs folioles. Fleurs blanches. — 2-3 bandelettes aux sillons concaves, 4-6-8 à la commissure.

a. — Calice à 5 dents ; involucre de plusieurs folioles ailées.

1. Tige canelée, presque simple, rameuse au sommet, *dans le jeune âge portant de petits tubercules blanchâtres* : feuilles très-décomposées en lanières linéaires pointues, mucronées : involucre ailé au sommet : ombelles grandes.— ♃. Montagnes abritées des Basses-Alpes, Mont-Aurouse, le Jura, au Reculet. All. t. 60. f. 58. **L. férule,** *ferulaceum.* All. (juin-juillet).

2. Tige *simple, nue :* feuilles divisées en lanières linéaires aiguës : involucre de 7-10 folioles : ombelle *unique.* — ♃. Près les glaciers des Alpes, la Pra, Sept-Laus. Vill. t. 14. **L. simple,** *simplex.* All. — Genre *pachypleurum.* (juillet-août).

b. — Calice presque entier ; involucre simple, presque nul.

f. — *Feuilles 2 fois ailées.*

3. Tige striée, feuillée, rameuse : feuilles à folioles divisées en lanières linéaires, courtes, un peu spatulées, entières ou divisées: folioles de la première division de la feuille presque sessiles : 1-2 folioles à l'involucre : involucelle membraneux sur les bords, à 3-5 folioles lancéolées : pétioles caulinaires à larges gaînes ombelles étalées, puis resserrées contractées. — ♃. Mont-Rotondo en Corse. Gay. not. sur Endress. **L. de Corse,** *Corsicum.* Gay. (juillet).

ff. — *Feuilles 3-4 fois ailées.*

4. Tige grande, dressée, rameuse : feuilles très-grandes, 3 fois ailées, à folioles divisées en lanières linéaires lancéolées, courtes, *mucronées, divergentes :* involucre à 1 foliole caduque : ombelles très-grandes. — ♃. Lieux secs et pierreux des Pyrénées, Canigou, Mont-Louis. Gou. ill. 14. t. 7. f. 2. **L. des Pyrénées,** *Pyrenæum.* Gou. (juillet-août).

5. Tige très-grande, striée, cylindrique, à rameaux *un peu verticillés :* fleurs très-décomposées en lanières linéaires, *terminées par une pointe transparente, un peu courbée :* involucre nul ou à 1 foliole : styles longs très-divergents. — ♃. Les montagnes. Seg. veron. 2. t. 13. **L. de Séguier,** *Seguieri.* Koch. (juillet-août).

546. SILAUS, *Silaüs.* Bess.—Calice entier : pétales obovés oblongs, rétrécis en pointe fléchie en dedans, entiers, ou un peu échancrés : fruit ovale ; carpelles à 5 côtes égales, saillantes en carène aiguë, les 2 latérales confondues avec le bord : involucre nul, ou à 1-2 folioles ; involucelles à 8-10 folioles : *fleurs jaunâtres.*

1. Tige grande, anguleuse au sommet, rameaux allongés, sans feuilles : feuilles 2-5 fois ailées, à folioles lancéolées aiguës, les latérales entières ou à 2 lobes, la terminale à 3 lobes tous aigus. — ♃. Les prés. Jacq. Aust. t. 15. **S. des prés,** *pratensis.* Bess. (juin-août).

247. CRITHME, *Crithmum.* Lin. — Calice entier : pétales presque ronds, entiers, à pointe obovée, fléchie en dedans : fruit ovale, presque comprimé, recouvert d'une écorce spongieuse : carpelles à 5 côtes ailées en carène, les 2 latérales un peu plus larges, confondues avec le bord : graines libres, adhérentes à l'écorce seulement par le côté interne : involucre et involucelles : *fleurs verdâtres.*

1. Tige presque ligneuse, lisse, verte, presque simple : feuilles 2 fois ailées ou 3 fois ternées : folioles linéaires, charnues. — ♃. Rochers des deux mers. Engl. Bot. t. 819. **Cr. maritime,** *maritimum.* Lin. (juillet-août).

248. **KUNDMANNIE**, *Kundmannia.* Scop. — Calice à 5 dents : pétales ovales arrondis, entiers, fléchis en dedans : fruit cylindrique linéaire, comprimé un peu sur les côtés : carpelles à côtes filiformes, obtuses, égales, les 2 latérales confondues avec le rebord : involucre et involucelles de plusieurs folioles : *fleurs d'un jaune doré.* — Sillons et commissure à plusieurs bandelettes.

1. Tige lisse, dressée : feuilles primitives en cœur, ternées, à folioles dentées en scie, les latérales sessiles, ovales arrondies, la terminale pétiolée, grande, en cœur : les feuilles inférieures à 5-7 folioles ovales, les terminales à 3-5 lobes, les caulinaires à folioles lancéolées en coin, dentées : involucelles dépassant l'ombelle ou plus courts. — ♃. Les champs près Bonifacio. Zann. hist. 78. t. 30. **Kund. de Sicile,** *Sicula.* Scop. (juin-juillet).

249. **MEUM**, *Meum.* Tourn. — Calice entier : pétales entiers, elliptiques, aigus à la base et au sommet; fruit un peu comprimé sur les côtés, en fuseau : carpelles à 5 côtes un peu saillantes, carénées, égales, les 2 latérales confondues avec le rebord : involucre presque nul : involucelles de plusieurs folioles. *Fleurs blanches ou rougeâtres.* — 3 bandelettes aux sillons, 6 à la commissure.

1. Tige simple, presque nue, striée : feuilles 2-3 fois ailées, décomposées en lanières *capillaires,* courtes, *un peu verticillées* : involucre de 5-3 folioles : involucelles à folioles nombreuses, très-fines. — ♃. Pâturages des hautes montagnes, Alpes, Cévennes, Concoules. Jacq. Aust. t. 303. **M. athamanthe,** *athamanthicum.* Jacq. (juin-août).

2. Tige simple, nue, lisse : feuilles ailées, décomposées en lanières *linéaires lancéolées* pointues, mucronées : pas d'involucre : involucelles lancéolés acuminés. — ♃. Pâturages des hautes montagnes, Mont-Ventoux, Mont-d'Or. All. ped. t. 60. f. 2. **M. mutelline,** *mutellina.* Koch. (juillet-août).

250. **ENDRESSIE**, *Endressia.* Gay. — Dents du calice peu marquées, puis accrues à la maturité, en alène : pétales sessiles, entiers, ovales lancéolés, pointus, aigus, un peu enroulés : fruit un peu comprimé sur les côtés, oblong elliptique : styles réfléchis : carpelles à côtes filiformes, égales, les 2 latérales vers le bord : graine cylindrique : involucre nul, ou de 3-4 folioles : involucelles à 4-5 folioles linéaires. — Sillons dorsaux à 3 bandelettes, les latéraux à 4, commissure à 6. — *Fleurs blanches.*

1. Tige peu grande, simple, grêle : feuilles toutes radicales, divisées en folioles décomposées en lanières palmées, à divisions linéaires, pointues : ombelle unique, petite, enfin globuleuse.— ♃. Les Pyrénées, Mont-Louis. Gay. Ann. sc. nat. **End. des Pyrénées,** *Pyrenaica.* Gay. (août-septembre).

251. PACHYPLÈVRE, *Pachypleurum.* Lec. — Calice presque entier : pétales obovés, plus ou moins échancrés, à pointe large, fléchie en dedans : fruit ovale, un peu comprimé sur le dos : carpelles à côtes élevées, saillantes en carène, contiguës à la base, les 2 latérales confondues avec le bord : involucre et involucelles de plusieurs folioles. *Fleurs blanches.* — Bandelettes nulles.

1. Tige simple, nue, basse : feuille presque unique, glabre, glauque, divisée en lobes lancéolés : côtes du fruit peu saillantes, rudes. — ♃. Sommet des Pyrénées, Cambredases. Gaud. Feuille vaudoise, 1826. **P. des Pyrénées,** *Pyrenaicum.* Gay.

252. LIVÈCHE, *Livesticum.* Koch.—Calice entier : pétales arrondis, entiers, à pointe fléchie en dedans : fruit comprimé : carpelles réunis presque par toute la commissure, béante seulement vers les bords, ailés de chaque côté : côtes ailées, les 2 latérales doubles des autres : 1 bandelette sur le sillon, 2-4 sur la commissure : involucre et involucelle de plusieurs folioles : *fleurs d'un blanc verdâtre.*

1. Tige grande, lisse, luisante, fistuleuse : feuilles 2-3 fois ailées : folioles cunéiformes, larges, incisées dentées en scie, trilobées au sommet, plus longues et trilobées ou entières dans les feuilles supérieures : ombelles grandes : involucelles membraneux sur les bords. — ♃. Prairies des montagnes, le Champsaur, l'Espérou. Moris. s. 9. t. 5. f. 1. **L. commune,** *vulgare.* J. Bauh. (juin-août).

253. SELIN, *Selinum.* Lin.—Calice entier : pétales obovales, échancrés, à pointe fléchie en dedans : fruit comprimé sur le dos : carpelles seulement unis par le centre de la commissure, à côtes ailées membraneuses, les 2 latérales doubles des autres, écartées du bord : 2 bandelettes sur la commissure : involucre nul ou à 1-3 folioles ; involucelle de plusieurs : *fleurs blanches.* — 1 bandelette sur les sillons, 2-4 sur la commissure.

1. Tige de 2-3 pieds, anguleuse, à côtes membraneuses, aiguës, saillantes : gaînes blanches membraneuses sur les bords : feuilles 3-4 fois ailées, divisées en lobes linéaires, mucronés, calleux au sommet : fruit ovale orbiculaire. — ♃. Prairies humides, serre de Bouquet près Alais. Fl. dan. t. 667. **S. à feuilles de Carvi,** *Carvifolium.* Lin. (juin-août).

254. ANGÉLIQUE, *Angelica.* Lin.— Calice entier : pétales lancéolés, entiers, à pointe droite ou recourbée : fruit comprimé sur le dos, à 4

ailes : carpelles réunis seulement par le milieu de la commissure : les 3 côtes intermédiaires carénées, filiformes, les 2 latérales dilatées en ailes assez larges ; graines unies au péricarpe dans toute leur circonférence : *fleurs blanches* : involucre nul ou de peu de folioles : involucelle à plusieurs folioles. — 1 bandelette sur chaque sillon, 2-4 sur la commissure.

I. = Rayons de l'ombelle peu nombreux : 4 bandelettes sur la commissure.

1. Tige sillonnée, dressée, simple, très-peu feuillée : feuilles 2 fois ailées, à folioles divisées en lobes linéaires ou lancéolés, entiers ou bifides : rayons inégaux : involucre d'une foliole très-fine : fruit elliptique ovale : gaines rougeâtres. — ♃. Pâturages des montagnes, Pyrénées, Cévennes, Lozère. Gmel. bad. 1. p. 640. t. 3. **Ang. des Pyrénées**, *Pyrenaica.* Spr. (juillet-septembre). = Var. Tige grande : feuilles 1 fois ailées, à folioles découpées en lanières linéaires : gaines vertes. Les Vosges au mont Bloutberg. *Nestleri.*

II. = Rayons nombreux : 2 bandelettes sur la commissure.

a. — *Folioles ovales non décurrentes.*

2. Tige droite, glauque, sillonnée, très-grande : feuilles grandes, 2-3 fois ailées, à folioles ovales lancéolées, non décurrentes, à dents de scie aiguës : folioles latérales inégales à la base, quelquefois bifides, 2 fois dentées : gaines très-larges. — ♂. Bords des ruisseaux, prairies humides. Engl. Bot. t. 1128. **Ang. sauvage**, *sylvestris.* Lin. (juillet-août).

b. — *Folioles presque toutes décurrentes.*

5. Tige grande, sillonnée, pubescente au sommet : feuilles grandes, 2-3 fois ailées, à folioles *ovales lancéolées*, 2 fois dentées à dents aiguës, *les inférieures non décurrentes*, toujours les supérieures, les latérales inégales à la base, quelquefois bifides : *fruit glabre* : étamines très-longues. — ♀. Prairies des montagnes, Lozère, Grande-Chartreuse. **Ang. de montagne**, *montana.* Schleich. Mut. t. 24. f. 185. (juin-août).

4. Tige grosse, lisse, rameuse, pubescente au sommet et sur les pédoncules : feuilles 2-3 fois ailées, à folioles *lancéolées aiguës*, dentées en scie, rudes en dessous, *décurrentes*, quelquefois bifides à la base : involucre de 1 foliole sétacée : ombelles grandes, convexes : *fruit ovale, pubescent.* — ♃. ♂. Ruisseaux des montagnes, les Pyrénées, Bagnères, pic du Gard. Gou. ill. t. 6. **Ang. de Rasouls**, *Rasoulsii.* Gou. (mai-juin).

235. ARCHANGÉLIQUE, *Archangelica.* Hoffm. — Calice à 5 dents : pétales elliptiques, entiers, à pointe courbée en dedans : fruit comprimé sur le dos, muni de 4 ailes : carpelles à côtes épaisses, carénées, les 2 latérales dilatées en ailes : graine n'adhérent au péricarpe que par la commissure : *fleurs d'un blanc verdâtre.* — Bandelettes nombreuses, contiguës.

1. Tige grande, fistuleuse, rameuse, cannelée : feuilles 2 fois ailées : folioles ovales un peu en cœur, à dents de scie inégales, la terminale à 3 lobes, les latérales à 2 : pétioles supérieurs renflés à la base : involucelles lisses, égalant les ombellules pubescentes farineuses. — ♀. Montagnes de Provence. Koch. umb. t. 1718. **Arch. officinale**, *officinalis.* Hoffm. (juillet-août). = Var. à involucelle denté en scie, dépassant l'ombellule.

236. PEUCÉDAN, *Peucedanum.* Lin. — Calice à 5 dents, quelque-

fois entier : pétales obovés, échancrés, quelquefois entiers, à pointe réfléchie en dedans : fruit plane ou comprimé lenticulaire sur le dos, à rebord plane, aminci, un peu ailé : carpelles à côtes également distantes, les intermédiaires filiformes, les 2 latérales presque évanouies, ou contiguës au rebord : semences planes sur la face interne : involucre variable : involucelles de plusieurs folioles. — *Fleurs blanches ou jaunes.* — Bandelettes 3-4 sur les sillons, celles de la commissure saillantes.

II. = Fleurs jaunes.

a. — *Gaînes de la tige toutes feuillées.*

1. Tige grande, raide, flexueuse, anguleuse, sillonnée, à rameaux effilés, nus, formant une panicule pyramidale, les supérieurs verticillés : feuilles 2-3 fois ailées, à folioles ovales, luisantes, nervées, divisées en lobes linéaires, mucronés, rudes sur les bords, entiers ou 2-3 fois divisés : involucre et involucelle de 5-8 folioles linéaires subulées : fruit ovale, élargi au sommet. — ♀. Collines et montagnes pierreuses, bords des champs, Gap. Jacq. Aust. 70. **P. d'Alsace**, *Alsaticum*. Lin. (août-septembre). = Var. à ombelles à très-longs pédoncules, en faisceau. Alsace. Chartreuse de Valbonne. — Fleurs blanches.

b. — *Gaînes supérieures des tiges presque sans feuilles.*

f. — *Gaînes supérieures sans feuilles, en forme de bractées.*

2. Tige glabre, striée, cylindrique, paniculée au sommet : feuilles ternées, décomposées en en folioles très-fines, filiformes, aiguës : gaînes rougeâtres : involucre à 1-2 folioles sétacées, caduques; ombelles nombreuses, en panicule : racine grosse, répandant un suc épais. — ♃. Corse, à Bastia. **P. paniculé**, *paniculatum*. Lois. (juillet-août). — Voir *P. officinale*.

ff. — *Gaînes herbacées, à folioles ternées ou nulles.*

3. Racine grosse, très-longue : tige trèsgrande, glabre, striée, cylindrique : feuilles 3-4 fois ailées, à folioles linéaires, ensiformes, allongées, pointues, amincies des 2 bouts : 2-3 folioles sétacées, caduques à l'involucre : gaînes supérieures étroites : 2 bandelettes sur la commissure : rayons de l'ombelle glabres. — ♃. Lieux humides, Alsace. Lob. icon. 782. f. 1. 2. — Schk. t. 63. **P. officinale**, *officinale*. Lin. (juin-juillet).

fff. — *Gaînes colorées.*

4. Tige striée, cylindrique, glabre, de 2-3 pieds : feuilles 3-4 fois ailées, composées de 36-46 folioles vertes, linéaires, ensiformes, *à très-courts pédicelles, rétrécis aux 2 bouts :* gaînes lâches, *à 1-2 folioles membraneuses :* involucre à 6-8 folioles sétacées subulées, celles des involucelles inégales : ombelles un peu rudes pubescentes en dedans : 2 bandelettes sur la commissure. — ♃. Prairies, grands bois, Chambord, Bondy. DC. Fl. fr. 4. p. 336. **P. de France**, *Gallicum*. Tourn. (août-septembre). = Var. à fleur blanche. *Narbonnense*. Près Narbonne.

5. Tige de 3-4 pieds, très-rameuse : feuilles 3-4 fois ailées, *à folioles très-longues, sessiles, linéaires, pendantes :* gaînes brunâtres, grandes, membraneuses, à 1 *foliole* linéaire, *très-longue :* involucre à 6-8 folioles : les involucelles de la longueur des ombellules.— ♃. Le Midi. Sabb. hort. roman. 5. t. 96. **P. d'Italie**, *Italicum*. Mill. (juin-juillet).

III. = Fleurs blanches.

q. — *Fruit à rebord large.*

6. Tige sillonnée, anguleuse, peu rameuse : f[ett] 3 fois ailées, à folioles ovales, à 3-5 lobes en coin, divisées en lanières mucronées : involucre et involucelles enfin réfléchis, à folioles lancéolées linéaires, mucronées : 2-4 bandelettes sur la commissure : fleurs *en ombelles compac-*

les.—♃. Les montagnes, le Mont-Ventoux, au pied, le Buis. Jacq. Aust. t. 71. **E^p. d'Autriche,** *Austriacum.* Koch. (juillet-août).

7. Tige presque simple, striée, peu anguleuse : feuilles 3 fois ailées, à folioles incisées en lanières très-étroites, pointues : involucre et

qq. — *Fruit à rebord étroit.*

a. — *Pas d'involucre : 4 bandelettes sur la commissure.*

8. Tige simple, striée, cylindrique, glabre, d'un vert clair : feuilles luisantes des 2 côtés, à folioles sessiles, multifides, à lanières linéaires aiguës, en croix, folioles des feuilles supérieures entières ou à 2-3 lanières : ombelles hérissées dans l'intérieur : involucelles de 3-4 folioles linéaires pointues.—♃. Prairies et bois humides des montagnes, la Grande-Chartreuse, Thionville. Crantz. Aust. fasc. 2. t. 3. f. 2. **E^p. de Chabrœus,** *Chabrœi.* Reich. (juin-septembre).

b. — *Un involucre. 2 bandelettes sur la commissure.*

9. Tige striée, rameuse, cylindrique : feuilles glauques, fermes, 2 fois ailées, ovales, larges, à dents de scie inégales, mucronées, les terminales trifides : involucre réfléchi : bandelettes de la commissure *parallèles, parcourant le disque* : ombelles grandes. — ♃. Montagnes pierreuses, Valbonne. Jacq. Aust. t. 69. **E^p. des cerfs,** *cervaria.* Lapeyr. (juillet-septembre). — *Fruit ovale.*

10. Tige cylindrique, striée, flexueuse, rougeâtre, à rameaux divergents, ascendants : feuilles 2-3 fois ailées : ramifications du pétiole flexueuses divariquées : folioles luisantes, ovales, incisées, à dents pointues mucronées,

involucelles de plusieurs folioles lancéolées linéaires, pointues : fleurs en ombelles *grandes, lâches* : styles divergents réfléchis : 2 bandelettes sur la commissure. — ♃. Marécages et prairies des montagnes. Crantz. Aust. p. 172. t. 4. f. 1. **E^p. de montagne,** *montanum.* Koch. (juillet-août).

les terminales à 3-5 lobes : feuilles supérieures linéaires ou nulles, à gaines de 1 pouce : fruit elliptique, presque orbiculaire, *très-blanc sur les bords :* bandelettes de la commissure *entourant le disque.* — ♃. Montagnes sèches. Valbonne, bois de Pousilhac. Bieb. fl. t. c. 3. **E^p. selin des montagnes,** *oreoselinum.* Manch. (juillet-septembre). = Var. à tige anguleuse, pubescente. *Angulatum.* Près Barrèges.

c. — *Involucre : bandelettes de la commissure cachées par une membrane.*

11. Tige sillonnée, cylindrique, laiteuse, rameuse au sommet : feuilles 2-3 fois ailées : folioles *divisées jusqu'au milieu* en 3-5 lobes linéaires lancéolés pointus : folioles des involucres linéaires subulées, réfléchies : pédoncules des ombelles pubescents, divergents. — ☉. Prairies humides, marécages des montagnes, Auvergne, Alsace. Engl. Bot. t. 229. **E^p. des marais,** *palustre.* Mœnch. (juillet-août).

12. Racine à plusieurs têtes : tige grêle, sillonnée, de 2-3 pieds : feuilles 2-3 fois ailées, à folioles *divisées jusqu'à la base* en lobes linéaires, aigus, longs. — ☉. Prairies des bois. Jacq. Aust. t. 152. **E^p. des bois,** *sylvestre.* Reich. (juillet-août).

257. IMPÉRATOIRE, *Imperatoria.* Lin. — Calice entier, ou à dents peu marquées : pétales spatulés, entiers, presque égaux, à pointe roulée en dedans : fruit comprimé, plane ou lenticulaire sur le dos, entouré d'un rebord large plane : carpelles à 3 côtes du milieu saillantes, les 2 latérales contiguës au rebord : pas d'involucre : *fleurs blanches.* Sillons à 2 bandelettes, 4 sur la commissure.

1. Racine grosse : tige striée, glabre, cylindrique : feuilles 2 *fois ternées* : folioles *ovales larges,* 2 fois dentées en scie, les latérales bifides, les terminales trifides : gaines amples : fruit ovale arrondi, échancré aux 2 bouts. —

♃. Pâturages des montagnes, la Grande-Chartreuse. Lam. ill. t. 199. **Imp. commune,** *osthruthium.* Lin. (juin-août).=Var. à feuilles 3 fois ternées. *Triternata.* Bords de la Méditerranée.

258. ANETH, *Anethum*. Hoffm. — Calice à bord entier, pétales presque ronds, entiers, roulés, à pointe tronquée, rétuse : fruit comprimé sur le dos, lenticulaire, entouré d'un rebord plane, dilaté : carpelles à côtes intermédiaires aiguës, carénées, les 2 latérales confondues avec le bord : *fleurs jaunes* : ombelle nue. — Bandelettes nombreuses sur les sillons, 2 sur la commissure.

1. Tige grande, lisse, striée, rameuse : feuilles grandes, glauques, décomposées en folioles fines, capillaires, allongées : ombelles grandes, bien fournies : fruit *elliptique, à ailes larges*. — ②. Cultivé et spontané en Languedoc, Provence. Hoffm. 1. t. 1. A. f. 15. **A. fétide,** *graveolens*. Lin. (juillet-août).

2. Tige grêle, divisée au sommet en rameaux courts, raides, ouverts : feuilles décomposées en folioles linéaires, fines, courtes: fruit *ovale, muni d'ailes étroites*. — ⊙. Les moissons dans le Midi. Jacq. hort. vind. 2. t. 132. **A. des moissons,** *segetum*. Lin. (juin-juillet).

259. FÉRULE, *Ferula*. Tourn. — Calice à 5 dents peu marquées : pétales ovales presque ronds, entiers, à pointe droite ou recourbée : fruit ovale, comprimé sur le dos, entouré d'un rebord plane, dilaté : carpelles à 5 côtes menues, filiformes, les 2 latérales confondues avec le rebord : involucre nul, ou de 4-8 folioles : *fleurs jaunes* : ombelles hémisphériques. — 3 bandelettes aux sillons, 4 ou plus sur la commissure.

I. = Ombelles en verticilles autour des nœuds de la tige.

1. Tige grosse, rameuse, presque anguleuse, grande : feuilles grandes, très-décomposées, à folioles capillaires, aiguës, divergentes, écartées : ombelles 3 à 5 autour des nœuds : involucre à folioles linéaires aiguës : styles arqués-réfléchis. — ♃. Environs de Grasse, en Provence. Bocc. mus. sicul. t. 125. **F. nodiflore,** *nodiflora*. Koch. (juin-août).

II. = Ombelles terminales. 4 bandelettes sur la commissure.

2. Tige rameuse, très-grande, cylindrique : feuilles très-grandes, décomposées en folioles linéaires, *étroites, longues, aiguës* : ombelles grandes, 3 à 5 : *fruits ovales*.— ♃. Montagnes maritimes du Languedoc, Provence. Lob. icon. 778. f. 2. — Riv. t. 9. **F. commune,** *communis*. Lin. (juillet-août).

3. Tige très-grande, rameuse, cylindrique : feuilles glauques en dessous, grandes, décomposées en folioles linéaires, *planes, mucronées* : gaines supérieures sans feuilles : *fruit elliptique ovale*. — ♃. Montagnes pierreuses du Midi, Nîmes, Montpellier. Koch. umb. f. 30. 31. **F. glauque,** *glauca*. Koch. (juin-juillet).

260. PANAIS, *Pastinaca*. Lin. — Calice entier, ou à 5 dents peu apparentes : pétales ovales presque ronds, roulés, avec la pointe rétuse : fruit plane, comprimé sur le dos, entouré d'un rebord plane, dilaté en aile : carpelles à 5 côtes très-fines, à égale distance, les 2 latérales écartées, rapprochées, mais non confondues avec le rebord : involucre et involucelles nuls ou de quelques folioles : *fleurs jaunes*. — 1-3 bandelettes aux sillons, 2-4 ou 6-10 à la commissure.

a. — *Feuilles 1 fois ailées.*

1. Tige grande, anguleuse, sillonnée, rameuse : feuilles luisantes en dessus, pubescentes en dessous, à folioles ovales oblongues, obtuses, crénelées dentées en scie, la terminale à 3 lobes : pas d'involucre : *fruit ovale, échancré des 2 bouts : 2 bandelettes sur la commissure.*— ②. Les prés, les champs incultes, cultivé. Lam. ill. 206. **P. cultivé**, *sativa*. Lin. (juin-août).=Var. à racine plus épaisse, charnue. *Edulis.*

2. Tige droite, pubescente, rameuse divergente : feuilles vertes des 2 côtés, pubescentes, les radicales à 9-11 folioles, les caulinaires à 3-5 folioles ovales, en coin ou en cœur à la base, à dents aiguës mucronées, la terminale plus grande, à 3 lobes : involucre de 2 folioles caduques : *fruit ovale arrondi, glabre : 2-6 bandelettes sur la commissure.* — ⚥. Montagnes de Corse. Duby. Bot. Gallicum. **P. de Koch**, *Kochii*. Duby. (juin).

b. — *Feuilles 2 fois ailées.*

3. Racine grosse, double : tige très-grande, glabre, cylindrique, striée, rameuse au sommet : pétioles hérissés, rudes : feuilles 1-2 fois ailées, à folioles larges, ovales, dentées, inégalement lobées, échancrées en cœur à la base : ombelles petites, garnies d'involucre : 6-10 *bandelettes sur la commissure.* — ⚥. Bords des champs du Midi, Montpellier, Frontignan. Gou. ill. t. 13-14. **P. opoponax**, *opoponax*. Lin. (juin-juillet).

---

261. BERCE, *Heracleum*. Lin. — Calice à 5 dents : pétales obovés, échancrés, à pointe fléchie en dedans ; ceux de la circonférence plus grands, bifides : fruit grand, comprimé aplati sur le dos, elliptique, entouré d'un rebord plane, membraneux : carpelles à côtes très-menues, les 2 latérales contiguës, mais non confondues avec le rebord : involucre caduc ; involucelle de plusieurs folioles. — Sillons à 1 bandelette, 2 sur la commissure.

I. = Feuilles simples ou palmées.

1. Tige cannelée, pubescente, grande, rameuse : feuilles grandes, *blanchâtres cotonneuses en dessous*, en cœur, palmées, à 5-7 digitations lancéolées, aiguës, incisées, crénelées, trifides : *fruit elliptique*, pubescent : fleurs blanches. — ⚥. ②. Prairies des Pyrénées, Canigou, Mont-Louis, Médassoles. **P. des Pyrénées**, *Pyrenaicum*. Lam. dict. 1 p. 463. (juillet-août). = Var. plus hérissée : pétiole creusé en gouttière, avec des taches rouges :

feuilles ternées, à folioles lobées. *Setosum.*

2. Tige et pétioles hérissés : feuilles échancrées en cœur, *glabres*, un peu pubescentes sur les bords et les nervures, palmées, à lobes un peu incisés, crénelés, dentés, les inférieures presque simples, orbiculaires : *fruits obovales orbiculaires* : fleurs blanches.— ⚥. Pâturages élevés du Jura, des montagnes de Provence. Bauh. Prod. 85. **P. des Alpes**, *Alpinum*. Lin. (juillet-août).

II. = Feuilles ailées.

a. — *Pétales de la circonférence très-grands.*

3. Tige grosse, anguleuse, grande : feuilles hérissées sur les côtes et les pédoncules, pubescentes blanchâtres en dessous, les radicales très-grandes : folioles à 3-5 lobes, incisées crénelées, toutes pétiolées, la terminale à 3 lobes : pétales à lobes divergents : ovaires pubescents : *fruits presque orbiculaires.* — ②. Prairies humides, à Gaujac au bord de la grande route. Bleck. herb. t. 340. **P. branc-ursine**, *sphondylium*. Lin. (mai-septembre). = Var. feuilles à 3 folioles moins grandes, les supérieures sessiles : pétales extérieurs plus petits. *Stenophyllum.*

4. Tige très-grande : feuilles glabres en dessus, pubescentes blanchâtres en dessous, hérissées sur les nervures, pointues, à dents égales, à 3-5 folioles ordinaires sessiles, la terminale à divisions palmées, l'intermédiaire à 5-5 lobes : *fruit obovale échancré*, enfin *glabre* : fleurs d'un blanc verdâtre. — ②. Prairies des hautes montagnes, le Mont-Ventoux. Lam. ill. t. 200. **P. élégante**, *elegans*. Jacq. Aust. t. 175. (juillet-août).

fin. — *Tous les pétales presque égaux.*

d. — *Feuilles glabres.*

5. Tiges grêles, couchées, glabres : feuilles à longs pétioles , 2 fois ailées, à folioles lancéolées, entières, aiguës : involucre à folioles sétacées : fleurs blanches ou rosées, en ombelle peu fournie. — ♃ . Rocailles des Alpes du Dauphiné. Vill. t. 14. **B. naine**, *pumilum*. Vill. (juin-juillet).

dd. — *Feuilles hérissées au moins sur le pétiole.*

6. Tige sillonnée, grande : feuilles glabres en dessus, hérissées en dessous, jamais blanchâtres, à folioles lancéolées, dentées, entières au sommet, la terminale à 3 lobes palmés, le médian simple, les autres à 2 lanières : fleurs d'un jaune verdâtre , enfin blanches : fruit glabre, en coin : pédicelles primaires de l'ombelle hérissés en dedans.— ♃ . Les rochers de Saint-Eynard près Grenoble. Jacq. Aust. t. 174. **B. à longues feuilles**, *longifolium*. (juin-septembre). — Pétioles presque glabres.

7. Poils durs, raides sur les pétioles : fruit à folioles palmées, ailées, à lanières pointues : feuilles rudes sur les bords , blanchâtres en dessous : folioles palmées, divisées en lanières pointues , divergentes , dentées en scie : fruit glabre, obovale, échancré : fleurs jaunâtres.— ⨀. Pâturages des montagnes du Dauphiné. Jacq. Aust. t. 173. **B. jaunâtre**, *flavescens.* Bess. (juillet-septembre). — Voir le *B. angustifolium.*

III. = Feuilles ternées.

8. Tige glabre, striée, rameuse : feuilles ternées, quelquefois à 3 folioles velues, hérissées en dessous, confluentes, lancéolées allongées, acuminées, à dents écartées et appliquées, ailées, quelquefois toutes linéaires très-étroites, entières : involucre à folioles sétacées : fruit glabre, ovale. — ⨀. ♃ . Rocailles des montagnes aux environs de Grenoble. Fl. fr. 5.p. 510. **B. à feuilles étroites**, *angustifolium.* Lin. (juin-août). — Le *B. flavescens* est une variété de l'*angustifolium.*

262. TORDYLE, *Tordylium.* Lin. — Calice à 5 dents peu prononcées : pétales obovés, échancrés, à pointe fléchie en dedans, ceux de la circonférence plus grands, bifides : fruit comprimé sur le dos, plane, orbiculaire, entouré d'un rebord calleux, renflé, sillonné : carpelles aux 5 côtes du milieu filiformes , les latérales contiguës ou cachées avec le rebord : involucre et involucelle de plusieurs folioles : *fleurs blanches.* — 2-12 bandelettes sur la commissure, 2-5 à chaque sillon.

1. Tige presque *simple à la base, hérissée de poils renversés* : feuilles inférieures à folioles ovales lancéolées, les supérieures à folioles lancéolées, la terminale allongée, toutes obtuses, crénelées : involucre plus court que l'ombelle : fruit hispide , sillonné sur le bord : 2 bandelettes sur la commissure. — ⨀. Les champs, les haies, les vignes, parc de Goujac. Koch. umbel. f. 24. 25. **T. élevé**, *maximum.* Lin. (juin-juillet). — 1 bandelette à chaque sillon, 2 à la commissure.

2. Tige chargée de *poils raides, dressée, por-* tant dès la base des rameaux nus , allongés : folioles en cœur, arrondies, crénelées dentées, la terminale ovale ou ovale oblongue, et dans les feuilles supérieures lancéolées : involucre pendant la floraison , égalant ou dépassant l'ombelle : fleurs de la circonférence très-grandes, géminées, inégalement bifides : fruit glanduleux sur les bords , couvert de poils en massue. — ⨀. Le Midi dans les champs. Jacq. \ind. 1. t. 53. **T. officinal**, *officinale.* Lin. (juin-juillet).= 3 bandelettes à chaque sillon, 10-12 à la commissure.

263 SILER, *Siler.* Scop. — Calice à 5 dents : pétales obovés, échan-

crés, à pointe fléchie en dedans : fruit lenticulaire, comprimé sur le dos : carpelles à 5 côtes primaires filiformes, carénées, obtuses, les 2 latérales sur le bord ; les 4 secondaires peu saillantes : involucre et involucelles de quelques folioles caduques : *fleurs blanches.* — 1 bandelette sur chaque côte secondaire.

1. Tige grande : feuilles glauques en dessous, 2 fois ternées, à folioles arrondies ovales, crénelées, trilobées, obtuses : ombelles grandes. — ♃. Prairies humides des montagnes de Provence, Pyrénées, Thionville. Koch. umbel. f. 34. 35. **S. à feuilles d'Ancolie**, *Aquilegifolium.* Gœrtn. (juillet-août)

264. LASER, *Laserpitium.* Lin.

— Calice à 5 dents : pétales obovés, échancrés, avec la pointe réfléchie en dedans : fruit comprimé sur le dos : carpelles à côtes primaires filiformes, les 2 latérales sur la commissure ; les 4 côtes secondaires dilatées en ailes membraneuses, entières : commissure presque plane. — Fruit chargé de 8 ailes : involucre et involucelle de plusieurs folioles : *fleurs blanches.* — Sillons à 1 bandelette.

I. = Fruits chargés à la maturité de poils étalés sur les côtes primaires.

1. Tige anguleuse sillonnée, hérissée dans le bas de poils renversés : feuilles 2-3 fois ailées, à folioles lancéolées entières, les dernières réunies : involucre à folioles linéaires aiguës : les 2 ailes extérieures du fruit plus grandes. — ②. Bois et prairies humides, la Tour-du-Pin en Dauphiné. Breyn. cent. t. 48. **L. de Prusse**, *Pruthenicum.* Lin. (juillet-août). == Var. presque glabre ; ailes latérales très-grandes, les autres presque nulles. *Glabratum.* Roch. Bann. f. 55.

II. = Fruit, à la maturité, glabre ou chargé sur les côtes primaires de poils très-courts, couchés.

n. — *Folioles divisées en lanières linéaires.*

a. — *Folioles de l'involucre presque trifides.*

2. Tige presque simple et nue, cylindrique, striée : feuilles hérissées, grandes, triangulaires, 3-4 ailées, à folioles linéaires lancéolées, pointues : fruit ovale, glabre : styles divergents : folioles des involucres membraneuses sur les bords. — ♃. Montagnes herbeuses, environs de Briançon. Ball. helv. n. 795. t. 19. **L. hérissé**, *hirsutum.* Lam. (juillet-août). == Var. à tige et feuilles presque glabres. *Glabrum.* — Voir la variété du *Latifolium.*

b. — *Folioles de l'involucre entières.*

3. Tige cylindrique, rameuse, à stries peu marquées : feuilles plusieurs fois ailées : folioles de l'involucre nombreuses, entières : ombelles très-fournies : ombellules compactes serrées, globuleuses. — ♃. Corse, au Mont-Rotondo à la Calanca. **L. à feuilles d'Éthuse**, *Cynapiifolium.* Salisb. (juillet-août). — Voir la variété d. du *Gallicum.*

nn. — *Folioles entières elliptiques lancéolées.*

4. Tige grande, presque simple, striée : feuilles glauques, 2-3 fois ailées, à folioles oblongues lancéolées, entières, mucronées ou confluentes à 3 lobes : folioles de l'involucre terminées en arête : fruit à ailes courtes. — ♃. Montagnes abritées du Midi. Jacq. Aust. t. 145. **L. siler**, *siler.* Lin. (juillet-août).

nnn. — *Folioles en coin à 3-5 lobes.*

5. Tige striée, rameuse : feuilles très-grandes, 3-4 fois ailées, à folioles en coin, trifides, à lobes calleux au sommet et mucronés : involucre à folioles linéaires lancéolées, pointues : fruit à ailes égales, planes. — ♃. Montagnes de toute la France. Pluck. t. 198. f. 6. **E. de France**, *Gallicum*. Lin. (juillet-août). = Variétés. = a. — Lobes courts, plus divariqués. = b. — A folioles plus larges. = c. — A folioles oblongues linéaires. = d. — A folioles très-étroites.

nnnn. — *Folioles ovales larges.*

a. — *Folioles ovales rhomboïdales lancéolées.*

6. Tige grande, cylindrique, rameuse, striée, glabre : feuilles 2-3 fois ternées, à folioles ovales rhomboïdales, à dents inégales, cendrées en dessous et pubescentes sur les nervures, entières ou 2-3 fois divisées, celles du haut et les latérales le plus souvent bifides ou trifides : fruit à ailes égales : ombelle glabre.— ♃. Lieux humides. W. et Kith. hung. t. 233. **E. des Alpes**, *Alpinum*. W. et Kith. (juillet-août).

b. — *Folioles ovales arrondies.*

7. Tige grande, rameuse, striée : feuilles 3 fois ternées, à folioles *ovales arrondies*, incisées et à dents mucronées : les feuilles supérieures 2 fois ternées, à folioles presque toujours en coin, trilobées dans la paire inférieure, toutes cendrées en dessous et pubescentes sur les nervures : fruit à 8 ailes membraneuses. — ♃. Lieux humides des montagnes, l'Espérou, la Lozère. Soy. Willanel. **E. de Nestler**, *Nestleri*. Soy. Willanel. (juillet-août).

c.— *Folioles ovales obliquement en cœur.*

8. Tige glabre, cylindrique rameuse : feuilles 2 fois ailées ou ternées, les radicales à folioles terminales trifides, les autres ovales rondes, en cœur oblique, à dents mucronées, les feuilles supérieures à folioles lancéolées entières : rayons de l'ombelle rudes du côté interne : fruit à ailes grandes, ondulées, presque égales. — ♃. Montagnes sèches du Midi et de l'Alsace, Concoules. Fl. dan. 1513. **E. à larges feuilles**, *latifolium*. Lin. (juin-août). = Var. à feuilles et pétioles rudes pubescents en dessous. *Asperum*. Concoules [Gard].

265. THAPSIE, *Thapsia*. Lin. — Calice à 5 dents, quelquefois entiers : pétales entiers, elliptiques, pointus, à pointe fléchie ou roulée en dedans : fruit oblong, comprimé sur le dos, carpelles à côtes primaires filiformes, les 2 latérales sur la commissure ; les 2 secondaires intérieures filiformes, très-fines, les 2 extérieures dilatées en aile membraneuse, entière ; ainsi fruit à 4 ailes : involucre et involucelle nuls ou à quelques folioles caduques. — *Fleurs jaunes.* Ombelles grandes, fournies. — 1 bandelette sous chaque côte secondaire.

1. Tige grande, peu rameuse : feuilles et pétioles velus, 2-3 fois ailés, *à folioles lancéolées*, acuminées, dentées, connées. — ♃. ②. Collines pierreuses ombragées du Midi, Avignon, Cette. Koch. umbel. f. 4. 5. **Th. velue**, *villosa*. Lin. (juillet-août).

2. Tige glabre cylindrique : feuilles 2 fois ailées, un peu velues, à folioles divisées en *lanières capillaires*, courtes : pétioles hérissés : pas d'involucre. — ♃. ②. Fl. græc. t. 280. L'Espérou. **Th. capillaire**, *asclepium*. Lin.

266. ORLAYA, *Orlaya*. Hoffm. — Calice à 5 dents : pétales obovés, échancrés, à pointe réfléchie en dedans ; ceux de la circonférence plus grands, profondément bifides : fruit lenticulaire, comprimé sur le dos : carpelles à côtes primaires filiformes, chargées de soies, les 2 latérales sur la commissure : les 4 secondaires portant 2-3 rangées d'aiguillons en hameçon ; les extérieures plus saillantes : involucre simple variable : involucelle de plusieurs folioles : *fleurs blanches*. — 1 bandelette sous chaque côte secondaire.

a. — *Pétales extérieurs très-grands, égaux aux rayons de l'ombelle.*

1. Tige hispide, velue dans le bas, à rameaux ascendants : feuilles 2-3 fois ailées, à folioles petites, divisées en lanières linéaires aiguës : côtes intérieures à 3 rangées, les extérieures à 2 rangées d'aiguillons, égalant la moitié de la largeur du fruit. — ☉. Les champs. Lam. ill. t. 192. f. 1. **Or. à grandes fleurs**, *grandiflora*. Hoffm. (juin-juillet).

b. — *Pétales extérieurs beaucoup plus courts que les rayons de l'ombelle.*

2. Tige dressée, diffuse, à rameaux divergents, garnie de poils épais : feuilles 2-3 fois ailées, un peu hérissées, à folioles ovales : in-

volucres et involucelles à plusieurs folioles scarieuses sur les bords, entières ou ailées au sommet : aiguillons dilatés à la base, *crochus*, *égalant la largeur du fruit* : fleurs rougeâtres. — ☉. Les moissons du Midi, Bellegarde. Koch. umb. f. 12. **Or. à fruits plats**, *platicarpos*. Koch. (mai-juillet).

3. Tige velue, rabougrie, à rameaux divergents : feuilles 3 fois ailées, à folioles petites, incisées : folioles de l'involucre linéaires pointues, entières ou trifides : aiguillons inégaux, dilatés à la base, à *tête hérissée*. — ☉. Sables maritimes du Midi, Aigues-Mortes. Gérard. Galloprov. t. 10. **Or. maritime**, *maritima*. (mai-juin).

267. CAROTTE, *Daucus*. Lin. — Calice à 5 dents : pétales en cœur renversé, à pointe fléchie en dedans, les extérieurs souvent plus grands et profondément bifides : fruit comprimé sur le dos : carpelles à côtes primaires filiformes, hérissées de soies raides, les 2 latérales sur la commissure ; côtes secondaires plus apparentes, portant chacune une rangée d'aiguillons crochus : involucres le plus souvent pinnatifides : *fleurs blanches ou jaunâtres*, la centrale très-grande stérile, *rouge*. — 1 bandelette sous chaque côte secondaire.

I. — Aiguillons du fruit dilatés à la base, confluents : ombelles ouvertes à la maturité.

1. Hérissée, rude : feuilles 2-3 fois ailées, à folioles très-découpées : involucre plus court que l'ombelle : aiguillons dépassant la largeur du fruit, à tête en bouclier hérissé. — ☉. Nîmes, Bellegarde. Riv. t. 27. **C. tuberculée**, *muricatus*. (juin-juillet).

II. — Aiguillons grêles, libres : ombelle en forme de nid à la maturité.

o. — *Folioles des involucres bordées de blanc.*

2. Tige et pétioles hérissés, rameuse, grande, raide : feuilles 2-3 fois ailées, à folioles divisées en lobes linéaires, mucronés, à 2-3 dents ou entiers : involucre presque égal à l'ombelle : aiguillons de la largeur du fruit, terminés en

tête hérissée : fleurs jaunes, en ombelle serrée. Iles d'Hières, île de Lavésio. — ♃. Boccon. Mut. t. 20. **C. de Boccone**, *Boccanii-Cingidium*. (juin-septembre).

oo. — *Folioles des involucres non bordées de blanc.*

q. — *Aiguillons terminés en aline.*

3. Hérissée : feuilles 2-3 fois ailées, à folioles divisées en lanières linéaires aiguës : involucre cilié, presque égal à l'ombelle : aiguillons

atteignant presque la largeur du fruit : fleurs blanches ou purpurines. — ♃. Engl. Bot. 1174. **C. commune**, *Carota*. Lin. juin août.

4. Tige hérissée à la base, *presque glabre au sommet* , rameuse : feuilles 2 fois ailées, à folioles glabres, ovales , dentées, un peu épaisses, mucronées : involucre plus court que l'ombelle, à folioles striées: aiguillons *pectinés*, *n'atteignant pas la largeur du fruit* : fleurs blanches ou jaunâtres.— ②. Bords rocailleux de la Méditerranée, Corse, Calvi. Engl. Bot. t. 2560. **C. d'Espagne**, *Hispanicus*. Gou. (juin-juillet).

qq. — *Aiguillons terminés en tête hérissée.*

f. — *Aiguillons plus courts que la largeur du fruit.*

5. Tige grêle, effilée , rameuse , rude tuberculeuse : pétioles un peu poilus : feuilles 2 fois ailées, inférieures à folioles ovales oblongues , supérieures à folioles linéaires lancéolées , pointues : involucelles simples : fleurs jaunâtres, très-petites, égales. — ②. Sables maritimes de Bretagne. Desf. Atl. 1. p. 240. t. 60. **C. à petites fleurs**, *parviflorus*. Desf. (mai-septembre).

ff. — *Aiguillons au moins de la largeur du fruit.*

a. — *Toutes les folioles ovales incisées dentées.*

6. Tige hérissée de poils *étalés ou déjetés*: feuilles 2 fois ailées un peu velues : *involucre plus court que l'ombelle.* — ②. Bords rocailleux de l'Océan en Bretagne. Desf. Atl. 1. p. 243. t. 63. **C. hérissée**, *hispidus*. Desf. (juin-août).

7. Tige grande, *poilue dans le jeune âge, puis glabre*, rude : feuilles hérissées, grandes, inférieures à folioles ovales à lanières obtuses mucronées, supérieures à folioles linéaires aiguës : involucre *presque égal à l'ombelle*. fleurs du centre charnues, violettes. — ②.

Bords des champs dans le Midi. **C. gigantesque**, *maximus*. Desf. (juillet-août).

b. — *Folioles toutes lancéolées ou linéaires.*

8. Tige droite, rameuse, chargée de poils raides, ou de tubercules renversés : feuilles grandes, 2-3 fois ailées, *glabres*, inférieures à folioles lancéolées incisées : involucre strié , plus court que l'ombelle: aiguillons dépassant le diamètre du fruit. — ⊙. Le Roussillon , Grasse. All. ped. t. 64. f. 1. **C. de Mauritanie**, *Mauritanicus*. All. (juin-juillet). = *Variété.* = Feuilles supérieures à folioles incisées en lobes décroissants, tous terminés par une pointe aiguë. *Lucidus*. Lois.

268. CAUCALIDE , *Caucalis*. Lin. — Calice à 5 dents : pétales en cœur renversé, à pointe fléchie en dedans, ceux de la circonférence plus grands , bifides : fruit un peu comprimé sur les côtés : côtes primaires garnies d'aiguillons , les 2 latérales sur la commissure ; les secondaires plus saillantes, chargées de 1-2 rangées d'aiguillons fourchus : involucre et involucelles nuls ou variables. *Fleurs blanches ou rougeâtres*, la centrale à étamines, sessile. — 1 bandelette sous chaque côte secondaire, 2 sur la commissure.

1. Tige presque glabre, à peine un peu poilue au sommet, à rameaux très-divergents : feuilles 3 fois ailées, à folioles divisées en lobes lancéolés aigus : gaines hérissées à la base : involucelle à 3 folioles : fleurs d'un blanc rougeâtre : aiguillons *coniques , robustes , recourbés au sommet*.— ⊙. Les moissons. Jacq. Aust. t. 157. **C. à feuilles de Carote**. *Daucoides*. Lin. (mai-juin)..

2. Tige rameuse , chargée de poils blancs , appliqués , réfléchis : feuilles 2 fois ailées , à folioles découpées en lobes étroits, couverts de poils dressés et les ombellules : aiguillons divergents, *à tête hérissée de crochets*, en deux rangées sur les côtes secondaires : semence parcourue d'un sillon profond en dedans.— ⊙. Champs arides. Jacq. hort. vind. 2. t. 198. **C. à feuilles menues**, *leptophylla*. Lin. (mai-juin).

269. TURGÉNIE, *Turgenia*. Hoffm. — Caractères du *Caucalis*. — Fruit presque à 2 lobes : côtes internes primaires à 1 rangée d'aiguillons, les 2 latérales un peu tuberculeuses sur la commissure ; 2-5 rangées d'aiguillons égaux sur les côtes secondaires : involucre et involucelles de plusieurs folioles : *fleurs blanches ou rosées*. — 1 bandelette sous chaque côte secondaire.

1. Tige presque simple, rude : folioles lancéolées, incisées, dentées, décurrentes : folioles des involucres scarieuses sur les bords, ovales, pointues : aiguillons égalant le diamètre du fruit, ou un peu plus courts. — ☉. Les moissons. Koch. umb. f. 16. **T. à larges feuilles**, *latifolia*. Hoffm. (juin-juillet).

270. TORILIS., *Torilis*. Adams. — Caractères du *Caucalis*. — Fruit contracté sur les côtés : carpelles à côtes primaires un peu chargées de soies, les 2 latérales sur la commissure : aiguillons épars et sans ordre dans les intervalles, et cachant les côtes secondaires : ombelle presque convexe : involucre variable ; involucelle à 5-7 folioles : *fleurs blanches ou rougeâtres*. — Sillons à 1 bandelette.

a. — *Ombelles latérales, à court pédoncule.*

1. Tiges hérissées, diffuses, tombante, renflées sur les articulations : feuilles 2-5 fois ailées : involucres et involucelles à folioles linéaires, hispides : fruits tuberculeux par la base des aiguillons caducs : fleurs blanches, en ombelles agglomérées, opposées aux feuilles. — ☉. Bords des champs. Engl. Bot. 199. **Tor. noueuse**, *nodosa*. Gœrtn. (juin-juillet).

b. — *Ombelles terminales, à longs pédoncules.*

f. — *Pétales au moins égaux à l'ovaire.*

n. — *Involucre nul ou d'une foliole.*

2. Tige basse, raide, diffuse : feuilles 2 fois ailées, à folioles incisées dentées en scie : involucre d'une foliole ou nul : ombelles convexes : fleurs assez grandes, blanches et fruits verts, ou fleurs et fruits rougeâtres : *pétales de la circonférence doubles de l'ovaire ; styles très-longs.* — ☉. Champs, buissons. Jacq. Aust. t. 46. **Tor. des champs**, *infesta*. Hoffm. (juillet-août).

3. Tige basse, un peu raide : feuilles inférieures 2 fois ailées, supérieures ailées et ternées, à folioles incisées dentées en scie, la terminale allongée linéaire lancéolée : involucre d'une foliole ou nul : ombelles moins convexes : fleurs blanches ou rougeâtres : *pétales égaux à l'ovaire : styles moins longs.* — ☉. Les champs, Paris, Amiens. Jacq. hort. vind. t. 16. **Tor. de Suisse**, *Helvetica*. Gm. (juillet-août).

nn. — *Involucre de plusieurs folioles.*

4. Tige dressée, élancée, à rameaux étalés : feuilles 2 fois ailées, à folioles ovales lancéolées, incisées, dentées en scie : aiguillons courbés, simples aigus : fleurs blanches ou rosées. — ☉. Les ruines, les champs, les haies. Jacq. Aust. t. 261. **Tor. anthrisque**, *anthriscus*. Gm. (juillet-août).

ff. — *Pétales plus courts que l'ovaire.*

5. Tige dressée, à rameaux peu nombreux, dressés, étalés : feuilles inférieures 2 fois ailées, supérieures ternées, folioles incisées dentées en scie, la terminale des feuilles supérieures allongée, à dents écartées : involucre nul ou d'une foliole : fruit quelquefois hérissé de soies à l'extérieur et d'aiguillons à l'intérieur. — ☉. Les champs, les haies du Languedoc. Gass. prod. fl. scdl. 1 p. 526. **Tor. à feuilles variables**, *heterophylla*. Gass.

(mai-juin). = Var. Plante très-basse, rameuse | rieures, à folioles linéaires. *Dumosa*. Oestri-
dès la base : feuilles simples, linéaires ou infé- | coni.

271. BIFORE, *Bifora*. Hoffm.

— Calice presque entier : pétales obo-
vés, échancrés, à pointe fléchie en dedans : fruit ventru, didyme : carpelles rugueux , granuleux , marqués de 5 stries peu apparentes et de
2 stries latérales demi-circulaires, placées près du rebord : commissure percée de 2 trous : involucre et involucelles de quelques folioles ou
nuls : *fleurs blanches.*

1. Tige anguleuse, basse, à rameaux diver- | tites. — ☉. Les moissons en Provence , Lan-
gents : feuilles divisées en lobes très-fins : | guedoc, Fréjus, Riv. t. 72. **B. à deux bosses,**
fleurs presque toutes égales, en ombelles pe- | *testiculata*. Spring. (mai-juin).

272. CORIANDRE, *Coriandrum*. Lin.

— Calice à 5 dents : pétales
obovés, échancrés, à pointe fléchie en dedans, ceux de la circonférence
plus grands, bifides : fruit globuleux : carpelles à côtes primaires filiformes, flexueuses, déprimées; les 4 secondaires carénées, plus saillantes : semence concave sur la commissure à 2 bandelettes : *fleurs
blanches* : pas d'involucre ; demi-involucelle.

1. Tige rameuse, glabre, cylindrique : feuil- | rieures divisées en folioles très-fines. — ☉.
les inférieures ternées ou à 5 folioles ovales | Environs de Paris, Orléans; cultivée. Schk. t.
arrondies, incisées, en coin ; les feuilles supé- | 72. **Cor. cultivé,** *sativum*. Lin. (juin-août).

TRIGYNIE.

273. TÉLÈPHE, *Telephium*. Lin.

— Calice persistant, à 5 petites
dents : 5 pétales insérés sur le calice : 5 étamines périgynes : 3 stigmates : ovaire à 3 loges à la base , à 1 au sommet : capsule à 1 loge
polysperme, à 3 valves.

1. Tige étalée , simple , glabre , feuillée : | en paquets terminaux. — ♃. Lieux chauds
feuilles alternes, ovales , petites, glauques , | du Midi , les Alpines près Maussanc. Lam. ill-
munies de stipules : fleurs petites, blanchâtres, | t. 215. **T. d'Imperati ,** *Imperati*. Lin. (juin-
juillet).

274. CORRIGIOLE, *Corrigiola*. Lin.

— Calice persistant, à 5 divi-
sions profondes, membraneuses et blanchâtres sur les bords : 5 pétales
presque égaux , insérés sur le calice : 5 étamines plus courtes que la
corolle : 3 stigmates sessiles : capsule indéhiscente, à 1 graine.

58

1. Tige couchée, élancée, rameuse : feuilles alternes, caulinaires linéaires en coin : fleurs blanches, en paquets latéraux et terminaux, feuillés. — ⚥. Terrains sablonneux, bords des rivières. Fl. dan. t. 554. **C. des rivages**, *littoralis*. Lin. (juillet-août). — *Graines lisses*.

2. Tige couchée, rameuse : feuilles radicales linéaires, caulinaires alternes, ovales cunéi-

formes : fleurs blanches, en paquets *non feuil-lés*, latéraux et terminaux : *graines chagri-nées*. — ⚥. Callioure, environs de Fréjus. Reich cent. 2. f. 261. **C. à feuilles de Téléphe**, *Telephifolia*. Pourr. (juin-juillet). — *Var.* id. Tige droite, réfléchie : feuilles radicales en spatule, caulinaires ovales, imbriqués. *Imbricata*. Lap. — Vinca dans les Pyrénées.

275. MOLLUGINE, *Mollugo*. Sering. — Périgone à 5 divisions : 5-5 étamines : 3 styles : capsule polysperme, à 3 loges, à 3 valves.

1. Tige dichotome ou à rameaux verticillés : feuilles glauques, presque glabres, étroites, obtuses, verticillées 3 par 3, ou 5 par 5 : fleurs en

ombelle. — ⚥. Au Boulou dans les Pyrénées Orientales. Pluck. phyt. t. 552. **M. des cerf-** *cerviana*. Sering.

276. PALIURE, *Paliurus*. Tourn. — Calice à 5 divisions ouvertes : 5 pétales insérés sur un disque glanduleux : 5 étamines opposées aux pétales : 5 styles : fruit sec, à rebord membraneux, large, ailé, à 3 loges monospermes.

1. Arbrisseau à rameaux aiguillonnés : feuilles ovales, un peu dentées, à 3 nervures saillantes : fleurs jaunes, en grappes axillaires.

— ♄. Terrains stériles du midi. Tresques. Lam. ill. t. 210. **P. aiguillonné**, *aculeatus*. Lam (mai-juin).

277. SUREAU, *Sambucus*. Lin. — Calice petit à 5 dents : corolle rotacée, à 5 divisions courbées en dehors : 5 étamines : 3 stigmates sessiles : baie à 3-5 graines. — Feuilles pinnées : fleurs en corymbe.

a. — Plante herbacée.

1. Tige droite, cannelée : feuilles à folioles oblongues lancéolées, dentées en scie : stipales foliacées, ovales, dentées : cime à 3 rayons principaux : fleurs blanches et rosées : fruits noirs. — ⚥. Bords des champs. Curt. Lond. fascicul. 5. t. 48. **S. yèble**, *ebulus*. Lin. (juin-juillet).

b. — Arbres.

2. Rameaux pleins de moelle *blanche* : feuilles à 5 folioles *ovales lancéolées*, pointues, dentées : stipales presque nulles : fleurs d'un blanc

jaunâtre, *en cime à 5 rayons principaux* : fruits *noirs* à la maturité. — ♄. Les haies humides. Fl. dan. t. 545. **S. noir**, *nigra*. Lin. (juin-juillet).

3. Rameaux à moelle *jaunâtre* : feuilles à 5-7 folioles *lancéolées* pointues, dentées en scie : supérieures souvent à 3 folioles : stipales ovales, entières, caduques : fleurs blanchâtres, *en panicule ovale, serrée* dressée : fruits gros, *écarlates*. — ♄. Bois montagneux, Avallon, Morvan, Alsace, Jura peu rar. t. t. 59, 19, à **grappes**, *racemosa*. Lin. (mai-juin).

278. SUMAC, *Rhus*. Lin. — Calice petit, persistant, à 5 divisions : 5 pétales ovales ouverts : 3 styles courts, ou 3 stigmates sessiles : fruit presque sec, à noyau osseux, à 1-2-3 graines. Arbrisseaux.

a. — *Feuilles simples.*

1. Arbrisseaux à écorce lisse : feuilles ovales, arrondies , entières , fermes , glabres , odorantes : fleurs petites , verdâtres , en panicules lâches , entremêlées de filets allongés et hérissés : fruit glabre, veiné, un peu en cœur.— ♃. Terrains pierreux , Trcsques à Coussargues , bois de Concoul près la Roque. Jacn. Aust. t. 216. **S. fustet**, *cotinus*. Lin. (mai-juillet.)

b. — *Feuilles ailées avec impaire.*

s.— *Feuilles glabres.*

2. Racines longuement traçantes : feuilles à 3 folioles glabres , entières , ovales pointues : fleurs en panicules : fruit ovale arrondi.—♃. Amérique du Nord, Bois marécageux près Louviers. Bot. mag. t. 1806. **S. arbre du poison** , *toxicodendron*. Lin. (juin-juillet). — Suc très-vénéneux.

ss. *Feuilles velues en dessous.*

3. Écorce roussâtre : jeunes rameaux et pétiole ailé velus , grisâtres : folioles ovales lancéolées , dentées en scie , *vertes des deux côtés* : fleurs blanchâtres *en thyrse serré* : fruit ovale arrondi. — ♃. Lieux secs du Midi, Toulouse. Duham. éd. 2° 2. t. 46. **S. des corroyeurs**, *coriaria*. Lin. (juin-juillet).

4. Duvet brunâtre serré sur les rameaux : pétiole velu , non *ailé* : folioles ovales lancéolées *blanches et poilues en dessous* : fleurs pourprées , en thyrse serré : fruit *rouge* , hérissé. — ♃. Amérique Septentrionale , spontané aux environs d'Agen. Duham. 2° édit. 2. t. 47. **S. de Virginie** , *typhina*. Lin. (juin-juillet).

279, TAMARISQUE , *Tamarix*. Lin. — Calice à 4-5 divisions ; 3-5 pétales : 4-5-10 étamines, libres ou soudées : stigmates glanduleux, divergents : semences aigrettées : graines terminées par un bec ou sans bec.

n.— *Graines terminées par un bec ; aigrette plumeuse.* MYRICA.

1. Arbrisseau de 4-8 pieds, à rameaux nombreux , dressés , flexibles : feuilles linéaires lancéolées , glauques , sessiles , presque imbriquées : fleurs purpurines, *en épis terminaux, en pyramide allongée , dépourvus d'écailles*. — ♃. Bords des rivières, Alsace. Fl. dan. t. 254. **T. d'Allemagne,** *Germanica*. Lin. (mai-juin).= 10 étamines, 5 alternes, plus courtes.

2. Écorce des rameaux brune, luisante : feuilles lancéolées ovales , carénées depuis la base jusqu'au milieu : fleurs roses , grandes , *en épis latéraux, cylindriques*, très-serrés, *écailleux à la base* : pétales plus longs que le calice.—♃. Grenoble. Mut. 1. p. 582. **T. écailleux**, *squamosa*. Desf. (mai-juin). = 10 étamines, 5 alternes plus courtes.

nn. — *Graines sans bec ; aigrette à poils simples.* —TAMARIX.

3. Rameaux verts , ouverts : feuilles glauques, ovales pointues, imbriquées, un peu redressées : *bractées pointues, mucronées* : fleurs blanches , petites , en épis grêles formant une panicule : styles divisés jusqu'à la base , d'abord plus longs que le bec de l'ovaire , puis l'égalant. — ♃. Sables des deux mers ; Aigues-Mortes ; Clarensac. Black. herb. t. 551. **T. de France,** *Gallica*. Lin. (mai-juin). — Styles 3 fois plus courts que le bec de l'ovaire. *Brevistyla*.

4. Rameaux d'un brun violet : feuilles ovales acuminées, un peu dressées, transparentes sur les bords : bractées ovales à la base , *oblongues ou lancéolées obtuses* : fleurs blanches ou roses , assez grandes , en épis denses , écailleux , axillaires : styles fendus jusqu'à la base , égaux au bec du fruit. — ♃. Corse ; Bonifacio. Poir. voy. [2. p. 183. **T. d'Afrique**, *Africana*. Poir. (juin-juillet).

280. VIORNE , *Viburnum*. Lin. — Calice petit, persistant, à 5 divisions : corolle un peu campanulée ou en roue, à 5 divisions : étamines

5 insérées sur la corolle, alternes avec les divisions : 5 stigmates sessiles : baie à 1 graine. *Arbustes à fleurs blanches.*

a. — Feuilles lobées.

1. Feuilles glabres, à 5 lobes dentés, pointus : pétioles glanduleux, glabres : fleurs extérieures plus grandes, irrégulières, stériles, dans les jardins en grosses boules de neige. — ♄. Bois humides. Fl. dan. t. 661. **V. obier**, *opulus*. Lin. (mai-juin).

b. — Feuilles entières ou dentées.

2. *Fruit couronné par le calice :* feuilles persistantes, luisantes, très-entières, ovales pointues, velues glanduleuses aux aisselles des nervures en dessous : pétiole velu : fleurs en ombelle. — ♄. Bois montagneux; Valbonne. Clus. hist. t. 49. **V. tin.** *tinus*. Lin. (toute l'année).

3. *Fruit nu :* feuilles *caduques*, échancrées en cœur à la base, *rugueuses en dessus*, pubescentes en dessous, *dentées en scie :* fleurs en ombelle. — ♄. Les bois; Valbonne. Jacq. aust. t. 34. **V. mancienne**, *lantana*. Lin. (avril-mai).

TÉTRAGYNIE.

281. PARNASSIE, *Parnassia*. Lin. — Calice à 5 sépales persistants : 5 pétales : 5 écailles bordées de cils glanduleux : 5 étamines opposées aux pétales : 4 stigmates sessiles : capsule à 4 valves, à 1 loge : graines arillées.

1. Tige uniflore, portant une feuille embrassante : feuilles radicales pétiolées, en cœur : fleur blanche, à onglet très-court. — ♃. Lieux humides; l'Espérou. Fl. dan. t. 584. **P. des marais**, *palustris*. Lin. (août-septembre).

PENTAGYNIE.

282. SIBBALDIE, *Sibbaldia*. Lin. — Calice à 10 divisions, dont 5 alternes plus petites : 5 pétales insérés sur le calice : graines recouvertes par le calice persistant.

1. Tige couchée, faible, un peu velue : feuilles à 3 folioles tridentées au sommet, obovales, velues en dessous : fleurs verdâtres, petites, à pétales lancéolés aigus, de la longueur du calice. — ♃. Glaciers des Alpes ; environs d'Embrun ; Pyrénées, Pic du Midi. Fl. dan. t. 52. **S. couchée**, *procumbens*. Lin. (juillet-août).

283. STATICÉ, *Statice*. Lin. — Calice scarieux, à 5 dents : corolle à 5 pétales, ou monopétale à 5 divisions : capsule s'ouvrant par la base, entourée par le calice. — Réceptacle nu : fleurs en épis rameux, munis de bractées.

I. = Fleurs monopétales.

1. Tige ligneuse, rougeâtre , feuillée , rameuse : feuilles ponctuées, rugueuses, engaînantes, éparses, lancéolées oblongues : écailles en capuchon , plus courtes que le calice à 5 dents linéaires aiguës : fleurs d'un rouge violet, en épis rameux, paniculés. — ♃. Ile Ste-Lucie, près Narbonne. Boccon. mus. sic. t. 17. **S. monopétale**, *monopetala*. Lin. (juillet-août).

II. = Fleurs à 5 pétales : feuilles radicales en rosette.

n. — *Feuilles sinueuses*.

2. Un peu hérissée : tige et rameaux ailés : feuilles radicales tombantes , allongées obtuses, sinuées, se rétrécissant du sommet à la base, caulinaires étroites, lancéolées, entières : fleurs violettes, fasciculées ; lobes du calice beaucoup plus longs que les bractées internes. — ♃. Corse, au bord de la mer, à Tavolara. Mut. t. 56. f. 420. **S. sinuée**, *sinuata*. Lin. (août septembre).

nn. — *Feuilles entières*.

q. — *Tige ligneuse*.

s. — *Feuilles en cœur au sommet*.

3. Pubescente : tige couchée , rameuse, gazonnante, émettant plusieurs rosettes de feuilles d'où naissent des pédoncules rameux : feuilles petites, en coin, pétiolées : fleurs rougeâtres , nombreuses : calice à lobes *ovales obtus*. — ♃. Antibes ; Fréjus. Reich. Cent. 2. f. 526. **S. pubescente** , *pubescens*. DC. (juin-juillet).

4. Pubescente poudreuse : rameaux supérieurs florifères, arqués : feuilles en coin à la base : lobes du calice *lancéolés aigus :* fleurs rougeâtres, en grappes rameuses. — ♃. Midi de la France. Mut. t. 55. f. 413. **S. poudreuse,** *furfuracea*. Lag. (mai-juin).

ss. — *Feuilles non en cœur au sommet*.

5. Glabre : gazon dense, serré par le rapprochement des rosettes : feuilles petites , courtes, spatulées, arrondies au sommet, non mucronées : fleurs rougeâtres, en panicule lâche: lobes du calice lancéolés aigus. — ♃. Environs de Marseille; en Picardie. Reich. Cent. 2. f. 324. 325. **S. naine** , *minuta*. Lin. (juin-juillet).

qq. — *Tige herbacée*.

s. — *Feuilles en cœur au sommet*.

6. Tige rameuse, paniculée : feuilles glabres, en spatule, obtuses, échancrées au sommet : fleurs bleuâtres, un peu écartées. — ♃. Rivages de la Méditerranée. Barr. Icon. 808. **S. en cœur,** *cordata*. Lin. (mai-juin).

ss. — *Feuilles non échancrées en cœur au sommet*.

m. — *Calice plus court que la bractée interne*.

7. Tiges grêles, droites, glabres, écailleuses, presque sans feuilles, à rameaux *lâches*, *étalés*, unilatéraux : bractées nombreuses, membraneuses, blanchâtres, embrassantes à la base , pointues acérées , *imbriquées :* fleurs *blanchâtres :* dents du calice pointues. — ♃. Ile Ste-Lucie. Mut. t. 57. f. 422. **S. diffuse,** *diffusa*. Pourr. (juillet-août).

8. Tiges droites ou étalées, à rameaux nombreux , unilatéraux , *en faisceau très-serré :* écailles scarieuses, rougeâtres , nombreuses , ovales, terminées par une longue pointe acérée ; fleurs *rosées :* calice à dents subulées. — ♃. Ile Ste-Lucie. Mut. t. 57. f. 421. **S. férulé,** *ferulacea*. Lin. (juillet-août).

mm. — *Calice plus long que la bractée interne*.

P. = PLANTES TUBERCULEUSES, OU PONCTUÉES RUDES.

####### a. — *Rameaux articulés*.

9. Tige rameuse dès la base : rameaux droits, paniculés, tuberculeux, articulés : les feuilles oblongues spatulées, courtes : fleurs articulés rétrécis aux bouts, renflés au milieu :

bleuâtre, terminales : calice à dents obtuses : 2 petites bractées à la base de la bractée. — ♃. Rochers maritimes de Corse ; Ajaccio. Lois. t. 6. **S. articulée**, *articulata*. Lois. juillet-août). — *Variétés*. — b. — Rameaux serrés en

faisceaux. *Fastigiata*. Noti. t. 55. f. 412. c. — Rameaux divergents, bifurqués à chaque articulation, les inférieurs stériles, les supérieurs fertiles. *Strictissima*. Salzm.

b. — *Rameaux non articulés.*

g. — *Fleurs en panicules ou en épis.*

f. — *Rameaux entrecroisés en réseau.*

10. Tiges nombreuses, plusieurs fois bifur-quées, tuberculeuses dans le haut et sur les rameaux très-nombreuses, grêles, *entrecroi-sées en réseau* : feuilles lancéolées en spatule, obtuses : fleurs bleuâtres : bractées très-ai-guës, non tuberculeuses. — ♃. Sables mariti-mes ; Bellegarde. Boce. mus. sicul. t. 44. f. 1. **S. en réseau**, *reticulata*. Lin. (mai-août).

ff. — *Rameaux non entrecroisés en réseau.*

11. Tiges rameuses, cylindriques : feuilles oblongues en spatule, *obtuses au sommet*, ré-trécies en long pétiole : fleurs *blanches*, en pe-

tites têtes : bractées courtes, scarieuses, obtu-ses et les dents du calice. — ♃. Rivages des deux mers ; Bellegarde. Boce. mus. sicul. t. 105. **S. à feuilles de Paquerette**, *Bellidi-folia*. Gou. (mai-juin).

12. Tiges droites, plusieurs fois bifurquées, à rameaux inférieurs stériles : feuilles ovales, spatulées, *poilues mucronées* : fleurs bleues, *serrées sur des épillets pédonculés ; pétales lar-ges*, en cœur au sommet : dents du calice un *peu aiguës*. — ♃. La Teste de Buch, près Bordeaux. Mut. t. 55. f. 402. **S. dichotome**, *dichotoma*. Cavan.

gg. — *Fleurs solitaires, écartées.*

13. Tiges et rameaux grêles, allongés, rai-des, *très-tuberculeux et toute la plante* : feuil-les ovales spatulées, *obtuses* : fleurs bleuâtres, *écartées, solitaires* : pétales *très-étroits*, ob-tus : dents du calice à 5 pointes, celle du mi-

lieu très-longue subulée. — ♃. Sables mariti-mes du Languedoc ; Bellegarde ; Marseille. Gou. ill. t. 2. f. 4. **S. vipérine**, *echioides*. Lin. (mai-juin).

PP. — PLANTES NON TUBERCULEUSES.

b. — *Calice à dents aiguës.*

14. Tiges dures, rameuses : feuilles longues, un peu épaisses, ovales en spatules, obtuses mucronées au sommet ou sous le sommet, ré-trécies en pétiole : fleurs lilas, petites, panicu-lées, en faisceaux : 1 *bractée en cœur*, les au-tres tronquées obliques, *aiguës*. — ♃. Sables des deux mers ; Bellegarde ; Fréjus ; St-Malo. Mut. t. 54. f. 406 et 407. **S. Limonium**, *Li-monium*. Lin. (juillet-août).

15. Tige cylindrique, paniculée : feuilles *embrassantes*, en spatule, terminée par une pointe, rétrécies en pétiole : fleurs en corymbe : bractées ovales *obtuses, arrondies*, un peu ondulées. — ♃. Sables de Bretagne ; Port-Louis ; Lorient. Mut. t. 55. t. 408. **S. hybride**, *hybrida*. Lois.

bb. — *Calice à dents obtuses.*

k. — *Rameaux anguleux.*

16. Tige droite, paniculée, à rameaux an-guleux : feuilles ovales en spatule, mucro-nées, cartilagineuses sur les bords : fleurs blanchâtres ou violettes, en épis lâches : brac-

tées arrondies. — ♃. Sables maritimes ; Ai-gues-Mortes ; Cherbourg ; St-Malo. Scop. carn. t. t. 10. **S. à feuilles d'Olivier**, *oleæfol...* Poiret. juin à ...

kk. — *Rameaux cylindriques.*

d. — *Fleurs en petites têtes.*

17. Tige droite, rameuse : feuilles ovales en spatule, un peu poilues, cartilagineuses sur les bords : fleurs solitaires ou réunies, ...
latérales : pétales échancrés, plus longs que la

dd. — *Fleurs en épis compactes.*

v. — *Feuilles terminées par une longue pointe naissant sous le sommet.*

18. Caractères du *S. Dodartii* : plante grêle, à rameaux plus serrés : feuilles lancéolées spatulées, presque toujours terminées en pointe longue, naissant sous le sommet. — ♃.

Rochers maritimes, depuis Bourgneuf jusqu'à Lorient (Loire-Inférieure). **S. occidental**, *occidentalis*. Lloy. Fl. Loire-Inf. p. 212. (juillet-août).

vv. — *Feuilles non terminées par une longue pointe.*

f. — *Fleurs en épis arqués.*

19. Rameaux distiques, lâches, formant un corymbe occupant le tiers de la tige dans le haut, ou en panicule commençant vers le milieu de la tige : feuilles obovales spatulées, acuminées, terminées par une pointe fine, à 5-5 nervures : fleurs serrées, en épis arqués,

étalés : bractée intérieure 5 fois plus longue que l'extérieure. — ♃. Marais salants de Poulinguen à Careil. De Girard. Ann. sc. nat. 17. t. 3. **S. à feuilles de Lychnide**, *Lichnidifolia*. De Girard. (août).

ff. — *Fleurs en épis non arqués.*

g. — *Fleurs en épis droits.*

20. Tige dichotôme, robuste de 8-12 pouces: rameaux ouverts, en panicule lâche, oblongue, 1-2 inférieurs courts, sans fleurs, les autres portant dans le haut 2-3 épis allongés, droits : fleurs serrées, les épis terminaux sessiles, agglomérés : feuilles spatulées, très-obtuses, souvent terminées par une pointe courte. — ♃. Marais salants et rochers maritimes de la Loire-Inférieure. De Girard. Ann. sc. nat. 17. pl. 4. A. **S. de Dodart**, *Dodartii*. De Girard. (juillet-août).

gg. — *Fleurs en épis ascendants.*

21. Tige rameuse dichotôme : feuilles ovales en spatule, *pointues mucronées*, blanches cartilagineuses sur les bords : fleurs bleues, en paquets de 3-4, en épis dichotômes : bractées très-membraneuses sur les bords, l'intérieure tronquée : calice renflé. — ♃. Voisinages de la mer ; Arles, Cette, Toulon. Mut. t. 55. f. 410. **S. à feuilles de Globulaire**, *Globulariæfolia*. Desf. (mai-septembre).

ggg. — *Fleurs en épis étalés.*

22. Tige un peu paniculée au sommet : feuilles ovales en spatule, obtuses : fleurs bleuâtres, en épis courts, divergents, à courts pédoncules : calice sinué, presque pas denté : bractée obtuse. — ♃. Sables maritimes ; Arles ; Narbonne ; La Rochelle. Mut. t. 56. f. 417. **S. à feuilles d'Auricule**, *Auriculæfolia*. Wahl.

284. ARMÉRIA, *Armeria*. Willd. — Fleurs en tête, munies d'un involucre commun, à gaîne renversée : réceptacle garni de paillettes : calice à 5 dents : 5 pétales : capsule s'ouvrant à la base, entourée par le calice.

n. — *Tige ligneuse.*

1. Tiges couvertes de feuilles droites, linéaires, glabres, roulées en dessous en gouttière : pédoncules dépassant 2-3 fois les feuilles : fleurs rosées, en capitule : bractées ovales,

obtuses, brunes, égalant presque le capitule. — ♄. Rochers d'Ajaccio ; Calvi. Vent. hort. Cels. t. 58. A. **à feuilles en faisceau**, *fasciculata*. Vent. (mai-août).

nn. — *Tige herbacée.*

a. — *Feuilles à 1 nervure.*

2. Hampe plus longue que les feuilles, *finement pubescente* : feuilles nombreuses, linéaires, un peu élargies au sommet, obtuses, à 1 nervure, veinées, glabres, molles : écailles extérieures de l'involucre herbacées, un peu scarieuses au bord, les intérieures arrondies au sommet : pédicelles de la longueur du *calice*

extérieur, velus sur les angles : fleurs rosées. — ♃. Le Vigan ; environs de Grenoble. Lam. ill. t. 219. f. 1. **A. staticé**, *statice*. (mai-septembre). = *Variétés*. = b.— Feuilles très-courtes, très-étroites, roulées en dessus, ciliées à poils caducs. *Maritima*. Willd. Biarrits. = c. — Feuilles étroites, planes, molles, étalées. *Hortensis*. Cultivée.

5. Hampe *glabre*, junciforme, *un peu rude :* feuilles pétiolées, les plus basses lancéolées, ondulées, les autres linéaires lancéolées, entières, aiguës : bractées *extérieures acuminées*, les intérieures très-obtuses, égales au calice à 5 dents subulées et plus courtes que le capitule : fleurs blanches. — ♃. Environs de Toulon : Fréjus. Mut. t. 34. f. 403. **A. à odeur d'Ail**, *alliacea*. Willd. (mai-septembre).= b. — Finement pubescente. *Leucantha*. De Pouzzolz. herb. Corse, Bastia.

b. — *Feuilles à 3-5 nervures.*

4. Racine dure, ligneuse : hampe raide, glabre, un peu rude : feuilles linéaires lancéolées membraneuses sur le bord : bractées extérieures de l'involucre ovales, acuminées en pointe raide, allongée, les intérieures très-obtuses, mucronées, toutes scarieuses : fleurs rosées ou blanches : pédicelle atteignant la moitié du tube du calice. — ♃. Terrains sablonneux ; Uzès : Fréjus. **A. à feuilles de Plantain**, *Plantaginea*. Willd. (juin-juillet).

285. LIN, *Linum*. Lin. — Calice à 5 sépales : 5 pétales onguiculés. alternes avec les sépales : 5 étamines réunies par la base, alternes avec 5 filets stériles : anthères sagittées : capsule globuleuse, mucronée : graines lisses, comprimées.

I. = Fleurs blanches.

1. Tige droite, grêle, rameuse au sommet : feuilles opposées, inférieures obovales, supérieures oblongues lancéolées : fleurs blanches, petites, pédonculées : pétales et sépales aigus. — ☉. Prairies humides ; Tresques. Barr. icon. t. 1163. f. 1. **L. purgatif**, *catharticum*. Lin. (mai-septembre).

II. = Fleurs jaunes.

n. — *Calice aussi long que la corolle.*

2. Tige droite, raide, rameuse au sommet : feuilles lancéolées linéaires, pointues, raides, un peu serrées contre la tige : fleurs en corymbes terminaux ou presque en épi : sépales subulés. — ☉. Terrains pierreux du Midi : forêt de Broussans, près St-Gilles ; Avignon. Lob. icon. 411. f. 2. **L. raide**, *strictum*. Lin. (juin-juillet).

nn. — *Calice beaucoup plus court que la corolle.*

q — *Plantes annuelles.*

3. Tige droite, grêle, très-feuillée à la base, rameuse paniculée : feuilles alternes, rudes sur les bords, *linéaires lancéolées :* fleurs petites, nombreuses : sépales *lancéolés aigus*, *glanduleux ciliés à la base :* capsule plus courte que le calice. — ☉. Terrains stériles : forêt de Broussans, près St-Gilles ; environs de Nevers ; forêt de Blois. Gerard. Gallopr. t. 16. f. 1. **L. de France**, *Gallicum*. Lin. (juin-juillet). — *Pédoncules égaux au calice ou plus longs.*

4. Tige à rameaux grêles, raides allongés dichotômes : feuilles portant 2 *glandes à la base*, rudes sur les bords, les inférieures obovales obtuses, les supérieures éparses lancéolées aiguës, les florales *opposées* linéaires : *pédoncules fructifères beaucoup plus courts que le calice à sépales linéaires*, dentelés, scabres, *sans glandes*. — ☉. Terrains argileux ; Toulon. Fl. græc. t. 307. **L. nodiflore**, *nodiflorum*. Lin. (mai-septembre).

qq. — *Plantes vivaces.*

a. — *Pas de feuilles en spatule.*

5. Tige assez haute : feuilles ovales lancéolées, supérieures aiguës, quelques-unes dentelées, toutes lisses, glanduleuses à la base : fleurs grandes, en panicule rameuse, à pétales arrondis, réunis par la base, pointus, dente-

lés, glanduleux ciliés.— ♃. Terrains arides du Midi ; Perpignan ; Digne ; Nîmes. Jacq. Aust. t. 214. **E. jaune**, *flavum*. Lin. (juillet-août).

b. — *Des feuilles en spatule*.

6. Racine épaisse, ligneuse : tiges droites , simples ou rameuses au sommet : feuilles inférieures en spatule, les autres lancéolées linéaires, transparentes sur les bords : fleurs jaunes, grandes, 2-3 terminales : pétales oblongs, en cloche : sépales linéaires pointus. — ♃. Terrains secs du Midi ; Nîmes ; Montpellier, au Mont-St-Loup. Lob. icon. 414. **E. cam**-panulé, *campanulatum*. Lin. (juin-juillet).

7. Tiges dures, ligneuses à la base, de 1-2 pieds : feuilles à 3 nervures, un peu dentelées au sommet, les inférieures opposées, en spatule, les autres lancéolées, les plus hautes aiguës : fleurs à longs pédoncules : pétales arrondis, 3 fois plus longs que le calice glanduleux cilié, à divisions ovales aiguës. — ♃. Terrains humides, herbeux ; Tresques , sur les bords du Tave ; Courthéson. Jacq.hort. vind. t. 154. **E. maritime**, *maritimum*. Lin. (mai-août).

III. = Fleurs bleues ou rougeâtres.

P. = PLANTES NON VISQUEUSES.

n. — *Toutes les divisions du calice lancéolées acuminées*.

a. — *Sépales ciliés glanduleux sur les bords*.

8. Tiges nombreuses, grêles, redressées, un peu striées : feuilles éparses, linéaires subulées, bordées de cils rudes : fleurs d'un rose pâle, rayées ou blanchâtres, en corymbe terminal : sépales dépassant la capsule, 5-4 fois plus courts que les pétales élargis au sommet, brièvement acuminés : style plus long que les étamines. — ♃. Terrains secs ; Valbonne ; Tresques, à Boussargues ; Bourges ; Orléans. Jacq. Aust. 215. **E. à feuilles menues**, *tenuifolium*. Lin. (juin-juillet).

b. — *Sépales non ciliés glanduleux*.

9. Tige dressée, rameuse au sommet : feuilles assez larges, un peu *transparentes et lisses au bord*, à 3 *nervures*, linéaires lancéolées : fleurs bleues, assez grandes, en corym-be : pétales élargis au sommet, un peu mucronés, 3 fois plus longs que les *sépales* lancéolés pointus en alène, *lisses*, à 3 nervures, doubles de la capsule. — ♃. Mont-Dauphin , près d'Embrun. Scop. carn. 1. t. 11. **E. à feuilles lisses**, *læve*. Scop. (mai-juin).

10. Tige grêle, cylindrique, dressée : feuilles éparses, lancéolées linéaires , très-aiguës , *dentées rudes sur les bords*, *à 1 nervure* : fleurs grandes, d'un beau bleu, pédonculées , terminales : pétales élargis au sommet, un peu mucronés, 3 fois plus longs que les sépales *dentelés rudes*, doubles de la capsule. — ♃. Terrains secs du Midi ; Valbonne ; Avignon ; Narbonne. Bot. cab. t. 190. **E. de Narbonne**, *Narbonnense*. Lin. (juin-juillet).

nn. — *Divisions du calice ovales obtuses , d'autres aiguës*.

a. — *Sépales à 5 nervures*.

11. Tige redressée : feuilles linéaires pointues : fleurs d'un beau bleu, *jaunes* sur l'onglet *barbu* : pétales tronqués, échancrés, 3 fois plus longs que les sépales transparents sur les bords, à 5 nervures, n'atteignant pas le tiers de la capsule resserrée au sommet.— ♃. Terrains pierreux du Midi ; Salon. Engl. Bot. t. 40. **E. vivace**, *perenne*. Lin. (juin-juillet).

b. — *Sépales à 3 nervures*.

12. Tiges nombreuses, étalées, presque simples : feuilles alternes, linéaires subulées, très-étroites, *dressées*, *presque imbriquées* : fleurs bleues, terminales : pétales 3 fois plus longs que les sépales à 3-4 nervures *disparaissant au milieu*, les intérieurs obtus, les extérieurs un peu pointus , tous membraneux sur les bords, *une fois plus courts que la capsule*. — ♃. Pyrénées-Orientales, à Costabona ; Font-de Comps. Jacq. Aust. t. 321. **E. des Alpes**, *Alpinum*. Lin. (juin-juillet). — *Graines membraneuses tout autour*.

13. Racine presque ligneuse : tiges nombreuses, redressées, glabres, très-feuillées : feuilles *linéaires lancéolées*, aiguës, *presque dressées* : fleurs bleues, *rayées*, en corymbe paniculé : pétales obtus, 3 fois plus longs que le calice à sépales à 3 nervures *à la base*, les extérieurs aigus, les intérieurs obtus, membraneux au bord, plus courts que la capsule. — ♃. Hautes montagnes : environs de la Mure, de Cap ; Lodd. Bot. cab. t. 674. **E. de montagne**, *montanum*. Schleich. (juin-juillet).

nnn. — *Divisions du calice les unes lancéolées acuminées, les autres ovales obtuses.*

14. Racine longue, presque ligneuse : tiges nombreuses, simples, couchées à la base, redressées pendant la floraison, ensuite couchées : feuilles éparses, linéaires lancéolées, lisses, dressées dans le haut, plus courtes, presque serrées, étalées ou réfléchies dans le bas : fleurs grandes, d'un beau bleu, solitaires, ou 2-3 ensemble au sommet des tiges : pétales un peu crénelés, 3 fois plus longs que le calice à sépales à 3 nervures ne parcourant pas toute la longueur, les extérieurs lancéolés pointus, les intérieurs ovales obtus : pédoncules avec le fruit dressés : capsule double des sépales, ni ciliés, ni glanduleux.— ♃. Les coteaux secs des environs de Metz, Verdun. Schultz. Bot. zeit. 1838, 2ᵐᵉ vol., p. 664. **L. de Léo**, *Leonii*. Schultz. (juillet-août).

nnnn. — *Divisions du calice ovales acuminées.*

q. — *Sépales ciliés glanduleux.*

15. Racine tortueuse, ligneuse : tiges ascendantes, grèles, pubescentes : feuilles linéaires subulées, enroulées, rudes sur les bords, très-serrées sur les jeunes pousses : fleurs roses, plus foncées sur l'onglet : pétales 4-5 fois plus longs que le calice à divisions dépassant peu la capsule : étamines plus longues que les styles. — ♄. ♃. Lieux secs, stériles ; Malaucène ; Avignon ; St-Germain-des-Bois [Cher]. **L. ligneux**, *suffraticosum*. Lois. (juin-juillet).

qq. — *Sépales non glanduleux.*

a. — *Plantes vivaces.*

16. Tiges nombreuses, grèles, un peu rameuses au sommet : feuilles linéaires très-aiguës, parsemées de points transparents, à 3 nervures peu marquées, un peu enroulées : fleurs d'un bleu pâle, petites : pétales 2 fois plus longs que le calice à sépales membraneux sur les bords, surtout à la base, les intérieurs un peu ciliés : nervure du milieu parcourant toute la longueur du sépale, les latérales s'arrêtant au milieu. — ♃. Coteaux secs, pierreux ; environs de Grenoble ; Perpignan ; Malesherbes [Loire]. Engl. Bot. t. 381. **L. à feuilles étroites**, *angustifolium*. Huds. (juin-juillet).

b. — *Plantes annuelles.*

s. — *Pétales crénelés.*

17. Tige droite, feuillée, rameuse au sommet : feuilles lancéolées linéaires aiguës, à 3 nervures, les inférieures plus courtes, obtuses : fleurs et anthères bleues : pétales 3 fois plus longs que le calice à sépales ciliés, non glanduleux, à 3 nervures, membraneux sur les bords, égalant la capsule. — ☉. Les champs ; cultivé. Kern. t. 100. **L. cultivé**, *usitatissimum*. Lin. (juin-juillet).

ss. — *Pétales entiers.*

18. Tige assez épaisse : feuilles assez larges, lancéolées linéaires : fleurs et anthères d'un bleu foncé, en corymbe : pétales échancrés, entiers, 3 fois plus longs que le calice à sépales glabres, à 3 nervures, 3 fois plus courts que la capsule pétillante.—☉. Cultivé. Hayne. 7. t. 17. **L. humble**, *humile*. Mill. (juin-juillet).

PP. = PLANTES VISQUEUSES.

19. Pubescent visqueux : tige raide, ascendante, rameuse paniculée au sommet : feuilles alternes, vertes, lancéolées aiguës, à 3 nervures, celles de la moitié supérieure de la tige et les sépales bordés de glandes pédicellées : fleurs bleuâtres, unilatérales : calice 4 fois plus long que la capsule velue : étamines beaucoup plus courtes que les styles.—♃. Pyrénées ; Sedella de la Manera. Scop. carn. t. 11. **L. visqueux**, *viscosum*. Lin. (juillet-septembre).

286. CRASSULE, *Crassula*. DC. — Calice à 5-7 divisions : 5-7 pé-

tales étalés en étoile : 5-7 écailles à la base du germe : 5-7 étamines : 5-7 capsules. — Genre *Sedum*.

a. — *Feuilles oblongues en fuseau.*

1. Tige droite, rameuse dès la base, rougeâtre et toute la plante : feuilles obtuses, étalées : fleurs blanches, purpurines sur la nervure, unilatérales, *sessiles*, en cime rameuse, *pubescente glanduleuse* : étamines réfléchies. — ☉. Les murs, les terrains sablonneux ; Tresques à Rougeau. Sturm. fasc. 22. 1. 13. **C. rougeâtre**, *rubens*. DC. (avril-juin).

b. — *Feuilles ovales.*

2. Tige naine, presque simple, gazonnante : feuilles ovales, épaisses, droites, caduques, imbriquées : fleurs d'un blanc rosé, latérales, *presque sessiles*, latérales, en cime *glabre* :

capsules en étoile. — ☉. Lieux ombragés ; Avignon ; environs de Montpellier. Cav. icon. t. 69. f. 2. **C. de Magnol**, *Magnolii*. DC. (avril-mai).

c. — *Feuilles ovales arrondies.*

5. Tige naine, droite, simple à la base, trifurquée au sommet : feuilles ovales obtuses, alternes dans le haut : fleurs blanches rougeâtres, éparses, sessiles le long des rameaux, à 5 parties dans la dichotomie, les autres à 4 : capsules dressées. — ☉. Roches schisteuses de l'Anjou. DC. Prod. t. 5. ined. **C. d'Anjou**, *Andegavensis*. DC. (avril-mai).

---

287. — **ALDROVANDE**, *Aldrovanda*. Lin. — Calice persistant, à 5 divisions concaves : 5 pétales : 5 étamines alternes avec les pétales : styles filiformes, courts : stigmates obtus : capsule globuleuse, à 1 loge polysperme. — Plante flottante.

1. Feuilles très-longues, verticillées, vésiculeuses, chargées de longs cils : fleurs blanches, axillaires, à longs pédoncules. — ♃. Aux environs d'Arles, dans le Rhône. Lam. ill. t. 220. **A. vésiculeuse**, *vesiculosa*. Lin. (août-septembre).

---

288. ROSSOLIS, *Drosera*. Lin. — Calice à 5 divisions profondes : 5 pétales ovoïdes, obtus, marcescents : 5 étamines : 3-5 styles divisés : capsule à 1 loge polysperme, à 3-5 valves. — Feuilles toutes radicales, bordées de cils glanduleux : fleurs en épi.

n. — *Pétiole glabre.*

1. Feuilles *obovales*, *atténuées à la base*, à pétiole glabre, plus long que les feuilles : hampe ascendante, arquée à la base, dépassant peu les feuilles : fleurs blanchâtres, petites : stigmates *obovales*, *échancrés*. — ♃. Lieux tourbeux, humides ; St-Léger, près Paris ; parc de Chambord. Hayne. t. 1. 3. f. B. **R. intermédiaire**, *intermedia*. Hayne. (juillet-août).

2. Feuilles *linéaires cunéiformes*, allongées, à pétiole très-long : hampe dressée, 2 fois plus longue que les feuilles : fleurs blanchâtres ou rosées : stigmates *entiers en massue*. — ♃. Marais spongieux ; Tourbière de Pontarlier ; Malesherbes (Loire). Fl. dan. t. 1095. **R. à longues feuilles**, *longifolia*. Lin. (juillet-août).

nn. — *Pétiole velu.*

3. Feuilles *orbiculaires*, à pétiole plus long que le limbe : hampe droite, 3-4 fois plus longue que les feuilles : fleurs blanchâtres, petites : stigmates *entiers*, *en massue*. — ♃. Terrains sablonneux, marécageux ; Meudon, près Paris ; Château-Chinon [Nièvre] ; Canigou. Fl. dan. t. 1028. **R. à feuilles rondes**, *rotundifolia*. Lin. (juin-août).

4. Feuilles *obovales*, *rétrécies peu à peu en pétiole* : hampe dressée, 3 fois plus longue que les feuilles : fleurs blanchâtres : stigmates *ovales*, *élargis au sommet échancré*. — ♃. Les Vosges. **R. à feuilles obovales**, *obovata*. Mert. et Koch. (juillet-août). — Voir aussi le *D. longifolia*.

POLYGYNIE.

289. RATONCULE, *Myosurus.* Lin. — Calice à 5 sépales prolongés en queue à la base : 5 pétales étroits, à onglet filiforme, tubuleux : 5-15 étamines : carpelles nombreux, triangulaires, portés sur un réceptacle allongé en queue de rat.

1. Racine fibreuse : feuilles radicales, linéaires, obtuses, planes, entières, dressées : hampe uniflore, renflée au sommet : fleurs petites, d'un blanc jaunâtre. — ⊙. Lieux humides; bois de Broussans, au trou du Pérussas; Mont-Bave [Côte-d'Or]; Coulange [Nièvre]. Fl.'dan. t. 405. **M. très-petit,** *minimus.* Lin. (avril-juin).

SIXIÈME CLASSE.

HEXANDRIE.

Fleurs à six Étamines libres, egales.

Iᵉʳ ORDRE.

MONOGYNIE. — Fleurs a 1 Pistil.

I. — Fleurs complètes.

§ 1. — *Plantes ligneuses.*

a. — Arbuste épineux ; feuilles réunies 3 à 3. 290. Epine-Vinette

b. — Arbuste non épineux ; feuilles solitaires . . 184. Fusain.

§ 2. — *Plantes herbacées.*

a. — Calice à 12 dents , 6 alternes plus petites. 292. Péplide.

b. — Calice à 5 dents . . . . 291. Frankénie.

II. — Fleurs incomplètes.

§ 1. — *OVAIRE INFÈRE.*

1° — *Stigmate simple.*

n. — *Étamines très-saillantes.*

a. — Feuilles charnues, épineuses au sommet. . 318. Agavé.

b. — Feuilles non épineuses au sommet . . . . . 297. Pancratier.

nn. — *Étamines cachées dans la corolle ou à peine
        saillantes.*

g. — Corolle munie à la gorge d'appendices . . . 296. Narcisse.

gg. — *Corolle à gorge nue.*

§ 2. — OVAIRE SUPÈRE.

2° — *Fleurs non portées sur un spadice.*

k. — *Fleurs très-étalées.*

a. — Base du périgone rétrécie, articulée avec le
pédicelle . . . .   317. ANTHÉRIC.

b. — *Base du périgone non rétrécie, ni articulée
avec le pédicelle.*

s. — Chaque division du périgone portant au-dessus de la base un pli transversal ; graines
planes ; 3 stigmates ; racines fasciculées.   302. LLOYDIE.

ss. — Pas de pli transversal au-dessus de la base
de chaque division ; graines anguleuses,
racine bulbeuse. . . . .   308. SCILLE.

kk. — *Fleurs au moins en cloche à la base.*

v. — Un sillon longitudinal sur le dos de chaque
division du périgone ; graines planes ;
bulbe imbriquée . . . .   304. LYS.

vv. — Pas de sillon longitudinal sur le dos des divisions du périgone ; graines presque anguleuses ; bulbe tuniquée . . . .   308. SCILLE.

III. — Fleurs glumacées, munies de bractées scarieuses.

a. — Fleurs bleues, grandes. . . . .   322. APHYLLANTE.

b. — Fleurs blanches ou brunes, petites ; feuilles
cylindriques, glabres . . . .   320. JONC.

c. — Fleurs blanches ou brunes, petites ; feuilles
planes, poilues . . . .   321. LUZULE.

d. — Fleurs portées sur un spadice naissant au
milieu de la tige . . . .   323. ACORE.

———

II ORDRE.

DIGYNIE. — FLEURS A 2 PISTILS.

n. — Arbres. . . . .   199. MICOCOULIER.

nn. — *Plantes herbacées.*

a. — Plantes graminées . . . . 326. Riz.

b. — *Plantes non graminées.*

f. — Calice et corolle à 2 divisions . . . . 325. Oxyrie.

ff — Périgone à 3-4-5-6 divisions profondes, inégales . . . . 331. Rumex.

III ORDRE.

TRIGYNIE. — Fleurs a 3 Pistils.

§ 1. — *Feuilles de Graminée.*

1° — Involucre de 3 folioles à la base du périgone . . . . 327. Tofieldie.

2° — *Pas d'involucre.*

a. — Une bractée à la base des pédicelles. . . . 328. Scheurchzérie

b. — Pas de bractées . . . . 329. Triglochin.

§ 2. — *Feuilles non de Graminée.*

n. — *Fleurs radicales.*

a. — Pétales à onglet très-long . . . . 319. Bulbocode.

b. — Pétales sans onglet. . . . . 350. Colchique.

nn. — *Fleurs portées sur une tige.*

q. — *Plantes ligneuses.*

a. Tige ligneuse, épineuse, sarmenteuse ; fleurs
en grappe . . . . Smilax.

qq. — *Plantes herbacées.*

s. — *Une capsule pour fruit.*

m. — *Un calice et une corolle.*

P. — Calice et corolle à 4 divisions . . . . . . Elatine.

PP. — *Calice et corolle à 5 divisions.*

k. — *Valves de la corolle et les styles en nombre
égal.*

a. — Pétales très-petits, herbacés. . . . . . . 382. Cherlérie.

aa. — *Pétales blancs ou colorés.*

b. — Plantes succulentes, charnues. . . . . . . 383. Honckénie.

bb. — *Plantes ni succulentes , ni charnues.*

c. — Feuilles munies de stipules . . . . 584. Lépigone.

cc. — Feuilles sans stipules. . . . . 585. Alsine.

kk. — *Valves de la capsule en nombre double des styles.*

d. — *Pétales trifides.*

e. — Capsule plus longue que le calice . . . . . 587. Stellaire.

ee. — Capsule moins longue que le calice . . . . 588. Malachie.

dd. — *Pétales entiers ou irrégulièrement dentés.*

f. — Pétales entiers . . . . 586. Sabline.

ff. — Pétales irrégulièrement dentés . . . . . . Holostée.

mm.— Pas de calice; une corolle à 6 divisions . . 552. Varaire.

ss. — *Une baie pour fruit.*

a. — Plante volubile , grimpante . . . . Tamier.

sss.— *Graine nue au fond du calice.*

a. — Involucelle de 3 bractées à la base de la
fleur . . . . 531. Rumex.

b. — Pas d'involucelle; étamines sur 2 rangs . . 551. Renouée.

IV ORDRE.

POLYGYNIE. — Fleurs a plus de 3 Pistils.

§ 1. — *Feuilles de Graminée.*

a. — Une bractée à la base du pédicelle. . . . . 328. Scheuchzérie.

b. — Pas de bractées. . . . . 329. Triglochin.

§ 2. — *Feuilles non de Graminée.*

P. — Feuilles petites, épaisses, succulentes . . . Crassule.

PP.— *Feuilles non succulentes.*

q. — *Pétales entiers.*

a. — Plantes un peu charnues . . . . 585. Honckénie.

aa.— *Plantes non charnues.*

b. — Calice et corolle à 3 divisions . . . . Fluteau.

bb.— Calice et corolle à 5 divisions. . . . . . . 591. Spargoute.

qq.— *Pétales bifides ou échancrés.*

n. — *Calice tubuleux.*

c. — Capsule s'ouvrant au sommet par 10 valves.   390. Mélandrie.

cc. — Capsule s'ouvrant au sommet par 5 valves.   389. Lychnide.

nn.— *Sépales libres.*

d. — Capsule plus courte que le calice . . . . .   388. Malachie.

dd.— Capsule dépassant le calice . . . .   392. Céraiste.

MONOGYNIE.

290. ÉPINE-VINETTE , *Berberis.* Lin. — Calice de 6 sépales colorés, munis de 3 bractées écailleuses ; 6 pétales portant chacun 2 glandes à la base : 6 étamines opposées : stigmate sessile : baie ovale, un peu cylindrique, à 2-3 graines. — *Fleurs jaunes* : feuilles fasciculées : arbustes épineux.

1. Arbrisseau touffu, à rameaux droits : épines *ternées* ou divisées en trois : feuilles obovales, atténuées à la base, *dentées ciliées* : fleurs en grappes pendantes, *multiflores* : baies rouges, acides. — ♄. Fl. dan. t. 904. Les haies, les bois. **B. commun,** *vulgaris.* Lin. (avril-mai). = Grappes plus longues que les feuilles.

2. Epines 3-5 ensemble : feuilles *ovales* ou ovales oblongues, *entières* ou un peu dentées ciliées : fleurs 3-5 en grappes presque plus courtes que les feuilles : *baies noires.* — ♄. Hautes montagnes de Corse. Alp. ex. p. 21. t. 12. **B. de Crète,** *Cretica.* Lin. (avril-mai).

291. FRANQUENIE, *Frankenia.* Lin. — Calice à 4-5 divisions formant à la base un tube sillonné : 4-5 pétales alternant avec les sépales : 4-5-6 étamines à filaments filiformes : styles à 2-3 divisions oblongues, portant le stigmate à l'intérieur : capsule entourée du calice, à 1 loge monosperme.

a. — *Feuilles obovales.*

1. Tiges blanchâtres, couchées : feuilles rétuses, glabres, pulvérulentes en dessous, ciliées sur le pétiole : fleurs d'un bleu pâle, axillaires, solitaires. — ☉. Sables de la Méditerranée, Aigues-Mortes. Dict. sc. nat. t. 189. **F. pulvérulente,** *pulverulenta.* Lin. (mai-juin).

b. — *Feuilles linéaires.*

2. Tiges couchées, *velues* : feuilles opposées, roulées sur les bords, glabres, ciliées à la base :

fleurs fasciculées, rougeâtres : *calice hispide* — ♄. Bords de la Méditerranée, le môle de Cette, Narbonne. Mich. Gen. t. 22. f. 2. **F. moyenne,** *intermedia.* DC. (mai-juin).

3. Tiges couchées, *presque glabres* : feuilles opposées, roulées sur les bords, ciliées à la base : fleurs axillaires, d'un bleu rougeâtre : *calice glabre.* — ♄. Bords des deux mers, Toulon, Cette, Saint-Malô. Mich. Gen. t. 22. f. 1. **F. lisse,** *levis.* Lin. (mai-juin).

292. PÉPLIDE, *Peplis.* Lin. — Calice campanulé, à 12 dents, dont 6 alternes plus petites : 6 pétales, très-petits, souvent nuls : 6 étamines opposées aux grandes divisions du calice : style presque nul, à stigmate orbiculaire : capsule à 2 loges polyspermes.

1. Tige petite, étalée, succulente, rougeâtre, glabre : feuilles opposées, obovales arrondies, atténuées en pétiole : fleurs rougeâtres, sessi- les, axillaires, solitaires. — ☉. Lieux humides, bords des eaux. Fl. dan. t. 64. **P. pourpier,** *portula.* Lin. (juin-juillet).

293. AMARYLLIS, *Amaryllis.* Lin. — Périgone adhérent à l'ovaire, en entonnoir, à 6 divisions un peu épaisses au sommet, munies d'une écaille à leur base : étamines couchées, inégales : stigmate presque en tête, à 3 divisions : capsule à 3 valves, à graines globuleuses, nombreuses.

1. Racine bulbeuse : hampe uniflore : feuilles obtuses, en gouttière, allongées, sur deux rangs : fleurs jaunes, grandes, à divisions droites, elliptiques. — ♃. Les prés en Provence, Languedoc, Manduel. Réd. Lil. 3. t. 148. **A.** **jaune,** *lutea.* Lin. (septembre).

294: NIVÉOLE, *Leucoium.* Lin. — Périgone à tube court, à 6 divisions profondes, égales, persistantes, épaissies au sommet : stigmate simple : étamines égales : capsule à 3 loges polyspermes : graines anguleuses, d'un noir luisant : fleurs pendantes.

n. — Stigmate en massue.

1. Hampe de 12-15 pouces, droite, fistuleuse, à 2 angles saillants, rudes : feuilles allongées, linéaires, larges, obtuses : fleurs blanches : spathe *multiflore.* — ♃. Prairies ombragées, Nîmes; parc de Chaverni [Loir-et-Cher]. Lam. ill. t. 236. f. 2. **N. d'été,** *æstivum.* Lin. (mai-juin).

2. Hampe de 6-10 pouces : feuilles planes : spathe à 1-2 *fleurs* blanches, verdâtres au sommet. — ♃. Bois humides, montagneux, Nancy, Abbeville. Lam. ill. t. 250. f. 1. **N. du printemps,** *vernum.* Lin. (février-mars).

nn. — Stigmate filiforme.

a. — *Divisions du périgone dentées au sommet.*
3. Hampe grêle, à 2 fleurs : spathe d'une seule pièce : feuilles longues, filiformes : fleurs blanches. — ♃. Rochers des environs de Montpellier. Réd. Lil. t. 150. f. 9. **N. d'automne,** *autumnalis.* Lin. (août-octobre).
b. — *Divisions du périgone entières.*
4. Hampe toujours solitaire, *plus courte* que les feuilles filiformes : spathe à 2-4 fleurs blanches, grandes, à divisions lancéolées, aiguës,

doubles des étamines *plus longues que le style.* — ♃. Corse, à Vico. Réd. Lil. t. 217. **N. à grandes fleurs,** *grandiflorum.* Réd. (avril-mai).
5. Hampe souvent géminée ou ternée, *plus longue* que les feuilles filiformes : spathe à 2 valves linéaires, *plus longue* que le pédicelle à 1-2 fleurs roses, médiocres, à divisions plus longues que les étamines *plus courtes* que le style. — ♃. Corse près Ajaccio. Réd. Lil. t. 153. f. 1. **N. rose,** *roseum.* Lois. t. 8. (février-mars).

295. GALANTHE, *Galanthus.* Lin. — Périgone à 6 divisions, les extérieures plus grandes, les intérieures échancrées : anthères terminées par une pointe : étamines égales : stigmate simple : capsule ovoïde à 3 côtes , 3 sillons , 3 loges.

1. Feuilles linéaires, obtuses, un peu glauques, marquées en dessous d'une carène à 3 côtes : hampe droite, striée , fistuleuse , comprimée : fleur unique, blanche, pendante : divisions internes marquées en dehors au sommet d'une tache verte , et en dedans de plusieurs stries d'un vert jaunâtre. — ♃. Prairies ombragées, montueuses , environs de Cap , Toulouse , Abbeville , Falaise. Lam. ill. t. 230. **G. des neiges, nivalis.** Lin. (février-mars).

296. NARCISSE , Narcissus. Lin. — Périgone à 6 divisions étalées , à tube muni à son entrée d'une couronne pétaloïde cylindrique ou en cloche, entière ou divisée : étamines insérées sur le tube , cachées par la couronne : style linéaire : capsule à 3 angles.

I. = Feuilles planes , glauques : hampe uniflore : tube court en cône renversé : couronne saillante, campanulée, dentée.

a. — Couronne plus longue que les pétales.

1. Hampe très-comprimée, à 2 tranchants : feuilles linéaires, un peu larges, obtuses : fleurs à long pédoncule dans la spathe, petites , à divisions oblongues lancéolées, d'un jaune blanchâtre : couronne en cône renversé, à 6 divisions lancéolées, plus foncées , crénelées dentées. —♃. Environs de Dax. Curt. Bot. mag. t. 6. **N. mineur, minor.** Lin. (mars-avril).

2. Hampe presque cylindrique, à 2 angles saillants : fleurs jaunes, à divisions oblongues: couronne en cloche, à 6 divisions dressées, crénelées. — ♃. Guéret, Limoges. Curt. Bot. mag. t. 51. et 1301. **N. majeur, major.** Curt. (avril-mai). — Cultivé à grande fleur double.

b. — Couronne égale aux pétales.

3. Hampe comprimée, striée, à 2 angles saillants : feuilles larges linéaires obtuses, à 1-2 sillons en dessous : fleur grande, un peu penchée, d'un jaune pâle, à couronne plus foncée, ondulée, étalée : fleur à pédoncule court dans la spathe. — ♃. Les bois, environs d'Autun, Orléans. Engl. Bot. t. 17. **N. faux Narcisse,** pseudo Narcissus. Lin. (avril-mai).

4. Hampe très-comprimée, à 2 tranchants, non striée : feuilles larges linéaires obtuses : fleur presque sessile dans la spathe, blanche, penchée, à pétales ovales ou lancéolés : couronne cylindrique, droite, crénelée. — ♃. Les jardins. Bot. magn. t. 188. **N. musqué,** moschatus. Lin. = Var. A fleur blanche et couronne jaune. Bicolor. Lin. — A fleur et couronne jaunes. Ochroleuca. Curt. (mars-avril).

c. — Couronne plus courte que les pétales.

5. Hampe presque cylindrique, à 2 angles saillants : feuilles larges , linéaires obtuses : fleur presque sessile dans la spathe, grande, d'un jaune pâle, à divisions ovales ou ovales lancéolées , doubles de la couronne plus foncée, ondulée plissée. — ♃. Bois, prairies, Toulouse, Avignon, Versailles. Curt. Bot. magn. t. 121. **N. nompareil,** incomparabilis. Mill. (mars-avril).

II. = Feuilles planes , glauques : hampe à 1-3 fleurs : tube cylindrique , allongé : couronne scarieuse, courte, en roue.

a. — Couronne d'un jaune vif.

6. Hampe comprimée, striée, à 2 angles saillants : feuilles larges linéaires obtuses, un peu glauques, un peu carénées : fleurs d'un blanc jaunâtre, à divisions larges ovales obtuses, à couronne d'un beau jaune, crénelée ondulée, courte. — ♃. Prairies marécageuses, Nîmes, Bourbon-Lancy, environs d'Agen. Engl. Bot. t.

276. **N. à deux fleurs,** biflorus. Curt. (avril-mai).

b. — Couronne d'un jaune orangé.

7. Hampe un peu comprimée , à 2 angles saillants : feuilles larges linéaires obtuses, un peu carénées : fleur unique, un peu inclinée, à tube grêle, allongé, à divisions blanches, ovales oblongues : couronne courte, ondulée,

plissée, d'un jaune orangé sur le bord. — ♃. Les prairies, tout le Midi, Versailles, Cluny. Engl. Bot. t. 275. **N. des poètes**, *poeticus*. Lin. (avril-mai). = *Variété.* = b. — Feuilles linéaires tortillées : hampe comprimée, non à 2 angles saillants : fleurs à divisions écartées, ovales lancéolées. *Angustifolius.* Curt. Bot. mag. t. 193. Toulon, Strasbourg.

III.= **Feuilles planes, glauques : hampe multiflore : tube cylindrique, allongé : couronne entière, ou à peine dentée.**

n. — *Toute la fleur blanche.*

a. — *Divisions de la corolle inégales.*

8. Hampe comprimée, presque cylindrique, à 2 tranchants : feuilles un peu vertes, larges, lancéolées, obtuses : 6-8 fleurs à divisions ovales, contiguës, alternativement plus grandes, beaucoup plus longues que la couronne en coupe, entière : fleurs pédicellées. — ♃. Environs de Toulon. Moris. s. 4. t. 8. f. 2. **N. à fleurs nombreuses**, *polyanthos*. Lin. (mars-avril).

b. — *Divisions de la corolle égales.*

9. Hampe comprimée, à 2 tranchants : feuilles les larges linéaires, obtuses : 5-10 fleurs à divisions écartées, lancéolées, 3-4 *fois plus longues* que la couronne un peu resserrée à la gorge, presque entière.— ♃. Prairies du Midi, Toulon. Curt. Bot. mag. t. 948. **N. étoilé**, *stellatus*. DC. (mars-avril).

10. Hampe comprimée, à 2 angles obtus : feuilles un peu vertes. 4-6 fleurs à divisions ovales, obtuses, 1 *fois plus longues* que la couronne presque entière, dentelée. — ♃. Pont du Gard, Villeneuve-lez-Avignon. Réd. Lil. t. 429. **N. douteux**, *dubius*. Gou. (mars-avril).

nn. — *Pétales blancs, couronne jaune.*

a. — *Pétales égaux.*

11. Hampe comprimée, à 2 tranchants : feuilles *un peu planes*, verdâtres : 3-6 fleurs blanchâtres, à divisions écartées, lancéolées, 4 fois plus longues que la *couronne à 6 lobes*. — ♃. Prairies le long du Var. Bot. mag. t. 948. **N. blanchâtre**, *subalbidus*. Lois. (mars-avril).

12. Hampe presque cylindrique, *anguleuse, comprimée dans le haut et dans le bas* : feuilles *planes*, glauques : 3-10 fleurs à divisions blanches ou jaunâtres, *ovales lancéolées*, 3 fois plus longues que la couronne *dorée, campanulée, entière*. — ♃. Prairies du Midi, Toulon, Collioure. Bot. mag. t. 925. **N. tazette**, *tazetta*. Lin. (février-mars).

b. — *Pétales inégaux.*

13. Hampe cylindrique : feuilles étroites, étalées : 2-4 fleurs à divisions d'un blanc de neige, ovales, alternativement plus larges, 1 fois plus courtes que la couronne dorée, entière. — ♃. Environs de Marseille. Hubd. clys. 2. p. 52 f. 2. **N. étalée**, *patulus*. Lois. (avril-mai).

nnn. — *Toute la fleur jaune.*

14. Hampe presque cylindrique : feuilles presque planes, vertes: 6-12 fleurs à divisions ovales, d'un jaune soufre, 1 *fois plus longues* que la couronne *presque entière*, d'un jaune *doré-orangé*. — ♃. La Provence. Lois. herb. amat. t. 147. **N. doré**, *aureus*. Lois. (mars-avril).

15. Hampe cylindrique, un peu comprimée : feuilles un peu raides, obtuses, un peu glauques : 6-15 fleurs à divisions lancéolées ovales, terminées par une pointe, 3-4 *fois plus longue* que la couronne *orangée, entière*, resserrée à la gorge. — ♃. Environs de Grasse. Barr. icon. t. 961. **N. à fleurs dorées**, *chrysanthus*. DC. (mars-avril). — Voir la variété du *N. odorus.*

IV.= **Feuilles vertes, demi-cylindriques : hampe à 1-2 fleurs : couronne grande, en cône renversé, égalant ou dépassant les pétales.**

16. Hampe cylindrique : fleur d'un jaune pâle, très-grande, à divisions linéaires lancéolées aiguës, *plus courte* que la couronne entière. — ♃. Bayonne, Tarbes. Bot. mag. t. 88. **N. bulbocode**, *bulbocodium*. Lin. (mai-juin).

17. Hampe cylindrique : feuilles étroites, linéaires, un peu convexes sur le dos, à 2 nervures : 1-2 fleurs *blanches*, penchées, *à divisions réfléchies, inégales, égalant* la couronne campanulée, *crénelée : étamines inégales.* — ♃. La Bretagne à l'île de Glenans. **N. réfléchi**, *reflexus*. Lois. (avril-mai).

V.=Feuilles vertes, demi-cylindriques, junciformes, en gouttière : hampe souvent multiflore : couronne campanulée, 1-3 fois plus courte que les pétales.

n. — *Couronne 2-3 fois plus courte que les pétales.*

a. — *Pétale blanc, couronne jaune.*

18. Hampe grêle, cylindrique : feuilles subulées : 3-8 fleurs à divisions blanches, oblongues lancéolées, mucronées, moitié moins longues que le tube, 8-10 fois plus longue que la couronne jaune, crénelée.—♃. Corse, Calvi, Bonifacio. Desf. atl. 1. t. 82. **N. tardif**, *serotinus*. Lin. (septembre-octobre).

b. — *Toute la fleur jaune.*

19. Hampe *presque cylindrique* : 1-5 fleurs, *à pétales d'un jaune pâle*, larges ovales, 3-4 fois plus longs que la couronne *d'un jaune* foncé, presque entière, plissée sur le bord. — ♃. Environs de Bayonne. Lois. t. 7. **N. intermédiaire**, *intermedius*. Lois. (avril-mai).

20. Hampe comprimée : feuilles subulées : 2-6 fleurs *d'un jaune égal*, à divisions *inégales*, ovales, 1 fois plus courtes que le tube, 3 fois plus longues que la couronne très-dilatée, plissée.— ♃. Nîmes au bois des Espèces, montagnes de Collioure, Abbeville, environs de Dax. Bull. médical, t. 534. **N. jonquille**, *jonquilla*. Lin. (mars-avril).

nn. — *Couronne 1 fois plus courte que les pétales.*

q. — *Pétales inégaux.*

21. Hampe presque cylindrique : 2-4 fleurs à divisions jaunâtres, ovales arrondies, 1 fois plus longues que la couronne en soucoupe, entière, d'un jaune plus foncé. — ♃. Environs de Toulon. Lois. Narc. 38. **N. jaunâtre**, *ochroleucus*. Lois. (avril-mai).

qq. — *Pétales égaux.*

a. — *Couronne à 6 lobes.*

22. Hampe presque cylindrique : spathe colorée : 1-5 fleurs jaunes, grandes, odorantes, à divisions oblongues, étalées : couronne à 6 lobes. — ♃. Prairies des environs de Toulon, Montpellier, Nantes. Réd. Lil. t. 157. **N. odorant**, *odorus*. Lin. (mars-avril). ⚌ Var. à feuilles planes, un peu glauques : fleur presque toujours solitaire. *Calathinus*. Lin.

b. — *Couronne presque entière.*

23. Hampe cylindrique : feuilles vertes, demi-cylindriques, *subulées :* 1-2 fleurs jaunes : couronne *en soucoupe*, presque entière. — ♃. Pied du Mont-Ventoux. **N. à feuilles de Jonc**, *Juncifolius*. Req. in herb. (avril-mai).

24. Hampe cylindrique : feuilles linéaires, en gouttière, *planes au sommet :* 1-5 fleurs à divisions d'un *jaune clair*, ovales lancéolées : couronne *plus foncée*, en cloche, sinuée, plissée. — ♃. Environs de Grasse. Bot. mag. t. 78. **N. agréable**, *lœtus*. Salisb. (avril-mai).

nnn.— *Couronne égale aux pétales.*

25. Hampe à 2-3 fleurs jaunes, à couronne campanulée, entière : feuilles vertes, presque demi-cylindriques. — ♃. Le Midi, Lam. herb. **N. en entonnoir**, *infundibulum*. Lam. (mars-avril).

297. PANCRATIER, *Pancratium*. Lin. — Périgone en entonnoir, à 6 divisions très-étroites, profondes, longues, étalées : étamines insérées sur le sommet du tube, réunies par la dilatation des filaments en une sorte de couronne membraneuse, dentée : anthères courtes, presque dressées : stigmate simple : capsule ombiliquée au sommet : *fleurs blanches*. Bulbe.

1. Hampe anguleuse, droite : feuilles planes, linéaires lancéolées , glauques : fleurs 4-6 grandes, blanches, vertes sur les nervures, à divisions lancéolées linéaires, dépassant un peu la couronne à 12 *dents*. — ♃ . Sables des deux mers, Aigues-Mortes, Collioure. Réd. Lil. t. 8. **P**. **maritime,** *maritimum*. Lin. (juillet-août).

2. Hampe droite : feuilles lancéolées , glau‑ ques : 5-10 fleurs blanches, à divisions lancéo‑ lées, dépassant la couronne *à divisions pro‑ fondes*, *aiguës*, *bifides*, *étalées*. — ♃ . Ile de Ré, Corse à Calvi. Curtis. Bot. mag. t. 718. **P**. **d'Illyrie**, *Illyricum*. Lin. (mars-avril).

298. ASPERGE , *Asparagus*. Lin. — Périgone à 6 divisions , les 3 internes réfléchies au sommet : étamines insérées sur la base des pétales : stigmate à 3 lobes : capsule à 3 loges dispermes. — *Fleurs blanches* : feuilles en faisceau, munies de stipules.

I. = Tige ligneuse.

1. Tige *cylindrique*, flexueuse , *munie d'ai‑ guillons* solitaires : feuilles triangulaires , *ob‑ tuses*, *caduques* : fleurs blanches , en ombelle pédonculée. — ♃ . Corse, près Ajaccio, Bonifa‑ cio. Moris. s. t. t. t. f. 3. **As**. **blanche,** *albus*. Lin. (juillet-août).

2. Tige *anguleuse*, blanchâtre, *sans aiguil‑ lons*, à rameaux divergents : feuilles *piquan‑ tes persistantes* : 2-3 fleurs axillaires, d'un blanc jaunâtre.— ♄ . Terrains arides du Midi, Valbonne , Nimes, Marseille. Fl. græc. t. 337. **As**. **à feuilles aiguës**, *acutifolius*. Lin. (juillet-août).

II. = Tige herbacée.

a.— *Pédoncule articulé sous la fleur.*

3. Tige droite , cylindrique, rameuse : fais‑ ceau de 10-20 feuilles capillaires, lisses et les rameaux, garnissant aussi la tige : fleurs blan‑ ches, vertes sur les nervures, solitaires : baies noires ou rouges, grosses : anthères globu‑ leuses , plus courtes que les filets. — ♃ . Les bois, Valbonne, les Cévennes à Salbouz. W. et Kit. rar. hung. t. 201. **As**. **à feuilles me‑ nues,** *tenuifolius*. Lam. — Voir la variété de l'*As. officinalis*.

b.— *Pédoncule articulé sur le milieu.*

4. Tige droite, cylindrique : rameaux ascen‑ dants : faisceau de 4-6 feuilles très-fines, *lisses*, *cylindriques* : fleurs géminées , cylindriques.

verdâtres , penchées, à étamine ou à pistil par avortement : anthères oblongues, *aussi longues que les filets*.— ♃ . Cultivée. Tresques dans les sables de Tave. Lam. ill. t. 249. **As**. **officinale**, *officinalis*. Lin. (juin-juillet). == *Variété*. == b. — Tige ascendante : feuilles un peu aplaties : pédoncule articulé près de la fleur. *Maritimus*. Pointe de Saint-Quentin.

5. Tige cylindrique : feuilles et rameaux *aplatis, dentelés rudes* : fleurs jaunâtres : an‑ thères *un peu plus longues* que les filets : cap‑ sule écarlate. — ♃ . Les sables maritimes d'Aigues-Mortes. Réd. Lil. t. 446. **As**. **marine**, *marinus*. Clus. (mai-juin).

299. STREPTOPE , *Streptopus*. Michaux. — Périgone à 6 divisions profondes, munies à la base d'une fossette nectarifère : anthères plus longues que les filets : stigmate simple : baie un peu globuleuse, à 3 loges, à peau très-mince.

1. Tige flexueuse, glabre, rameuse : feuilles embrassantes, en cœur, ovales oblongues, acuminées, alternes : fleurs blanchâtres, par‑ semées dans l'intérieur de pointes noirâtres :

pédoncules géniculés : baie rouge. — ♃ . Bois ombragés, l'Espérou, montagnes du Jura, Au‑ vergne. Lam. ill. t. 247. f. 1. **St**. **à feuilles embrassantes**, *amplexifolius*. Pers. (juil‑ let-août).

500. MUGUET, *Convallaria*. Lin. — Périgone globuleux ou cylindrique, à 6 dents, ou à 6 divisions : étamines incluses : stigmate obtus, à 5 faces : baie globuleuse, tachée avant la maturité, à 5 loges : *fleurs blanches ou verdâtres* : racine rampante.

I. = Fleurs globuleuses à 6 dents peu profondes.

1. Collet de la racine entouré de fibres et d'écailles du milieu desquelles sortent deux feuilles pétiolées, ovales ou elliptiques acuminées, glabres, luisantes, nerveuses : hampe demi-cylindrique, nue, terminée par une grappe de fleurs blanches, odorantes, penchées : baie rouge. — ♃. Bois, vallons frais, Orléans, Bourbon-l'Archambault, forêt de Bazus dans la Haute-Garonne. Lam. ill. t. 248. **M. de mai**, *maialis*. Lin. (avril-mai).

II. = Fleurs cylindriques.

a. — *Feuilles verticillées.*

2. Tige droite : feuilles linéaires lancéolées, elliptiques, verticillées dans le haut, alternes, éparses dans le bas : pédoncules axillaires, à 2 fleurs petites, blanches, vertes au sommet. — ♃. Bois des montagnes, Saint-Nizier près Grenoble, Cernay dans les Vosges. Engl. Bot. t. 128. **M. verticillé**, *verticillata*. Lin. (mai-juin).

b. — *Feuilles non verticillées.*

s. — *Tige cylindrique.*

3. Tige dressée, arquée : feuilles alternes, embrassantes, ovales oblongues ou elliptiques, un peu obtuses, nerveuses : pédoncules axillaires, à 3-5 fleurs blanches, grêles, cylindriques, un peu évasées au sommet : étamines très-courtes, poilues. — ♃. Bois et lieux frais, ombragés, Nancy, Paris. Engl. Bot. t. 279. **M. multiflore**, *multiflora*. Lin. (mai-juin).

ss. — *Tige anguleuse, étamines glabres.*

4. Tige arquée : feuilles *glabres*, alternes, *embrassantes*, ovales oblongues ou elliptiques, nervées, *un peu obtuses* : pédoncules à 1-2 *fleurs* blanches, vertes au sommet. — ♃. Collines et bois ombragés, Valbonne. Tabern. icon. p. 756. f. 1. **M. anguleux**, *polygonatum*. Lin. (avril-mai).

5. Tige arquée : feuilles alternes, amincies aux deux bouts, *à court pétiole*, ovales pointues, *pubescentes en dessous sur les nervures et les pédoncules* à 1-4 fleurs blanches, vertes au sommet. — ♃. Bois des montagnes, Beauregard près Grenoble. Jacq. Aust. t. 232. **M. à larges feuilles**, *latifolia*. Jacq. (mai-juin).

---

301. TULIPE, *Tulipa*. Lin. — Périgone grand, campanulé, à 6 divisions profondes : stigmate trigone, sessile, épais : capsule allongée, triangulaire : graines aplaties. — Bulbe.

E. — Étamines velues à la base.

1. Bulbe ovoïde, entourée d'une membrane brune : tige cylindrique, dressée, uniflore, glabre : feuilles linéaires lancéolées, allongées, canaliculées : fleur jaune, à odeur de miel, *penchée avant l'épanouissement* : pétales et étamines barbus à la base. — ♃. Vignes des environs de Nevers, Meudon, Fréjus, Sorrèze. Fl. dan. t. 375. **T. sauvage**, *sylvestris*. Lin. (avril-mai). = Var. à 5-8-10 parties.

2. Tige glabre, uniflore : feuilles lancéolées linéaires pointues : fleur jaune, rougeâtre en dehors, *toujours droite*, à divisions oblongues lancéolées, aiguës, *glabres au sommet*. — ♃. Prairies du Midi , Nîmes, pont du Gard. Red. Lil. t. 38. **T. de Cels**, *Celsiana*. DC. (avril).

41

II. = Etamines glabres.

s. — *Plante pubescente.*

3. Tige uniflore, pubescente et la face supérieure des feuilles larges linéaires pointues : fleur panachée de rouge et de jaune, droite, à divisions ovales aiguës, glabres. — ♃. Cultivée. Lois. herb. amat. t. 98. **T. odorante,** *suaveolens.* Roth. (mars-avril). — Très-odorante.

ss. — *Plantes glabres.*

a. — *Des divisions de la fleur aiguës ou acuminées.*

4. Tige uniflore : feuilles oblongues lancéolées, les inférieures ondulées : fleur d'un *rouge vif, avec une tache bleue entourée de jaune*: les divisions ovales lancéolées, aiguës à l'extérieur, obtuses à l'intérieur. — ♃. Nîmes, Montpellier, Toulouse. Lois. herb. amat. t. 84. **T. œil du soleil,** *oculus solis.* Saint-Am. (août-septembre).

5. Tige uniflore : feuilles linéaires aiguës, la plus basse *engainante* : fleur panachée de blanc et de rouge, à onglet d'un violet noir : divisions lancéolées, les extérieures aiguës. — ♃. Somière [Gard], Fréjus. Réd. Lil. t. 57. **T.** **de Clusius,** *Clusii.* DC. (mars-avril).

b. — *Divisions de la fleur obtuses.*

6. Tige uniflore : feuilles lancéolées, ondulées : fleur droite, variant de couleur à l'infini, à divisions obovales, obtuses. — ♃. Les jardins, Grasse. Lam. ill. t. 244. **T. de Gesner,** *Gesneriana.* Lin. (avril-mai).

302. LLOYDIE, *Lloydia.* Salisb.— Périgone en cloche, à 6 divisions portant à la base un pli transversal en demi-lune : 1 style : 3 stigmates très-courts : graines planes, anguleuses. — Bulbe allongée, fibreuse en dessous.

1. Tige uniflore, de la longueur des feuilles radicales étroites, demi-cylindriques, les caulinaires 2-3, très-courtes : fleur droite, blanche, brunâtre à la base, à 3 stries violettes sur les divisions. — ☉. Lautaret, Villard-d'Arène, Garreaux de Saint-Béat dans les Pyrénées. **L. tardive,** *serotina.* Reich. (août-septembre).

303. FRITILLAIRE, *Fritillaria.* Lin. — Périgone campanulé, à 6 divisions profondes, munies à la base intérieure d'une cavité nectarifère : anthères tournées vers le pistil à 3 stigmates allongés, divergents : capsule à 3-6 angles, à 3 loges polyspermes : graines planes. — Bulbe.

n. — *Fleurs pendantes, latérales, en verticille : fossette ronde.*

1. Tige terminée par un toupet de feuilles : fleurs d'un rouge orangé ou jaunes : racine d'un seul tubercule. — ♃. Cultivée. Lam. ill. t. 245. f. 2. **F. impériale,** *imperialis.* Lin. (mai).

nn. — *Fleurs terminales : fossette oblongue: racine de 2 tubercules.*

a. — *Feuilles toutes alternes ou éparses.*

2. Tige dressée, feuillée, le plus souvent uniflore : feuilles linéaires, canaliculées, un peu courbées : fleur terminale, penchée, à divisions conniventes au sommet, purpurines, marquetées de carreaux blancs et violets, en forme de damier. — ♃. Les bois, les prés, environs de Mâcon, Cap, Orléans, Toulouse, prairies des Pyrénées. Lam. ill. t. 245. f. 2. **F. pintade,** *meleagris.* Lin. (avril-mai).

b. — *Des feuilles opposées.*

3. Tige à 2-3 *fleurs* : feuilles linéaires, canaliculées, opposées dans le bas, les autres alternes : fleurs d'un jaune pourpre, marquetées de carreaux très-prononcés, à divisions ovales oblongues, *réfléchies au sommet, iné-*

gales. — ♃. Alpes de Provence. Bot. mag. t. 604. **F. des Pyrénées**, *Pyrenaica*. Lin. (avril-mai). = *Étamines moitié plus courtes que le style.*

4. Tige *uniflore* : feuilles linéaires lancéolées, opposées dans le bas, les autres *ternées*

ou *quaternées* : fleurs d'un violet obscur , marquées de taches peu prononcées, à divisions ovales oblongues, *droites au sommet.* — ♃. Entre Sisteron et Digne. Best. cyst. t. 59. f. 1. **F. à collerette**, *involucrata*. Lois. (avril-mai).

304. LYS , *Lilium*. Lin. — Périgone à 6 divisions très-profondes , droites ou roulées, marquées sur le dos d'un sillon longitudinal : stigmate à 3 angles : capsule allongée , à 3 angles saillants , à 3 loges polyspermes : graines planes. — Bulbe formée d'écailles charnues , imbriquées.

n. — *Fleurs droites , au moins les plus hautes.*

1. Tige cylindrique , très-feuillée : feuilles radicales longues, lancéolées, étalées, les caulinaires éparses, sessiles, moins longues, souvent ondulées : fleurs *blanches*, grandes, pendantes, la plus haute droite, toutes glabres.— ♃. Digne au bois de Couzon, Seyssins ; cultivé. Lam. ill. t. 246. f. 1. **L. blanc**, *candidum*. Lin. (juin-juillet).

2. Tige raide *:* feuilles linéaires lancéolées, planes, éparses : fleurs terminales, *couleur de safran*, parsemées de taches noires , *barbues en dedans.* — ♃. Les montagnes , bois de Canéjan dans les Pyrénées, environs de Grenoble, Embrun. Bot. mag. t. 36. **L. bulbifère**, *bulbiferum*. Lin. (juin-juillet).

nn. — *Fleurs penchées , roulées en dehors.*

a. — *Fleurs barbues en dedans.*

3. Feuilles éparses , linéaires subulées , lancéolées obtuses dans le bas : fleurs rouges, en grappe terminale, à divisions linéaires lancéolées, aiguës.— ♃. Montagnes du Dauphiné, de Provence, environs de Grenoble. Bot. mag. t. 50. **L. de Pomponne**, *Pomponium*. Lin. (juin-juillet).

b.— *Fleurs glabres.*

4. Feuilles *éparses*, *linéaires lancéolées* , bordées de blanc : fleurs jaunes, parsemées en dedans de taches ferrugineuses, à divisions

linéaires lancéolées, obtuses. — ♃. Toute la chaîne des Pyrénées, dans un ruisseau près Castelnaudary. Bot. mag. t. 798. **L. des Pyrénées**, *Pyrenaicum*. Gou. (juin-juillet).

5. Tige tachetée , ponctuée : *feuilles ovales lancéolées, verticillées :* fleurs d'un rouge pâle ou blanches, parsemées de taches noires, 1-3 fleurs dans l'état sauvage , très-nombreuses dans les jardins. — ♃. Montagnes du Languedoc, Dauphiné, Provence, l'Espérou, Salbous. Lam. ill. t. 246. f. 5. **L. martagon**, *martagon*. Lin. (mai-juin).

305. ERYTRONE, *Erytronium*. Lin. — Périgone campanulé, très-court, à 6 divisions profondes, demi-réfléchies , les 5 intérieures portant à la base une petite callosité : style allongé à 3 stigmates : capsule globuleuse, plus étroite à la base : graine globuleuse, — Racine tubéreuse.

1. Tige portant 2 feuilles ovales oblongues, parsemées de taches : fleur unique , blanche ou purpurine, penchée, à divisions oblongues

elliptiques. — ♃. Montagnes ombragées, Espérou à l'Hort-de-Dieu, les Pyrénées. Lam. ill. t. 244. f. 1. **Er. dent de chien**, *dens canis*. Lin. (mars-mai).

306. MUSCARI , *Muscari*. Lin. — Périgone persistant , ovoïde , ren-

flé au milieu , à 6 dents : étamines cachées dans le tube : capsule à 3 angles : graines anguleuses. — Fleurs en grappe, munies de bractées. Feuilles toutes radicales. — Bulbe tuniquée.

n. — *Grappe surmontée d'un toupet de fleurs stériles , à long pédicelle.*

1. Hampe droite : feuilles longues, largement linéaires, canaliculées, dépassant la hampe : fleurs cylindriques , anguleuses, les inférieures fertiles, d'un rouge sale , les plus hautes droites , d'un beau bleu. — ♃. Les champs. Bot. mag. t. 133. **M. à toupet**, *comosum*. Mill. (avril-juin). — Monstruosité à pétales et étamines ramifiés. Nimes.

nn.— *Grappe non surmontée d'un toupet de fleurs stériles.*

a. — *Fleurs non bordées d'un liseret blanc.*

2. Feuilles linéaires lancéolées, canaliculées, recourbées étalées , souvent plus longues que la hampe *d'un bleu foncé , glauques*, ovoïdes , penchées, les supérieures presque sessiles, stériles. — ♃. Terrains sablonneux. Bot. mag. t. 122. **M. à grappe**, *racemosum*. Willd. (avril-juin).

3. Glauques : feuilles linéaires, aussi longues que la hampe : fleurs *rougeâtres , toutes égales, anguleuses*, un peu calleuses au sommet, odorantes — ♃. Montpellier. Bot. mag. t. 734. **M. musqué**, *moschatum*. Desf.

b. — *Fleurs bordées d'un liseret blanc.*

4. Feuilles raides , larges lancéolées , carénées, rétrécies à la base, droites, presque aussi longues que la hampe : fleurs globuleuses, d'un bleu clair , un peu penchées, les supérieures droites , stériles , toutes inodores, les inférieures écartées. — ♃. Tresques, Narbonne , Besançon. Bot. mag. t. 157. **M. botride**, *botryoides*. Mill. (avril-mai).

307. JACINTHE , *Hyacinthus*. Lin. — Périgone tubuleux , à 6 divisions plus ou moins profondes , étalées , souvent roulées : étamines insérées sur le tube : capsule à 3 angles peu saillants : graines presque anguleuses. — Une bulbe.

n. — *Divisions profondes , 3 plus longues étalées, les autres connivoites.*

1. Feuilles linéaires, canaliculées, glauques, plus courtes que la hampe : fleurs d'abord d'un jaune verdâtre, puis d'un jaune rouge, à divisions oblongues : bractées ovales, pointues, plus longues que les pédicelles. — ♃. Rôd. Lil. t. 202. **J. tardive**, *serotinus*. Lin. (mai-juin).

nn. — *Divisions dépassant le milieu du tube anguleux campanulé : étamines insérées à la base des divisions , dilatées soudées à la base.*

2. Feuilles linéaires, canaliculées, dépassant beaucoup la hampe : fleurs blanchâtres, à divisions ovales, calleuses au sommet : bractées ovales obtuses, plus courtes que le pédicelle : anthères d'un bleu foncé. — ♃. Prairies humides, environs de Toulouse, Saint-Béat dans les Pyrénées. Bot. mag. t. 939. **J. romaine**, *romanus*. Lin. (avril-mai).

nnn. — *Fleurs tubuleuses, campanulées : divisions étalées : étamines insérées au milieu du tube.*

a. — *Bractées plus courtes que le pédicelle.*

3. Feuilles linéaires obtuses, canaliculées, plus courtes que la hampe : fleurs blanches ou bleues, ventrues à la base, à divisions oblongues, obtuses : bractées géminées, membraneuses, lancéolées. — ♃. Cultivée, naturalisée dans tout le Midi. Bot. mag. t. 957. **J. d'Orient**, *Orientalis*. Lin. (avril-mai).

b. — *Bractées plus longues que le pédicelle.*

4. Feuilles étroites , linéaires : fleurs d'un bleu foncé, cylindriques à la base, à divisions

ovales obtuses : bractées solitaires, *linéaires membraneuses.* — ♃. Les Pyrénées centrales, à Gavarnie, à la Piquette-d'Endretlis. Réd. Lil. 4. t. 14. **J. amethyste**, *amethystinus.* Lin. (mars-avril).

5. Feuilles linéaires, *filiformes,* quelquefois bulbifères à la base : hampe *filiforme :* fleurs bleues ou rougeâtres, ou blanches, à lobes *lancéolés* obtus , dépassant les étamines : pédicelles courts ou longs : bractées *ovales acuminées, colorées, embrassantes.* — ♃. Montagnes de Corse. Lois. 1 p. 247. **J. de Pouzzolz**, *Pouzzolzii.* Gay. (mai-juin).

508. SCILLE , *Scilla.* Lin. — Périgone à 6 divisions profondes , en cloche , ou étalées : étamines filiformes, insérées à la base des divisions : capsule un peu à 3 angles , à 3 loges : graines rondes, un peu anguleuses. — Une Bulbe.

I.=Divisions du périgone réunies en tube : 2 bractées, une plus longue.

n. — *Fleurs unilatérales.*

1. Feuilles linéaires lancéolées, atténuées à la base, égales à la tige : fleurs d'un bleu clair ou blanches, penchées : divisions lancéolées, réfléchies au sommet : bractées membraneuses, subulées. — ♃. Prairies et bois du Midi. Engl. Bot. t. 587. **Sc. penchée**, *nutans.* Sm. (mars-avril).

nn. — *Fleurs non unilatérales.*

a.— *Etamines inégales.*

2. Feuilles larges linéaires : fleurs blanches ou roses, en grappe penchée : divisions roulées en dehors au sommet. — ♃. Cultivée. Reich. cent. 9. 1123. 1124. **Sc. pendante**, *cernua.* Lin. (avril-mai).

b. — *Etamines égales.*

3. Feuilles *étalées,* lancéolées allongées, rétrécies à la base : fleurs d'un bleu foncé, en bouquet dressé, conique cylindrique, peu fourni : divisions *lancéolées,* obtuses, réfléchies : bractées membraneuses , linéaires pointues. — ♃. Le Midi, environs de Chamounix, les jardins. Réd. Lil. t. 223. **Sc. étalée**, *patula.* DC. (mars-avril).

4. Feuilles lancéolées, pointues : fleurs d'un *bleu pâle,* en cloche , *penchées ,* en grappe *pyramidale ,* peu fournie : divisions *ovales,* obtuses. — ♃. Cultivée. Lam. ill. t. 238. f. 2. **S. en cloche**, *campanulata.* Ait. (avril-mai).

II. = Divisions profondes , ouvertes , étalées.

a. — *2 bractées , une plus longue que le pédicelle.*

5. Hampe de 5-7 pouces : feuilles glauques, linéaires oblongues, obtuses : fleurs d'un bleu pâle, comme cendré, en corymbe court, ovale, nombreuses. — ♃. Rhodez, Grasse. Red. Lil. t. 504. **Sc. d'Italie**, *Italica.* Lin. (avril-mai).

b. — *Bractées égales au pédicelle.*

6. Hampe cylindrique , grèle, *à peine aussi longue que les feuilles* dressées, épaisses, linéaires, un peu canaliculées : pédicelles dressés : bractées *embrassantes,* lancéolées acuminées : fleurs d'un bleu pâle avec des raies plus foncées, en corymbe *peu fourni.* — ♃. Sables des environs de Pau, Tarbes, Ahun dans la Creuse. Red. Lil. t. 166. **Sc. du printemps**, *verna.* (avril-mai).

7. Hampe cylindrique, épaisse, *plus courte que les feuilles* lancéolées allongées, nombreuses , épaisses , ciliées sur les bords : bractées lancéolées aiguës , membraneuses : fleurs bleues, *nombreuses, en pyramide* large, conique, allongée : divisions lancéolées, un peu aiguës. — ♃. Corse. Best. eyst. t. 40. f. 1. **Sc. du Pérou**, *Peruviana.* Lin. (avril-mai).

c. — *Bractées un peu plus courtes que le pédicelle.*

8. Bulbe très-grosse : hampe grande, cylindrique, *occupée dans ses trois quarts d'un épi* de fleurs *très-blanches,* à nervure verdâtre : feuilles larges, lancéolées, longues de plus

d'un pied : divisions du périgone elliptiques : bractées droites, subulées. — ♃. Rivages des deux mers, Corse. Black. herb. t. 591. **Sc. maritime**, *maritima*. Lin. (août-septembre).

9. Hampe droite, grêle, plus longue que les feuilles étalées, larges lancéolées : pédicelles dressés : bractées membraneuses, colorées, linéaires pointues : fleurs d'un *beau bleu*, en épi court, peu fourni. — ♃. Bois et prairies des environs de Pau, Bayonne, Aubusson [Creuse], Montluçon [Allier]. Clus. p.185. **Sc. Lys-jacynthe**, *lilio-hyacinthus*. Lin. (avril-mai).

d. — *Bractées beaucoup plus courtes que le pédicelle.*

q. — *Hampe anguleuse.*

10. Hampe plus courte que les feuilles lancéolées, un peu rétrécies et engainantes à la base : bractées obtuses, membraneuses : fleurs d'un beau bleu, grandes, peu nombreuses : divisions linéaires obtuses. — ♃. Sables entre Bayonne et Bordeaux. Jacq. Aust. t. 218. **Sc. élégante**, *amœna*. Lin. (mars-avril).

qq. — *Hampe cylindrique.*

11. Hampe plus longue que les feuilles linéaires lancéolées, *ondulées* : fleurs *purpurines*, en épi lâche, allongé : bractées linéaires, subulées : divisions linéaires *spatulées*, *obtuses*. — ♃. Corse à Bonifacio. Desf. Atl. t. 88. **Sc. ondulée**, *ondulata*. Lois. (août-septembre).

12. Hampe plus longue que les feuilles larges linéaires aiguës : *bractées obtuses*, tronquées : fleurs *bleues*, en *épi long*, *dense, cylindrique* ; divisions *elliptiques*, *aiguës*, rayées de lignes plus foncées. — ♃. Environs de Grasse, Toulon. Bot. magn. t. 1140. **Sc. fausse Jacinthe**, *Hyacinthoides*. Lin. (avril-mai).

p. — *Pas plus de 2-5 feuilles.*

13. Hampe cylindrique, dressée : 2-5 feuilles étalées ou recourbées, lancéolées linéaires, canaliculées, enroulées au sommet en pointe cylindrique : pédicelles dressés, les inférieurs plus longs : fleurs d'un beau bleu, ou blanches, ou roses, en corymbe peu fourni : divisions linéaires lancéolées, obtuses, dépassant un peu les étamines. — ♃. Prairies, bois ombragés, Gueret, Aubusson, forêt d'Orléans. Jacq. Aust. t. 117. **Sc. à deux feuilles**, *bifolia*. Lin. (mars-avril).

pp. — *Plus de 2-5 feuilles.*

14. Hampe droite : feuilles *paraissant après les fleurs*, linéaires, très-étroites : fleurs bleues ou roses, à divisions elliptiques lancéolées ob-

e. — *Bractées nulles.*

tuses, égales aux étamines : *pédoncules ascendants* : grappe s'allongeant après la floraison. — ♃. Terrains secs, Tresques, Valbonne, presque partout. Engl. Bot. t. 78. **Sc. d'automne**, *autumnalis*. (août-septembre).

15. Hampe *rude depuis la base jusqu'au milieu*, plus longue que les feuilles oblongues, en cuiller au sommet arrondi et surmonté d'une très-petite pointe : fleurs en grappe fleurie, lâche, très-allongée, d'un pourpre vif, ou lilas, ou blanche : divisions obtuses, un peu mucronées, à nervure verte, plus large et plus foncée au sommet. — ♃. Bonifacio. Desf. atl. t. 86. **Sc. à feuilles obtuses**, *obtusifolia*. Poir. (septembre-octobre).

---

509. GAGÉE, *Gayea*. Salisb. — Périgone à 6 divisions persistantes, conniventes, puis ouvertes étalées : étamines en alène, non dilatées à la base : anthères droites, fixées sur le filet par la base : stigmate à 3 sillons : capsule à 3 sillons. — Fleurs *jaunes* en dedans, *vertes* en dehors, en corymbe ou solitaires : feuilles caulinaires plus larges que les radicales.

I. = Pédoncules velus ou pubescents.

n. — *Feuilles fistuleuses.*

1. Bulbe presque ronde : feuilles filiformes, cylindriques, les caulinaires opposées, la plus grande en forme de spathe : 2-4 fleurs en ombelle sessile : les divisions glabres, oblongues, obtuses, nervées : pédoncules laineux. — ♃. Alpes du Dauphiné, Galibier, Taillefer. Sternb. et Hoppe, act. soc. Ratisb. 1818. t. 3. **G. fistuleuse**, *fistulosa*. DC. (juin-juillet).

nn — *Feuilles non fistuleuses.*

g. — *Divisions de la fleur obtuses.*

5. Bulbe simple, *ovale* : hampe anguleuse : feuilles radicales 1-2, linéaires lancéolées, élargies vers le sommet, puis enroulées et subitement acuminées, les caulinaires 2-3-4 *opposées*, velues au bord : bractées très-petites : pédoncules laineux : fleurs à divisions *glabres*, obtuses : anthères oblongues. — ♃. Coteaux boisés, environs de Nancy, Metz, Guillestre en Dauphiné. Fl. dan. t. 378. **G. jaune**, *lutea*. Kern. (avril-juin).

5. Bulbe solitaire, *arrondie* : hampe un peu poilue, à 1 ou 2-4 fleurs : 2-3 feuilles radicales, filiformes, canaliculées, beaucoup plus longues que la tige; feuilles caulinaires *alternes*, lancéolées acuminées ou terminées par une longue pointe filiforme : fleurs jaunâtres, *pubescentes* en dehors, à divisions oblongues, arrondies obtuses : ovaire obcordé. — ♃. Rochers de Poligny, près Nemours, Angers. Sturm. fasc. 25. f. 6. **G. de Bohême**, *Bohemica*. Schult. (février-avril).

gg. — *Toutes les divisions aiguës.*

4. Bulbe petite, globuleuse : hampe glabre, souvent tombante, moins longue que les deux feuilles radicales linéaires, canaliculées, recourbées, les caulinaires larges, *opposées*, pubescentes ciliées : bractées linéaires, ciliées, dépassant les pédoncules velus, rameux : fleurs à divisions lancéolées aiguës, pubescentes, striées de vert. — ♃. Les champs sablonneux, Manduel, Nîmes, Grenelle, Vitry. Fl. dan. t. 1869. **G. des champs**, *arvensis*. Pers. (avril-mai).

ggg. — *Pas toutes les divisions aiguës.*

5. Bulbe presque arrondie : feuilles radicales 2, filiformes, sillonnées en dessus, les caulinaires alternes, lancéolées acuminées, ou terminées par une pointe filiforme, allongée : tige velue, le plus souvent à une fleur terminale, à divisions velues, les intérieures obtuses, les extérieures aiguës : ovaire oblong obovale, un peu échancré au sommet. — ♃. Anjou, montagnes de Corse. Koch. apud. Schult. syst. veget. 7. p. 550. **G. des rochers**, *saxatilis*. Koch. (avril-mai).

II. = Pédoncules glabres.

a. — *Feuille caulinaire unique.*

6. Bulbe ovale : hampe faible, grêle : feuille radicale unique, linéaire filiforme, plane ou un peu canaliculée, dressée, la caulinaire en forme de spathe, lancéolée, renfermant à la base le pédoncule de l'ombelle à 2-3 fleurs : pédicelles simples ou rameux : fleurs petites, à divisions linéaires lancéolées, acuminées. — ♃. Bois et prairies ombragés. Fl. dan. t. 1531. **G. naine**, *minima*. Schult. (avril-mai).

b. — *2 feuilles caulinaires.*

7. Bulbe double : feuilles radicales 2, dressées, filiformes, un peu fistuleuses, un peu dilatées vers le sommet, les caulinaires 3, *alternes*, dressées, lancéolées, acuminées : fleur unique, terminale, à divisions *lancéolées acuminées*. — ♃. Hautes montagnes de Corse, près les neiges. Mut. t. 75. f. 347. **G. de Soleirol**, *Soleirolii*. Mut.

8. 3 bulbes horizontales, celle du milieu seule portant une *feuille unique* radicale, linéaire, rétrécie à la base et au sommet, recourbée, à carène aiguë en dessous, les caulinaires *opposées*, inégales : pédicelles *fructifères étalés* : fleurs 2-3 en ombelle, à divisions *linéaires oblongues*, *obtuses* ou *un peu aiguës*. — ♃. Les champs, Haguenau, Sarreguemines. Reich. flora. excurs. p. 107. **G. à pétales étroits**, *stenopetala*. Reich. (avril-mai). = *Variétés.* = b. — Fleurs grandes, à divisions un peu aiguës : feuilles caulinaires moins opposées, la plus grande engaînante, un peu décurrente. *Schreberi*. Reich. = c. — La plus grande feuille ovale concave et arrondie à la base engaînante : pédicelles fructifères tournés d'un seul côté : bulbes ovales, élargis à la base. *Pratensis*. Reich. Les prairies à Metz, Évreux.

510. ORNITHOGALE, *Ornithogalum*. Lin. — Périgone à 6 divisions persistantes, étalées dans le haut : filets des étamines dilatés à la base : stigmate très-petit, en tête : ovaire un peu trigone : graines presque

globuleuses, ou anguleuses. — *Fleurs blanches, vertes sur le dos.*
Bractées membraneuses.

I. = Fleurs en grappes allongées.

a. — *Filets des étamines à 2 cornes
au sommet.*

1. Feuilles toutes radicales, linéaires, allongées, glabres : bractées lancéolées acuminées, plus longues que les pédicelles : fleurs blanches, vertes sur le dos, pendantes, unilatérales, à divisions lancéolées : 5 étamines plus courtes. — ♃. Les champs, Nimes, Grenoble, Abbeville, Fleury [Loir]. Jacq. Aust. t. 501. **Or. à fleurs pendantes**, *nutans*. Lin. (avril-mai).

b. — *Filets des étamines entiers au
sommet.*

2. Feuilles *linéaires*, canaliculées, allongées, plus courtes que la hampe grêle, très-longue : bractées *ovales acuminées*, 1 *fois plus courtes que les pédicelles* étalés ou ascendants, les fructifères dressés : fleurs *blanches*, à large

nervure verte, en épi très-long : divisions *lancéolées*, *obtuses*.—♃. Presque toute la France, Nimes, forêt de Bondy. Jacq. Aust. t. 105. **Or. des Pyrénées**, *Pyrenaicum*. Lin. (mai-juin).
= Étamines souvent inégales : fleurs plus grandes, à divisions aiguës, dépassant beaucoup les étamines. *Stachyoides*. Reneal. t. 90. fig. du milieu.

3. Feuilles *planes*, linéaires : hampe de 1 pied : fleurs munies de nervures vertes, à divisions *linéaires oblongues*, obtuses, dépassant les étamines : pédicelles étalés, plus longs que les bractées *lancéolées acuminées*. — ♃. Le Midi, Nimes, Avignon, Narbonne. Bot. mag. t. 2510. **Or. de Narbonne**, *Narbonense*. Lin. (mai-juin). = Var. à plante plus forte, à fleurs plus nombreuses, très-blanches, à pédicelles plus longs. *Pyramidatum*. Lin.

II. = Fleurs en corymbe.

a. — *Divisions de la fleur ovales
arrondies.*

4. Hampe de 2-3 pieds, plus longue que les feuilles lancéolées linéaires : fleurs grandes, toutes blanches, à divisions plus longues que les étamines : bractées dilatées à la base, plus courtes que le pédicelle. — ♃. Prades en Roussillon. Bot. mag. t. 728. **Or. d'Arabie**, *Arabicum*. Lin. (août-septembre).

b. — *Divisions de la fleur oblongues.*

5. Feuilles linéaires, canaliculées, très-étroites : pédicelles ascendants, plus longs que la fleur, les fructifères étalés, *plus longs*

que les bractées longuement acuminées : fleurs vertes en dehors, à divisions oblongues obtuses. — ♃. Les champs. Engl. Bot. t. 130. **Or. en ombelle**, *umbellatum*. Lin. (avril-mai).

6. Feuilles un peu glauques, linéaires, en gouttière : bractées lancéolées, *égales aux pédicelles demi-dressés* : fleurs à divisions oblongues obtuses. — ♃. Provinces voisines du Rhin. Jacq. rar. icon. t. 426. **Or. chevelu**, *comosum*. Lin. (mai-juin). = Jeunes fleurs dépassées par les bractées.

311. AIL, *Allium*. Lin. — Périgone à 6 divisions, ordinairement étalées : stigmate simple : capsule à 3 valves, à 3 loges. — Fleurs nombreuses, réunies en tête sortant d'une spathe : racine tuberculeuse ou bulbeuse.

I. = Feuilles planes : étamines alternes trifides.

n. — *Capitule portant des bulbes.*

1. Bulbe prolifère : hampe cylindrique, engaînée par les feuilles jusqu'au milieu : feuilles linéaires, entières : spathe à 1 valve *acuminée en pointe allongée* : fleurs petites, blanchâtres ou rougeâtres, longuement pédicel-

lées : bulbes nombreuses : *étamines saillantes*. — ♃. Iles d'Hières ; cultivé partout. Gaud. 2. t. 11. f. 7. **Ail commun**, *sativum*. Lin. (juin-août).

2. Bulbe prolifère : hampe engaînée jusqu'au

milieu par des feuilles *dentelées rudes* : gaînes *comprimées à 2 tranchants* : spathe *courtement pointue*, ne dépassant pas le capitule : fleurs purpurines, nombreuses : *étamines presque pas saillantes.* — ♃. Terrains pierreux, Tresques, Strasbourg. Fl. dan. t. 1455. **Ail rocambole**, *scorodoprasum*. Lin. (juin-juillet), = *Variété.* = b. — Tige grande, contournée en spirale avant la floraison. *Ophioscorodon.* Link. Le Midi, Avignon.

nn. — *Capitule ne portant que des bulbes.*

q. — *Etamines et pistils ciliés.*

5. Bulbe petite, ovale : tige cylindrique, portant à la base quelques feuilles courtes, linéaires : spathe ovale lancéolée, aiguë, à peu près de la longueur du capitule, globuleuse : fleurs purpurines, à divisions lancéolées, acuminées, dépassant les étamines et le pistil — ♃. Ile de Ratonau près Marseille, de St-Honorat près Cannes. Fl. fr. 5. p. 316. **A. à fleurs aiguës**, *acutiflorus.* DC. (juin-juillet).

qq. — *Etamines et pistils glabres.*

a. — *Dent de l'étamine portant l'anthère égale au filament.*

4. *Deux bulbes ovales, prolifères :* hampe engaînée jusqu'au milieu de 3-4 feuilles : fleurs blanchâtres ou rosées, vertes sur la carène, très-nombreuses, les extérieures à pédicelles plus courts que les intérieures : les divisions extérieures crénelées sur la carène, toutes plus courtes que les étamines. — ♃. Vignes et terrains secs du Midi; Tresques; Avignon ; Agen. Bot. mag. t. 1385.§ **A. faux Poireau**, *ampeloprasum.* Lin. (juin-juillet).

b. — *Dent portant l'anthère 2-3 fois plus courte que le filet.*

5. Bulbe *simple, tuniquée :* hampe très-grande, engaînée jusqu'au milieu de feuilles glauques, linéaires lancéolées aiguës, un peu carénées : fleurs blanchâtres, à carène rougeâtre, en capitule gros, globuleux : *étamines saillantes.* — ♃. Cultivé partout. Black. herb. t. 421. **A. poireau**, *porrum.* Lin. (juin-juillet).

6. *Bulbe formée de nombreuses bulbilles renfermées dans une tunique :* hampe cylindrique, engaînée jusqu'au milieu de feuilles larges, à carène saillante : fleurs rouges, en capitule serré : pédicelles courts, égaux : *étamines non saillantes :* capsule à 3 angles.— ♃. Les champs ; Aix ; Grenoble ; Paris. Gaud. 2. t. 10. f. 4. **A. rond**, *rotundum.* Lin. (juin-août).

II. = **Feuilles planes : toutes les étamines simples.**

n. — FLEURS EN CAPITULE LACHE.

q. — *Fleurs jaunes.*

7. Hampe presque cylindrique, engaînée à la base de 3-4 feuilles oblongues, lancéolées aiguës, assez larges : spathe à 2 valves courtes, ovales aiguës : fleurs à divisions ovales aiguës, dépassant les étamines et le pistil. — ♃. Prairies ; parc de Versailles ; Amiens ; Montpellier ; Prades. Best. eyst. t. 79. f. 2. **A. doré**, *moly.* Lin. (juin-juillet).

qq. — *Fleurs rougeâtres ou d'un blanc sale.*

8. Bulbe arrondie : hampe grande, cylindrique, dépassant les feuilles lancéolées trigones : pédoncules inégaux : fleurs grandes, en cloche, à divisions inégales, oblongues mucronées, dépassant les étamines. — ♃. Environs de Fréjus, sur la Suviero. **A. de Sicile**, *Siculum.* Spreng. (mai-juin).

qqq. — *Fleurs roses.*

9. Bulbe *cylindrique :* hampe cylindrique, *anguleuse au sommet*, plus longue que les feuilles linéaires aiguës, engaînant la base de la hampe : *pédicelles plus courts que les fleurs grandes,* 3-5 *au capitule,* à divisions larges, inégales, mucronées, dépassant les étamines. — ♃. Graviers des hautes montagnes; Mont-Ventoux; Mont-Aurouse, près Gap. Vill. t. 6. *(Narcissiflorum).* **A. [à grandes fleurs** , *grandiflorum.* Lam. (août-septembre).

10. Bulbe *ovale :* hampe cylindrique, garnie à la base de feuilles larges linéaires subu-

42

lées, roulées au sommet, *finement denticulées sur les bords, surtout dans le bas :* pédicelles grêles, *dépassant au moins une fois les fleurs :* fleurs à divisions le plus souvent obtuses, ovales oblongues, égales, dépassant les étamines : spathe d'une seule pièce, à 2-4 lobes ovales acuminés en arête. — ♃. Vignes ; lieux herbus du Midi ; fossés de Manduel ; Fréjus ; Perpignan. Red. Lil. t. 215. **A. rose**, *roseum.* Lin. (mai-juillet). = *Variété.* = b. — Ombelle bulbifère. *Carneum.* Lois.

qqqq. — *Fleurs blanches.*
a. — *Feuilles ciliées sur les bords et les nervures.*

11. Bulbe oblongue : hampe *presque nulle :* feuilles linéaires lancéolées, acuminées, beaucoup plus longues que la hampe, entourant comme une collerette l'ombelle peu fournie : fleurs brunes sur la carène, à divisions lancéolées aiguës, dépassant les étamines : spathe d'une seule pièce, plus courte que le capitule. — ♃. Sables maritimes d'Arles ; Collioure ; Marseille à Montredon. Bot. mag. t. 1205. **A. faux Moly**, *chamæmoly.* Lin. (février-mars).

b. — *Feuilles glabres.*

s. — *Hampe à 3 angles saillants.*

12. Hampe et feuilles à 3 angles saillants : feuilles aiguës, engaînant la hampe à la base, et l'égalant ou la dépassant : fleurs à carène verte, à divisions lancéolées obtuses, doubles des étamines : spathe à 2 valves aiguës, persistante, égalant ou même dépassant le capitule de 3-4 fleurs : pédicelles très-longs, droits. — ♃. Toulon ; Fréjus ; Collioure. Rudb. elys. 2. p. 159. f. 16. **A. trigone**, *triquetrum.* Lin. (mars-avril).

ss. — *Hampe à angles non saillants.*

13. Bulbe oblongue : hampe nue, droite, engaînée à la base par des feuilles *longuement pétiolées, ovales ou elliptiques lancéolées :* fleurs à divisions lancéolées *aiguës*, doubles des étamines : pédicelles plus longs que les fleurs : spathe d'une seule pièce ovale lancéolée, *aiguë, au moins égale* au capitule. — ♃. Bois humides ; bords des ruisseaux ; l'Espérou ; environs de Blois ; parc de Versailles. Fl. dan. t. 757. **A. des ours**, *ursinum.* Lin. (avril-mai).

14. Hampe à 3 angles peu marqués : feuilles longues, larges, *lancéolées carénées*, engaînantes à la base, *non pétiolées :* fleurs grandes, à divisions obovales obtuses, doubles des étamines : pédicelles très-longs : spathe à 1-2 valves ovales acuminées, *plus courtes* que le capitule. — ♃. Terrains pierreux du Midi ; Nîmes ; Toulon ; Perpignan. Santi - Viagi. t. 7. **A. blanc**, *album.* DC. (mars-avril).

nn. — FLEURS PETITES, EN CAPITULE SERRÉ.
q. — *Feuilles velues ou ciliées.*

15. Bulbe presque globuleuse : hampe cylindrique : feuilles très-longues, linéaires acuminées, comme opposées, très-engaînantes, velues ciliées surtout vers la base, quelquefois glabres : fleurs blanches, à divisions ovales obtuses, dépassant les étamines : pédicelles très-longs : spathe à 1-2 divisions ovales aiguës, courtes. — ♃. Bords de la mer ; Bastia : Ajaccio. Fl. græc. t. 313. **A. cilié**, *subhirsutum.* Lin. (avril-mai).

qq. — *Feuilles glabres.*
a. — *Fleurs jaunes.*

16. Bulbe très-allongée, oblique, couverte de gaines vieilles, desséchées, en réseau : hampe cylindrique, anguleuse au sommet, engaînée jusqu'au milieu par des feuilles pétiolées, lancéolées elliptiques, planes, nervées : fleurs en ombelle globuleuse, à divisions inégales, lancéolées obtuses : étamines saillantes. — ♃. Prairies des montagnes ; Mont-Sainte-Victoire, près Aix ; Grande-Chartreuse ; Mende ; Canigou. Black. herb. t. 544. **A. du Mont-Ste-Victoire**, *Victorialis.* Lin. (juillet-août). — Voir aussi l'*A. nigrum.*

b. — *Fleurs purpurines.*

17. Bulbe oblongue, produisant en dessous une racine ligneuse, rampante : tige comprimée, à 2 tranchants, surtout dans le haut, engaînée à la base par les feuilles linéaires, pres-

que planes, carénées anguleuses en dessous : fleurs nombreuses, en ombelle hémisphérique : pédicelles presque égaux : étamines saillantes : spathe courte — ♃. Bords de la Seine, près Ivry ; Blunay, près Provins. Jacq. Aust. t. 423. **A. trompeur,** *fallax.* Rœm. et Schult. (juillet-octobre). = *Variétés.* = b. — Hampe presque trigone, surtout à la base : om-belle un peu convexe, à fleurs grandes, nombreuses : étamines doubles de la fleur. *Angulosum.* Bot. mag. t. 1149. — L'Espérou ; le Vigan. = c. — Hampe comprimée à 1 angle : feuilles convexes en dessous, non carénées : ombelle presque globuleuse. *Senescens.* Mut. t. 74. f. 559. Pyrénées ; Val de Savignac.

c. — *Fleurs blanches, ou rosées.*

s. — *Etamines très-saillantes.*

18. Bulbe oblongue, horizontale, à tuniques irrégulièrement fendues au sommet, en réseau allongé : hampe cylindrique, anguleuse au sommet, feuillée à la base : feuilles linéaires planes, un peu en gouttière, *carénées en dessous, très-nervées ;* fleurs d'un blanc rosé, plus foncé sur la nervure, à divisions larges, ovales obtuses, 1 *fois plus courtes que les étamines simples :* spathe à 2 valves inégales, plus courtes que l'ombelle. — ♃. Landes d'Aquitaine ; Dax ; Mont-de-Marsan. Jacq. icon. rar. t. 364. **A. odorant,** *suaveolens.* Jacq.(juillet-août).

19. Bulbe à tunique en réseau : hampe cylindrique, feuillée à la base : feuilles linéaires, en gouttière, demi-cylindriques en dessous, planes vers le sommet, à nervures peu marquées : fleurs à divisions ovales obtuses, presque pas plus longues que les étamines alternativement dilatées, dentées des deux côtés à la base. — ♃. Lautaret ; environs de Gap, à la Chartreuse de Durbon. Gaud. helv. 2. t. 13. f. 13. **A. raide,** *strictum.* Schrad. (juillet-août).

ss. — *Etamines égales aux divisions de la fleur.*

20. Feuilles filiformes, demi-cylindriques, égalant la hampe : fleurs blanches en ombelle globuleuse, à divisions très-obtuses. — ♃. Corse. Red. Lil. t. 118. **A. à fleurs obtuses,** *obtusiflorum.* Poir. (juillet).

d. — *Fleurs blanches, vertes ou purpurines sur la nervure.*

21. Bulbe grosse, divisée en trois à l'intérieur, renfermant des bulbilles : hampe épaisse, cylindrique : feuilles larges, obtuses, un peu canaliculées, égalant ou dépassant la hampe : fleurs en ombelle grande, convexe, très-fournie, à divisions très-étalées, écartées, linéaires, dépassant les étamines. — ♃. Le Midi ; Toulon ; à Latte, près Montpellier. Fl. grœc. t. 525. **A. noir,** *nigrum.* Lin. = *Variété.* = b. — Hampe engaînée à la base par 1 rudiment de feuille portant une bulbille : feuilles lancéolées, dépassant beaucoup la tige : ombelle toute de bulbilles. *Magicum.* Lin. Agen. (mai-juillet).

EIII. — **Feuilles cylindriques** : **étamines alternes trifides.**

n. — *Capitule bulbifère.*

22. Bulbe prolifère : hampe grêle, cylindrique, engaînée jusqu'au milieu par les feuilles fistuleuses, étroitement canaliculées en dessus : fleurs d'un rose pâle, en capitule lâche, portant des bulbilles avec les fleurs ou des bulbilles sans fleurs : divisions du périgone lancéolées, concaves, un peu plus courtes que les étamines : spathe courte, ovale acuminée, caduque. — ♃. Lieux secs ; champs ; vignes. Engl. Bot. t. 1974. **A. des vignes,** *vineale.* Lin. (juin-juillet). = *Variétés.* = a. — Capitule souvent chevelu par les bulbilles végétant sur la plante. *Crinitum.* = b. — Hampe terminée par 2-5 têtes compactes, accolées l'une à l'autre, formées de bulbilles très-nombreuses. *Compactum.* Thuil. — Voir aussi l'*A. cœpii.*

nn. — *Capitule ne portant que des fleurs.*

a.— *Hampe renflée, ventrue dans le bas.*

23. Bulbe formée de tuniques : hampe nue : feuilles cylindriques, fistuleuses, renflées : fleurs d'un blanc verdâtre, à divisions ovales obtuses, plus courtes que les étamines et le pistil : ombelle grande, globuleuse : pédicel-les longs.— ②. Cultivé partout. Gaud. helv. 2. t. 10. f. 1. **A. oignon,** *cepa.* Lin. (juillet-août).

b. — *Hampe non ventrue dans le bas.*

24. Bulbe prolifère : hampe fistuleuse *nue* ou feuillée : feuilles fistuleuses en alène : fleurs

d'un rouge pâle, en ombelle globuleuse, compacte, *à divisions plus longues que les étamines.*— ♃. Cultivé. Moris. 5. 4. t. 14. f. 3. **A. échalotte**, *ascalonicum.* Lin. (juin-juillet).

25. Bulbes anguleuses, prolifères, écartées les unes des autres : hampe *engainée* jusqu'au les unes des autres : hampe *engainée* jusqu'au

milieu par des feuilles canaliculées en dessus: fleurs d'un rouge vif, en capitule globuleux, compacte, à divisions ovales obtuses, *plus courtes que les étamines et le pistil.*— ♃. Lieux secs, pierreux, sablonneux. Red. Lil. t. 391. **A. à tête ronde**, *spherocephalum.* Lin. (juin-août).

IV. = Feuilles cylindriques : toutes les étamines simples.

n. — *Filets des étamines libres.*

a.— *Étamines saillantes.*

26. Hampe cylindrique, *solide*, engainée dans le bas de feuilles *non fistuleuses*, subulées, presque aussi longues que la hampe : fleurs rougeâtres, en capitule globuleux.—♃. Les Pyrénées. **A. à petites fleurs**, *parviflorum.* Lois.

27. Hampe nue, renflée ventrue au milieu, *fistuleuse*, presque pas plus longue que les feuilles *fistuleuses*, cylindriques, *rétrécies aux deux bouts :* fleurs rougeâtres, en capitule globuleux, compacte. — ♃. Cultivé. Bot. mag. t. 1250. **A. fistuleux**, *fistulosum.* Lin. (juin-septembre).— Facies de l'*A. cepa.*

b. — *Étamines incluses.*

28. Bulbe couverte de tuniques noirâtres : hampe filiforme, dépassant les feuilles un peu en gouttière en dessus, sétacées, subulées : fleurs d'un blanc rosé, à carène rouge de sang, ou toutes rouges, *d'une odeur suave :* ombelle *plane*, à 3-10 fleurs : divisions du périgone lancéolées, dressées : spathe à 2 val-

ves étalées ou réfléchies, acuminées, plus courtes que les pédicelles inégaux, droits.— ♃. Le Midi ; Alzon ; le Vigan ; Avignon; Pouzilhac. Reich. Cent. 5. f. 615. **A. musqué**, *moschatum.* Lin. (août-septembre).

29. Bulbes ovales, agglomérées : hampe engainée dans le bas par des feuilles linéaires subulées, *aussi longues que la hampe :* fleurs rouges ou d'un rouge bleuâtre, en capitule globuleux, bien fourni : divisions peu ouvertes, lancéolées aiguës : spathe à deux valves ovales aiguës, *égales au capitule :* pédicelles inégaux.— ♃. Prairies des montagnes ; Lautaret; Mont-de-Lans ; Mont-Louis. Tabern. icon. 486. f. 2. **A. civette**, *schœnoprosum.* Lin. = *Variétés.* = b. —Pédicelles égalant presque la fleur à divisions ovales lancéolées, acuminées mucronées. *Foliosum.* Clarion. = c. —Divisions linéaires oblongues, longuement acuminées acérées. *Sibiricum.* Willd. Les Pyrénées, au val d'Eynes. (juillet-septembre).

nn. — *Filets des étamines soudés en anneau à la base.*

q. — *Capitule bulbifère.*

50. Bulbe simple : hampe engainée presque jusqu'au milieu par 2-3 feuilles étroites, *demicylindriques*, fistuleuses, canaliculées en dessus, *sillonnées et rudes en dessous, ainsi que les gaines :* fleurs blanches ou d'un blanc rosé, à divisions obtuses, mucronées, *égalant les étamines :* pédicelles plus longs que les fleurs : spathe à 2 valves ovales, terminées par une longue pointe dépassant le capitule quelquefois sans bulbilles. — ♃. Champs cultivés; vignes, presque partout; Tresques, dans le parc. Engl. Bot. t. 488. **A. des lieux cultivés**, *oleraceum.* Lin. (juillet-août).

51. Bulbe simple : hampe engainée jusqu'au milieu par des feuilles linéaires, *charnues, planes*, un peu canaliculées, *un peu striées scabres en dessous :* fleurs d'un rose violacé, à divisions obovales obtuses, *les extérieures concaves, carénées sur le dos, plus courtes que les étamines :* spathe à valves lancéolées, terminées par une longue pointe dépassant le capitule lâche, globuleux, quelquefois tout bulbifère.— ♃. Collines sèches ; Grenoble ; bois de Boulogne ; Rouen ; Falaise. Red. Lil. t. 368· **A. en carène**, *carinatum.* Lin. (juillet-août).

qq. — *Capitule portant des capsules.*

a. — *Fleurs jaunes,*

52. Bulbe petite, ovoïde : hampe engainée jusqu'au-dessus du milieu de feuilles linéai-

res, non fistuleuses, convexes en dessous, un peu canaliculées en dessus : fleurs d'un beau jaune, à divisions obtuses, plus courtes que les étamines, beaucoup plus que le style : spathe à 2 valves inégales, 2 fois plus longues que le capitule à pédicelles jaunes, penchés. — ♃. Clairières des bois ; les champs sablonneux ; le Vigan ; Alzon ; Mont-Ventoux ; Florac ; Fontainebleau. Jacq. Aust. t. 141. **A. jaune,** *flavum*. Lin. (juillet-août).

b. — *Fleurs blanches ou roses.*

53. Bulbe simple, arrondie : hampe droite , cylindrique, engaînée jusqu'au milieu par des feuilles linéaires subulées, presque planes, un peu canaliculées , portant en dessous 5 côtes saillantes, lisses : fleurs roses ou blanches , *rayées de pourpre*, en capitule fourni, portant quelquefois des bulbilles : pédicelles inégaux, longs, capillaires, pendants : périgone fendu jusqu'au milieu *en divisions ovales*, obtuses ,

égales aux étamines : spathe à 2 divisions acuminées en longue pointe linéaire, fistuleuse , dépassant beaucoup le capitule. — ♃. Champs arides ; Fréjus ; Nîmes ; Blois ; Nantes. Fl. grœc. t. 518. **A. paniculé ,** *paniculatum*. Lin. (juillet-août).

54. Bulbe simple : hampe engaînée de feuilles linéaires étroites , demi-cylindriques , en gouttière : fleurs blanchâtres , un peu purpurines au sommet, *vertes sur la carène* , en cloche, *à divisions obovales*, obtuses, *les extérieures échancrées*, égales aux étamines : pédicelles inégaux , pendants : spathe à 2 divisions inégales , beaucoup plus longues que le capitule souvent très-fourni.— ♃. Les champs; Corse : Toulon ; Montpellier ; Briançon. Fl. grœc. t. 517. **A. pâle ,** *pallens*. Lin. (juillet-août).

512. HÉMÉROCALLE , *Hemerocallis*. Lin. — Périgone grand , persistant, irrégulier, à 6 divisions : étamines couchées, ascendantes : stigmate simple : capsule trigone : graines rondes. — Racine en tubercules fasciculés.

1. Hampe très-haute , souvent rameuse au sommet : feuilles longues , étroites , carénées en dessous : fleurs d'un *jaune rougeâtre*, à divisions *intérieures ondulées*, toutes *nervées veinées* : anthères *oblongues* obtuses : stigmate *hémisphérique*. — ♃. Toulon ; bords du Gardon, près Collias ; le village de Pourrières , en Provence ; environs de Collioure. Bot. mag. t. 64. **H. fauve ,** *fulva*. Lin. (juillet-août).

2. Hampe de 12-18 pouces : feuilles larges linéaires, carénées : fleurs d'un jaune *clair* , à divisions *planes*, aiguës , nervées , *non veinées* : anthères *sagittées acuminées* : stigmates presque à 3 lobes. — ♃. Montbéliard ; cultivée. Bot. mag. t. 19. **H. jaune ,** *flava*. Lin. (juin-juillet).

513. POLIANTHE , *Polianthes*. Lin. — Périgone à tube recourbé à la base, à 6 divisions très-étalées : étamines insérées à la gorge du tube : anthères échancrées au sommet : stigmate à 5 divisions plates, échancrées au sommet : capsule à 5 loges : graines planes, nombreuses. — Racine tubéreuse.

1. Feuilles lancéolées linéaires , étroites , plus courtes que la tige : fleurs sessiles , très-odorantes, d'un blanc rosé, en long épi lâche.

— ♃. Originaire de Java ; cultivé. Red. Lil. t. 147. **P. tubéreuse ,** *tuberosa*. Lin. (juillet-août).

514. CZACKIE , *Czackia*. Andreiosky. — Périgone campanulé , à 6 divisions profondes, rétrécies en onglet : étamines couchées, ascendantes, opposées aux divisions du périgone : capsule à 6 angles : graines anguleuses. — Racine fibreuse , en faisceau.

1. Feuilles planes, linéaires égalant la tige : fleurs grandes, blanches, presque unilatérales. — ♃. Les hautes montagnes ; Grande-Char- treuse ; Digne ; les Pyrénées. Moris. s. 4. t. 1. f. 7. n. 8. C. faux Lys, *liliastrum.* Andr. (mai-juin).

315. NARTHÉCIE, *Narthecium.* Mœhring. — Périgone à 6 divisions profondes, ouvertes : étamines persistantes, à filets barbus : ovaire pyramidal : style court : stigmate simple : capsule à 6 angles, à 3 loges : graines nombreuses, ovales oblongues, appendiculées aux 2 bouts.

1. Racine rampante, gazonnante : hampe presque nue, plus longue que les feuilles ensiformes, engaînantes par côté à la manière des Iris : pédoncules dressés, portant une bractée au milieu : fleurs jaunâtres en épi lâche, terminal. — ♃. Les marais de la Flandre ; Normandie ; Gascogne. Engl. Bot. t. 535. **N. casseur d'or**, *ossifraga.* Huds. (juillet-août).

316. ASPHODÈLE, *Asphodelus.* Lin. — Périgone à 6 divisions profondes, ouvertes : étamines dilatées à la base, couvrant l'ovaire : capsule presque globuleuse, à loges monospermes. — Fleurs à pédicelles articulés : racine formée de tubercules fasciculés, ou fibreuse : graines anguleuses.

n. — *Fleurs jaunes ; tige feuillée.*

1. Tige couverte jusqu'aux fleurs par les gaînes des feuilles linéaires subulées, trigones lisses, striées, dilatées à la base en gaîne membraneuse : fleurs jaunes, à divisions presque linéaires, en grappe serrée. — ♃. Originaire du midi de l'Allemagne ; cultivée dans les jardins. Jacq. hort. vind. t. 77. **A. jaune**, *lutea.* Lin. (mai-juin).

nn. — *Fleurs blanches ; tige sans feuilles.*

q. — *Racine fibreuse : feuilles demi-cylindriques, fistuleuses.*

2. Tige nue, rameuse dans le haut : feuilles raides, striées, trigones, subulées : fleurs à divisions linéaires elliptiques, marquées sur le dos d'une ligne pourpre : pédoncule dépassant enfin la bractée membraneuse. — ♃. Montagne de Corde, en Provence ; Maussane ; Mont-Major ; toute la Crau ; Marseille à Séon. Cav. icon. 3. t. 202. **A. fistuleux**, *fistulosus.* Lin. (avril-juin).

qq. — *Racine tuberculeuse, fasciculée.*

a. — *Tige divisée vers le haut en rameaux nombreux, divergents.*

3. Tige rameuse vers le haut : feuilles larges linéaires, planes, carénées, lisses : bractée membraneuse, ovale lancéolée, acuminée, desséchée *blanche*, brune sur la nervure, plus courte que le pédicelle : fleurs blanches, brunâtres, sur la nervure, en grappes très-fournies : étamines à base *presque ronde obovale*, *subitement rétrécie en filet, glabre, à 2 nervures très-fines, presque contiguës* : pédicelles très-renflés au sommet : jeunes grappes ni bigarrées, ni chevelues par les bractées. — ♃.

Collines au bord de la Méditerranée ; Toulon ; Fréjus ; Collioure ; forêt de Biron, près Agen. Fl. græc. t. 334. **A. rameux**, *ramosus.* Willd. (mars-avril).

4. Caractères du *Ramosus*. = Tige *très-rameuse* : fleurs blanches, marquées d'une nervure pourpre : fruit *plus petit*. — ♃. Marseille, au Lazaret ; Rotoneau ; Montredon ; Corse. (Castagne, cat. des plantes des environs de Marseille, page 155, espèce bien distincte). **A. à petit fruit**, *microcarpus.* Viv. Cors. 5. (juin).

b. — *Tige simple ou à 2-3 rameaux dressés ascendants.*

5. Tige *simple*, portant quelquefois à la base de la grappe 2-4 rameaux *dressés ascendants* : feuilles linéaires ensiformes, un peu carénées, lisses, très-longues : fleurs nombreuses, blanches, marquées d'une ligne dorsale brune ou verdâtre : bractées lancéolées, acuminées, *desséchées d'un brun noir*, rendant l'épi *chevelu avant l'épanouissement des fleurs* : étamines à *base oblongue lancéolée, insensiblement rétrécie en filament, barbue* et *le tiers inférieur du filet* : capsule ovale prismatique, hexagone, très-ridée en travers : pédoncules à peine renflés au sommet, *pas de nervures à la base des étamines.* — ♃. Bois montagneux ; Pouzilhac ; Pont-du-Gard ; forêt d'Orléans ; parc de Chambord ; Narbonne ; Sorèze. Black. herb. t. 238. **A. blanc**, *albus.* Willd.| (mai-juin).

317. ANTHÉRIC, *Anthericum.* Lin. — Périgone à 6 divisions ouvertes : étamines à filets subulés, insérés sur le réceptacle, glabre, ou recourbés et barbus : stigmate simple, en massue : capsule ovoïde, ridée en travers : graines anguleuses. — Racine à fibres épaisses, fasciculées.

n. — *Étamines glabres, droites.*

1. Tige droite, nue, *un peu rameuse au sommet* : feuilles radicales, linéaires étroites, canaliculées, pointues : fleurs blanches, transparentes sur la nervure : style *droit, jamais déjeté* : bractées courtes, subulées. — ♃. Bois taillis ; Salbous ; Avallon ; Clamecy ; Caen ; Falaise. Fl. dan. t. 1157. **A. rameux**, *ramosum.* Lin. (juin-août).

2. Tige *simple*, nue : feuilles radicales linéaires, allongées, pointues, engaînantes et membraneuses à la base : fleurs blanches, en grappe *simple* : style *penché* : bractées lancéolées, longuement acuminées subulées. — ♃.

Coteaux secs de toute la France. Fl. dan. t. 616. **A. fleurs de lys**, *liliago.* Lin. (juin-août).

nn. — *Étamines courbées au milieu, barbues.*

3. Tige rameuse au sommet : feuilles linéaires, allongées, striées, souvent courbées ou enroulées au sommet : fleurs blanches à l'intérieur, d'un rose purpurin en dehors, en grappes courtes, formant une panicule lâche : bractées lancéolées, membraneuses.— ♃. Bruyères et terrains sablonneux ; Evreux, Roc de Grandville, Saint-Aignan, Toulon. Desf. Atl. 1. t. 190. **A. bicolore**, *bicolor.* Desf. (mai-juin).

318. AGAVÉ, *Agave.* Lin. — Périgone tubuleux, en entonnoir, à 6 divisions : étamines insérées sur le tube, filiformes, saillantes et le style : capsule ovale trigone : graines planes.

1. Hampe très-haute, rameuse paniculée pyramidale : feuilles longues, glauques, épaisses charnues, dentées épineuses, en rosette : fleurs nombreuses, jaunâtres, odorantes, à tube étranglé au milieu : style plus long que les étamines. — ♃. Originaire d'Amérique, spontané dans le Midi, Toulon, Fréjus, rochers de la Sainte-Baume. Lam. ill. t. 233. f. 1. **Ag. d'Amérique**, *Americana.* Lin. (juillet-octobre).

319. BULBOCODE, *Bulbocodium.* Lin. — Périgone à 6 divisions profondes, rétrécies en onglet très-long : étamines insérées sur l'onglet : anthères droites, ou couchées, sagittées : style allongé à 3 stigmates, ou 3 styles : capsule trigone, à 3 loges. — Bulbe.

a. — *Anthères couchées : style divisé au sommet.*

1. Feuilles lancéolées linéaires, canaliculées, paraissant avant les fleurs radicales, de couleur lilas, en entonnoir, à onglets très-étroits, formant un tube engaîné, à divisions lancéolées

obtuses : style séparé en trois souvent sur la longueur de plus d'un pouce. — ♃. Lautaret, environs de Gap, les Pyrénées à la Quillane, au port de Vieille. Vill. t. 2. les 2 premières figures à gauche. **B. du printemps**, *vernum.* Lin. (février-avril).

b. — *Anthères dressées : 3 styles distincts.*

2. Feuilles linéaires, étalées, paraissant après

la fleur radicale, unique, lilas violette, ou panachée de blanc : onglet très-étroit, très-long : anthères en flèche, droites. — ♃. Hautes-Pyrénées, port de Venasques, Eaux-Chaudes. Best. cyst. t. 348. **B. d'automne**, *autumnale.* Lap. (août-septembre). — Genre *Merendera*.

320. JONC, *Juncus.* Lin. — Périgone à 6 divisions profondes, glumacées : 3-6 étamines : 3 stigmates : capsule à 3 valves, à 3 loges polyspermes. — Fleurs entourées à la base de bractées scarieuses, glumacées : feuilles cylindriques, glabres.

I. = Feuilles nulles, ou en forme de chaumes stériles.

n. — 3 *étamines.*

1. Chaume cylindrique, strié, *un peu rude*, rempli de moëlle continue, muni à la base de gaînes non luisantes : fleurs roussâtres, à divisions lancéolées, très-aiguës, égales en paquets compactes : capsule obovale, *rétuse, terminée par un petit mamelon portant le style.* — ♃. Les marais, les cours d'eau. Fl. dan. t. 1094. **J. aggloméré**, *conglomeratus.* Lin. (juin-juillet).

2. Chaume *très-lisse* (à stries très-fines dans la plante sèche), à moëlle non interrompue : gaînes non luisantes : fleurs d'un vert brunâtre, petites, en paquets latéraux, épars divergents, plus ou moins pédonculés : divisions de la fleur lancéolées, très-aiguës : capsule obovale obtuse, déprimée, *munie au sommet d'une fossette d'où part le style.* — ♃. Le long des eaux. Fl. dan. t. 1096. **J. épars**, *effusus.* Lin. (juin-juillet).

nn. — 6 *étamines.*

q. — *Divisions de la fleur égales.*

3. Chaume faible, *filiforme, penché*, un peu strié étant sec : fleurs *vertes*, à divisions lancéolées, aiguës ; en peloton peu fourni, *sortant sur le milieu de la longueur du chaume :* capsule livide, presque globuleuse, très-obtuse, courtement mucronée. — ♃. Prairies marécageuses, Lautaret, Lac-Noir dans les Vosges. Fl. dan. t. 1207. **J. filiforme**, *filiformis.* Lin. (juin-août).

4. Chaume d'un vert foncé, à moëlle non interrompue : *gaînes luisantes, d'un rouge noir :* fleur d'un *brun marron*, à divisions étroites, aiguës subulées, en paquet latéral, raide, dressé : capsule arrondie obovale, mucronée par le style. — ♃. Marais, fossés. **J. diffus**, *diffusus.* Hoppe. (juillet-septembre).

qq. — *Divisions de la fleur inégales.*

5. Chaume *profondément strié*, glauque,

penché ou tortillé au sommet, à moëlle interrompue : gaînes d'un noir luisant, quelquefois d'un vert pâle : fleurs d'un *brun marron*, à divisions étroites, très-aiguës, striées, les extérieures plus longues, en paquet latéral dressé : capsule brune, *oblongue elliptique*, mucronée par le style égalant le tiers de la longueur. — ♃. Fossés, lieux humides. Sav. bot. t. 479. f. 3. **J. glauque**, *glaucus* Lin. (juin-août).

6. Chaume *raide, droit*, piquant, *presque pas strié :* gaînes courtes : fleurs grandes, d'un brun noir, à divisions internes *ovales obtuses*, larges, les externes lancéolées, un peu aiguës, plus longues, en paquet presque terminal, de 7-8 fleurs : capsule noirâtre, *ovale obtuse*, mucronée. — ♃. Hautes montagnes, pic du Midi. Fl. dan. t. 1095. **J. du Nord**, *Arcticus*, Willd. (juin-juillet).

II. = Feuilles toutes radicales.

n. — 3 *étamines.*

7. Chaumes de 3-5 pouces, filiformes, striés : feuilles filiformes, en gouttière à la base, subu-

lées : fleurs à divisions inégales, les extérieures lancéolées acérées, dépassant la capsule ovale trigone obtuse, sillonnée : capitule de fleurs souvent unique, ou 2-3, le second et le troisième pédonculés : bractée inférieure toujours *droite raide.* — ☉. Terrains humides ,

nn. — 6 *étamines.*

a. — *Capsule beaucoup plus longue que les pétales.*

8. Chaume lisse, raide et les feuilles cylindriques et piquantes : fleurs brunâtres , à divisions intérieures ovales obtuses , les extérieures lancéolées aiguës , toutes carénées , scarieuses au bord : capitule terminal , composé : capsule noirâtre luisante , ovale pointue. — ♃. Bord des deux mers, Aigues-Mortes, derrière le Pharc. Engl. bot. t. 1614. **J. aigu,** *acutus,* Lin. (mai-juin).

b. — *Capsule égale aux pétales, ou les dépassant de peu.*

9. Chaume finement strié , piquant et les feuilles cylindriques : fleurs d'un blanc verdâtre , sale , à divisions lancéolées aiguës , en

Abbeville, Le Mans, Lyon, Montpellier, Agen. Weigel. obs. t. 2. f. 5. **J. en tête**, *capitatus.* Villd. (juillet-août).

cime terminale , souvent prolifère , décomposée : capsule elliptique mucronée. — ♃. Rivages des deux mers, Marseille à Bonnevaine. Engl. bot. t. 1725. **J. maritime**, *maritimus.* Lam. (mai-juin). = *Variété.* — b. — Feuille inférieure de l'involucre très-longue. *Rigidus.* Desf. Aigues-Mortes.

10. Chaume de 8-12 pouces , *feuillé à la base :* feuilles *canaliculées* , linéaires , raides , fleurs brunâtres . 2-3 sur chaque pédoncule : à divisions ovales lancéolées , *largement scarieuses,* égalant la capsule obtuse mucronée : *anthères 4 fois plus longues que les filets.* — ♃. Terrains humides. Le Vigan, Haguenau, Falaise. Mont-Pilat près Lyon. Fl. dan. t. 430. **J. scarieux** , *squarrosus.* Lin. (juin-juillet).

III. = Chaume feuillé.

A. = FEUILLES NOUEUSES , ARTICULÉES.

n. — *Pétales aigus.*

a. — *Feuilles cylindriques.*

11. Chaume raide , dressé , cylindrique : feuilles courtes , aiguës , dressées : fleurs *verdâtres ou un peu rougeâtres* , en panicule dressée , plus longues que la bractée : pétales *égaux,* linéaires lancéolés , striés , peu ouverts, de la longueur de la capsule trigone aiguë, *pâle.* — ♃. Narbonne. La Harpe, mon. Junc. **J. de Desfontaines** , *Fontanesii.* Gay.

12. Chaume de 2-3 pieds, dressé, à 4-5 feuilles écartées, presque cylindriques : fleurs *d'un brun clair,* en corymbe , à divisions étroites pointues, les *extérieures plus longues,* à pointe *réfléchie :* capsule d'un *brun clair,* allongée, *acuminée* , surmontée d'un bec quelquefois très-long. — ♃. Prairies humides, marais. Engl. Bot. t. 238. **J. à fleurs aiguës,** *acutiflorus.* Ehrh. (juin-juillet).

b. — *Feuilles demi-cylindriques.*

13. Hampe grêle : 2-3 feuilles sétacées, canaliculées en dessus, convexes en dessous : fleurs noirâtres , en capitules écartés sur les rameaux terminaux : pétales lancéolés, les intérieurs aigus, les extérieurs acuminés : 6 étamines : capsule tronquée déprimée, à valves en cœur renversé : filets deux fois plus longs que l'anthère. — ♃. Coteaux , flaques d'eau autour d'Angers, de Condé. Guépin , fl. Maine-et-Loire , p. 63. 3ᵉ édit. **J. noirâtre**, *nigritellus.* Don. (mai-juin).

c. — *Feuilles comprimées.*

14. Chaume dressé, demi-comprimé et les feuilles : fleurs en tête, à divisions égales lancéolées aiguës, plus courtes que la capsule en loupie, un peu trigone, terminée par un bec. — ♃. Gay. in mem. Sc. nat. par. **J. en loupie,** *lagenarius.* Gay.

nn. — *Pétales obtus.*

q. — *Tous les pétales mucronés.*

15. Chaume de 2-3 pieds, dressé, portant à la base de gaînes brunes, et de feuilles fistuleuses, peu comprimées, une seule au milieu du chaume : fleurs petites , jaunâtres ou verdâtres , en corymbe rameux , divariqué : pé-

tales égaux , arrondis obtus au sommet, terminés par une pointe réfléchie, égaux à la capsule ovale mucronée. — ♃. Lieux humides, étangs, fossés. Fl. dan. t. 1097. **J. à fleurs obtuses,** *obtusiflorus* Ehrh. (juin-juillet).

qq. — *Pas tous les pétales mucronés.*

a. — *Chaume cylindrique, un peu comprimé.*

16. Chaume de 3-4 pouces, dressé, portant 2 feuilles, à gaîne comprimée, carénée à angle aigu : fleurs d'un brun noirâtre ou roux, en corymbe terminal : divisions intérieures obtuses, *les extérieures mucronées sous le sommet*, plus courtes que la capsule ovale oblongue mucronée. — ♃. Les Alpes, Taillefer, Lautaret, vallée de Venasques. **J. des Alpes**, *Alpinus*. Vill. (juillet-août).= Var. à fleur d'un brun roux, à divisions un peu obtuses, à capsule d'un brun marron, courtement mucronée. *Fusco-ater*. Schreb.

17. Chaume de 4-8 pouces, portant 3-4 feuilles cylindriques comprimées et les gaînes : fleurs brunes en corymbe rameux, à divisions égales, lancéolées, *mucronées au sommet*, les intérieures obtuses, les extérieures aiguës, toutes plus courtes que la capsule ovale lancéolée, mucronée. — ♃. Lieux humides, Gap, Embrun sur les bords de la Durance, Toulouse. Engl. Bot. t. 2145. **J. à fruits brillants**, *lampocarpos*. Ehrh. (juin-juillet). = *Variétés*.= b.— Chaume rampant, produisant des rameaux fertiles en dehors des aisselles des feuilles. *Repens*. Rey. Trecques. =c. — Flottant, submergé, flexueux : feuilles les unes grosses, les autres menues, filamenteuses : fleurs à divisions plus longues que la capsule. *Heterophyllus*. Duby.

b. — *Chaume à 2 tranchants.*

18. Chaume noueux, portant 2-3 feuilles écartées, à 2 tranchants comme le chaume : fleurs en panicule rameuse, *dressée* : divisions presque égales, les extérieures à pointe très-fine, toutes plus courtes que la capsule trigone, pointue en bec. — ♃. Le Mans, Bayonne, Toulon. La Harp. mém. sc. hist. nat. par. **J. à 2 tranchants**, *anceps*. Harpe.

B. = FEUILLES DE LA TIGE NON ARTICULÉES.

n. — *3 étamines ; fleurs presque en ombelle.*

19. Chaume de 3-4 pouces, filiforme, rougeâtre : feuilles très-fines, canaliculées, les radicales égales au chaume : fleurs verdâtres, réunies en capitules ternés, munis de bractées scarieuses, une feuille allongée à l'intérieur : divisions égales, *toutes linéaires pointues*, *dépassant la capsule* trigone, allongée, pointue.— ⊙. Les marais, bords des étangs, Broussans au trou du Pérussas, près Saint-Gilles, Orléans, Montpellier, Perpignan. Thuil. fl. par. 178. **J. nain**, *pygmœus*. Thuil. (juin-août).

20. Racine fibreuse, *bulbeuse au collet* : chaumes de 2-4 pouces, gazonnants, allongés, filiformes, dichotomes, droits ou couchés, radicants ou flottants : gaînes à bords membraneux : feuilles sétacées, canaliculées, convexes en dessous : fleurs verdâtres, en capitules les uns sessiles, les autres pédonculés, prolifères ou mêlés de feuilles : divisions égales, lancéolées, obtuses dans l'intérieur, *toutes plus courtes que la capsule oblongue, obtuse, mucronée.* — ♃. Lieux sablonneux, humides, commun partout. Fl. dan. t. 1099. **J. sétacé**, *setifolius*. Ehrh. (juin-septembre).

nn. — *6 étamines.*

q. — *Fleurs en tête terminale.*

a. — *Chaume muni de feuilles à la base.*

21. Chaumes gazonnants : feuilles subulées, cylindriques, canaliculées à la base, plus courtes que le chaume : fleurs brunes, en têtes munies de 2-3 bractées plus courtes que la fleur : divisions obtuses, plus courtes que la capsule oblongue obtuse, mucronée : racine fibreuse. — ♃. Marais des montagnes, Lautaret, Notre-Dame-de-Nouri. Lin. Fl. lapp. t. 10. f. 3. **J. à trois glumes**, *triglumis*. Lin. (juillet-août).

b. — *Chaume portant 1-3 feuilles dans le haut.*

22. Chaume filiforme, à 1-3 feuilles dans le haut, plus courtes, subulées, canaliculées : *gaînes poilues* : fleurs d'un brun noir, 1-3 en tête *paraissant latérale par l'allongement des bractées :* divisions égales, lancéolées pointues, égalant la capsule ovale trigone pointue : racine rampante.— ♃. Prairies des hautes montagnes, le Champsaur, Lautaret, toutes les Pyrénées. Fl. dan. t. 107. **J. à trois pointes**, *trifidus*. Lin. (juin-août).

23. Chaume portant dans le haut 1 *feuille*, et à la base des gaines mucronées : feuille dressée, cylindrique, en alène : fleurs noires, 4-8 en tête terminale, *éloignées de la bractée :* divisions lancéolées aiguës, égalant la capsule oblongue trigone *obtuse*, *mucronée :* racine rampante. — ♃. Alpes du Dauphiné. Jacq. Aust. t. 221. **J. de Jacquin**, *Jacquinii.* Lin. (juillet-août).

qq. — *Fleurs en panicule.*

ᾰ. — *Capsule plus courte que les divisions de la fleur.*

24. Chaumes gazonnants, droits, grèles, cylindriques, rameux dichotômes au sommet : feuilles droites, sétacées, canaliculées à la base : rameaux droits, allongés : fleurs d'un blanc verdâtre, scarieuses, brillantes, solitaires ou géminées, presque toutes sessiles, unilatérales, écartées le long des rameaux : bractées scarieuses : pétales inégaux, lancéolés pointus, plus longs que la capsule ovale obtuse. — ☉. Lieux humides, inondés l'hiver, Broussans au trou du Pérussas. Fl. dan. t. 1098. **J. des crapauds**, *bufonius.* Lin. (juin-août). = *Variétés.* = b. — Panicule étalée, diffuse, feuillée. *Foliosus.* Desf. atl. t. 92. = c. Chaume tombant, égal aux feuilles : les 5 divisions extérieures seules mucronées. *Insulanus.* Viv. Bonifacio. — Voir aussi le *J. tenageia.*

b. — *Capsule égale aux divisions de la fleur.*

s. — *Des divisions de la fleur obtuses, d'autres aiguës.*

25. Chaume droit, grêle, cylindrique, rameux dichotôme au sommet, rougeâtre : feuilles droites, sétacées, canaliculées à la base : fleurs petites, arrondies, brunâtres, solitaires, sessiles ou pédonculées, écartées le long des rameaux allongés, ouverts : pétales ovales oblongs, les intérieurs obtus, les extérieurs aigus, égaux à la capsule arrondie obtuse. — ☉. Lieux humides, Broussans au trou du Pérussas. Fl. dan. t. 1160. **J. des boues**, *tenageia* Lin. (juin-août).

ss. — *Toutes les divisions de la fleur aiguës.*

26. Chaume très-haut, cylindrique et les feuilles fistuleuses, acuminées, presque égales au chaume : fleurs d'un vert roussâtre, à divisions lancéolées, acuminées, en nacelle, solitaires, les unes sessiles, d'autres pédicellées, en panicule terminale, allongée : capsule trigone, un peu mucronée.— ♃. Terrains maritimes, Toulon, Nîmes. Desf. Atl. t. 91. **J. multiflore**, *multiflorus.* Desf. (juin-juillet).

sss. — *Toutes les divisions de la fleur presque obtuses.*

27. Chaume grêle, *presque cylindrique*, portant au milieu *une seule feuille* linéaire, canaliculée, dépassant la panicule ; les radicales de même forme : fleurs brun marron foncé, petites, écartées, vertes sur le dos : divisions ovales oblongues, très-obtuses, *égales* à la capsule *oblongue*, ovale, obtuse, trigone : panicule à rameaux dressés, terminale. — ♃. Prairies humides, Francvau près Saint-Gilles, Mende, Falaise, Paris, Strasbourg. Wahlemb. fl. lapp. t. 5. **J. de Gérard**, *Gerardi.* Lois. not. p. 60. 1810. (juin-juillet). — Style presque *égal* à l'ovaire.

c. — *Capsule plus longue que les divisions de la fleur.*

28. Racine renflée : chaume simple, *un peu comprimé*, portant dans le bas de feuilles linéaires, canaliculées, la florale plus courte que la panicule dressée : fleurs petites, brunes, vertes sur le dos, scarieuses sur les bords, presque toujours solitaires, sessiles : divisions calleuses au sommet, ovales oblongues, très-obtuses, *moitié plus courtes que* la capsule presque *globuleuse* obtuse : ovaire double du style. — ♃. Lieux humides, bords des prés. Flora dan. t. 431. **J. comprimée**, *compressus.* Jacq. (juin-août).

521. LUZULE, *Luzula.* Desv. — Périgone à 6 divisions glumacées, brunâtres ou scarieuses : 6 étamines : 1 style : capsule à 1 loge à 5 graines. — Feuilles planes poilues.

I. = Fleurs en épis.

n. — Épi unique.

1. Chaume grêle, de 6-8 pouces : feuilles *en gouttière*, peu poilue sur le limbe, beaucoup à l'entrée de la gaine : fleurs petites, brunes, en épi oblong, terminal, penché, un peu rameux à la base, *n'atteignant pas un pouce de long* : pétales *un peu inégaux*, pointus mucronés, *dépassant très-peu la capsule noire, ovale arrondie, mucronée.* — ♃. Hautes montagnes, Espérou, Gran le-Chartreuse, Canigou. Fl. dan. t. 270. **L. en épi**, *spicata.* DC. (juillet-août).

2. Racine *horizontale*, épaisse : chaume de 6-12 pouces : feuilles *assez larges*, poilues, et surtout à l'entrée de la gaine : fleurs mêlées *de brun et de blanc*, en épi lobé, penché : pétales *égaux*, à longue pointe, dépassant beaucoup la capsule *ovale aiguë*, mucronée, pâle. — ♃. Montagnes du Dauphiné, Lautaret près Gap, Pic du Midi dans les Pyrénées. Vill. Dauph. t. 6. bis. f. 3. **L. pédiforme**, *pediformis.* DC. (juin-août).

nn. — Plusieurs épis formant une ombelle.

q. — Fleurs brunâtres : feuilles poilues.

3. Racine *rampante*, émettant des *rejets traçants* : chaumes de 13-15 pouces, grêles, *solitaires ou en touffes peu fournies* : feuilles radicales nombreuses, poilues, quelquefois presque glabres : fleurs en pelotons ovales ou arrondis, les uns pédonculés, *penchés*, les autres sessiles : pétales égaux, lancéolés, acuminés, *égalant ou dépassant la capsule arrondie trigone obtuse* : anthère 3 fois plus longue que le filet.—♃. Pelouses, prés, bois taillis, partout. Engl. Bot. t. 672. **L. des champs**, *campestris.* DC. (avril-juin). = Var. Epillets presque tous sessiles, réunis en capitule lobé. *Congesta.*

4. Racine *fibreuse* : chaumes grêles, de 1-2 pieds, *en touffes fournies*, très-feuillés : feuilles linéaires, allongées, très-poilues à la base : fleurs en pelotons courts, ovales, multiflores,

les uns pédonculés, *toujours droits*, les autres sessiles : pétales *plus courts* que la capsule ovale trigone, mucronée : *anthère de la longueur du filet.*—♃. Bois ombragés, partout. Lejeune, fl. spa. p. 169. **L. multiflore**, *multiflora.* Lejeune. (mai-juin). = Var. Epillets presque tous sessiles, réunis en capitule lobé. *Congesta.*

qq. — Fleurs jaunes : feuilles glabres.

5. Très-glabre : chaume de 4-8 pouces : feuilles lancéolées linéaires, aiguës : fleurs luisantes, en corymbe : pétales ovales, mucronés, égalant la capsule globuleuse trigone : étamines à filets doubles des anthères. — ♃. Prairies des hautes montagnes, l'Espérou, Taillefer près Grenoble, Costabona dans les Pyrénées. Vill. Dauph. t. 6 bis. f. 4. **L. jaune**, *lutea.* DC. (mai-août).

II. = Fleurs solitaires, ou agglomérées en corymbe.

q. — Fleurs jaune paille, solitaires.

6. Racine rampante, émettant des rejets : chaumes de 3-5 pouces : feuilles linéaires, courtes : fleurs peu nombreuses, à pédoncules ouverts dressés, presque tous uniflores : pétales inégaux, les intérieurs aigus, égalant

presque la capsule jaune luisante, ovale trigone : graines portant au sommet un appendice recourbé. — ♃. Bois des montagnes, Saint-Nizier près Grenoble, Canigou. **L. jaunâtre**, *flavescens.* Gaud. fl. helv. 2. p. 564. (juin-juillet).

qq. — Fleurs brunes, solitaires.

7. Racine fibreuse, gazonnante : chaumes grêles, dressés : feuilles *étroites, linéaires*, pointues : fleurs en corymbe à pédoncules inégaux, *toujours dressés* : pétales lancéolés acuminés, *presque égaux* à la capsule ovale trigone, *aiguë jusqu'à la pointe* qui la termine : appendice de la graine *droit, obtus.* — ♃. Les bois, Grenoble, Nevers, Orléans, Valai-

se. DC. icon. rar. Gall. t. t. 2. **L. de Forster**, *Forsteri.* DC. (avril-mai).

8. Racine fibreuse, rampante : chaumes grêles, dressés, 6-12 pouces : feuilles radicales *lancéolées linéaires*, aiguës, très-poilues sur les bords : fleurs en corymbe lâche, à pédoncules dressés, puis *étalés divergents* : pétales lancéolés aigus, *plus courts* que la capsule

ovale dilatée à la base, *obtuse sous la pointe* terminale *:* appendice de la graine *recourbé.* — 2/. Les bois, partout. Engl. Bot. t. 758. **L. poilue,** *pilosa.* Gaud. (mars-avril).

qqq. — *Fleurs brunes, en capitules peu fournis, plus longs que la feuille florale.*

a. — *Feuilles velues.*

9. Racine dure, oblique : chaume ferme, droit, 1-3 pieds : feuilles radicales, nombreuses, larges, lancéolées linéaires, aiguës, poilues sur les bords : fleurs en panicule terminale, lâche, à rameaux nombreux, inégaux, divergents, plus longue que la feuille florale : capitules de 2-4 fleurs, munis de bractées scarieuses : pétales lancéolés mucronés, à peu près égaux à la capsule ovale, mucronée. — 2/. Bois des montagnes, le Vigan, environ de Nancy, forêt de Vernon près Paris. Engl. Bot. t. 757. **L. à larges feuilles,** *maxima.* DC. (mai-juin).

b. — *Feuilles glabres : entrée de la gaine poilue.*

10. Racine grêle : chaumes grêles, dressés : feuilles linéaires, courtes, assez larges : fleurs petites, en corymbe à pédoncules un peu étalés, *non divariqués à angle droit*, flexueux dans le haut : pétales presque égaux, ovales lancéolés, presque de la longueur de la capsule

arrondie trigone, mucronée : bractées ciliées. — 2/. Prairies des hautes montagnes, le Villard-d'Arène sous les glaciers, le Mont-d'Or. Vill. Dauph. t. 6 bis. f. 2. **L. à fleurs brunes,** *spadicea.* DC. = *Variété.* = b. — Feuilles plus larges : gaine presque sans poils ou sans poils : étamines à anthère double du filet. *Parviflora.* Desf. Taillefer, Lautaret. (juin-juillet).

c. — *Plante très-glabre.*

11. Chaume ferme de 1-2 pieds : feuilles lancéolées, glabres même sur la gaine : fleurs pédicellées, en corymbe très-rameux, à pédoncules divergents, les rameaux inférieurs penchés : pétales lancéolés, tous aigus, dépassant un peu la capsule ovale trigone, rétrécie mucronée au sommet : anthère 3-4 fois plus longue que le filet. — 2/. Prairies des hautes montagnes, rochers du Capucin au Mont-d'Or. Hort. Gram. 3. p. 65. t. 99. **L. glabre,** *glabrata.* Hoppe. (juin-juillet).

qqqq. — *Fleurs blanches, en capitules plus courts que la feuille florale.*

12. Racine oblique, garnie de fibres : chaume droit, strié : feuilles très-longues, linéaires acuminées : fleurs *ovales*, d'un *blanc sale*, luisantes, en corymbe rameux, enfin divergent, à pédoncules inégaux : pétales presque *égaux*, lancéolés aigus, plus longs que la capsule ovale trigone mucronée: *anthères presque sessiles.* — 2/. Bois et prairies des montagnes, Thionville. Metz, bois de Haguenau. Hort. Gram. 3. t. 95. **L. blanchâtre,** *albida.* DC. (mai-juin).

13. Feuilles linéaires : fleurs d'un *blanc de neige, allongées,* nombreuses, presque *en ombelle* : divisions *très-inégales*, les intérieures doubles des extérieures, peu aiguës, plus longues que la capsule presque ronde trigone, mucronée : *anthères égales aux filets.* — 2/. Bois taillis, terrains pierreux des montagnes, Espérou. Sturm. fasc. 36. t. 16. **L. blanc de neige,** *nivea.* DC. (juin-juillet).

322. APHYLLANTHE, *Aphyllanthes.* Lin. — Calice scarieux, herbacé à la base, à 5-6 divisions : corolle en soucoupe à 6 divisions : 1 style : stigmate à 3 lobes : capsule à 3 lobes polyspermes.

1. Racine rampante, gazonnante : chaumes striés, nus, munis de gaines à la base : fleurs bleues, en paquet terminal, muni de 2 bractées scarieuses, embrassantes : étamines et style inclus. — 2/. Terrains secs du Midi, très-commun depuis Vienne jusqu'aux Pyrénées. Lam. ill. t. 232. **Aph. de Montpellier,** *Monspeliensium.* Lob. (avril-mai).

323. ACORE, *Acorus.* Lin. — Périgone globuleux, persistant, à 6 divisions : étamines opposées aux divisions du périgone : ovaire globuleux : stigmate sessile : capsule à 3 loges polyspermes.

1. Racine rampante, aromatique: hampe de 3-4 pieds, cylindrique, à 2 tranchants comme les feuilles, portant le spadice latéral vers le milieu de sa longueur, le sommet foliacé : feuilles engaînantes à la manière des Iris. — ♃. Fossés, marais, Beauvais, Commercy, Pontarlier. Lam. ill. t. 252. **A. odorant**, *calamus*. Lin. (juin-juillet).

524. POSIDONIE, *Posidonia*. Konig.— Spathe à 2 valves : 3 écailles concaves, épaisses, pointues, embrassant l'ovaire : 3 étamines fertiles, à filets acuminés ; 3 stériles : ovaire oblong : stigmate hérissé : fruit ovoïde, renfermant un bourgeon nu au lieu de graine.

1. Tige engaînée dans le bas par des écailles filamenteuses, serrées : feuilles en forme de courroie, linéaires, obtuses : fleurs herbacées, en épi peu fourni à l'aisselle des feuilles, renfermé dans une spathe allongée, pointue. — ♃. Les 2 mers, Aigues-Mortes. Caulin. ust. annal. G. t. 4. **P. de l'Océan**, *Oceanica*. Mut.

DIGYNIE.

325. OXYRIE, *Oxyria*. Hill. — Périgone à 4 divisions, les intérieures plus grandes : 6 étamines, 2 devant chaque division extérieure, 1 seule devant chaque division intérieure : 2 styles réfléchis, à stigmates en pinceau : graines lenticulaires, ailées, échancrées.

1. Racine grosse, rameuse : feuilles toutes radicales, réniformes arrondies, à long pétiole: fleurs herbacées, en grappe. — ♃. Les montagnes, Taillefer, Lautaret, les Pyrénées, Cambredases, Brèche-de-Rolland. Campder. mon. p. 153. t. 3. f. 3. **O. digyne**, *digyna*. Campd. (juillet-août).

326. RIZ, *Oryza*. Lin. — Epillets uniflores : glume à 2 valves membraneuses : très-petites, sans arête : balle à 2 valves inégales, calleuses à la base, comprimées carénées, l'inférieure aristée : 6 étamines : stigmates plumeux : fruit glabre, oblong, comprimé presque à 4 angles, recouvert par la balle.

1. Chaume de 3-4 pieds : feuilles linéaires, planes, longues, rudes : ouverture de la gaîne ciliée : fleurs blanchâtres, en panicule un peu resserrée, à rameaux dressés, raides. — ☉. Originaire de l'Inde, cultivé dans la Camargue. Lam. ill. t. 264. **R. cultivé**, *sativa*. Lin. (juin-août).

TRIGYNIE.

527. TOFIELDIE, *Tofieldia*. Huds. — Périgone de 6 divisions, muni à la base d'un petit involucre de 3 folioles : filets des étamines allongés, anthères arrondies : capsule à 3 loges réunies à la base, à graines nombreuses, sillonnées.

1. Tige simple, feuillée à la base : feuilles de graminée, linéaires, nervées, ensiformes : fleurs verdâtres, en épi court, arrondi ou allongé.— ♃. Prairies humides, tourbeuses des hautes montagnes, Mulhausen, Pic du Midi. Savy. Bot. t. 482. f. 2.—Hopp. Bot. zeit. 1821. f. 1. et 5. **T. à collerette,** *caliculata.* Wahl. (juin-juillet).

328. SCHEUCHZÉRIE, *Scheuchzeria.* Lin.—Périgone à 6 divisions : 6 étamines : anthères allongées : stigmates sessiles : 3-6 ovaires : capsules renflées, comprimées, divergentes, soudées à la base, à 1-2 graines.

1. Racine longue, articulée, rampante, à collet muni de fibres et de membranes blanchâtres : feuilles linéaires étroites, subulées, canaliculées, engaînantes à la base : fleurs d'un jaune verdâtre, alternes, pédonculées, en épi lâche : bractées engaînantes. — ♃. Marais tourbeux, environs de Strasbourg, étang Lurmier près Saulieu. Lam. ill. t. 268. **Sch. des marais,** *palustris.* Lin. fl. lapp. t. 10. f. 1. (mai-juin).

329. TROSCART, *Triglochin.* Lin. — Périgone à 6 divisions, les extérieures verdâtres : 6 anthères presque sessiles : 3-6 stigmates sessiles, plumeux : capsule à 3-6 loges, soudées à la base, se séparant à la maturité, monospermes.—Fleurs verdâtres, en épi : feuilles linéaires, raides.

n.— *Capsule ovale à 6 loges.*
1. Hampe de 12-18 pouces, lisse : feuilles linéaires, charnues, presque cylindriques : fleurs d'un blanc verdâtre, en épi allongé, bien fourni : capsule ovale, sillonnée, rétrécie sous les stigmates réfléchis.— ♃. Terrains humides maritimes, prairies de Francvau près Saint-Gilles. Sav. Bot. t. 112. **T. maritime,** *maritimum.* Lin. (juin-août).
nn. — *Capsule l'néaire presque cylindrique ; 3 loges.*
2. Racine fibreuse : hampe double des feuilles linéaires, demi-cylindriques : fleurs petites, blanchâtres, en épi grêle, lâche : capsules linéaires oblongues, anguleuses, *atténuées à la* base, serrées contre l'axe, à 3 loges.— ♃. Marais, prairies humides, Canigou, Valognes, parc de Chambord, Nancy, Falaise, Rouen. Sav. Bot. t. 111. **T. des marais,** *palustre.* Lin. (juin-juillet).
3. *Racine bulbeuse, couverte de fibres :* hampe cylindrique, 2-6 pouces : feuilles linéaires, moins longues que la tige, presque cylindriques, un peu comprimées, carénées : fleurs un peu *violettes :* capsule linéaire, *non rétrécie à la base, presque étalée,* en épi lâche. — ♃. Prairies salées de la Méditerranée, Aigues-Mortes, marais des environs de Caen. Bot. mag. t. 1445. **T. de Barrelier,** *Barrelieri.* Lois. (mai).

330. COLCHIQUE, *Colchicum.* Lin. — Fleur radicale : périgone à tube très-long, à 6 divisions sans onglet, portant les étamines à la base : anthères allongées, versatilles : 3 styles très-longs, à stigmates recourbés : capsule *paraissant une année après la fleur,* à 3 lobes réunis à la base.

n. — *Feuilles ciliées.*

1. Bulbe multiflore : feuilles étroites linéaires, réfléchies au sommet, naissant toujours avec la fleur rose, à divisions linéaires elliptiques : filets des étamines très-épaissis à la base.

— ♃. Montagnes de Corse. Clus. p. 290. f. 2. et 201. f. 1. **Col. de montagne**, *montanum*. Lin. (septembre-octobre).

nn. — *Feuilles très-glabres.*

a. — *Divisions de la fleur à nervures droites.*

2. Bulbe à 1-5 fleurs : feuilles lancéolées linéaires, canaliculées, atténuées à la base et au sommet, obtuses, droites, un peu glauques : fleurs d'un lilas rose foncé, à pétales lancéolés linéaires : capsule aiguë aux 2 bouts. — ♃. Montagnes de Corse. Waldst. et Kit. pl. rar. hung. 2. p. 193. t. 179. **Col. des sables**, *arenarium*. W. et Kit. (septembre-octobre).

b. — *Divisions de la fleur à nervures ondulées.*

3. Bulbe *uniflore* : feuilles lancéolées linéaires, raides, obtuses au sommet, *atténuées vers la base* : fleur d'un lilas clair, à divisions elliptiques, obtuses : filets des étamines *très-épaissis à la base, inégaux, insérés à des hauteurs différentes.* — ♃. Hautes prairies des

Alpes, mont de Lans. All. ped. t. 74., f. 2. **Col. des Alpes**, *Alpinum*. All. (juillet-août). — —(Feuilles et capsule paraissant un peu après la fleur et la même année. Koch.)

4. Bulbe à plusieurs fleurs : feuilles *larges, lancéolées*, dressées, *atténuées à la base et au sommet* : fleurs grandes, d'un lilas pâle, à divisions lancéolées, les extérieures obovales lancéolées : filets des étamines *non épaissis au sommet, tous insérés à la même hauteur* : capsule *arrondie à la base*, aiguë au sommet. — ♃. Les prairies, les bois. Bull. herb. t. 18. **Col. d'automne**, *autumnale*. Lin. (août-septembre). = Feuilles et capsule paraissant le printemps suivant. = Quand les intempéries de l'automne ont empêché les fleurs de paraître, elles accompagnent les feuilles au printemps suivant et c'est le *Col. vernale*. Hoff.

531. PATIENCE, *Rumex.* Lin. — Périgone à six divisions, les 3 intérieures plus grandes, conniventes, s'accroissant après la floraison ; les 3 extérieures étalées ou réfléchies, plus ou moins adhérentes à l'involucelle : 6 étamines, 2 opposées à chaque division extérieure : 3 styles : 3 stigmates en pinceau : graine trigone, renfermée dans les 3 divisions intérieures, en forme de capsule.

I. = Involucelle naissant de l'articulation du pédicelle, jamais réfléchi. Styles libres : goût non acide : feuilles sans oreillettes à la base.

A. = VALVES DU FRUIT NON GRANIFÈRES (EXCEPTÉ LES VARIÉTÉS).

a. — *Valves du fruit dentées.*

1. Tige de 4-6 pouces : feuilles ovales spatulées, amincies en pétiole, munies de graines à 2 lobes, scarieuses : fleurs réunies 3 à 5 : pédicelles épaissis, réfléchis après la floraison : pétales ovales, deltoïdes, à 3 dents très-fines de chaque côté. — ♃. Sables maritimes du Midi, Aigues-Mortes, Marseille à Montredon. Campd. mon. t. 3. f. 2. **B⁵. tête de bœuf**, *Bucephaloforus*. Lin. (avril-mai).

b. — *Valves du fruit entières.*

2. Racine grosse, jaunâtre : tige épaisse,

striée, rameuse : feuilles radicales très-longues et les caulinaires pétiolées, ondulées, en cœur, *arrondies obtuses ou brièvement acuminées obtuses* : pétiole canaliculé en dessus : fleurs en grappe serrée, sans feuilles : pétales intérieurs en cœur, sinués, ovales.— ♃. Bons terrains des hautes montagnes, Grande-Chartreuse, Embrun à Roscodon, les Pyrénées au val d'Eynes. Black. herb. t. 262. **B⁵. des Alpes**, *Alpinus*. Lin. (juillet-août).

3. Tige épaisse, grande, canelée, rameuse au sommet : feuilles radicales et inférieures

ovales aiguës, en cœur, à oreillettes grandes, arrondies , supérieures lancéolées : pétiole cylindrique, *légèrement* canaliculé , *évidemment* près de la feuille : fleurs en grappe fournie, nue, droite : valves du fruit membra-neuses, ovales , un peu en cœur, à nervures en réseau. — ♃. Bords des étangs, des fossés, Montélimart. Black. herb. t. 490. **P. aquatique**, *aquaticus*. Lin. (juin-juillet).

B. = VALVES DU FRUIT GRANIFÈRES.

n. — *Valves du fruit dentées.*

q. — *Dents de la valve plus longues qu'elle.*

4. Jaunâtre : tige anguleuse, droite, quelquefois à rameaux étalés : feuilles lancéolées-linéaires, atténuées en pétiole ; fleurs en verticilles bien fournis, munis de longues feuilles linéaires : valves du fruit deltoïdes, lancéo-lées, portant à la base de chaque côté 2 dents très-fines, très-longues.— ☉. Bords de la mer, des mares, des étangs, Strasbourg, le Havre, Citeaux [Côte-d'Or]. Campd. mon. t. 1. f. 5. **P. maritime**, *maritimus*. Lin. (juillet-septembre).

qq. — *Dents des valves moins longues qu'elles.*

a. — *Pas plus de 2 dents de chaque côté.*

5. Tige dressée ou un peu couchée, radicante à la base, 1-2 pieds, à rameaux grêles, effilés : feuilles atténuées en pétiole , lancéolées linéaires, entières ou un peu sinuées : fleurs en verticilles fournis, en épis feuillés , un peu lâches, effilés : valves du fruit ovales oblongues, acuminées, à 2 dents subulées, égalant la longueur des divisions extérieures. — ②. Bords des étangs, rivières, Autun, Charenton. Engl. Bot. t. 1932. **P. des marais**, *palustris*. Smith. (juillet-septembre).

b. — *Plus de 2 dents de chaque côté.*

6. Tige dressée, *le plus souvent arquée*, anguleuse, à rameaux grêles, effilés, *divergents* : feuilles radicales étalées, longuement pétiolées , en cœur, oblongues, obtuses, ondulées, *sinuées en forme de violon* vers la base, les supérieures plus petites, lancéolées aiguës : fleurs en verticilles compactes, tous munis d'une petite feuille manquant souvent dans les plus hauts, en épis lâches, effilés : valves du fruit *ovales oblongues*, *réticulées rugueu*-ses, à plusieurs dents *subulées*, *raides*, *presque épineuses*.— ♃. Les haies, bords des chemins, terres incultes. Engl. Bot. t. 1376. **P. en violon**, *pulcher*. Lin. (juin-août).

7. Tige et pétioles rudes pubescents, sillonnée, à rameaux *le plus souvent dressés* en panicule terminale : feuilles le plus souvent rudes pubescentes sur les nervures, inférieures grandes, à long pétiole , en cœur, oblongues ovales ou arrondies, un peu ondulées, obtuses, quelquefois pointues, les supérieures lancéolées aiguës : fleurs en verticilles fournis , *souvent dépourvus de feuilles*, *très-rapprochés-confluents* : valves du fruit *ovales*, *triangulaires* ou oblongues : nervures en réseau, prolongées en pointe oblongue, entière : dents *triangulaires subulées*.— ♃. Lieux frais, ombragés , bords des chemins. Engl. Bot. t. 1999. **P. à feuilles obtuses**, *obtusifolius*. Lin.= *Variétés.* = b. — Tiges et veines des feuilles purpurines : valves du fruit à dents aiguës. *Purpureus*. Poir. =c. — Toutes les feuilles aiguës. *Pratensis*. Mert. et Koch. (juin-septembre).

nn. — *Valves du fruit entières , ou très-peu dentées à la base.*

q. — *Valves du fruit presque orbiculaires ou ovales presque orbiculaires.*

8. Tige droite, canelée, rameuse au sommet : feuilles *oblongues lancéolées aiguës* , décurrentes sur le pétiole , *ondulées crépues*, quelquefois planes : fleurs en verticilles rapprochés en épis non feuillés : valves du fruit en cœur, arrondies, veinées en réseau, très-entières ou un peu ondulées denticulées. — ♃. Prairies, fossés, bords des chemins. Engl. Bot. t. 1998. **P. crépue**, *crispus*. Lin. (juillet-septembre).

9. Tige grande, droite, sillonnée, rougeâtre, peu rameuse : feuilles pétiolées, inférieures grandes, *ovales*, *lancéolées*, *acuminées*, *planes*, entières, les supérieures plus étroites, lancéolées : pétiole *canaliculé*, *dilaté à la base*, muni *d'une gaine membraneuse* : fleurs à verticil-

les très-fournis, rapprochés en grappes nues, formant une vaste panicule : valves du fruit en cœur, arrondies, obtuses, veinées en réseau.

— ♃ . Cultivée. Lam. ill. t. 271. f. 2. **E**. **des jardins**, *patientia*. Lin. (juillet-août).

¦ qq. — *Valves du fruit ovales lancéolées , ou ovales triangulaires , ou oblongues triangulaires.*

a. — *Valves ovales ou oblongues, triangulaires.*

10. Tige de 4-6 pieds, forte, sillonnée, garnie dans le haut de rameaux dressés, formant une panicule terminale : feuilles radicales et inférieures très-grandes, longues, oblongues aiguës au sommet, arrondies, ou obliques ou en cœur à la base : pétiole plane, *canaliculé, épais sur les bords :* feuilles supérieures plus petites, souvent rétrécies en pétiole : fleurs en verticilles fournis, un peu écartés, en grappes étalées, nues : valves du fruit ovales ou oblongues, triangulaires, *en cœur à la base*, un peu dentées dans le bas. — ♃ . [Bords des eaux, à Dreux, à Beausserré près Gisors. Sav. bot. t. 161. **P**. **gigantesque** , *maximus*. Screber. (juillet-août).

11. Tige droite, fistuleuse, sillonnée, rameuse au sommet ; rameaux dressés, en panicule terminale : feuilles radicales et inférieures très-longues, lancéolées, *rétrécies aux 2 bouts, décurrentes sur le pétiole*, planes ou un peu ondulées sur les bords : pétiole *plane en dessus :* feuilles supérieures plus petites : fleurs en verticilles très-fournis, en grappes *presque pas feuillées :* valves du fruit ovales triangulaires, aiguës, entières ou denticulées à la base. — ♃ . Bords des eaux. Engl. bot. t. 2104. **P**. **des rivières**, *hyrolapathum*. Huds. (juillet-août).

b. — *Valves lancéolées oblongues.*

12. Tige anguleuse, souvent rougeâtre, à *rameaux* nombreux, grêles *divergents* ou *ascendants :* feuilles radicales et inférieures pétiolées, en cœur, ou ovales oblongues, obtuses ou aiguës au sommet, tronquées ou en cœur à la base, pétiole canaliculé plane ; supérieures plus petites, lancéolées acuminées *décurrentes sur le pétiole :* fleurs en verticilles *très-fournis*, écartés dans le bas, *tous munis de feuilles*, excepté dans le haut, en épis lâches, effilés : valves du fruit *linéaires* oblongues, obtuses, entières, *toutes granifères*. — ♃. Lieux humides, bords des eaux. Engl. bot. t. 724. **P**. **agglomérée**, *conglomeratus*. Schreb. (juillet-septembre).

13. Tige droite, anguleuse, à *rameaux* raides, *dressés :* feuilles pétiolées, minces, les inférieures oblongues obtuses ou aiguës, un peu ondulées, arrondies ou en cœur à la base; les supérieures plus petites, lancéolées acuminées : fleurs en verticilles *peu fournis*, le *plus grand nombre manquant de feuilles*, en épis grêles, interrompus : valves du fruit oblongues, obtuses, entières, *une seule granifère.* — ♃. Bois et lieux frais, ombragés. Reich. cent. 4. f. 551. **P**. **des bois**, *nemorosus*. Schrad. (juin-août). = *Variété.* = b. — Tige et nervures des feuilles d'un rouge de sang. *Sanguineus*. Lin. Cultivée.

III. = **Enveloucelle naissant loin de l'articulation du pédicelle ; bractées réfléchies : saveur acide : feuilles munies d'oreillettes à la base.**

n. — *Feuilles presque aussi larges que longues.*

14. Tige presque ligneuse à la base, couchée, puis ascendante, feuilles glauques, épaisses, pétiolées, en cœur, presque arrondies, à oreillettes plus ou moins divergentes : fleurs en verticilles peu fournis, unilatéraux, dépourvus de feuilles, en grappes grêles : valves du fruit en cœur, arrondies, entières, sans granule : divisions extérieures du périgone appliquées sur les valves. — ♃ . Lieux secs, pierreux, Montpellier à St-Loup, Clamecy, Nevers, Espérou. Jacq. icon. rar. 1. t. 67. **P**. **à écusson**, *scutatus*. Lin. (mai-août).

nn. — *Feuilles plus longues que larges.*

q. — *Tige très-rameuse dès la base.*

15. Tige très-rameuse dès la base : feuilles petites, pétiolées, ovales hastées, aiguës, rongées sur les bords : fleurs en verticilles pauciflores, distants, sans feuilles : valves du fruit en cœur, orbiculaires, entières, obtuses. — ♃. Sables maritimes d'Aigues-Mortes, Arles, Pinède des Saintes. Moris. s. 5. t. 28. f. 10. n. 8. **P**. **de Tanger**, *Tingitanus*. Lin. (juin-juillet).

qq. — *Tige rameuse paniculée dans le haut : fleurs dioïques.*

a. — *Racine ligneuse.*

16. Racine rampante : tige dressée, grêle : feuilles radicales et inférieures pétiolées, ovales oblongues, hastées, à *oreillettes aiguës, divergentes, recourbées en dessus*, les supérieures lancéolées linéaires : des fleurs à étamines, d'autres à pistils, en grappes lâches, très-grêles : valves du fruit en cœur, arrondies un peu aiguës, entières, *sans granules* — ♃. Les champs, les bois. Engl. bot. t. 1674. **P. petite Oseille**, *acetosella*. Lin. (mai-septembre).

17. Tige rameuse au sommet, grêle, de 1 pied : feuilles radicales et inférieures à long pétiole, en cœur, ovales obtuses, à *oreillettes obtuses, parallèles à la nervure médiane*, les supérieures embrassantes, un peu aiguës : fleurs grosses, en grappes nombreuses, rameuses : valves du fruit *enfin granifères.* — ♃. Le Cantal, les Pyrénées au bois de Salvanaire. **P. à feuilles embrassantes**, *amplexicaulis*. Lap.

b. — *Racine fibreuse.*

18. Racine fibreuse, rameuse : tige droite, sillonnée : feuilles radicales et inférieures pétiolées, oblongues obtuses, à *oreillettes paral-lèles ou un peu divergentes*, les supérieures lancéolées, embrassantes : *gaines longues, déchirées :* fleurs en verticilles nus, pauciflores, en panicule à rameaux simples : valves du fruit en cœur, arrondies, entières, portant à la base de l'échancrure une petite granule. — ♃. Bois et prés humides. Engl. bot. t. 127. **P. oseille**, *acetosa*. Lin. (mai-juin). = *Variété.* = b. — Feuilles linéaires, ondulées, à oreillettes très-longues, aiguës, divergentes, portant une forte dent. *Intermedius*. Campd. m. t. 2. f. 3. Valbonne, Tresques.

19. Tige grêle, de 1-2 pieds, *divisée au sommet en rameaux verticillés.* Feuilles *vertes*, à 5-7 nervures, très-apparentes, rayonnantes à la base, en fer de lance, aiguës, à oreillettes *courtes, obtuses, divergentes à angles droits*, les feuilles caulinaires acuminées : gaines *courtes, entières :* valves du fruit un peu en cœur, arrondies, entières, *quelquefois* granulifères. — ♃. Prairies des montagnes. Bocc. mus. t. 125. **P. de montagne**, *montanus*. Desf. (juillet-septembre). — Divisions extérieures du périgone réfléchies sur le pédicelle et dans le *R. acetosa*.

332. VARAIRE, *Veratrum*. Lin. — Périgone à 6 divisions : 6 étamines, à anthères presque globuleuses : 3 styles courts : 3 capsules réunies par la base : graines planes, comprimées, entourées d'une aile membraneuse. — Tige feuillée. —Souvent fleurs à étamines seulement.

1. Racine à fibres épaisses : tige droite, simple : feuilles larges, entières, elliptiques ovales, ou lancéolées acuminées, nervées, un peu pubescentes en dessous, fleurs blanchâtres en dedans, verdâtres en dehors, en panicule terminale, composée de petites grappes pubescentes : divisions du périgone oblongues lancéolées, denticulées, ouvertes, *beaucoup plus longues que le pédicelle : bractées égalant les pédicelles.* — ♃. Pâturages des hautes montagnes, Espérou, montagnes de la Creuse entre Gentioux et Courtine. Lam. ill. t. 843. **V. blanc**, *album*. Lin. (juin-juillet). = Var. à fleurs verdâtres.

2. Caractères du *V. album*. — Fleurs d'un pourpre noir, épi terminal, rameux à la base, puis longuement simple : divisions du périgone elliptiques, entières, très-étalées, *égales au pédicelle : bractées un peu plus courtes que le pédicelle*. — ♃. Montagnes herbues de l'Auvergne, de la Bourgogne. Jacq. aust. t. 336. **V. noir**, *nigrum*. Lin. (juillet-août).

POLYGYNIE.

353. FLUTEAU, *Alisma*, Lin. — Périgone à 6 divisions, les 3 exté-rieures vertes, les 3 intérieures pétaloïdes : 6 étamines, 2 opposées à chaque division intérieure : 6-25 capsules indéhiscentes, à 1-2 graines.

n. — *Feuilles en cœur à la base.*

1. Hampe de 6-10 pouces : feuilles profon-dément en cœur, *ovales* presque obtuses, à 7-9 *nervures principales, arquées :* pétiole un peu noueux : fleurs blanches : styles filiformes allongés : *capsules nombreuses*, striées, en arête du côté intérieur. — ♃. Étangs fangeux, Bourg en Bresse à l'étang de la Chambrière, étangs de la Brenne [Indre], Pont de Beauvoi-sin. Till. hort. pis. t. 4. f. 1. **F.** à **feuilles de Parnassie**, *Parnassifolium.* Lin. (juillet-août). — Voir aussi l'*Al. Plantago.* — *Al. na-tans.*

2. Hampe de 3-5 pouces : feuilles pétiolées , en cœur, *oblongues*, *à* 3 *nervures :* 3 bractées à la base des rameaux : fleurs petites, blanches ou rosées : 6 *capsules* comprimées, allongées en pointe, disposées en étoile. — ♃. Bords des étangs, environs d'Autun, Chambord, Meudon, Canal du Languedoc. Lob. icon. t. 501. f. 1. **F.** **étoilé**, *damasonium.* Lin. (mai-juin).

nn. — *Pas de feuilles en cœur.*

a. — *Capsule arrondie au sommet.*

3. Racine fibreuse, renflée globuleuse au collet : hampe à rameaux verticillés, portant à la base des bractées scarieuses : feuilles tou-tes radicales , pétiolées , ovales ou lancéolées aiguës, quelquefois un peu en cœur à la base : fleurs blanches ou rosées : capsules nombreu-ses, obtuses arrondies au sommet, marquées de 1-2 sillons sur le dos , formant un fruit à 3 angle . — ♃. Les fossés, lieux humides. Lam. illust. t. 272. **F.** **plantain d'eau**, *plantago.* Lin. (juin-août).

b. — *Capsule prolongée en bec.*

4. Tige *feuillée*, presque filiforme , submer-gée ou nageante : feuilles radicales et infé-rieures submergées , linéaires étroites , les supérieures flottantes ovales elliptiques obtu-ses, à 3 nervures, à long pétiole : fleurs blan-ches, à long pédicelle axillaire : *capsules* nom-breuses, oblongues, *comprimées sur les côtés, brusquement terminées en bec au sommet, à stries très-marquées, réunies en cercle lâche.*

— ♃. Mares, étangs à fond sablonneux, forêt de Fontainebleau, de Tronçais [Allier], les Brotteaux près Lyon , Landes entre Tarbes et Pau. Vaill. act. acad. par. t. 4. f. 8. **F.** **na-geant**, *natans.* Lin. (juin-juillet). — Dans les étangs desséchés, les feuilles radicales en cœur ovales pointues.

5. Hampe *sans feuilles*, dressée, ou couchée radicante : feuilles lancéolées, ou linéaires , acuminées, à 3 nervures, rétrécies en pé-tiole : fleurs d'un blanc rose : pédicelle en verticille comme une ombelle : *capsules* nom-breuses, *oblongues, à 3 angles saillants, ter-minées en bec au sommet, disposées en tête globuleuse.* — ♃. Bords des étangs, mares des bois, forêt d'Orléans , Bourges, Compiègne , Bayonne, Dax. Engl. bot. t. 526. **F.** **renon-cule**, *ranunculoides.* Lin. (juillet-août).═ *Va-riété.*═b. Plante plus petite, à rejets rampants, radicants , produisant de nouvelles tiges. *Repens.* Lam. Saint-Omer.

SEPTIÈME CLASSE.

HEPTANDRIE.

Fleurs à sept Étamines.

ORDRE UNIQUE.

MONOGYNIE. — FLEURS A 1 PISTIL.

a. — Plante herbacée . . . . 334. TRIENTALE.
b. — Grand arbre . . . . 355. MARRONNIER.

---

334. TRIENTALE, *Trientalis.* Lin.—Calice et corolle à 7 divisions : 7 étamines insérées sur l'anneau formé par la base des pétales : capsule un peu charnue, en forme de baie, à 1 loge à 7 valves s'ouvrant jusqu'à la base. — Parties de la fleur et du fruit variant de 5 à 9.

1. Tige simple, droite, nue dans le bas, portant vers le haut 5-7 feuilles ovales lancéolées, aiguë aux deux bouts : fleurs blanches, pédonculées, étalées en étoile. — ♃. Bois de la Mure en Dauphiné, les Pyrénées à la Vieille, forêt des Ardennes. Lam. ill. t. 275. **T. d'Europe,** *Europœa.* Lin. (mai-juin).

335. MARRONIER, *OEsculus.* Lin. — Calice campanulé, à 5 dents : corolle irrégulière, à 4-5 pétales inégaux : 7-8 étamines inégales, déjetées, ascendantes et le style : capsule hérissée d'épines molles.

1. Grand arbre de forme pyramidale : feuilles digitées, à 5-7 folioles cunéiformes, aiguës, dentées : fleurs blanches, tachées de jaune et de pourpre, en thyrses droits, terminaux : graines très-grosses, brunes, à ombilic très-grand, blanchâtre. — ♄. Originaire de l'Inde, commun dans toutes les promenades, les parcs. Hayn. 1. t. 42. **M. d'Inde,** *hippocastanum.* Lin. (avril-mai).

HUITIÈME CLASSE.

OCTANDRIE.

Fleurs à huit Étamines.

Iᵉʳ ORDRE.

MONOGYNIE. — FLEURS A 1 PISTIL.

I. — FLEURS COMPLÈTES.

A. — OVAIRE LIBRE.

§ 1. — *Plantes ligneuses.*

n. — *Grands arbres.*
a. — Feuilles digitées; fruit hérissé. . . . . . .   335. MARRONNIER.
b. — Feuilles palmées : fruit à 2 lobes ailés au
        sommet. . . . .   336. ERABLE.
c. — Feuilles presque entières; fruit entouré à la
        base par le calice . . . .   359. PLAQUEMINIER.
nn. — *Arbustes ou arbrisseaux; calice de plusieurs*
        sépales.
q. — *Anthères bifides.*
a. — Calice simple . . . .   337. BRUYÈRE.
b. — Calice double . . . .   338. CALLUNE.
qq. — *Anthères non bifides.*
a. — Feuilles larges ovales acuminées. . . . . .   359. MENZIEZIE.

§ 2. — *Plantes herbacées.*

n. — *Des écailles au lieu de feuilles.*
a. — Calice coloré. . . . . 340. MONOTROPE.
nn. — *Des feuilles.*
a. — Feuilles ovales lancéolées; fleurs jaunes. . 541. CHLORE.
b. — Feuilles décomposées; fleurs jaunes. . . . 565. RUE.
c. — Feuilles orbiculaires, en bouclier; fleurs
    orangées . . . . 542. CAPUCINE.

B. — OVAIRE ADHÉRENT.

§ 1. — *Arbuste.*

a. — Corolle campanulée, ou en grelot; tiges as-
    cendantes, ou dressées . . . . 343. AIRELLE.
b. — Corolle en roue, à divisions lancéolées, pro-
    fondes; tiges couchées. . . . . 344. CANNEBERGE.

§ 2. — *Plantes herbacées.*

a. — Fleurs jaunes . . . . 345. ONAGRE.
b. — Fleurs jamais jaunes . . . . 546. EPILOBE.

II. — FLEURS INCOMPLETES.

§ 1. — *Arbustes.*

a. — Étamines sur un seul rang; une capsule;
    toutes les fleurs à étamines et à pistil. . 348. DAPHNÉ.
b. — Étamines sur 2 rangs; une baie; des fleurs
    à étamines, d'autres à pistil. . . . . . 347. PASSÉRINE.

§ 2. — *Plantes herbacées.*

a. — Feuilles linéaires; fruit terminé par un bec. 549. STELLÈRE.
b. — Feuilles larges; fleurs portées sur un spa-
    dice renfermé dans une spathe. . . . . CALLA.

II ORDRE.

DIGYNIE. — FLEURS A 2 PISTILS.

I. — Fleurs complètes.

II. — Fleurs incomplètes.

III ORDRE.

TRIGYNIE. — FLEURS A 3 PISTILS.

I. — Fleurs incomplètes.

II. — Fleurs complètes.

qq. — *Valves de la capsule en nombre double des styles.*

a. — *Pétales bifides.*

g. — Capsule plus longue que le calice . . . . .   387. Stellaire.

gg. — Capsule moins longue que le calice . . . .   388. Malachie.

aa. — *Pétales entiers irrégulièrement dentés.*

b. — Pétales entiers . . . .   386. Sabline.

bb. — Pétales irrégulièrement dentés. . . . . . .   Holostér.

IV ORDRE.

TÉTRAGYNIE. — Fleurs a 4 Pistils.

§ 1. — *Plantes herbacées.*

n. — Fleurs colorées. . . . .   352. Elatine.

nn. — *Fleurs herbacées.*

a. — Ovaire adhérent . . . .   353. Adoxe.

b. — Ovaire libre . . . .   354. Paris.

§ 2. — *Arbre.*

a. — Corolle en godet, à 4 lobes . . . .   359. Plaqueminier.

V ORDRE.

POLYGYNIE. — Fleurs a plus de 4 Pistils.

§ 1. — *Fruit en baie.*

a. — Fleurs verdâtres, en grappes. . . . . . .   397. Phytolaque.

§ 2. — *Fruit en capsule.*

q. — *Pétales entiers.*

a. — Plantes un peu charnues . . . .   385. Honckénie.

aa. — Plantes peu charnues. . . . .   391. Spargoutte.

qq. — *Pétales bifides ou échancrés.*

g. — *Calice tubuleux.*

a. — Capsule s'ouvrant au sommet en 10 valves.   390. Mélandrie.

aa. — Capsule s'ouvrant au sommet en 5 valves. ,   389. Lychnide.

gg. — *Sépales libres ou réunis à la base.*

b. — Capsule plus courte que le calice . . . . .   388. Malachie.

bb. — Capsule dépassant le calice . . . .   392. Céraiste.

MONOGYNIE.

336. ERABLE, *Acer.* Lin. — Calice à 4, rarement à 5-9 divisions : pétales très-étalés, en même nombre que les sépales et alternes avec eux : étamines 5-7-9 insérées sur un disque crénelé : ovaire didyme : 2 stigmates : fruit ailé, consistant en 2 carpelles réunis par la base, et se séparant à la maturité, chacun à 1 loge à 1-2 graines.

n. — *Fleurs en grappe.*

1. Grand arbre à cime touffue : feuilles en cœur, à 5 lobes, dentés, un peu glauques en dessous, cotonneuses sur les nervures dans le jeune âge : pétiole sillonné : *fleurs* d'un vert jaunâtre, *en longues grappes pendantes : fruit* pubescent d'abord, ensuite glabre, *à ailes peu divergentes.* — ♃. Bois des montagnes, Montjeu près Autun, Le Mesin, Grande-Chartreuse. Engl. bot. t. 303. **E. sycomore**, *pseudo-Platanus.* Lin. (avril-mai).

2. Arbre très-rameux, à écorce fendillée, feuilles d'un beau vert en dessus, pâle en dessous, en cœur, à 5 lobes obtus, un peu échancrés, les plus grands incisés au sommet : *fleurs* petites, velues, d'un jaune verdâtre, *en grappes droites paniculées : fruit* pubescent, *à ailes très-divergentes, horizontales.* — ♃. Les bois des montagnes. Engl. bot. t. 304. **E. commun,** *campestre.* Lin. (avril-mai). — Fruit quelquefois glabre.

nn. — *Fleurs en corymbe.*

a. — *Fruit à ailes parallèles.*

3. Arbre de médiocre grandeur : feuilles à 3 lobes très-entiers, obongs, le médian obtustrilobé : tous un peu glauques en dessous : fleurs jaunâtres, en corymbe dressé, peu garni : fruit à ailes parallèles : étamines des fleurs staminées doubles des la corolle. — ♃. Montagnes arides, pierreuses, les Beaux près Gap, Uzès, Bagnols à Coucol, Mende. Duham. arb. 1. t. 10. f. 8. **E. de Montpellier**, *Monspessulanum.* Lin. (avril-mai). — Var. à lobes des feuilles aigus.

b. — *Fruit à ailes peu divergentes.*

4. Arbre de moyenne grandeur : feuilles vertes en dessus, pâles en dessous, en cœur, à 3 lobes crénelés, obtus : fleurs jaunâtres, en corymbe lâche droit, plus ou moins étalé, ou pendant. — ♃. Bois des montagnes, Valbonne, Mont-Ventoux, les Beaux près Gap. Gand. hel. 6. p. 526. t. 3. **E. à feuilles d'Obier**, *Opulifolium.* Vill. (mars-avril).

c. — *Fruit à ailes très-divergentes.*

5. Grand arbre : feuilles larges, *vertes des deux côtés*, en cœur, à 5 lobes sinués dentés, à dents acuminées aiguës : fleurs jaunes en corymbe paniculé, dressé, puis incliné : fruit glabre, à ailes très-divergentes. — ♃. Bois des montagnes, Espérou, le Champsaur en Dauphiné. Schk. t. 331. **E. platane,** *platanoides.* Lin. (avril-mai). — Var. à lobes très-profonds, presque trifides, ou plus découpés.

337. BRUYÈRE, *Erica,* Lin. — Calice à 4 sépales persistants : corolle campanulée, souvent ventrue urcéolée : à 4 divisions : 8 étamines à anthères échancrées au sommet, bifides à la base : stigmate simple : capsule à 4 loges, à 4 valves.

E. = Étamines et styles cachés dans la corolle.

n. — *Anthères non éperonnées à la base.*

1. Arbrisseau *pubescent*, rameux, un peu tortueux : feuilles ovales lancéolées, pubescentes, blanchâtres en dessous, ciliées, roulées sur les bords : fleurs *purpurines* ou blanches, *grosses*, unilatérales, *renflées au milieu, allongées* : lobes du calice ouverts, lancéolés. — ♄. Bois, landes humides, Anjou, forêt d'Orléans, landes de Bordeaux. Clus. hist. 1. p. 46. icon. **E. ciliée,** *ciliaris.* Lin. (juin-juillet).

2. Arbrisseau *glabre*, rameux : feuilles étroites linéaires, enroulées sur les bords, 3-4 au verticille : fleurs d'un *vert jaunâtre*, *campanulées, petites*, axillaires, en grappes feuillées : étamines incluses ; style saillant : stigmate pelté. — ♄. Terrains arides, Fontainebleau, Vaucluse, Saint-Firmin [Loir]. **E. à balais,** *scoparia.* Lin. (juin-juillet).

nn. — *Anthères éperonnées à la base.*

q. — *Rameaux glabres.*

3. Écorce cendrée : rameaux diffus : feuilles ternées, souvent opposées, linéaires, un peu ciliées dans le jeune âge, aiguës : fleurs purpurines ou blanches, en grelot, ovale oblong, à 4 dents, doubles du calice à folioles lancéolées, en grappes formées de verticilles : stigmate en tête, presque saillante : capsule glabre. — ♄. Lieux arides, montueux, Tarbes, Pau, l'Argentière [Ardèche], Fontainebleau, l'Espérou. Fl. dan. t. 38. **E. cendrée,** *cinerea.* Lin. (juillet-août).

qq. — *Rameaux cotonneux.*

†. — *Style non saillant.*

4. Rameaux raides, blanchâtres : feuilles étalées, en verticilles de 4-5 : fleurs d'un beau rouge, en têtes terminales formant un corymbe : corolle ovoïde, égale au style, dépassant deux fois le calice à sépales ouverts, lancéolés. — ♄. Le Midi de la Corse. DC. rar. Gall. t. 17. **E. raide,** *stricta.* Willd.

††. — *Style saillant.*

a. — *Feuilles velues.*

5. Tige pubescente au sommet, à rameaux grêles, opposés, pubescents : feuilles 3-4 au verticille, oblongues linéaires, roulées en dessous, munies sous les bords d'une rangée de longs poils glanduleux : pédicelles cotonneux : fleurs roses ou blanches, en grappes serrées, courtes, presque globuleuses : corolle un peu ventrue, 5 fois aussi longue que le calice hérissé : capsule soyeuse. — ♄. Bois marécageux, Clairefontaine près Paris, Cunet en Roussillon, Bagnères d'Adour. Engl. bot. 1014. **E. à 4 faces,** *tetralix.* Lin. (mai-août).

b. — *Feuilles glabres.*

6. Tige rameuse au sommet ; rameaux cotonneux : feuilles linéaires étroites, obtuses, serrées, planes en dessus, convexes et sillonnées en dessous : fleurs roses ou blanches, axillaires, très-nombreuses : corolle campanulée, à divisions ovales obtuses, trois fois plus longue que le calice blanchâtre : style très-saillant : *stigmate en entonnoir, lobé.* — ♄. Rochers du Midi, Vaucluse, Barèges, Corse à Corté. Fl. grœc. t. 351. **E. en arbre,** *arborea.* Lin. (avril-juin).

7. Tige très-élevée, à rameaux blanchâtres cotonneux : feuilles 3 au verticille, linéaires : fleurs blanches, petites, très-nombreuses, serrées : corolle *ovale*, trois fois plus longue que le calice blanchâtre : style très-saillant : *stigmate en bouclier, entier.* — ♄. Environs de Fréjus, Cannes. Rud. fl. port. t. 71. **E. à feuilles de Polytrich,** *Polytrichifolia.* Salisb.

II. = Étamines saillantes ; anthères non éperonnées.

n. — *Fleurs en ombelle.*

8. Rameaux cendrés, cotonneux : feuilles ciliées, étroites linéaires, 3 au verticille : fleurs purpurines, à corolle globuleuse : pédicelles pubescents : style saillant. — ♃. Elne en Roussillon. **E. en ombelle**, *umbellata.* Lois. (juin-août).

nn. — *Fleurs non en ombelle.*

a.— *2 bractées à la base du pédicelle, ou un peu plus bas que le tiers inférieur.*

9. Tige tortueuse, à rameaux effilés, dressés : feuilles glabres, étalées, linéaires, obtuses, 4-5 au verticille : pédicelles égaux aux fleurs rosées, axillaires, éparses, un peu serrées : corolle en cloche, 3-4 fois plus longue que le calice : style double de la corolle : anthères oblongues. — ♃. Le Midi de la France, Garid, Aix. t. 32. **E. multiflore**, *multiflora.* Lin. (juin-juillet). = *Variété.* = A feuilles ternées, écartées, également presque le pédicelle. *Balearica.* Corse au cap Corse.

b. — *Bractées au tiers inférieurs du pédicelle.*

10. Tige tortueuse, à rameaux glabres : feuilles 4-5 au verticille, dressée, linéaires un peu obtuses, glabres, très-réfléchies en dessous : pédicelles capillaires, géminés, dressés : fleurs roses, axillaires, réunies au sommet des rameaux en grappes allongées, très-fournies : corolle campanulée, plus longue que les sépales ovales, scarieux, anthères brunes, ovales. — ♃. Bois sablonneux, Marseille, Narbonne, forêt de Sénart près Paris. Engl. bot. t. 5. **E. vagabonde**, *vagans.* Lin.

c. — *Bractées au milieu du pédicelle.*

11. Tige blanchâtre : feuilles assez longues, linéaires étroites, étalées, ciliées dans le jeune âge, 4 au verticille : fleurs couleur de chair, unilatérales, en godet, doubles du calice un peu coloré : style saillant et étamines à peine. — ♃. Environs de Bordeaux. Bot. mag. t. 471. **E. méditerranéenne**, *mediterranea.* Lin.

---

338. CALLUNE, *Calluna.* Salisb. — Calice de 4 sépales colorés, libres, beaucoup plus longs que la corolle campanulée, à 4 divisions : 8 étamines : anthères bifides à la base : capsule à 4 loges, à cloisons séparées des valves, unies à la columelle, opposées aux sutures.

1. Tige tortueuse, à rameaux glabres ou pubescents, produisant un grand nombre de ramilles stériles : feuilles petites, sessiles, bifides à la base, trigones, imbriquées sur 4 rangs : fleurs petites, nombreuses, en grappes spiciformes : étamines non saillantes. — ♃. Bois sablonneux, Valbonne, Boussargues, presque partout. Engl. bot. t. 1013. **C. commune**, *vulgaris.* Salisb.

---

339. MENZIÉZIE, *Menziezia.* Smith. — Calice à 4 divisions : corolle oblongue ovoïde, à 4 divisions ouvertes, réfléchies : étamines insérées à la base de la corolle : anthères prolongées à la base : capsule à 4 lobes.

1. Petit arbrisseau à rameaux droits, hérissés : feuilles velues, alternes, ovales, roulées sur les bords, opposées dans le bas : fleurs roses, en grappes terminales. — ♃. Lieux humides, Bayonne, environs de Libourne, Angers. Juss. ann. mus. 4. p. 55. t. 4. f. A. **M. de Dabéoci**, *Dabeoci.* DC.

2. Petit arbrisseau de 1 pied, à rameaux effilés : feuilles linéaires obtuses, à dents cartilagineuses, toujours vertes : fleurs d'un rouge violet, pédonculées, en paquets terminaux. — ♃. Bagnères de Luchon, au sommet de la vallée de Midassoles. Engl. bot. t. 2469. **M. bleue**, *cœrulea.* Sv. Hot. (août-octobre).

340. MONOTROPE, *Monotropa.* Lin. — Calice de 4-5 sépales , colorés, blancs : corolle de 4-5 pétales alternant avec les sépales , gibbeux et nectarifères à la base : 8-10 étamines subulées : capsule à 8-10 sillons, à 4-5 loges.—*Fleur terminale à 5 parties, les latérales à 4.*

1. Aspect d'un *Orobanche :* tige d'un blanc jaunâtre, garnie d'écailles ovales oblongues , serrées contre la tige , les inférieures imbriquées : fleurs d'un jaune clair, en épi recourbé avant la floraison.—♃. Parasite sur les racines des arbres dans les forêts ombragées, Vincennes, Grande-Chartreuse, Melles dans les Pyrénées, Clamecy, Pinède-Saint-Sauveur, à l'Espérou. Fl. dan. t. 232. **M. sucepin,** *hypopitys.* Lin. (mai-juin).

341. CHLORE, *Chloïa.* Lin. — Calice le plus souvent à 8 lobes linéaires, rarement à 6-10-12 : corolle *de même :* étamines en nombre égal aux divisions du calice : stigmate à 2-4 lobes obtus, dilatés, divergents : capsule à 1 loge polysperme, à 2 valves. — Feuilles radicales en rosette : *fleurs jaunes.*

n. — *Pas de feuilles perfoliées.*

1. Tige simple, ou peu rameuse : feuilles ovales lancéolées, sessiles : calice divisé en 6-7 lobes lancéolés, à 5 nervures : corolle en nombre égal des pétales étroits, un peu aigus : style bifide au sommet.— ☉. Sables maritimes Marseille à Bonnevaine, Aigues-Mortes à Pecquai. Lam. ill. t. 296. f. 2. **C. à feuilles sessiles,** *imperfoliata.* Lin. (juin-juillet).

nn. — *Feuilles perfoliées.*

q. — *Divisions du calice à 1 nervure.*
2. Glauque : tige droite, simple ou dichotôme au sommet : feuilles radicales obovales, rétrécies à la base, caulinaires ovales triangulaires, opposées, soudées ensemble dans toute la largeur de la base : calice divisé jusqu'à la base en 8 lobes subulés, plus courts que la corolle à lobes ovales obtus : style entier. — ☉. Lieux humides, commune. Lam. ill. t. 296. f. 1. **C. perfoliée,** *perfoliata.* Lin. (juin-juillet).

qq. — *Divisions du calice à 5 nervures.*
3. Feuilles *ovales ou elliptiques pointues :* calice divisé jusqu'à la base ou au milieu en 8 lobes lancéolés aigus : style bifide au sommet ou jusqu'au milieu. — ☉. Lieux humides, Strasbourg. Mut. t. 56. f. 277. **C. tardive,** *serotina.* Koch. et Ziz. (août-septembre).—Var. à divisions de la corolle très-pointues. *Acuminata.* Koch. Montpellier.
4. Verte : feuilles *lancéolées* acuminées : calice divisé jusqu'au milieu en 8 lobes lancéolés pointus , presque égaux aux pétales oblongs, un peu aigus : style bifide au sommet. — ☉. Montpellier. Mut. t. 56. f. 279. **C. lancéolée,** *lanceolata.* Koch et Ziz.

342. CAPUCINE, *Tropæolum* Lin. — Calice à 5 divisions, la supérieure éperonnée : corolle à 5 pétales inégaux , les 3 inférieurs plus petits : 8 étamines : 3 capsules indéhiscentes : *fleurs orangées.*

1 Pétales *obtus :* feuilles orbiculaires, en bouclier, sinuées, à nervures ne dépassant pas le bord. — ☉. Originaire du Pérou, cultivée. Kern. t. 599. **C. cultivée,** *majus.* Lin. (juin-août).
2. Pétales *pointus,* en alène : feuilles orbiculaires, en bouclier, à nervures dépassant le bord de la feuille, mucronées.—☉. Originaire du Pérou, cultivée. Bot. mag. t. 98. **C. mucronée,** *minus.* Lin. (juin-août).

343. AIRELLE, *Vaccinium.* Lin. — Calice entier, rarement à 4-5 dents : corolle urcéolée ou campanulée, à 4-5 lobes peu profonds , souvent réfléchis : 8-10 étamines : baie globuleuse , ombiliquée au sommet, à 4-5 loges. — *Plante ligneuse.*

n. — *Feuilles caduques : corolle campanulée globuleuse , à 4-5 dents : anthères éperonnées.*

1. Racine traçante : tige dressée, à rameaux *anguleux* : feuilles alternes, presque sessiles , ovales, *denticulées*, d'un vert pâle : pédoncules axillaires, penchés, *uniflores* : fleurs rougeâtres ou d'un blanc rosé : baies d'un noir bleuâtre. — ♃. Bois des montagnes, le Vigan , Autun. Fl. dan. t. 974. **A. myrtille**, *myrtillus*. Lin. (mai-juin).

2. Tige feuillée dans le haut , à rameaux *cylindriques* : feuilles obovales obtuses *entières*, mucronées, *glauques et réticulées en dessous :* pédoncules uniflores, penchés : fleurs blanches ou rosées, ovales : baies noires.— ♃.

Les Pyrénées, Concoule [Gard]. Fl. dan. t. 231. **A. des mares**, *uliginosum*. Lin. (juin-juillet).

nn. — *Feuilles persistantes : corolle campanulée , à 4 divisions : anthères non éperonnées.*

3. Tiges ascendantes, cylindriques, rameuses, dichotomes, à rameaux dressés, pubescents : feuilles obovées obtuses , roulées sur les bords un peu dentés au sommet, luisantes, ponctuées en dessous , glanduleuses : fleurs roses, en grappes terminales, penchées : fruit rouge, acide. — ♃. Bois des montagnes, Savignies près Beauvais, Saint-Nizier près Grenoble, Grande-Chartreuse , les Pyrénées à Madres. Engl. bot. t. 598. **A. ambroisie** , *vitis-idea*. Lin. (mai-juin).

344. CANNEBERGE, *Oxycoccos*. Tour. — Calice à 4 dents membraneuses, courtes : corolle en roue, à 4 divisions lancéolées , réfléchies : 8 étamines : baie ombiliquée au sommet, à 4 loges. — *Arbrisseaux.*

1. Tiges filiformes , couchées, radicantes, rameuses : feuilles coriaces, persistantes, alternes , ovales oblongues, pointues , entières , munies d'un sillon en dessus, un peu roulées sur les bords et blanchâtres en dessous : pédoncules uniflores, allongés , rouges , portant vers le milieu deux petites bractées : fleurs

roses : anthères mutiques : baies rouges , acides. — ♃. Marais tourbeux , Longwi , Rambouillet à l'étang de Sérisaye , Prémol près Grenoble. Engl. bot. t. 319. **C. des marais**, *palustris*. Pers. (mai-juin). = *Variété.* = b. — Feuilles presque planes, aiguës aux deux bouts, larges au milieu. *Myrtifolium*. Kl. Reich. Les Vosges.

345. ONAGRE, *OEnothera*. Lin. — Calice allongé , à 4 divisions caduques , réunies dans le bas en tube long, à 4-8 côtés : corolle de 4 pétales larges , obtus, échancrés : capsule anguleuse, à 4 loges, à graines nombreuses , sans aigrette.

1. Tige *grande* , raide , rameuse , poilue *:* feuilles un peu velues , oblongues lancéolées , rétrécies en pétiole , entières ou sinuées denticulées : fleurs *grandes* , jaunes , échancrées en cœur, *dépassant les étamines, plus courtes que le tube du calice.* — ②. Terrains sablonneux, bords des rivières, Montmorency, bords de l'Allier , parc de Tresques, bords de la Cèze à La Roque. Engl. bot. t. 1534. **O. bisannuelle,** *biennis*. Lin. (juillet-août).

2. Tiges *grêles*, purpurines, rudes, *chargées de poils portés sur des glandes :* feuilles un peu pubescentes, d'un vert luisant, lancéolées aiguës, denticulées, atténuées en pétiole : fleurs jaunes, *petites* , à pétales en cœur renversé , *plus courts que les étamines et 3 fois plus que le tube du calice.* — ②. Terrains sablonneux , lit désséché de l'Ill à Colmar, bords de la Loire aux Saulaies près Nevers. Fl. dan. t. 1752. **O. rude** , *muricata*. Lin. (juillet-août.)

346. EPILOBE, *Epilobium*. Lin. — Calice à 4 divisions caduques , à tube très-long, tétragone, adhérent à l'ovaire : 4 pétales : 8 étamines dressées ou inclinées : 4 stigmates étalés, ou soudés en massue : capsule allongée, à 4 loges, à graines nombreuses, aigrettées.

I. = Fleurs irrégulières : étamines penchées.

1. Tiges droites, cylindriques, rougeâtres, simples ou rameuses dans le haut, *glabres* : feuilles *éparses*, longues, lancéolées, entières, minces, veinées en réseau, *glabres* : pédicelles *naissant à l'aisselle de la bractée plus courte* : fleurs d'un rouge violet, en épi terminal : calice coloré : pétales entiers ou à peine échancrés : stigmate à 4 lobes en croix ; style dépassant les étamines. — ♃. Bois humides , bords des eaux, Espérou, Compiègne, Autun , Seyssins près Grenoble, Manduel. Fl. dan. t. 289. **E. à feuilles étroites,** *angustifolium*. Lin. (juin-août).

2. Tiges fermes, dressées, effilées, chargées *de poils courts , blancs* : feuilles linéaires , raides, les inférieures plus longues et dentelées , toutes terminées par une callosité , *portant* quelques *poils blancs, fasciculées*, les plus hautes solitaires : fleurs purpurines , en épi terminal : pétales elliptiques , aigus au sommet : des poils blancs à la base du style égal aux étamines ou les dépassant : poils blancs, très-fins et très-courts sur le calice : *bractées sur le pédoncule et plus longues.* — ♃. Lieux pierreux, humides , Rouvrai [Côte-d'Or] , le Vigan. Mut. t. 16. f. 97. **E. à feuilles de Romarin,** *Rosmarinifolium*. Hœnk in Jacq. = *Variétés*. = b. — Tiges assez basses, tortueuses , tombantes : feuilles lancéolées linéaires , dentelées : pétales obtus, souvent échancrés. *Angustissimum*. Ail. = c. — Feuilles très-nombreuses appliquées contre la tige et la couvrant toute jusqu'à la naissance de l'épi.—Montagnes du Jonquier près Bagnols [Gard].

II. = Fleurs régulières : pétales obcordés : étamines et pistils droits.

n. — STIGMATE ENTIER OU A 4 LOBES PEU DISTINCTS.

q. — *Tige cylindrique , sans lignes saillantes.*

a. — *Feuilles ciliées pubescentes.*

3. Tige simple, parcourue surtout dans le haut de 2-3 lignes de poils très-courts : feuilles ovales ou oblongues lancéolées, dentées, sessiles embrassantes , pubescentes sur les nervures, opposées ou ternées ou quaternées : fleurs roses. — ♃. Les Alpes, Grande-Chartreuse, au col de l'Arc près Grenoble, le Mont-Jura. Mut. t. 17. f. 100. **Ep. alpestre,** *alpestre*. Jacq. (juillet-août).

b. — *Feuilles glabres.*

4. Tiges droites, cylindriques, simples ou peu rameuses, pubescentes dans le haut : feuilles lancéolées étroites, entières ou à peine denticulées, atténuées à la base, sessiles : fleurs roses, petites, en grappe en panicule feuillée : capsules pubescentes. — ♃. Lieux humides, sources de la Loire, Autun, Moulins, Rambouillet à l'étang de Serisoye. Engl. Bot. t. 346. **Ep. des marais.** *palustre*. Lin. (juin-septembre).

qq.—*Tiges marquées de lignes saillantes.*

s. — *Feuilles lancéolées.*

a. — *Toutes les feuilles évidemment pétiolées*

5. Tige un peu pubescente , parcourue par 2-4 lignes saillantes, à rameaux effilés : feuilles toutes pétiolées, lancéolées, arrondies à la base, puis se rétrécissant insensiblement, à dents petites, écartées , pétiole décurrent sur la tige : fleurs d'un rose clair, en panicules droites avant l'épanouissement : graines ova-les oblongues, arrondies des deux bouts, finement ponctuées. — ♃. Lieux humides, bords des eaux dans l'Ouest de la France. Koch. synop. edit. secundæ, p. 1025. Schultz. regensb. bot. ztg. 1844. p. 806. **Ep. de Lamy,** *Lamyi*. Schultz. (juin-septembre). — Voir aussi *Ep. roseum*.

b. — *Des feuilles sessiles.*

c. — *Pétales égaux au calice.*

6. Tige effilée, très-rameuse, très-peu poilue au sommet : feuilles sessiles, linéaires lancéolées, denticulées, à décurrence peu marquée, se réunissant bientôt en une seule ligne de chaque côté de la tige : fleurs petites, purpurines, à pétales profondément échancrés. — ♃. Versailles au bord des ruisseaux. Mut. t. 17. f. 102. **Ep. obscur**, *obscurum*. Schreb. (juillet-août).

cc. — *Pétales dépassant le calice.*

d. — *Des stolons.*

7. Tige dressée, très-rameuse, un peu pubescente au sommet, ou glabre , marquée de quatre lignes saillantes, qui la rendent tétragone : feuilles lancéolées, sessiles, dentées, décurrentes en 2 lignes séparées de chaque côté, opposées et alternes : fleurs purpurines, petites : stigmate en massue. — ♃. Lieux humides, fossés. Mut. t. 17. f. 103. **Ep. tétragone,** *tetragonum*. Lin. (juin-septembre).

8. Tige cylindrique, un peu tétragone par 2 petites lignes peu apparentes de chaque côté : feuilles linéaires lancéolées, dentelées, sessiles, décurrentes , les inférieures opposées : fleurs d'un rose clair : fruits longs, nombreux: *stigmate à 4 lobes*. — ♃. Bords des fossés en

Alsace. **Ep. effilé**, *virgatum*. Fries. (juillet-août).

dd. — *Pas des stolons*

9. Racine rampante, n'émettant pas de stolons : tige simple, droite, parcourue de 2-5 lignes saillantes, pubescentes : feuilles opposées, ou 4 à 4, le plus souvent ternées, à dents inégales ; celles du milieu et du haut lancéolées acuminées, arrondies à la base, sessiles, toutes pubescentes sur les nervures et le bord: fleurs nombreuses; stigmate entier, en massue : capsules pubescentes : graines lisses, oblongues, atténuées à la base, 4 fois plus longues que larges.— ♃. Rochers escarpés des Vosges. Reich. icon. 2. t. 200. **Ep. trigone,** *trigonum*. Schranck. (juillet-août).

ss. — *Feuilles oblongues, larges.*

10. Tige rampante *et radicante à la base,* *rameuse*, pubescente au sommet, portant de chaque côté 1-2 lignes peu prononcées : feuilles *pétiolées* , larges , oblongues , *denticulées*, décurrentes, opposées sur la tige, sur les rameaux ou les supérieures éparses, pubescentes en dessous ou glabres : fleurs rosées, *parcourues de veines plus foncées,* penchées avant l'épanouissement : stigmate en massue. — ♃. Fossés, lieux humides dans les terrains sablonneux, Autun, Nevers. Mut. t. 17. f. 101.

Ep. rose, *roseum*. Schreb. (juillet-septembre).

11. Tige *simple, filiforme,* redressée : feuilles *presque pétiolées*, oblongues ou oblongues lancéolées, obtuses , *très-entières ou à peine denticulées*, atténuées à la base, *glabres* opposées, les supérieures alternes, lancéolées : fleurs peu nombreuses, petites, purpurines : stigmate en massue. — ♃. Les Alpes au bord des sources, Taillefer , le Pic du Midi dans les Pyrénées. Lam. ill. t. 278. f. 5. **Ep. des Alpes**, *Alpinum*. Lin. (juillet-août).

sss. — *Feuilles ovales acuminées.*

12. Tige simple, rampante à la base , presque glabre : feuilles opposées, presque pétiolées, ovales acuminées, glabres, à dents petites, écartées : les feuilles inférieures sont obtuses, les plus hautes alternes : fleurs assez petites , purpurines : stigmate en massue. —

♃. Les hautes montagnes, la Pra et Colon près Grenoble, Aiguecluse dans les Pyrénées, il se retrouve à Nimes. Mut. t. 17. f. 104. **Ep. à feuilles d'Origan** , *Origanifolium*. Lam. (juillet-août). — 2 lignes saillantes velues sur la tige.

nn. — STIGMATE A 4 LOBES PROFONDS, DISTINCTS.

q. — *Feuilles dentées.*

k. — *Fleurs grandes : divisions du calice mucronées ; bouton pointu.*

13. Racine stolonifère : tige grande, rameuse, hérissée de poils blancs : feuilles velues, opposées, les plus hautes alternes, embrassantes, oblongues lancéolées, denticulées, mucronées : fleurs grandes, d'un beau rose : sépales mucronés. — ♃. Lieux frais, bords des eaux, Tresques. Fl. dan. t. 526. **Ep. hérissé**, *hirsutum.* Lin. (juin-août).

kk. — *Fleurs petites ; divisions du calice mutiques : boutons obtus.*

s. — *Feuilles pétiolées.*

14. Tige pubérulente, souvent rougeâtre, rameuse, un peu anguleuse à la base, portant de petits rameaux feuillés à l'aisselle des feuilles : feuilles lancéolées, obtuses, pétiolées, à dents écartées : fleurs d'abord blanches penchées, puis redressées et d'un rose vif : 4 stigmates étalés. — ♃. Bords des chemins, lieux pierreux, haies fraiches, Tresques. Sebast. et Maur. Fl. rom. prodr. p. 158. t. 1. f. 2. **Ep. lancéolé**, *lanceolatum.* Sebast. et Maur. (juin-août). — Feuilles des jeunes plants étalées en rosette : *toutes les feuilles très-entières sur la base qui est en coin.*

ss. — *Feuilles sessiles ou presque sessiles.*

15. Pas de rejets : tige cylindrique, presque toujours *simple et glabre* : feuilles ovales oblongues ou oblongues, glabres ou pubescentes sur les nervures, denticulées, opposées, pétiolées : fleurs roses, petites, penchées avant l'épanouissement. — ♃. Bois des montagnes, le

Vigan. Engl. Bot. t. 1177. **Ep. de montagne**, *montanum.* Lin. (juin-août). — Pétales doubles du calice. = *Variété.* = b. — Feuilles ovales oblongues, un peu obtuses, à pétiole bien distinct, portant à leur aisselle des faisceaux de jeunes feuilles. *Ovato-lanceolatum.* Koch. Autun, Saint-Piereville [Ardèche].

16. Tige *pubescente ou velue*, cylindrique, simple, *radicante* à la base : feuilles sessiles, les inférieures opposées, à court pétiole, lancéolées aiguës, denticulées, *molles pubescentes* : fleurs petites, d'un rose pâle. — ♃. Lieux frais, bords des eaux, Tresques. Fl. dan. t. 347. **Ep. à petites fleurs**, *parviflorum.* Schreb. (juin-août). = *Variétés.* = b. — Plante rameuse : feuilles oblongues, denticulées, presque toutes alternes. *Intermedium.* Mérat. Fossés ; Paris, Nimes. = c. — Feuilles au moins dans le bas, verticillées par 3. *Verticillatum.* Rambouillet à l'Etang-d'Or.

qq. — *Feuilles entières.*

17. Tige droite, grêle, cylindrique, pubescente : feuilles très-entières, pubescentes en dessous sur les bords et les nervures, les radicales pétiolées, obovales obtuses, les caulinaires inférieures presque sessiles, opposées, ovales acuminées, les supérieures alternes lancéolées : fleurs petites, rosées. — ♃. Bois des montagnes, St-Clément-de-Montagne [Allier]. Tausch. h. canal. fasc. 1. cum. icon. **Ep. à feuilles de Millepertuis**, *hypericifolium.* Tausch. (juin-juillet).

547. PASSERINE, *Passerina.* Lin. — Périgone à 4 divisions : 8 étamines sur 2 rangs, insérées sur le tube : style filiforme, latéral : capsule ou baie sèche, à une graine. — Arbrisseaux. — Des fleurs à étamines, d'autres à pistils.

I. = Feuilles glabres.

q. — *Fleurs sans bractées.*

1. Rameaux nombreux, tortus, *à écorce subéreuse, portant des cicatrices proéminentes* : feuilles nombreuses et *serrées à l'extrémité des rameaux*, imbriquées, linéaires en spatule, aiguës : fleurs jaunes, dioïques, axillaires, géminées, rarement solitaires : divisions du périgone *lancéolées.* — ♄. Les Pyrénées, Ambouilla, Pic de Gard, les Corbières. Gou. ill. t. 17. f. 1. **P. dioïque**, *dioica.* Ram. (avril-mai).

2. Rameaux simples, grêles, *lisses* : feuilles glauques en dessous, *ovales lancéolées aiguës*, d'un vert jaunâtre : fleurs d'un blanc jaunâtre, *solitaires* dans le bas, *agrégées* dans le haut : périgone *à tube long, à divisions linéaires.* — ♄. Le Midi, Nîmes, l'Espérou à l'Hort-de-Dieou, Fréjus. Gérard. Galloprov. t. 17. f. 2. **P. thymélée,** *thymelæa.* DC. (février-avril).

qq. — *Fleurs munies de bractées.*

3. Tiges *tortueuses, couchées*, rameuses *linéaires*, obtuses, luisantes : fleurs d'un blanc jaunâtre, axillaires *solitaires* : périgone tubu-

leux, à divisions arrondies obtuses.— ♄. Sommités des Pyrénées, vallée de Vicdessos, Mont-Perdu. Lam. ill. t. 290. f. 3. **P. des neiges,** *nivalis.* Ram. (mai-septembre). — Feuilles *roulées sur les bords.*

4. Tiges droites, rameuses : feuilles linéaires lancéolées, *en spatule*, un peu aiguës : fleurs sessiles, axillaires, *géminées ou ternées :* périgone tubuleux, à divisions ovales, hérissé. — ♄. Corse au mont Coscione. Duby, Bot. Gall. 1. p. 406. **P. de Thomas,** *Thomasii.* Duby.

II. = Feuilles velues.

a. — *Feuilles soyeuses, argentées des deux côtés.*

5. Tige à rameaux velus, feuillés dans toute leur longueur : feuilles elliptiques-lancéolées, ou en spatule, un peu aiguës ou obtuses : fleurs blanchâtres, sessiles, axillaires, en paquet, entourées d'écailles à la base : périgone pubescent, à divisions ovales. — ♄. Rochers du Midi, Marseille à Montredon, les Martigues. Lob. icon. 371. f. 2. **P. tarton-raire,** *tarton-raira.* DC. (mai-juin). — Voir la variété du *P. hirsuta.*

b. — *Jeunes feuilles pubescentes laineuses des 2 côtés.*

6. Tige droite, divisée dès la base, en rameaux nombreux, serrés, pubescents dans la jeunesse : feuilles planes en dessus, linéaires, un peu élargies vers le sommet terminé par une pointe calleuse, chargées, au moins dans le jeune âge, de poils laineux, courts, épais,

imbriquées, puis ouvertes à la floraison : fleurs jaunes, le plus souvent solitaires, axillaires, munies de 2 bractées jaunes, obtuses : anthères d'un jaune orangé. — ♄. Forêt de Valbonne, aux Cabreries, presque vis-à-vis la Grange-de-Camp. *Localité unique.* Pour. Dict. 5. p. 45. **P. des teinturiers,** *tinctoria.* Lap. (janvier-mars).

c. — *Feuilles cotonneuses d'un seul côté.*

7. Tige dressée, rameuse, cotonneuse : feuilles ovales, épaisses, glabres en dessus, cotonneuses blanches en dessous : fleurs jaunes, axillaires, en paquet : périgone un peu campanulé, velu soyeux en dehors, à divisions ovales. — ♄. Lieux pierreux du Midi, Collioure, île Sainte-Lucie, Antibes, Marseille, Montredon. Vendt. obs. t. 2. f. 16. **P. velue,** *hirsuta.* Lin. (presque toute l'année). = Variété. = b. — Feuilles cotonneuses des deux côtés. *Polygalæfolia.* Lap. Marseille à Montredon, Fréjus.

348. DAPHNÉ, *Daphne.* Lin. — Périgone tubuleux , à 4 divisions profondes , ouvertes : 8 étamines incluses , sur un seul rang : style terminal , filiforme , court : stigmate en tête : baie globuleuse, monosperme. — Arbrisseaux. — Toutes les fleurs à étamines et à pistils.

H. = Fleurs terminales.

a. — *Feuilles pubescentes en dessous.*

1. Tige rameuse : feuilles coriaces, elliptiques lancéolées, aiguës, luisantes en dessus, pubescentes en dessous : fleurs rougeâtres, géminées ou ternées, sessiles : périgone à tube

velu, dilaté à la base, à lobes linéaires. — ♄. Corse aux monts Grosso et Coscione. Alp. exot. 44. t. 3. **P. à feuilles d'Olivier,** *oleoides.* Lin. (juin-juillet).

b. — *Feuilles glabres.*

s. — *Feuilles un peu roulées sur les bords.*

2. Tige le plus souvent simple ou à rameaux minces, effilés, dichotomes : feuilles *un peu* en spatule ou lancéolées, ramassées vers le sommet des rameaux : fleurs purpurines ou blanches, odorantes, sessiles, en une espèce

d'ombelle terminale : périgone chargé de poils appliqués, à divisions ovales lancéolées. — ♄ Les montagnes, Campestre [Gard], Briançon, les Pyrénées au Pic de Gard, Dax, Bordeaux. Saint-Ril. fl. pom. fr. t. 326. f. c. **ED. camélée**, *cneorum*. Lin. (avril-septembre).

ss. — *Feuilles planes.*

3. Tige à rameaux nombreux, effilés : feuil-

les coriaces, *planes*, nombreuses, serrées, *linéaires lancéolées*, *aiguës*, *mucronées* : pédicelles et périgone chargés de duvet blanc : fleurs purpurines ou blanches, petites, en panicule : divisions du périgone ovales lancéolées obtuses: baies rouges.— ♄.Terrains arides du Midi,Valbonne,Tresques. Regn. Bot. t. 528. **ED. Garou**, *Gnidium*. Lin. (mars-septembre).

II. = Fleurs axillaires latérales.

a. — *Tube du périgone velu, hérissé.*

4. Tige rameuse : feuilles persistantes, pubescentes dans le jeune âge, ovales oblongues, cunéiformes : fleurs blanches, odorantes le soir, en paquet de 2-3 : périgone à divisions ovales ou lancéolées. — ♄. Rocailles des montagnes, Campestre [Gard], le Champsaur et Saint-Nizier en Dauphiné. Sturm. fasc. 22. t.9. **ED. des Alpes**, *Alpina*. Lin. (avril-juin).

b.— *Tube du périgone pubescent.*

5. Tige simple, quelquefois rameuse : feuilles caduques, naissant après les fleurs, lancéolées, rétrécies à la base, un peu glauques en dessous, glabres, ciliées sur les bords dans la jeunesse : fleurs roses ou blanches, odorantes, sessiles, en paquets de 2-3: périgone à divisions

ovales aiguës : baies rouges ou jaunâtres. — ♄. Bois des montagnes, mont Saint-Jean [Côte-d'Or], Grenoble à Saint-Nizier. Lam. ill. 290. f. 1. **ED. bois-gentil**, *mezereon*. Lin. (février-mars).

c. — *Périgone à tube glabre.*

6. Tige et rameaux flexibles : feuilles *persistantes*, lancéolées ou oblongues aiguës, ramassées au sommet des rameaux, entières, luisantes, d'un vert foncé : fleurs d'un jaune verdâtre, *en grappes axillaires*, penchées : divisions du périgone ovales lancéolées : fruit noir. — ♄. Bois ombragés, Valbonne, Blois, Champlemy [Nièvre], forêt de Saint-Germain, Beauvais. Jacq. Aust. t. 183. **ED. lauréole**, *laureola*. Lin. (février-mars).

549. STELLÈRE , *Stellera*. Lin. — Périgone tubuleux, à 4 dents : étamines et style courts : stigmate en tête : capsule dure, luisante, à 1 graine, terminée par un bec crochu. — Plante herbacée.

1. Tige dressée, à rameaux grêles, effilés, dressés : feuilles éparses, petites sessiles, lancéolées aiguës, planes : fleurs blanches, petites, sessiles, axillaires, solitaires ou en pa-

quet, en longs épis feuillés : périgone à tube pubescent : style terminal.— ⊙. Les champs, Tresques, Melun, Etampes, Compiègne. Jacq. rar. t. 68. **St. passérine**. *passerina*. Lin. (juin-juillet).

DIGYNIE.

550. MOERHINGIE, *Mœrhingia*. Lin. — Calice de 4 sépales scarieux sur les bords : 4 pétales : 6-8 étamines : capsule à 1 loge polysperme, à 4 valves.

1. *Glabre* : tiges couchées, gazonnantes, rameuses, filiformes : feuilles *longues*, *capillaires*, connées : fleurs blanches, à très-longs pédoncules multiflores : sépales ovales lancéolés, aigus, à 1 nervure. — ♃. Lieux humides

des montagnes, Grenoble à Saint-Nizier, Beauregard. Lam. ill. t. 514. **M. des mousses**, *muscosa*. Lin. (mai-juin). == *Variété*. == b. — Feuilles charnues, oblongues, obtuses, presque cylindriques. *Sedoides*. Pers.

9. *Chargée de poils courts* : tige à *rameaux divergents:* feuilles ovales oblongues aiguës, un peu ciliées , *rétrécies en pétiole cilié, à 3 ner-* vures : pas de pétales : 5 *étamines fertiles* : graines ponctuées , rudes. — ⊙. Espérou, Corse à Bonifacio. **R. à cinq étamines,** *pentandra.* Gay.

351. RENOUÉE , *Polygonum.* Lin. — Périgone à 3-4-5-6 divisions persistantes égales ou inégales : étamines 5-9 , le plus souvent 8 , géminées devant les divisions extérieures, solitaires devant les intérieures : 2-3 styles : graines solitaires , ovales ou trigones , renfermées dans le périgone persistant.

I. = Fleurs en corymbe : 3 styles : 8 étamines : feuilles en cœur.

a. — *Graines à angles entiers.*

1. Tige droite, rameuse : feuilles à long pétiole , ovales ou triangulaires , acuminées : fleurs blanches ou roses , en grappes à long pédoncule : fruit lisse, trigone, à angles aigus. — ⊙. Cultivée partout. Engl. Bot. t. 1014. **R. sarrasin** , *fagopyrum.* Lin. (août-septembre).

b. — *Graines à angles dentés.*

2. Tige dressée , rameuse : feuilles à long pétiole , ovales ou triangulaires, acuminées : fleurs d'un blanc verdâtre, petites, en épis lâches , axillaires, les terminaux interrompus : graines trigones , rugueuses sur les faces concaves. — ⊙. Cultivé. Gm. Sibér. 3. t. 15. f. 1. **R. de Tartarie** , *Tataricum.* Lin. (juinaoût).

II. = 3 styles courts: 3 stigmates épais en tête ; fleurs en grappes formant une panicule.

3. Tige droite, rameuse : feuilles oblongues, lancéolées, acuminées, ondulées, ciliées , pubescentes en dessous, rétrécies en court pétiole : gaine courte , velue , caduque : fleurs rosées, grandes, en grappes paniculées. — ♃. Prairies des montagnes, le Queyras, Crabère, Llaurenti. All. ped. 1. p. 206. t. 68. f. 1. **R. des Alpes,** *Alpinum.* All. (ju Ilet-août).

III. = 3 styles ; 3 stigmates très-petits ; 8 étamines : fleurs axillaires ; feuilles rétrécies à la base.

u.—*Graine très-lisse, luisante.*

a. — *Stipules brunâtres à la base.*

4. Tiges herbacées, couchées , striées, à rameaux très-longs, effilés : feuilles vertes, linéaires lancéolées : stipules membraneuses, déchirées ciliées au sommet : fleurs verdâtres, roses au bord, petites, le plus souvent solitaires. — ♃. Toulon dans les champs sablonneux , Fréjus à Saint-Raphael. Bocc. mus. p. 66. t. 58. **R. effilé,** *flagelliforme.* Lois. (maiaoût). == Var. à rameaux presque nus, à feuilles étroites, à 2-3 fleurs axillaires. *Virgatum,* Lois. =Voir la variété du *P. arenarium.*

b. — *Stipules blanches.*

s. — *Les grappes terminales nues.*

5. Tiges herbacées , couchées , rameuses : feuilles linéaires oblongues, obtuses, rétrécies à la base : stipules membraneuses, déchirées : fleurs roses. — ⊙. Les champs , Toulon, Fréjus, Waldst. et Kit. pl. hung. rar. 1. t. 67. **R. des sables,** *arenarium.* W. et Kit. (mai-septembre). == *Variété.* == b. — Feuilles étroites, linéaires lancéolées : stipules herbacées scarieuses : fleurs en épis très-grêles. *Pulchellum.* Lois. t. 26. Toulon.

ss. — *Fleurs en grappes feuillées.*

C. Tige dure , presque ligneuse , couchée, rameuse : feuilles elliptiques, veinées, un peu roulées sur les bords, glauques : stipules membraneuses, nervées, bifides, à lobes lancéolés acuminés : 3-5 fleurs d'un pourpre clair, pédicellées.—♃. Sables des deux mers. Fl. græc.

t. 363. **R. maritime,** *maritimum.* Lin. (mai-septembre). ⎯ Var. à tige herbacée, presque pas dure, à feuilles ovales lancéolées. *Roberti.* Lois. Toulon.

nn. ⎯ *Graines presque pas luisantes, striées ponctuées.*

a. ⎯ *Tige ligneuse à la base, nue.*

7. Tige ascendante, à rameaux grêles, allongés, le plus souvent sans feuilles : feuilles nulles ou très-petites, ovales : stipules brunes, dentées, frangées, plus courtes que les entre-nœuds, appliquées : fleurs blanches ou rosées, solitaires, ou 2-3 à chaque aisselle, en épi lâche, long. ⎯ ♃. Corse, au bord des torrents. Fl. grœc. t. 364. **R. en forme de prêle,** *equisetiforme.* Sibth. (mai-septembre).

b. ⎯ *Tige herbacée.*

s. ⎯ *Rameaux feuillés jusqu'au sommet.*

8. Tiges étalées, couchées sur la terre, ou ascendantes, très-rameuses ou presque simples, à rameaux feuillés jusqu'au sommet : feuilles oblongues lancéolées ou oblongues linéaires, aiguës ou obtuses, veinées, planes, pétiolées : gaines à 2 lobes laciniés, scarieuses: fleurs rougeâtres ou blanches, ventrues, trigones à la base : fruit non luisant, à stries longitudinales. ⎯ ☉. Bords des chemins, des champs. Lam. ill. t. 315. **R. des oiseaux,** *aviculare.* Lin. (mai-octobre). ⎯ *Variétés.* ⎯ b. ⎯ Tige simple ou presque simple, redressée. *Erectum.* Lin. ⎯ c. ⎯ Feuilles oblongues ou obovales oblongues, larges. *Latifolium.* Desv.

ss. ⎯ *Rameaux nus dans le haut.*

9. Tige droite, striée, à rameaux grêles, flexueux, presque sans feuilles : feuilles elliptiques, planes, veinées, les supérieures très-petites, lancéolées acuminées : gaines nervées, scarieuses, à plusieurs lanières : fleurs roses, en épis grêles, interrompus, sans feuilles au sommet : graines un peu luisantes, presque lisses. ⎯ ☉. Les champs, Nemours, Issoudun [Indre], Bourges, Nîmes, Bellegarde. **R. de Bellardi,** *Bellardi.* All. ped. t. 90 f. 2. (juin-juillet).

IV. ⎯ **Style fendu jusqu'à la base en 3 lobes filiformes ; 3 stigmates très-petits ; 6-8 étamines ; épi unique terminant la tige simple ; racine tubéreuse.**

10. Racine épaisse, rampante, contournée sur elle-même : tiges dressées, simples : gaine longue, partie membraneuse, partie herbacée, tronquée : feuilles ovales lancéolées, un peu en cœur à la base, *décurrentes sur le pétiole,* un peu ondulées, glauques en dessous, les supérieures sessiles : fleurs roses, en épi serré, imbriqué d'écailles luisantes. ⎯ ♃. Prairies humides des montagnes, l'Espérou, Falaise, à Vaubrin près Soissons, Verdun, bords du Buron [Allier], Saint-Aignan [Nièvre]. Fl. dan. t. 421. **R. bistorte,** *bistorta.* Lin. (mai-juillet).

11. Racine épaisse : tige simple, de 4-6 pouces : feuilles ovales ou lancéolées, roulées sur les bords, crénelées, striées, crépues, *non décurrentes sur le pétiole :* fleurs blanches ou rosées, en épi grêle, dense. ⎯ ♃. Prairies des hautes montagnes, pic du Midi, val d'Eyne, Orlu dans les Pyrénées, Charousse, glaciers du Bec dans les Alpes. Fl. dan. t. 13. **R. vivipare,** *viviparum.* Lin. (juillet-septembre). ⎯ Épi entremêlé de bulbilles.

V. ⎯ **Style fendu profondément en 2 lobes ; stigmates grands, en tête ; chaque rameau terminé par un épi ; 5-6 étamines.**

n. ⎯ *Étamines saillantes ; plantes vivaces.*

12. Tige rampante à la base, émettant des racines aux nœuds inférieurs, submergée, un peu rameuse : gaines tronquées, adhérentes à la tige : feuilles à long pétiole, oblongues lancéolées, inégalement en cœur à la base, ciliées dentelées sur les bords, les supérieures flottantes : fleurs roses, en épi droit, s'élevant sur l'eau : 5 étamines. ⎯ ♃. Fossés, étangs, rivières. Fl. dan. t. 282. **R. amphibie,** *amphibium.* Lin. juillet-septembre). ⎯ *Variétés.* ⎯ b. ⎯ Tige couchée : feuilles lancéolées pointues, peu pétiolées : 2 épis inégaux. *Maritimum.* Lethur. Nord de la France aux bords de la mer. ⎯ c. ⎯ Tige rampante radicante,

puis redressée : feuilles étroites linéaires oblongues, pubescentes, rudes en dessous, à court pétiole. *Terrestre.* Terrains inondés l'hiver.

nn. — *Etamines non saillantes ; plantes annuelles.*

q. — *Fleurs en épis compactes oblongs.*

a. — *Fleurs roses ou verdâtres.*

13. Tige dressée, ou étalée ascendante : gaînes *finement et brièvement ciliées,* souvent sans cils : feuilles ovales lancéolées, rétrécies à la base, pétiolées, glabres ou pubescentes, ou même blanches cotonneuses en dessous : fleurs roses ou d'un blanc verdâtre, assez grandes, en épi oblong cylindrique, compacte, droit : graines lisses, luisantes, *presque orbiculaires comprimées, concaves sur les deux faces :* 5-6 étamines. — ☉. Lieux humides, inondés l'hiver, pont du Gard. Engl. Bot. t. 1582. **R. à feuilles de Patience,** *lapathifolium.* Lin. (juillet-octobre). = *Variétés.* = b.—Feuilles pubescentes, blanches cotonneuses en dessous. *Incanum.* Lois. = c. — Tige à nœuds très-renflés : feuilles marquées d'une tache grande, noirâtre. *Nodosum.* Pers.

14. Tige dressée ou étalée ascendante : gaînes glabres ou pubescentes, à *longs cils :* feuilles oblongues lancéolées', atténuées à la base, glabres ou presque glabres ou blanches cotonneuses en dessous à court pétiole : fleurs assez grosses, roses ou d'un blanc verdâtre, en

épis droits dressés : style divisé jusqu'au milieu en 2-5 lobes : graines lisses, luisantes, *les unes orbiculaires comprimées, convexes ou planes sur une face, convexes gibbeuses sur l'autre, les autres trigones, à faces concaves, quelquefois toutes trigones.* — ☉. Terrains humides, fossés, bords des rivières. Engl. Bot. t. 756. **R. persicaire,** *persicaria.* Lin. (juillet-septembre). = *Variétés.* = b. — Feuilles pubescentes, blanches cotonneuses en dessous. *Incanum.* Schm. = c. — Une tache noirâtre sur la face supérieure des feuilles. *Maculatum.*

b. — *Fleurs d'un beau rouge : plante très-élevée.*

15. Tige très-élevée, velue, rameuse dans le haut : feuilles très-grandes, pétiolées, ovales acuminées, supérieures lancéolées aiguës, toutes pubescentes : gaînes velues : fleurs d'un beau rouge, en épis allongés, compactes, pendants : graines lisses, luisantes, orbiculaires, comprimées.— ☉. Cultivée. Mill. icon. t. 201. **R. orientale,** *orientale.* Lin. (juillet-septembre).

qq. — *Fleurs en épis grêles , lâches, interrompus.*

s. — *Style divisé au sommet.*

16. Tige étalée, redressée, grêle, rameuse, à nœuds renflés : gaîne poilue, à longs cils : feuilles lancéolées linéaires, rétrécies au sommet, un peu rudes sur les bords : fleurs roses, en épis filiformes, presque droits : 5 étamines: feuilles sans tache.—☉. Fossés, bois humides. Engl. Bot. t. 1045. **R. fluette,** *minus.* Lois. (août-septembre).== Var. à feuilles blanchâtres en dessous. *Incanescens.*

ss. — *Style divisé jusqu'au milieu.*

a. — *Feuilles d'une saveur âcre, brûlante.*

17. Tige dressée ascendante , rameuse : feuilles lancéolées elliptiques, acuminées, finement ciliées sur les bords : gaînes lâches, bordées de cils raides : fleurs blanchâtres ou verdâtres, rouges sur les bords, *ponctuées glanduleuses :* épis interrompus dans le bas, pendants : graines les unes trigones, un peu concaves sur les faces, les autres presque orbiculaires comprimées, portant une saillie sur chaque face. — ☉. Fossés , lieux humides. Engl. Bot. t. 989. **R. poivre d'eau,** *hydropiper.* Lin. (juillet-octobre).

b. — *Feuilles sans saveur âcre, brûlante.*

18. Tige dressée , ascendante : feuilles lancéolées, très-rétrécies des deux bouts, ondulées : pétioles et pédoncules rudes : *gaînes à cils très-courts,* les plus hautes à 1 corne : fleurs petites, rosées, serrées : graines orbiculaires comprimées, un peu creusées sur les faces. — ☉. Lieux inondés, les fossés. Mut. t. 58. f. 441. **R. lâche,** *laxum.* Reich.

19. Tige grêle, rampante à la base, ascendante, renflée sur les nœuds, rameuse : feuilles lancéolées, ciliées rudes, ponctuées en dessous : *gaînes lâches, à longs cils, poilues :*

fleurs roses, en épis lâches, interrompus, dressés ou penchés : 6 étamines : graines les unes orbiculaires comprimées, convexes, les autres trigones. — ⊙. Bords des eaux, fossés. Engl. Bot. t. 1045. **E. à fleurs lâches,** *laxiflorum*. Weih. (juillet-septembre).

VI. = Un seul style court ; un stigmate à 3 lobes ; tige volubile.

20. Tige *anguleuse striée*, presque filiforme, rude, couchée sur la terre ou grimpant sur les plantes : gaînes très-courtes, tronquées : feuilles pétiolées, en cœur, sagittées, aiguës : fleurs blanchâtres, en grappes axillaires, très-lâches : graines *granuleuses*, triangulaires, à *angles obtus*. — ⊙. Champs cultivés. Engl. Bot. t. 911. **E. liseron**, *convolvulus*. Lin. (juin-septembre).

21. Tige *cylindrique striée*, atteignant souvent 4-6 pieds, volubile : feuilles pétiolées, en cœur, sagittées, aiguës : gaînes courtes, tronquées : fleurs blanchâtres, en grappes axillaires composées de petits verticilles, ou en paquets axillaires : graines *lisses, luisantes*, triangulaires, à *angles ailés membraneux*. — ⊙. Les haies, les buissons. Fl. dan. t. 756. **E. des buissons**, *dumetorum*. Lin. (juillet-septembre).

TÉTRAGYNIE.

352. ELATINE, *Elatine*. Lin. — Calice de 3-4 sépales : 3-4 pétales : 3-8 étamines : 3-4 styles : stigmate en tête : capsule globuleuse, déprimée : graines cylindriques, plus ou moins arquées.

n. — 2 sépales ; 3 pétales.

1. Plante naine : feuilles plus longues que le pétiole : fleurs sessiles, opposées, à 3 pétales, 3 étamines, 3 styles.— ⊙. Bords des fleuves, Strasbourg. Schk. t. 109. **E. à trois étamines**, *triandra*. Schk.

nn. — 3 sépales, 3 pétales. 6 étamines.

2. Tige naine, radicante, grêle, rameuse : feuilles obovales, opposées. plus longues que le pétiole : fleurs roses, axillaires, pédonculées: calice à 3 divisions un peu inégales : 6 étamines.— ⊙. Lieux inondés, bords des étangs, Fontainebleau, Autun, étang de Seeauve [Allier]. DC. icon. rar. 1. p. 14. t. 43. f. 1. **E. à six étamines**, *hexandra*. DC.

nnn. — 4 sépales, 4 pétales. 8 étamines.

q. — Feuilles verticillées.

3. Tige de 6-8 pouces, articulée, anguleuse, ascendante : feuilles inférieures 8-12 au verticille, les supérieures 3 ovales, les inférieures linéaires lancéolées : fleurs blanches verdâtres. — ♃. Terrains inondés, Mont-Louis dans les Pyrénées, Fontainebleau, Bondy. **E. fausse Alsine**, *Alsinastrum*. Lin. (juillet-août).

qq. — Feuilles non verticillées.

s. — Limbe de la feuille plus long que le pétiole.

4. Plante naine : feuilles opposées, plus longues que le pétiole : fleurs rosées, presque sessiles. — ⊙. Lieux inondés, Strasbourg. Fl. dan. t. 136. **E. de Schkuhr**, *Schkuhriana*. Hayne. (juillet-août).

5. Tige grêle, couchée radicante, puis dressée, rameuse : feuilles ovales oblongues, opposées, les supérieures souvent alternes : fleurs blanchâtres, axillaires, à pédoncules 3-4 fois plus longs. — ♂. Etangs de Seeauve près Chavenon, de la Grotte à saint-Sornin [Allier]. Braun. syll. soc. ratisb. 1. p. 83. **E. pédonculée**, *major*. Braun.

ʁs. — *Limbe de la feuille plus court que le pétiole.*

a. — *Fleurs longuement pédonculées.*

6. Tiges en gazon, radicantes à la base, dressées ou ascendantes, couchées dans les lieux desséchés : feuilles ovales oblongues, pétiolées, les supérieures sessiles : fleurs d'un blanc un peu rosé, axillaires, solitaires, à long pédoncule : sépales plus longs que les pétales : graines en fer à cheval. — ⊙. Bords des mares, des rivières de la Loire-Inférieure, à Tarballe, Touaré, Pierre-Percée. Saubert in Walpers repertor. p. 284. **El. à graines enroulées,** *campilosperma.* Saubert. (mai-août).

b. — *Fleurs sessiles ou à très-court pédoncule.*

7. Tige de 2-4 pouces, radicante, rameuse : feuilles oblongues spatulées obtuses, atténuées en un très-court pétiole : fleurs blanches, axillaires, sessiles, ou à très-court pédoncule : graines courbées en fer à cheval.— ⊙. Lieux inondés, Mont-Louis à la fontaine des Esclops. DC. icon. rar. t. 43. f. 2. **El. poivre d'eau,** *hydropiper.* Lin.

353. ADOXE , *Adoxa.* Lin. — Périgone de 4-5 divisions, muni à la base de 2-3-4 écailles : 8-10 étamines insérées 2 à 2 entre les lobes du périgone : 4-5 styles subulés, à stigmates obtus : capsule ou baie globuleuse, couronnée par les styles et les divisions du périgone, à 4-5 loges : graines membraneuses sur les bords.

1. Racine rampante, blanche, écailleuse, émettant des fibres : tige grêle, anguleuse, presque toujours simple : feuilles radicales à long pétiole, 2 fois ternées, à folioles obtuses, les caulinaires une fois ternées : fleurs verdâtres, musquées, en petite tête, la fleur terminale dans une position horizontale, est à 4 divisions, 8 étamines, 2 écailles, 4 styles ; les autres à 5 divisions, 10 étamines, 5 styles et 5 écailles.— ♃. Lieux frais, ombragés, Espérou, à Millery près Autun, Bourbon-l'Archambault, Saint-Sornin [Allier]. Fl. dan. t. 94. **Ad. moscatelline,** *moschatellina.* Lin. (mars-avril).

354. PARIS, *Paris.* Lin. — Périgone à 8 divisions, les 4 intérieures très-étroites, filiformes : 8 étamines insérées à la base du périgone : anthères attachées au milieu du filet : capsule à 4 loges polyspermes.

1. Racine horizontale traçante : tige simple, feuillée au sommet : feuilles ovales acuminées, entières, nervées, 4-5 en un verticille : fleur unique, terminale, pédicellée : ovaire d'un pourpre noir.— ♃. Bois et pâturages humides, l'Espérou, forêt de Marly, Fontenay et Montbard [Côte-d'Or], forêt d'Orléans à Saran. Engl. Bot. t. 7. **P. à quatre feuilles,** *quadrifolia.* Lin. (juillet-août).

NEUVIÈME CLASSE.

ENNÉANDRIE.

Fleurs à neuf Étamines.

Ier ORDRE.

MONOGYNIE. — FLEURS A 1 PISTIL.

§ 1. — Arbres.

n. — *Un calice et une corolle.*
1° — 2 stigmates . . . . 356. ÉRABLE.
2° — *1 seul stigmate.*
a. — Feuilles molles ; fruit en baie ; étamines en-
    tourant le style . . . . 153. MORELLE.
3° — 6-9 stigmates ; feuilles linéaires , coriaces.   CAMARINE.
nn.— *Pas de calice.*
a. — Corolle à 4-6 divisions ; feuilles coriaces ,
    luisantes . . . . 355. LAURIER.

§ 2. — Plantes herbacées.

n. — Plantes habitant au fond de la mer. . . . . 324. POSIDONIE.
nn.— *Plantes terrestres.*
q. — *Des écailles au lieu de feuilles.*
a. — Plante parasite. . . . . 340. MONOTROPE.
qq.— *Plantes munies de feuilles.*

a. — Corolle ciliée, d'un bleu noirâtre, ponctuée.   139. Swertie.
b. — Corolle glabre ; anthères presque soudées
     autour du pistil. . . . . 153. Morelle.

II ORDRE.

DIGYNIE. — Fleurs a 2 Pistils.

a. — Toutes les feuilles radicales, réniformes. . 325. Oxyrie.
b. — Des feuilles caulinaires. . . . . 351. Renouée.

III ORDRE.

TRIGYNIE. — Fleurs a 3 Pistils.

a. — Toutes les feuilles radicales, réniformes. . 325. Oxyrie.
b. — Des feuilles caulinaires. . . . . , ... 351. Renouée.

IV ORDRE.

HEXAGYNIE. — Fleurs a 6 Pistils.

a. — Feuilles toutes radicales ; fleurs roses, en
     ombelle . . . . 356. Butome.

MONOGYNIE.

355. LAURIER, *Laurus*. Lin. — Périgone à 4-6 divisions égales :
6-9-12 étamines sur 2 rangs, quand elles dépassent le nombre de 6,
les extérieures fertiles, les intérieures alternativement stériles, munies
de 2 glandes à la base : drupe charnue.

1. Arbre de moyenne taille : feuilles luisantes, lancéolées elliptiques, veinées, un peu ondulées, persistantes : fleurs jaunâtres, pédicellées, enveloppées avant l'épanouissement dans un involucre de 3 écailles caduques : pédoncule rameux, formant une petite ombelle : fleurs dioïques ou monoïques, ou à étamines et à pistil. — ♄. Le Midi. Duham. arbres, 2. t. 154-155. **L. franc**, *nobilis*. Lin. (février-mars).

HEXAGYNIE.

356. BUTOME, *Butomus*. Lin. — Calice coloré, à 3 sépales : 3 pétales : 9 étamines, dont 3 intérieures : 6 pistils très-longs : 6 capsules s'ouvrant du côté intérieur, polyspermes, surmontées du style persistant : graines linéaires oblongues, à côtes crénelées.

1. Racine rampante : hampe nue, simple, de 3-4 pieds : feuilles toutes radicales, droites, très-longues, pointues, canaliculées, à 3 angles à la base : fleurs roses, élégantes, nombreuses, portées sur de longs pédicelles, en ombelle terminale, munie à la base de 2-3 bractées formant un involucre. — ♃. Les eaux stagnantes, Saint-Gilles. Fl. dan. t. 604. **B. en ombelle**, *umbellatus*. Lin. (juin-juillet).

DIXIÈME CLASSE.

DÉCANDRIE.

Fleurs à dix Etamines.

Ier ORDRE.

MONOGYNIE. — Fleurs a 1 Pistil.

I. — Fleurs monopétales.

II. = Fleurs polypétales.

§ 1. — FLEURS RÉGULIÈRES.

A. — *Arbres.*

B. — *Plantes herbacées.*

§ 2. — FLEURS IRRÉGULIÈRES.

b. — Feuilles simples, réniformes; carène égale
      à l'étendard. . . . .   369. Gaignier.
nn.— *Fleurs non papillonnacées.*
a. — Feuilles ailées avec impaire. . . . . . . 350. Dictame.

II ORDRE.

DIGYNIE. — Fleurs a 2 Pistils.

I. — Fleurs incomplètes.

a. — Capsule monosperme. . . . .   371. Scléranthe.
b. — Capsule polysperme . . . .   372. Dorine.

II. — Fleurs complètes.

n. — Ovaire infère ou demi-adhérent. . . . . .   373. Saxifrage.
nn. — *Ovaire supère, ou libre.*
q. — Deux calices. . . . .   374. Œillet.
qq. — *Un seul calice.*
a. — Capsule à 2 pointes terminales . . . . . .   375. Saxifrage.
b. — *Capsule à 1 seule pointe.*
d. — Pétales à onglet très-long . . . .   375. Saponaire.
dd. — *Pétales à onglet court.*
k. — *Sépales réunis en tube.*
s. — Calice muni à la base d'écailles . . . . . .   376. Tunique.
ss. — Calice dépourvu d'écailles à la base . . . .   377. Gypsophile.
kk.— Sépales libres, ou à peine réunis à la base.   378. Gouffèie.

. . . .

III ORDRE.

TRIGYNIE. — Fleurs a 3 Pistils.

A. — *Arbres ou plantes ligneuses.*

a. — Feuilles petites, imbriquées. . . . . 279. Tamarinier.
b. — Feuilles lancéolées, non imbriquées; plan-
      tes laiteuses . . . .   Euphorbe.

B. — *Plantes herbacées.*

n. — *Pétales à onglet très-long.*
a. — Fruit en baie charnue, succulente. . . . .   579. Cucubale.
b. — Fruit en capsule sèche . . . .   580. Silené.
nn. — *Pétales à onglet court.*
1° — Feuilles ailées ou lobées . . . .   581. Garidèle.
2° — *Feuilles simples, entières.*
q. — *Valves de la capsule et les styles en nombre*
       égal.
a. — Pétales très-petits, herbacés. . . . . . .   582. Cherlérie.
aa. — *Pétales blancs ou colorés.*
b. — Plantes succulentes, charnues . . . . . .   383. Honclénie.
bb. — *Plantes non succulentes charnues.*
c. — Feuilles munies de stipules . . . .   584. Lépigone.
cc. — Feuilles dépourvues de stipules . . . . . .   585. Alsine.
qq. — *Valves de la capsule en nombre double des*
       styles.
a. — *Pétales bifides.*
g. — Capsule plus longue que le calice . . . . .   587. Stellaire.
gg. — Capsule moins longue que le calice . . . .   588. Malachie.
aa. — *Pétales entiers ou irrégulièrement dentés.*
b. — Pétales entiers. . . . .   586. Sabline.
bb. — Pétales irrégulièrement dentés . . . . . .   94. Holostée.
nnn. — Plantes laiteuses. . . . .   Euphorbe.

IV ORDRE.

TÉTRAGYNIE. — Fleurs a 4 Pistils.

a. — Pétales à onglet très-long; une capsule. . .   589. Lychnide.
b. — Pétales à onglet très-court; feuilles 1-2 fois
       ternées. . . . .   535. Adoxe.

V ORDRE.

PENTAGYNIE. — FLEURS A 5 PISTILS.

§ 1. — *Feuilles charnues.*

a. — Feuilles peltées, ombiliquées. . . . . . . 393. COTYLÉDON.
b. — Feuilles non peltées; corolle polypétale. . 394. ORPIN.

§ 2. — *Feuilles non charnues.*

p. — Arbrisseau . . . . 395. CORROYÈRE.
pp. — *Plantes herbacées.*
n. — *Feuilles ternées.*
a. — Calice adhérent; une baie. . . . . 333. ADOXE.
b. — Calice non adhérent; une capsule en forme
de silique. . . . . 396. OXALIDE.
nn. — *Feuilles simples.*
q. — *Pétales entiers.*
a. — Plante un peu charnue. . . . . 383. HONCKÉNIE.
b. — Plantes pas charnues. . . . . 391. SPARGOUTE.
qq. — *Pétales bifides ou échancrés.*
a. — *Calice tubuleux.*
g. — Capsule s'ouvrant au sommet par 10 valves. 390. MÉLANDRIE.
gg. — Capsule s'ouvrant au sommet par 5 valves. 389. LYCHNIDE.
b. — *Sépales libres ou réunis seulement à la base.*
k. — Capsule plus courte que le calice . . . . . 388. MALACHIE.
kk. — Capsule dépassant le calice . . . . 392. CÉRAISTE.

VI ORDRE.

POLYGYNIE. — PLUS DE 5 PISTILS.

a. — Fleurs verdâtres, en grappes pendantes. . . 397. PHYTOLAQUE.

MONOGYNIE.

557. ROSAGE, *Rhododendron*. Lin. — Calice à 5 divisions : corolle un peu ou pas tubulée, à 5 divisions étalées : étamines insérées à la base de la corolle, ascendantes et le pistil : anthères s'ouvrant par 2 pores : capsule à 5 loges. — Arbrisseaux.

n. — *Corolle régulière, en roue.*

1. Tige de 6-10 pouces, à rameaux dressés : feuilles elliptiques lancéolées, petites, ciliées, dentées en scie, ponctuées de blanc en dessous : fleurs roses, solitaires, pédonculées, plus grandes que le calice glanduleux poilu et les pédoncules. — ♄. Roches calcaires des Alpes, le Serre del Bouc du Sissoy dans les Pyrénées. Jacq. Aust. t. 217. **R. ciste,** *chamæcistus*. Lin. (juin-juillet).

nn. — *Corolle irrégulière, un peu tubuleuse.*

2. Tige tortueuse, rameuse : feuilles oblongues lancéolées ou elliptiques, *glabres*, entières, glanduleuses en dessous où elles sont *absolument couvertes* d'écailles, enfin ferrugineuses : fleurs rouges, en ombelles terminales : *dents* du calice *ovales larges*. — ♄. Commun dans les Alpes et les Pyrénées. Jacq. obs. 1. t. 16. **R. ferrugineux,** *ferrugineum*. Lin. (juin-juillet).

3. Tige rameuse, tortueuse : feuilles elliptiques ou oblongues lancéolées, crénelées obtuses, garnies de cils écartés, portant en dessous de points glanduleux *épars*, roussâtres : fleurs d'un rose pâle, en ombelles terminales : *dents* du calice *oblongues lancéolées*. — ♄. Le Jura au sommet du Thoiry, le Valgaudemar en Dauphiné, le mont Sissoy dans les Pyrénées. Saint-Hil. Fl. pom. fr. t. 207. **R. hérissé,** *hirsutum*. Lin. (juin-juillet).

558. ALIBOUFIER, *Styrax*. Lin. — Calice urcéolé, entier ou à 5 dents : corolle insérée au fond du calice, à 3-7 divisions : 8-16 étamines, réunies par la base, insérées sur le tube de la corolle : drupe sèche, renfermant un noyau arrondi, à 1-3 graines.

1. Arbuste très-rameux feuilles alternes, ovales arrondies, cotonneuses en dessous : fleurs blanches, en petites grappes. — ♄. Forêts maritimes du Midi, entre Narbonne et Perpignan, Hières. Cav. dissert. 6. t. 188. f. 2. **Al. officinal,** *officinalis*. Lin. (mai-juin). — Calice ponctué en dessous.

559. PLAQUEMINIER, *Diospyros*. Lin. — Calice urcéolé, à 4-6 divisions : corolle à 4-6 lobes : 8-16 étamines insérées sur la corolle, quelques-unes souvent stériles : style court : stigmate à 4 lobes : baie entourée par le bas du calice, à 8-12 loges.

1. Grand arbre à rameaux étalés, pubescents dans le jeune âge : feuilles ovales oblongues, pointues, d'un vert sombre en dessus, veinées, pâles en dessous, ponctuées calleuses vers le sommet : fleurs purpurines, axillaires. — ♄. Bois maritimes du Midi. Mill. icon. t. 116. **P. faux Lotus,** *Lotus*. Lin. (mai-juin).

560. ANDROMÈDE, *Andromeda*. Lin. — Calice très-petit, à 5 divisions : corolle en godet, à 5 dents réfléchies : 10 étamines : anthères éperonnées au sommet : capsule à 5 loges, 5 valves, dressée.

1. Petit arbrisseau grêle, dressé, rameux : feuilles alternes, linéaires lancéolées, roulées sur les bords, glauques en dessous : fleurs purpurines, presque globuleuses, deux fois plus courtes que le pédoncule rose et le calice.

— ♄. Marécages tourbeux du Rouergue, le Jura, Jumiège près Rouen. Pull. fl. ross. t. 71. **And. à feuilles de Polium**, *polifolia*. Lin. (juin-juillet).

561. ARBOUSIER, *Arbutus*. Lin. — Calice petit, à 5 divisions : corolle en grelot, à 5 dents réfléchies en dehors : 10 étamines : anthères à 2 éperons sur le dos : baie à 5 loges.

n. — *Etamines velues à la base : baie en forme de fraise.*

1. Arbrisseau droit, rameux : feuilles obovées ou oblongues lancéolées, dentées en scie, luisantes, glabres : fleurs blanches, en panicule pendante, terminale : fruit rouge, globuleux.— ♄. Les bois du Midi, Valbonne, Bayonne, Bordeaux. Lam. ill. t. 566. **Arb. fraisier**, *unedo*. Lin. (septembre-octobre).

nn. — *Etamines glabres : baie lisse.*

2. Très-petit arbrisseau, rameux, couché, longuement rampant : feuilles alternes, entières, *glabres*, lisses, coriaces, ridées, un peu en spatule, obtuses : fleurs blanches, rouges sur le bord, en grappes terminales, pendantes: 2 *pores au sommet des anthères*. — ♄. Les Cévennes, montagnes des environs de Grenoble, les Pyrénées, Mont-Ventoux. Fl. dan. t. 55. **Arb. raisin d'ours**, *uva ursi*. Lin. (juin-juillet). *Fruit rouge*.

3. Arbrisseau couché, rampant : feuilles ovales oblongues, *dentées*, rugueuses, *un peu velues en dessous* : fleurs blanchâtres, petites: *fruit bleuâtre : pas de pores aux anthères*. — ♄. Les Alpes, Grande-Chartreuse, les Pyrénées, Canigou, Esquierry. **Arb. des Alpes**, *Alpina*. Lin. (juillet-août).

562. MELIA, *Melia*. Lin. — Calice à 5 divisions : 5 pétales linéaires, étalés, alternes avec les divisions du calice : étamines réunies en tube denté : anthères sessiles sur l'entrée du tube : style filiforme : drupe ovale, à noyau creusé de 5 sillons à 5 loges monospermes.

1. Arbre de moyenne grandeur : feuilles 2 fois ailées, à folioles ovales oblongues, dentées, lisses : fleurs en grappes axillaires, droites : pétales d'un rouge clair ou lilas pâle : étamines d'un violet foncé : anthères dorées. — ♄. Originaire de Syrie, naturalisé dans le Midi, Bagnols [Gard]. Comm. hort. 1. t. 70. **M. azédarach**, *azédarach*. Lin. (mai-juin).

563. LEDON, *Ledum*. Lin. — Calice de 5 sépales quelquefois réunis à la base : corolle de 5 pétales étalés : 5-10 étamines insérées au fond du calice : capsule à 5 loges, à valves s'ouvrant par le haut.

1. Petit arbrisseau dressé: feuilles linéaires, alternes, roulées sur les bords, roussâtres et duveteuses en dessous, surtout sur la nervure: fleurs blanches, en corymbe terminal. — ♄. Marais tourbeux de l'Alsace, des Vosges. Fl. dan. t. 1051. **L. des marais**, *palustre*. Lin. (mai-juin).

564. TRIBULE, *Tribulus*. Lin. — Calice de 5 sépales caducs :

5 pétales ouverts étalés, alternant avec les sépales : 10 étamines opposées, 5 aux sépales, et 5 aux pétales : fruit composé de 5 capsules triangulaires, indéhiscentes, dures, tuberculeuses, épineuses ou ailées, adhérentes à l'axe : loges transversales, monospermes.

1. Tiges couchées étalées, rameuses : feuilles plus longues que les pédicelles, ailées, sans impaire, à folioles un peu inégales : bractées opposées, ovales lancéolées acuminées : fleurs jaunes, axillaires, solitaires, pédonculées : capsule à 4 cornes. — ☉. Le Midi, dans les champs cultivés, Tresques, Bordeaux. Lam. ill. t. 346. f. 1. **T. terrestre,** *terrestris.* Lin. (juin-octobre).

365. RUE, *Ruta.* Lin. — Calice persistant, à 4-5 divisions : 4-5 pétales rétrécis en onglet, en forme de cuiller : étamines en nombre double des pétales, insérées sous le disque : ovaire pédicellé, entouré de 8-10 fossettes nectarifères : capsule globuleuse, à 4-5 loges distinctes au sommet. — Feuilles ailées : *fleurs jaunes.*

n. — *Pétales ciliés.*

1. *Glauques* : tige ligneuse à la base, rameuse : feuilles 2 fois ailées, à folioles un peu charnues, oblongues, en coin, obtuses, la terminale plus grande : *bractées très-petites, lancéolées* : lobes de la capsule acuminés. — ♃. ♄. Terrains pierreux du Midi, Vallonne, Tresques, les Pyrénées aux Bancs de l'Asc. Mut. t. 15. f. 86. **R. à feuilles étroites,** *angustifolia.* Pers. (juillet-août). — Voir aussi le *R. graveolens.*

2. *D'un vert pâle* : tige ligneuse à la base, rameuse : feuilles 2 fois ailées, à folioles oblongues, cunéiformes, peu inégales : *bractées fort grandes, en cœur, ovales aiguës* : lobes de la corolle aigus. — ♄. ♃. Bords du Var. Mut. t. 15. f. 85. **R. à grandes bractées,** *bracteosa.* DC. (juin-juillet).

nn. — *Pétales entiers, non ciliés.*

a. — *Folioles linéaires.*

3. D'un vert jaunâtre : tige ponctuée : feuilles 2 fois ailées, à folioles linéaires étroites, ponctuées, plus longues dans les feuilles supérieures : fleurs d'un jaune verdâtre : capsule à lobes arrondis. — ♃. Terrains secs du Midi, Broussans près Saint-Gilles, Avignon, Perpignan. Jacq. icon. rar. 1. t. 76. **R. de montagne,** *montana.* Lin. (juin-août).

b. — *Folioles oblongues en spatule.*

4. D'un vert sombre : tige dressée : feuilles 2 fois ailées, à folioles oblongues, élargies au sommet, la terminale obovale, souvent échancrée : capsule à lobes obtus : pétales quelquefois dentelés. — ♃. Terrains secs du Midi. Black. herb. t. 7. **R. fétide,** *graveolens.* Lin. (juin-août).

c. — *Folioles ovales rhomboïdales.*

5. Tige à rameaux divergents : feuilles 2 fois ailées, à folioles petites ovales, à 4 angles, peu inégales : fleurs en grappe simple : pédoncules à pédicelles simples, divergents, allongés, raides : capsule à lobes acuminés. — ♃. Sommités des montagnes de Corse, Rotondo, Abbatuco. Mut. t. 15. f. 87. **R. de Corse,** *Corsica.* DC. (juillet-août).

366. PYROLE, *Pyrola.* Lin. — Calice à 5 divisions ouvertes : corolle à 5 divisions très-profondes, ovales, conniventes : 8-10 étamines filiformes, subulées, cachées dans la corolle : anthères jaunes, s'ouvrant par deux pores près de l'insertion sur le filet, divisées en deux cornes à la base : style filiforme , à stigmate saillant : capsule à 5 loges s'ouvrant par la base : graines nombreuses, portant aux 2 bouts un appendice membraneux, réticulé.

I. = Style déjeté.

n. — Corolle en cloche globuleuse , non ouverte.

1. Tige anguleuse, portant des folioles lancéolées larges : feuilles radicales, arrondies, doubles du pétiole ailé : bractées plus longues que les pédicelles : fleurs blanches, penchées, en grappe dense : calice à divisions lancéolées aiguës, appliquées : étamines toutes également conniventes : style saillant, droit oblique : plateau du sommet du style plus large que le stigmate. — ♃. Alsace , dans un bois entre Soultzmatt , et Guebwiller. Rad. monogr. t. 3. f. 1. Ⱨ. intermédiaire, *media*. Swartz. (juin-juillet).

nn. — Corolle en cloche ouverte,

a. — *Bractées plus longues que les pédoncules.*

2. Tige anguleuse, portant quelques folioles lancéolées acuminées : feuilles radicales , arrondies, presque 2 fois plus courtes que le pétiole peu ailé : bractées linéaires subulées : fleurs blanches, en grappe allongée : divisions du calice lancéolées aiguës, étalées réfléchies, dépassant la capsule : pétales obovés : étamines courbées dans le haut, et style arqué au sommet, doubles de la corolle. — ♃. Bois couverts des montagnes, Espérou , Grande-Chartreuse , Montmorency , Sainte-Sabine [Côte-d'Or]. Black. herb. t. 394. Ⱨ. à feuilles rondes, *rotundifolia*. Lin. (mai-juin). — Plateau du sommet du style plus large que les stigmates dressés, en couronne.

b. — *Bractées plus courtes que les pédicelles.*

3. Tige anguleuse, quelquefois sans folioles: feuilles arrondies , lisses, à crénelures larges, très-superficielles, ayant quelquefois une très-petite dent dans l'échancrure, ou très-entières, presque 2 fois plus courtes que le pétiole un peu ailé dans le haut : bractées lancéolées acuminées , les supérieures plus courtes que les pédicelles, les inférieures presque égales aux pédicelles : fleurs d'un blanc verdâtre, en grappe lâche, peu fournie : pétales obovés ; divisions du calice larges ovales aiguës, égales, serrées contre la corolle et la capsule, 3-4 fois plus courtes que la corolle : étamines réfléchies dans le haut et style arqué au sommet, plus longs que la corolle.— ♃. Bois frais, couverts des montagnes, Espérou, près Grenoble, les Pyrénées à Pont-de-Comps. Fl. dan. t. 1695. Ⱨ. à fleurs verdâtres, *chlorantha*. Swartz. (juin-juillet).— Plateau du sommet du style plus large que les stigmates dressés en couronne.

II. = Style dressé.

n. — *Tige à 1 fleur.*

4. Tige uniflore, portant tout-à-fait au bas des feuilles arrondies , crénelées, dentelées en scie, un peu décurrentes sur le pétiole et l'égalant en longueur : fleur blanche, grande , étalée en étoile, un peu penchée : stigmate gros, à 5 rayons courts , en étoile. — ♃. Bois frais des montagnes, Sumenne [Gard], La Mure, Ceillac en Dauphiné, les Vosges au mont Honeck, les Pyrénées à Pont-de-Comps, Houle du Marboré. Fl. dan. t. 8. Ⱨ. à une fleur , *uniflora*. Lin. (juin-juillet).

nn. — *Tige à plusieurs fleurs.*

q. — *Fleurs unilatérales.*

5. Racine traçante, ligneuse, émettant plusieurs tiges grêles, droites, simples , portant tout-à-fait au bas des feuilles ovales, pointues, dentées en scie, luisantes, point décurrentes sur le pétiole : fleurs blanches, petites, ouvertes : style très-saillant : stigmate à 3 lobes étoilés. — ♃. ♄. Bois des montagnes, Espérou, à Saint-Sauveur dans les Cévennes, Auvergne, Alsace. Fl. dan. t. 402. Ⱨ. unilatérale, *secunda*. Lin. (juin-juillet).

qq. — *Fleurs non unilatérales.*

6. Racine rampante : tige simple , droite portant quelques folioles : feuilles radicales,

glabres veinées, *fermes*, ovales arrondies, pétiolées, crénelées, brunissant par la dessication : fleurs rosées, en grappe terminale, pyramidales : corolle globuleuse, *resserrée au sommet* : pétales larges obtus, épais, arrondis; divisions du calice larges, *peu profondes, obtuses* : style *égal à la corolle* : pédicelles *penchés*, plus longs que les bractées. — ♃. Bois ombragés des montagnes, Espérou, Briançon au mont des Hayes, Ville-d'Avray, Falaise. Rad. monog. t. 2. **P. rosée**, *rosea*. Smith (juin-juillet). — Stigmate à 5 lobes en étoile, plus large que le style.

7. Racine rampante : tige grêle, droite, simple : feuilles radicales, assez petites, *minces*, ovales dentelées ou ovales arrondies : pédicelles *courts, dressés à la maturité* : fleurs d'un blanc rosé, petites, en grappe serrée : corolle *en cloche ouverte* : divisions du calice ovales, *profondes, acuminées* : style renfermé dans la corolle. — ♃. Bois des montagnes, la Moucherolle près Grenoble, Mayet-de-Montagne [Allier]. Engl. Bot. t. 158. **P. fluette**, *minor*. Lin. (juin-juillet). — Stigmate du *P. rosea*.

367. CHIMOPHILE, *Chimophila*. Pursh. et Rad. — Calice à 5 divisions : corolle à 5 divisions profondes, étalées : 10 étamines à anthères violettes : style plus court que les étamines : capsule à 5 valves s'ouvrant par le côté.

1. Racine rampante : tige droite, dure, feuillée dans la partie inférieure : feuilles lancéolées, persistantes, coriaces, rétrécies à la base, dentées en scie, verticillées ou éparses : fleurs rosées, en ombelle : pédicelles étalés ou penchés : étamines ciliées à la base. — ♃. Les Vosges, au Ban de la Roche dans le bois d'Orpeden. Fl. dan. t. 1536. **Ch. en ombelle**, *umbellata*. Nutt. (avril-mai).

368. ANAGYRE, *Anagyris*. Tourn. — Calice gibbeux à la base, à 5 dents obtuses, un peu labié : corolle papillonnacée, à carène de deux pétales, plus longue que les ailes et l'étendard : gousse sèche, comprimée, presque cloisonnée, non articulée, polysperme, étamines libres.

1. Arbrisseau droit, rameux, à écorce grisâtre : feuilles ternées, à folioles entières, lancéolées, aiguës, blanchâtres pubescentes en dessous : stipules bifides, opposées aux feuilles : fleurs jaunes, pédonculées, en grappe : étendard fort court : semences réniformes. — ♃. Collines rocailleuses du Midi, Arles, Montpellier. Fl. græc. t. 366. **An. fétide**, *fœtida*. Lin. (février-mars).

369. GAINIER, *Cercis*. Lin. — Calice gibbeux à la base, à 5 dents obtuses : corolle papillonnacée, à pétales distincts, onguiculés, à ailes très-grandes, à carène de 2 pétales : étamines inégales, libres : gousse sèche, comprimée polysperme, bordée en dessus d'une aile étroite, s'ouvrant par la suture inférieure.

1. Arbre à rameaux étalés, bruns ou rougeâtres : feuilles simples, réniformes en cœur, pétiolées : fleurs purpurines, en paquets sur les branches, même sur le tronc, paraissant avant les feuilles. — ♃. Rochers et forêts du Midi, Valbonne, Gaujac [Gard]. Lam. ill. t. 528. **G. arbre de Judée**, *Siliquastrum*. Lin. (avril-mai).

370. DICTAME, *Dictamus.* Lin. — Calice caduc, à 4-5 divisions : corolle à 5 pétales inégaux : 10 étamines déjetées, glanduleuses tuberculeuses : style incliné : fruit formé de 5 capsules comprimées , pointues, réunies en étoile, s'ouvrant par la face interne.

1. Tige droite, simple, velue, cylindrique : feuilles grandes, alternes, ailées avec impaire, à folioles ovales, luisantes, dentelées en scie, pubescentes sur les nervures de dessous : fleurs rougeâtres ou blanches, en grappe ter- minale, droite : pédoncules et calices hérissés glanduleux visqueux. — ♃. Bois du Midi , la Roque au bois de Coucol près Bagnols [Gard]. Jacq. Aust. t. 428. **D. blanc ,** *albus.* Lin. (mai–juin).

DIGYNIE.

571. SCLÉRANTHE, *Scleranthus.* Lin. — Calice tubuleux, persistant, adhérent, à 5 dents aiguës : corolle nulle : étamines 5-10 courtes, insérées au sommet du calice : 2 styles : capsule très-mince, enveloppée par le calice, à 1 graine.

n. — *Divisions du calice étalées ou réfléchies.*

1. Tige de 2-4 pouces, un peu velues : feuilles linéaires, aiguës : fleurs blanchâtres, à divisions du calice très-étalées ou réfléchies, épineuses à la maturité. — ☉. Pays les plus méridionaux de la France. Col. Ecphr. 1. p. 295. t. 294. **Scl. à calice épineux,** *polycarpos.* Lin. (mai–juin).

nn. — *Divisions du calice ouvertes, dressées à la maturité.*

2. Tiges couchées, articulées, rameuses dichotomes, un peu pubescentes : feuilles étroites linéaires : fleurs verdâtres , en cimes terminales , plus ou moins serrées : lobes du calice ovales aigus, étroitement membraneux sur les bords, égaux au tube, ouverts à la maturité. — ☉. ☻. Les champs sablonneux, l'Es- pérou. Fl. dan. t. 504. **Scl. annuelle,** *annuus.* Lin. (mai–juin). = *Variétés.* = a. — Fleurs inférieures dans la dichotomie ; plante plus élevée. = b. — Fleurs en paquets presque verticillés. *Verticillatus.* Tausch. Bois de Pouzilhac.

nnn. — *Divisions du calice fermées à la maturité.*

5. Tiges étalées ou dressées, un peu pubescentes : feuilles linéaires, étroites , un peu glauques, quelquefois demi-cylindriques, raides, ciliées et le calice : fleurs blanches, vertes sur les nervures, en cimes terminales : divisions du calice oblongues arrondies obtuses, largement membraneuses sur les bords, fermées à la maturité.— ♃. Champs sablonneux, l'Espérou. Fl. dan. t. 563. **Scl. vivace,** *perennis.* Lin. (juin-juillet).

372. DORINE, *Chrysosplenium.* Lin. — Calice adhérent à l'ovaire, à 4-5 divisions inégales, colorées : corolle nulle : 8-10 étamines insérées autour d'un disque glanduleux, entourant la partie libre de l'ovaire : capsule uniloculaire , à 2 valves, polysperme, surmontée par les styles.

1. Tendre, succulente, un peu poilue, gazonnante : tiges faibles, rameuses, dichoto- mes, radicantes à la base, étalées, diffuses : feuilles *opposées,* arrondies, un peu crénelées,

en coin à la base, les inférieures plus larges : fleurs jaunes, pédonculées, en corymbes terminaux, munis de 2 bractées colorées. — ♃. Rochers humides, ruisseaux, Pont-de-l'Hérault, Goincourt près Beauvais, forêt de Villers-Cotterets, Semur [Côte-d'Or]. Sturm. fasc. 4. t. 6. ⚇. **à feuilles opposées**, *oppositifolium*. Lin. (mai-juin).

2. Succulentes, tendres, un peu poilues, radicantes : tiges assez robustes, triangulai-res, rameuses dichotômes au sommet : feuilles *alternes*, en cœur à la base, réniformes, à fortes crénelures, les radicales à long pétiole : fleurs jaunâtres, en corymbes terminaux, entourées des feuilles florales. — ♃. Rochers et endroits humides des montagnes, Château-Chinon [Nièvre], Ermenonville, Autun. Fl. dan. t. 566. ⚇. **à feuilles alternes**, *alternifolium*. Lin. (mai).

573. SAXIFRAGE, *Saxifraga*. Lin. — Calice de 5 sépales, adhérent à l'ovaire, ou libre; 5 pétales étalés, à onglet court : 10 étamines : 2 styles : capsule à 2 loges polyspermes, s'ouvrant entre les 2 styles qui la rendent bicorne.

I. = Ovaire libre.

§ 1. = TIGE NUE : FEUILLES TOUTES RADICALES. CALICE RÉFLÉCHI APRÈS LA FLORAISON.

n. — *Fleurs tachées de jaune.*

1. Feuilles en rosette, arrondies obovées ou spatulées, atténuées en pétiole, crénelées, glabres, coriaces, cartilagineuses sur les bords : pétiole plane, en coin : tige nue, pubescente au sommet : pédoncules le plus souvent à 2 fleurs blanches avec 2 taches couleur de safran à la base de chaque pétale oblong lancéolé, plus long que les sépales lancéolés aigus.— ♃. Montagnes ombragées, humides, Concoules [Gard], Grande-Chartreuse, les Pyrénées, Amsur, Orlu. Scopol. carn. t. 13. ⚇. **à feuilles en coin**, *cuneifolia*. Lin. (juin-juillet).

nn. — *Fleurs tachées de jaune et de rouge.*

q. — *Hampe presque glabre, un peu poilue à la base*

2. Tige portant 2-3 très-petites feuilles linéaires : feuilles radicales obovales en coin, dentées au sommet, atténuées en pétiole, un peu épaisses, le plus souvent glabres : pédoncules presque droits, filiformes : fleurs blanches, à 2 points rouges à la base des pétales lancéolés, rétrécis aux deux bouts, étalés. — ♃. Montagnes humides, Concoules [Gard], Sept-Laus et Taillefer en Dauphiné, les Pyrénées, Mont-d'Or, Cévennes. Fl. dan. t. 23. ⚇. **étoilée**, *stellaris*. Lin. (juin-juillet).

qq. — *Hampe poilue.*

a. — *Feuilles très-glabres.*

3. Tige poilue visqueuse : feuilles en rosette très-garnie, obovales, cartilagineuses sur les bords, à crénelures arrondies, régulières, rétrécies en pétiole garni de poils roux laineux, aplatis dilatés : fleurs en panicule, blanches ou roses, tachées de jaune et de rouge : étamines élargies au sommet : pistil rouge.—♃. Dans les mousses des montagnes peu élevées, les Pyrénées au Port-de-Coumebière, Brousset, Castelet. Lap. Fl. pyr. 44. t. 22. ⚇. **des lieux ombragés**, *umbrosa*. Lin. (mai-juin).

b. — *Feuilles velues.*

4. Tige rougeâtre, paniculée dans le haut : feuilles *ovales arrondies*, quelquefois en cœur à la base, *crénelées dentées*, ordinairement rougeâtres sur les bords : pétiole très-long, demi-cylindrique, canaliculé en dessus, *velu en dessous et sur les bords* : fleurs blanches, ponctuées de jaune et de rouge, 1-3 sur chaque pédoncule velu, d'un rouge noirâtre.— ♃. Rochers ombragés et humides des Hautes-Pyrénées, au Pic de Gard, Cagire, à la vallée d'Andore au mont Sacon. Lap. Fl. pyr. p. 45. t. 25. ⚇. **velue**, *hirsuta*. Lin. (mai-juin). — *Racine pivotante.*

5. Hérissée : tige grêle, rougeâtre vers le haut : feuilles *réniformes, à crénelures arron-*

dies : pétiole long, *tout hérissé* : pédicelles ca-
pillaires , en panicule : fleurs blanches , ou
ponctuées de jaune et de rouge : pétales
oblongs.—♃. Endroits couverts des Pyrénées,

au Carcanet, au Pas-de-Rolland près Itassou,
bois de Barèges. Lap. Fl. pyr. p. 46. t. 24. ❦.
Benoîte, *Geum*. Lin. (mai-juin). — *Racine
traçante*.

§ 2. = TIGE FEUILLÉE.

n. — *Calice réfléchi après la floraison.*

q. — *Pétales inégaux.*

6. Tiges striées, dressées : feuilles pétiolées,
les radicales oblongues en coin , grandes,
molles, poilues, dentées depuis le milieu jusqu'au sommet, les caulinaires en coin , dentées au sommet, les plus hautes linéaires :
fleurs blanches, à 2 points rouges ou orangés
sur les trois pétales plus grands , ovales
oblongs, les deux plus petits lancéolés, atténués en onglet, sans taches : pédoncules divergents, en corymbe : étamines subulées. —
♃. Lieux couverts, humides des Pyrénées ,
Estagnoux de Crabère, cascade de Montauban,

pic du Lisey, la Lozère , les Cévennes. Lap. Fl.
pyr. p. 49. t. 25. ❦. **de Clusius**, *Clusii*. Gou.

qq. — *Pétales égaux.*

7. Tige droite, |simple, un peu velue vers
le sommet : feuilles lancéolées , planes alternes , pressées contre la tige , les plus basses atténuées en pétiole cilié : 1-3 fleurs jaunes,
grandes, tachées à la base : pétales ovales
oblongs, très-nervés , dépassant beaucoup le
calice à dents lancéolées obtuses. — ♃. Lieux
humides des montagnes , Pontarlier, le Jura
près le lac de Joux. Gmel. Fl. sibér. 4. t. 65.
f. 3. ❦. **œil de boue** , *hirculus*. Lin. (juin-
septembre).

nn. — *Calice non réfléchi après la floraison.*

a. —*Feuilles larges.*

8. Tige droite, paniculée, multiflore : feuilles pétiolées, les radicales très-longuement,
grandes, en cœur, réniformes, toutes à dents
grosses, inégales, aiguës sur les angles : fleurs
blanches, ponctuées de jaune ou de rouge :
pétales lancéolés, aigus, doubles du calice.
—♃. Lieux humides des montagnes, Espérou,
Alpes, Pyrénées, montagnes d'Auvergne. Lap.
Fl. pyr. t. 26. ❦. **à feuilles rondes**, *rotundifolia*. Lin. (juin-août).— Var. à angles des
feuilles obtus. *Repanda*.

b. — *Feuilles linéaires ou lancéolées.*

9. Tige de 3-5 pouces , droite : jeunes tiges
garnies de feuilles imbriquées, réunies en

petites boules : feuilles lancéolées, mucronées,
ciliées épineuses, les caulinaires serrées contre la tige : fleur unique, d'un blanc jaunâtre,
tachée à la base , pétales étalés , obtus elliptiques , doubles du calice à dents obtuses un
peu mucronées. — ♃. Terrains pierreux des
hautes montagnes , Gap à Chaillot-le-Vieil ,
Sept-Lans, la Moucherolle en Dauphiné, Pyrénées, Mont-d'Or. Jacq. misc. 2. t. 3. f. 3. ❦,
faux Ibry, *Bryoides*. Lin. (juillet-août).=*Variété*. = b. — Tiges couchées à la base, ascendantes; rejets longs, couchés, garnis de feuilles
en faisceau, toutes bordées de cils raides, les
caulinaires éloignées , un peu ouvertes. Jacq.
aust. append. t. 31. *Aspera*. Lin.

II. = Ovaire demi-adhérent. Feuilles opposées, coriaces , sur 4 rangs.

a. — *Etamines et pistils saillants.*

10. Plante naine, rampante, en gazon, glauque : feuilles petites, oblongues trigones, rapprochées, glabres', très-peu ciliées à la base ,
ponctuées en dessus, recourbées , les plus
hautes un peu écartées : fleurs purpurines, à
pétales lancéolés, aigus, étalés, plus longs que
le calice moitié plus court que la capsule.
—♃. Sommités des plus hautes montagnes ,
Llaurenti à gauche de l'Etang, le Valgaudemar,
le Villard-d'Arène. Gou. ill. t. 18. f. 1. ❦.
écrasée, *retusa*. Gou. (juillet-août).

b. —*Etamines et pistils presque pas saillants.*

11. Tiges un peu ligneuses à la base , couchées, à rameaux ascendants : feuilles écartées, planes, obovales, ou en spatules, un peu
épaissies au sommet, à cils rares : fleurs 1-2,
purpurines ou blanches , à pétales écartés
lancéolés, droits, 2 fois plus longs que le calice, à peine plus longs que les étamines.—♃.
Près les neiges éternelles, les Pyrénées, à la
Bastellade entre le Llaurenti et les monts Orlu.
le Queyras et le Briançonnais. Lap. Fl. pyr.
p. 37. t. 17. ❦. **à deux fleurs**, *biflora*. All.
(juillet-août).

c.—*Etamines et pistils non saillants.*

12. Tiges ligneuses à la base, couchées, à rameaux nombreux, droits, noirâtres, serrés uniflores : feuilles compactes, sessiles ovales, petites, obtuses, recourbées, ciliées sur les bords de poils rudes, ayant un pore au sommet : fleurs purpurines, ou blanches, grandes, solitaires, terminales, presque sessiles : pétales ovales oblongs, beaucoup plus longs que le calice presque libre, à divisions obtuses, ciliées. — ♃. Hautes montagnes dans les pierres et sur les rochers, sommité du Mont-Ventoux, Saint-Nizier près Grenoble, les Pyrénées à la Brèche de Rolland, à ; ont de Comps, Cambredases. Linnée. Fl. Lapp. t. 2. f. 1. **S. a feuilles opposées**, *oppositifolia*. Lin. (juin-août).

III. — Ovaire adhérent, ou demi-adhérent: pas de rejets passant l'hiver.

n. — *Racine portant des bulbilles au collet.*

13. *Bulbilles écailleuses, non grenues :* poilue visqueuse : tige droite, simple, divisée en plusieurs pédoncules au sommet : feuilles radicales à long pétiole, réniformes en cœur, arrondies, profondément crénelées, les caulinaires sessiles, rhomboïdales incisées, les plus hautes petites, linéaires, entières, *portant des bulbilles aux aisselles :* fleurs blanches, à pétales étalés, en spatule, doubles des étamines : calice à divisions oblongues obtuses. — ♃. Lieux pierreux du Dauphiné. Fl. dan. t. 590. **S. bulbifère**, *bulbifera*. Lin. (mai-juin). — *Tige très-feuillée.*

14. *Bulbilles grenues, non écailleuses :* tige peu feuillée, droite, pubescente visqueuse : feuilles inférieures à long pétiole, réniformes, crénelées, les caulinaires en coin à 3-5 lobes étalés : fleurs blanches, grandes, en panicule : pétales oblongs obovés, 2 fois plus grands que le calice. — ♃. Bords des forêts, prairies des montagnes, le Vigan. Fl. dan. t. 514. **S. grenue**, *granulata*. Lin. (mai-juin).═*Variétés.*═b. — Feuilles supérieures ovales élargies au sommet, entières, ou à 1-2 dents. *Multicaulis.* Lap. ═c. — Feuilles toutes pétiolées, à lobes arrondis, obtus : fleurs pendantes. *Penduliflora.* Bast. — *Pas de bulbilles à l'aisselle des feuilles.*

nn.—*Racine sans bulbilles.*

q. — *Plantes velues visqueuses.*

s. — *Plantes annuelles.*

15. Tige rameuse, dressée, grêle : feuilles radicales *obovales spatulées*, entières ou trilobées, à long pétiole, les caulinaires alternes à 3-5 lobes, les plus hautes linéaires entières : pédoncules uniflores, munis de 2 bractées à la base, beaucoup plus longs que la capsule : fleurs blanches, à pétales *oblongs*, entiers, dépassant le calice. — ♁. Les vieux murs, rochers, terrains stériles, très-commune. Blackw. herb. t. 212. **S. à trois doigts**, *tridactylites*. Lin. (avril-mai). — Var. à tige basse, simple, à feuilles entières, *Exilis.* — *Pétiole plane.*

16. Tige couchée, divisée en panicule lâche : feuilles trifides, laciniées dentées, les inférieures *un peu réniformes*, les plus hautes en coin à la base, entières, ou divisées en lobes acuminés : pétiole *demi-cylindrique*, *canaliculé :* pédoncules uniflores, dépassant beaucoup la capsule, munis à la base de 2 bractées : fleurs blanches : pétales *obovales*, doubles du calice. — ☉. Lieux pierreux des Alpes du Dauphiné, des Pyrénées. Sternb. rev. p. 47. t. 11. f. 6. **S. des rochers**, *petræa*. Lin. (mai-juin).

ss. — *Plantes vivaces.*

17. Tige solitaire, dressée, ferme, feuillée : feuilles en coin, à 3-5 lobes, les caulinaires alternes, les radicales nombreuses, ramassées, les primitives en spatule, entières : pédoncules à 3 fleurs, munis de 2 bractées : fleurs blanches, à pétales tronqués, un peu échancrés, dépassant le calice. — ♃. Rochers élevés des Alpes, Pyrénées, Canigou, port de Venasques. Sturm. fasc. 35. t. 14. **S. ascendante**, *ascendens*. Lin. (juin août). — *Variétés.* ═ b.— 3-4 fleurs sessiles au milieu de la rosette. *S. Bellardi.* All. ped. t. 88. f. 1. ═c.— Feuilles toutes entières. *Integrifolia.* Gaud.

qq. — *Plantes non visqueuses.*

18. Tiges *feuillées*, ascendantes, couchées et *garnies à la base de feuilles desséchées :* feuilles alternes, *linéaires*, ou *oblongues linéaires*, un peu mucronées, un peu ciliées rudes sur

les bords : pédoncules longs, uniflores : *fleurs jaunes*, tachées de points safranés : pétales lancéolés oblongs, obtus, un peu plus longs que les sépales *étalés*, obtus. — ♃. Lieux humides', bords des ruisseaux, des Alpes, Pyrénées, Gap dans les ravins du Champsaur, Barèges, Llaurenti. Fl. dan. t. 72. **S. faux Aizoon,** *Aizoides.* Lin. (juillet-septembre).

19. Feuilles *toutes radicales, obovales spatulées, atténuées en pétiole, ondulées, crénelées, à dents inégales :* fleurs *blanches*, rosées en dehors, en corymbe : pétales oblongs, obtus, onguiculés, à 3 nervures, un peu plus longs que le calice à dents ovales, *droites :* capsule nervée. —♃. Sommités rocheuses des montagnes d'Auvergne. Lin. Fl. succ. t. 2. f. 5. 6. **S. des neiges,** *nivalis.* Lin. (juillet-août).

IV. = Ovaire tout-à-fait adhérent : rejets passant l'hiver.

§ 1. = FEUILLES SESSILES, ÉPAISSES, ALTERNES, INDIVISES, CARTILAGINEUSES SUR LES BORDS, ET LE PLUS SOUVENT PORTANT DES CALLOSITÉS CALCAIRES.

n. — *Feuilles trigones, obtuses.*

20. Tige de 3-5 pouces, *très-poilue glanduleuse :* feuilles en rosette imbriquées très-serré, linéaires oblongues, obtuses, convexes sur le dos, à carène obtuse, marquées de sept points, un peu ciliées à la base, couvertes d'une croute calcaire dans le jeune âge : fleurs grandes, blanches, dressées, terminales, peu nombreuses : pétales obovales, rétrécis à la base, entiers, *parcourus de nervures droites, nombreuses,* doubles du calice à dents elliptiques. —♃. Montagnes du Dauphiné, environs de Guillestre. Bellard. app. ad. Fl. ped. t. 3. **S. diapensie,** *diapensioides.* Bellardi. (juin-juillet).

21. Tiges gazonnantes, *peu feuillées, peu velues glanduleuses :* feuilles des rosettes imbriquées très-serré, *recourbées en arc dès la base,* linéaires oblongues, un peu aiguës, portant 5-7 points en dessus, convexes sur le dos, obtuses sur la carène, frangées depuis la base jusqu'au milieu, couvertes d'une croute calcaire dans le jeune âge, *bleuâtres :* fleurs blanches, peu nombreuses : pétales obovales, parcourus de 3-5 nervures, *les latérales courbées en arc.*—♃. Hautes montagnes, le Cantal. la Chartreuse en Auvergne, les Pyrénées, au Mont-Perdu, Crabère, la Maladetta, environs de Briançon. Scopol. Fl. carn. t. 15.**S. bleuâtre,** *cœsia.* Lin. (juillet-août).

nn. — *Feuilles trigones, piquantes, dentelées à la base.*

22. Poilue glanduleuse sur la tige et le calice : feuilles des rosettes imbriquées très-serré, droites', ovales lancéolées, aiguës, terminées par une pointe raide, piquante, cartilagineuses sur les bords, portant 3-7 points en dessus, frangées à la base, légèrement couverte de croutes calcaires dans le jeune âge : fleurs blanches grandes, en corymbe : corolle campanulée, à pétales ovales, parcourus de 5 nervures droites, plus grands que le calice. —♃. Rochers des Pyrénées, à l'étang d'Amsur. Sternb. rev. sax. 34. t. 10. f. 3. **S. de Vandellius,** *Vandellii.* Sternb. (juillet-août).

nnn. — *Feuilles droites, obtuses, allongées, à dents cartilagineuses.*

q. — *Pétales linéaires lancéolés; fleurs jaunes.*

23. Poilue glanduleuse : tige feuillée, paniculée : feuilles oblongues, en coin, obtuses, bordées de cils nombreux vers la base, entières ou à dents de scie peu marquées vers le sommet, les caulinaires inférieures velues à la base, les supérieures velues partout : fleurs d'un jaune orangé ou safrané : pétales plus étroits que les divisions du calice. — ♃. Pic d'Endretlis dans les Pyrénées. Jacq. icon. rar. 5. t. 466. **S. changée,** *mutata.* Lin. (juin-juillet).

qq. — *Pétales ovales ou oblongs; fleurs blanches.*

s. — *Calice glabre.*

24. Tige droite presque glabre, portant quelques feuilles éparses oblongues ou en spatule, glabres, dentées : feuilles des rosettes oblongues élargies au sommet, bordées de dents courbées vers le sommet : fleurs blanches, en corymbe, ou en panicule oblongue : pétales

ponctués, ovales élargis au sommet. — ♃.
Rochers des Monts-d'Or, Vosges, Jura, Corse.
Jacq. aust. 5.p. 458. t. 458. **S. aizoon**, *aizoon*.
Jacq. (juillet-août). = *Variétés*. = b. — Feuil-
les des rosettes linéaires oblongues aiguës , à

dents aiguës : pétales ovales non ponctués :
calice poilu glanduleux. *Recta*. Lap. Fl. pyr.
t. 15. = c. — Tige petite, d'un pourpre violet :
feuilles linéaires oblongues, peu aiguës : calice
glabre. *Purpurascens*. Mut. au Mon[t] de Lans.

ss. — *Calice velu glanduleux.*

a. — *Feuilles rétrécies au sommet.*

25. Tige rameuse dans le haut , à rameaux
allongés , nus , terminés par un corymbe de
6-12 : feuilles des rosettes linéaires oblongues',
rétrécies vers le sommet , très-ponctuées sur
les bords portant des tubercules calcaires et
des den's cartilagineuses , tronquées , rapprochées : fleurs blanches, ponctuées de rouge et
d'orangé : pétales obovales. — ♃. Rochers des
Alpes. Sturm. fasc. 55. Figure à gauche. **S. de
Host**, *Hostii*. Tausch. (juin-août).

b. — *Feuilles élargies au sommet.*

26. Tige divisée dès la base en rameaux
formant une *panicule pyramidale* : feuilles de
la rosette oblongues , spatulées , obtuses très-
longues , *larges de plusieurs lignes*, dentées
en scie : *pédoncules multiflores* : fleurs blanches, grandes, souvent réunies, ou ponctuées
de rouge : *pétales en coin* : calice à divisions
linéaires oblongues. — ♃. Rochers des Alpes

des Pyrénées à la vallée de Cotterets , au Pont
d'Estambé , au Castelet. Lin. Fl lapp. t. 2. f. 2.
S. cotylédou, *cotyledon*. Lin. (juin-juillet).
— Plante toute velue glanduleuse, les feuilles
radicales exceptées.

27. Tige divisée dès la base en rameaux
formant une *panicule cylindrique* : feuilles
radicales en rosette , linéaires un peu élargies
au sommet, très-longues, *larges d'une ligne*,
à dents de scie très-fines, couvertes sur les
bords de points calcaires formant des petites
dentelures : *pédoncules uniflores* , ou à 4-5
fleurs blanches, parsemées de points pourpres:
pétales ovales en coin, à 5 nervures doubles du
calice. — ♃. Rochers escarpés des Pyrénées,
dans toute la chaîne centrale au pas d'Azun, port
de Plan, Pic d'Arbissac. Lapeyr. Fl. pyr. p. 26.
t. 11. **S. à longues feuilles**, *longifolia*.
Lap. (juin-août). — Plante toute velue glanduleuse, feuilles radicales exceptées.

nnnn. — *Feuilles en spatule , pointues , entières, cartilagineuses sur les bords.*

a. — *Fleurs roses.*

28. Tige garnie de feuilles oblongues : feuilles de la rosette glabres oblongues en spatule,
les caulinaires velues glanduleuses et la tige,
les pédoncules et le calice : fleurs peu nombreuses, pédicellées, en grappe courte : pétales plus petits que les lobes du calice purpurin,
grands, obtus. — ♃. Pyrénées-Orientales, Castelet, Cambredases, port de Paillères, vallée de
Bagnères-de-Luchon. Lam ill. t. 372. f. 6. **S.
intermédiaire**, *media*. Gou.

b. — *Fleurs d'un jaune doré.*

29. Tiges purpurines au sommet, velues
glanduleuses visqueuses et les pédoncules, les
calices et les feuilles caulinaires linéaires :
feuilles de la rosette glabres, linéaires en spatule, mucronées, entières : fleurs jaunes, à
pétales arrondis, plus longs que le calice purpurin, à dents triangulaires : corymbe serré.

— ♃. Les Pyrénées, sur les rochers de las
Grottes, à la fontaine de Bernadouse. Lapeyr.
Fl. pyr. p. 29. t. 14. **S. jaune et pourpre**,
luteo-purpurea. Lap. (juillet-août).

c. — *Fleurs d'un jaune verdâtre.*

50. Rosette à feuilles linéaires , en spatule,
serrées, pointues, glabres : tiges nombreuses,
petites, entourées dans le bas d'une colonne
cylindrique , formées des feuilles anciennes,
persistantes, petites, coriaces, entières, lisses,
pointues, les caulinaires supérieures ciliées
glanduleuses, et la tige : pédoncules et calices
tous visqueux : fleurs d'un jaune verdâtre,
rapprochées terminales , à pétales ondulés,
élargis au sommet , doubles du calice à dents
ovales obtuses.— ♃. Les Pyrénées, Tourmalet,
vallée d'Asté, Bernadouse , Pic du Midi. Lap.
Fl. pyr. p. 28. t. 15. **S. arctie**, *arctioides*.
Lap. (juin-juillet).

§ 2. = FEUILLES PLANES , NERVEUSES , PORTANT DES CILS ARTICULÉS , ENTIÈRES OU DIVISÉES , NI CARTILAGINEUSES , NI PONCTUÉES SUR LES BORDS.

n. — *Fleurs jaunâtres ou purpurines.*

a. — *Des feuilles divisées.*

31. Tiges glabres ou pubescentes glanduleuses visqueuses, très-petites, filiformes : feuilles caulinaires 1-2, entières, celles des rosettes entières ou trifides, à lobes linéaires et les feuilles entières, arrondies, obtuses au sommet, celles des rejets toujours entières : fleurs 1-3 sur chaque tige, assez grandes, d'un jaune soufre, sèches d'un jaune citron : pétales ovales obtus, étalés, dépassant le calice. — ♃. Montagnes du Dauphiné, Mont-Ventoux, Pyrénées. Lapeyr. Fl. pyr. t. 34. 35. 36. **S. mousse**, *muscoides*. Wulf. (juin-août). = *Variétés.* = b. — Pubescente glanduleuse, à odeur balsamique : pétales dépassant le calice. *Moschata*. Wulf. Mont-Aurouse , col du Galibier.= c. — Pubescente glanduleuse : feuilles striées nervées, en coin, toutes divisées à 3-5 lobes, odorantes. *Striata*. Hall. Sommets des Alpes.

b. — *Toutes les feuilles entières.*

32. Tiges couchées à la base, filiformes, *feuillées* : feuilles radicales lancéolées *aiguës*, mucronées, atténuées en pétiole lâche, ciliées à la base, pas imbriquées : fleurs d'un jaune citron, 1-5 terminales, portées sur des pédicelles filiformes, allongés : pétales ovales *aigus*, plus étroits et presque plus courts que les lobes du calice. — ♃. Pyrénées au val d'Eynes, Cambredases. Sternb. rev. sax. p. 27. t. 7. f. 2. a. b. et t. 9. b. f. 5. **S. faux Sédou**, *Sedoides*. Lin. (juin-juillet).

33. Tiges *peu feuillées* : feuilles radicales lancéolées spatulées, *obtuses*, rétrécies en pétiole, à 5-7 nervures sèches, un peu ciliées : fleurs 1-2, d'un jaune verdâtre, à pétales oblongs linéaires *obtus*, plus étroits et à peine plus longs que les lobes du calice. — ♃. Montagnes des environs d'Embrun. Sternb. rev. sax. t. 9. f. 4. **S. de Séguier**, *Seguieri*. Spreng. (juillet-août).

nn. — *Fleurs blanches.*

A. — FEUILLES TOUTES LOBÉES OU DIVISÉES.

q. — *Aucune partie de la plante visqueuse glanduleuse.*

34. Tige ligneuse à la base, glabre et toute la plante : feuilles grêles, fermes, longues, étroites, étalées, à 5-5 lobes profonds, divergents, linéaires, obtus, tronqués : pédoncules longs, uniflores : fleurs blanches, en corymbe paniculé : pétales ovales arrondis obtus, 1-2 fois plus longs que le calice. —♃. ♄. Rochers ombragés des Pyrénées, port de Rat, Cambredases, dent d'Orlu. Lapeyr. Fl. pyr. p. 64. t. 44. **S. à cinq doigts**, *pentadactylis*. Lap. (juin-septembre).

qq. — *Des parties de la plante velues glanduleuses visqueuses.*

a. — *Feuilles velues glanduleuses.*

35. Tige presque nue : feuilles palmées, velues glanduleuses, sans nervures : pétioles ailés à la base : pédoncules uniflores : fleurs blanches tubuleuses : pétales aigus : calice à divisions linéaires, un peu obtuses. — ♃. Rochers humides du Canigou, Cambredases. Lapeyr. Fl. pyr. p. 65. t. 42. **S. de Lapeyrouse**, *Lapeyrousii*. Sternberg. revis. 51. (juillet-août).

b. — *Pédoncules et calices velus glanduleux.*

36. Tiges couchées, couvertes dans le bas des vieilles feuilles desséchées, à rameaux redressés : feuilles glabres, à peine un peu ciliées, rétrécies en pétiole, élargies dans le haut, à 3-5 lobes pointus, linéaires : pédoncules portant des feuilles linéaires à 3 lobes, allongés, poilus glanduleux, à 2-5 fleurs petites : étamines saillantes, pistils très-divergents au sommet : pétales ovales obtus, amincis des deux bouts, plus longs que le calice à dents aiguës. — ♃. Débris des rochers auprès des neiges, bords des eaux très-froides, les Pyrénées, étang d'Amsur, Estagnoux de Crabère, la Houle du Marboré. Lapeyr. Fl. pyr. p. 55. t. 50. **S. à feuilles de Bugle**, *Ajugæfolia*. Lin. (juillet-août).

c. — *Toute la plante velue glanduleuse.*

37. Un peu poilue visqueuse : tige dressée,

paniculée rameuse : feuilles radicales longues, rétrécies en pétiole allongé, les plus bas dilatés, *très-nerveuses en dessous*, à 5-7 lobes linéaires aigus, *en pédale*, un peu résineuses, les caulinaires à 3-5 lobes linéaires subulés : fleurs blanches, en panicule : *pédoncule long :* pétales obovales, *rétrécis en onglet*, parcourus de nervures rameuses, plus du double du calice à lobes subulés aigus.— ♃. Montagnes de la Lozère, de Corse. Smith. Engl. Bot. t. 1278. **S. en pédale**, *pedatifida*. Smith. (juillet-août). — *Tige peu feuillée : pédicelles filiformes.*

38. Tige dressée, forte, velue glanduleuse, rameuse au sommet : feuilles toutes uniformes, charnues, d'un vert foncé, un peu visqueuses, à très-long pétiole élargi dilaté, découpées en 5-7 lobes eux-mêmes divisés en lobes plus petits, aigus ; les supérieures presque sessiles : fleurs blanches, grandes, tubuleuses, en panicule, quelquefois en tête : pétales ovales élargis au sommet, dépassant beaucoup le calice à dents ovales lancéolées, peu aiguës : styles presque parallèles. — ♃. Ruisseaux d'eaux très-froides des Pyrénées, val d'Eynes, Clot du Toro, port de la Piquade, Canigou, hautes montagnes de Corse. Lapeyr. Fl. pyr. p. 53. t. 28.29. **S. aquatique**, *aquatica*. Lap. (juin-juillet). — *Tige très-feuillée : pédicelles courts, épais.*

B. — PAS TOUTES LES FEUILLES DIVISÉES.

q. — *Feuilles supérieures divisées.*

59. Tiges presque nues, en gazon : feuilles ciliées, garnies de papilles, les inférieures éparses, en spatule, entières, les supérieures à 3 lobes : fleurs d'un blanc de lait, en tête : pétales obovales, doubles du calice. — ♃. Les Pyrénées. Lap. suppl. abrégé. Fl. pyr. p. 53. **S. ciliée**, *ciliaris*. Lap. (mai-septembre).

qq. — *Feuilles inférieures divisées.*

k. — *Divisions du calice aiguës pointues.*

a. — *Des bourgeons à l'aisselle des feuilles inférieures.*

40. Gazon serré formé par les tiges stériles, couchées, entrelacées les unes dans les autres : tiges fertiles dressées, presque nues : feuilles linéaires, pointues, les unes entières, les autres trifides, à lobes acuminés : fleurs blanches, grandes, portées par de longs pédoncules : pétales ovales, obtus, marqués de 3 lignes verdâtres ou pâles, beaucoup plus longs que le calice à dents ovales pointues. — ♃. Rochers des montagnes du Midi, Thueyts [Ardèche], le Vigan, Collioure, Marseille. Lapeyr. Fl. pyr. p. 57. t. 52. **S. hypne**, *hypnoïdes*. Lin. (juin-juillet).

b. — *Pas de bourgeons à l'aisselle des feuilles.*

41. Tige presque nue, droite, pubescente visqueuse surtout dans le haut : feuilles pétiolées, nombreuses, à 3-5 *lobes divergents*, divisés aussi en 3-5 lanières plus ou moins aiguës, les caulinaires à 3-5 lobes linéaires subulés, les plus hautes simples : fleurs blanches, grandes, tubuleuses, pédicellées, en tête : pétales ovales obtus, *à 3 nervures rameuses*, doubles du calice pubescent glanduleux, à dents très-aiguës.— ♃. Rochers humides des hautes montagnes, Espérou, les Pyrénées à Amsur, val d'Eynes, Canigou, port de Venasques, Cambredases. Gou. ill. t. 18. f. 2. **S. géranium**, *geranioïdes*. Lin. (juin-août).

42. Grêle, visqueuse : tige rougeâtre, un peu couchée à la base, presque nue : feuilles *couvertes de petits tubercules résineux, odorants*, les radicales ou des tiges stériles à long pétiole, à 5-5 divisions, les latérales à 2 lobes linéaires ou entières ; les caulinaires presque sessiles, à 3 lobes, les supérieures entières : fleurs blanches, portées sur des pédicelles grêles, longs : pétales en spatule, doubles du calice à lobes lancéolés aigus. — ♃. Rochers escarpés des Pyrénées, val d'Eynes, Llaurenti, Dent-d'Orlu, Canigou. Lapeyr. Fl. pyr. p. 65. t. 42. **S. porte-gomme**, *ladanifera*. Lapeyr. (juillet-août).

kk. — *Divisions du calice obtuses.*

s. — *Feuilles dentées au sommet.*

43. Tige très-petite, à 1-2 feuilles, ou nue, plus ou moins velue : feuilles radicales en ga-[zon], pétiolées, lancéolées en spatule, obtuses, velues, entières ou à 3 dents au sommet, les

caulinaires lancéolées, à 3 dents, toutes très-nerveuses par la dessication : fleurs blanches, le plus souvent 1, rarement 2-3 : pétales obovés, échancrés, doubles en largeur et en lon-gueur des lobes du calice. — ♃. Près les neiges éternelles des Alpes et des Pyrénées, Lautaret, Mont-de-Lans, la Moucherolle. Jacq. Fl. aust. t. 389. **S. androsace,** *androsacea*. Lin. (juillet-août).

ss. — *Feuilles lobées.*

†. — *Plantes poilues ou pubescentes visqueuses.*

a. — *Lobes des feuilles lancéolés aigus.*

44. Tige poilue glanduleuse au sommet : feuilles à pétiole plane, lisse ou parcouru d'un sillon peu marqué, celles des rosettes serrées, les anciennes réfléchies, les nouvelles un peu dressées, sans nervures, ciliées, palmées, à 5-9 lobes lancéolés aigus, mucronés, celles des tiges rares, palmées trifides, souvent entières, au moins quelques-unes : 4-9 fleurs blanches, grandes, terminales : pétales ovales ou oblongs, dilatés au sommet, à 5 nervures, doubles du calice à lobes ovales lancéolés, mucronés, ciliés. — ♃. Rochers des montagnes, environs d'Arbois, Corse. Sternberg. rev. sax. t. **24. S. de Sternberg,** *Sponhemica*. Gmel. B. t. 5. (mai-juin). = *Variété*. = b. — Feuilles très-nerveuses, les lobes portant 5 nervures saillantes ; les nervures latérales des pétales rameuses. *Nervosa*. Lap. Perpignan.

b. — *Lobes des feuilles obtus.*

45. Gazon serré, compacte : plante pubescente visqueuse : tige très-petite, presque nue: pétiole plane, lisse, *ou à 1 sillon peu marqué:* feuilles des rosettes palmées, à 5-5-9 lobes *elliptiques ou lancéolés obtus*, les caulinaires à 3 lobes ou entières et quelquefois les radicales: pétales étalés, ovales ou oblongs, obtus, élargis au sommet, à nervures *purpurines et les filets* des étamines : calice à lobes ovales obtus, une fois plus courts que les pétales. — ♃. Sommités des hautes montagnes, Mont-Ven-toux, Allemond, Sept-Laus près Grenoble, les Pyrénées, Pic du Midi, Hourque-du-Breda, Dent-d'Orlu, Cambredases. Gunn. Fl. norv. t. 7. f. 5. **S. gazonnante,** *cœspitosa*. Lin. (mai-août).

46. Gazonnante, plus ou moins poilue visqueuse : tiges presque nues, pubescentes visqueuses : pétiole linéaire, plane : feuilles marquées *en dessus de trois nervures plus saillantes après la dessication*, à 3-5 lobes linéaires, *divergents*, les caulinaires à 3 lobes, toutes en coin : fleurs blanches, jaunissant un peu en séchant : pédicelles longs : pétales oblongs, obtus, deux fois plus longs que le calice, à 5 *nervures vertes*.— ♃. Rochers des hautes montagnes, la Moucherolle, le Queyras en Dauphiné, les Pyrénées à Casseyre près Bagnères-de-Luchon, rochers de Barcugnas. Vill. Dauph. t. 45. **S. sillonnée,** *exarata*. Vill. Var. 1° à feuilles de la tige entières, fleurs presque en tête. *Minor*. — 2° Plante grêle, à feuilles très-entremêlées. *Intricata*. Les Pyrénées à Cambredases, Crabère, Dent-d'Orlu. = *Variétés*. = b. — Pubescente visqueuse : lobes des feuilles très divergents : pétales ne jaunissant pas, à 3 nervures rouges. *Pubescens*. DC. = c. — Lobes des feuilles peu divergents : feuilles caulinaires entières. *Mixta*. Lap. Fl. pyr. t. 20. Espérou. (août-septembre). — *Feuilles anciennes réfléchies, les jeunes étalées.*

††. — *Plantes presque glabres.*

47. Tiges couchées, couvertes dans toute la partie inférieure des restes des anciennes feuilles : rameaux stériles portant au sommet des rosettes de feuilles en coin, ciliées à la base, nerveuses, arrondies, à 5-5 lobes ovales, un peu divergents, divisés en petits lobes inégaux, aigus : rameaux florifères, droits, portant des feuilles trifides et d'autres entières linéaires : pédoncules à 1-5 fleurs blanches : pétales obovales en coin, portant à la base 5 nervures convergentes, doubles du calice à lobes ovales lancéolés, presque obtus. — ♃. Les Pyrénées, près les neiges éternelles, glaciers d'Oo, Cambredases, port de Venasques. Lap. Fl. pyr. t. 50. **S. en tête,** *capitata*. Lap. (juillet-août).

C. = TOUTES LES FEUILLES ENTIÈRES.

48. Tiges feuillées, velues glanduleuses : feuilles radicales tendres, transparentes, minces, imbriquées très-serré, lancéolées, arron-dies obtuses au sommet, rétrécies à la base, séchées à 5 nervures, cendrées au sommet, toutes ciliées ou pubescentes sur les bords:

fleurs 1-5 blanches, jaunissant par la dessica- taret, les Pyrénées, au port de Venasques, gla-
tion : pétales obovales échancrés, doubles du ciers d'Oo, val d'Eynes, Cambredases. Stern-
calice à lobes glanduleux ovales, courts.— ♃. berg. t. 7. f. 5. **S. à feuilles planes**, *plani-*
Rochers humides des hautes montagnes, Lau- *folia*. Lap. (juillet-août).

574. OEILLET, *Dianthus*. Lin. — Calice tubuleux, à 5 dents,
muni à la base de 2-4 écailles opposées, imbriquées : 5 pétales dentelés, frangés, à onglet très-long, linéaire : 10 étamines : 2 styles :
capsule cylindrique, à 1 loge polysperme, s'ouvrant au sommet en 4
valves : graines concaves d'un côté, convexes de l'autre.

I. = Fleurs agglomérées.

§ 1. — BRACTÉES OVALES OBTUSES, ARRONDIES.

1. *Glabre* : tige un peu couchée dans le pied, quelquefois un peu rameuse : feuilles vertes, *étroites, aiguës* : fleurs petites, d'un rouge pâle, en têtes compactes, terminales : pétales échancrés : écailles 6 scarieuses, transparentes, elliptiques, les 2 extérieures mucronées, doubles des intérieures obtuses, dépassant le calice : graines lisses, oblongues aplaties, finement ridées à la loupe. — ☉. Bords des champs, des chemins. Engl. Bot. t. 956. **OEil. prolifère**, *prolifer*. Lin. (mai-septembre).

2. *Pubescent glanduleux au sommet* : tiges *à articulations velues* : feuilles étroites aiguës, les *inférieures en spatule* : fleurs petites, d'un rouge pâle, en tête compacte, terminale : pétales échancrés : écailles membraneuses luisantes, larges, les extérieures très-pointues, les intérieures dépassant le calice : *graines en capuchon, petites, brunes, grenues sur le dos*. — ☉. Bastia en Corse. Gass. ind. sem. 1825. **OEil. velouté**, *velutinus*. Guss. (juin-juillet).

§ 2. — BRACTÉES LANCÉOLÉES, AIGUES ; CALICE VELU, STRIÉ.

3. Tige velue, à rameaux peu nombreux, un peu redressés : feuilles molles, verdâtres, ciliées à la base, linéaires subulées, pubescentes, un peu obtuses : fleurs rouges, ponctuées de blanc, en paquets lâches : pétales à limbe étroit, court, dentés crénelés au sommet : écailles lancéolées subulées, vertes, égalant presque le tube. — ☉. Terrains stériles, Broussans près Saint-Gilles. Fl. dan. t. 250. **OEil. armeria**, *armeria*. Lin. (juin-juillet).

§ 3. = BRACTÉES OVALES OU LANCÉOLÉES ; CALICE GLABRE, A PEINE STRIÉ.

a. — *Bractées de la longueur du tube.*

4. Tiges lisses, droites, très-feuillées : feuilles lancéolées larges, pointues, d'un vert clair, à 3 nervures : fleurs *panachées de blanc et de rouge*, ou *d'une seule couleur* : pétales dentés, *barbus* : écailles ovales à la base, prolongées en pointe longue subulée. — ♃. Terrains stériles du Midi, bois de la Grande-Chartreuse, polygone de Grenoble. Bot. magn. t. 207. **OEil. barbu**, *barbatus*. Lin. (juin-août).

5. Tige *anguleuse*, droite, *simple* : feuilles linéaires, réunies en une gaine très-longue dans les feuilles supérieures : *fleurs d'un jaune roussâtre ferrugineux*, en tête serrée : bractées *ferrugineuses*, scarieuses, linéaires oblongues, *échancrées*, prolongées en pointe acérée : écailles ovales oblongues, mucronées, pointues, un peu plus courtes : pétales dentelés, *glabres*. — ♃. Les Pyrénées, Mont-Louis, environs de Narbonne. Mut. t. 11. f. 63. **OEil. ferrugineux**, *ferrugineus*. Lin. (juillet).

b. — *Bractées un peu plus courtes que le tube.*

6. Glauque : tige anguleuse : feuilles lancéolées linéaires, non dilatées à la base : fleurs rouges, marquées d'une zône plus foncée, grandes, en tête : bractées et écailles ouvertes étalées, largement membraneuses sur le bord, terminées par une pointe partant du milieu de l'échancrure du sommet élargi.—♃. Bords du Var. Reich. cent. 6. f. 736. **OEil. en tête**, *capitatus*. Pall. (juillet-septembre). = Voir aussi *D. ferrugineus* et *D. seguieri*, variété *Collinus*.

c. — *Feuilles moitié plus courtes que le tube : bractées de la longueur, ou plus courtes ou le dépassant.*

7. Tige cylindrique anguleuse, grêle, dressée : feuilles prolongées en gaîne assez longue, linéaires subulées, dentelées, étalées, à 3 nervures : fleurs rouges 3-5, en tête peu serrée : bractées presque subitement amincies en longue pointe, herbacées : écailles plus courtes : pétales crénelés, barbus à la gorge.— ♃. Ter-

rains stériles. Mut. t. 12. f. 67. **Œil. des chartreux**, *carthusianorum*. Lin. (juin-août). — Var. à tige exactement tétragone : écailles subitement terminées en pointe. *Vaginatus*. Mut. t. 12. f. 68. = *Variété*. = b. — Tige presque cylindrique, robuste : 6-12 fleurs en paquet serré : écailles et bractées variant de longueur, poudreuses à la base, presque subitement terminées en pointe. *Atrorubens*. Mut. t. 11. f. 66.

II. = Fleurs solitaires ou en panicule.

§ 1. = PÉTALES DÉCOUPÉS EN FRANGE.

n. — *Pétales glabres.*

a. — *Ecailles n'atteignant pas le milieu du calice.*

8. Tige dressée, rameuse à la base : feuilles glauques, linéaires, un peu ciliées à la base : fleurs roses ou blanches, pédonculées, terminales, 1-5 par tige : 4 écailles ovales aminées, 3 fois plus courtes que le calice. ♃. Sables maritimes de l'Océan, Bayonne, Lorient. DC. rar. Gall. icon. t. 41. **Œil. de France**, *Gallicus*. Pers. (juin-juillet).

b. — *Ecailles atteignant au moins le milieu du calice.*

9. Tige gazonnante, grêle, un peu couchée : feuilles linéaires subulées, gazonnantes : 2-3 fleurs roses ou blanches : écailles 4-6 ovales, terminées par une pointe très-fine : calice rougeâtre. — ♃. Rochers des environs de Clermont en Auvergne. W. et Kit. rar. hung. t. 222. **Œil des rochers**, *petræus*. W. et Kit.

nn. — *Pétales poilus.*

a. — *Ecailles n'atteignant pas le milieu du tube.*

10. Très-gazonnant : tiges nombreuses, anguleuses : feuilles glauques vertes, nombreuses, rudes sur les bords, linéaires, celles de la tige peu nombreuses, dressées, rétrécies à la base : fleurs d'un rose pâle ou blanches, à odeur musquée : pétales un peu pubescents, divisés jusqu'au tiers en lobes linéaires : 2 écailles ovales arrondies, *presque mutiques*, *un peu mucronées*, 5-4 fois plus courtes que le tube.— ♃. Pâturages du Midi, cultivé en bordure. Clus. 1. p. 284. f. extér. **Œil. mignardise**, *plumarius*. Lin. (mai-juin-juillet).

11. Tige droite, ferme, rameuse au sommet : feuilles linéaires lancéolées, glabres, un peu rudes : fleurs odorantes, d'un rose pâle, ou blanches, pédonculées, en corymbe : *pétales pinnatifides, à lobes écartés* : écailles ovales,

obtuses, mucronées, 5-4 fois plus courtes que le calice coloré ou panaché. — ♃. Les bois, les rochers, Vaux et Mézieux près Lyon, Languedoc, Dauphiné. Bot. magn. t. 297. **Œil. superbe**, *superbus*. Lin. (juillet-août).

b. — *Ecailles atteignant le milieu du tube.*

12. Tiges couchées à la base, ascendantes : feuilles linéaires lancéolées, très-aiguës, un peu rudes sur les bords : 1-5 fleurs purpurines ou couleur de chair, grandes : pétales presque glabres, divisés palmés en lobes n'atteignant pas le milieu du limbe : écailles lancéolées pointues, lâches. — ♃. Les bois des montagnes, l'Espérou, Grande-Chartreuse, près Gap, le Canigou, le Mont-d'Or. Sturm. fasc. 28. t. 10. **Œil. de Montpellier**, *Monspessulanus*. Lin. (juin-juillet).

§ 2. = PÉTALES DENTÉS, NON FRANGÉS.

n. — *FLEURS DE COULEUR UNIFORME.*

q. — *Tige de 1-2 pouces.*

15. Souche dure, ligneuse, se divisant en plusieurs petites branches terminées par des feuilles étalées, courtes, dures, étroites, pointues subulées, dentelées rudes sur les bords :

fleurs rouges, solitaires, sessiles au milieu des feuilles ou portées sur de courts pédoncules : pétales entiers, glabres, ovales obtus : écailles 4, ovales mucronées, largement membraneuses, 2-3 fois plus courtes que le tube. — ♃. Buis. Lois. Fl. gall. 1. p. 507. t. 27. Œil. à Mont-Ventoux, à la pointe du côté du nord, le **courte tige**, *subacaulis*. Vill.

qq. — *Tige dépassant 2 pouces.*

s.—*Ecailles ovales mucronées.*

a. — *Ecailles et gaines supérieures blanchâtres.*

14. Un peu glauque : tige grêle, à 4 angles aigus : feuilles étroites, linéaires aiguës, rudes sur les bords, presque trigones, les supérieures engainantes, courtes, presque scarieuses, les radicales nombreuses, gazonnantes : fleurs roses : pétales échancrés crénelés, écartés, élargis au sommet : écailles ovales élargies, courtes, tronquées, mucronées. — ♃. Lieux arides, les rochers, Montpellier, Narbonne, Tueyts [Ardèche], Gap à la Grangette. Smith, soc. Lin. 2 p. 502. Œil. **virginal**, *virgineus*. Lin. (juillet-août).

b. — *Ecailles et gaines vertes.*

15. Tige à *nœuds rougeâtres*, uniflore ou rameuse : feuilles vertes, linéaires, aiguës, rudes sur les bords : fleurs rouges, *inodores* : pétales glabres, crénelés, à limbe un peu plus court que le calice *cylindrique* : écailles intérieures ovales tronquées, mucronées, les extérieures ovales pointues, toutes très-courtes. — ♃. Les rochers des Alpes, Briançon au Lautaret, Embrun au lac de Séguret, entre Gap et

Grenoble. Wulf. in Jacq. icon. rar. t. 82. Œil. **sauvage**, *sylvestris*. Wulf. (juin-août).═ *Variétés*. ═ b. — Tige anguleuse, verte : 2 écailles larges, tronquées acuminées, n'atteignant pas le tiers du calice : pétales glabres, deux fois dentés, à *limbe plus long que le calice*. *Scheuchzeri*. Reich. Prairies sèches, Grenoble. ═ c.— Glauque : tige anguleuse, verte sur les nœuds : feuilles à 3-5 *nervures* : 4 écailles scarieuses, lâches, très-courtes : pétales deux fois dentés, à limbe *beaucoup plus court que le calice* cylindrique ventru. *Caryophilloides*. Schult. Chemin de Crest à Dieulefit [Dauphiné].

16. Tige *verte sur les nœuds*, peu rameuse : feuilles linéaires subulées, rudes sur les bords, glauques : fleurs couleur de chair, ou roses, ou blanches, *très-odorantes* : pétales dentés, glabres, ovales, élargis au sommet : écailles rhomboïdales, très-courtes, un peu mucronées : calice resserré en cône au sommet. — ♃. Collines sèches du Midi, Valbonne, Tresques. Engl. Bot. t. 214. Œil. **giroflée**, *caryophillus*. Lin. (juin-juillet). — Cultivé.

ss. — *Ecailles ovales acuminées.*

17. Glauque : racine ligneuse : tiges droites, simples, le plus souvent uniflores : feuilles linéaires, *planes*, un peu obtuses, rudes sur les bords : fleurs d'un rose pâle ou foncé : pétales barbus, *deux fois dentés ou crénelés dentés* : écailles 4 ovales acuminées, ne dépassant pas le tiers du calice glauque purpurin, *serrées contre le tube*. — ♃. Rochers des montagnes, le Jura à la Roche-Blanche, Grande-Chartreuse à Bouvine, Mont-d'Or. Engl. Bot. t. 62. Œil **bleuâtre**, *cæsius*. Smith. (juin-

juillet). — Voir aussi le *D. serratus* et le *D. glacialis*.

18. Racine rampante, tiges petites, grêles : feuilles gazonnantes, linéaires étroites, en gouttière, subulées piquantes, rudes sur les bords : fleurs rouges : *pétales entiers* : écailles ovales acuminées, *un peu lâches*, membraneuses sur les bords, *égales au calice ou atteignant au moins le milieu*. — ♃. Les Pyrénées, Llaurenti, Fonpedrouse, la Clape près Narbonne. Duby, Bot. Gall. p. 73. Œil. **piquant**, *pungens*. Lin.

sss. — *Ecailles lancéolées.*

19. Tiges droites, simples, *assez longues*, à 1-2 fleurs : feuilles linéaires pointues, le plus souvent étalées, légèrement dentelées, rudes sur les bords : fleurs grandes, purpurines : pétales finement dentelés au sommet, peu velus à la base : écailles 4, ovales allongées en pointe, *ne dépassant pas le milieu du calice*. — ♃. Pyrénées-Orientales, à Bagnols. Lap.

Abr. Fl. pyr. p. 241. Œil. **denté**, *serratus*. Lap.

20. Tiges de 2-3 *pouces*, en gazon épais, dressées : feuilles linéaires aiguës, rudes sur les bords, nervées : fleurs grandes, rouges, le plus souvent uniques sur chaque tige : pétales dentés en scie, un peu poilus et tachés à la base, moitié plus longs que le tube : écailles

á ovales lancéolées acuminées, *égales au calice* ou une fois plus courtes. — ♃. Sommités des montagnes du Dauphiné, Provence, Lautaret. **Œil. des glaciers**, *glacialis*. DC. (juillet-août).

ssss. — *Ecailles lancéolées acuminées.*

21. Tiges de 1 pied, rudes, grèles, simples ou rameuses : feuilles linéaires subulées, raides, étalées, garnies sur les bords et les nervures d'aspérités : fleurs rouges, petites, solitaires pédonculées, ou 2-4 presque sessiles : pétales crénelés : écailles 6 lancéolées acuminées, *non membraneuses sur les bords*, atteignant le milieu du calice *non aminci au sommet*. — ♃. Terrains pierreux, à Reynier dans la Haute-Provence, le Champsaur à Aubesagne, Saint-Pierreville [Ardèche]. Vill. Dauph. t. 46. **Œil. hérissé**, *hirtus*. Vill. (juin-juillet). — Voir aussi le *D. glacialis*.

22. Souche un peu ligneuse : tige uniflore ou divisée en rameaux uniflores : feuilles linéaires subulées, canaliculées, glauques : fleurs rouges, inodores : pétales crénelés, glabres, *à onglet dépassant le calice* : écailles *membraneuses sur les bords*, lancéolées pointues, *n'atteignant pas le milieu du calice aminci au sommet*. — ♃. Terrains arides du Midi, Collioure, Narbonne, Port-Vendre, Canigou, Mende. Smith. soc. Lin. 2. p. 301. **Œil. à calice aminci**, *attenuatus*. Smith. (juin-juillet). — Voir aussi le *D. serratus.*

nn. — *FLEURS TACHÉES A LA BASE.*

a. — *Des feuilles ovales oblongues.*

23. Tiges couchées à la base, ascendantes, *pubescentes rudes :* feuilles inférieures et celles des jeunes pousses stériles *ovales oblongues obtuses*, celles des tiges fleuries lancéolées aiguës, rudes sur les bords : fleurs rongées, panachées de blanc à la base : pétales écartés, dentés et élargis au sommet : écailles 2-4 elliptiques, acuminées, moitié plus courtes que le calice à dents lancéolées subulées. — ♃. Prairies des montagnes, lisières des bois, Haguenau, Montbrison, Rambouillet, les Cévennes. Mut. t. 13. f. 72. **Œil. deltoïde**, *deltoides*. Lin. (juin–septembre). = *Variété.* = b. — Glauque : fleurs d'un rose clair ou blanches : pétales triangulaires, contigus, marqués d'un anneau pourpre. *Glaucus.* Huds. Basses-Pyrénées. Reich. Cent. 6. f. 748.

b. — *Toutes les feuilles linéaires ou lancéolées.*

c. — *Pétales écartés.*

24. Tige cylindrique, grêle : feuilles glauques, linéaires, très-peu engaînées, un peu ciliées, rudes, sèches, nervées et en gouttière : fleurs roses en dedans, pâles en dehors, velues, marquées d'un anneau pourpre à la base : pétales rétrécis en long onglet, à plusieurs incisions aiguës, inégales : écailles 4, presque scarieuses, ovales pointues, atteignant le tiers du tube noirâtre. — ♃. Montagnes du Dauphiné, Engins, Sassenage, Mont-de-Lans. Vill. Dauph. 3. p. 598. **Œil. de Grenoble**, *Gratianopolitanus*. Vill.— Fleurs solitaires : tiges et feuilles recourbées. = Voir aussi le *D. glacialis.*

cc. — *Pétales contigus.*

25. Tige grèle, lisse, cylindrique, de 1 pied : feuilles tendres, linéaires, élargies, pointues, minces, rudes sur les bords, à 3-5 nervures, à gaîne de 3 lignes : fleurs 1-2, rouges, portant un anneau pourpre noir à la base et des poils purpurins : pétales contigus, arrondis, profondément découpés : écailles ovales, brièvement acuminées, atteignant à peine le milieu du calice.— ♃. Collines stériles du Midi, Saint-Pé en Béarn, Rambaud et la Bastiencuve près Embrun, Mont-d'Or. Mut. t. 12. f. 70. **Œil. de Séguier**, *Seguieri*. Vill. (juin-août). = *Variétés.* = b. — Feuilles à 1 nervure : écailles presque aussi longues ou une fois plus courtes que le calice : fleurs glabres. *Geminiflorus.* Lois. = c. — Rameaux et feuilles rudes, dressés : bractées ovales lancéolées, n'atteignant pas le milieu du tube : fleurs peu poilues, en faisceau. *Asper.* Schleich. = d. — Feuilles lancéolées étroites, rétrécies aux deux bouts, rudes : écailles nervées, ovales subitement acuminées, un peu plus courtes que le tube : fleurs poilues, en faisceaux. *Collinus.* W. et Kit. rar. hung. t. 38. Toulon. — Voir aussi *D. glacialis.*

575. SAPONAIRE, *Saponaria*. Lin. — Calice tubuleux, sans écailles, à 5 dents : 5 pétales de la longueur du calice : 10 étamines : 2 styles : capsule oblongue, à 1 loge polysperme.

n. — *Fleurs jaunes.*

1. Racine épaisse, ligneuse : tiges droites, cylindriques, velues au sommet : feuilles *linéaires* un peu ciliées à la base, *en gouttière*, presque toutes réunies à la base des tiges : fleurs jaunes, en corymbe serré, terminal : pétales entiers, obtus : calice laineux, à divisions obtuses. — ♃. Sommités des hautes montagnes, Allevard près la Chapelle-Blanche [Dauphiné], Pic du Midi, rochers du lac d'Oncet : All. ped. n. 1560. t. 23. f. 1. **S. jaune**, *lutea*. Lin. (juillet-août).

2. Gazonnante : tiges droites, petites : feuilles *en spatule, mucronées*, presque toutes radicales : fleurs jaunes, en paquet serré : étamines saillantes : pétales linéaires, crénelés : calice velu, égalé par les folioles de l'involucre. — ♃. Pic du Midi. Smith. Spicileg. t. 5. **S. à feuilles de Paquerette**, *bellidifolia*. Smith. (juin-juillet).

nn. — *Fleurs roses ou blanches.*

q. — *Calice glabre ou pubescent, jamais glanduleux.*

a. — *Calice anguleux glabre.*
3. Tige glabre, cylindrique, articulée et rameuse au sommet : feuilles opposées, presque perfoliées, ovales pointues, lisses, un peu glauques : bractées membraneuses aiguës : fleurs roses ou blanches, en panicule. — ⊙. Les Champs, partout. Bot. magn. t. 2290. **S. des vaches,** *vaccaria*. Lin. (juin-juillet).

b. — *Calice non anguleux, glabre ou pubescent.*
4. Tige cylindrique, droite, articulée, rameuse au sommet : feuilles ovales lancéolées, lisses, à 3 nervures : fleurs rosées ou couleur de chair, un peu odorantes, en faisceaux formant une ombelle. — ♃. Bords des rivières, lieux frais. Lam. ill. t. 376. f. 1. **S. officinale,** *officinalis*. Lin. (juin-août).

qq. — *Calice velu glanduleux.*

a. — *Pétales entiers.*
5. Glanduleuse visqueuse : tige couchée étalée, velue, très-rameuse : feuilles petites, ovales lancéolées, rétrécies en pétiole, velues, surtout sur les bords, à 1 nervure : fleurs roses, pédonculées, en panicule : calice rougeâtre, oblong, tubuleux. — ♃. Endroits pierreux du Midi, Valbonne, Tresques à Boussargues, Bois de Pouzilhac. Jacq. Aust. app. t. 23. **S. faux Basilic,** *Ocymoides*. Lin. (mai-juin).

b. — *Pétales échancrés.*
6. Plante annuelle : tiges de 3-4 pouces, droites, bifurquées, à rameaux divergents : feuilles linéaires, en spatule, rétrécies en pétiole : pédoncules raides : fleurs naissant aux bifurcations, d'autres terminales : pétales rougeâtres, petits, échancrés : calice cylindrique, velu glanduleux. — ⊙. Collioure, Elne. Dill. Elt. t. 167. f. 204. **S. du Levant,** *Orientalis*. Lin.

7. Plante vivace : racine ligneuse, formant des gazons serrés : tiges presque nues, de 2-3 pouces : feuilles linéaires, glabres, presque toutes radicales, étalées, très-peu dentées : fleurs roses, grandes, en corymbe terminal : pétales échancrés au sommet, munis de deux appendices longs, saillants, pointus. — ♃. Rochers des Hautes-Pyrénées, vallée de Spéciéris près Gavarnie, port de Venasques près l'hospice, Albanère, la Maladetta, Penna-Blanca. De Candole. Mem. Soc. agr. Paris. 1808. t. 11. **S. gazonnante,** *caespitosa*. DC. (août).

576. TUNIQUE, *Tunica*. Scop. — Calice à 5 dents, muni à la base de 4 écailles : 5 pétales, en coin à onglet court : 10 étamines : 2 styles : capsule à 1 loge, s'ouvrant au sommet en 4 valves. — Graines con

vexes d'un côté, concave de l'autre, parcourues d'une carène longitudinale, un peu saillante.

1. Tiges diffuses, étalées couchées, rameuses dans le haut : feuilles linéaires aiguës, rudes sur les bords, membraneuses échancrées à la base, serrées contre la tige : fleurs d'un rose assez foncé : pédicelles grêles, axillaires, uniflores : anthères rosées : 4 bractées acérées, opposées 2 à 2, moitié plus courtes que le calice campanulé, à 5 dents obtuses. — ♃. Terrains pierreux, sablonneux, Montpellier. **T. saxifrage**, *saxifraga*. Scop. Fl. carn. édit. 2. vol. 1. p. 300. Barr. icon. t. 998. (juillet-août). — C'est la *Gypsofila saxifraga*.

377. GYPSOPHILE, *Gypsophila*. Lin. — Calice campanulé, nu à la base, persistant, anguleux, à 5 lobes membraneux sur les bords : 5 pétales presque sans onglet : 10 étamines : 2 styles : capsule à 1 loge, s'ouvrant au sommet par 4 valves : graines réniformes globuleuses.

a. — *Plantes glutineuses pubescentes dans le haut.*

1. Tiges couchées à la base, puis redressées, rameuses, pubescentes et glutineuses dans le haut : feuilles linéaires, atténuées des deux bouts, charnues trigones, nombreuses et ramassées en paquets dans le bas, presque toujours tournées d'un seul côté : fleurs blanches, en corymbes nivelés, serrés : calices rayés de blanc et de vert : étamines saillantes. — ♃. Terrains sablonneux près Montpellier, à Villemagne et Fougères. Rupp. Fl. jen. t. 1. f. 2. **Gyp. nivelée**, *fustagiata*. Lin. (juin-août).

b. — *Plantes ni pubescentes, ni visqueuses.*

2. Racine forte, émettant de tiges nombreuses, étalées, diffuses, ascendantes : feuilles linéaires étroites, atténuées aux deux bouts, charnues, un peu glauques : fleurs roses ou blanches en dedans, rosées en dehors, en corymbes lâches, terminaux : calice turbiné campanulé, à lobes ovales, oblongs, obtus, droits : pétales échancrés, plus longs que les étamines et le pistil. — ♃. Bords des torrents des montagnes, Tresques, Grande-Chartreuse, polygone de Grenoble, Mont-d'Or. Lam. illust. t. 375. f. 2. **Gyp. rampante**, *repens*. Lin. (juin-juillet).

3. Tige de 4-6 pouces, grêle, à rameaux filiformes : feuilles linéaires, atténuées aux deux bouts, planes, aiguës : pédicelles grêles, *axillaires*, plus longs que les feuilles, *à une seule* fleur rosée, *veinée de rouge, petite* : calice turbiné, à 5 lobes arrondis obtus, deux fois plus court que les pétales échancrés ou crénelés : *anthères blanches*. — ☉. Les chemins, les champs pierreux, Paris, Fontainebleau, Strasbourg, Grenoble sur les bords du lac de Jarrie, Sorèze. Sturm. fasc. 1. t. 11. **Gyp. des murs**, *muralis*. Lin. (juin-septembre).

578. GOUFFEIE, *Gouffeia*. Rob. et Cast. — Calice à 5 divisions étalées, à peine réunies à la base : 5 pétales entiers : 10 étamines : 2 styles : capsule globuleuse, à 1 loge, à 2 valves, à 1-2 graines.

1. Tige grêle, couchée ascendante, petite, à rameaux divergents : feuilles ovales lancéolées, pointues, serrées dans le bas, écartées sessiles dans le haut : pédicelles grêles : fleurs petites, nombreuses, blanches, en panicule terminale : calice à lobes aigus, striés, égalant les pétales ovales, persistants. — ☉. Endroits rocailleux des environs de Marseille. Reich. cent. 4. f. 585. **Gyp. fausse Sabline**, *arenarioides*. Rob. et Cast. (avril-mai).

TRIGYNIE.

379. CUCUBALE, *Cucubalus.* Lin. — Calice campanulé, nu, persistant, à 5 dents : 5 pétales bifides, onguiculés : gorge de la fleur munie d'appendices : 10 étamines : 3 styles : fruit en baie, à 1 loge polysperme.

1. Tiges sarmenteuses, faibles, à rameaux divergents : feuilles alternes, pétiolées, ovales aiguës : fleurs d'un blanc verdâtre : pétales écartés, à onglet linéaire, dépassant le calice : baie globuleuse, noire, luisante, pédicellée.— 2. Lieux ombragés, buissons, Tresques devant la grange de Boussargues, au mas de Boute. Engl. Bot. t. 1577. **C. porte-baie,** *baccifera.* Lin. (juillet-août).

380. SILÈNÉ, *Silene.* Lin. — Calice tubuleux, nu, à 5 dents : 5 pétales à onglet long, le plus souvent bifides et couronnés d'appendices : 10 étamines : 2 styles : capsule à 3-4 loges à la base, s'ouvrant au sommet par 6 dents : graines réniformes, ridées en travers.

I. = Calice glabre.

§ 1. = FLEURS BLANCHES.

n.— *Pétales à 4 lobes.*

1. Glabre : tiges grêles, ascendantes, dichotômes au sommet, en gazon lâche : feuilles linéaires étroites, les inférieures en spatule, recourbées : fleurs blanches, petites, en panicule : calice un peu en cloche, recouvrant la capsule : 3-5 styles : pétales contigus à 4 dents. — 2. Rochers humides des hautes montagnes, Grande-Chartreuse, Briançon au Lautaret, St-Christophe en Oisans. Jacq. Fl. Aust. t. 120. **S. à quatre dents,** *quadrifida.* Lin. (juin-juillet).

nn. — *Pétales obcordés ou bifides.*

a. — *Calice renflé.*

2. Glauque : tige *faible, tombante, toujours verte* : feuilles lancéolées, cartilagineuses et crénelées sur les bords : fleurs blanches, *munies d'appendices* : pétales bifides : calice verdâtre, resserré à la base, un peu veiné en réseau. — 2. A la Pointe de Bourdel, les falaises de Cayeux près Abbeville. Engl. Bot. t. 957. **S. maritime.** *maritima.* With. (juin-juillet).

3. Tiges droites, lisses, cylindriques : feuilles elliptiques, lancéolées acuminées : fleurs blanches, rayées, quelquefois roses, solitaires ou en panicule terminale, lâche, dichotôme : pétales bifides, *sans appendices.* — 2. **S. enflé,** *inflata.* Lin. = *Variétés.* = 1° Toutes les feuilles absolument glabres. = n. — *Plantes glauques.* = a. — Calice grand, globuleux.

S. inflata. Engl. Bot. 164. = b. — Calice globuleux à la base : feuilles oblongues, d'autres ovales, toutes pointues. *S. glauca.* Willd. = c. — *Calice ovale.* = a. — Feuilles lancéolées : calice à veines rougeâtres, en réseau. *S. Behen.* Lam. ill. t. 377. f. 2. = b. — Feuilles linéaires. *S. angustifolia.* Tenor. neap. t. 57. = nn. — *Plantes vertes.* = a. — Feuilles lancéolées : calice ovale : étamines saillantes. *S. montana.* Vest. === 2° Feuilles ciliées, au moins les inférieures. = q. — *Calice globuleux.* = a. — Tiges un peu hérissées : feuilles ovales lancéolées. *S. latifolia.* = b. Feuilles ovales arrondies, élargies au sommet, cartilagineuses dentées sur les bords : tiges rampantes. *Intermedia.* == qq. — *Calice ovale.* == a. —

Feuilles lancéolées, dentelées : tiges hérissées rudes. *Angustifolia.* Balb. et Nocca. Fl. tic. t.

b. — *Calice cylindrique ou en massue.*

c. — *Plante visqueuse: calice en massue.*

4. Tige dressée, pubescente dans le bas, visqueuse et *rameuse au sommet*, à rameaux divergents : feuilles sessiles, lancéolées, *d'autres élargies en spatule au sommet* : fleurs blanches, 5 sur chaque pédoncule, en corymbe paniculé : pétales bifides , sans appendices : calice à dents obtuses : étamines saillantes.— ♃. Bois de Vincennes à l'allée Verte. Reich. cent. 4. f. 477. **S. catholique,** *catholica.* Ait. (juillet-août).

5. Tige droite, *rameuse dichotóme dès le milieu* , très-peu feuillée dans le haut , à rameaux un peu divergents, effilés , visqueux : feuilles *fasciculées* , linéaires lancéolées dans le bas, linéaires dans le haut, toutes aiguës : fleurs blanches, *fermées,* en panicule lâche : pétales échancrés, *dépassant à peine le calice.*

§ 2. — FLEURS ROUGES.

n.—*Pétales entiers.*

7. *Plante très-gazonnante* : tiges *petites,* nombreuses , très-feuillées , *en gazon serré :* feuilles *linéaires* , *trigones, étroites,* courtes, serrées *imbriquées, ciliées à la base:* fleurs blanches, le plus souvent rouges, terminales, *solitaires :* pédicelles *sillonnés,* un peu plus courts que la fleur : pétales obovales ,¦ un peu échancrés , munis d'appendices : calice campanulé , strié , à dents ovales obtuses. — ♃. Rochers humides des montagnes, le Lautaret près Briançon, la Moucherolle, les Vosges. Fl. dan. t. 21. **S. à courte tige,** *acaulis.* Lin. (juin-juillet).= *Variétés.*= b. — Feuilles très-courtes, en gazon très-serré : fleurs sessiles entre les feuilles , très-petites. *Excapa.* = c.

a. — *Calice renflé.*

9. Glabre , un peu glauque : tige droite, simple ou *bifurquée :* feuilles *ovales oblongues:* fleurs roses, *en panicule* bifurquée : pétales bifides , *munis d'appendices dentelés :* calice ovoïde, *un peu renflé,* lisse, veiné. — ☉. Environs d'Apt, Montpellier à Saint-Georges et à Gramont. Dill. Elth. p. 424. t. 317. f. 409. **S. Béhen,** *Behen.* Lin. (mai-juin).

10. Rameaux *visqueux* : tige grêle, dressée, presque glabre : feuilles *inférieures ovales-*

7. = ♃. Les champs , bois , montagnes. (juin-septembre).

— ☉. Le Midi, le Vigan, Collias sur les bords du Gardon , Nimes, Alais , Saint-Paul-Trois-Châteaux , Perpignan , Dax, Tarbes, Bagnères. Dill. Elth. p. 424. t. 315. f. 407. **S. fermé,** *inaperta.* Lin. (juin-juillet).

cc. — *Plantes non visqueuses, calice cylindrique.*

6. Glabre glauque : tiges nombreuses, droites, *dichotômes* rameuses, *très-feuillées* : feuilles ovales lancéolées aiguës , quelquefois linéaires : fleurs blanches, petites, à long pédoncule, en panicule : pétales échancrés, munis d'appendices : calice ovoïde.—♃. Rochers élevés des montagnes, Charousse et la combe de la Lance en Dauphiné , Pyrénées , Mont-d'Or, Vosges, Cévennes. Sturm. fasc. 22. t. 10. f. 1. **S. des rochers,** *rupestris.*{Lin. (juin-juillet).

— Pédoncules plus longs que la fleur, munis de bractées. *Elongata.*

8. Tige droite, glabre, *portant en dessous des articulations supérieures un anneau visqueux :* feuilles ovales lancéolées, les caulinaires en cœur à la base : fleurs blanches , le plus souvent rougeâtres, *en faisceaux terminaux :* pétales échancrés, quelquefois entiers, munis d'appendices : calice presque cylindrique, rétréci à la base. — ☉. Terrains sablonneux, rocailles du Midi , le Vigan , Vizille le long de la Romanche, Prato de Mollo, citadelle de Mont-Louis. Fl. dan. t. 559. **S. armérie,** *armeria.* Lin. (juin-juillet).

nn. — *Pétales bilobés.*

oblongues, *élargies au sommet, les supérieures linéaires* : fleurs rouges , en panicule lâche : calice ovale en cloche : pétales bifides ou échancrés, *sans appendices.* — ☉. Corse à Calvi. Dill. Elth. t. 514. f. 404. **S. de Crète,** *Cretica.* Lin. (avril-mai). = *Variété.*=Tige pubescente, non visqueuse : feuilles radicales velues, oblongues ovales, les caulinaires lancéolées : fleurs rouges, à long pédoncule : pétales bifides , ne dépassant pas le calice en massue, globuleux. *S. clandestina.* Duby. Champs de lin de la Guyenne, Anjou.

51

b. — *Calice en massue.*

11. *Très-visqueuse au sommet :* tige lisse, cylindrique, *plusieurs fois dichotômes :* feuilles *étalées*, inférieures *lancéolées en spatule*, les supérieures linéaires : pédoncules longs, axillaires ou terminaux : fleurs rougeâtres, sessiles dans la bifurcation des rameaux, les autres pédonculées : calice *en massue*, veiné en réseau : pétales bifides, *sans appendices.*— ⊙. Terrains stériles du Midi, Montélimart, environs de Montpellier, à la Verune, Caunelles et Lamousson, à Séjan. Clus. hist. plant. 1. p. 289. f. 1. **S. attrappe-mouche**, *muscipula.* Lin. (mai-juin).

§ 3. — FLEURS DE 2 COULEURS.

a. — *Calice cylindrique.*

12. Glabre : tiges grêles, petites, dressées, simples ou dichotômes : feuilles linéaires, presque toutes ramassées au bas de la tige : fleurs blanchâtres en dedans, d'un rouge brun en dehors, terminales, presque toujours solitaires : pétales bifides, sans appendices, à onglet dépassant le calice.— ♃. Rochers ombragés du val d'Eynes, dans les Pyrénées. All. Anct. p. 28. t. 1. f. 3. **S. campanule**, *campanula.* Pers. ench. 1. p. 500. (juillet-août).

b. — *Calice en massue.*

13. Plante *ligneuse, noueuse à la base*, toute glabre, *formant un gazon épais :* tiges *nombreuses, menues filiformes*, articulées: feuilles linéaires étroites, rapprochées: fleurs blanches en dedans, un peu rougeâtres en dehors, portées sur de longs pédicelles nus, filiformes : pétales bifides, munis d'appendices : calice court, en massue.ʳ—♃. Rochers exposés au soleil du Midi, Castillon en allant au pont du Gard, Valliguières, Vaucluse, Nimes, montagnes de Provence, les Cévennes, les Pyrénées. W. et Kit. rar. hung. t. 165. **S. saxifrage**, *saxifraga.* Lin. (juin-août).

14. Plante *herbacée, visqueuse :* tige droite, rameuse dichotôme dès la base : feuilles linéaires, presque filiformes, fasciculées surtout dans le bas : pédoncules terminaux, longs, *divergents :* fleurs blanches en dedans, rougeâtres en dehors : pétales bifides, *à onglet dépassant un peu le calice* en massue, *rayé.* — ⊙. Les sables, Tresques dans les sables de la Madeleine, Mornas [Vaucluse], landes de Bayonne, Bordeaux, Saint-Nazaire [Seine-Inférieure]. DC. rar. Gall. t. 42. **S. d'Oporto**, *portensis.* Brot. (mai-juin).

II. = Calice velu ou pubescent.

§ 1. — TIGE LIGNEUSE.

n. — *Fleurs rougeâtres en dessous.*

15. Poilue cotonneuse : tige divisée dès la base en rameaux ligneux, épais, terminés par un gros bouquet de fleurs : feuilles épaisses, charnues, obtuses, celles ramassées au bas des rameaux nombreuses, en spatule, très-longues et très-larges, les autres lancéolées oblongues, les supérieures lancéolées : fleurs blanches en dedans, rougeâtres en dehors, ramassées en corymbe : pétales larges, obcordés, sans appendices : calice à 10 stries.—♃. ♄. Corse, au fort de Bonifacio. DC. Prod. 1. p. 581. **S. de Salzmann**, *Salzmannii.* Otth. (mai-septembre).

nn. — *D'une seule couleur.*

a. — *Onglet dépassant le calice.*

16. Velue visqueuse : tige ligneuse dans la base, couchée, rameuse : feuilles inférieures *ovales, un peu en spatule*, les autres *ovales, un peu oblongues, toutes obtuses :* fleurs blanchâtres, droites, terminales : pétales bifides, à onglet très-long, dépassant beaucoup le calice en massue.— ♃. ♄. Corse dans les sables maritimes. Bocco. mus. sicul. t. 54. **S. de Corse**, *Corsica.* DC. (juin-juillet).

17. Velue visqueuse : tiges ligneuses, rameuses dès la base, 2-3 pieds : feuilles *lancéolées en spatule, aiguës*, luisantes ciliées : pédicelles ternés au sommet des rameaux : fleurs blanches ou purpurines, en panicule : pétales à deux lobes dentés : calice cylindrique, long, à 5 dents droites obtuses, plus court que l'onglet des pétales.—♃. ♄. Corse, sur les rochers des montagnes. Bocc. mus. sicul. p. 58. t. 50. f. 2. **S. ligneux**, *fruticosa.* Lin. (juillet-août). = *Variété.* = b. — Racine ligneuse : tige droite, presque simple, feuillée à la base

et au sommet, visqueuse pubescente: feuilles pointues, oblongues ovales : fleurs blanches

ou purpurines, en panicule : calice très-long : pétales bifides. — ♃. Corse au mont Grosso. *Requienii*. Olth.

§ 2. = TOUTE LA PLANTE HERBACÉE.

n. — *Fleurs en épi.*

q. — *Calice presque glabre.*

18. Tige un peu rameuse, rude pubescente, grisâtre : feuilles rudes, les radicales ovales, rétrécies en pétiole, étalées sur la terre, les caulinaires linéaires lancéolées, allongées : fleurs blanches en dedans, d'un vert brun en dehors, en épi unilatéral : pétales étroits, bifides, sans appendices : calice cylindrique, strié en réseau : capsules cylindriques, serrées contre la tige.— ☉. Terrains sablonneux du Midi, Tresques, Avignon, Séjan, Nimes, les

Pyrénées à Olette. Dill. Elth. t. 510. f. 400. **S. nocturne**, *nocturna*. Lin. (mai-juin). = *Variété*. = b. — Velue de poils couchés : tiges simples : feuilles inférieures en spatule, en rosette, caulinaires oblongues lancéolées : fleurs blanchâtres ou rougeâtres, unilatérales : pétales le plus souvent plus courts que le calice cylindrique, à 10 raies verdâtres. *Brachypetala*. Castag. Marseille au château Borelli, à la batterie d'Endoumé.

qq. — *Calice velu ou pubescent, cylindrique.*

k. — *Pétales entiers.*

19. Velue : tige droite, rameuse : feuilles rudes, oblongues, rétrécies à la base, un peu en spatule : fleurs rosées, alternes, unilatérales, en épi : pétales entiers, presque pointus : calice hérissé, strié, un peu visqueux. — ☉.

Champs cultivés, sablonneux, Paris, Rambouillet, Nantes, Nimes, Séjan, Toulouse. Vaill. Bot. par. t. 16. f. 12. **S. de France**, *Gallica*. Lin. (juin-juillet). = *Les 5 espèces suivantes sont regardées comme des variétés du S. Gallica.*

kk. — *Pétales bifides ou échancrés.*

a. — *Pétales bifides.*

20. Hérissée : tige peu rameuse : feuilles linéaires oblongues : fleurs très-petites, droites, rosées en dedans, rougeâtres en dehors : pétales oblongs : calice strié.— ☉. Le Midi dans les champs cultivés, Montélimart, Dieulefit, Montpellier, Sorrèze. Vill. Dauph. t. 48. **S. faux Céraiste**, *Cerastioides*. Lin. (juin-juillet). — Voir aussi le *S. nocturna*, variété *Brachy petala*.

b. — *Pétales à 3 dents au sommet.*

21. Tige rameuse, un peu hérissée : feuilles garnies de poils, surtout à la base, ovales un peu en spatule dans le bas, linéaires dans le haut : fleurs rosées, presque sessiles, axillaires et terminales : calice à 10 stries, à dents longues, un peu moins long que le calice. — ☉. Tarbes, le Pont-de-l'Adour, dans les terrains pierreux. **S. à trois dents**, *tridentata*. Desf. Atl. 1. p. 549. (mai-juin).

c. — *Pétales triangulaires, dentelés.*

22. Tige droite, velue, peu rameuse : feuilles inférieures en spatule, supérieures obtuses toutes hérissées glanduleuses et toute la plan-

te : fleurs rosées, sur deux rangs : capsule réfléchie divergente. — ☉. Perpignan, Montpellier au bois de Gramont. Dill. Elth. t. 511. f. 401. **S. du Portugal**, *Lusitanica*. Lin. (mai-juin).

d. — *Pétales échancrés incisés.*

23. Velue : tige visqueuse au sommet : feuilles lancéolées aiguës : fleurs rosées ou blanches, alternes : pétales petits : calice à dents longues, aiguës : capsules inférieures réfléchies.—☉. Abbeville à Caux et Lavier, Nimes, Corse. Fl. dan. t. 1054. **S. d'Angleterre**, *Anglica*. Lin. (juillet-août).

e. — *Pétales arrondis, crénelés.*

24. Velue : tige droite, le plus souvent rameuse : feuilles étroites, oblongues un peu rudes : fleurs blanches ou rosées, droites, alternes, en épi unilatéral : capsules dressées. — ☉. Champs sablonneux, Haguenau, Montpellier au bois de Gramont, la Teste dans les Landes. **S. sauvage**, *sylvestris*. Schott. (juin-juillet).=Var. à pétales rouges, ou d'un pourpre noir, et pâles sur les bords. *Quinquevulnera*. Lin.

nn. — *Fleurs verticillées, dioïques, quelquefois en ombelle.*

25. Tige droite, cylindrique, presque toujours simple, visqueuse : feuilles inférieures nombreuses, longues, spatulées, les caulinaires rares, linéaires : fleurs à étamines sur une plante, à pistils sur une autre, quelquefois les deux espèces sur la même : fleurs petites, verdâtres, en paquets au sommet des tiges, en épi interrompu : pétales entiers, linéaires, sans appendices. — ♃. Terrains secs, stériles, partout. Fl. dan. t. 518. **S. otilès**, *otiles*. Smith. (juin-juillet),

nnn. — *Fleurs en panicule ou solitaire.*

q. — *Calice cylindrique.*

k. — *Feuilles charnues.*

26. Visqueuse pubescente : tige couchée, rameuse : feuilles un peu charnues, inférieures en spatule, supérieures oblongues : fleurs roses, petites, axillaires et terminales, à pédoncules grêles, allongés : pétales à 2 dents. — ☉. Rochers maritimes, Toulon, Marseille à l'île Rotoneau. Bocc. mus. sicul. t. 12. f. 4. **S. faux Sédon**, *Sedoides*. Jacq. (mai-juin).

kk. — *Feuilles non charnues.*

f. — *Fleurs livides en dessous.*

27. Visqueuse pubescente : tige grêle, terminée par une panicule penchée, en pyramide, à pédoncules opposés, à 2-3 fleurs : feuilles inférieures nombreuses, lancéolées-elliptiques, atténuées en long pétiole laineux, les caulinaires linéaires, à 3 nervures, les latérales peu sensibles : fleurs blanches en dedans livides en dehors : pétales à 2 lobes, munis d'appendices : capsule arrondie, à dents étalées. — ♃. Grenoble à Beauregard et Pariset. Reich. cent. 3. f. 418. **S. livide**, *livida*. Willd. (juin-juillet).

ff. — *Fleurs non livides en dessous.*

a. — *Fleurs unilatérales.*

28. Pubescente visqueuse, surtout au sommet : tige dressée : feuilles nombreuses, elliptiques, spatulées, les caulinaires lancéolées : fleurs blanches ou rosées, penchées, en panicule unilatérale : pétales étroits, bifides, munis d'appendices : calice renflé, à dents aiguës. — ♃. Les bois, les rochers, Espérou, Clamecy, parc de Chambord, Aix à Saint-Germain. Fl. dan. t. 242. **S. penché**, *nutans*. Lin. (mai-août).

b. — *Fleurs non unilatérales.*

29. Poilue visqueuse : tige ascendante, rameuse : feuilles linéaires, longues, obtuses, un peu charnues : fleurs blanchâtres en dedans, rougeâtres en dehors, pédicellées, en panicule simple, serrée, au sommet de chaque rameau : pétales bifides, munis d'appendices : capsule ovoïde. — ☉. Marseille, Toulon, Cannes, Fréjus, Corse. All. Fl. ped. 1576. t. 44. f. 2. **S. de Nice**, *Nicæensis*. All. (mai-juin).

qq. — *Calice en massue.*

k. — *Plantes visqueuses.*

a. — *Pétales rouges en dehors.*

30. Souche ligneuse, gazonnante : tiges couchées à la base, redressées, simples ou un peu rameuses, un peu velues visqueuses et toute la plante : feuilles plus nombreuses dans le bas, lancéolées en spatule dans le bas, lancéolées ou linéaires dans le haut : fleurs 1-3 au sommet de chaque rameau : pédicelles droits, un peu moins longs que le calice marqué de raies rougeâtres, pubescent, visqueux : pétales en cœur renversé, blanchâtres ou roses en dessus, rouges en dessous. — ♃. Rochers élevés des montagnes, Mont-Ventoux vers le sommet, les glaciers du Villard-d'Arène en Dauphiné. All. Fl. ped. 1574. t. 23. f. 2. **S. du Valais**, *Vallesia*. Lin. (juillet-août). — Voir *S. Italica.*

b. — *Pétales jaunâtres en dessous.*

31. Tiges pubescentes, dressées, rameuses, visqueuses dans le haut, 1-2 pieds : feuilles inférieures en spatule allongée, les supérieures linéaires : fleurs blanches ou roses en dedans, jaunâtres en dehors, fermées pendant le jour, épanouies et odorantes la nuit : pé

doncules triflores : pétales bifides , munis d'appendices : calice marqué de stries d'un pourpre noir.— ♃. La Roche des Arnauds près Gap, Corse. Jacq. hort. vind. 3. t. 84. **S. paradox** , *paradoxa*. Lin. (juin-juillet). — Voir le *S. ciliata*.

c. — *Toutes les fleurs blanches ou rosées.*

52. Tige velue visqueuse et dichotome au sommet : feuilles inférieures ovales en spatule,

les caulinaires oblongues lancéolées aiguës, toutes molles : fleurs grandes, blanches ou rosées, axillaires et terminales. à court pédoncule : pétales profondément bifides , munis d'appendices : calice visqueux, à 10 angles, à dents subulées. — ⊙. Les champs cultivés, le Champsaur , Haguenau . près Strasbourg. Saint-Aubin [Côte-d'Or] , entre Versailles et Villepreux. **S. de nuit**, *noctiflora*. Lin. (juin-septembre).

kk. — *Plantes non visqueuses.*

f. — *Onglet plus long que le calice.*

53. Velue : tiges droites, dichotomes : feuilles inférieures un peu en spatule, les autres oblongues, toutes un peu charnues : fleurs roses, solitaires, terminales : pétales bifides, munis d'appendices : capsule ovoïde, pédicellée. — ⊙. Montagnes de Corse. All. Fl. ped.

1575. t. 79. f. 3. **S. soyeux**, *sericea*. All. (mai-septembre). == *Variétés*. == b.— Plante à poils serrés courbés : feuilles non charnues. *Pubescens*. Lois. == c. — Tiges couchées à la base, uniflores : fleur penchée. *Decumbens*. Bern. Corse au bord de la mer.

ff. — *Onglet ne dépassant pas le calice.*

g.—*Des feuilles en spatule.*

a. — *Pétales profondément bifides.*

54. Pubescente , le plus souvent simple : feuilles pétiolées, en spatule, acuminées : fleurs ramassées en corymbe : calice allongé, rétréci à la base : pétales profondément bifides, sans appendices.— ⊙. Fontpédrouse dans les Pyrénées. **S. ramassé**, *congesta*. Otth. in. DC. prodr.

b. — *Pétales pas profondément bifides.*

55. Pubescente : tige droite, peu feuillée, *un peu rameuse dans le haut* et visqueuse : feuilles inférieures et des rejets stériles ovales spatulées, pointues, rétrécies en long pétiole, les caulinaires rares , lancéolées, les supérieures

linéaires : fleurs *blanches*, grisâtres ou rougeâtres en dessous : pétales bifides, sans appendices : calice strié, un peu plus court que les onglets. — ♃. Terrains secs, pierreux du Midi, Valbonne , Tresques, Pouzilhac, Nîmes , Narbonne , Gap à Rabou. Fl. græc. t. 429. **S. d'Italie**, *Italica*. DC. (mai-août). == Var. à plante toute velue cotonneuse.

36. *Hérissée* : tige dressée, *rameuse dès la base* : feuilles inférieures en spatule, supérieures lancéolées : fleurs d'un *pourpre violet*, axillaires, en épi : pétales peu bifides : calice étroit, très-velu. — ⊙. Corse, champs sablonneux d'Aléria. **S. hérissé**, *hispida*. Desf.

gg. — *Toutes les feuilles lancéolées.*

37. *Hérissé* : tige dressée, ascendante : feuilles lancéolées, sessiles : pédoncules axillaires, opposés , à 1-3 fleurs : pétales demi-bifides, saillants : calice allongé glanduleux, hérissé, blanchâtre. — ♃. Corse à Bonifacio. Spreng. syst. 2. p. 406. **S. xiranthême**, *xeranthemum*. Viv. Fl. cors. p. 6.

38. *Pubescent* : tiges droites ou un peu couchées à la base, simples, *presque nues*, quel-

quefois un peu visqueuses au sommet : feuilles *toutes radicales*, *linéaires* : fleurs rosées en dedans, jaunâtres en dehors, unilatérales : pétales bifides : calice strié, à dents obtuses, réfléchies. — ♃. Terrains élevés des montagnes, sommet du Cantal, Pic du Midi, la vallée d'Eynes, mail du Cristal. Pourr. act. acad. Toulouse, 3. p. 329. **S. cilié**, *ciliata*. Pourr. (juillet-août).

ggg.—*Calice conoïde, ombiliqué à la base, à dents très-longues.*

39. Pubescent *grisâtre* : tiges simples ou peu rameuses au sommet : feuilles molles, linéaires, lancéolées, aiguës : fleurs roses , pédonculées, ramassées au sommet des tiges :

pétales bifides : calice pointu, à stries nombreuses, à dents longues subulées. — ⊙. Terrains sablonneux, Tresques, Nîmes, Vincennes, Paris. Fl. græc. t. 423. **S. conique**, *co-*

nica. Lin. (mai-juin). == Var. à tige à 1-2 fleurs.

40. Pubescent *visqueux :* tige droite : feuilles linéaires lancéolées, presque glabre : fleurs rougeâtres : pétales *entiers ou à peine échan-* crés : calice globuleux allongé , à stries nombreuses, à dents très-longues. — ⊙. Champs sablonneux, Paris à la plaine du Point-du-Jour, Montpellier. **S. conoïde,** conoidea. Lin. (juin-juillet).

381. GARIDELLE, *Garidella.* Lin. — Calice à 5 sépales caducs, un peu colorés ; 5 pétales bifides : au moins 10 étamines : 3 styles très-courts : 5 ovaires réunis : 5 capsules soudées ensemble.

1. Tige droite, sillonnée, rameuse dans le haut : feuilles radicales ailées, les caulinaires à 3-5 lobes linéaires : fleurs solitaires, terminales, panachées de blanc, de jaune et de rouge. — ⊙. Lieux abrités du Midi, Aix, Toulon, Montélimart. Carid. Aix. t. 59. **G. nigelle,** nigellastrum. Lin. (mai-juin).

382. CHERLÉRIE, *Cherleria.* Hall. — Calice de 5 sépales : 5 pétales très-courts, bifides : 10 étamines, les plus courtes passant dans l'échancrure des pétales : 3 styles : capsule à 1 loge, à 3 valves.

1. Tiges très-petites, couchées, rameuses, gazonnantes : feuilles étroites, linéaires, subulées, opposées connées, engaînantes : fleurs d'un jaune verdâtre, solitaires, terminales : capsule double du calice. — ♃. Prairies élevées des hautes montagnes, Charousse près Grenoble, Piemeyan au Mont-de-Lans, les Pyrénées, le Canigou, port de Plan. **Ch. faux Sédon,** sedoides. Lin. (juillet-août).

383. HONCKÉNIE, *Honckenia.* Ehrh. — Calice de 5 sépales : 5 pétales entiers : 10 étamines insérées avec les pétales sur le calice : 3-5 styles : 10 glandes autour de l'ovaire : capsule à 1 loge, à 3-5 valves.

1. Un peu charnue : tige diffuse, dichotôme : feuilles ovales, pointues, courtes, embrassantes, dépassant les pédoncules : fleurs blanches solitaires, axillaires, terminales : calice à divisions ovales obtuses, plus longues que les pétales : graines grosses, noires, en forme de poire. — ♃. Sables des deux mers, Abbeville, Dunkerque, Bordeaux, Toulon. **H. pourpier,** peploides. Ehrh. (juin-juillet).

384. LÉPIGONE, *Lepigonum.* Wahlb. — Calice de 5 sépales : 5 pétales entiers : étamines 10 ou moins : 3 styles : capsule s'ouvrant jusqu'à la base par 5 valves. — Feuilles libres à la base, munies de stipules.

I. = Graines non ailées.

a. — *Tout le sépale scarieux, excepté la nervure verte.*

1. Tiges solitaires ou peu nombreuses, dressées, glabres, menues, à rameaux filiformes : feuilles linéaires subulées, mucronées, non fasciculées : 2 stipules laciniées, soudées à la base entre les feuilles : fleurs blanches, très-petites, portées sur des pédicelles longs, filiformes, étalés ou réfléchis, *en grappes* unilatérales, *non feuillées.* — ⊙. Terrains sablonneux, dans les moissons, Salins, Montmorency, Arbois, Malesherbes. Vaill. Bot. par. t. 3. f. 5. **L. des moissons,** segetale. Koch. (juin-juillet). — *Pétales plus courts que le calice.*

b. — *Sépales herbacés, scarieux sur les bords.*

2. Tiges nombreuses, étalées diffuses, rameuses, redressées et pubescentes glanduleuses dans le haut : feuilles un peu épaisses, linéaires subulées, mucronées, fasciculées : stipules entières, soudées à la base : fleurs rougeâtres ou blanches, portées sur des pédoncules courts, *en grappes* unilatérales, *feuillées : pétales égalant le calice pubescent* glanduleux.— ☉. Champs sablonneux, Paris, Nevers, Bourges, Grenoble au lac de Jarrié, Lyon aux Brotteaux. Engl. Bot. t. 852. **L. rouge**, *rubrum*. Wahls. (mai-août). ▭ *Variété*. ▭ b. — Presque glabre : feuilles assez longues, épaisses : capsule peu saillante : graines aplanies, rudes sur les bords, pas toutes ailées. *Marina*. Roth. Aigues-Mortes, étang de Courthéson près Orange.

III. ▭ Graines ailées.

3. Tiges couchées, ascendantes : feuilles linéaires demi-cylindriques, charnues, filiformes, mucronées : pédoncules réfléchis après la floraison : fleurs d'un rose foncé sur les bords, en grappes : sépales lancéolés obtus, sans nervure, membraneux sur les bords : graines toutes ou presque toutes ailées, arrondies obovales, comprimées, un peu rugueuses. — ☉. Bords de la mer, prairies salées, Aigues-Mortes, Saint-Gilles. DC. icon. rar. Gall.

t. 48. **L. à graines bordées**, *marginata*. DC. (mai-juillet). ▭ *Variétés*. ▭ b. — Feuilles cylindriques : très-peu de graines ailées. *Media*. Lin. ▭ c. — Pubescente visqueuse : feuilles un peu plus longues que les entrenœuds : pétales et capsule plus courts que le calice à sépales obtus, membraneux sur les bords : stipules scarieuses, presque engaînantes. *Macrorhiza*. Lois. Corse, dans les prairies maritimes.

385. ALSINE, *Alsina*. Wahlb. —Calice de 5 sépales : 5 pétales entiers ou un peu rétus : étamines 10, ou moins : 3 styles : capsule s'ouvrant jusqu'à la base en 3 valves : graines réniformes, sans aile.

I. ▭ Graines lisses, ou à peine ponctuées.

n. — *Feuilles fasciculées.*

1. Tiges grêles, glabres : feuilles linéaires étroites, aiguës, à 3 nervures, à peine soudées à la base, plus longues que les feuilles fasciculées : pédoncules divisés en plusieurs pédicelles dont les latéraux bifides ou trifides, et chaque division portant 2 bractées, une à la base, l'autre au milieu ; celui du milieu simple, sans bractée : fleurs blanches, en panicule : sépales ovales lancéolés, à 1 nervure peu apparente, plus longs que les pétales, un peu plus courts que la capsule à 3-4 valves. — ♃. Près Grenoble dans le bois de Taillefer. Mut. Fl. fr. 1. p. 165. **Al. spargoute**, *sperguloides*. Mut.

nn. — *Feuilles non fasciculées.*

a. — *Pédoncules poilus glanduleux.*

2. Tige un peu ligneuse à la base, grêle, divisée en rameaux nombreux, blanchâtres : feuilles ovales lancéolées, pubescentes, à 3 nervures, les inférieures desséchées : pédoncules terminaux à une fleur blanche : sépales oblongs, striés, peu pointus, plus courts que les pétales et la capsule ovale. — ♃. Au fond de la vallée de Héas, dans les fentes des rochers de Troumouse. Ramond. Pyr. médit. **Al. à feuilles de Céraiste**, *cerastifolia*. Ram.

b. — *Pédoncules ni poilus, ni glanduleux.*

g. — *Feuilles en spatule, ou ovales obtuses.*

3. Glabre : tiges étalées rampantes, longues, à rameaux courts : feuilles très-obtuses : 1-2 fleurs blanches, quelquefois sans pétales, à pédoncules longs, latéraux : sépales ovales obtus, plus courts que les pétales et plus longs que la capsule à 3 valves bifides. — ♃. Près des neiges, le Valgaudemar, Allevard, les Pyrénées au val d'Eynes, Madres. Jacq. rar.

t. 83. **Als. biflore**, *biflora*. Lin. — *Faut-il la considérer comme une* Arenaria *à cause de ses valves un peu bifides ?*

    gg. — *Feuilles arrondies à la base, lancéolées.*

4. Souche couchée, rampante : tiges droites ou ascendantes, *un peu pubescentes et les pédicelles* : feuilles *arrondies à la base*, lancéolées, aiguës, *planes*, *nerveuses en dessous*, ou ciliées, 2 fois plus courtes que les pédoncules terminés par une fleur blanche, droite : sépales lancéolés, mucronés, à 3 nervures, un peu plus courts que les pétales obtus et la capsule conique. — ♃. Rochers nus des plus hautes Alpes. All. Fl. par. t. 26. f. 5. **Als. lancéolée**, *lanceolata*. All. (juin-août). = *Variété*. = b.— Plante de 1 pouce, en gazon : feuilles partout égales, imbriquées sur 4 rangs dans le bas. *Cherlerioides*. Vill. t. 47. f. 1. Lautaret, Gondran, col d'Aguel, Digne.

    ggg. — *Feuilles filiformes.*

5. *Glabre :* tiges grêles, rameuses, ascendantes, *nues dans le haut :* feuilles *filiformes*, *demi-cylindriques*, *sans nervures :* pédoncules très-longs, à 1-3 fleurs blanches, petites : sépales *ovales lancéolés*, un peu aigus : fruit sans nervures, à 3 nervures peu marquées, étant sec, un petit peu plus courts que les pétales et la capsule globuleuse. — ♃. Tourbières du Jura, au Pont-Martel, aux environs de la Brevine. DC. icon. rar. Gall. t. 46. **Als. des tourbières**, *uliginosa*. Scheleich. (mai-juin).

6. Glabre : tiges couchées, gazonnantes, dichotômes : feuilles linéaires, glauques, *cylindriques, un peu charnues*, sans nervures, un peu obtuses, mucronées : fleurs petites, blanches : pédoncules terminaux à 1-2 fleurs, très-longs, arqués ou pendants : pétales dépassant les sépales ovales lancéolés, *obtus*, à 3 nervures étant secs. — ♃. Rochers escarpés des montagnes de Corse. Reich. cent. 2. f. 260. **Als. de Bavière**, *Bavarica*. Lin.

H. = Graines tuberculeuses.

n. — *Feuilles supérieures plus larges.*

7. Tiges nombreuses, en gazon serré, droites ou ascendantes, quelquefois un peu pubescentes au sommet : feuilles filiformes subulées, droites, raides, à 3 nervures, les supérieures diminuant toujours de longueur et augmentant en largeur : pédicelles longs, uniflores, en panicule : fleurs blanches : pétales oblongs, un peu longuiculés, dépassant très-peu le calice : sépales ovales aigus, un peu membraneux sur les bords, à 3 nervures écartées, le plus souvent droites, plus courts que la capsule oblongue. — ♃. Montagnes, collines sablonneuses, pierreuses, la Lozère, Paris, Grenoble à Saint-Nizier, Provence. Vaill. Bot.

nn. — *Toutes les feuilles égales.*

q. — *Pétales plus courts que le calice.*

8. Tiges de 3-4 pouces, dressées, très-rameuses, dichotômes, le plus souvent glabres : feuilles linéaires subulées, à 3 nervures, souvent non fasciculées : pédicelles filiformes, dressés, plusieurs fois plus longs que la fleur blanche : sépales lancéolés subulés, très-aigus, membraneux sur les bords, à 3 nervures, plus courts que la capsule, plus longs que les pétales ovales, plus étroits à la base. — ☉. Bords des chemins, champs arides. Engl. Bot. t. 219. **Als. à feuilles menues**, *tenuifolia*. Lin.

par. t. 2. f. 3. **Als. du printemps**, *verna*. Lin. (mai-juillet). = *Variétés*. = b. — Sépales à nervures droites, acuminées, un peu plus longs que les pétales sessiles, arrondis à la base : pédoncules dressés, fermes. *Gerardi*. Wild. Provence. = c. — Glanduleuse pubescente au sommet : feuilles nombreuses sur les tiges : sépales à nervures latérales courbées, plus courts que les pétales et la capsule. *Cæspitosa*. Ehrh. Mont-de-Lans. = d. — Gazonnante, toute pubescente glanduleuse visqueuse : calice à nervures droites, dépassant la capsule. *Corsica*. Soleirol. Corse au mont d'Oro.

(mai-septembre).= *Variétés*.= b. — Couverte, surtout au sommet, de poils courts, glanduleux visqueux. *Viscosa*. Pers. == c. — Très-rameuse dès la base, glabre, un peu couchée, inclinée : pédoncules un peu divergents à la maturité : pétales très-peu inégaux au calice. *Barrelieri*. Vill.— d. — Visqueuse pubescente au sommet : pédoncules dressés à la maturité : sépales un peu plus courts que les pétales. *Hybrida*. Vill. t. 47.

9. Tiges glabres, dressées, portant des la

base de petits rameaux dressés ou un peu divergents : feuilles très-fines, capillaires, fasciculées dans le bas, les deux feuilles extérieures plus longues, membraneuses soudées à la base, plus longues que les entre-nœuds, ciliées et à 3 nervures : fleurs blanches, paniculées en faisceaux, celle qui naît dans la dichotomie longuement pédicellée : pédicelles courts, raides : calice allongé, cylindracé, à sépales lancéolés subulés, blancs membraneux sur les bords, marqué sur le dos par deux sillons

verts, 2-3 fois plus longs que les pétales, égaux à la capsule : graines réniformes presque épineuses sur les bords. — ☉. Les rochers, les murs, les graviers, Alzon, Rome-Château [Saône-et-Loire], Mont-Ventoux, les Cévennes, Canigou, Grenoble sur les digues du Drac, Briançon. Jacq. Coll. 1. t. 16. **Als. à feuilles de Mélèze**, *laricifolia*. Lin. (mai-juillet). == Var. ascendante, à rameaux alternes, divergents pédoncules plus longs que les feuilles. *Saxatilis*. Vill. Grenoble sur les digues du Drac.

qq. — *Pétales égaux au calice.*

10. Tiges nombreuses, tortueuses, un peu ligneuses à la base, pubescentes glanduleuses au sommet, couchées, gazonnantes : feuilles linéaires subulées, serrées sur les jeunes tiges, écartées sur les tiges fleuries, presque unilatérales, toutes recourbées, à 3 nervures : pédicelles droits, pubescents, portant à la base 2 bractées opposées, striées : fleurs blanches : sépales ovales lancéolés, membraneux sur les bords, les extérieurs à 5-7 nervures, égalant ou dépassant très-peu les pétales ovales, rétrécis vers la base. — ♃. Sommités des Alpes, des Pyrénées, dans les lieux abrités. Jacq. Coll. 1. p. 244. t. 16. f. 1. **Als. recourbée**, *recurva*. All. (juillet-août).

qqq.—*Pétales plus longs que le calice.*
k. — *Capsule plus longue que le calice.*
a. — *Capsule un tiers plus longue que le calice.*

11. Tige ligneuse dans le bas, tortueuse, épaisse, peu feuillée dans le haut et pubescente glanduleuse : feuilles inférieures linéaires subulées, ouvertes presque étalées, les supérieures plus courtes, serrées contre la tige, toutes un peu glauques : fleurs blanches, grandes : sépales pubescents glanduleux, oblongs, obtus, à 3 nervures, moitié plus courts que les pétales à nervures digitées : capsule ventrue. — ♃. Grenoble à Nérou, rochers de Brande en Oisans, Mont-Ventoux. Vill. t. 47. f. 6. **Als. à fleurs de Lin**, *Liniflora*. Lin. (juillet-août).
b. — *Capsule à peine plus longue que le calice.*

12. Gazon serré : tiges couchées à la base, puis ascendantes, couvertes au sommet d'un coton blanchâtre : feuilles linéaires subulées, rudes sur les bords, le plus souvent recourbées unilatérales sur les rameaux stériles, celles des tiges fleuries plus courtes, dressées, appliquées : fleurs blanches, paniculées : sépales blanchâtres, *obtus*, membraneux sur les bords, à 3 nervures, *moitié plus courts que les pétales nerveux à la base*. — ♃. Montagnes élevées, Grenoble à Saint-Nizier, Valgaudemar. Vill. t. 47. f. 5. **Als. striée**, *striata*. Lin. (juillet-août).

13. Gazon : tiges ligneuses à la base : tortueuses, un peu pubescentes, droites ou un peu étalées : *feuilles sétacées*, molles, *un peu engainantes à la base*, fasciculées : fleurs blanches, en panicule : sépales ovales aigus, blancs et cartilagineux sur les bords, à 1 nervure verte sur le dos, un peu plus courts que les pétales ovales. — ♃. Paris sur les collines, Saint-Maur, Fontainebleau au rocher du Cuvier. Vaill. Bot. par. t. 2. f. 5. **Als. à feuilles sétacées**, *setacea*. Thuil. (juin-juillet).

kk. — *Capsule plus courte que le calice.*

14. Tiges stériles couchées, très-rameuses, les tiges fleuries droites ou ascendantes : feuilles linéaires étroites, planes, à 3 nervures : 3-5 fleurs blanches sur chaque tige : sépales lancéolés, aigus, membraneux sur les bords, à 3 nervures, plus longs que la capsule, plus courts que les pétales oblongs, obtus, presque échancrés, rétrécis à la base. — ♃. Montagnes élevées, Mont-Ventoux, Mont-Aiguille, Canigou, l'Espérou. Vill. t. 47. f. 4. **Als. de Villars**, *Villarsii*. Balb. (juin-août).

386. SABLINE, *Arenaria*. Lin.—Calice de 4-5 sépales : 4-5 pétales entiers ou un peu échancrés : 10 étamines : 2-3 styles : capsule s'ouvrant par 4-6 valves ou 4-6 dents.

I. = Sépales très-inégaux, imbriqués.

1. Tiges menues, dures, très-rameuses dans le bas : feuilles imbriquées sur 4 rangs, un peu en gouttière, *ovales obtuses, arrondies au sommet*, membraneuses sur les bords : *fleurs blanches à 4 pétales, à 4 sépales obtus, à 3 nervures, à 8 étamines.* — ♃. Marseille, la Massive de Castanèze dans les Pyrénées. Gay. Ann. sc. nat. 3. et 4. t. 3. **S. à quatre rangs**, *tetraquetra*. Lin. (juillet-août).

2. Tiges nombreuses, petites, raides, pubescentes : feuilles sur 4 rangs, *lancéolées linéai-res, aiguës*, en gouttière, membraneuses sur les bords, soudées à la base, les plus hautes écartées : fleurs blanches, *réunies en tête*, à 10 étamines, à 5 pétales plus longs que les sépales aigus, à 3 nervures. — ♃. Mont-Ventoux, les Cévennes (entre Sautelières et Alzon, mont Saint-Loup près Montpellier, les Pyrénées au port de Venasques, de Massive. Gay, Ann. sc. nat. 3 et 4. t. 4. **S. à fleurs agrégées**, *aggregata*. Lois. (juin-août).

II. = Sépales égaux.

§ 1. = SÉPALES SANS NERVURE NI CARÈNE.

n. — *Fleurs rosées ou lilas.*

3. Tiges grêles, couchées, rampantes, émettant quelques rameaux ascendants, très-courts : feuilles ovales lancéolées, pointues, glabres, presque égales aux pédicelles, moins longues que les entre-nœuds, très-serrées au sommet des rameaux stériles : 2-4 fleurs assez grandes, portées sur des pédicelles courts, pubescents : sépales lancéolés aigus, membraneux sur les bords, lisses sur le dos, deux fois plus courts que les pétales obtus. — ♃. Sommités des Pyrénées, au port de Gavarnie, le bois de la Maladetta, Eaux-Bonnes au mont Sum-d'Aucubat. DC. icon. rar. Gall. t. 45. **S. rougeâtre**, *purpurascens*. Ram. in Lois. (juillet-août).

nn. — *Fleurs blanches.*

q. — *Des feuilles en spatule.*

4. Pubescente visqueuse : tiges très-petites, dressées, grêles, rameuses : feuilles inférieures en spatule, les caulinaires plus longues, oblongues linéaires : fleurs portées sur des pédicelles filiformes, enfin étalés : sépales lancéolés aigus, égalant les pétales ovales oblongs. — ⊙. Corse à Calvi. DC. prodrome. **S. modeste**, *modesta*. Dufour. (mai-septembre).

qq. — *Pas des feuilles en spatule.*

k. — *Feuilles ovales.*

5. Gazon serré, arrondi : tiges rampantes : feuilles petites, ovales, obtuses, un peu charnues, rétrécies en pétiole, luisantes, ciliées : pédicelles très-longs, solitaires, terminaux, à 1 fleur penchée : 2 bractées opposées au milieu du pédicelle : pétales ovales obtus, doubles des sépales ovales obtus, presque égaux à la capsule. — ♃. Corse, sur les rochers. L'Hérit. stirp. 1. t. 45. **S. des Baléares**, *Balearica*. Lin.

kk. — *Feuilles ovales lancéolées.*

6. Tiges petites, en gazon serré, rameuses : feuilles sessiles, ovales lancéolées, aiguës, sans nervures, très-ciliées à la base : 1-3 fleurs grandes : pétales dépassant de moitié les sépales les plus longs que la capsule globuleuse.—♃. Lieux pierreux des montagnes, les Pyrénées à la Brèche-de-Rolland, Grenoble à Saint-Nizier. Jacq. Coll. 1. t. 17. f. 1. **S. à tiges nombreuses**, *multicaulis*. Wulf. (juillet-août).

kkk. — *Feuilles linéaires ou lancéolées.*

7. Hérissée de poils courts, blancs : tiges nombreuses, en touffe gazonnante, dressées : feuilles linéaires subulées, très-rapprochées dans le bas de la plante : fleurs blanches, à longs pédicelles, en panicule dichotome : pétales oblongs obtus, *à peine un peu plus longs que les sépales lancéolés aigus, dépassant un peu la capsule globuleuse.* — ♃. Le

Buts au pied du Ventoux, l'Espérou, rochers du Capouladou. Willd. spe. 2. p. 725. **S. Hérissée**, *hirsuta*. Lin. (juin-juillet).

8. Pubescente : tiges stériles longues, couchées ; les tiges florifères rougeâtres, droites : feuilles lancéolées linéaires, aiguës, rudes sur les bords et la côte dorsale: fleurs blanches: pédicelles longs, latéraux et terminaux, penchés après la floraison : pétales entiers, *beaucoup plus longs que les sépales ovales aigus, égalant la capsule ovale globuleuse*. — ♃. Lieux arides, sablonneux, Paris à Mantes, Tours, Montpellier, le Canigou, Barrèges. Vent. hort. Cels. t. 34. **S. de montagne**, *montana*. Lin. — Var. à plante glabre (juin-août). *

§ 2. = SÉPALES A NERVURE DORSALE.

n. — *Toutes les feuilles linéaires.*

9. Tiges stériles nombreuses, en gazon; les tiges fertiles, *pubescentes au sommet, à 1-3 fleurs* : feuilles linéaires sétacées, aiguës, planes, *à 3 nervures, nombreuses et ramassées sur les tiges stériles*, écartées, opposées, appliquées sur les tiges florifères, ciliées à la base : fleurs blanches, grandes : pétales obovales, doubles des sépales *ovales lancéolés pointus, à 1 nervure :* capsule à 5-8 dents. — ♃. Lieux pierreux des hautes montagnes, Mont-Ventoux, mont Saint-Guiral, Espérou, Briançon dans le fort des Têtes. All. ped. t. 10. f. 1. **S. à grande fleur**, *grandiflora*. Lin. = Var. Tiges couchées, stolonifères : feuilles inférieures courtes, les supérieures plus longues, écartées : sépales très-étroits, très-aigus. *Stolonifera.* Vill. Saint-Nizier près Grenoble, Mont-Aiguille (juillet-août).

10. Gazons nombreux, arrondis : tiges *pubescentes*, dressées, diffuses, très-rameuses : feuilles épaisses, linéaires, aiguës, *à 1 nervure*, ciliées à la base : pédicelles grêles, dichotômes, *à plusieurs fleurs blanches:* pétales plus longs que les sépales *ovales oblongs*, aigus, un peu membraneux sur les bords, *à 3 nervures*, ciliés à la base, presque égaux à la capsule ovoïde.— ②. Champs pierreux du centre de la France, Chapelle de Saint-Ursin, Morthomier [Cher]. Brot. phyt. Lusit. p. 179. t. 73. **S. de Coimbre**, *Conimbricensis*. Brot. (juin-juillet).

nn. — *Des feuilles linéaires, d'autres ovales.*

11. *Pubescente glanduleuse :* tiges nombreuses, gazonnantes, ascendantes, divisées au sommet en 2-5 pédicelles : feuilles *inférieures nombreuses, recourbées, linéaires acuminées*, les *supérieures écartées, ovales acuminées :* fleurs blanches, 5-7, celle du milieu à pédicelle très-long : pétales oblongs, doubles des sépales ovales pointus, droits. — ♃. Lieux arides des montagnes, Mont-Ventoux, le Quey-ras, Fontainebleau au Mail d'Henri IV. Cav. icon. t. 249. f. 2. **S. à trois fleurs**, *triflora*. Lin. (mai-juin).

12. *Cendrée pubescente :* tiges rameuses, diffuses : feuilles *inférieures petites ovales lancéolées*, les *supérieures écartées, linéaires :* fleurs blanches, *en panicule dichotome :* pédoncules très-longs : pétales obtus, doubles des sépales lancéolés aigus, portant sur le dos une carène aiguë, égalant la capsule ovale. — ♃. Terrains pierreux, arides de la Haute-Provence. Requien in Guerr. Vaucl. édit. 2. pag. 254. **S. cendrée**, *cinerea*. DC. (juin-juillet).

nnn. — *Des feuilles ovales, d'autres en spatule.*

13. Tiges diffuses gazonnantes, ascendantes, un peu rameuses : feuilles ovales, petites ou en spatule, un peu rétrécies en pétiole, ciliées à la base, à 3 nervures étant sèches : pédoncules chargés de poils recourbés : fleurs terminales : pétales un peu plus longs que les sépales acuminés, nervés étant secs.—♃. Terrains pierreux des montagnes, Saint-Nizier près Grenoble, lac de Joux dans le Jura, rochers escarpés des Pyrénées. Fl. dan. t. 346. **S. Ciliée**, *ciliata*. Lin. (juin-août).

nnnn. — *Toutes les feuilles ovales.*

14. Pubescente : tiges grêles, couchées, rameuses : feuilles *pétiolées surtout dans le bas*, ovales aiguës, à 3-5 nervures : fleurs blanches, pédonculées, solitaires, en cime feuillée : pédicelles arqués après la floraison : pétales plus courts que les sépales lancéolés acuminés, scarieux sur les bords, rudes sur le dos à 3 nervures. — ○. Bois couverts, humides, l'Espérou. Fl. dan. t. 429. **S. à trois nervures**, *trinervea*. Lin. (avril-juin).

15. Pubescente : tiges menues, longues, couchées, rameuses : feuilles sessiles, petites, *ovales aiguës*, à 3 nervures, souvent peu visibles : fleurs pédicellées, en panicule : pétales plus courts que les sépales lancéolés pointus,

scarieux sur les bords, à 3-5 nervures, plus
courts que la capsule. — ⊙. Les champs. Fl.

dan. 977. **S. à feuilles de Serpolet**,
Serpillifolia. Lin. (mai-juin).

387. STELLAIRE, *Stellaria*.

Lin — Calice à 5 divisions : 5 pétales
bifides : étamines 10 ou moins : 3-4 styles : capsule à 1 loge, s'ouvrant par 6 valves jusqu'à la base ou seulement au sommet par 6 dents.

I. = Capsule s'ouvrant au sommet par 6 dents.

1. Tiges rampantes couchées ascendantes, rameuses dichotômes, formant de petites touffes de gazon : feuilles *sessiles*, *oblongues lancéolées*, obtuses, entières, les inférieures rétrécies à la base, les plus hautes un peu obovées aiguës : pédicelles pubescents, dont 1 droit, 2 écartés ou réfléchis : fleurs blanches : pétales doubles des sépales oblongs, obtus, à 3 nervures : capsule à dents obtuses, enfin réfléchies. — ♃. Gazons humides, le longs des eaux des hautes montagnes, au bas du roc de Taillefer près Grenoble, les Pyrénées, Pic du Midi, Nouri, Cinglas-del-Camps. Gunn. Fl. norw.

2. t. 6. f. 2. **S. fausse Céraiste**, *Cerastoides*. Lin. (juillet-août).

2. *Poilue visqueuse* : tiges cylindriques, couchées ascendantes, dichotômes au sommet : feuilles *linéaires*, *les inférieures pétiolées*, un peu spatulées : pédicelles *dressés* : fleurs blanches, en panicule : pétales à peine plus longs que les sépales lancéolés, à 3 nervures, moitié plus courts que la capsule cylindrique. — ⊙. Prairies sèches, Metz, Angers, Nantes. W. et Kit. plant. rar. haug. t. 22. **S. visqueuse**, *viscida*. Bieb. (avril-mai).

II. = Capsule s'ouvrant au moins jusqu'au milieu en 6 valves.

n.—*Feuilles linéaires lancéolées*.

q. — *Feuilles rudes sur les bords*.

3. Tige droite, anguleuse, rameuse, de 1-2 pieds : feuilles lancéolées linéaires, *longuement acuminées*, les supérieures plus longues et plus larges, les inférieures un peu réfléchies, toutes dentelées et rudes sur les bords : pédoncules longs, rudes : fleurs blanches, en panicule : pétales *doubles* des sépales lancéolés, aigus, *sans nervures*, lisses, membraneux sur les bords : *bractées herbacées*. — ♃. Les bois, les haies, l'Espérou au vallat de la Dauphine. Engl. bot. t. 511. **S. holostée**. *holostea*. Lin. (mai-juin).

4. Tige grêle, glabre, tombante, lisse, à 4 angles : feuilles sessiles, lancéolées, linéaires, aiguës, glabres, à 1 nervure : fleurs blanches, en panicule *divariquée dichotôme* : pétales égalant ou dépassant *à peine* les sépales à 3 nervures : bractées *scarieuses*. — ♃. Les bois, les

champs, Grenoble, le Champsaur, Vincennes. Engl. bot. t. 803. **S. graminée**, *graminea*. Lin. = *Variété*. = b. — Couchée : feuilles lisses : fleurs grandes à pétales doubles du calice. *Intermedia*. Gaud. (juin-juillet).

qq. — *Feuilles lisses*.

5. Glauque : tiges faibles, lisses, presque dressées, à 4 angles : feuilles sessiles, linéaires lancéolées, longues : fleurs blanches, grandes en panicule : pédicelles droits : bractées, scarieuses : pétales doubles des sépales à 3 nervures, égalant la capsule ovale. — ♃. Prairies humides, bords des eaux, Strasbourg, Paris à Marcoussis, étangs de Saulieu et de la Roche en Breuil [Côte-d'Or]. Engl. bot. t. 825. **S. glauque**, *glauca*. With. (juin-juillet). — Voir aussi la *S. graminea*. Var. b. — La var. b. du *S. uliginosa*.

nn.—*Feuilles oblongues lancéolées*.

6. Tiges faibles, couchées, glabres, anguleuses, dichotômes : feuilles oblongues lancéolées lisses, ciliées à la base, terminées par une pointe calleuse : pédoncules latéraux en panicule : bractées scarieuses : fleurs petites :

blanches : pétales plus courts que les sépales à 5 nervures. — ♃. Bords des fontaines, des ruisseaux, commune dans les terrains primitifs, le Morvan, Saint-Pierre-Ville [Ardèche], les Pyrénées à Prato de Mello, Luchon. Engl.

bot. t. 1074. **N. des Fanges**, *uliginosa*. Murray. (juin-juillet). = *Variété*. = b. — Tiges à rameaux unilatéraux ; feuilles linéaires lancéolées ; pétales doubles du calice. *Dilleniana*. Mœnch. Strasbourg, Besançon à la Chapelle des Buis, derrière la Citadelle.

nnn.—*Feuilles ovales, ou ovales lancéolées.*

7. Tiges faibles, grêles, ascendantes, pubescentes au sommet, feuilles inférieures à long pétiole, en cœur, ovales acuminées, les supérieures sessiles, ovales lancéolées, toutes ciliées : fleurs blanches, en panicule dichotôme: pétales doubles des sépales lancéolés aigus. — 24. Les bois couverts, humides, Espérou à la source de l'Hérault. Fl. dan. t. 271. **N. des bois**, *nemorum*. Lin. (juin-juillet). = *Variété*. = b. — Glabre ; pétales plus courts que le calice. *Latifolia*. Montpellier, Calvi.

8. Tiges un peu charnues, tendres, diffuses couchées, portant une ligne de poils qui alterne à chaque nœud : feuilles ovales, sessiles dans le haut, les autres un peu pétiolées : pédoncules uniflores : fleurs blanches, axillaires et terminales : pétales plus courts que les sépales : étamines variant de 3 à 10. — ⊙. Partout dans les champs cultivés. Fl. dan. t. 525. **N. morgeline**, *nudia*. Smith. (mai-septembre).

388. MALACHIE, *Malachium*. Fries. — Calice de 5 sépales : 5 pétales bifides : 10 étamines : 3-5 styles : capsule plus courte que le calice, à 5 valves bifides au sommet : graines grenues.

1. *Glabre* : tige dressée, striée : feuilles *linéaires lancéolées*, dressées, écartées : pédoncules dressés, terminaux, grêles, allongés, ternés : bractées scarieuses sur les bords : fleurs blanches : pétales grands, un peu en cœur, doubles des sépales ovales aigus, scarieux sur les bords, dépassant la capsule. — ⊙. Colmars dans la Haute-Provence. W. et Kit. plant. rar. hung. t. 96. **M. trompeuse**, *manticum*. Reich. (juin-juillet).

2. *Pubescente visqueuse au sommet* : tige tombante, *radicante, anguleuse* : feuilles sessiles, *en cœur, ovales-acuminées*, les inférieures un peu pétiolées : fleurs blanches, en panicule dichotôme, divergente : pétales plus longs que les sépales dépassant la capsule un peu globuleuse, penchée, à 5 valves bifides. — ⊙. Bords des eaux, lieux humides. Fl. dan. t. 1337. **M. aquatique**, *aquatica*. Fries. (avril-juin). — Tige quelquefois grimpante.

PENTAGYNIE.

589. LYCHNIDE, *Lychnis*. Lin. — Calice tubuleux, cylindrique, plus ou moins renflé, à 5 dents ou 5 divisions : 5 pétales à onglets très-longs quelquefois munis d'écailles : 10 étamines : 5 styles : capsule à 1 loge, rarement à 5 loges dans le bas, s'ouvrant au sommet par 5 valves, rarement bifides.

n—*Calice cylindrique, campanulé, à 5 divisions très-longues.*

1. Poils longs, soyeux : tige grande, droite, dichotôme au sommet : feuilles linéaires, longues, épaisses : pédoncules allongés, uniflores : fleurs d'un rouge violet, veinées : calice sillonné, à divisions très-longues, linéaires aiguës : pétales nus, tronqués ou échancrés. — ⊙. Les moissons. Engl. Bot. t. 741. **L. nielle**, *githago*. Lam. (juin-juillet).

nn.—*Calice cylindrique, en massue.*

q.—*pétales munis d'appendices.*

a. — *Tige visqueuse en dessous des articulations.*

2. Tiges droites, simples, glabres, rougeâtres et visqueuses en dessous des nœuds supérieurs : feuilles radicales nombreuses, en spatule, caulinaires linéaires lancéolées, glabres, ciliées à la base : fleurs purpurines, en bouquets, formant une panicule étroite : pétales presque entiers, munis d'écailles au-dessus de l'onglet : calice glabre, le plus souvent coloré, à dents courtes triangulaires aiguës. —♃. Pelouses sèches, sablonneuses, Blois aux Ponts-Chartrains, bois près Cluny, Fontainebleau, Compiègne, Lyon à Charbonnière. Engl. Bot. t. 788. **L. visqueuse**, *viscaria.* Lin. (juin-juillet) — Capsule à 5 loges incomplètes.

b. — *Tiges non visqueuses.*

3. *Laineuse blanchâtre* : tige ferme de 1-2 pieds : feuilles ovales lancéolées : pédoncules plus courts que le calice : fleurs rouges, en tête serrée : pétales échancrés, munis d'appendices : calice à 10 nervures. — ♃. Pâturages des montagnes, Guillestre, Boscodon, Lautaret, montagnes de Provence. Bot. magn. t. 398. **L. fleur de Jupiter**, *flos Jovis.* Lam. (juin-juillet).

4. *Glabre* : tige droite, dichotôme au sommet : feuilles linéaires lancéolées : un peu embrassantes à la base, à 3 nervures : fleurs d'un rose très-vif, et d'un pourpre foncé à la gorge : pétales échancrés, portant une écaille bifide : calice à dix côtes très-saillantes, à 5 dents linéaires. —⊙. Environs d'Embrun, Corse à Saint-Florent. Bot. magn. t. 295. **L. rose du ciel**, *cœli rosa.* Dervous.

qq.—*Pétales sans appendices.*

5. *Hérissée* : tiges droites, fermes : feuilles ovales lancéolées, embrassantes, vertes : fleurs d'un rouge coquelicot orangé, quelquefois blanches, nombreuses, en corymbe serré : nivelé : pétales à 2 lobes. —♃. Originaire de la Russie méridionale, cultivée. Bot. magn. t. 237. **L. croix de Malte**, *chalcedonica.* Lin. (juin-juillet).

nnn.—*Calice ovale, ou en cloche.*

q.—*Pétales munis d'appendices.*

a. — *Plante couverte d'un coton soyeux, blanc.*

6. Plante toute couverte de poils longs, soyeux : tige droite, rameuse dichotôme : feuilles ovales lancéolées : pédoncules très-longs, uniflores : fleurs purpurines, ou blanches : pétales échancrés, munis d'appendices à l'entrée de la gorge : capsule sessile. — ♃. Environs d'Embrun, les Pyrénées à Luchon, Saumède, Averau. Bot. magn. t. 24. **L. coquelourde**, *coronaria.* Desrouss. (juin-août). — Calice coriace.

b. — *Plantes glabres ou presque glabres.*

7. Tige cannelée, peu rameuse, *un peu hispide, très-peu visqueuse au sommet* : feuilles sessiles, glabres, ciliées à la base, *lancéolées, ré-* trécies à la base : fleurs rouges, ou blanches, en panicule dichotôme : pétales divisés jusqu'au-delà du milieu en 4 lanières linéaires, divergentes : calice à 10 côtes rougeâtres, à dents triangulaires aiguës. —♃. Terrains humides, montagneux, Pont-Saint-Esprit, Espérou à l'Aigoual. Engl. Botan. t. 573. **L. fleur de coucou**, *flos cuculi.* Lin. (mai-juillet).

8. Glabre, *un peu glauque* : tiges couchées, diffuses, gazonnantes : feuilles coriaces, les radicales *pétiolées, en spatule*, les caulinaires *en cœur*, ou *elliptiques*, sessiles : fleurs roses ou blanches, en panicule dichotôme, celle qui naît dans la dichotômie à très-long pédoncule : pétales un peu échancrés. —♃. Les Pyrénées, la vallée d'Aspe, Mont-Houza, forêt d'Erati. **L. des Pyrénées**, *Pyrenaica.* DC. (mai-juin).

qq.—*Pétales sans appendices.*

9. Tiges droites, *simples*, 2-6 pouces, glabres, gazonnantes : feuilles étroites, linéaires lan- céolées, pointues : fleurs rouges, *en tête serrée terminale* : pétales bifides : calice d'un pour-

pre violet : capsule ovale. — ♃. Prairies des hautes montagnes, Mont-de-Lans à Piemeyan , Petit-Galibier, Alpes de Provence , Pic du Midi dans les Pyrénées. Fl. dan. t. 65. **L. des Alpes,** *Alpina.* Lin. (juillet-août).

10. Glabre : tige *dichotome,* de 3-12 pouces : feuilles linéaires lancéolées : fleurs rouges . *portées sur de très-longs pédoncules :* pétales oblongs , *échancrés :* calice à 10 stries. — ⊙. Corse à Ajaccio , Bordeaux à la Tête de Buch. **L. de Corse,** *Corsica.* Lois. (juin-août).

390. MÉLANDRIE , *Melandrium.* Rochling. — Calice tubuleux, plus ou moins renflé, à 5 dents : 5 pétales, à onglet très-long, munis d'écaille : 10 étamines : 5 styles : capsule à 1 loge, s'ouvrant au sommet par 10 valves. — *Fleurs dioïques.*

1. Tiges velues, ascendantes, un peu rameuses dans le haut , glanduleuses au sommet : feuilles pubescentes, les inférieures atténuées en pétiole, les supérieures lancéolées : *fleurs blanches,* odorantes le soir, en panicule lâche, un peu penchées : pétales bifides : calice renflé, rayé, velu glanduleux.— ♃. Lieux cultivés, bords des chemins. Engl. Bot. t. 1580. **M. dioïque,** *dioicum.* Lin. (mai-octobre).

2. Tiges formant des touffes , dressées , rameuses dans le haut, velues, un peu glandu-

leuses au sommet : feuilles radicales ovales, aiguës, pétiolées, supérieures sessiles, ovales oblongues, pointues : *fleurs rouges ,* en panicule dichotôme : pétales à deux lobes divergents : calice velu, *rougeâtre :* capsule *à dents roulées en dehors.* — ♃. Bois humides, Beauvais, Compiègne, Moulins dans le Morvan , Besançon, Taillefer près Grenoble , Saleix dans les Pyrénées. Engl. Bot. t. 1579. **L. sauvage,** *sylvestre.* Rochling. (juin-août).

391. SPARGOUTE , *Spergula.* Lin.—5 sépales : 5 pétales entiers : 5-10 étamines : 5 styles : capsule ovale, à 1 loge polysperme , s'ouvrant en 5 valves jusqu'à la base. Fleurs blanches.

n. — *Feuilles verticillées , stipulées à la base.*

1. Tiges dressées ou ascendantes, glabres ou pubescentes glanduleuses au sommet, dichotômes : feuilles linéaires subulées, *sillonnées en dessous :* stipules scarieuses, entières, soudées en une seule entre les feuilles : pédicelles longs, filiformes, étalés ou réfléchis après la floraison : pétales plus courts que les sépales mi-scarieux sur les bords : graines *globuleuses ,* chargées de papilles jaunâtres, entourées *d'une aile étroite.*— ⊙. Les champs sablonneux. Engl. Bot. t. 1535. **Sp. des champs,** *arvensis.* Lin. (mai-septembre).

2. Tiges grêles, rameuses,presque ou tout-à-

fait glabres, dressées ou ascendantes : feuilles linéaires subulées, courtes, non sillonnées en dessous : stipules scarieuses, soudées en une seule : pédicelles étalés ou réfléchis après la floraison : 5, rarement 10 étamines : pétales plus courts que le calice un peu scarieux sur les bords : graines *lenticulaires très-comprimées,* chargées de papilles sur les bords, entourées d'une *aile large,* membraneuse. —⊙. Terrains sablonneux, Tresques, le Morvan, bruyères de la Nièvre , bois de Boulogne, Dourdan. Lam. ill. t. 392. f. 2. **Sp. à cinq étamines,** *pentandra.* Lin. (mars-avril).

nn.— *Feuilles opposées, soudées à la base, sans stipules, portant quelquefois un paquet de jeunes feuilles à leur aisselle.*

q. — *Feuilles terminées par un poil ferme.*

3. Feuilles linéaires, glabres, raides, nombreuses, en faisceaux : pédicelles très-longs, uniflores, axillaires : pétales ovales, doubles du calice à sépales obtus. — ♃. Hautes mon-

tagnes de Corse. **Sp. porte-poil**, *pilifera.* DC. (juillet-août). = Var. — 1° Plante très-basse, très-serrée, gazonnante. Reich. cent. 2. f. 263, 264. — 2° Tiges allongées. Lois. t. 8.

qq.—*Feuilles non terminées par un poil.*

k. — *Pétales doubles des sépales.*

4. *Presque glabre :* tiges grêles, gazonnantes, à rameaux pauciflores : feuilles linéaires, filiformes, mucronées, les inférieures engaînantes, *plus longues, les supérieures courtes,* à faisceaux axillaires : pédoncules droits. — ♃. Sables humides, tourbeux, marécages, Strasbourg, Neuilly-sur-Marne, étang du Rouvray [Côte-d'Or], Lyon à Perrache. Fl. dan. t. 96. **Sp. noueuse,** *nodosa.* Lin. (juillet-août). ⚌ *Variété.* ⚌ b. — Toute pubescente glanduleuse. *Glandulosa.* Pointe de Hourdel.

5. *Pubescente glanduleuse :* tiges couchées étendues, ascendantes, en gazon lâche : feuilles opposées, soudées par la base, linéaires filiformes, *acuminées en arête, pas plus longues que les axillaires :* pédoncules solitaires, très-longs, penchés : sépales membraneux au bord : capsule pyramidale. — ♃. Prairies des montagnes, Briançon au Pont-Rouge, Guillestre au bois de Rezoul, montagnes de Seyne en Provence. All. ped. t. 64. f. 4. **Sp. glabre,** *glabra.* Willd. (juillet-août).

kk. — *Pétales égaux au calice.*

6. Poils courts sur les tiges, les feuilles, les pédoncules, les calices : tiges presque capillaires, couchées ou ascendantes, en petites touffes : feuilles linéaires, acérées en arête membraneuse, souvent crochue : pédicelles axillaires, uniflores, aussi longs que la tige : pétales obtus, égalant les sépales ovales, obtus, un peu plus courts que la capsule.—☉. ♃. Lieux humides, Bayonne, Lyon à Saint-Génis-Laval, Clermont et Aubigny [Cher]. Swartz. act. holm. 1789. t. 4. f. 3. **Sp. en alène,** *Subulata.* Swartz. (juin-août). ⚌ *Variété.* ⚌ b. — Presque glabre : feuilles larges de 1 ligne, à nervure large : calice presque plus long que les pétales. *Laricina.* Corse au mont Grosso, Saumur, étang de Chavigny.

kkk. — *Pétales plus courts que le calice.*

7. Glabre : tiges ascendantes, gazonnantes, de 1-3 pouces : feuilles linéaires subulées, presque pas mucronées, les axillaires plus courtes : pédoncules très-longs, solitaires : capsule dépassant le calice.— ♃. Lieux humides, couverts de mousse des montagnes, Barrèges, Lautaret, Jura, Corse. Engl. Bot. t. 2105. **Sp. sagine,** *saginoides.* Lin. (juin-juillet).

392. CERAISTE, *Cerastium.* Lin. — Calice de 5 sépales : 5 pétales bifides, ou presque entiers : 5-10 étamines : 5 styles : capsule s'ouvrant au sommet en 10 valves. Fleurs blanches. — *J'ai suivi pour ce genre le* Monographia de Cerastio *de M. Grenier,* 1841.

I. ⚌ Plantes vivaces.

n.—*Bractées scarieuses.*

q. — *Plantes poilues, vertes.*

a. — *Écorce de la graine non adhérente à l'amande.*

1. Racine rampante : tiges gazonnantes, radicantes, puis droites ascendantes, rameuses, cotonneuses blanchâtres : feuilles lancéolées ou linéaires, aiguës, quelquefois recourbées : pédoncules allongés, à 1-3 fleurs : bractées oblongues lancéolées, scarieuses sur les bords, souvent ciliées : pétales profondément échancrés en cœur, 2-3 fois plus longs que les sépales ovales lancéolés, un peu obtus, scarieux : capsule oblongue cylindrique, double du calice : graines grandes, rousses, ponctuées tuberculeuses. — ♃. Corse. Grenier, Monog. de Cerastio. p. 67. t. 7. f. 2. **C. de Boissier,** *Boissierii.* Gren. (mai-juin).

b. — *Écorce de la graine adhérente à l'amande.*

2. Racine rameuse : tiges couchées à la base, droites, glabres ou poilues laineuses, quelquefois visqueuses au sommet : les tiges stériles chargées de feuilles serrées : feuilles ovales ou lancéolées, ou même linéaires, glabres ou velues : bractées lancéolées, plus ou moins scarieuses, obtuses, barbues au sommet : fleurs en panicule dichotôme, visqueuse : pétales profondément bifides, 2-3 fois plus longs que les sépales lancéolés obtus, scarieux sur les

bords : capsule un peu recourbée, double du calice ou à peine saillante : graines noirâtres, tuberculeuses. — ♃. **Cer. changeant,** *mutabile*. Gren. (mai-juin). = *Variétés*. = A. = *Poilu, vert : tiges naines ou de 1 pied : feuilles lancéolées, les inférieures ovales : pédoncules droits après la floraison. Arvense.* = a. — Feuilles lancéolées linéaires, poilues. *Striatum.* = b. — Feuilles allongées linéaires, le plus souvent poilues, jamais blanchâtres. *Angustatum.* = c. — Feuilles étroites, raides, un peu piquantes, recourbées. *Laricifolium.* Les chemins, les champs. Fl. dan. t. 626. = B.

= *Tiges à 1-3 fleurs : feuilles ovales : bractées herbacées : pédoncules réfléchis après la floraison.* = a. — Tiges le plus souvent à 1 fleur, visqueuses, couvertes de poils courts, presque pas laineux. *Soleirolii.* Corse. = b. — Plante toute couverte de poils crépus. *Alpinum.* Valgaudemar, Briançon, les Pyrénées, Canigou. Engl. Bot. t. 472. = c. — Plante couverte de poils très-épais, blanchâtres, crépus laineux. *Lanatum.* Les Pyrénées, val d'Eynes, Cambredases, sommet du Cantal. Fl. dan. t. 63. = d. — Poils très-épais, crépus, laineux : tiges souvent visqueuses. *Squalidum.* Pic du Midi, val d'Eynes.

qq. — *Plantes blanchâtres cotonneuses.*

3. Gazon épais : tiges nombreuses, de 8-10 pouces, dressées, couvertes d'un coton blanc, très-mou : feuilles lancéolées linéaires, presque obtuses, les inférieures quelquefois ovales : panicule lâche, allongée, plusieurs fois bifurquée : pédoncules droits : bractées ovales, scarieuses : fleurs grandes, pendantes :

pétales profondément bifides, 2-3 fois plus longs que les sépales largement scarieux argentés sur les bords, dépassant la capsule : graines réniformes tuberculeuses. — ♃. Environs de Montpellier. Fl. græc. t. 455. ©. **cotonneux,** *tomentosum*. Lin. (mai-juin).

nn. — *Bractées herbacées.*

n. — *Pétales et étamines poilus.*

4. Racine très-longue : tiges allongées, couchées, longuement nues, rameuses et glabres dans le bas, feuillées, pubescentes glanduleuses dans le haut : feuilles ovales et ovales lancéolées, un peu aiguës, très-rapprochées dans le haut, écartées dans le bas, plus courtes que les entre-nœuds : pédoncules quelquefois dichotomes, réfléchis après la floraison : bractées herbacées : pétales à peine bifides, ciliés depuis le bas jusqu'au milieu, un peu plus longs que les sépales étroitement scarieux sur les bords, un peu plus courts que la capsule droite, large ovoïde : graines grandes, rousses, ponctuées.— ♃. Pyrénées-Orientales, chemin du lac de Carlette à Goume-de-la-Gave, col de Nourri, port de Rat. Gren. Monogr. de Cerast. t. 9. ©. **des Pyrénées,** *Pyrenaicum*. Gay.

b. — *Pétales et étamines glabres.*

5. Racines longues, rameuses : poilu glanduleux sur les tiges et les feuilles : tiges nombreuses, de 2-3 pouces, gazonnantes : feuilles larges elliptiques ou étroitement lancéolées, rudes et les bractées herbacées : pédoncules allongés, terminaux : fleurs grandes : pétales profondément en cœur, doubles des sépales ovales lancéolés, pubescents, peu scarieux, doubles de la capsule renflée dans le bas : graines grandes, à amande non adhérente à l'écorce. — ♃. Les Alpes, Lautaret, Mont-Aurouse, les Pyrénées au Canigou. Jacq. Coll. 1. t. 20. ©. **à larges feuilles,** *latifolium*. Lin. (juillet-août). = *Variétés*. = b. — Tiges gazonnantes, uniflores, de 1-2 pouces : feuilles très-rapprochées, imbriquées : pétales très-grands. *Subacaule*. Villard-d'Arène aux glaciers du Bec. = c. — Tiges petites, filiformes, pubescentes au sommet : feuilles rapprochées, étroites lancéolées : pédoncules allongés, capillaires : pétales à deux lobes aigus, dépassant peu les sépales. *Pedunculatum*. Villard-d'Arène sous les glaciers, Lautaret. — Voir aussi le C. *mutabile*, variétés b, b.

BB. = Plantes annuelles.

n. — *Pétales très-longs.*

q. — *Bractées scarieuses sur les bords.*

u. — *Plantes glabres, glauques.*

6. Tige droite, raide, grêle, très-lisse, dichotome au sommet : feuilles lancéolées-linéaires, aiguës, peu recourbées, calleuses sur les bords,

les plus hautes courtes, ovales, largement
membraneuses blanchâtres sur les bords :
bractées scarieuses : pédoncules très-longs,
droits, terminaux : fleurs à 8 étamines, 4 pétales, 4 styles : pétales à peine plus longs que
les sépales ovales lancéolés, aigus : capsule
ventrue, incluse. — ⊙. Fréjus, Toulon. **C**.
glauque, *glaucum*. Gren. (mai-juin). = *Variétés*.= a.— 8 étamines : pétales un peu plus
longs que le calice : capsule à 8 dents, incluses.
Octandrum. = b. —Tiges de 1-3 pouces, à 1-3
fleurs : bractées étroitement scarieuses sur
les bords, ou nulles : fleurs à 4 pétales, plus
courts que le calice à 4 sépales : 4 étamines :
4 styles : capsule un peu saillante, à 8 dents.

Quaternellum. Paris, Nantes, Besançon, Haguenau, Lyon. Vaill. Bot. par. t. 3. f. 2.

b. — *Plantes poilues visqueuses.*

7. Tiges de 4-10 pouces, pubescentes visqueuses, d'un vert noirâtre, couchées ascendantes, la centrale seule droite : feuilles radicales pétiolées, en spatule, les caulinaires sessiles
ovales, pubescentes, ciliées : pédoncules visqueux, arqués, doubles du calice, étalés à angle droit après la floraison : bractées scarieuses : pétales fendus jusqu'au-delà du milieu,
doubles des sépales lancéolés aigus visqueux
sur le dos, scarieux sur les bords : capsule
grêle, double du calice.—⊙. Bois de Boulogne,
Corse, Provence. Viv. ann. Bot. 1804. p. 171. t.
1. **C**. en cloche, *campanulatum*. Viv.

qq. — *Bractées herbacées.*

8. Poils couchés sur toute la plante, très-
longs sur le dos et le sommet du calice : tiges
nombreuses, diffuses, très-rameuses : feuilles
radicales pétiolées, en spatule, les supérieures
ovales, poilues, à longs cils : pédoncules étalés, d'autres réfléchis, 2-3 fois plus longs que
le calice : bractées lancéolées ovales, herba-

cées, 2-3 fois plus longues que le calice, poilues, longuement ciliées : fleurs en panicule
rameuse, divergente : pétales doubles des sépales lancéolés aigus, les extérieurs herbacés,
les intérieurs scarieux sur les bords, doubles
de la capsule.—⊙. Corse. Ard. specim. 2. t. 2.
C. d'Illyrie, *Illyricum*. Ard.

nn. — *Pétales très-courts.*

q.—*Bractées scarieuses.*

k. — *Pédoncules arqués, étalés, pétales à 2 lobes obtus.*

a. — *Sépales obtus.*

8. Tiges souvent nombreuses, de 1-2 pieds,
couchées, radicantes à la base, ascendantes,
chargées et les feuilles de poils articulés :
feuilles vertes, épaisses, lancéolées oblongues,
décroissant jusqu'au sommet de la plante :
pédoncules arqués étalés ou droits : fleurs en
panicule rameuse, peu souvent visqueuses :
bractées largement scarieuses, les inférieures
étroitement scarieuses : pétales à lobes un peu
aigus, quelquefois un peu ciliés à la base, dépassant les sépales scarieux sur les bords, poilus sur le dos, glabres au sommet : capsule
grande, arquée, double du calice : graines tuberculeuses.— ⊙. ⊙. Toulon, Bordeaux, Gap,
Paris, Strasbourg, Besançon. Lam. ill. t. 392. f.
1. **C**. commune, *vulgatum*. Lin. (avril-septembre). = *Variétés*. = b. — Toute la plante
glabre ; une ligne de poils parcourant la tige
dans la panicule. *Holost. oïdes*.= c. — Pédoncules et calice glanduleux visqueux. *Glandu-
losum*. = d. — Tiges élevées : pétales presque

2 fois plus longs que le calice. *Elongatum*. =
c. — Fleurs ramassées en paquet : capsule à
peine saillante. *Murale*.

b. — *Sépales aigus.*

10. Visqueux : tiges ordinairement nombreuses, poilues visqueuses, la centrale droite,
les autres ascendantes, variant de 1 pouce à 1
pied : feuilles radicales spatulées, les caulinaires ovales, toutesobtuses : pédoncules doubles
du calice, arqués étalés : fleurs en panicule
dichotome, à rameaux étalés : bractées étroitement scarieuses, rarement tout-à-fait herbacées : pétales à lobes obtus, dépassant les sépales lancéolés, en pointe aiguë : 5-6-10 étamines : capsule recourbée au sommet, double du
calice : graines rugueuses. — •. Montpellier,
Bayonne, Agen, Paris, Nancy, Besançon. Bouq.
t. 4. f. 1. **C**. fausse Alsine, *Alsinoïdes*. Lois.
(avril-mai).= *Variétés*. = a. — Bractées étroitement scarieuses. *Obscurum*. = b. — Bractées tout-à-fait herbacées. *Herbaceum*.

kk.—Pédoncules réfléchis ; pétales à 2 dents aiguës.

11. Pubescent visqueux : tiges couchées, ascendantes, ordinairement la centrale droite: feuilles petites, ovales, les inférieures rapprochées, les supérieures très-écartées : pédoncules réfléchis, redressés après la dissémination des graines : bractées lancéolées, un peu obtuses, largement scarieuses : panicule dichotôme, lâche : fleurs petites : pétales linéaires, à deux dents aiguës, plus courts que les sépales largement scarieux, atteignant le milieu de la capsule. — ⊙. Dans tous les champs sablonneux. Engl. Bot. t. 23. **C.** à **cinq étamines**, *semidecandrum*. Lin. (mars-avril). ⇒ *Variétés.* ⇒ b. — Pédoncules très-courts : fleurs nombreuses, ramassées en espèce d'ombelle dense : calices globuleux, à peine plus courts que la capsule. *Congestum.* ⇒ c. — Plante tout-à-fait glabre. *Macilentum.*

qq. Bractées herbacées.

k. — Pédoncules réfléchis.

12. Poilu visqueux : tiges ordinairement ascendantes, la centrale droite, le plus souvent seule : feuilles radicales atténuées en pétiole, ovales spatulées, les caulinaires oblongues elliptiques, toutes obtuses : bractées herbacées: pédoncules fleuris plus courts que le calice, ensuite doubles, triples en longueur, dressés puis réfléchis, *enfin redressés :* fleurs en panicule ramassée, *à* 5 *étamines*, quelquefois à 4 *étamines*, 4 sépales, 4 *pétales*, 4 *styles* : pétales étroits, cunéiformes, à lobes obtus, égalant à peine les sépales lancéolés, terminés par une longue pointe aiguë, pas scarieux : capsule recourbée au sommet, *à dents réfléchies.* — ⊙. Terrains sablonneux Curt. Lond. 2. t. 92. **C. grêle**, *pumilum.* Curt. (mars-avril).⇒ *Variétés.* ⇒ a. — 5 étamines : pédicelles ramassés, réfléchis après la floraison, ensuite redressés: capsule à peine saillante. *Pumilum.* ⇒ b. — Tige grêle, dressée : pédoncules réfléchis après la floraison, écartés : capsule double du calice. *Gracile.* ⇒ d. — Très-visqueux : pédoncules réfléchis : panicule à rameaux divergents : des fleurs à 4 parties mêlées avec les fleurs à 5 parties plus nombreuses.|*Divaricatum.*

13. Tiges de 3-4 pouces, glanduleuses poilues, très-visqueuses, rameuses dichotômes dès la base : feuilles lancéolées linéaires obtuses : bractées herbacées : panicule plusieurs fois dichotômes : rameaux divergents presque à angle droit : pédoncules fructifères égalant le calice, non arqués, mais *réfléchis en ligne droite avec la capsule, presque appliqués contre le rameau :* pétales deux fois plus courts que le calice, incisés au sommet, quelquefois nuls : sépales verts, glanduleux sur le dos, étroitement scarieux et transparents sur les bords : 10 *étamines, petites :* capsule cylindrique, un peu courbée au sommet, double du calice *à dents presque pas réfléchies :* graines rugueuses. — ⊙. Saint-Guiral dans les Cévennes, *seule localité en France.* (De Pouzolz, Fl. du Gard, inédite.) Boiss. Elenchus. Pl. Disp. Aust. p. 23. **C, très-rameux,** *ramosissimum.* Boiss.

kk.—Pédoncules droits, étalés.

a. — *Etamines poilues.*

14. Tiges de 4-12 pouces, couvertes de poils longs, étalés, souvent visqueuses au sommet: feuilles radicales un peu spatulées, les caulinaires ovales : bractées tout-à-fait herbacées, chargées de longs poils : pédoncules *recourbées au sommet, doubles du calice :* fleurs en panicule dichotôme, à rameaux étalés : pétales *ciliés depuis la base jusqu'au milieu,* un peu plus courts que les sépales très-aigus, scarieux et longuement poilus au sommet, les 2 extérieurs non scarieux, nervés sur le dos : étamines portant de longs poils jusqu'au milieu : capsule recourbée, dépassant le calice. — ⊙. Le Mans, Strasbourg, Besançon, Arles, Fréjus, Mende, Agen. DC. icon. rar. Gall. 1. t. 44. **C.** à **courts pétales**, *brachypetalum.* Desport.

15. Poilu visqueux : tiges droites, quelquefois non visqueuses, 4-10 pouces : feuilles radicales obovales spatulées, en rosette, les caulinaires ovales, larges, plus longues que les entre-nœuds : bractées herbacées, terminées par des poils : pédoncules *plus courts que le calice, dressés :* fleurs en panicule à rameaux divergents : pétales *barbus à la base,* quelquefois nuls, plus longs ou plus courts que les sépales lancéolés aigus : quelquefois 5 éta-

mines : capsule un peu recourbée, dépassant le calice. — ⊙. Bordeaux, Lyon, Gap, Nantes, Paris, Metz, Strasbourg, Besançon. Vaill. bot. par. t. 30. f. 3. C. visqueux, *viscosum*. Lin.

593. COTYLÉDON, *Cotyledum*. Lin. — Calice à 5 divisions : corolle en cloche, à 5 lobes : 10 étamines cachées dans le tube : 5 écailles obtuses ; 5 styles : 5 capsules en alène.

n. — *Fleurs en tête terminale.*

1. Très-petite plante, glabre, souvent radicante, rougeâtre : feuilles oblongues, obtuses, convexes, imbriquées dressées : fleurs blanches ou rougeâtres, presque sessiles, à lobes de la corolle acuminés. — ♃. Sommités des Pyrénées, port de Venasques, d'Oo, Val d'Eynes. C. faux Orpin, *sedoides*. DC. (août-septembre).

nn. — *Fleurs en grappes allongées.*

a. — *Fleurs pendantes.*

2. Racine tubéreuse : tige droite, molle, simple, ou rameuse : feuilles radicales pétiolées, arrondies, ombiliquées, crénelées, charnues, les caulinaires plus petites, moins arrondies, quelquefois lobées : fleurs verdâtres, petites, nombreuses, pédicellées, pendantes. — ♃. Murs et rochers ombragés, humides du Midi. Engl. bot. t. 325. C. ombilic, *umbilicus*. Lin.

b. — *Fleurs droites ou étalées.*

3. Racine rampante : tige très-peu rameuse : feuilles inférieures un peu en bouclier, les supérieures ovales en spatule, profondément dentées : fleurs jaunes, très-nombreuses dressées ou à peine étalées. — ♃. Montauban à l'onneuves. Dod. mun. t. 73. C. à fleurs jaunes, *lutea*. Huds. (mai-juin).

594. ORPIN, *Sedum*. Lin. — Calice à 5, rarement à 4-7 divisions charnues, épaisses, foliacées : pétales et ovaire en nombre égal à celui des divisions du calice : étamines en nombre double des sépales : écailles ovales, le plus souvent entières. — *Feuilles serrées, imbriquées sur les rejets stériles.*

F. = Fleurs dioïques : calice et corolle à 4-5 divisions : 5 écailles échancrées.

1. Racine charnue, odorante : tiges simples, charnues, cylindriques, feuillées : feuilles nombreuses, éparses, oblongues, épaisses, chargées et dentées au sommet aigu : fleurs verdâtres ou rougeâtres, en espèce d'ombelle serrée, terminale. — ♃. Rochers des montagnes, Bonnivaut près la Grande-Chartreuse, Pyrénées à Esquierry, Port de Venasque. Lam. ill. t. 819. ⊙. à odeur de Rose, *rhodiola*. DC. (juillet-août).

H. = Fleurs à étamines et à pistils, à 5 sépales et 5 pétales : écailles entières.

§ 1. — FEUILLES PLANES.

q. — *Racines tubéreuses.*

a. — *Feuilles dentées dans tout leur contour.*

2. Racine tubéreuse, en faisceau : tige forte, ascendante, de 1-2 pieds : feuilles sessiles, opposées, ovales, larges : fleurs verdâtres, en corymbe terminal, rameux. — ♃. Les rochers, Grenoble au mont Rachet, Huningue. Mut. t. 19. f. 114. ⊙. gigantesque, *maximum*. Pers. (juillet-août).

b. — *Feuilles dentées en scie à dessus du milieu.*

5. Racine tubéreuse : tiges ascendantes :

feuilles nombreuses, lancéolées, rétrécies en pétiole : fleurs éparses en corymbe terminal, compacte : pétales doubles du calice plus court que les capsules ventrues, terminées par un long bec. — ♃. Murs, rochers, vallée de l'Hérault au pied de l'Aigual. Moris. s. 12. t. 10. f. 1. ⊕. **reprise,** *telephium.* Lin. ==Varié-tés. == b. — Purpurin : feuilles ovales oblongues, les supérieures sessiles ; fleurs purpurines. *Purpureum.* Mut. t. 19. f. 115. ==c. — Feuilles glauques poudreuses ; pétales trois fois plus longs que le calice. *Lividum.* Fl. dan. t. 686. Fleurs rougeâtres.

qq. — *Racines fibreuses.*

k. — *Plantes pubescentes.*

4. Tiges rameuses, pubescentes, ascendantes : feuilles planes, entières en spatule, ou obovales, obtuses, éparses ou en verticilles de quatre : fleurs blanches, en panicule : pétales lancéolés aristés. —⊙. Lieux humides, pier-reux, fossés de l'Etang de la Capelle et au Pont de l'Hérault [Gard], Marseille, Vizille, Moulins, Migné, Bourges. Fl. Græc. t. 447. ⊕. **paniculé,** *cæpea.* Lin. (juin-juillet).

kk. — *Plantes glabres.*

a. — *Feuilles anguleuses, dentées.*

5. Tige faible, rameuse, petite : feuilles assez larges, planes, épaisses, ovales arrondies, anguleuses dentées, opposées ou alternes, anguleuses dentées : fleurs blanchâtres, presque rougeâtres, axillaires, sessiles, en cime pauciflore : pétales lancéolés aigus, à nervure verte : capsules divergentes en étoile à la maturité. — ⊙. Lieux ombragés, humides, pierreux du Midi, Chaumalière et Royac en Auvergne, Corse à Bastia. Fl. Græc. t. 446. ⊕. **étoilé,** *stellatum.* Lin (juin-juillet).

b. — *Feuilles entières.*

g. — *Pédoncules glanduleux.*

6. Plante petite, à tige ascendante : feuilles en verticilles de 4, en spatule : fleurs blanches, en corymbe : des glandes sur les pédoncules et les sutures des capsules. — ♃. Corse à Corté, Mont Saint-Pierre, Orezzo sur les rochers du torrent Ficunalto. Balb. miscellanea. t. 6. ⊕. **à feuilles en croix,** *cruciatum.* Desf. (juin-juillet).

gg. — *Pédoncules non glanduleux.*

7. Tiges simples, couchées ascendantes : feuilles arrondies en coin, d'un glauque bleu, en belle rosette au sommet des tiges stériles : fleurs petites, rougeâtres, en corymbe serré, terminal : pétales verts sur la carène. — ♃. Les rochers, Paris à Saint-Prix, Strasbourg, Grenoble à Taillefer, Grande-Chartreuse, Pyrénées à Mont-Louis au moulin de la Llagone. DC. Pl. rar. t. 53. ⊕. **anacampséros,** *anacampseros.* Lin. (juillet-septembre).

§ 2. == FEUILLES PRESQUE CYLINDRIQUES.

n. — *FLEURS JAUNES.*

q. — *Plus de 5 pétales.*

k. — *Feuilles embrassantes.*

8. Racine tortueuse, dure : tiges droites, les stériles petites, fertiles presque nues, toutes grêles : feuilles éparses, cylindriques, aiguës, imbriquées, serrées sur les tiges stériles, dilatées à la base en une membrane qui embrasse la tige : fleurs en cime peu serrée : 6-7 pétales lancéolés aigus, doubles des sépales lancéolés aigus. — ♃. Espérou, dans un champ entre la Barraque de Michel et Bramabiaou, non au Ventoux. DC. rapp. 2. p. 80. Mem. soc. agr. Paris. 1808. p. 12. ⊕. **à feuilles embrassantes,** *amplexicaule.* DC. (juin-juillet)

kk. — *Feuilles non embrassantes.*

m.—*Pétales dressés.*

9. Tiges stériles rampantes, les fertiles tor-tueuses couchées, ascendantes : feuilles éparses, linéaires subulées, aiguës, mucronées,

prolongées à la base : fleurs d'un jaune très-pâle, en cime rameuse : 6-7 pétales, lancéolés, acuminés, toujours dressés , doubles des sépales acuminés. — ♃. Collines, rochers du Midi, Nimes, Avignon, Saint-Pierre-Ville en Ardèche, Grenoble. Mut. t. 19. f. 122. ☉. à **pétales droits**, *anopetalum*. DC. (juillet).

mm. — *Pétales étalés.*

10. Glauque : tiges stériles couchées , très-feuillées', les fertiles droites , presque nues : feuilles fusiformes , pointues , les supérieures un peu aplaties, toutes prolongées à la base : fleurs d'un jaune blanchâtre, en *cime très-rameuse*, serrée : 6-8 pétales *obtus*, rougeâtres sur la carène, doubles des sépales *obtus*.

— ♃. Rochers du Midi, Tresques, Marguerite, Valbonne , Montpellier, Barrèges. DC. plant. gras. t. 40. ☉. **élevé**, *altissimum*. Poir.

11. Glauque feuilles en fuseau , dressées, prolongées *en alène à la base*, les plus jeunes imbriquées sur 5 rangs : fleurs jaunes, en cime, recourbées : pétales 6-8 *lancéolés*, étalés', plus longs que les sépales *subulés*. — ♃. Les rochers , les murs; Arbois, Besançon à la Chapelle aux Buis. Dill. Elth. t. 256. ☉. **des rochers**, *rupestre*. Lin. ═ *Variétés.* ═ b. — Feuilles très-glauques, courtement subulées, étalées , les jeunes lâchement imbriquées. *Recurvatum*. Willd.

qq. — *Pas plus de 5 pétales.*

m. — *Feuilles imbriquées formant 6 angles sur les tiges stériles.*

a. — *Feuilles ovoïdes gibbeuses.*

12. Tiges rampantes radicantes, puis ascendantes : feuilles sessiles , dressées , ovoïdes gibbeuses , celles des tiges stériles imbriquées sur 6 rangs , jamais prolongées à la base : fleurs d'un beau jaune , en cime feuillée , rameuse : 4-5 pétales oblongs-lancéolés, doubles du calice bossu à la base. — ♃. Terrains sablonneux , vieux murs. DC. plant. gras t. 117. ☉. **âcre**, *acre*. Lin. (juin-juillet). ═*Variété.*═ b. — Plante rampante, à rameaux très-courts. *Glaciale.* DC. Sommité du Mont-Ventoux.

b. — *Feuilles cylindriques linéaires.*

13. Tiges radicantes à la base et rameuses, ascendantes : feuilles sessiles, dressées, cylindriques, linéaires obtuses , prolongées à la base , imbriquées sur 6 rangs sur les tiges stériles : fleurs d'un jaune doré en cime feuillée, rameuse divergente : pétales lancéolés aigus , doubles du calice étalé. — ♃. Lieux arides, murs secs. Engl. bot. 1. 1946. ☉. à **six angles**, *sexangulare*. Lin. (juin-juillet).

mm. — *Feuilles non imbriquées sur 6 angles.*

p. — *Feuilles aiguës ou mucronées.*

s. — *Pétales acuminés en arête.*

14. Tiges de 2-3 pouces , couchées ascendantes : feuilles cylindriques, aiguës aux deux bouts, prolongées à la base, imbriquées serré sur les jeunes tiges , lâches sur les tiges fleuries : fleurs d'un jaune blanchâtre , en corymbe, pétales étalés, terminés par une pointe en arête, plus longs que le calice. — ♃. Sigoyer près Gap. Vill. Dauph. 3. p. 680. t. 45. ☉. en **arête**, *aristatum*. Vill.

ss. — *Pétales non en arête.*

a. — *Feuilles des tiges stériles éparses.*

15. Tiges rougeâtres ou un peu glauques , couchées radicantes à la base, puis redressées à angles droits, rameuses et courbées au sommet avant la floraison : feuilles sessiles , filiformes', presque cylindriques , aiguës mucronées, prolongées à la base en éperon arrondi ; éparses sur les tiges stériles : fleur d'un jaune pâle en corymbe rameux : pétales oblongs linéaires , plus longs que le calice à sépales épaissis sur les bords. — ♃. Lieux sablonneux , rochers, vieux murs. Fuchs. hist. 55. Icon. ☉. **réfléchi**, *reflexum*. Lin. (juillet-août).

b. — *Feuilles en rosette au sommet des tiges stériles.*

16. Tiges rougeâtres ou un peu glauques, couchées radicantes, puis redressées à angle droit, rameuses et courbées au sommet avant la floraison : feuilles sessiles, presque planes, linéaires aiguës , mucronées, prolongées à la base en éperon triangulaire aigu , celles des tiges stériles imbriquées serrées, en rosette au

sommet des tiges : fleurs d'un beau jaune , en corymbe terminal , rameux : pétales oblongs linéaires, doubles des sépales planes, non épaissis sur les bords.—♃. Lieux sablonneux,

vieux murs, Provins, la Roche-Guyon, Senlis à Fleurines. Germ. et Coss. Fl. par. 159. ☉. **élégant**, *elegans*. Lejeun. Fl. Spa.

pp. — *Feuilles obtuses.*

s. — *Feuilles prolongées à la base.*

17. Racine rampante : tiges droites : feuilles cylindriques , oblongues obtuses , éparses sur les tiges fleuries , imbriquées non à six angles sur les tiges stériles : fleurs d'un jaune clair, en cime feuillée, rameuse : pétales lancéolés ,

doubles des sépales cylindriques, obtus. —♃. Bois de Boulogne, Melun , Vernoux [Ardèche] , Grenoble , Mut. t. 19. f. 119. ☉. **du bois de Boulogne**, *Boloniense*. Lois. (juin-juillet).

ss. — *Feuilles non prolongées à la base.*

a. — *Pétales étalés en étoile.*

18. Tiges dressées , rameuses dès la base , diffuses, non stolonifères : feuilles sessiles, cylindriques aplaties , bossues à la base , obtuses : fleurs jaunes, presque sessiles, en cime rameuse allongée flexueuse : pétales lancéolés très-aigus , étalés en étoile. — ☉. Rochers des montagnes élevées , Pyrénées , Prato de Mollo , Pic du Midi , les murs du Bourg de Llagone , Gap , Valgaudemar , source de la Loire. Mut. t. 19. f. 117. ☉. **annuel**, *annuum*. Lin. (août).

b. — |*Pétales presque dressés.*

19. Tiges filiformes, rampantes ascendantes entremêlées : feuilles sessiles , ovales, cylindriques, un peu aplaties en dessous , éparses nombreuses sur les tiges stériles : fleurs petites, d'un jaune pâle, en petite tête : pétales ovales oblongs, presque dressés , doubles des sépales obtus. —♃. Près les glaciers des hautes montagnes, Pyrénées , Cambredases , Port de Venasques, Alpes, Villard-d'Arène, Galibier. Gap. Mut. t. 19 f. 118. ☉. **rampant**, *repens*. (juillet-août).

nn. — *FLEURS BLEUES.*

20. Tige grêle, droite : feuilles ovales oblongues, obtuses, un peu planes, éparses, caduques : fleurs bleu d'azur, en panicule à rameaux grêles, pubescents glanduleux : 5-10 étamines : pétales 5-7 lancéolés , aigus , plus

longs que les sépales obtus. —☉. Corse, sur les rochers voisins de la mer. Poir. voy. en Barbar. 2. p. 169. ☉. **à sept pétales**, *heptapetalum*. Poir. (mai-juin).

nnn. — *FLEURS BLANCHES OU ROUGEATRES.*

q. — *Plantes glabres.*

m. — *Pétales lancéolés acuminés.*

21. Tiges petites, ascendantes : feuilles éparses ou alternes, ovales, bossues, un peu prolongées à la base : fleurs pédicellées sur les branches de la cime bifide, blanches, à ner-

vure un peu rougeâtre. —♃. Les rochers , lieux pierreux, Angers, Etampes, les Pyrénées, à Prato de Mollo , vallée d'Aspe. Engl. Bot. t. 171. ☉. **d'Angleterre**, *Anglicum*. Huds. (juin-juillet).

mm. — *Pétales obtus.*

a. — *Feuilles cylindriques en massue.*

22. Très-petite plante, d'un rouge noirâtre : tige dressée, rameuse dès la base en pyramide renversée : feuilles très-obtuses, cylindriques en massue : fleurs blanches, rougeâtres en dehors, ou sur les nervures, en cime compacte, feuillée : pétales 5-6 ovales, un peu mucronés : capsules étalées en rayons, d'un pourpre foncé à la maturité. —☉. Rochers

exposés au soleil des hautes montagnes, Mont-Ventoux, Mont-Louis, Jura au Mont-Tendre . Taillefer et Saint-Nizier près Grenoble. DC. plant. gras. t. 120. ☉. **noirâtre**, *atratum*. Lin. (juin-juillet).

b. — *Feuilles oblongues, presque cylindriques.*

23. Souvent rougeâtre : tiges rampantes , redressées : feuilles oblongues, cylindriques,

étalées: fleurs blanches ou roses, en panicule: pétales presque obtus. — ♃. Les vieux murs, rochers. Fl. dan. t. 66. **☉. blanc**, *album*. Lin. (juin-juillet). = *Variétés.* = b. — Feuilles ovales, épaisses, dressées sur les jeunes pousses : pédicelles très-fins. *Turgidum*. Ram. La Marbrière près Bagnères.= c. — Feuilles cylindriques, dressées sur les jeunes pousses. *Micranthum*. DC. Montpellier.

   c. — *Feuilles ovales globuleuses.*

24. Tiges ligneuses, tortueuses à la base, rameuses : feuilles ovoïdes, courtes, obtuses, glauques, serrées et opposées sur les jeunes tiges, éparses, écartées sur les tiges fleuries : fleurs blanches, à nervures rougeâtres, en panicule peu fournie : pétales ovales, obtus,

3-4 fois plus longs que les sépales minces.— ♃. Rochers exposés au soleil des hautes montagnes, Pyrénées, Mont-Louis, Néonville, Barrèges, Canigou, Mont-Aurouse à la Grangette près Gap. Mem. soc. agr. Paris. 1808 p. 11. **☉. à feuilles courtes**, *brevifolium*. DC. (juin-juillet). — Voir aussi le *S. Corsicum*.

   d. — *Feuilles coniques.*

25. Tiges filiformes, faibles, en touffe : feuilles sessiles, courtes, ovales coniques, renflées, glauques, serrées sur les jeunes tiges, presque toujours opposées : fleurs blanches, à nervure purpurine, en panicule le plus souvent pubescente glanduleuse : 5-6 pétales obtus. — ♃. Les murs, les rochers. DC. plant. gras. t. 95. **☉. à feuilles épaisses**, *dasyphyllum*. Lin. (juin-juillet).

     qq. — *Plantes pubescentes.*

     m. — *Pétales pointus en arête.*

26. Tiges dressées, grêles, pubescentes glanduleuses au sommet, peu feuillées : feuilles velues, oblongues, demi-cylindriques, obtuses, éparses dans le haut, en rosette dans le bas, sur les tiges stériles en rosette serrée, terminale : fleurs blanches, à nervure rougeâtre, en panicule pubescente : pétales ob-

longs, terminés par un filet grêle, doubles du calice. — ♃. Rochers schisteux, toutes les montagnes schisteuses du Vigan, Herville près Arpajon, Saint-Alban près Roanne, Narbonne, roches schisteuses des Pyrénées. All. ped. t. 65. f. 5. **☉. hérissé**, *hirsutum*. All. (juin-juillet).

     mm. — *Pétales presque obtus.*

   a. — *Feuilles oblongues*

27. Tige droite, grêle, souvent rougeâtre, velue glanduleuse: feuilles linéaires oblongues, velues, dressées, demi-cylindriques, obtuses, fleurs d'un blanc rosé, à nervure rouge, en corymbe : pétales ovales oblongs, doubles du calice. —☉. Terrains humides, tourbeux des montagnes granitiques, Beauvais, mares de la forêt de Fontainebleau, Montagnes du Morvan, Moulins. Engl. Bot t. 394. **☉. velue**, *villosum*. Lin. (juillet-septembre). — Voir aussi S. *dasyphyllum*.

   b. — *Feuilles ovales, élargies au sommet.*

28. Feuilles velues glanduleuses, presque rondes, rétrécies à la base, élargies au sommet, serrées dans le bas des tiges, éparses dans le haut : fleurs en cime peu fournie : pétales lancéolés ovales, un peu obtus, doubles des sépales lancéolés, obtus. —♃. Corse, à Bastia, Corté. **☉. de Corse**, *Corsicum*. Duby. — Voir aussi le *S. brevifolium*.

595. **CORROYÈRE**, *Coriaria*. Lin. — Périgone à 5 divisions profondes ; anthères presque sessiles, oblongues, dressées : 10 étamines, dont 5 plus petites placées devant les pétales : 5 pistils frangés : 5 ovaires : 5 capsules à 1 graine. — Fleurs à étamines et à pistils, ou bien monoïques ou dioïques par avortement.

1. Arbrisseau à rameaux flexibles : feuilles opposées, ovales lancéolées, aiguës, entières, glabres, à 3 nervures : fleurs verdâtres, munies de bractées, en grappes terminales : les

capsules renfermées dans le périgone accru en forme de baie noire, luisante. — ♄. Les bois, les baies du Midi, Nîmes, Perpignan, Toulouse à Castelmauro. Lam. ill. t. 822. **C. à feuilles de Myrte** , *Myrtifolia*. Lin. (mai-juillet).

596. OXALIDE , *Oxalis*. Lin. — Calice persistant, à 5 sépales : 5 pétales égaux : 10 étamines réunies par la base, dont 5 plus courtes : 5 styles à stigmate en pinceau : capsule oblongue, à 5 angles, 5 loges, 5-10 valves se divisant avec élasticité : graines munies d'un arille.

n. — *Fleurs blanches.*

1. Racine rampante, écailleuse, renflée à la naissance des pétioles : feuilles à long pétiole, à 3 folioles obcordées, un peu velues : pédoncules grêles radicaux, uniflores , plus longs que les feuilles , munis de 2 bractées vers le sommet : fleurs blanches, rayées de violet, ou violettes.— ♃ . Lieux ombragés, humides, Meudon, Montmorency, Autun, Château-Chinon , Grenoble aux Balmes. Fl. dan. t. 980. ⊙. **oseille** , *acetosella*. Lin. (avril-mai).

nn. — *Fleurs jaunes.*

2. Pubescente grisâtre : racine *fibreuse* : tige rameuse, diffuse, *radicante :* stipules oblongues , réunies en pétiole : foliole en cœur renversé : pédoncules plus courts que les feuilles : fleurs jaunes, à pétales *échancrés :*

pédicelles, portant le fruit, *écartés réfléchis* , capsule *pubescente*. — ♃. Au pied des murs , les champs sablonneux. Jacq. icon. t. 5. ⊙. **cornue** , *corniculata*. Lin. (septembre) . = *Variété*. = b. — Pédoncules à 1-2 fleurs , presque plus longs que les feuilles. *Villosa.* Corse à Bastia.

3. Presque glabre : racine *rampante* , stolonifère : tige *dressée*, un peu rameuse au sommet : pétioles *sans stipules* : folioles en cœur renversé : pédoncules dépassant les pétioles : fleurs jaunes, à pétales *entiers* ,obtus : pédicelles, portant le fruit, *raides* , *dressés* : capsule *presque glabre*. — ♃ . Lieux frais, cultivés, les murs, les prés. Jacq. mon. t. 4. ⊙. **raide**, *stricta*. Jacq. (avril-septembre).

POLYGYNIE.

397. PHYTOLAQUE, *Phytolacca*. Lin. — Périgone à 5 divisions : 8-20 étamines : 5-10 styles : ovaire à 5-10 stries : baie à 5-10 loges.

1. Tige de 6-8 pieds , droite, rameuse, souvent rougeâtre : feuilles glabres , ovales lancéolées, entières, terminées en pointe calleuse: fleurs rosées, en grappes droites, pédonculées, opposées aux feuilles : 10 étamines, 10 styles: baies d'un rouge noir, à 10 sillons. — ♃ . Rochers à Beaucaire, naturalisée partout. Lam. ill. t. 555. **B. à dix étamines** , *decandra*. Lin. (juillet-août).

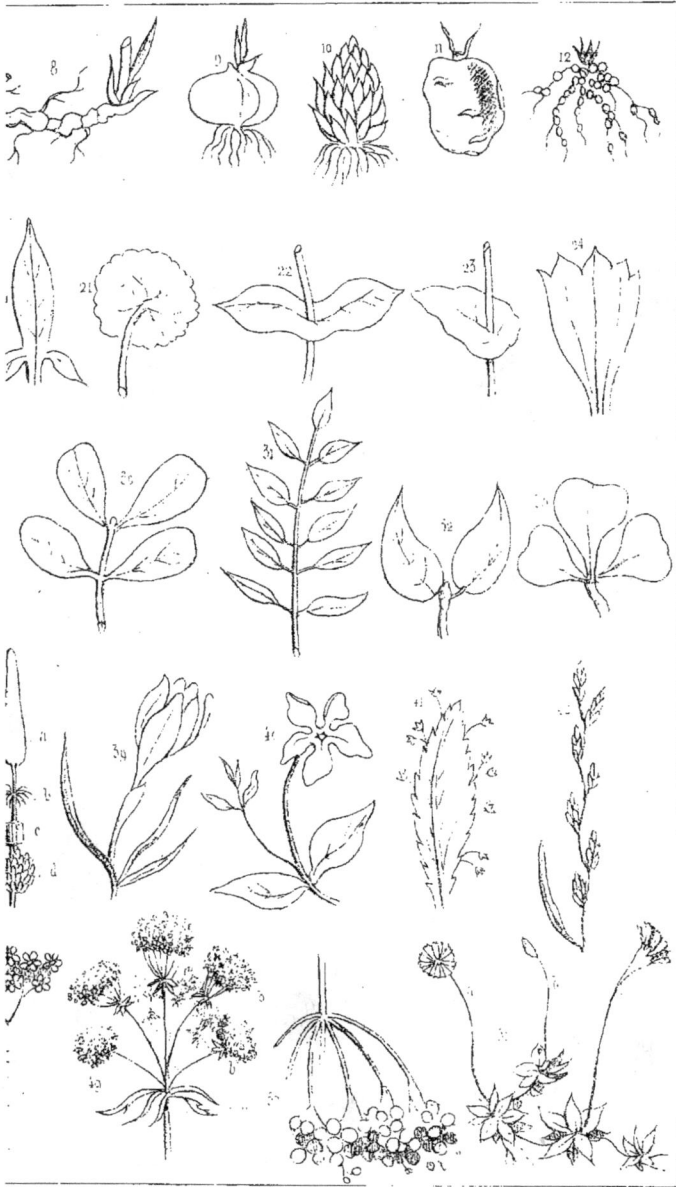

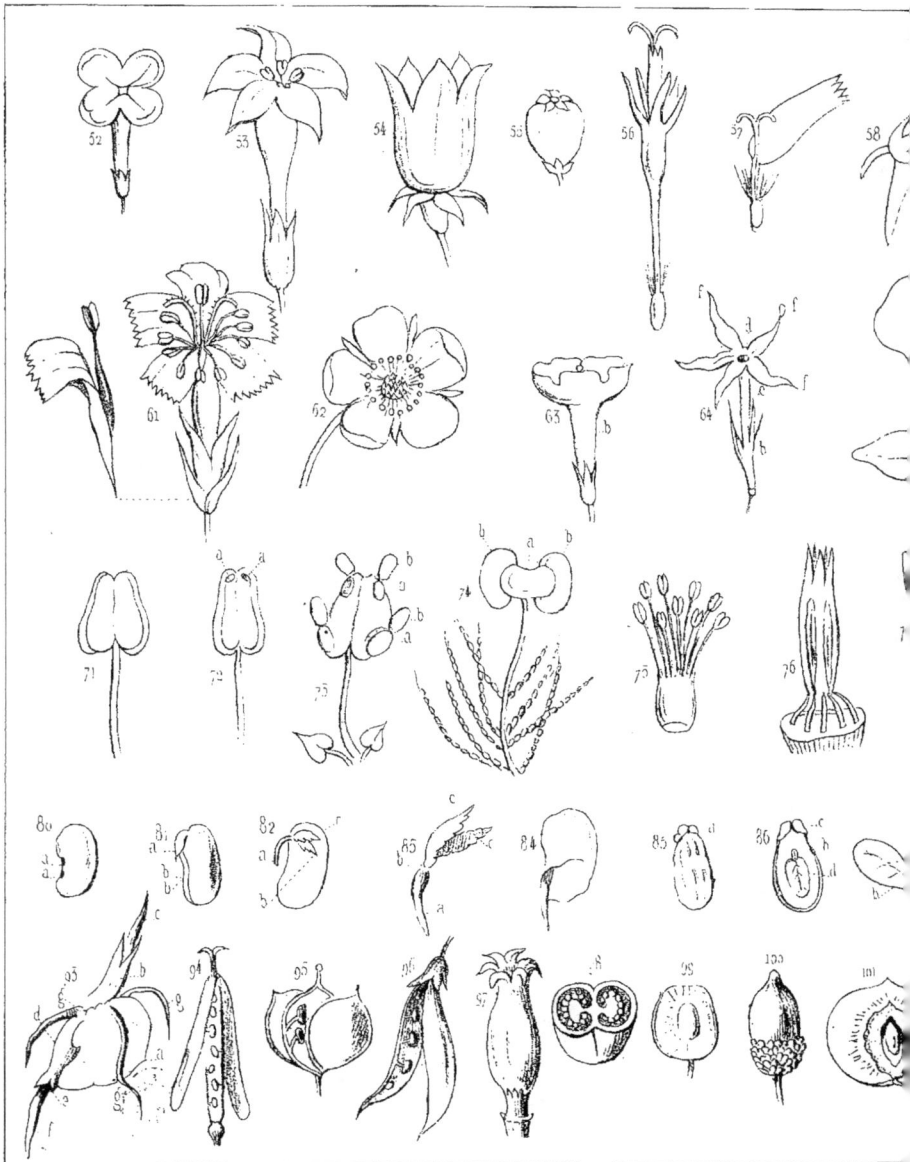

Imp. Lemercier à Paris.

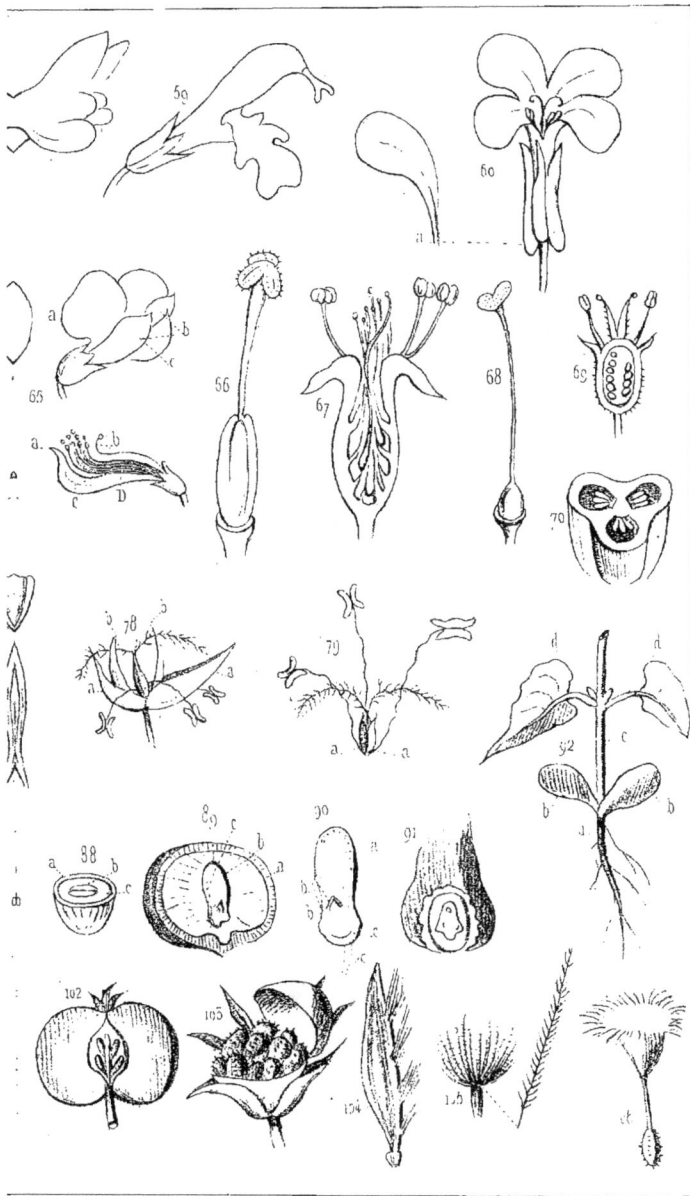

www.ingramcontent.com/pod-product-compliance
Lightning Source LLC
Chambersburg PA
CBHW060538220326
41599CB00022B/3534